压力容器相关标准汇编

（第六版）

上 卷

全国锅炉压力容器标准化技术委员会 编

中国质检出版社
中国标准出版社

北 京

图书在版编目(CIP)数据

压力容器相关标准汇编.上卷/全国锅炉压力容器标准化技术委员会编.—6版.—北京:中国标准出版社,2012
ISBN 978-7-5066-6634-3

Ⅰ.①压… Ⅱ.①全… Ⅲ.①压力容器-标准-汇编-中国 Ⅳ.①TH49-65

中国版本图书馆 CIP 数据核字(2011)第 262920 号

中国质检出版社
中国标准出版社 出版发行
北京市朝阳区和平里西街甲 2 号(100013)
北京市西城区三里河北街 16 号(100045)
网址:www.spc.net.cn
总编室:(010)64275323 发行中心:(010)51780235
读者服务部:(010)68523946
中国标准出版社秦皇岛印刷厂印刷
各地新华书店经销

*

开本 880×1230 1/16 印张 44.75 字数 1 332 千字
2012 年 2 月第六版 2012 年 2 月第八次印刷

*

定价 230.00 元

第六版前言

GB 150—1998《钢制压力容器》自 1998 年发布实施至今已逾 13 年。2011 年 11 月 21 日国家质量监督检验检疫总局、国家标准化管理委员会发布了“2011 年第 18 号中华人民共和国国家标准公告”。公告中发布的 GB 150.1—2011《压力容器　第 1 部分:通用要求》、GB 150.2—2011《压力容器　第 2 部分:材料》、GB 150.3—2011《压力容器　第 3 部分:设计》、GB 150.4—2011《压力容器　第 4 部分:制造、检验和验收》代替了 GB 150—1998《钢制压力容器》,这四项标准将于 2012 年 3 月 1 日起实施。

本汇编第一版出版于 1998 年,多年来根据所收入标准的制修订情况,不时进行调整更新,确保了内容的时效性。本汇编至今已出版了 5 版。随着 GB 150—1998《钢制压力容器》的修订和汇编中收入标准情况的变化,我们对本汇编的内容进行了补充和更新,使得汇编的内容适合新发布的标准的需要。

本次修订中,编者根据 GB 150.1—2011《压力容器　第 1 部分:通用要求》、GB 150.2—2011《压力容器　第 2 部分:材料》、GB 150.3—2011《压力容器　第 3 部分:设计》、GB 150.4—2011《压力容器　第 4 部分:制造、检验和验收》中规范性引用文件补入了 10 项相关标准,内容如下:

——GB/T 4226—2009　不锈钢冷加工钢棒

——GB/T 6803—2008　铁素体钢的无塑性转变温度落锤试验方法

——GB/T 7735—2004　钢管涡流探伤检验方法

——GB 19189—2011　压力容器用调制高强度钢板

——GB/T 20878—2007　不锈钢和耐热钢　牌号及化学成分

——GB/T 21433—2008　不锈钢压力容器晶间腐蚀敏感性检验

——GB/T 21832—2008　奥氏体-铁素体体型双相不锈钢焊接钢管

——GB/T 21833—2008　奥氏体-铁素体型双相不锈钢无缝钢管

——GB 24511—2009　承压设备用不锈钢钢板及钢带

——GB/T 24593—2009　锅炉和热交换器用奥氏体不锈钢焊接钢管

此外,根据标准的制修订情况,对其中的内容进行了替换,本汇编中标准的替代情况如下:

GB/T 231.1—2009《金属材料　布氏硬度试验　第 1 部分:试验方法》代替了 GB/T 231.1—2002《金属布氏硬度试验　第 1 部分:试验方法》。

GB/T 232—2010《金属材料　弯曲试验方法》代替了 GB/T 232—1999《金属材料　弯曲试验方法》。

GB/T 710—2008《优质碳素结构钢热轧薄钢板和钢带》代替了 GB/T 710—1991《优质碳素结构钢热轧薄钢板和钢带》。

GB/T 711—2008《优质碳素结构钢热轧厚钢板利钢带》代替了 GB/T 711—1988《优质碳素结构钢热轧厚钢板和宽钢带》。

GB 712—2011《船舶及海洋工程用结构钢》代替了 GB 712—2000《船体用结构钢》。

GB 912—2008《碳素结构钢和低合金结构钢热轧薄钢板和钢带》代替了GB/T 912—1989《碳素结构钢和低合金结构钢热轧薄钢板及钢带》。

GB/T 1591—2008《低合金高强度结构钢》代替了GB/T 1591—1994《低合金高强度结构钢》。

GB 3087—2008《低中压锅炉用无缝钢管》代替了GB 3087—1999《低中压锅炉用无缝钢管》。

GB/T 3098.1—2010《紧固件机械性能　螺栓、螺钉和螺柱》代替了GB/T 3098.1—2000《紧固件机械性能　螺栓、螺钉和螺柱》。

GB/T 3191—2010《铝及铝合金挤压棒材》代替了GB/T 3191—1998《铝及铝合金挤压棒材》。

GB/T 3310—2010《铜及铜合金棒材超声波探伤方法》代替了GB/T 3310—1999《铜合金棒材超声波探伤方法》。

GB 3531—2008《低温压力容器用低合金钢钢板》代替了GB 3531—1996《低温压力容器用低合金钢钢板》。

GB/T 3624—2010《钛及钛合金无缝管》代替了GB/T 3624—1995《钛及钛合金管》。

GB/T 4334—2008《金属和合金的腐蚀　不锈钢晶间腐蚀试验方法》代替了GB/T 4334.1—2000《不锈钢10%草酸浸蚀试验方法》、GB/T 4334.2—2000《不锈钢硫酸-硫酸铁腐蚀试验方法》、GB/T 4334.3—2000《不锈钢65%硝酸腐蚀试验方法》、GB/T 4334.4—2000《不锈钢硝酸-氢氟酸腐蚀试验方法》、GB/T 4334.5—2000《不锈钢硫酸-硫酸铜腐蚀试验方法》5项标准。

GB 5310—2008《高压锅炉用无缝钢管》代替了GB 5310—1995《高压锅炉用无缝钢管》。

GB/T 6893—2010《铝及铝合金拉(轧)制无缝管》代替了GB/T 6893—2000《铝及铝合金拉(轧)制无缝管》。

GB/T 11251—2009《合金结构钢热轧厚钢板》代替了GB/T 11251—1989《合金结构钢热轧厚钢板》。

GB/T 13147—2009《铜及铜合金复合钢板焊接技术要求》代替了GB/T 13147—1991《铜及铜合金复合钢板焊接技术条件》。

GB/T 13149—2009《钛及钛合金复合钢板焊接技术要求》代替了GB/T 13149—1991《钛及钛合金复合钢板焊接技术条件》。

GB/T 13306—2011《标牌》代替了GB/T 13306—1991《标牌》。

本版仍分为上、中、下三卷，每卷后附有全三卷收入的标准明细供查阅。

编　者

2011年11月

第五版前言

本汇编第一版出版于1998年，至今已修订了4次，第四版出版于2006年。2006年后，尤其是2008年，标准的制修订速度加快，数量倍增。为了保证本汇编收入的标准现行有效，再次进行修订，本次修订除对标准的版本进行更新外，还适当补入了一些与压力容器密切相关的标准，新补入的标准涉及材料、焊接和检测。由于内容增加，汇编篇幅亦有增加，为了方便使用，将原上、下册分为上、中、下三卷出版。

本版中标准的作废、代替情况如下：

GB/T 229—2007《金属材料　夏比摆锤冲击试验方法》代替GB/T 229—1994《金属夏比缺口冲击试验方法》。

GB/T 324—2008《焊缝符号表示法》代替GB/T 324—1988《焊缝符号表示法》。

GB/T 700—2006《碳素结构钢》代替GB/T 700—1988《碳素结构钢》。

GB 713—2008《锅炉和压力容器用钢板》代替GB 713—1997《锅炉用钢板》和GB 6654—1996《压力容器用钢板》。

GB/T 985.1—2008《气焊、焊条电弧焊、气体保护焊和高能束焊的推荐坡口》代替GB/T 985—1988《气焊、手工电弧焊及气体保护焊焊缝坡口的基本形式与尺寸》。

GB/T 985.2—2008《埋弧焊的推荐坡口》代替GB/T 986—1988《埋弧焊焊缝坡口的基本形式和尺寸》。

GB/T 1220—2007《不锈钢棒》代替GB/T 1220—1992《不锈钢棒》。

GB/T 1221—2007《耐热钢棒》代替GB/T 1221—1992《耐热钢棒》。

GB/T 2101—2008《型钢验收、包装、标志及质量证明书的一般规定》代替GB/T 2101—1989《型钢验收、包装、标志及质量证明书的一般规定》。

GB/T 2103—2008《钢丝验收、包装、标志及质量证明书的一般规定》代替GB/T 2103—1988《钢丝验收、包装、标志及质量证明书的一般规定》。

GB/T 2965—2007《钛及钛合金棒材》代替GB/T 2965—1996《钛及钛合金棒材》。

GB/T 3091—2008《低压流体输送用焊接钢管》代替GB/T 3091—2001《低压流体输送用焊接钢管》。

GB/T 3190—2008《变形铝及铝合金化学成分》代替GB/T 3190—1996《变形铝及铝合金化学成分》。

GB/T 3274—2007《碳素结构钢和低合金结构钢热轧厚钢板和钢带》代替GB/T 3274—1988《碳素结构钢和低合金结构钢热轧厚钢板和钢带》。

GB/T 3280—2007《不锈钢冷轧钢板和钢带》代替GB/T 3280—1992《不锈钢冷轧钢板》。

GB/T 3620.1—2007《钛及钛合金牌号和化学成分》代替GB/T 3620.1—1994《钛及钛合金牌号和化学成分》。

GB/T 3620.2—2007《钛及钛合金加工产品化学成分允许偏差》代替GB/T 3620.2—1994《钛及钛合金加工产品化学成分及成分允许偏差》。

GB/T 3621—2007《钛及钛合金板材》代替 GB/T 3621—1994《钛及钛合金板材》。

GB/T 3623—2007《钛及钛合金丝》代替 GB/T 3623—1998《钛及钛合金丝》。

GB/T 3625—2007《换热器及冷凝器用钛及钛合金管》代替 GB/T 3625—1995《换热器及冷凝器用钛及钛合金管》。

GB/T 3876—2007《钼及钼合金板》代替 GB/T 3876—1983《钼及钼合金板》。

GB/T 3880.1—2006《一般工业用铝及铝合金板、带材　第1部分：一般要求》代替 GB/T 3880—1997《铝及铝合金轧制板材》和 GB/T 8544—1997《铝及铝合金冷轧带材》。

GB/T 4237—2007《不锈钢热轧钢板和钢带》代替 GB/T 4237—1992《不锈钢热轧钢板》。

GB/T 4238—2007《耐热钢钢板和钢带》代替 GB/T 4238—1992《耐热钢板》。

GB/T 4338—2006《金属材料　高温拉伸试验方法》代替 GB/T 4338—1995《金属材料　高温拉伸试验》。

GB/T 5616—2006《无损检测　应用导则》代替 GB/T 5616—1985《常规无损探伤应用导则》。

GB/T 6611—2008《钛及钛合金术语和金相图谱》代替 GB/T 6611—1986《钛及钛合金术语》。

GB/T 6892—2006《一般工业用铝及铝合金挤压型材》代替 GB/T 6892—2000《工业用铝及铝合金热挤压型材》。

GB/T 8005.1—2008《铝及铝合金术语　第1部分：产品及加工处理工艺》代替 GB/T 8005—1987《铝及铝合金术语》。

GB/T 8162—2008《结构用无缝钢管》代替 GB/T 8162—1999《结构用无缝钢管》。

GB/T 8163—2008《输送流体用无缝钢管》代替 GB/T 8163—1999《输送流体用无缝钢管》。

GB/T 8165—2008《不锈钢复合钢板和钢带》代替 GB/T 8165—1997《不锈钢复合钢板和钢带》。

GB/T 8546—2007《钛-不锈钢复合板》代替 GB/T 8546—1987《钛-不锈钢复合板》。

GB/T 8890—2007《热交换器用铜合金无缝管》代替 GB/T 8890—1998《热交换器用铜合金无缝管》。

GB/T 9445—2008《无损检测　人员资格鉴定与认证》代替 GB/T 9445—1999《无损检测人员资格鉴定与认证》。

GB/T 11253—2007《碳素结构钢冷轧薄钢板及钢带》代替 GB/T 11253—1989《碳素结构钢和低合金钢冷轧薄钢板及钢带》。

GB/T 12604.5—2008《无损检测　术语　磁粉检测》代替 GB/T 12604.5—1990《无损检测术语　磁粉检测》。

GB/T 12604.6—2008《无损检测　术语　涡流检测》代替 GB/T 12604.6—1990《无损检测术语　涡流检测》。

GB/T 12771—2008《流体输送用不锈钢焊接钢管》代替 GB/T 12771—2000《流体输送用不锈钢焊接钢管》。

GB/T 13148—2008《不锈钢复合钢板焊接技术要求》代替 GB/T 13148—1991《不锈钢复合钢板焊接技术条件》。

GB 13296—2007《锅炉、热交换器用不锈钢无缝钢管》代替 GB 13296—1991《锅炉、热交换器用不锈钢无缝钢管》。

本版新补入的标准如下：

GB/T 985.3—2008　铝及铝合金气体保护焊的推荐坡口

GB/T 985.4—2008　复合钢的推荐坡口

GB/T 2054—2005　镍及镍合金板

GB/T 15822.1—2005　无损检测　磁粉检测　第1部分：总则

GB/T 15822.2—2005　无损检测　磁粉检测　第2部分：检测介质

GB/T 15822.3—2005　无损检测　磁粉检测　第3部分：设备

GB/T 19866—2005　焊接工艺规程及评定的一般原则

GB/T 19867.1—2005　电弧焊焊接工艺规程

GB/T 19867.2—2008　气焊焊接工艺规程

GB/T 19867.3—2008　电子束焊接工艺规程

GB/T 19867.4—2008　激光焊接工艺规程

GB/T 19867.5—2008　电阻焊焊接工艺规程

GB/T 19868.1—2005　基于试验焊接材料的工艺评定

GB/T 19868.2—2005　基于焊接经验的工艺评定

GB/T 19868.3—2005　基于标准焊接规程的工艺评定

GB/T 19868.4—2005　基于预生产焊接试验的工艺评定

GB/T 19937—2005　无损检测　渗透探伤装置　通用技术要求

GB/T 19938—2005　无损检测　焊缝射线照相和底片观察条件　像质计推荐型式的使用

GB/T 19943—2005　无损检测　金属材料X和伽玛射线照相检测　基本规则

GB/T 20737—2006　无损检测　通用术语和定义

为了符合阅读习惯，本版各卷页码不采取接续上一卷的方式编排。在每卷后附有全三卷收入的标准明细供查阅。

编　者

2008年12月

第四版第二次印刷出版说明

《压力容器相关标准汇编》本次再版有3个标准更新，GB/T 222—2006《钢的成品化学成分允许偏差》代替了GB/T 222—1984《钢的化学分析用试样取样法及成品化学成分允许偏差》；GB/T 8547—2006《钛-钢复合板》代替了GB/T 8547—1987《钛-钢复合板》；GB/T 13239—2006《金属材料　低温拉伸试验方法》代替了GB/T 13239—1991《金属低温拉伸试验方法》。

中国标准出版社

2006年12月

第四版前言

本汇编第三版出版于2001年，至今已使用了近5年，其间已有20余项标准被相继修订。为了保证本汇编的时效性、科学性，特对第三版进行修订。

本版中标准的作废、代替情况如下：

1. GB/T 196—2003《普通螺纹　基本尺寸》代替了GB/T 196—1981《普通螺纹　基本尺寸(直径1～600 mm)》。
2. GB/T 197—2003《普通螺纹　公差》代替了GB/T 197—1981《普通螺纹　公差与配合(直径1～355 mm)》。
3. GB/T 228—2002《金属材料　室温拉伸试验方法》代替了GB/T 228—1987《金属拉伸试验方法》及GB/T 6397—1986《金属拉伸试验试样》。
4. GB/T 231.1—2002《金属布氏硬度试验　第1部分：试验方法》、GB/T 231.2—2002《金属布氏硬度试验　第2部分：硬度计的检验与校准》和GB/T 231.3—2002《金属布氏硬度试验　第3部分：标准硬度块的标定》代替了GB/T 231—1984《金属布氏硬度试验方法》。
5. GB/T 984—2001《堆焊焊条》代替了GB/T 984—1985《堆焊焊条》。
6. GB/T 3091—2001《低压流体输送用焊接钢管》代替了GB/T 3091—1993《低压流体输送用镀锌焊接钢管》及GB/T 3092—1993《低压流体输送用焊接钢管》。
7. GB/T 3323—2005《金属熔化焊焊接接头射线照相》代替了GB/T 3323—1987《钢熔化焊对接接头射线照相和质量分级》。
8. GB/T 3524—2005《碳素结构钢和低合金结构钢热轧钢带》代替了GB/T 3524—1992《碳素结构钢和低合金结构钢热轧钢带》。
9. GB/T 17897—1999《不锈钢三氯化铁点腐蚀试验方法》代替了GB/T 4334.7—1984《不锈钢三氯化铁腐蚀试验方法》。
10. GB/T 17898—1999《不锈钢在沸腾氯化镁溶液中应力腐蚀试验方法》代替了GB/T 4334.8—1984《不锈钢42%氯化镁应力腐蚀试验方法》。
11. GB/T 17899—1999《不锈钢点蚀电位测量方法》代替了

GB/T 4334.9—1984《不锈钢点蚀电位测量方法》。

12. GB/T 7314—2005《金属材料　室温压缩试验方法》代替了GB/T 7314—1987《金属压缩试验方法》。

13. GB/T 7998—2005《铝合金晶间腐蚀测定方法》代替了GB/T 7998—1987《铝合金晶间腐蚀测定方法》。

14. GB/T 9445—2005《无损检测　人员资格鉴定与认证》代替了GB/T 9445—1999《无损检测人员资格鉴定与认证》。

15. GB/T 12470—2003《埋弧焊用低合金钢焊丝和焊剂》代替了GB/T 12470—1990《低合金钢埋弧焊用焊剂》。

16. GB/T 12604.1—2005《无损检测　术语　超声检测》代替了GB/T 12604.1—1990《无损检测术语　超声检测》。

17. GB/T 12604.2—2005《无损检测　术语　射线检测》代替了GB/T 12604.2—1990《无损检测术语　射线检测》。

18. GB/T 12604.3—2005《无损检测　术语　渗透检测》代替了GB/T 12604.3—1990《无损检测术语　渗透检测》。

19. GB/T 12604.4—2005《无损检测　术语　声发射检测》代替了GB/T 12604.4—1990《无损检测术语　声发射检测》。

20. GB/T 12770—2002《机械结构用不锈钢焊接钢管》代替了GB/T 12770—1991《机械结构用不锈钢焊接钢管》。

21. GB/T 14976—2002《流体输送用不锈钢无缝钢管》代替了GB/T 14976—1994《流体输送用不锈钢无缝钢管》。

前三版汇编中收入的代号为GBn和YB(T)的标准在国家标准清理整顿后已不存在，使用中可参照相应的国家标准或行业标准。锅炉压力容器标准化技术委员会归口的行业标准请参见单行本。

编　者

2006年3月

第三版前言

随着时间的推移，本汇编收入的一些标准被相继修订，为了满足使用人员对新标准的需求，特对第二版进行修订。

本版中标准的代替情况如下：

1. GB/T 232—1999《金属材料　弯曲试验方法》代替了 GB/T 232—1988《金属弯曲试验方法》。
2. GB 567—1999《爆破片与爆破片装置》代替了 GB 567—1989《拱形金属爆破片技术条件》。
3. GB/T 699—1999《优质碳素结构钢》代替了 GB/T 699—1988《优质碳素结构钢技术条件》。
4. GB 712—2000《船体用结构钢》代替了 GB 712—1988《船体用结构钢》。
5. GB 713—1997《锅炉用钢板》代替了 GB 713—1986《锅炉用碳素钢和低合金钢钢板》。
6. GB/T 1804—2000《一般公差　未注公差的线性和角度尺寸的公差》代替了 GB/T 1804—1992《一般公差　线性尺寸的未注公差》。
7. GB/T 3077—1999《合金结构钢》代替了 GB/T 3077—1988《合金结构钢技术条件》。
8. GB 3087—1999《低中压锅炉用无缝钢管》代替了 GB 3087—1982《低中压锅炉用无缝钢管》。
9. GB/T 3098.1—2000《紧固件机械性能　螺栓、螺钉和螺柱》代替了 GB/T 3098.1—1982《紧固件机械性能　螺栓、螺钉和螺柱》。
10. GB/T 3098.2—2000《紧固件机械性能　螺母　粗牙螺纹》代替了 GB/T 3098.2—1982《紧固件机械性能　螺母》。
11. GB/T 3310—1999《铜合金棒材超声波探伤方法》代替了 GB/T 3310—1982《铜合金棒材超声波探伤方法》。
12. GB/T 3622—1999《钛及钛合金带、箔材》代替了 GB/T 3622—1983《钛带材》。
13. GB/T 4334.1—2000《不锈钢 10%草酸浸蚀试验方法》代替了 GB/T 4334.1—1984《不锈钢 10%草酸浸蚀试验方法》。
14. GB/T 4334.2—2000《不锈钢硫酸-硫酸铁腐蚀试验方法》代替了 GB/T 4334.2—1984《不锈钢硫酸-硫酸铁腐蚀试验方法》。

15. GB/T 4334.3—2000《不锈钢65%硝酸腐蚀试验方法》代替了GB/T 4334.3—1984《不锈钢65%硝酸腐蚀试验方法》。
16. GB/T 4334.4—2000《不锈钢硝酸-氢氟酸腐蚀试验方法》代替了GB/T 4334.4—1984《不锈钢硝酸-氢氟酸腐蚀试验方法》。
17. GB/T 4334.5—2000《不锈钢硫酸-硫酸铜腐蚀试验方法》代替了GB/T 4334.5—1990《不锈钢硫酸-硫酸铜腐蚀试验方法》。
18. GB/T 4334.6—2000《不锈钢5%硫酸腐蚀试验方法》代替了GB/T 4334.6—1984《不锈钢5%硫酸腐蚀试验方法》。
19. GB/T 4437.1—2000《铝及铝合金热挤压管　第1部分：无缝圆管》代替了GB/T 4437—1984《铝及铝合金热挤压管》。
20. GB/T 5293—1999《埋弧焊用碳钢焊丝和焊剂》代替了GB/T 5293—1985《碳素钢埋弧焊用焊剂》。
21. GB/T 5779.1—2000《紧固件表面缺陷　螺栓、螺钉和螺柱　一般要求》代替了GB/T 5779.1—1986《紧固件表面缺陷—螺栓、螺钉和螺柱——般要求》。
22. GB/T 5779.2—2000《紧固件表面缺陷　螺母》代替了GB/T 5779.2—1986《紧固件表面缺陷—螺母——般要求》。
23. GB 6479—2000《高压化肥设备用无缝钢管》代替了GB 6479—1986《化肥设备用高压无缝钢管》。
24. GB/T 6892—2000《工业用铝及铝合金热挤压型材》代替了GB/T 6892—1986《工业用铝及铝合金挤压型材》。
25. GB/T 6893—2000《铝及铝合金拉(轧)制无缝管》代替了GB/T 6893—1986《工业用铝及铝合金拉(轧)制管》。
26. GB/T 8162—1999《结构用无缝钢管》代替了GB/T 8162—1987《结构用无缝钢管》。
27. GB/T 8163—1999《输送流体用无缝钢管》代替了GB/T 8163—1987《输送流体用无缝钢管》。
28. GB/T 8890—1998《热交换器用铜合金无缝管》代替了GB/T 8890—1988《热交换器用铜合金管》。
29. GB/T 9019—2001《压力容器公称直径》代替了GB/T 9019—1988《压力容器公称直径》。
30. GB/T 9445—1999《无损检测人员资格鉴定与认证》代替了GB/T 9445—1988《无损检测人员技术资格鉴定通则》。
31. GB/T 12771—2000《流体输送用不锈钢焊接钢管》代替了GB/T 12771—1991《流体输送用不锈钢焊接钢管》。

编　者

2001年6月

第二版前言

为了保证本汇编的实效性，我们根据标准的制、修订情况，对本汇编进行了修订，并出版第二版。

本版中标准的代替情况如下：

1. GB/T 3191—1998《铝及铝合金挤压棒材》代替了GB 3191—82《铝及铝合金挤压棒材》及GB 10572—89《优质铝及铝合金挤压棒材》。

2. GB/T 3623—1998《钛及钛合金丝》代替了GB 3623—83《钛及钛合金丝》。

3. GB/T 3880—1997《铝及铝合金轧制板材》代替了GB 3193—82《铝及铝合金热轧板》、GB 3880—83《铝及铝合金板材》、GB 10568—89《优质铝及铝合金热轧板》、GB 10569—89《优质铝及铝合金冷轧板》。

4. GB/T 8165—1997《不锈钢复合钢板和钢带》代替了GB 8165—87《不锈钢复合钢板》。

5. GB/T 8544—1997《铝及铝合金冷轧带材》代替了GB 8544—87《铝及铝合金带材》。

今后为了使本汇编常用常新，我们还会根据情况适时地进行修订，为使用者及时提供最新的资料。

1998.11

前　　言

全国压力容器标准化技术委员会，为便于对有关压力容器国家标准和行业标准的贯彻和实施，满足广大设计、制造、使用、安全监察和管理人员的需求，特将下面所列的现行的压力容器标准及新制、修订的标准中，所直接引用的相关标准148项，编撰成《压力容器相关标准汇编》。

本汇编，采用了最新的标准版本，全书分上、下两卷出版，其内容包括材料、焊接、性能检验等有关标准。

有关的压力容器标准是：

GB 150　钢制压力容器

GB 151　钢制管壳式换热器

GB 12337　钢制球形储罐

GB/T 15386　空冷式换热器

GB 16409　板式换热器

GB 16749　压力容器波形膨胀节

JB 4700　压力容器法兰分类与技术条件

JB 4701　甲型平焊法兰

JB 4702　乙型平焊法兰

JB 4703　长颈对焊法兰

JB 4704　非金属软垫片

JB 4705　缠绕垫片

JB 4706　金属包垫片

JB 4707　等长双头螺柱

JB 4708　钢制压力容器焊接工艺评定

JB 4709　钢制压力容器焊接规程

JB 4710　钢制塔式容器

JB/T 4712　鞍式支座

JB/T 4713　容器支腿

JB/T 4714　浮头式换热器和冷凝器　型式与基本参数

JB/T 4715　固定管板式换热器　型式与基本参数

JB/T 4716　立式热虹吸式重沸器　型式与基本参数

JB/T 4717　U型管式换热器　型式与基本参数

JB/T 4718　管壳式换热器用金属垫片

JB/T 4719　管壳式换热器用缠绕式垫片

JB/T 4720　管壳式换热器用非金属垫片

JB/T 4722　管壳式换热器用螺纹换热管　基本参数与技术条件

JB/T 4723　不可拆式螺旋板换热器　型式与基本参数
JB 4726　压力容器用碳素钢和低合金钢锻件
JB 4727　低温压力容器用碳素钢和低合金钢锻件
JB 4728　压力容器用不锈钢锻件
JB 4729　旋压封头
JB 4732　钢制压力容器—应力分析设计标准
JB/T 4736　补强圈

包括即将报批实施的标准：
国家标准：钛制压力容器
行业标准：铝制焊接容器
　　钢制常(低)压容器
　　卧式容器
　　螺旋板式换热器
　　压力容器用爆炸复合板

参加本书汇编的工作人员有：李彤、叶乾惠、寿比南、顾振铭。

本书由上述标准的主要起草人提供了引用标准目录，并得到中国标准出版社的大力支持并负责出版工作，顺致谢意。

全国压力容器标准化技术委员会
1997年5月

目　录

注:本汇编收集的国家标准的属性已在本目录上标明(GB或GB/T),年号用四位数字表示。鉴于部分国家标准是在国家清理整顿前出版的,故正文部分仍保留原样;读者在使用这些国家标准时,其属性以本目录上标明的为准(标准正文“引用标准”中标准的属性请读者注意查对)。

ICS 21.040.10
J 04

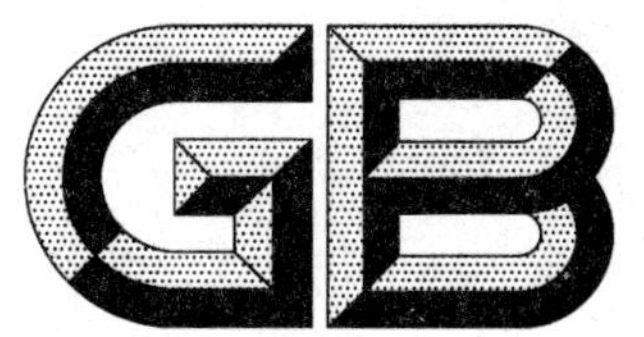

中华人民共和国国家标准

GB/T 196—2003
代替 GB/T 196—1981

普通螺纹　基本尺寸

General purpose metric screw threads—Basic dimensions

(ISO 724:1993,ISO general purpose metric screw threads—Basic dimensions,MOD)

2003-05-22 发布　　2004-01-01 实施

中华人民共和国国家质量监督检验检疫总局　发布

前　言

本标准修改采用ISO 724:1993《ISO一般用途米制螺纹——基本尺寸》(英文版)。我国标准与ISO标准不存在技术性差异。

GB/T 14791—1993《螺纹术语》与ISO 5408:1983《圆柱螺纹术语》有差异。螺纹可以分为圆柱螺纹与圆锥螺纹;密封螺纹与非密封螺纹;机械紧固螺纹与传动螺纹;对称牙型螺纹与非对称牙型螺纹。目前ISO 5408标准仅仅规定了圆柱螺纹(部分机械紧固螺纹和部分传动螺纹)的术语,远远无法满足实际生产的使用需求。我国参照日本、美国、英国和俄罗斯等国的做法,制定了适用于各种主要螺纹的螺纹术语标准,即我国螺纹术语标准的技术内容比较全面,它已包含了ISO螺纹术语标准的那部分技术内容。

本标准代替GB/T 196—1981《普通螺纹　基本尺寸》。

本标准与GB/T 196—1981相比,有螺纹规格的变化。具体规格变化情况见GB/T 193—2003。

本标准为普通螺纹系列标准中的基本尺寸标准。普通螺纹系列标准包括:

——GB/T 192--2003 《普通螺纹　基本牙型》;

——GB/T 193—2003 《普通螺纹　直径与螺距系列》;

——GB/T 9144—2003 《普通螺纹　优选系列》;

——GB/T 1414—2003 《普通螺纹　管路系列》;

——GB/T 196—2003 《普通螺纹　基本尺寸》;

——GB/T 197—2003 《普通螺纹　公差》;

——GB/T 2516—2003 《普通螺纹　极限偏差》;

——GB/T 15756—1995 《普通螺纹　极限尺寸》;

——GB/T 9145—2003 《普通螺纹　中等精度、优选系列的极限尺寸》;

——GB/T 9146—2003 《普通螺纹　粗糙精度、优选系列的极限尺寸》。

本标准是建立普通螺纹公差、极限偏差和极限尺寸标准的基础。

本标准由全国螺纹标准化技术委员会(SAC/TC108)提出并归口。

本标准负责起草单位:机械科学研究院。

本标准主要起草人:李晓滨。

本标准于1963年首次发布,1981年第一次修订。

普通螺纹　基本尺寸

1　范围

本标准依据 GB/T 192—2003 和 GB/T 193—2003 规定了普通螺纹(一般用途米制螺纹)的基本尺寸。

本标准适用于一般用途的机械紧固螺纹联接,其螺纹本身不具有密封功能。

2　规范性引用文件

下列文件中的条款通过本标准的引用而成为本标准的条款。凡是注日期的引用文件,其随后所有的修改单(不包括勘误的内容)或修订版均不适用于本标准,然而,鼓励根据本标准达成协议的各方研究是否可使用这些文件的最新版本。凡是不注日期的引用文件,其最新版本适用于本标准。

GB/T 192—2003　普通螺纹　基本牙型(ISO 68-1:1998,ISO general purpose screw threads—Basic profile—Part 1:Metric screw threads,MOD)

GB/T 193—2003　普通螺纹　直径与螺距系列(ISO 261:1998,ISO general purpose metric screw threads—General plan,MOD)

GB/T 14791　螺纹术语(neq ISO 5408:1983)

3　术语和定义

GB/T 14791 所规定的术语和定义适用于本标准。

4　代号

D——内螺纹的基本大径(公称直径);

d——外螺纹的基本大径(公称直径);

D_2——内螺纹的基本中径;

d_2——外螺纹的基本中径;

D_1——内螺纹的基本小径;

d_1——外螺纹的基本小径;

H——原始三角形高度;

P——螺距。

5　基本尺寸

各直径的所处位置见图 1,其基本尺寸值应符合表 1 的规定。

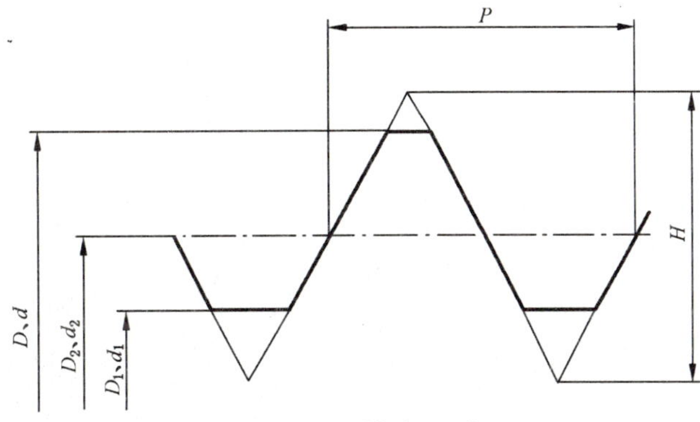

图 1　基本尺寸

表 1 内的螺纹中径和小径值是按下列公式计算的，计算数值需圆整到小数点后的第三位。

$$D_2 = D - 2 \times \frac{3}{8}H = D - 0.649\ 5P;$$

$$d_2 = d - 2 \times \frac{3}{8}H = d - 0.649\ 5P;$$

$$D_1 = D - 2 \times \frac{5}{8}H = D - 1.082\ 5P;$$

$$d_1 = d - 2 \times \frac{5}{8}H = d - 1.082\ 5P;$$

其中：$H = \frac{\sqrt{3}}{2}P = 0.866\ 025\ 404\ P$。

表 1　基本尺寸

单位为毫米

公称直径（大径）D、d	螺距 P	中径 D_2、d_2	小径 D_1、d_1
1	0.25	0.838	0.729
	0.2	0.870	0.783
1.1	0.25	0.938	0.829
	0.2	0.970	0.883
1.2	0.25	1.038	0.929
	0.2	1.070	0.983
1.4	0.3	1.205	1.075
	0.2	1.270	1.183
1.6	0.35	1.373	1.221
	0.2	1.470	1.383
1.8	0.35	1.573	1.421
	0.2	1.670	1.583
2	0.4	1.740	1.567
	0.25	1.838	1.729
2.2	0.45	1.908	1.713
	0.25	2.038	1.929
2.5	0.45	2.208	2.013
	0.35	2.273	2.121
3	0.5	2.675	2.459
	0.35	2.773	2.621
3.5	0.6	3.110	2.850
	0.35	3.273	3.121
4	0.7	3.545	3.242
	0.5	3.675	3.459

表 1（续）　　单位为毫米

公称直径（大径）D、d	螺距 P	中径 D_2、d_2	小径 D_1、d_1
4.5	0.75 0.5	4.013 4.175	3.688 3.959
5	0.8 0.5	4.480 4.675	4.134 4.459
5.5	0.5	5.175	4.959
6	1 0.75	5.350 5.513	4.917 5.188
7	1 0.75	6.350 6.513	5.917 6.188
8	1.25 1 0.75	7.188 7.350 7.513	6.647 6.917 7.188
9	1.25 1 0.75	8.188 8.350 8.513	7.647 7.917 8.188
10	1.5 1.25 1 0.75	9.026 9.188 9.350 9.513	8.376 8.647 8.917 9.188
11	1.5 1 0.75	10.026 10.350 10.513	9.376 9.917 10.188
12	1.75 1.5 1.25 1	10.863 11.026 11.188 11.350	10.106 10.376 10.647 10.917
14	2 1.5 1.25 1	12.701 13.026 13.188 13.350	11.835 12.376 12.647 12.917
15	1.5 1	14.026 14.350	13.376 13.917

表 1（续）

单位为毫米

公称直径（大径）D、d	螺距 P	中径 D_2、d_2	小径 D_1、d_1
16	2 1.5 1	14.701 15.026 15.350	13.835 14.376 14.917
17	1.5 1	16.026 16.350	15.376 15.917
18	2.5 2 1.5 1	16.376 16.701 17.026 17.350	15.294 15.835 16.376 16.917
20	2.5 2 1.5 1	18.376 18.701 19.026 19.350	17.294 17.835 18.376 18.917
22	2.5 2 1.5 1	20.376 20.701 21.026 21.350	19.294 19.835 20.376 20.917
24	3 2 1.5 1	22.051 22.701 23.026 23.350	20.752 21.835 22.376 22.917
25	2 1.5 1	23.701 24.026 24.350	22.835 23.376 23.917
26	1.5	25.026	24.376
27	3 2 1.5 1	25.051 25.701 26.026 26.350	23.752 24.835 25.376 25.917
28	2 1.5 1	26.701 27.026 27.350	25.835 26.376 26.917

表 1（续）

单位为毫米

公称直径（大径）D、d	螺距 P	中径 D_2、d_2	小径 D_1、d_1
30	3.5	27.727	26.211
	3	28.051	26.752
	2	28.701	27.835
	1.5	29.026	28.376
	1	29.350	28.917
32	2	30.701	29.835
	1.5	31.026	30.376
33	3.5	30.727	29.211
	3	31.051	29.752
	2	31.701	30.835
	1.5	32.026	31.376
35	1.5	34.026	33.376
36	4	33.402	31.670
	3	34.051	32.752
	2	34.701	33.835
	1.5	35.026	34.376
38	1.5	37.026	36.376
39	4	36.402	34.670
	3	37.051	35.752
	2	37.701	36.835
	1.5	38.026	37.376
40	3	38.051	36.752
	2	38.701	37.835
	1.5	39.026	38.376
42	4.5	39.077	37.129
	4	39.402	37.670
	3	40.051	38.752
	2	40.701	39.835
	1.5	41.026	40.376
45	4.5	42.077	40.129
	4	42.402	40.670
	3	43.051	41.752
	2	43.701	42.835
	1.5	44.026	43.376

表 1（续）

单位为毫米

公称直径（大径）D、d	螺距 P	中径 D_2、d_2	小径 D_1、d_1
48	5	44.752	42.587
	4	45.402	43.670
	3	46.051	44.752
	2	46.701	45.835
	1.5	47.026	46.376
50	3	48.051	46.752
	2	48.701	47.835
	1.5	49.026	48.376
52	5	48.752	46.587
	4	49.402	47.670
	3	50.051	48.752
	2	50.701	49.835
	1.5	51.026	50.376
55	4	52.402	50.670
	3	53.051	51.752
	2	53.701	52.835
	1.5	54.026	53.376
56	5.5	52.428	50.046
	4	53.402	51.670
	3	54.051	52.752
	2	54.701	53.835
	1.5	55.026	54.376
58	4	55.402	53.670
	3	56.051	54.752
	2	56.701	55.835
	1.5	57.026	56.376
60	5.5	56.428	54.046
	4	57.402	55.670
	3	58.051	56.752
	2	58.701	57.835
	1.5	59.026	58.376
62	4	59.402	57.670
	3	60.051	58.752
	2	60.701	59.835
	1.5	61.026	60.376

表 1（续） 单位为毫米

公称直径（大径）D、d	螺距 P	中径 D_2、d_2	小径 D_1、d_1
64	6	60.103	57.505
	4	61.402	59.670
	3	62.051	60.752
	2	62.701	61.835
	1.5	63.026	62.376
65	4	62.402	60.670
	3	63.051	61.752
	2	63.701	62.835
	1.5	64.026	63.376
68	6	64.103	61.505
	4	65.402	63.670
	3	66.051	64.752
	2	66.701	65.835
	1.5	67.026	66.376
70	6	66.103	63.505
	4	67.402	65.670
	3	68.051	66.752
	2	68.701	67.835
	1.5	69.026	68.376
72	6	68.103	65.505
	4	69.402	67.670
	3	70.051	68.752
	2	70.701	69.835
	1.5	71.026	70.376
75	4	72.402	70.670
	3	73.051	71.752
	2	73.701	72.835
	1.5	74.026	73.376
76	6	72.103	69.505
	4	73.402	71.670
	3	74.051	72.752
	2	74.701	73.835
	1.5	75.026	74.376

表 1（续） 单位为毫米

公称直径（大径）D、d	螺距 P	中径 D_2、d_2	小径 D_1、d_1
78	2	76.700	75.835
80	6	76.103	73.505
	4	77.402	75.670
	3	78.051	76.752
	2	78.701	77.835
	1.5	79.026	78.376
82	2	80.701	79.835
85	6	81.103	78.505
	4	82.402	80.670
	3	83.051	81.752
	2	83.701	82.835
90	6	86.103	83.505
	4	87.402	85.670
	3	88.051	86.752
	2	88.701	87.835
95	6	91.103	88.505
	4	92.402	90.670
	3	93.051	91.752
	2	93.701	92.835
100	6	96.103	93.505
	4	97.402	95.670
	3	98.051	96.752
	2	98.701	97.835
105	6	101.103	98.505
	4	102.402	100.670
	3	103.051	101.752
	2	103.701	102.835
110	6	106.103	103.505
	4	107.402	105.670
	3	108.051	106.752
	2	108.701	107.835
115	6	111.103	108.505
	4	112.402	110.670
	3	113.051	111.752
	2	113.701	112.835

表 1（续）

单位为毫米

公称直径（大径）D、d	螺距 P	中径 D_2、d_2	小径 D_1、d_1
120	6	116.103	113.505
	4	117.402	115.670
	3	118.051	116.752
	2	118.701	117.835
125	6	121.103	118.505
	4	122.402	120.670
	3	123.051	121.752
	2	123.701	122.835
130	6	126.103	123.505
	4	127.402	125.670
	3	128.051	126.752
	2	128.701	127.835
135	6	131.103	128.505
	4	132.402	130.670
	3	133.051	131.752
	2	133.701	132.835
140	6	136.103	133.505
	4	137.402	135.670
	3	138.051	136.752
	2	138.701	137.835
145	6	141.103	138.505
	4	142.402	140.670
	3	143.051	141.752
	2	143.701	142.835
150	8	144.804	141.340
	6	146.103	143.505
	4	147.402	145.670
	3	148.051	146.752
	2	148.701	147.835
155	6	151.103	148.505
	4	152.402	150.670
	3	153.051	151.752
160	8	154.804	151.340
	6	156.103	153.505
	4	157.402	155.670
	3	158.051	156.752

表 1（续）

单位为毫米

公称直径（大径）D、d	螺距 P	中径 D_2、d_2	小径 D_1、d_1
165	6	161.103	158.505
	4	162.402	160.670
	3	163.051	161.752
170	8	164.804	161.340
	6	166.103	163.505
	4	167.402	165.670
	3	168.051	166.752
175	6	171.103	168.505
	4	172.402	170.670
	3	173.051	171.752
180	8	174.804	171.340
	6	176.103	173.505
	4	177.402	175.670
	3	178.051	176.752
185	6	181.103	178.505
	4	182.402	180.670
	3	183.051	181.752
190	8	184.804	181.340
	6	186.103	183.505
	4	187.402	185.670
	3	188.051	186.752
195	6	191.103	188.505
	4	192.402	190.670
	3	193.051	191.752
200	8	194.804	191.340
	6	196.103	193.505
	4	197.402	195.670
	3	198.051	196.752
205	6	201.103	198.505
	4	202.402	200.670
	3	203.051	201.752
210	8	204.804	201.340
	6	206.103	203.505
	4	207.402	205.670
	3	208.051	206.752

表 1（续）

单位为毫米

公称直径（大径）D、d	螺距 P	中径 D_2、d_2	小径 D_1、d_1
215	6	211.103	208.505
	4	212.402	210.670
	3	213.051	211.752
220	8	214.804	211.340
	6	216.103	213.505
	4	217.402	215.670
	3	218.051	216.752
225	6	221.103	218.505
	4	222.402	220.670
	3	223.051	221.752
230	8	224.804	221.340
	6	226.103	223.505
	4	227.402	225.670
	3	228.051	226.752
235	6	231.103	228.505
	4	232.402	230.670
	3	233.051	231.752
240	8	234.804	231.340
	6	236.103	233.505
	4	237.402	235.670
	3	238.051	236.752
245	6	241.103	238.505
	4	242.402	240.670
	3	243.051	241.752
250	8	244.804	241.340
	6	246.103	243.505
	4	247.402	245.670
	3	248.051	246.752
255	6	251.103	248.505
	4	252.402	250.670
260	8	254.804	251.340
	6	256.103	253.505
	4	257.402	255.670

表 1（续） 单位为毫米

公称直径（大径）D、d	螺距 P	中径 D_2、d_2	小径 D_1、d_1
265	6 4	261.103 262.402	258.505 260.670
270	8 6 4	264.804 266.103 267.402	261.340 263.505 265.670
275	6 4	271.103 272.402	268.505 270.670
280	8 6 4	274.804 276.103 277.402	271.340 273.505 275.670
285	6 4	281.103 282.402	278.505 280.670
290	8 6 4	284.804 286.103 287.402	281.340 283.505 285.670
295	6 4	291.103 292.402	288.505 290.670
300	8 6 4	294.804 296.103 297.402	291.340 293.505 295.670

ICS 21.040.10
J 04

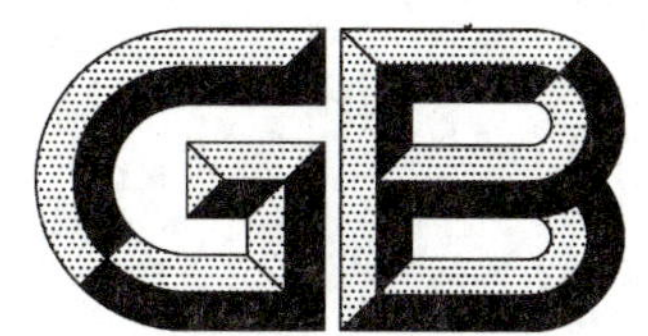

中华人民共和国国家标准

GB/T 197—2003
代替 GB/T 197—1981

普通螺纹　公差

General purpose metric screw threads—Tolerances

(ISO 965-1:1998,ISO general purpose metric screw threads—Tolerances—Part 1:Principles and basic data,MOD)

2003-05-22 发布　　　　2004-01-01 实施

中华人民共和国
国家质量监督检验检疫总局　发布

前　言

本标准修改采用ISO 965-1:1998《ISO一般用途米制螺纹——公差——第1部分:原则和基本数据》(英文版)。两者间主要差异为:

a) 标准章节的设置。ISO标准编写的主要问题是同一个技术内容被分隔在不同的几处,使标准的主要技术内容过于分散,并有重复。我国标准将有关内容按其技术体系集中编写。两个标准的章节对应情况如下:
   1) ISO标准的第4章的a)项、第6章、第9章和第10章对应我国标准的4.2(公差等级);
   2) ISO标准的第4章的b)项和第7章对应我国标准的4.1(公差带位置);
   3) ISO标准的第4章的c)项和第12章对应我国标准的第6章(推荐公差带)。
b) 我国标准纠正了ISO标准的几个错误。具体如下:
   1) 将ISO标准第1章(范围)第1段(本标准规定了……基本牙型)内的"基本牙型"改为"公差和标记"(对应我国标准的第1章第1段)。
   2) 将ISO标准3.2(代号)内的"T_{d1}"改为"T_d"(对应我国标准的3.2)。
   3) 将ISO标准第11章(牙底形状)第1段内的"……不应超越基本牙型"改为"……不应超越按基本牙型和公差位置所确定的最大实体牙型"(对应我国标准的第7章)。ISO标准没有考虑底径基本偏差的存在,与其标准量规通端牙型的规定相矛盾。
   4) 将ISO标准表1(基本偏差)内的直径代号"$D_2,D_1;d,d_2$"删去(对应我国标准的表1)。ISO标准的直径代号内没有包含底径代号。实际上底径也有基本偏差,并且底径的基本偏差与其中径的基本偏差相同。删去表内的顶径和中径代号就表示螺纹的三个直径(顶径、中径和底径)都有基本偏差存在,不能将底径部分排除在表1之外。

GB/T 14791—1993《螺纹术语》与ISO 5408:1983《圆柱螺纹术语》有差异。螺纹可以分为圆柱螺纹与圆锥螺纹;密封螺纹与非密封螺纹;机械紧固螺纹与传动螺纹;对称牙型螺纹与非对称牙型螺纹。目前ISO 5408标准仅仅规定了圆柱螺纹(部分机械紧固螺纹和部分传动螺纹)的术语,远远无法满足实际生产的使用需求。我国参照日本、美国、英国和俄罗斯等国的做法,制定了适用于各种主要螺纹的螺纹术语标准,即我国螺纹术语标准的技术内容比较全面,它已包含了ISO螺纹术语标准的那部分技术内容。

本标准代替GB/T 197—1981《普通螺纹　公差与配合》。

本标准与GB/T 197—1981相比,主要有如下技术性变化:

a) 本标准删除了旧标准内的"中径合格性判断原则"(1981年版的第4章)。螺纹的检测手段有许多种,应根据螺纹的不同使用场合及螺纹加工条件,由产品设计者自己决定采用何种螺纹检验手段。
b) 本标准与旧标准在螺纹标记(1981年版的第12～14章本版的第8章)方面有差异。
   1) 旧标准不允许省略公差带代号,而本标准则允许省略最常用的公差带;
   2) 旧标准可以标注旋合长度的具体数值,而本标准则不允许标注旋合长度具体数值;
   3) 旧标准的左旋代号为汉语的"左"字,而本标准的左旋代号则为英语的缩写字母"LH";
   4) 旧标准没有多线螺纹的标注方法,而本标准则规定了多线螺纹的标注方法。
c) 本标准与旧标准在推荐公差带(1981年版的表7和表8;本版的表7和表8)方面有差异。
   1) 本标准将旧标准6G公差带的选用优先等级提高了两个级,由括号内公差带变为粗体字公差带;

2） 本标准将旧标准精密级的 4H5H 和 5H6H 两个公差带分别改为 5H 和 6H；

3） 本标准增加了 8G、7e6e、8e、9e8e、4g、5g4g 和 9g8g 七个带括号的公差带及一个不带括号的 8H 公差带；

4） 本标准删除了旧标准带括号的 8h 公差带。

d） 新标准引进了外螺纹小径 d_3 代号(见 3.2、图 2 和图 3)，以表示圆弧牙底外螺纹的小径，而旧标准内则没有此代号。

本标准为普通螺纹系列标准中的公差标准。普通螺纹系列标准包括：

——GB/T 192—2003 《普通螺纹 基本牙型》；

——GB/T 193—2003 《普通螺纹 直径与螺距系列》；

——GB/T 9144—2003 《普通螺纹 优选系列》；

——GB/T 1414—2003 《普通螺纹 管路系列》；

——GB/T 196—2003 《普通螺纹 基本尺寸》；

——GB/T 197—2003 《普通螺纹 公差》；

——GB/T 2516—2003 《普通螺纹 极限偏差》；

——GB/T 15756—1995 《普通螺纹 极限尺寸》；

——GB/T 9145—2003 《普通螺纹 中等精度、优选系列的极限尺寸》；

——GB/T 9146—2003 《普通螺纹 粗糙精度、优选系列的极限尺寸》。

本标准是建立普通螺纹极限偏差和极限尺寸标准的基础。

本标准由全国螺纹标准化技术委员会(SAC/TC108)提出并归口。

本标准负责起草单位：机械科学研究院。

本标准主要起草人：李晓滨。

本标准于 1963 年首次发布，1981 年第一次修订。

普通螺纹 公差

1 范围

本标准规定了普通螺纹(一般用途米制螺纹)的公差和标记。普通螺纹的基本牙型和直径与螺距系列分别符合 GB/T 192—2003 和 GB/T 193—2003 标准的规定。

本标准适用于一般用途的机械紧固螺纹联接,其螺纹本身不具有密封功能。

2 规范性引用文件

下列文件中的条款通过本标准的引用而成为本标准的条款。凡是注日期的引用文件,其随后所有的修改单(不包括勘误的内容)或修订版均不适用于本标准,然而,鼓励根据本标准达成协议的各方研究是否可使用这些文件的最新版本。凡是不注日期的引用文件,其最新版本适用于本标准。

GB/T 192—2003 普通螺纹 基本牙型(ISO 68-1:1998,ISO general purpose screw threads—Basic profile—Part 1:Metric screw threads,MOD)

GB/T 193—2003 普通螺纹 直径与螺距系列(ISO 261:1998,ISO general purpose metric screw threads—General plan,MOD)

GB/T 2516—2003 普通螺纹 极限偏差(ISO 965-3:1998,ISO general purpose metric screw threads—Tolerances—Part 3:Deviations for constructional screw threads,MOD)

GB/T 3098.1—2000 紧固件机械性能 螺栓、螺钉和螺柱(idt ISO 898-1:1999)

GB/T 3934—2003 普通螺纹量规 技术条件(ISO 1502:1996,ISO general purpose metric screw threads—Gauges and gauging,MOD)

GB/T 14791 螺纹术语(neq ISO 5408:1983)

3 术语和代号

3.1 术语和定义

GB/T 14791 所规定的术语和定义适用于本标准。

3.2 代号

D——内螺纹的基本大径(公称直径);

d——外螺纹的基本大径(公称直径);

D_2——内螺纹的基本中径;

d_2——外螺纹的基本中径;

D_1——内螺纹的基本小径;

d_1——外螺纹的基本小径(在基本牙型上);

d_3——外螺纹的小径(见图 2 和图 3);

P——螺距;

Ph——导程;

H——原始三角形高度;

S——短旋合长度组;

N——中等旋合长度组;

L——长旋合长度组；

T——公差；

T_{D_2}——内螺纹中径公差；

T_{d_2}——外螺纹中径公差；

T_{D_1}——内螺纹小径公差；

T_d——外螺纹大径公差；

EI——内螺纹直径的下偏差(基本偏差)；

ei——外螺纹直径的下偏差；

ES——内螺纹直径的上偏差；

es——外螺纹直径的上偏差(基本偏差)；

R——外螺纹的牙底圆弧半径；

C——外螺纹的牙底削平高度。

4 公差

4.1 公差带位置

按下面规定选取内、外螺纹的公差带位置。

内螺纹：G——其基本偏差(EI)为正值，见图 1a)；

H——其基本偏差(EI)为零，见图 1b)。

外螺纹：e、f、g——其基本偏差(es)为负值，见图 2a)；

h——其基本偏差(es)为零，见图 2b)。

基本偏差数值见表 1。

选择基本偏差主要依据螺纹表面涂镀层的厚度及螺纹件的装配间隙。

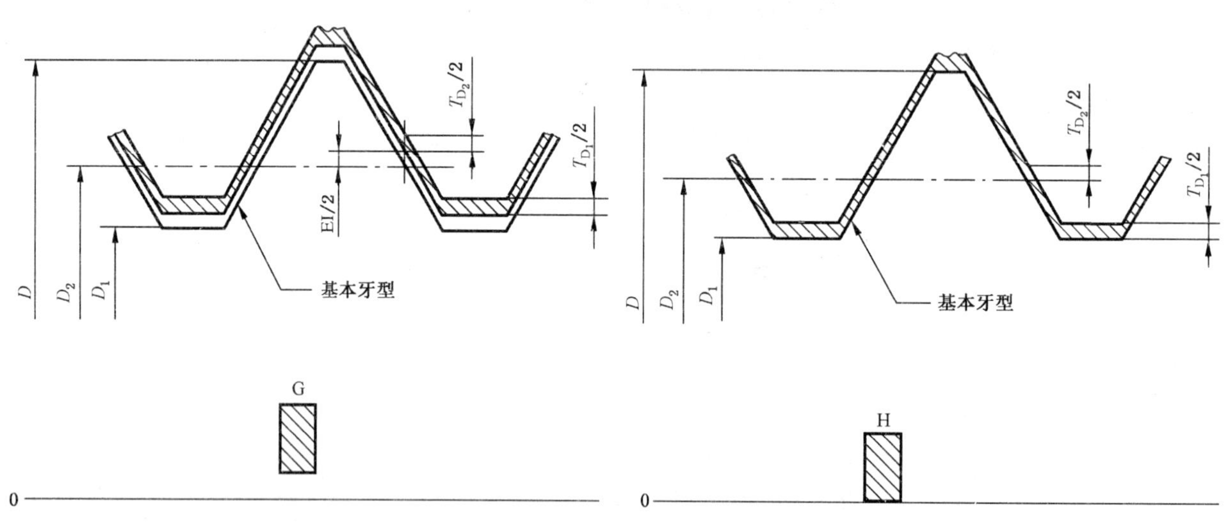

a) 公差带位置为 G

b) 公差带位置为 H

图 1 内螺纹的公差带位置

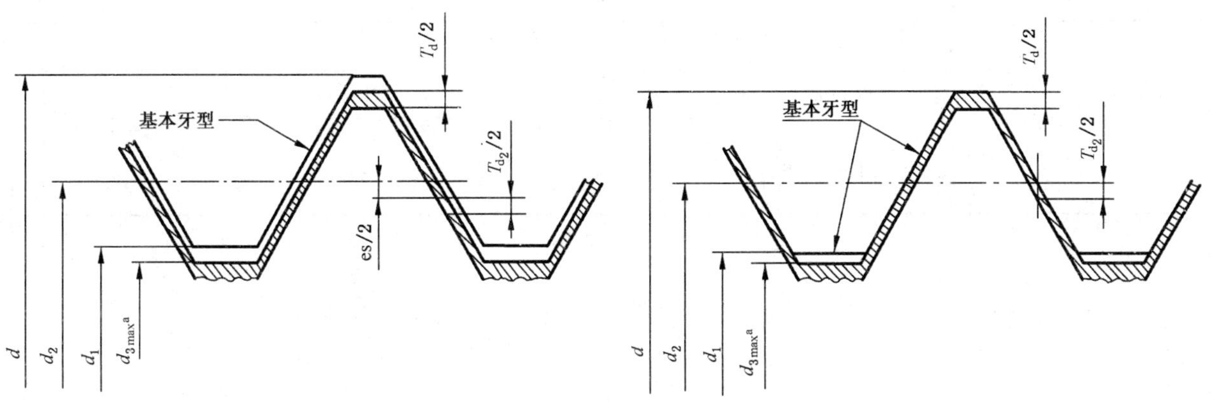

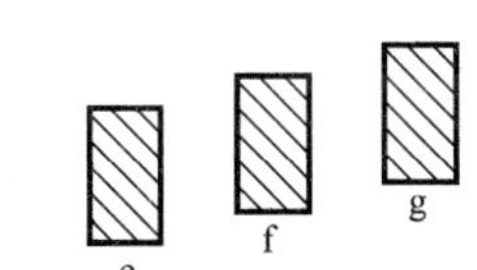

a) 公差带位置为 e、f 和 g　　　　b) 公差带位置为 h

[a] d_{3max} 见第 7 章和图 3。

图 2　外螺纹的公差带位置

表 1　内外螺纹的基本偏差

单位为微米

螺距 P/mm	基本偏差					
	内螺纹		外螺纹			
	G EI	H EI	e es	f es	g es	h es
0.2	+17	0	—	—	−17	0
0.25	+18	0	—	—	−18	0
0.3	+18	0	—	—	−18	0
0.35	+19	0	—	−34	−19	0
0.4	+19	0	—	−34	−19	0
0.45	+20	0	—	−35	−20	0
0.5	+20	0	−50	−36	−20	0
0.6	+21	0	−53	−36	−21	0
0.7	+22	0	−56	−38	−22	0
0.75	+22	0	−56	−38	−22	0
0.8	+24	0	−60	−38	−24	0
1	+26	0	−60	−40	−26	0
1.25	+28	0	−63	−42	−28	0
1.5	+32	0	−67	−45	−32	0
1.75	+34	0	−71	−48	−34	0

表 1（续）

单位为微米

螺距 P/mm	基本偏差					
	内螺纹		外螺纹			
	G EI	H EI	e es	f es	g es	h es
2	+38	0	−71	−52	−38	0
2.5	+42	0	−80	−58	−42	0
3	+48	0	−85	−63	−48	0
3.5	+53	0	−90	−70	−53	0
4	+60	0	−95	−75	−60	0
4.5	+63	0	−100	−80	−63	0
5	+71	0	−106	−85	−71	0
5.5	+75	0	−112	−90	−75	0
6	+80	0	−118	−95	−80	0
8	+100	0	−140	−118	−100	0

4.2 公差等级

按下面规定选取螺纹顶径和中径的公差等级。

螺纹直径	公差等级
内螺纹小径 D_1	4、5、6、7、8
外螺纹大径 d	4、6、8
内螺纹中径 D_2	4、5、6、7、8
外螺纹中径 d_2	3、4、5、6、7、8、9

内螺纹小径(D_1)的公差值见表 2；

外螺纹大径(d)的公差值见表 3。

内螺纹中径(D_2)的公差值见表 4；

外螺纹中径(d_2)的公差值见表 5。

表 2　内螺纹小径公差(T_{D_1})

单位为微米

螺距 P/mm	公差等级				
	4	5	6	7	8
0.2	38	—	—	—	—
0.25	45	56	—	—	—
0.3	53	67	85	—	—
0.35	63	80	100	—	—
0.4	71	90	112	—	—
0.45	80	100	125	—	—
0.5	90	112	140	180	—
0.6	100	125	160	200	—
0.7	112	140	180	224	—

表 2（续）

单位为微米

螺距 P/mm	公差等级				
	4	5	6	7	8
0.75	118	150	190	236	—
0.8	125	160	200	250	315
1	150	190	236	300	375
1.25	170	212	265	335	425
1.5	190	236	300	375	475
1.75	212	265	335	425	530
2	236	300	375	475	600
2.5	280	355	450	560	710
3	315	400	500	630	800
3.5	355	450	560	710	900
4	375	475	600	750	950
4.5	425	530	670	850	1 060
5	450	560	710	900	1 120
5.5	475	600	750	950	1 180
6	500	630	800	1 000	1 250
8	630	800	1 000	1 250	1 600

表 3　外螺纹大径公差（T_d）

单位为微米

螺距 P/mm	公差等级		
	4	6	8
0.2	36	56	—
0.25	42	67	—
0.3	48	75	—
0.35	53	85	—
0.4	60	95	—
0.45	63	100	—
0.5	67	106	—
0.6	80	125	—
0.7	90	140	—
0.75	90	140	—
0.8	95	150	236
1	112	180	280
1.25	132	212	335
1.5	150	236	375
1.75	170	265	425

表 3（续） 单位为微米

螺距 P/mm	公差等级		
	4	6	8
2	180	280	450
2.5	212	335	530
3	236	375	600
3.5	265	425	670
4	300	475	750
4.5	315	500	800
5	335	530	850
5.5	355	560	900
6	375	600	950
8	450	710	1 180

表 4 内螺纹中径公差（T_{D_2}） 单位为微米

基本大径 D/mm		螺距 P/mm	公差等级				
＞	≤		4	5	6	7	8
0.99	1.4	0.2	40	—	—	—	—
		0.25	45	56	—	—	—
		0.3	48	60	75	—	—
1.4	2.8	0.2	42	—	—	—	—
		0.25	48	60	—	—	—
		0.35	53	67	85	—	—
		0.4	56	71	90	—	—
		0.45	60	75	95	—	—
2.8	5.6	0.35	56	71	90	—	—
		0.5	63	80	100	125	—
		0.6	71	90	112	140	—
		0.7	75	95	118	150	—
		0.75	75	95	118	150	—
		0.8	80	100	125	160	200
5.6	11.2	0.75	85	106	132	170	—
		1	95	118	150	190	236
		1.25	100	125	160	200	250
		1.5	112	140	180	224	280
11.2	22.4	1	100	125	160	200	250
		1.25	112	140	180	224	280
		1.5	118	150	190	236	300
		1.75	125	160	200	250	315
		2	132	170	212	265	335
		2.5	140	180	224	280	355

表 4（续）

单位为微米

基本大径 D/mm		螺距 P/mm	公差等级				
>	≤		4	5	6	7	8
22.4	45	1	106	132	170	212	—
		1.5	125	160	200	250	315
		2	140	180	224	280	355
		3	170	212	265	335	425
		3.5	180	224	280	355	450
		4	190	236	300	375	475
		4.5	200	250	315	400	500
45	90	1.5	132	170	212	265	335
		2	150	190	236	300	375
		3	180	224	280	355	450
		4	200	250	315	400	500
		5	212	265	335	425	530
		5.5	224	280	355	450	560
		6	236	300	375	475	600
90	180	2	160	200	250	315	400
		3	190	236	300	375	475
		4	212	265	335	425	530
		6	250	315	400	500	630
		8	280	355	450	560	710
180	355	3	212	265	335	425	530
		4	236	300	375	475	600
		6	265	335	425	530	670
		8	300	375	475	600	750

表 5　外螺纹中径公差（T_{d_2}）

单位为微米

基本大径 d/mm		螺距 P/mm	公差等级						
>	≤		3	4	5	6	7	8	9
0.99	1.4	0.2	24	30	38	48	—	—	—
		0.25	26	34	42	53	—	—	—
		0.3	28	36	45	56	—	—	—
1.4	2.8	0.2	25	32	40	50	—	—	—
		0.25	28	36	45	56	—	—	—
		0.35	32	40	50	63	80	—	—
		0.4	34	42	53	67	85	—	—
		0.45	36	45	56	71	90	—	—
2.8	5.6	0.35	34	42	53	67	85	—	—
		0.5	38	48	60	75	95	—	—
		0.6	42	53	67	85	106	—	—
		0.7	45	56	71	90	112	—	—
		0.75	45	56	71	90	112	—	—
		0.8	48	60	75	95	118	150	190

表 5（续）

单位为微米

基本大径 d/mm		螺距 P/mm	公差等级						
>	≤		3	4	5	6	7	8	9
5.6	11.2	0.75	50	63	80	100	125	—	—
		1	56	71	90	112	140	180	224
		1.25	60	75	95	118	150	190	236
		1.5	67	85	106	132	170	212	265
11.2	22.4	1	60	75	95	118	150	190	236
		1.25	67	85	106	132	170	212	265
		1.5	71	90	112	140	180	224	280
		1.75	75	95	118	150	190	236	300
		2	80	100	125	160	200	250	315
		2.5	85	106	132	170	212	265	335
22.4	45	1	63	80	100	125	160	200	250
		1.5	75	95	118	150	190	236	300
		2	85	106	132	170	212	265	335
		3	100	125	160	200	250	315	400
		3.5	106	132	170	212	265	335	425
		4	112	140	180	224	280	355	450
		4.5	118	150	190	236	300	375	475
45	90	1.5	80	100	125	160	200	250	315
		2	90	112	140	180	224	280	355
		3	106	132	170	212	265	335	425
		4	118	150	190	236	300	375	475
		5	125	160	200	250	315	400	500
		5.5	132	170	212	265	335	425	530
		6	140	180	224	280	355	450	560
90	180	2	95	118	150	190	236	300	375
		3	112	140	180	224	280	355	450
		4	125	160	200	250	315	400	500
		6	150	190	236	300	375	475	600
		8	170	212	265	335	425	530	670
180	355	3	125	160	200	250	315	400	500
		4	140	180	224	280	355	450	560
		6	160	200	250	315	400	500	630
		8	180	224	280	355	450	560	710

5 旋合长度

旋合长度分为三组，分别为短旋合长度组(S)、中等旋合长度组(N)和长旋合长度组(L)。各组的长度范围见表 6。

表 6　螺纹的旋合长度

单位为毫米

基本大径 D、d		螺距 P	旋合长度			
			S	N		L
>	≤		≤	>	≤	>
0.99	1.4	0.2	0.5	0.5	1.4	1.4
		0.25	0.6	0.6	1.7	1.7
		0.3	0.7	0.7	2	2
1.4	2.8	0.2	0.5	0.5	1.5	1.5
		0.25	0.6	0.6	1.9	1.9
		0.35	0.8	0.8	2.6	2.6
		0.4	1	1	3	3
		0.45	1.3	1.3	3.8	3.8
2.8	5.6	0.35	1	1	3	3
		0.5	1.5	1.5	4.5	4.5
		0.6	1.7	1.7	5	5
		0.7	2	2	6	6
		0.75	2.2	2.2	6.7	6.7
		0.8	2.5	2.5	7.5	7.5
5.6	11.2	0.75	2.4	2.4	7.1	7.1
		1	3	3	9	9
		1.25	4	4	12	12
		1.5	5	5	15	15
11.2	22.4	1	3.8	3.8	11	11
		1.25	4.5	4.5	13	13
		1.5	5.6	5.6	16	16
		1.75	6	6	18	18
		2	8	8	24	24
		2.5	10	10	30	30
22.4	45	1	4	4	12	12
		1.5	6.3	6.3	19	19
		2	8.5	8.5	25	25
		3	12	12	36	36
		3.5	15	15	45	45
		4	18	18	53	53
		4.5	21	21	63	63

表 6（续）　　单位为毫米

基本大径 D、d		螺距 P	旋合长度			
			S	N		L
>	≤		≤	>	≤	>
45	90	1.5	7.5	7.5	22	22
		2	9.5	9.5	28	28
		3	15	15	45	45
		4	19	19	56	56
		5	24	24	71	71
		5.5	28	28	85	85
		6	32	32	95	95
90	180	2	12	12	36	36
		3	18	18	53	53
		4	24	24	71	71
		6	36	36	106	106
		8	45	45	132	132
180	355	3	20	20	60	60
		4	26	26	80	80
		6	40	40	118	118
		8	50	50	150	150

6 推荐公差带

6.1 公差精度

根据使用场合，螺纹的公差精度分为下面三级：

——精密：用于精密螺纹；

——中等：用于一般用途螺纹；

——粗糙：用于制造螺纹有困难的场合，例如在热轧棒料上和深盲孔内加工螺纹。

6.2 推荐公差带及其选用原则

宜优先按表 7 和表 8 的规定选取螺纹公差带。

除特殊情况外，表 7 和表 8 以外的其他公差带不宜选用。

注：螺纹公差带代号的标注方法见第 8 章。

如果不知道螺纹旋合长度的实际值（例如标准螺栓），推荐按中等旋合长度（N）选取螺纹公差带。

公差带优先选用顺序为：粗字体公差带、一般字体公差带、括号内公差带。带方框的粗字体公差带用于大量生产的紧固件螺纹。

6.3 内、外螺纹的公差带组合

表 7 的内螺纹公差带能与表 8 的外螺纹公差带形成任意组合。但是，为了保证内、外螺纹间有足够的螺纹接触高度，推荐完工后的螺纹零件宜优先组成 H/g、H/h 或 G/h 配合。对公称直径小于和等于 1.4 mm 的螺纹，应选用 5H/6h、4H/6h 或更精密的配合。

6.4 涂镀螺纹的公差带

如无其他特殊说明，推荐公差带适用于涂镀前螺纹。涂镀后，螺纹实际轮廓上的任何点不应超越按公差位置 H 或 h 所确定的最大实体牙型。

注：推荐公差带仅适用于薄涂镀层的螺纹。例如电镀螺纹。

表 7　内螺纹的推荐公差带

公差精度	公差带位置 G			公差带位置 H		
	S	N	L	S	N	L
精密	—	—	—	4H	5H	6H
中等	(5G)	**6G**	(7G)	**5H**	**6H**	**7H**
粗糙	—	(7G)	(8G)	—	7H	8H

表 8　外螺纹的推荐公差带

公差精度	公差带位置 e			公差带位置 f			公差带位置 g			公差带位置 h		
	S	N	L	S	N	L	S	N	L	S	N	L
精密	—	—	—	—	—	—	—	(4g)	(5g4g)	(3h4h)	**4h**	(5h4h)
中等	—	**6e**	(7e6e)		**6f**	—	(5g6g)	**6g**	(7g6g)	(5h6h)	6h	(7h6h)
粗糙	—	(8e)	(9e8e)	—	—	—		8g	(9g8g)	—	—	—

7　牙底形状

内、外螺纹牙底实际轮廓上的任何点不应超越按基本牙型和公差带位置所确定的最大实体牙型。

对机械性能高于和等于 8.8 级的紧固件(机械性能见 GB/T 3098.1)，其外螺纹牙底轮廓应没有反向圆弧，并且牙底各处的圆弧半径应不小于 0.125 P。牙底最小圆弧半径值(R_{min})见表 9。

表 9　外螺纹最小牙底圆弧半径

螺距 P/mm	R_{min}/μm
0.2 0.25 0.3	25 31 38
0.35 0.4 0.45	44 50 56
0.5 0.6 0.7	63 75 88
0.75 0.8 1	94 100 125
1.25 1.5 1.75	156 188 219
2 2.5 3	250 313 375
3.5 4 4.5	438 500 563
5 5.5 6 8	625 688 750 1 000

在最大小径(d_{3max})位置处，两个 $R_{min}=0.125\ P$ 的圆弧通过螺纹最大实体牙侧与量规通端小径圆柱的交点(量规符合 GB/T 3934 的规定)，并且与螺纹最小实体牙侧相切，见图 3。

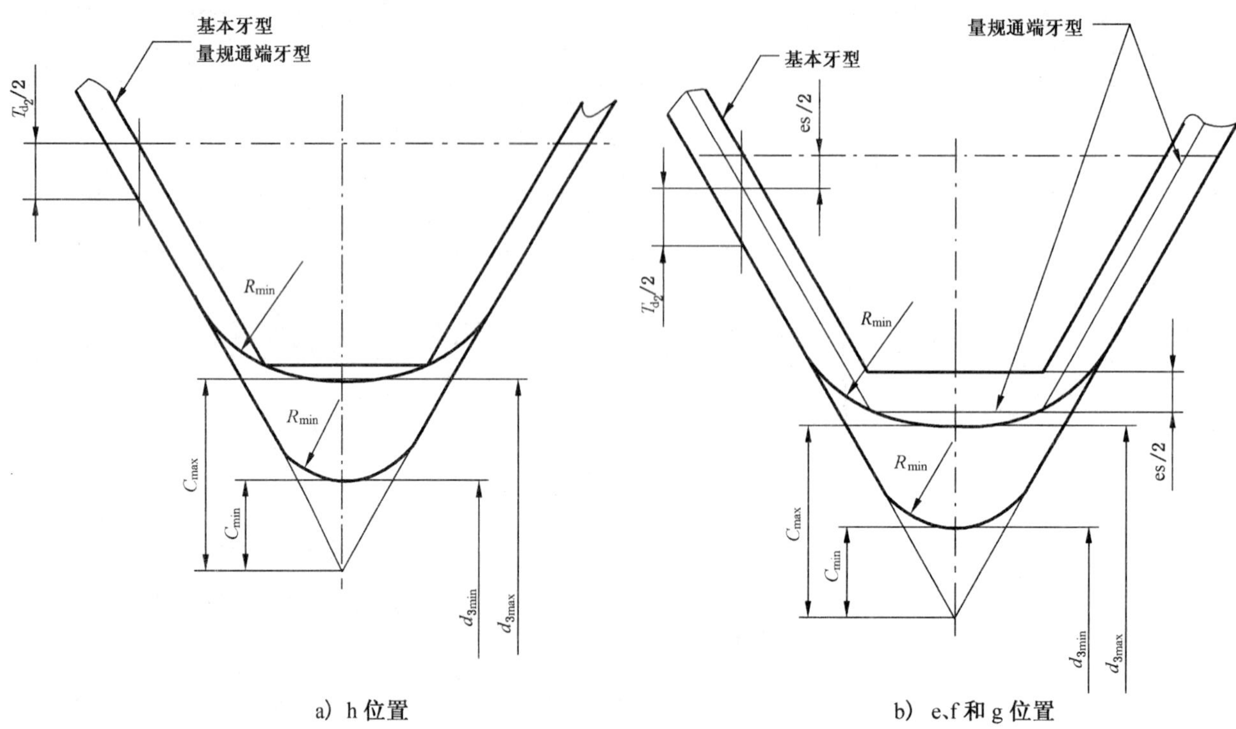

a) h 位置　　b) e、f 和 g 位置

图 3　外螺纹牙底形状

最大削平高度(C_{max})按下面公式计算：

$$C_{max}=\frac{H}{4}-R_{min}\left\{1-\cos\left[\frac{\pi}{3}-\arccos\left(1-\frac{T_{d_2}}{4\times R_{min}}\right)\right]\right\}+\frac{T_{d_2}}{2}$$

建议采用$\frac{H}{6}$削平高度(对应的牙底圆弧半径为 $R=0.144\ 34\ P$)，并且以$\frac{H}{6}$削平高度作为外螺纹小径(d_3)应力计算的基础(相应数值见 GB/T 2516)。

最小削平高度(C_{min})按下面公式计算：

$$C_{min}=0.125\ P=\frac{H}{7}$$

对机械性能等级低于 8.8 级的紧固件，其外螺纹牙底形状宜优先遵守上述要求(机械性能等级等于和高于 8.8 级的紧固件)。牙底圆弧对于承受疲劳和冲击载荷的螺纹紧固件或其他螺纹连接件是特别重要的。但除了外螺纹最大小径(d_{3max})应小于量规通端的最小小径外(量规符合 GB/T 3934 的规定)，对外螺纹牙底没有其他的限制要求。

8　螺纹标记

完整的螺纹标记由螺纹特征代号、尺寸代号、公差带代号及其他有必要做进一步说明的个别信息组成。

螺纹特征代号用字母“M”表示。

单线螺纹的尺寸代号为“公称直径×螺距”，公称直径和螺距数值的单位为毫米。对粗牙螺纹，可以省略标注其螺距项。

示例：

公称直径为 8 mm、螺距为 1 mm 的单线细牙螺纹：M8×1

公称直径为 8 mm、螺距为 1.25 mm 的单线粗牙螺纹：M8

多线螺纹的尺寸代号为“公称直径×Ph 导程 P 螺距”，公称直径、导程和螺距数值的单位为毫米。如果要进一步表明螺纹的线数，可在后面增加括号说明(使用英语进行说明。例如双线为 two starts；三线为 three starts；四线为 four starts)。

示例：

公称直径为 16 mm、螺距为 1.5 mm、导程为 3 mm 的双线螺纹：

M16×Ph3P1.5 或 M16×Ph3P1.5(two starts)

公差带代号包含中径公差带代号和顶径公差带代号。中径公差带代号在前，顶径公差带代号在后。各直径的公差带代号由表示公差等级的数值和表示公差带位置的字母(内螺纹用大写字母；外螺纹用小写字母)组成。如果中径公差带代号与顶径公差带代号相同，则应只标注一个公差带代号。螺纹尺寸代号与公差带间用“-”号分开。

示例：

中径公差带为 5g、顶径公差带为 6g 的外螺纹：M10×1-5g6g

中径公差带和顶径公差带为 6g 的粗牙外螺纹：M10-6g

中径公差带为 5H、顶径公差带为 6 H 的内螺纹：M10×1-5H6H

中径公差带和顶径公差带为 6H 的粗牙内螺纹：M10-6H

在下列情况下，中等公差精度螺纹不标注其公差带代号。

内螺纹：

——5H　公称直径小于和等于 1.4 mm 时；

——6H　公称直径大于和等于 1.6 mm 时。

注：对螺距为 0.2 mm 的螺纹，其公差等级为 4 级。

外螺纹：

——6h　公称直径小于和等于 1.4 mm 时；

——6g　公称直径大于和等于 1.6 mm 时。

示例：

中径公差带和顶径公差带为 6g、中等公差精度的粗牙外螺纹：M10

中径公差带和顶径公差带为 6H、中等公差精度的粗牙内螺纹：M10

表示内、外螺纹配合时，内螺纹公差带代号在前，外螺纹公差带代号在后，中间用斜线分开。

示例：

公差带为 6H 的内螺纹与公差带为 5g6g 的外螺纹组成配合：M20×2-6H/5g6g

公差带为 6H 的内螺纹与公差带为 6g 的外螺纹组成配合(中等公差精度、粗牙)：M6

标记内有必要说明的其他信息包括螺纹的旋合长度和旋向。

对短旋合长度组和长旋合长度组的螺纹，宜在公差带代号后分别标注“S”和“L”代号。旋合长度代号与公差带间用“-”号分开。中等旋合长度组螺纹不标注旋合长度代号(N)。

示例：

短旋合长度的内螺纹：M20×2-5H-S

长旋合长度的内、外螺纹：M6-7H/7g6g-L

中等旋合长度的外螺纹(粗牙、中等精度的 6g 公差带)：M6

对左旋螺纹，应在旋合长度代号之后标注“LH”代号。旋合长度代号与旋向代号间用“-”号分开。右旋螺纹不标注旋向代号。

示例：

左旋螺纹：M8×1-LH　(公差带代号和旋合长度代号被省略)

M6×0.75-5h6h-S-LH

M14×Ph6P2-7H-L-LH 或 M14×Ph6P2(three starts)-7H-L-LH

右旋螺纹:M6 (螺距、公差带代号、旋合长度代号和旋向代号被省略)

9 公式

9.1 总则

本标准所规定的数值是建立在实际生产经验基础之上。为了建立一个固定的公差技术体系,特统计归纳出数学公式。

中径和顶径公差值及基本偏差值按下列公式计算,并且圆整到 R40 优先数系的最临近值。当出现小数时,此数要进一步圆整到最临近的整数值。

为了给出均匀的公差系列值,上述圆整原则不是完全遵守的。

当按下列公式计算出的数值与公差表(表 1~表 6)内所规定的数值有差异时,以公差表内所规定的数值为准。

9.2 基本偏差

$EI_G = +(15+11P)$;

$EI_H = 0$;

$es_e = -(50+11P)$[1];

$es_f = -(30+11P)$[2];

$es_g = -(15+11P)$;

$es_h = 0$

EI 和 es 的单位为微米,P 的单位为毫米。

9.3 顶径公差

a) 外螺纹的大径公差

6 级公差:$T_d(6) = 180P^{\frac{2}{3}} - \frac{3.15}{\sqrt{P}}$

4 级公差:$T_d(4) = 0.63T_d(6)$;

8 级公差:$T_d(8) = 1.6T_d(6)$

T_d 的单位为微米,P 的单位为毫米。

b) 内螺纹的小径公差

6 级公差:

1) 当 0.2 mm$\leqslant P \leqslant$0.8 mm 时:$T_{D_1}(6) = 433P - 190P^{1.22}$

2) 当 $P \geqslant$1 mm 时:$T_{D_1}(6) = 230P^{0.7}$

4 级公差:$T_{D_1}(4) = 0.63T_{D_1}(6)$;

5 级公差:$T_{D_1}(5) = 0.8T_{D_1}(6)$;

7 级公差:$T_{D_1}(7) = 1.25T_{D_1}(6)$;

8 级公差:$T_{D_1}(8) = 1.6T_{D_1}(6)$

T_{D_1} 的单位为微米,P 的单位为毫米。

9.4 中径公差

a) 外螺纹的中径公差

6 级公差:$T_{d_2}(6) = 90P^{0.4}d^{0.1}$

3 级公差:$T_{d_2}(3) = 0.5T_{d_2}(6)$;

---

1) 对 $P \leqslant$0.45 mm 的螺纹,此公式不适用。

2) 对 $P \leqslant$0.3 mm 的螺纹,此公式不适用。

4 级公差：$T_{d_2}(4)=0.63T_{d_2}(6)$；

5 级公差：$T_{d_2}(5)=0.8T_{d_2}(6)$；

7 级公差：$T_{d_2}(7)=1.25T_{d_2}(6)$；

8 级公差：$T_{d_2}(8)=1.6T_{d_2}(6)$；

9 级公差：$T_{d_2}(9)=2T_{d_2}(6)$

公式中的 d 为各螺纹公称直径分段内首尾两数的几何平均值。

T_{d_2} 的单位为微米，P 和 d 的单位为毫米。

T_{d_2} 值要不大于表 8 内与它组合的相应大径公差值 T_d。

b） 内螺纹的中径公差

4 级公差：$T_{D_2}(4)=0.85T_{d_2}(6)$；

5 级公差：$T_{D_2}(5)=1.06T_{d_2}(6)$；

6 级公差：$T_{D_2}(6)=1.32T_{d_2}(6)$；

7 级公差：$T_{D_2}(7)=1.7T_{d_2}(6)$；

8 级公差：$T_{D_2}(8)=2.12T_{d_2}(6)$

T_{D_2} 值要不大于 0.25 P。

9.5 旋合长度

$$l_{Nmin}\approx 2.24Pd^{0.2};$$

$$l_{Nmax}\approx 6.7Pd^{0.2};$$

公式中的 d 为各螺纹公称直径分段内最靠近分段下限的、并符合 GB/T 193—2003 表 1 所规定的标准公称直径值。

l_N、P 和 d 的单位为毫米。

ICS 77.080.20
H 40

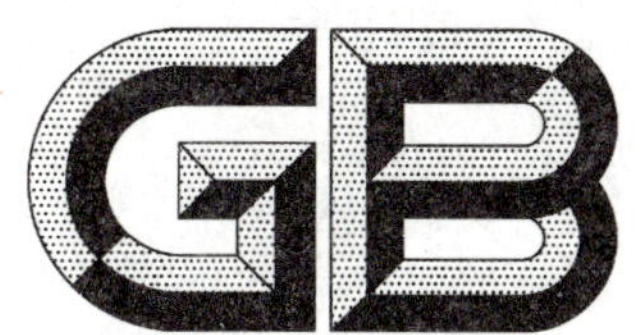

中华人民共和国国家标准

GB/T 222—2006
部分代替 GB/T 222—1984

钢的成品化学成分允许偏差

Permissible tolerances for chemical composition of steel products

2006-02-05 发布　　2006-08-01 实施

中华人民共和国国家质量监督检验检疫总局
中国国家标准化管理委员会　发布

前　言

本标准是以 GB/T 222—1984《钢的化学分析用试样取样法及成品化学成分允许偏差》中成品化学成分允许偏差的相关部分为基础修订而成。

本标准代替 GB/T 222—1984 标准中“钢的成品化学成分允许偏差”的相关部分，有关“钢的化学分析用试样取样法”将另外制定单独标准。

本标准与 GB/T 222—1984 标准中成品化学成分允许偏差的主要变化如下：

——表 1 的适用范围由普通碳素钢和低合金钢改为非合金钢和低合金钢；表 2 的适用范围改为合金钢(1984 年版的 6.1，本版的 5.1)；

——明确表 1、表 2 中的偏差值适用于横截面积不大于 65 000 mm^2 的钢材(本版的 5.1)；

——增加成品分析代替熔炼分析的规定(本版的 5.4)；

——调整了表 1、表 2 中碳、锰等元素的偏差数值，增加了铝、钴、氮、钙等元素的规定。

本标准由原国家冶金工业局提出。

本标准由全国钢标准化技术委员会归口。

本标准起草单位：冶金工业信息标准研究院。

本标准主要起草人：伍千思、栾燕、刘宝石、戴强。

本标准于 1984 年 8 月首次发布。

钢的成品化学成分允许偏差

1 范围

本标准规定了非合金钢(沸腾钢除外)、低合金钢、合金钢的成品钢材(包括钢坯)的化学成分相对于规定熔炼化学成分界限值的允许偏差,并给出了相关术语的定义。

本标准适用于钢的产品标准、技术规范对成品化学成分允许偏差的规定。

2 术语和定义

下列术语和定义适用于本标准。

2.1

熔炼分析 heat (or cast/ladle) analysis

熔炼分析是指在钢液浇铸过程中采取样锭,然后进一步制成试样并对其进行的化学分析。分析结果表示同一炉(罐)钢液的平均化学成分。

2.2

成品分析 product analysis

成品分析是指在经过加工的成品钢材(包括钢坯)上采取试样,然后对其进行的化学分析。成品分析主要用于验证化学成分,又称验证分析。由于钢液在结晶过程中产生元素的不均匀性分布(偏析),成品分析的成分值有时与熔炼分析的成分值不同。

2.3

成品化学成分允许偏差 permissible tolerances for product analysis

成品化学成分允许偏差是指熔炼分析的成分值虽在标准规定的范围内,但由于钢中元素偏析,成品分析的成分值可能超出标准规定的成分界限值。对超出界限值的大小规定一个允许的数值,就是成品化学成分允许偏差。

3 成品分析用试样取样及制样方法

测定钢的成品化学成分用的试样取样和制样应按相应的现行国家标准、行业标准规定的方法或供需双方协商规定的其他方法进行。

4 化学分析方法

4.1 钢的化学分析按相应的现行国家标准、行业标准规定的方法或能保证标准规定准确度的其他方法进行。

4.2 仲裁分析应按相应的国家标准或行业标准规定的方法进行。

5 成品化学成分允许偏差

5.1 成品化学成分允许偏差值如表1、表2、表3所示。表1适用于非合金钢和低合金钢,表2适用于合金钢(不包括不锈钢、耐热钢),表3适用于不锈钢和耐热钢。表1、表2中的偏差值适用于横截面积不大于65 000 mm^2 的钢材(或钢坯),大于该横截面积的钢材(或钢坯)的化学成分允许偏差值可适当加大,其具体数值由供需双方协商确定。

5.1.1 产品标准中规定的残余元素不适用于表1、表2、表3中规定的成品化学成分允许偏差。

5.1.2 如果对成品化学成分的某种或某几种元素的允许偏差与表1、表2或表3的规定有不同要求(缩小或加大)时,由供需双方协商确定。

5.2 产品标准在规定成品化学成分允许偏差时,应写明本标准号及5.1条所述表号。一种钢的成品化学成分允许偏差,只能使用一个表,不能两个表同时混用。

5.3 成品分析所得的值,不能超过标准规定化学成分界限值的上限加上偏差,或不能超过标准规定化学成分界限值的下限减下偏差。同一熔炼号的成品分析,同一元素只允许有单项偏差,不能同时出现上偏差和下偏差。

举例:优质碳素结构钢20号钢,其熔炼化学成分的碳含量,标准规定界限值为:上限0.23%,下限0.17%,在作成品钢材化学分析时,假如有一熔炼号的钢材出现碳含量为0.25%,说明超出标准规定上限值0.02%,按本标准表1规定,钢材的碳含量是合格的;假如另一熔炼号的钢材出现碳含量为0.15%。说明超出标准规定下限值0.02%,按本标准表1规定,钢材的碳含量也是合格的。

5.4 因故未能取得熔炼分析试样,或因熔炼分析试样不正确而得不到熔炼成分的可靠结果,可采用成品分析来代替熔炼分析,此时成品分析的成分值应符合熔炼成分的规定,不得采用本标准表1、表2或表3中规定的成品成分允许偏差。

表1 非合金钢和低合金钢成品化学成分允许偏差 单位为质量分数

元素	规定化学成分上限值	允许偏差	
		上偏差	下偏差
C	≤0.25	0.02	0.02
	>0.25~0.55	0.03	0.03
	>0.55	0.04	0.04
Mn	≤0.80	0.03	0.03
	>0.80~1.70	0.06	0.06
Si	≤0.37	0.03	0.03
	>0.37	0.05	0.05
S	≤0.050	0.005	—
	>0.05~0.35	0.02	0.01
P	≤0.060	0.005	—
	>0.06~0.15	0.01	0.01
V	≤0.20	0.02	0.01
Ti	≤0.20	0.02	0.01
Nb	0.015~0.060	0.005	0.005
Cu	≤0.55	0.05	0.05
Cr	≤1.50	0.05	0.05
Ni	≤1.00	0.05	0.05
Pb	0.15~0.35	0.03	0.03
Al	≥0.015	0.003	0.003
N	0.010~0.020	0.005	0.005
Ca	0.002~0.006	0.002	0.000 5

表2 合金钢成品化学成分允许偏差

单位为质量分数

元素	规定化学成分上限值	允许偏差	
		上偏差	下偏差
C	≤0.30	0.01	0.01
	>0.30~0.75	0.02	0.02
	>0.75	0.03	0.03
Mn	≤1.00	0.03	0.03
	>1.00~2.00	0.04	0.04
	>2.00~3.00	0.05	0.05
	>3.00	0.10	0.10
Si	≤0.37	0.02	0.02
	>0.37~1.50	0.04	0.04
	>1.50	0.05	0.05
Ni	≤1.00	0.03	0.03
	>1.00~2.00	0.05	0.05
	>2.00~5.00	0.07	0.07
	>5.00	0.10	0.10
Cr	≤0.90	0.03	0.03
	>0.90~2.10	0.05	0.05
	>2.10~5.00	0.10	0.10
	>5.00	0.15	0.15
Mo	≤0.30	0.01	0.01
	>0.30~0.60	0.02	0.02
	>0.60~1.40	0.03	0.03
	>1.40~6.00	0.05	0.05
	>6.00	0.10	0.10
V	≤0.10	0.01	—
	>0.10~0.90	0.03	0.03
	>0.90	0.05	0.05
W	≤1.00	0.04	0.04
	>1.00~4.00	0.08	0.08
	>4.00~10.00	0.10	0.10
	>10.00	0.20	0.20
Al	≤0.10	0.01	—
	>0.10~0.70	0.03	0.03
	>0.70~1.50	0.05	0.05
	>1.50	0.10	0.10

表 2（续）

单位为质量分数

元素	规定化学成分上限值	允许偏差	
		上偏差	下偏差
Cu	≤1.00	0.03	0.03
	>1.00	0.05	0.05
Ti	≤0.20	0.02	—
B	0.000 5～0.005	0.000 5	0.000 1
Co	≤4.00	0.10	0.10
	>4.00	0.15	0.15
Pb	0.15～0.35	0.03	0.03
Nb	0.20～0.35	0.02	0.01
S	≤0.050	0.005	—
P	≤0.050	0.005	—

表 3　不锈钢和耐热钢成品化学成分允许偏差

单位为质量分数

元素	规定化学成分上限值	允许偏差	
		上偏差	下偏差
C	≤0.010	0.002	0.002
	>0.010～0.030	0.005	0.005
	>0.030～0.20	0.01	0.01
	>0.20～0.60	0.02	0.02
	>0.60～1.20	0.03	0.03
Mn	≤1.00	0.03	0.03
	>1.00～3.00	0.04	0.04
	>3.00～6.00	0.05	0.05
	>6.00～10.00	0.06	0.06
	>10.00～15.00	0.10	0.10
	>15.00～20.00	0.15	0.15
P	≤0.040	0.005	—
	>0.040～0.20	0.01	0.01
S	≤0.040	0.005	—
	>0.040～0.20	0.010	0.01
	>0.20～0.50	0.02	0.02
Si	≤1.00	0.05	0.05
	>1.00	0.10	0.10
Cr	>3.00～10.00	0.10	0.10
	>10.00～15.00	0.15	0.15
	>15.00～20.00	0.20	0.20
	>20.00～30.00	0.25	0.25

表 3（续）

单位为质量分数

元素	规定化学成分上限值	允许偏差	
		上偏差	下偏差
Ni	≤1.00	0.03	0.03
	>1.00～5.00	0.07	0.07
	>5.00～10.00	0.10	0.10
	>10.00～20.00	0.15	0.15
	>20.00～30.00	0.20	0.20
	>30.00～40.00	0.25	0.25
	>40.00	0.30	0.30
Mo	>0.20～0.60	0.03	0.03
	>0.60～2.00	0.05	0.05
	>2.00～7.00	0.10	0.10
	>7.00～15.00	0.15	0.15
	>15.00	0.20	0.20
Ti	≤1.00	0.05	0.05
	>1.00～3.00	0.07	0.07
	>3.00	0.10	0.10
Co	>0.05～0.50	0.01	0.01
	>0.50～2.00	0.02	0.02
	>2.00～5.00	0.05	0.05
	>5.00～10.00	0.10	0.10
	>10.00～15.00	0.15	0.15
	>15.00～22.00	0.20	0.20
	>22.00～30.00	0.25	0.25
Nb+Ta	≤1.50	0.05	0.05
	>1.50～5.00	0.10	0.10
	>5.00	0.15	0.15
Ta	≤0.10	0.02	0.02
Cu	≤0.50	0.03	0.03
	>0.50～1.00	0.05	0.05
	>1.00～3.00	0.10	0.10
	>3.00～5.00	0.15	0.15
	>5.00～10.00	0.20	0.20
Al	≤0.15	0.01	0.005
	>0.15～0.50	0.05	0.05
	>0.05～2.00	0.10	0.10

表 3（续）

单位为质量分数

元素	规定化学成分上限值	允许偏差	
		上偏差	下偏差
Al	>2.00～5.00	0.20	0.20
	>5.00～10.00	0.35	0.35
N	≤0.02	0.005	0.005
	>0.02～0.19	0.01	0.01
	>0.19～0.25	0.02	0.02
	>0.25～0.35	0.03	0.03
	>0.35	0.04	0.04
W	≤1.00	0.03	0.03
	>1.00～2.00	0.05	0.05
	>2.00～5.00	0.07	0.07
	>5.00～10.00	0.10	0.010
	>10.00～20.00	0.15	0. 15
V	≤0.50	0.03	0.03
	>0.50～≤1.50	0.05	0.05
	>1.50	0.07	0.07
Se	全部	0.03	0.03

前　　言

本标准等效采用国际标准 ISO 6892:1998《金属材料　室温拉伸试验》。在主要技术内容上与 ISO 6892:1998 相同，但部分技术内容较为详细和具体，编写结构不完全对应。补充性能测定结果数值的修约要求和试验结果处理。增加试样类型。删去附录 F(提示的附录)计算矩形横截面试样原始标距用计算图尺；删去附录 L(提示的附录)参考文献目录。增加附录 H(提示的附录)逐步逼近方法测定规定非比例延伸强度(R_p)；增加附录 L(提示的附录)新旧标准性能名称和符号对照。

本标准合并修订原国家标准 GB/T 228—1987《金属拉伸试验方法》、GB/T 3076—1982《金属薄板(带)拉伸试验方法》和 GB/T 6397—1986《金属拉伸试验试样》。对原标准在以下方面的技术内容进行了较大修改和补充：

——引用标准；

——定义和符号；

——试样；

——试验要求；

——性能测定方法；

——性能测定结果数值修约；

——性能测定结果准确度阐述。

自本标准实施之日起，代替 GB/T 228—1987《金属拉伸试验方法》、GB/T 3076—1982《金属薄板(带)拉伸试验方法》和 GB/T 6397—1986《金属拉伸试验试样》。

本标准的附录 A～D 都是标准的附录。

本标准的附录 E～L 都是提示的附录。

本标准由原国家冶金工业局提出。

本标准由全国钢标准化技术委员会归口。

本标准起草单位：钢铁研究总院、济南试金集团有限公司、宝山钢铁公司、冶金工业信息标准研究院。

本标准起草人：梁新邦、李久林、陶立英、李和平、高振英。

本标准于 1963 年 12 月首次发布，1976 年 9 月第 1 次修订，1987 年 2 月第 2 次修订。

ISO 前言

ISO(国际标准化组织)是由各国标准化团体(ISO 成员团体)组成的世界性的联合会。制定国际标准的工作通常由 ISO 的技术委员会完成,各成员团体若对某技术委员会已确立的项目感兴趣,均有权参加该技术委员会。与 ISO 保持联系的各国际组织(官方的或非官方的)也参加工作。在电工技术标准化方面 ISO 与国际电工委员会(IEC)保持密切合作关系。

由技术委员会通过的国际标准草案提交各成员团体表决,国际标准需要取得至少 75%参加投票表决的成员团体的同意才能正式发布。

国际标准 ISO 6892 由 ISO/TC164 金属力学性能试验技术委员会 SC1 单轴试验分委员会制定。

本第二版取代第一版(ISO 6892:1984)。

附录 A～D 都是标准的附录。

附录 E～L 都是提示的附录。

中华人民共和国国家标准

金属材料　室温拉伸试验方法

Metallic materials—Tensile testing at ambient temperature

GB/T 228—2002
eqv ISO 6892:1998

代替 GB/T 228—1987
GB/T 3076—1982
GB/T 6397—1986

1 范围

本标准规定了金属材料拉伸试验方法的原理、定义、符号和说明、试样及其尺寸测量、试验设备、试验要求、性能测定、测定结果数值修约和试验报告。

本标准适用于金属材料室温拉伸性能的测定。但对于小横截面尺寸的金属产品，例如金属箔，超细丝和毛细管等的拉伸试验需要协议。

2 引用标准

下列标准所包含的条文，通过在本标准中引用而构成为本标准的条文。本标准出版时，所示版本均为有效。所有标准都会被修订，使用本标准的各方应探讨使用下列标准最新版本的可能性。

GB/T 2975—1998　钢及钢产品　力学性能试验取样位置和试样制备(eqv ISO 377:1997)

GB/T 8170—1987　数值修约规则

GB/T 12160—2002　单轴试验用引伸计的标定(idt ISO 9513:1999)

GB/T 16825—1997　拉力试验机的检验(idt ISO 7500-1:1986)

GB/T 17600.1—1998　钢的伸长率换算　第1部分:碳素钢和低合金钢(eqv ISO 2566-1:1984)

GB/T 17600.2—1998　钢的伸长率换算　第2部分:奥氏体钢(eqv ISO 2566-2:1984)

3 原理

试验系用拉力拉伸试样，一般拉至断裂，测定第4章定义的一项或几项力学性能。

除非另有规定，试验一般在室温10℃～35℃范围内进行。对温度要求严格的试验，试验温度应为23℃±5℃。

4 定义

本标准采用下列定义。

4.1　标距　gauge length

测量伸长用的试样圆柱或棱柱部分的长度。

4.1.1　原始标距(L_o)　original gauge length

施力前的试样标距。

4.1.2　断后标距(L_u)　final gauge length

试样断裂后的标距。

4.2　平行长度(L_c)　parallel length

试样两头部或两夹持部分(不带头试样)之间平行部分的长度。

4.3　伸长　elongation

试验期间任一时刻原始标距(L_o)的增量。

中华人民共和国国家质量监督检验检疫总局 2002-03-10 批准　　2002-07-01 实施

4.4 伸长率 percentage elongation

原始标距的伸长与原始标距(L_o)之比的百分率。

4.4.1 断后伸长率(A) percentage elongation after fracture

断后标距的残余伸长(L_u-L_o)与原始标距(L_o)之比的百分率(见图1)。对于比例试样,若原始标距不为$5.65\sqrt{S_o}$[1](S_o为平行长度的原始横截面积),符号A应附以下脚注说明所使用的比例系数,例如,$A_{11.3}$表示原始标距(L_o)为$11.3\sqrt{S_o}$的断后伸长率。对于非比例试样,符号A应附以下脚注说明所使用的原始标距,以毫米(mm)表示,例如,$A_{80\ mm}$表示原始标距(L_o)为80 mm的断后伸长率。

4.4.2 断裂总伸长率(A_t) percentage total elongation at fracture

断裂时刻原始标距的总伸长(弹性伸长加塑性伸长)与原始标距(L_o)之比的百分率(见图1)。

4.4.3 最大力伸长率 percentage elongation at maximum force

最大力时原始标距的伸长与原始标距(L_o)之比的百分率。应区分最大力总伸长率(A_{gt})和最大力非比例伸长率(A_g)(见图1)。

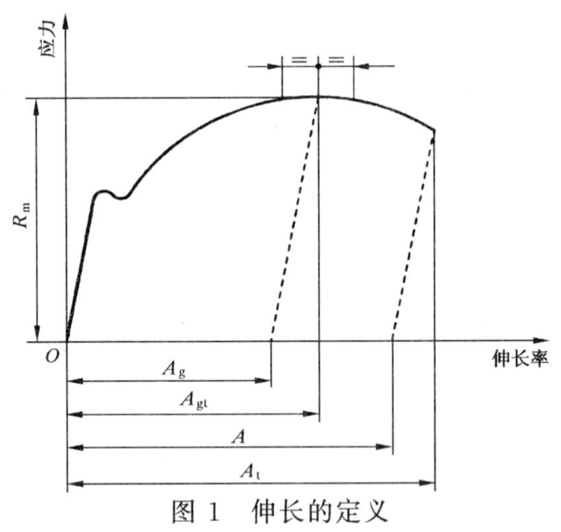

图1 伸长的定义

4.5 引伸计标距(L_e) extensometer gauge length

用引伸计测量试样延伸时所使用试样平行长度部分的长度。测定屈服强度和规定强度性能时推荐$L_e\geqslant L_o/2$。测定屈服点延伸率和最大力时或在最大力之后的性能,推荐L_e等于L_o或近似等于L_o。

4.6 延伸 extension

试验期间任一给定时刻引伸计标距(L_e)的增量。

4.6.1 残余延伸率 percentage permanent extension

试样施加并卸除应力后引伸计标距的延伸与引伸计标距(L_e)之比的百分率。

4.6.2 非比例延伸率 percentage non-proportional extension

试验中任一给定时刻引伸计标距的非比例延伸与引伸计标距(L_e)之比的百分率。

4.6.3 总延伸率 percentage total extension

试验中任一时刻引伸计标距的总延伸(弹性延伸加塑性延伸)与引伸计标距(L_e)之比的百分率。

4.6.4 屈服点延伸率(A_e) percentage yield point extension

呈现明显屈服(不连续屈服)现象的金属材料,屈服开始至均匀加工硬化开始之间引伸计标距的延伸与引伸计标距(L_e)之比的百分率。

4.7 断面收缩率(Z) percentage reduction of area

1) $5.65\sqrt{S_o}=5\sqrt{\frac{4S_o}{\pi}}$

断裂后试样横截面积的最大缩减量(S_o-S_u)与原始横截面积(S_o)之比的百分率。

4.8 最大力(F_m) maximum force

试样在屈服阶段之后所能抵抗的最大力。对于无明显屈服(连续屈服)的金属材料,为试验期间的最大力。

4.9 应力 stress

试验期间任一时刻的力除以试样原始横截面积(S_o)之商。

4.9.1 抗拉强度(R_m) tensile strength

相应最大力(F_m)的应力。

4.9.2 屈服强度 yield strength

当金属材料呈现屈服现象时,在试验期间达到塑性变形发生而力不增加的应力点,应区分上屈服强度和下屈服强度。

4.9.2.1 上屈服强度(R_{eH}) upper yield strength

试样发生屈服而力首次下降前的最高应力(见图2)。

4.9.2.2 下屈服强度(R_{eL}) lower yield strength

在屈服期间,不计初始瞬时效应时的最低应力(见图2)。

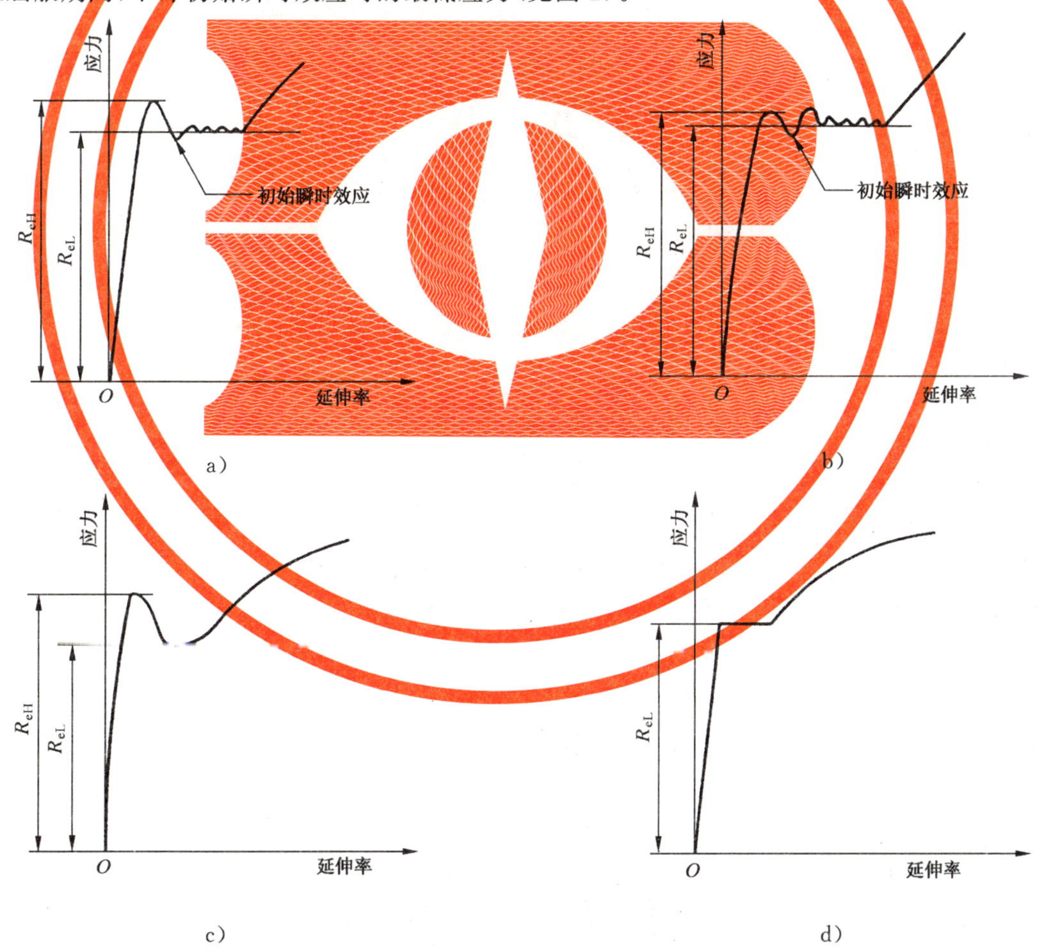

图2 不同类型曲线的上屈服强度和下屈服强度(R_{eH}和R_{eL})

4.9.3 规定非比例延伸强度(R_p) proof strength,non-proportional extension

非比例延伸率等于规定的引伸计标距百分率时的应力(见图3)。使用的符号应附以下脚注说明所规定的百分率,例如$R_{p0.2}$,表示规定非比例延伸率为0.2%时的应力。

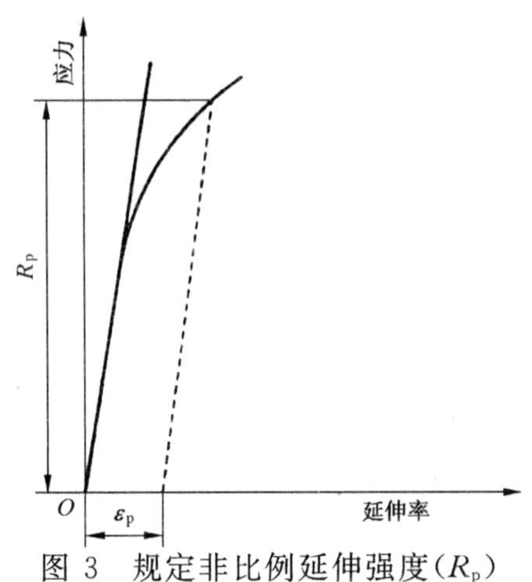

图 3 规定非比例延伸强度(R_p)

4.9.4 规定总延伸强度(R_t) proof strength, total extension

总延伸率等于规定的引伸计标距百分率时的应力(见图 4)。使用的符号应附以下脚注说明所规定的百分率,例如 $R_{t0.5}$,表示规定总延伸率为 0.5%时的应力。

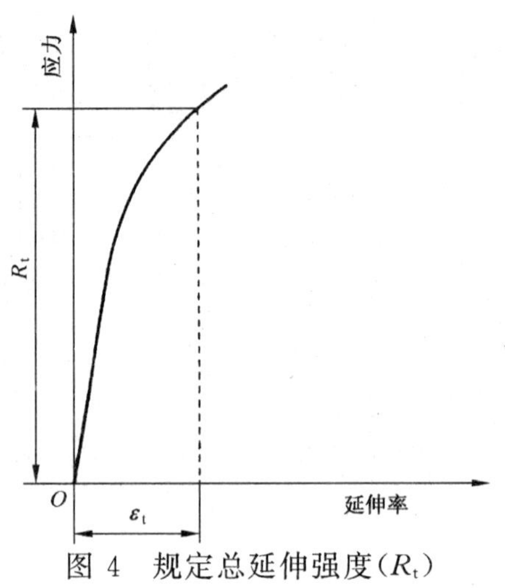

图 4 规定总延伸强度(R_t)

4.9.5 规定残余延伸强度(R_r) permanent set strength

卸除应力后残余延伸率等于规定的引伸计标距(L_e)百分率时对应的应力(见图 5)。使用的符号应附以下脚注说明所规定的百分率。例如 $R_{r0.2}$,表示规定残余延伸率为 0.2%时的应力。

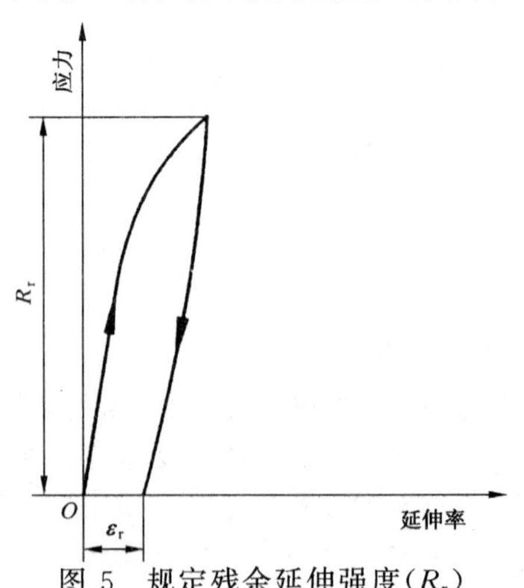

图 5 规定残余延伸强度(R_r)

5 符号和说明

本标准使用的符号和相应的说明见表1。

表1 符号和说明

符号	单位	说明
试样		
a	mm	矩形横截面试样厚度或管壁厚度
a_u	mm	矩形横截面试样断裂后缩颈处最小厚度
b	mm	矩形横截面试样平行长度的宽度或管的纵向剖条宽度或扁丝宽度
b_u	mm	矩形横截面试样断裂后缩颈处最大宽度
d	mm	圆形横截面试样平行长度的直径或圆丝直径
d_u	mm	圆形横截面试样断裂后缩颈处最小直径
D	mm	管外径
L_o	mm	原始标距
L'_o	mm	测定 A_g 的原始标距(见附录G)
L_c	mm	平行长度
L_e	mm	引伸计标距
L_t	mm	试样总长度
r	mm	过渡弧半径
L_u	mm	断后标距
L'_u	mm	测定 A_g 的断后标距(见附录G)
m	g	质量
ρ	g/cm^3	密度
S_o	mm^2	原始横截面积
S_u	mm^2	断后最小横截面积
π	—	圆周率(至少取4位有效数字)
k	—	比例系数
Z	%	断面收缩率:$\frac{S_o-S_u}{S_o}\times 100$
伸长		
ΔL_m	mm	最大力(F_m)总延伸
—	mm	断后伸长(L_u-L_o)
A	%	断后伸长率:$\frac{L_u-L_o}{L_o}\times 100$
A_t	%	断裂总伸长率
A_e	%	屈服点延伸率
A_g	%	最大力(F_m)非比例伸长率
A_{gt}	%	最大力(F_m)总伸长率

表 1(完)

符　号	单　位	说　　明
ε_p	%	规定非比例延伸率
ε_t	%	规定总延伸率
ε_r	%	规定残余延伸率
力		
F_m	N	最大力
屈服强度-规定强度-抗拉强度		
R_{eH}	N/mm^2	上屈服强度
R_{eL}	N/mm^2	下屈服强度
R_p	N/mm^2	规定非比例延伸强度
R_t	N/mm^2	规定总延伸强度
R_r	N/mm^2	规定残余延伸强度
R_m	N/mm^2	抗拉强度
E	N/mm^2	弹性模量
注：$1\ N/mm^2=1\ MPa$。		

6　试样

6.1　形状与尺寸

6.1.1　一般要求

试样的形状与尺寸取决于要被试验的金属产品的形状与尺寸。通常从产品、压制坯或铸锭切取样坯经机加工制成试样。但具有恒定横截面的产品(型材、棒材、线材等)和铸造试样(铸铁和铸造非铁合金)可以不经机加工而进行试验。

试样横截面可以为圆形、矩形、多边形、环形，特殊情况下可以为某些其他形状。

试样原始标距与原始横截面积有 $L_o=k\sqrt{S_o}$ 关系者称为比例试样。国际上使用的比例系数 k 的值为 5.65。原始标距应不小于 15 mm[1]。当试样横截面积太小，以致采用比例系数 k 为 5.65 的值不能符合这一最小标距要求时，可以采用较高的值(优先采用 11.3 的值)或采用非比例试样。非比例试样其原始标距(L_o)与其原始横截面积(S_o)无关。

试样的尺寸公差应符合相应的附录(见 6.2)。

6.1.2　机加工的试样

如试样的夹持端与平行长度的尺寸不相同，它们之间应以过渡弧连接(见图 10、图 11 和图 13)。此弧的过渡半径的尺寸可能很重要，如相应的附录(见 6.2)中对过渡半径未作规定时，建议，应在相关产品标准中规定。

试样夹持端的形状应适合试验机的夹头。试样轴线应与力的作用线重合。

试样平行长度(L_c)或试样不具有过渡弧时夹头间的自由长度应大于原始标距(L_o)。

6.1.3　不经机加工的试样

如试样为未经机加工的产品或试棒的一段长度(见图 12 和图 14)，两夹头间的长度应足够，以使原

采用说明

1〕国际标准规定为“不小于 20 mm”。改成为“不小于 15 mm”以便扩宽到使用机加工的 3 mm 直径比例试样。

始标距的标记与夹头有合理的距离[见附录 A～D(标准的附录)]。

铸造试样应在其夹持端和平行长度之间以过渡弧连接。此弧的过渡半径的尺寸可能很重要,建议在相关产品标准中规定。试样夹持端的形状应适合于试验机的夹头。平行长度(L_c)应大于原始标距(L_o)。

6.2 试样的类型

附录 A～D(标准的附录)中按产品的形状规定了试样的主要类型,见表 2。相关产品标准也可规定其他试样类型。

表 2 试样的主要类型

产 品 类 型		相应的附录
薄板-板材	线材 - 棒材 - 型材	
0.1 mm≤厚度＜3 mm	—	A
厚度≥3 mm	直径或边长≥4 mm	B
—	直径或边长＜4 mm	C
管 材		D

6.3 试样的制备

应按照相关产品标准或 GB/T 2975 的要求切取样坯和制备试样。

7 原始横截面积(S_o)的测定

试样原始横截面积测定的方法和准确度应符合附录 A～D(标准的附录)规定的要求。测量时建议按照表 3 选用量具或测量装置。应根据测量的试样原始尺寸计算原始横截面积,并至少保留 4 位有效数字。

表 3 量具或测量装置的分辨力[2)] mm

试样横截面尺寸	分辨力 不大于
0.1～0.5	0.001
＞0.5～2.0	0.005
＞2.0～10.0	0.01
＞10.0	0.05

8 原始标距(L_o)的标记

应用小标记、细划线或细墨线标记原始标距,但不得用引起过早断裂的缺口作标记。

对于比例试样,应将原始标距的计算值修约至最接近 5 mm 的倍数,中间数值向较大一方修约。原始标距的标记应准确到±1%。

如平行长度(L_c)比原始标距长许多,例如不经机加工的试样,可以标记一系列套叠的原始标距。有时,可以在试样表面划一条平行于试样纵轴的线,并在此线上标记原始标距。

9 试验设备的准确度

试验机应按照 GB/T 16825 进行检验,并应为 1 级或优于 1 级准确度。

引伸计的准确度级别应符合 GB/T 12160 的要求。测定上屈服强度、下屈服强度、屈服点延伸率、规定非比例延伸强度、规定总延伸强度、规定残余延伸强度,以及规定残余延伸强度的验证试验,应使用不

采用说明

2) 国际标准未规定此表的要求。增加此要求以保证试样原始横截面积的测定准确度符合规定的要求。

劣于1级准确度的引伸计;测定其他具有较大延伸率的性能,例如抗拉强度、最大力总延伸率和最大力非比例延伸率、断裂总伸长率,以及断后伸长率,应使用不劣于2级准确度的引伸计。

10 试验要求

10.1 试验速率

除非产品标准另有规定,试验速率取决于材料特性并应符合下列要求。

10.1.1 测定屈服强度和规定强度的试验速率

10.1.1.1 上屈服强度(R_{eH})

在弹性范围和直至上屈服强度,试验机夹头的分离速率应尽可能保持恒定并在表4规定的应力速率的范围内。

表4 应力速率

材料弹性模量 $E/(N/mm^2)$	应力速率/$(N/mm^2)\cdot s^{-1}$	
	最 小	最 大
<150 000	2	20
≥150 000	6	60

10.1.1.2 下屈服强度(R_{eL})

若仅测定下屈服强度,在试样平行长度的屈服期间应变速率应在0.000 25/s~0.002 5/s之间。平行长度内的应变速率应尽可能保持恒定。如不能直接调节这一应变速率,应通过调节屈服即将开始前的应力速率来调整,在屈服完成之前不再调节试验机的控制。

任何情况下,弹性范围内的应力速率不得超过表4规定的最大速率。

10.1.1.3 上屈服强度和下屈服强度(R_{eH}和R_{eL})

如在同一试验中测定上屈服强度和下屈服强度,测定下屈服强度的条件应符合10.1.1.2的要求。

10.1.1.4 规定非比例延伸强度(R_p)、规定总延伸强度(R_t)和规定残余延伸强度(R_r)

应力速率应在表4规定的范围内。

在塑性范围和直至规定强度(规定非比例延伸强度、规定总延伸强度和规定残余延伸强度)应变速率不应超过0.002 5/s。

10.1.1.5 夹头分离速率

如试验机无能力测量或控制应变速率,直至屈服完成,应采用等效于表4规定的应力速率的试验机夹头分离速率。

10.1.2 测定抗拉强度(R_m)的试验速率

10.1.2.1 塑性范围

平行长度的应变速率不应超过0.008/s。

10.1.2.2 弹性范围

如试验不包括屈服强度或规定强度的测定,试验机的速率可以达到塑性范围内允许的最大速率。

10.2 夹持方法

应使用例如楔形夹头、螺纹夹头、套环夹头等合适的夹具夹持试样。

应尽最大努力确保夹持的试样受轴向拉力的作用。当试验脆性材料或测定规定非比例延伸强度、规定总延伸强度、规定残余延伸强度或屈服强度时尤为重要。

11 断后伸长率(A)和断裂总伸长率(A_t)的测定

11.1 应按照4.4.1的定义测定断后伸长率。

为了测定断后伸长率,应将试样断裂的部分仔细地配接在一起使其轴线处于同一直线上,并采取特别措施确保试样断裂部分适当接触后测量试样断后标距。这对小横截面试样和低伸长率试样尤为重要。

应使用分辨力优于 0.1 mm 的量具或测量装置测定断后标距(L_u),准确到±0.25 mm。如规定的最小断后伸长率小于 5%,建议采用特殊方法进行测定[见附录 E(提示的附录)]。

原则上只有断裂处与最接近的标距标记的距离不小于原始标距的三分之一情况方为有效。但断后伸长率大于或等于规定值,不管断裂位置处于何处测量均为有效。

11.2 能用引伸计测定断裂延伸的试验机,引伸计标距(L_e)应等于试样原始标距(L_o),无需标出试样原始标距的标记。以断裂时的总延伸作为伸长测量时,为了得到断后伸长率,应从总延伸中扣除弹性延伸部分。

原则上,断裂发生在引伸计标距以内方为有效,但断后伸长率等于或大于规定值,不管断裂位置处于何处测量均为有效。

注:如产品标准规定用一固定标距测定断后伸长率,引伸计标距应等于这一标距。

11.3 试验前通过协议,可以在一固定标距上测定断后伸长率,然后使用换算公式或换算表将其换算成比例标距的断后伸长率(例如可以使用 GB/T 17600.1 和 GB/T 17600.2 的换算方法)。

注:仅当标距或引伸计标距、横截面的形状和面积均为相同时,或当比例系数(k)相同时,断后伸长率才具有可比性。

11.4 为了避免因发生在 11.1 规定的范围以外的断裂而造成试样报废,可以采用附录 F(提示的附录)的移位方法测定断后伸长率。

11.5 按照 11.2 测定的断裂总延伸除以试样原始标距得到断裂总伸长率(见图 1)。

12 最大力总伸长率(A_{gt})和最大力非比例伸长率(A_g)的测定

在用引伸计得到的力-延伸曲线图上测定最大力时的总延伸(ΔL_m)。最大力总伸长率按照式(1)计算:

$$A_{gt} = \frac{\Delta L_m}{L_e} \times 100 \qquad \cdots\cdots(1)$$

从最大力时的总延伸 ΔL_m 中扣除弹性延伸部分即得到最大力时的非比例延伸,将其除以引伸计标距得到最大力非比例伸长率(A_g)(见图 1)。

有些材料在最大力时呈现一平台。当出现这种情况,取平台中点的最大力对应的总伸长率(见图 1)。

试验报告中应报告引伸计标距。

如试验是在计算机控制的具有数据采集系统的试验机上进行,直接在最大力点测定总伸长率和相应的非比例伸长率,可以不绘制力-延伸曲线图。

附录 G(提示的附录)提供了人工测定的方法。

13 屈服点延伸率(A_e)的测定[3]

按照定义 4.6.4 和根据力-延伸曲线图测定屈服点延伸率。试验时记录力-延伸曲线,直至达到均匀加工硬化阶段。在曲线图上,经过屈服阶段结束点划一条平行于曲线的弹性直线段的平行线,此平行线在曲线图的延伸轴上的截距即为屈服点延伸,屈服点延伸除以引伸计标距得到屈服点延伸率(见图 6)。

可以使用自动装置(例如微处理机等)或自动测试系统测定屈服点延伸率,可以不绘制力-延伸曲线图。

试验报告中应报告引伸计标距。

采用说明

3] 国际标准未规定此条内容。为了按照定义 4.6.4 进行测定,补充此条规定。

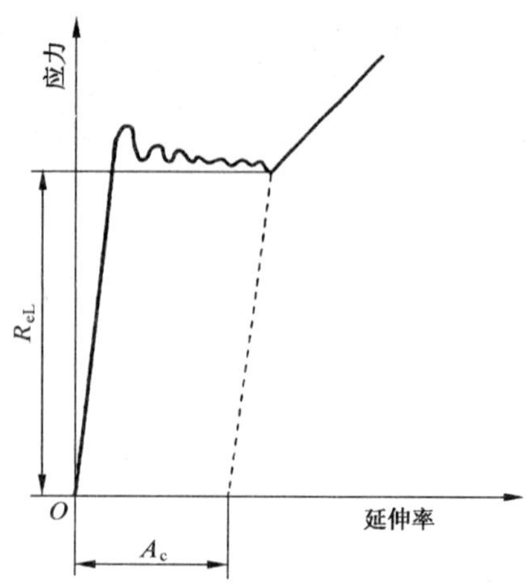

图 6 屈服点延伸率(A_e)

14 上屈服强度(R_{eH})和下屈服强度(R_{eL})的测定[4]

14.1 呈现明显屈服(不连续屈服)现象的金属材料,相关产品标准应规定测定上屈服强度或下屈服强度或两者。如未具体规定,应测定上屈服强度和下屈服强度,或下屈服强度[图 2d)情况]。按照定义4.9.2.1和4.9.2.2及采用下列方法测定上屈服强度和下屈服强度。

14.1.1 图解方法:试验时记录力-延伸曲线或力-位移曲线。从曲线图读取力首次下降前的最大力和不计初始瞬时效应时屈服阶段中的最小力或屈服平台的恒定力。将其分别除以试样原始横截面积(S_o)得到上屈服强度和下屈服强度(见图 2)。仲裁试验采用图解方法。

14.1.2 指针方法:试验时,读取测力度盘指针首次回转前指示的最大力和不计初始瞬时效应时屈服阶段中指示的最小力或首次停止转动指示的恒定力。将其分别除以试样原始横截面积(S_o)得到上屈服强度和下屈服强度。

14.1.3 可以使用自动装置(例如微处理机等)或自动测试系统测定上屈服强度和下屈服强度,可以不绘制拉伸曲线图。

15 规定非比例延伸强度(R_p)的测定

15.1 根据力-延伸曲线图测定规定非比例延伸强度。在曲线图上,划一条与曲线的弹性直线段部分平行,且在延伸轴上与此直线段的距离等效于规定非比例延伸率,例如0.2%的直线。此平行线与曲线的交截点给出相应于所求规定非比例延伸强度的力。此力除以试样原始横截面积(S_o)得到规定非比例延伸强度(见图 3)。

准确绘制力-延伸曲线图十分重要。

如力-延伸曲线图的弹性直线部分不能明确地确定,以致不能以足够的准确度划出这一平行线,推荐采用如下方法(见图 7)。

试验时,当已超过预期的规定非比例延伸强度后,将力降至约为已达到的力的10%。然后再施加力直至超过原已达到的力。为了测定规定非比例延伸强度,过滞后环划一直线。然后经过横轴上与曲线原点的距离等效于所规定的非比例延伸率的点,作平行于此直线的平行线。平行线与曲线的交截点给出相应于规定非比例延伸强度的力。此力除以试样原始横截面积(S_o)得到规定非比例延伸强度(见图 7)。

采用说明

4] 国际标准未规定此条内容。为了按照定义 4.9.2.1 和 4.9.2.2 进行测定,补充此条规定。

附录H(提示的附录)提供了逐步逼近方法,可以采用。

注:可以用各种方法修正曲线的原点。一般使用如下方法:在曲线图上穿过其斜率最接近于滞后环斜率的弹性上升部分,划一条平行于滞后环所确定的直线的平行线,此平行线与延伸轴的交截点即为曲线的修正原点。

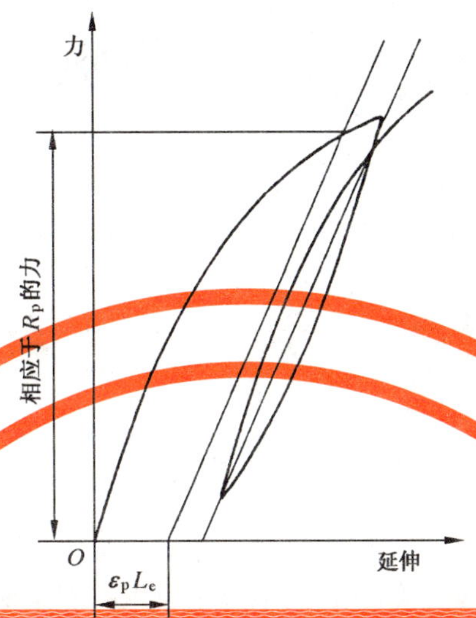

图7 规定非比例延伸强度(R_p)(见15.1)

15.2 可以使用自动装置(例如微处理机等)或自动测试系统测定规定非比例延伸强度,可以不绘制力-延伸曲线图。

15.3 日常一般试验允许采用绘制力-夹头位移曲线的方法测定规定非比例延伸率等于或大于0.2%的规定非比例延伸强度。仲裁试验不采用此方法。

16 规定总延伸强度(R_t)的测定

16.1 在力-延伸曲线图上,划一条平行于力轴并与该轴的距离等效于规定总延伸率的平行线,此平行线与曲线的交截点给出相应于规定总延伸强度的力,此力除以试样原始横截面积(S_o)得到规定总延伸强度(见图4)。

16.2 可以使用自动装置(例如微处理机等)或自动测试系统测定规定总延伸强度,可以不绘制力-延伸曲线图。

17 规定残余延伸强度(R_r)的验证方法

试样施加相应于规定残余延伸强度的力,保持力10 s~12 s,卸除力后验证残余延伸率未超过规定百分率(见图5)。

如相关产品标准要求测定规定残余延伸强度,可以采用附录I(提示的附录)提供的方法进行测定。

18 抗拉强度(R_m)的测定[5)]

按照定义4.9.1和采用图解方法或指针方法测定抗拉强度。

对于呈现明显屈服(不连续屈服)现象的金属材料,从记录的力-延伸或力-位移曲线图,或从测力度盘,读取过了屈服阶段之后的最大力(见图8);对于呈现无明显屈服(连续屈服)现象的金属材料,从记录的力-延伸或力-位移曲线图,或从测力度盘,读取试验过程中的最大力。最大力除以试样原始横截面积(S_o)得到抗拉强度。

采用说明

5〕国际标准未规定此条内容。为了按照定义4.9.1进行具体测定,补充此条规定。

可以使用自动装置(例如微处理机等)或自动测试系统测定抗拉强度,可以不绘制拉伸曲线图。

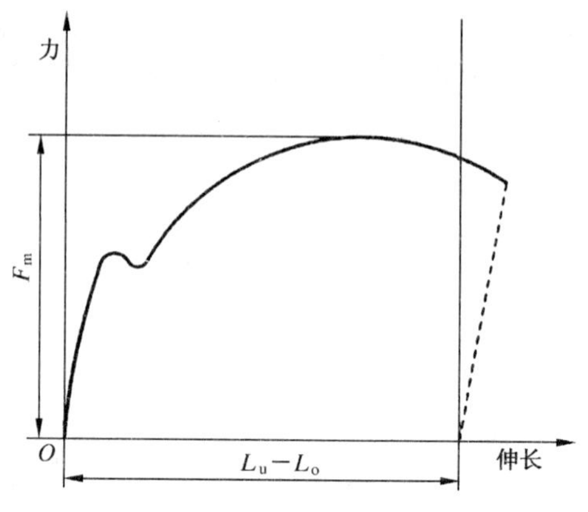

图 8　最大力(F_m)

19　断面收缩率(Z)的测定

19.1　按照定义 4.7 测定断面收缩率。断裂后最小横截面积的测定应准确到±2%。

19.2　测量时,如需要,将试样断裂部分仔细地配接在一起,使其轴线处于同一直线上。对于圆形横截面试样,在缩颈最小处相互垂直方向测量直径,取其算术平均值计算最小横截面积;对于矩形横截面试样,测量缩颈处的最大宽度和最小厚度(见图 9),两者之乘积为断后最小横截面积。

原始横截面积(S_o)与断后最小横截面积(S_u)之差除以原始横截面积的百分率得到断面收缩率。

19.3　薄板和薄带试样、管材全截面试样、圆管纵向弧形试样和其他复杂横截面试样及直径小于 3 mm 试样,一般不测定断面收缩率。如要求,应双方商定测定方法,断后最小横截面积的测定准确度亦应符合 19.1 的要求。

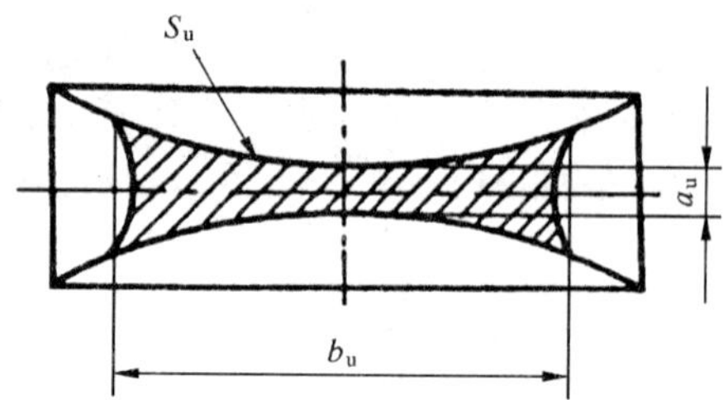

图 9　矩形横截面试样缩颈处最大宽度和最小厚度

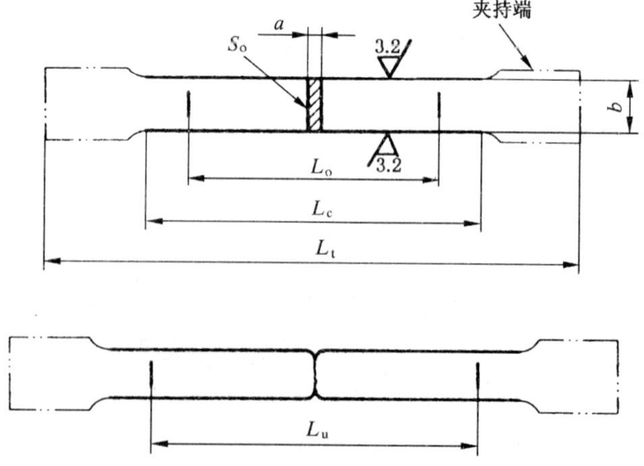

注：试样头部形状仅为示意性。

图 10　机加工的矩形横截面试样(见附录 A)

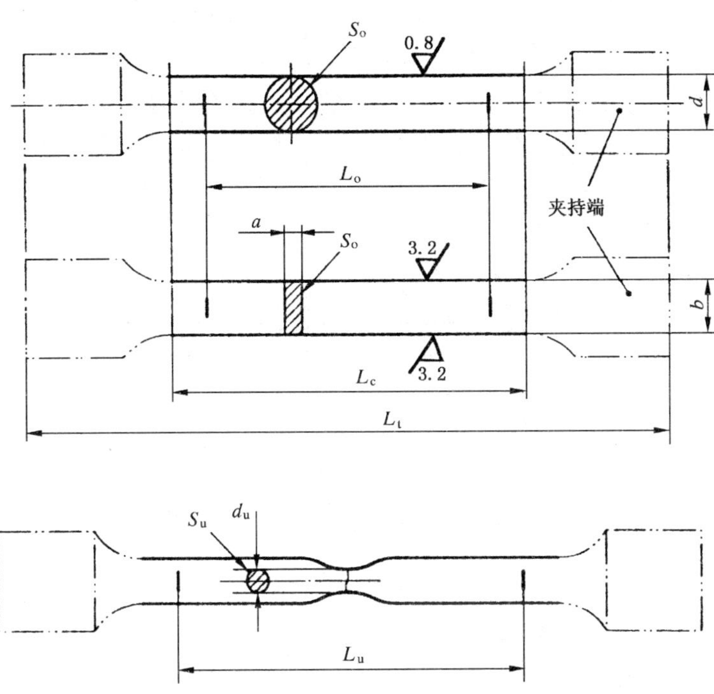

注

1　四面机加工的矩形横截面试样仲裁试验时其表面粗糙度应不劣于 0.8 。

2　试样头部形状仅为示意性。

图 11　比例试样(见附录 B)

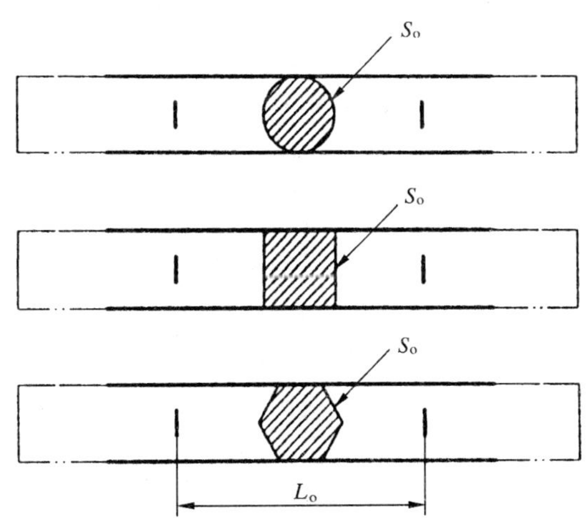

注：试样头部形状仅为示意性。

图 12　为产品一部分的不经机加工试样(见附录 C)

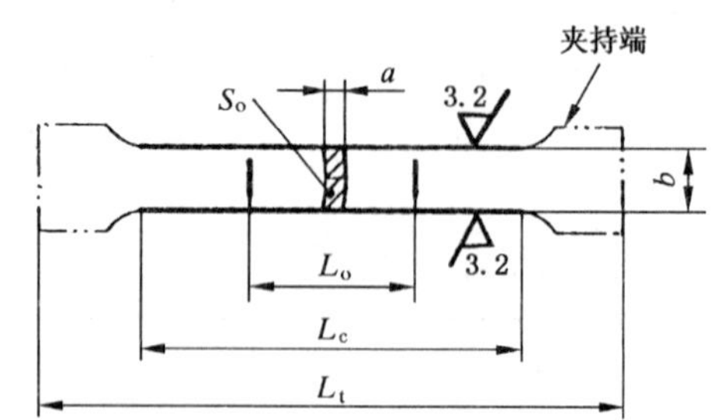

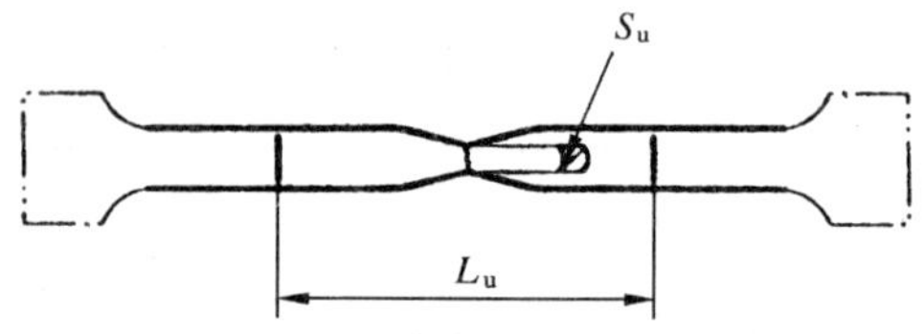

注：试样头部形状仅为示意性。

图 13 管的纵向弧形试样(见附录 D)

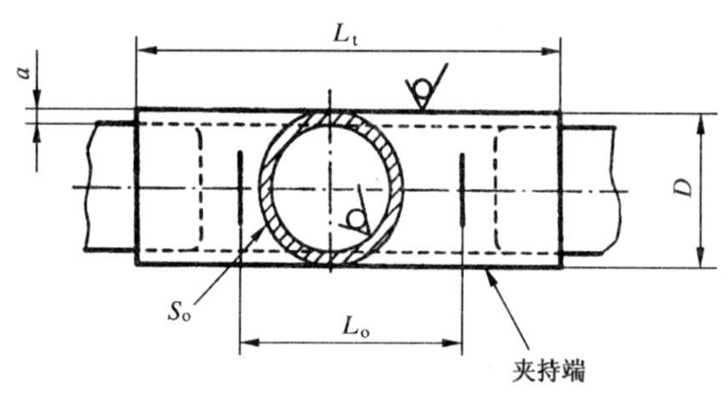

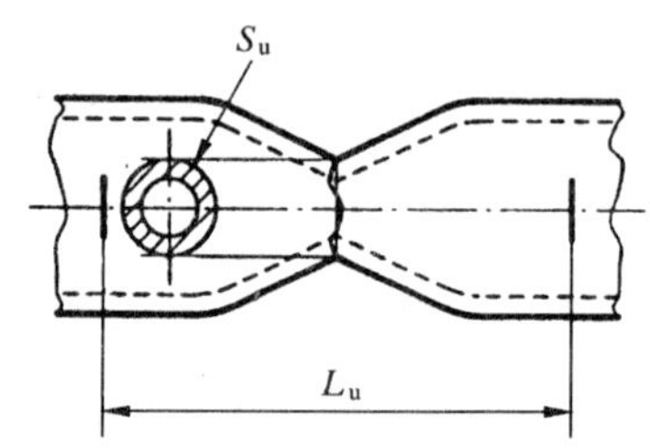

图 14 管段试样(见附录 D)

20 性能测定结果数值的修约[6]

试验测定的性能结果数值应按照相关产品标准的要求进行修约。如未规定具体要求，应按照表 5 的要求进行修约。修约的方法按照 GB/T 8170。

表 5 性能结果数值的修约间隔

性 能	范 围	修 约 间 隔
R_{eH}，R_{eL}，R_p，R_t，R_r，R_m	≤200 N/mm² >200 N/mm²～1 000 N/mm² >1 000 N/mm²	1 N/mm² 5 N/mm² 10 N/mm²
A_e		0.05%
A，A_t，A_{gt}，A_g		0.5%
Z		0.5%

21 性能测定结果的准确度

性能测定结果的准确度取决于各种试验参数，分两类：

计量参数：例如试验机和引伸计的准确度级别，试样尺寸的测量准确度等。

采用说明

6〕国际标准仅对断后伸长率的测定结果数值规定修约间隔为 0.5%。补充规定其他性能测定结果数值的修约要求。

材料和试验参数:例如材料的特性,试样的几何形状和制备,试验速率,温度,数据采集和分析技术等。

在缺少各种材料类型的充分数据的情况下,目前还不能准确确定拉伸试验的各种性能的测定准确度值。

附录J(提示的附录)提供了与计量参数相关的不确定度指南。

附录K(提示的附录)提供了一组钢、铝合金和镍基合金通过实验室间试验得到的拉伸试验不确定度值。

22 试验结果处理[7)]

22.1 试验出现下列情况之一其试验结果无效,应重做同样数量试样的试验。

a) 试样断在标距外或断在机械刻划的标距标记上,而且断后伸长率小于规定最小值;

b) 试验期间设备发生故障,影响了试验结果。

22.2 试验后试样出现两个或两个以上的缩颈以及显示出肉眼可见的冶金缺陷(例如分层、气泡、夹渣、缩孔等),应在试验记录和报告中注明。

23 试验报告

试验报告一般应包括下列内容:

a) 本国家标准编号;

b) 试样标识;

c) 材料名称、牌号;

d) 试样类型;

e) 试样的取样方向和位置;

f) 所测性能结果。

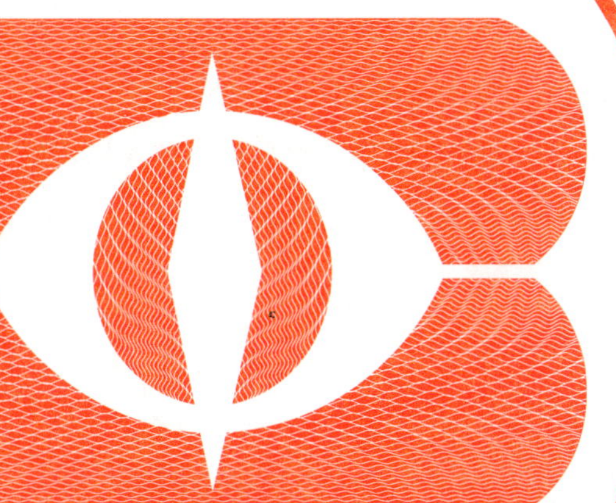

采用说明

7) 国际标准未规定此条内容。实际试验会有遇到这些情况,补充相应的规定。

附 录 A

（标准的附录）

厚度 0.1 mm～<3 mm 薄板和薄带使用的试样类型

A1 试样的形状

试样的夹持头部一般应比其平行长度部分宽。试样头部与平行长度（L_c）之间应有过渡半径至少为 20 mm 的过渡弧相连接（见图 10）。头部宽度应至少为 20 mm，但不超过 40 mm。

通过协议，也可以使用不带头试样，对于这类试样，两夹头间的自由长度应等于 L_o+3b。对于宽度等于或小于 20 mm 的产品，试样宽度可以相同于产品的宽度。

A2 试样的尺寸

平行长度应不小于 $L_o+b/2$。仲裁试验，平行长度应为 L_o+2b，除非材料尺寸不足够。

对于宽度等于或小于 20 mm 的不带头试样，除非产品标准中另有规定，原始标距（L_o）应等于 50 mm。

表 A1 和表 A2 分别规定比例试样尺寸和非比例试样尺寸。

表 A1 矩形横截面比例试样[8]

b/mm	r/mm	k=5.65				k=11.3			
		L_o/mm	L_c/mm		试样编号	L_o/mm	L_c/mm		试样编号
			带头	不带头			带头	不带头	
10	≥20	$5.65\sqrt{S_o}$ ≥15	≥$L_o+b/2$ 仲裁试验： L_o+2b	L_o+3b	P1	$11.3\sqrt{S_o}$ ≥15	≥$L_o+b/2$ 仲裁试验： L_o+2b	L_o+3b	P01
12.5					P2				P02
15					P3				P03
20					P4				P04

注

1 优先采用比例系数 k=5.65 的比例试样。若比例标距小于 15 mm，建议采用表 A2 的非比例试样。

2 如需要，厚度小于 0.5 mm 的试样在其平行长度上可以带小凸耳以便于装夹引伸计。上、下两凸耳宽度中心线间的距离为原始标距。

表 A2 矩形横截面非比例试样

b/mm	r/mm	L_o/mm	L_c/mm		试样编号
			带 头	不带头	
12.5	≥20	50	75	87.5	P5
20		80	120	140	P6

注：如需要，厚度小于 0.5 mm 的试样在其平行长度上可带小凸耳以便于装夹引伸计。上、下两凸耳宽度中心线间的距离为原始标距。

采用说明

8〕国际标准未规定这些试样。表中增加的试样为产品标准常用试样。

A3 试样的制备

制备试样应不影响其力学性能，应通过机加工方法去除由于剪切或冲压而产生的加工硬化部分材料。

对于十分薄的材料，建议将其切割成等宽度薄片并叠成一叠，薄片之间用油纸隔开，每叠两侧夹以较厚薄片，然后将整叠机加工至试样尺寸。

机加工试样的尺寸公差和形状公差应符合表A3的要求。下面给出应用这些公差的例子：

a) 尺寸公差

表A3中规定的值，例如对于标称宽度12.5 mm的试样，尺寸公差为±0.2 mm，表示试样的宽度不应超出下面两个值之间的尺寸范围：

$$12.5\ \text{mm}+0.2\ \text{mm}=12.7\ \text{mm} \qquad 12.5\ \text{mm}-0.2\ \text{mm}=12.3\ \text{mm}$$

b) 形状公差

表3中规定的值表示，例如对于满足上述机加工条件的12.5 mm宽度的试样，沿其平行长度(L_c)测量的最大宽度与最小宽度之差不应超过0.04 mm(仲裁试验情况)。因此，如试样的最小宽度为12.40 mm，它的最大宽度不应超过：

$$12.4\ \text{mm}+0.04\ \text{mm}=12.44\ \text{mm}$$

表A3 试样宽度公差[9] mm

试样标称宽度	尺寸公差	形状公差	
		一般试验	仲裁试验
10 12.5 15	±0.2	0.1	0.04
20	±0.5	0.2	0.05

A4 原始横截面积(S_o)的测定

原始横截面积的测定应准确到±2%，当误差的主要部分是由于试样厚度的测量所引起的，宽度的测量误差不应超过±0.2%。应在试样标距的两端及中间三处测量宽度和厚度，取用三处测得的最小横截面积。按照式(A1)计算：

$$S_o = ab \qquad \cdots\cdots(\text{A1})$$

附 录 B

(标准的附录)

厚度等于或大于3 mm板材和扁材以及直径或厚度等于或大于4 mm线材、棒材和型材使用的试样类型

B1 试样的形状

通常，试样进行机加工。平行长度和夹持头部之间应以过渡弧连接，试样头部形状应适合于试验机夹头的夹持(见图11)。夹持端和平行长度(L_c)之间的过渡弧的半径应为：

采用说明

9] 国际标准规定的形状公差精确到小数后三位数字。这些公差无需要求如此精确，保留到小数后两位数字。尺寸公差与国际标准的规定(以测量尺寸计算 S_o 情况)不同。国际标准规定±1 mm，过松。

圆形横截面试样：≥0.75d；

矩形横截面试样：≥12 mm。

试样原始横截面可以为圆形、方形、矩形或特殊情况时为其他形状。矩形横截面试样，推荐其宽厚比不超过 8∶1。机加工的圆形横截面试样其平行长度的直径一般不应小于 3 mm[10]。

如相关产品标准有规定，线材、型材、棒材等可以采用不经机加工的试样进行试验。

B2 试样的尺寸

B2.1 机加工试样的平行长度

对于圆形横截面试样：$L_c \geqslant L_o + d/2$。仲裁试验：$L_c = L_o + 2d$，除非材料尺寸不足够。

对于矩形横截面试样：$L_c \geqslant L_o + 1.5\sqrt{S_o}$。仲裁试验：$L_c = L_o + 2\sqrt{S_o}$，除非材料尺寸不足够。

B2.2 不经机加工试样的平行长度

试验机两夹头间的自由长度应足够，以使试样原始标距的标记与最接近夹头间的距离不小于 1.5d 或 1.5b。

B2.3 原始标距

B2.3.1 比例试样

使用比例试样时原始标距(L_o)与原始横截面积(S_o)应有以下关系：

$$L_o = k\sqrt{S_o} \qquad \text{(B1)}$$

式中比例系数 k 通常取值 5.65。但如相关产品标准规定，可以采用 11.3 的系数值。

圆形横截面比例试样和矩形横截面比例试样分别采用表 B1 和表 B2 的试样尺寸。相关产品标准可以规定其他试样尺寸。

表 B1 圆形横截面比例试样[11]

d/mm	r/mm	$k=5.65$			$k=11.3$		
		L_o/mm	L_c/mm	试样编号	L_o/mm	L_c/mm	试样编号
25	≥0.75d	5d	≥$L_o+d/2$ 仲裁试验：L_o+2d	R1	10d	≥$L_o+d/2$ 仲裁试验：L_o+2d	R01
20				R2			R02
15				R3			R03
10				R4			R04
8				R5			R05
6				R6			R06
5				R7			R07
3				R8			R08

注

1 如相关产品标准无具体规定，优先采用 R2、R4 或 R7 试样。

2 试样总长度取决于夹持方法，原则上 $L_t > L_c + 4d$。

采用说明

10] 国际标准规定为"不小于 4 mm"。改成为"不小于 3 mm"以便能使用机加工的 3 mm 直径试样。

11] 国际标准仅规定直径 20 mm、10 mm 和 5 mm 试样(R2、R4 和 R7 号试样)。表中增加的试样为产品标准常用的圆形横截面试样。

表 B2 矩形横截面比例试样[12)]

b/mm	r/mm	k=5.65			k=11.3		
		L_o/mm	L_c/mm	试样编号	L_o/mm	L_c/mm	试样编号
12.5	≥12	$5.65\sqrt{S_o}$	$\geqslant L_o+1.5\sqrt{S_o}$ 仲裁试验： $L_o+2\sqrt{S_o}$	P7	$11.3\sqrt{S_o}$	$\geqslant L_o+1.5\sqrt{S_o}$ 仲裁试验： $L_o+2\sqrt{S_o}$	P07
15				P8			P08
20				P9			P09
25				P10			P010
30				P11			P011
注：如相关产品标准无具体规定，优先采用比例系数 k=5.65 的比例试样。							

B2.3.2 非比例试样

非比例试样的原始标距(L_o)与原始横截面积(S_o)无固定关系。矩形横截面非比例试样采用表 B3 的试样尺寸。如相关产品标准规定，可以使用其他非比例试样尺寸。

B2.4 如相关产品标准无规定具体试样类型，试验设备能力不足够时，经协议厚度大于 25 mm 产品可以机加工成圆形横截面或减薄成矩形横截面比例试样。

表 B3 矩形横截面非比例试样[13)]

b/mm	r/mm	L_o/mm	L_c/mm	试样编号
12.5	≥12	50	$\geqslant L_o+1.5\sqrt{S_o}$ 仲裁试验： $L_o+2\sqrt{S_o}$	P12
20		80		P13
25		50		P14
38		50		P15
40		200		P16

B3 试样的制备

机加工试样的横向尺寸公差应符合表 B4 的规定要求。下面给出应用这些公差的例子：

a) 尺寸公差

表 B4 中规定的值，例如标称直径 10 mm 的试样，尺寸公差为±0.07 mm，表示试样的直径不应超出下面两个值之间的尺寸范围：

$$10\ \text{mm}+0.07\ \text{mm}=10.07\ \text{mm} \qquad 10\ \text{mm}-0.07\ \text{mm}=9.93\ \text{mm}$$

b) 形状公差

表 B4 中规定的值表示，例如对于满足上述机加工条件的 10 mm 直径的试样，沿其平行长度(L_c)的最大直径与最小直径之差不应超过 0.04 mm。因此，如试样的最小直径为 9.99 mm，它的最大直径不应超过：

$$9.99\ \text{mm}+0.04\ \text{mm}=10.03\ \text{mm}$$

采用说明

12) 国际标准未规定这些试样。表中增加的矩形横截面比例试样是产品标准常用的试样。

13) 国际标准未规定这些试样。表中增加的矩形横截面非比例试样是产品标准常用的试样。

表 B4　试样横向尺寸公差[14]　　mm

名　　称	标称横向尺寸	尺寸公差	形状公差
机加工的圆形横截面直径	3	±0.05	0.02
	>3～6	±0.06	0.03
	>6～10	±0.07	0.04
	>10～18	±0.09	0.04
	>18～30	±0.10	0.05
四面机加工的矩形横截面试样横向尺寸	相同于圆形横截面试样直径的公差		
相对两面机加工的矩形横截面试样横向尺寸	3	±0.1	0.05
	>3～6		
	>6～10	±0.2	0.1
	>10～18		
	>18～30	±0.5	0.2
	>30～50		

B4　原始横截面积(S_o)的测定

应根据测量的原始试样尺寸计算原始横截面积，测量每个尺寸应准确到±0.5%。

对于圆形横截面试样，应在标距的两端及中间三处两个相互垂直的方向测量直径，取其算术平均值，取用三处测得的最小横截面积，按照式(B2)计算：

$$S_o = \frac{1}{4}\pi d^2 \qquad \text{(B2)}$$

对于矩形横截面试样，应在标距的两端及中间三处测量宽度和厚度，取用三处测得的最小横截面积。按照式(A1)计算。

对于恒定横截面试样，可以根据测量的试样长度、试样质量和材料密度确定其原始横截面积。试样长度的测量应准确到±0.5%，试样质量的测定应准确到±0.5%，密度应至少取3位有效数字。原始横截面积按照式(B3)计算：

$$S_o = \frac{m}{\rho L_t} \times 1\,000 \qquad \text{(B3)}$$

附　录　C

(标准的附录)

直径或厚度小于4 mm线材、棒材和型材使用的试样类型

C1　试样的形状

试样通常为产品的一部分，不经机加工(见图12)。

采用说明

14〕国际标准对于圆形横截面试样的尺寸公差和形状公差要求精确到小数后三位数字。这些公差无需要求如此精确，保留到小数后两位。对于相对两面机加工的矩形横截面试样，增加了尺寸公差的要求，国际标准未规定具体要求。形状公差与国际标准不同，国际标准的规定偏大。

C2 试样的尺寸

原始标距(L_o)为 200 mm 和 100 mm。除小直径线材在两夹头间的自由长度可以等于 L_o 的情况外，其他情况，试验机两夹头间的自由长度应至少为 L_o+50 mm。见表 C1。

如不测定断后伸长率，两夹头间的最小自由长度可以为 50 mm。

表 C1 非比例试样

d 或 a/mm	L_o/mm	L_c/mm	试样编号
≤4	100	≥150	R9
	200	≥250	R10

C3 试样的制备

如以盘卷交货的产品，应仔细进行矫直。

C4 原始横截面积(S_o)的测定

原始横截面积的测定应准确到±1%。应在试样标距的两端及中间三处测量，取用三处测得的最小横截面积：

对于圆形横截面的产品，应在两个相互垂直方向测量试样的直径，取其算术平均值计算横截面积，按照式(B2)计算。

对于矩形和方形横截面的产品，测量试样的宽度和厚度，按照式(A1)计算。

可以根据测量的试样长度、试样质量和材料密度确定其原始横截面积，按照式(B3)计算。

附 录 D
(标准的附录)
管材使用的试样类型

D1 试样的形状

试样可以为全壁厚纵向弧形试样(见图 13)，管段试样(见图 14)，全壁厚横向试样，或从管壁厚度机加工的圆形横截面试样。

通过协议，可以采用不带头的纵向弧形试样和不带头的横向试样。仲裁试验采用带头试样。

D2 试样的尺寸

D2.1 纵向弧形试样

纵向弧形试样采用表 D1 规定的试样尺寸。纵向弧形试样一般适用于管壁厚度大于 0.5 mm 的管材。

为了在试验机上夹持，可以压平纵向弧形试样的两头部，但不应将平行长度(L_c)部分压平。

不带头的试样，两夹头间的自由长度应足够，以使试样原始标距的标记与最接近的夹头间的距离不小于 1.5b。

表 D1　纵向弧形试样[15]

D/mm	b/mm	a/mm	r/mm	k=5.65			k=11.3		
				L_o/mm	L_c/mm	试样编号	L_o/mm	L_c/mm	试样编号
30～50	10	原壁厚	≥12	$5.65\sqrt{S_o}$	$\geqslant L_o+1.5\sqrt{S_o}$ 仲裁试验： $L_o+2\sqrt{S_o}$	S1	$11.3\sqrt{S_o}$	$\geqslant L_o+1.5\sqrt{S_o}$ 仲裁试验： $L_o+2\sqrt{S_o}$	S01
>50～70	15					S2			S02
>70	20					S3			S03
≤100	19			50		S4			
>100～200	25					S5			
>200	38					S6			
注：采用比例试样时，优先采用比例系数 k=5.65 的比例试样。									

D2.2　管段试样

管段试样采用表 D2 规定的试样尺寸。

管段试样应在其两端加以塞头。塞头至最接近的标距标记的距离不应小于 $D/4$(见图 D1)，只要材料足够，仲裁试验时此距离为 D。塞头相对于试验机夹头在标距方向伸出的长度不应超过 D，而其形状应不妨碍标距内的变形。

允许压扁管段试样两夹持头部(见图 D2)，加或不加扁块塞头后进行试验，但仲裁试验不压扁，应加配塞头。

表 D2　管段试样[16]

L_o/mm	L_c/mm	试 样 编 号
$5.65\sqrt{S_o}$	$\geqslant L_o+D/2$ 仲裁试验：L_o+2D	S7
50	≥100	S8

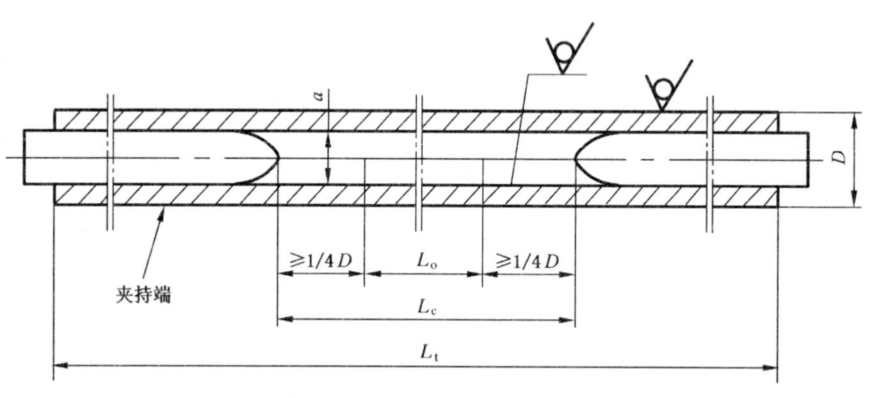

图 D1　管段试样的塞头位置

采用说明

15〕国际标准未具体规定这些试样。这些纵向弧形试样是产品标准常用的试样。

16〕国际标准未规定这些试样。增加的管段试样。

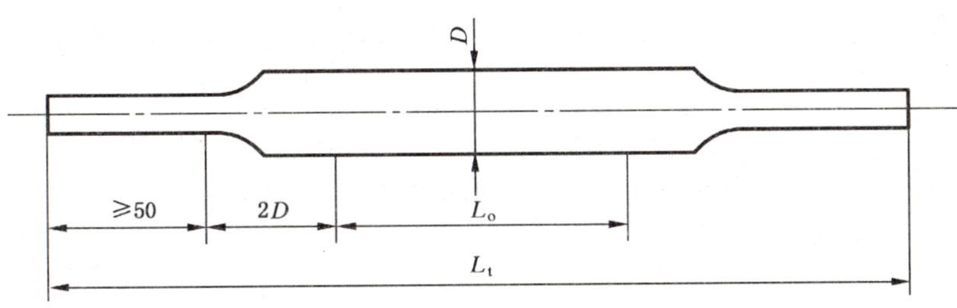

图 D2　管段试样的两夹持头部压扁

D2.3　机加工的横向试样

机加工的横向矩形横截面试样，管壁厚度小于 3 mm 时，采用附录 A(标准的附录)表 A1 或表 A2 规定的试样尺寸；管壁厚度大于或等于 3 mm 时，采用附录 B(标准的附录)表 B2 或表 B3 规定的试样尺寸。

相关产品标准可以规定不同于附录 A(标准的附录)和附录 B(标准的附录)的其他尺寸矩形横截面试样。

不带头的试样，两夹头间的自由长度应足够，以使试样原始标距的标记与最接近的夹头间的距离不小于 1.5 b。

应采用特别措施校直横向试样。

D2.4　管壁厚度机加工的纵向圆形横截面试样

机加工的纵向圆形横截面试样应采用附录 B(标准的附录)的表 B1 规定的试样尺寸。相关产品标准应根据管壁厚度规定机加工的圆形横截面试样尺寸。如无具体规定，按照表 D3 选定试样。

表 D3　管壁厚度机加工的纵向圆形横截面试样[17]

管壁厚度/mm	采用试样
8～13	R7 号
>13～16	R5 号
>16	R4 号

D3　原始横截面积(S_o)的测定

试样原始横截面积的测定应准确到±1%。

对于圆管纵向弧形试样，应在标距的两端及中间三处测量宽度和壁厚，取用三处测得的最小横截面积。按照式(D1)计算。计算时管外径取其标称值。

$$S_o = \frac{b}{4}(D^2 - b^2)^{1/2} + \frac{D^2}{4}\arcsin\left(\frac{b}{D}\right) - \frac{b}{4}[(D-2a)^2 - b^2]^{1/2} - \left(\frac{D-2a}{2}\right)^2\arcsin\left(\frac{b}{D-2a}\right) \quad \text{(D1)}$$

可以使用下列简化公式计算圆管纵向弧形试样的原始横截面积：

当 $b/D<0.25$ 时　$$S_o=ab\left[1+\frac{b^2}{6D(D-2a)}\right] \quad \text{(D2)}$$

当 $b/D<0.17$ 时　$$S_o=ab \quad \text{(D3)}$$

对于圆管横向矩形横截面试样，应在标距的两端及中间三处测量宽度和厚度，取用三处测得的最小横截面积。按照式(A1)计算。

采用说明

17〕国际标准未具体规定。补充由管壁厚度机加工成圆形横截面试样的具体规定。

对于管段试样，应在其一端相互垂直方向测量外径和四处壁厚，分别取其算术平均值。按照式(D4)计算：

$$S_o = \pi a(D - a) \qquad \cdots\cdots (D4)$$

管段试样、不带头的纵向或横向试样的原始横截面积可以根据测量的试样长度、试样质量和材料密度确定，按照式(B3)计算。

附　录　E
（提示的附录）
断后伸长率规定值低于 5 %的测定方法

推荐的方法如下：

试验前在平行长度的一端处作一很小的标记。使用调节到标距的分规，以此标记为圆心划一圆弧。拉断后，将断裂的试样置于一装置上，最好借助螺丝施加轴向力，以使其在测量时牢固地对接在一起。以原圆心为圆心，以相同的半径划第二个圆弧。用工具显微境或其他合适的仪器测量两个圆弧之间的距离即为断后伸长，准确到±0.02 mm。为使划线清晰可见，试验前涂上一层染料。

另一种方法，可以采用 11.2 规定的引伸计方法。

附　录　F
（提示的附录）
移位方法测定断后伸长率

为了避免由于试样断裂置位不符合 11.1 所规定的条件而必须报废试样，可以使用如下方法：

a）试验前将原始标距(L_o)细分为 N 等分。

b）试验后，以符号 X 表示断裂后试样短段的标距标记，以符号 Y 表示断裂试样长段的等分标记，此标记与断裂处的距离最接近于断裂处至标距标记 X 的距离。

如 X 与 Y 之间的分格数为 n，按如下测定断后伸长率：

1）如 $N-n$ 为偶数［见图 F1a)］，测量 X 与 Y 之间的距离和测量从 Y 至距离为

$$\frac{1}{2}(N - n)$$

个分格的 Z 标记之间的距离。按照式(F1)计算断后伸长率：

$$A = \frac{XY + 2YZ - L_o}{L_o} \times 100 \qquad \cdots\cdots (F1)$$

2）如 $N-n$ 为奇数［见图 F1b)］，测量 X 与 Y 之间的距离，和测量从 Y 至距离分别为

$$\frac{1}{2}(N - n - 1) \text{ 和 } \frac{1}{2}(N - n + 1)$$

个分格的 Z' 和 Z'' 标记之间的距离。按照式(F2)计算断后伸长率：

$$A = \frac{XY + YZ' + YZ'' - L_o}{L_o} \times 100 \qquad \cdots\cdots (F2)$$

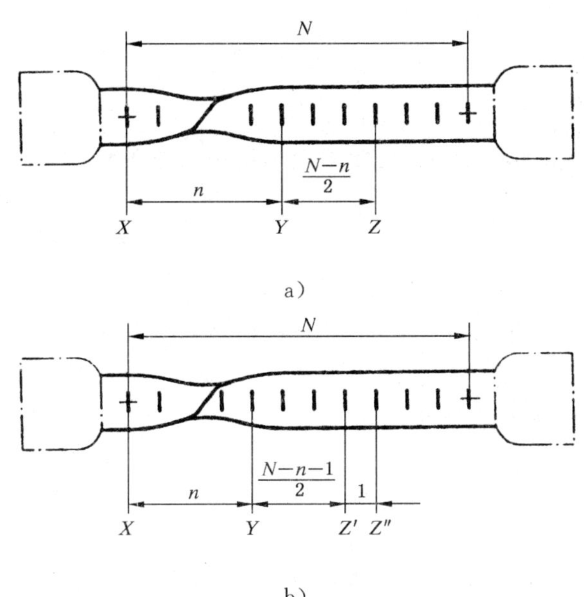

注：试样头部形状仅为示意性。

图 F1　移位方法的图示说明

附　录　G
（提示的附录）
人工方法测定棒材、线材和条材等长产品的最大力总伸长率

第 12 条中规定的引伸计方法可以用下列人工方法代替。仲裁试验应采用引伸计方法。

本附录方法是测量已拉伸试验过的试样最长部分在最大力时的非比例伸长，根据此伸长计算总伸长率。

试验前，在标距上标出等分格标记，连续两个等分格标记之间的距离等于原始标距(L'_o)的约数，原始标距(L'_o)的标记应准确到±0.5 mm 以内。为总伸长率值函数的这一长度(L'_o)应在产品标准中规定。断裂后，在试样的最长部分上测量断后标距(L'_u)，准确到±0.5 mm。为使测量有效，应满足以下条件：

a）测量区的范围应处于距离断裂处至少 $5d$ 和距离夹头至少为 $2.5d$。

b）测量用的原始标距应至少等于产品标准中规定的值。

最大力非比例伸长率按照式(G1)计算：

$$A_g = \frac{L'_u - L'_o}{L'_o} \times 100 \qquad \cdots\cdots\cdots\cdots(G1)$$

最大力总伸长率按照式(G2)计算：

$$A_{gt} = A_g + \frac{R_m}{E} \times 100 \qquad \cdots\cdots\cdots\cdots(G2)$$

式中弹性模量 E 的值应由相关产品标准给定。

附　录　H[18]

（提示的附录）

逐步逼近方法测定规定非比例延伸强度（R_p）

H1　范围

逐步逼近方法适用于具有无明显弹性直线段金属材料的规定非比例延伸强度的测定。对于力-延伸曲线图具有弹性直线段高度不低于 $0.5F_m$ 的金属材料，其规定非比例延伸强度的测定亦适用。逐步逼近方法可应用于这种性能的拉伸试验自动化测试。

H2　方法

根据力-延伸曲线图测定规定非比例延伸强度。

试验时，记录力-延伸曲线图，至少直至超过预期的规定非比例延伸强度的范围。在力-延伸曲线上任意估取 A_0 点拟为规定非比例延伸率等于 0.2%时的力 $F^0_{p0.2}$，在曲线上分别确定力为 $0.1F^0_{p0.2}$和 $0.5F^0_{p0.2}$的 B_1 和 D_1 两点，作直线 B_1D_1。从曲线原点 0（必要时进行原点修正）起截取 OC 段（$OC=0.2\% L_e \cdot n$，式中 n 为延伸放大倍数），过 C 点作平行于 B_1D_1 的平行线 CA_1 交曲线于 A_1 点。如 A_1 与 A_0 重合，$F^0_{p0.2}$即为相应于规定非比例延伸率为 0.2%时的力。

如 A_1 点未与 A_0 点重合，需要按照上述步骤进行进一步逼近。此时，取 A_1 点的力 $F^1_{p0.2}$，在曲线上分别确定力为 $0.1F^1_{p0.2}$和 $0.5F^1_{p0.2}$的 B_2 和 D_2 两点，作直线 B_2D_2。过 C 点作平行于直线 B_2D_2 的平行线 CA_2 交曲线于 A_2 点，如此逐步逼近，直至最后一次得到的交点 A_n 与前一次的交点 A_{n-1}重合（见图 H1）。A_n 的力即为规定非比例延伸率达 0.2%时的力。此力除以试样原始横截面积得到测定的规定非比例延伸强度 $R_{p0.2}$。

最终得到的直线 B_nD_n 的斜率，一般可以作为确定其他规定非比例延伸强度的基准斜率。

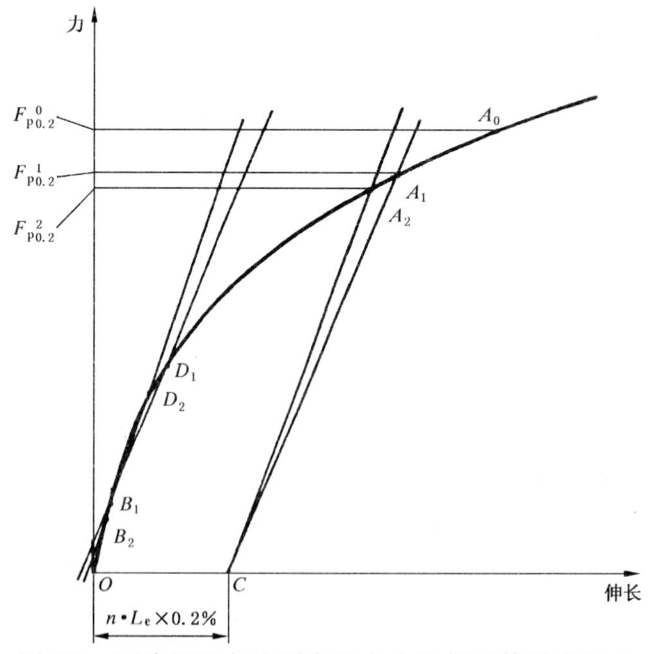

图 H1　逐步逼近方法测定规定非比例延伸强度（R_p）

采用说明

18）国际标准未规定此附录内容。此附录的方法可应用于拉伸试验自动测试。

附　录　I[19]

（提示的附录）

卸力方法测定规定残余延伸强度($R_{r0.2}$)举例

试验材料：钢，预期的规定残余延伸强度 $R_{r0.2}\approx 800\ N/mm^2$；

试样尺寸：$d=10.00\ mm$，$S_o=78.54\ mm^2$；

引伸计：表式引伸计，1 级准确度，$L_e=50\ mm$，每一分度值为 0.01 mm；

试验机：最大量程 200 kN，选用度盘为 100 kN；

试验速率：按照 10.1.1.4 的规定要求。

按照预期的规定残余延伸强度计算相应于应力值 10%的预拉力为：$F_o=R_{r0.2}\cdot S_o\times 10\%=6\ 283.2\ N$，化整后取 6 000 N。此时，引伸计的条件零点为 1 分度。

使用的引伸计标距为 50 mm，测定规定残余延伸强度 $R_{r0.2}$所要达到的残余延伸应为：$50\times 0.2\%=0.1\ mm$。将其折合成引伸计的分度数为：$0.1\div 0.01=10$ 分度。

从 F_o起第一次施加力直至试样在引伸计标距的长度上产生总延伸（相应于引伸计的分度数）应为：$10+(1\sim 2)=11\sim 12$ 分度。由于条件零点为 1 分度，总计为 13 分度。保持力 10 s～12 s 后，将力降至 F_o，引伸计读数为 2.3 分度，即残余延伸为 1.3 分度。

第二次施加力直至引伸计达到读数应为：在上一次读数 13 分度的基础上，加上规定残余延伸 10 分度与已得残余延伸 1.3 分度之差，再加上 1～2 分度，即 $13+(10-1.3)+2=23.7$ 分度。保持力 10 s～12 s，将力降至 F_o后得到 7.3 分度的残余延伸读数。

第三次施加力直至引伸计达到的读数应为：$23.7+(10-7.3)+1=27.4$ 分度。

试验直至残余延伸读数达到或稍微超过 10 分度为止。试验记录见表 I1。

规定残余延伸强度 $R_{r0.2}$计算如下：

由表 I1 查出残余延伸读数最接近 10 分度的力值读数为 61 000 N，亦即测定的规定残余延伸力应在 61 000 N 和 62 000 N 之间。用线性内插法求得规定残余延伸力为：

$$F_{r0.2}=\frac{(10.5-10)\times 61\ 000+(10-9.7)\times 62\ 000}{(10.5-9.7)}=61\ 375\ N$$

得到：

$$R_{r0.2}=\frac{61\ 375}{78.54}=781.45\ N/mm^2$$

按照表 5 要求修约后结果为：$R_{r0.2}=780\ N/mm^2$

表 I1　力-残余延伸数据记录

力/N	施加力引伸计读数 分度	预拉力引伸计读数 分度	残余延伸 分度
6 000	1.0	—	—
41 000	13.0	2.3	1.3
57 000	23.7	8.3	7.3
61 000	27.4	10.7	9.7
62 000	28.7	11.5	10.5

采用说明

19] 国际标准未规定此附录内容。增加此附录以提供测定规定残余延伸强度 $R_{r0.2}$的例子。

附 录 J
（提示的附录）
误差累积方法估计拉伸试验的测量不确定度

J1 引言

基于误差累积原理和利用试验方法标准及检定标准规定的测量误差要求，提出估计测量不确定度的方法要点。因为不同材料对于某些例如应变速率或应力速率等控制参数呈现不同的响应，所以不可能对所有材料计算出单一的不确定度值。此处提供的误差累积方法可以把它看成为按本标准进行试验（1级试验机和1级引伸计）的实验室的测量不确定度上限。

应当注意，当评定试验结果的总分散度时，测量的不确定度应看做包含由于材料的不均匀性而引起的固有分散度。附录K中给出的相互比较试验的分析统计方法，并不能分离出这两种分散度的影响源。估计实验室间分散度的其他有用的方法是，采用一种具有保证材料性能的持证标准材料（CRM）。已经选定供作室温拉伸试验使用的标准材料（CRM）为一种直径14 mm每批1 t的标准材料镍铬合金（Nimonic75），正在共同体标准物质局（BCR）监督认证程序之中。

J2 不确定度的估计

J2.1 与材料无关的参数

将各种误差源产生的误差累加在一起的方法已做相当详细的处理。最近，两个ISO文件（ISO 5725-2和测量不确定度的表达指南），对精密度和不确定度的估计给出了指导。

下面的分析采用了常规的方和根方法。表J1给出了各种拉伸性能试验参数的误差与不确定度的期望值。由于应力应变曲线的形状特点，有些拉伸性能原则上能以较高的精密度测定。例如，上屈服强度R_{eH}仅仅取决于力和横截面积的测量误差；而规定强度R_p却取决于力、变形（位移）、标距和横截面积的测量误差。对于断面收缩率Z，则需考虑试验前、后横截面积的测量误差。

表J1 确定拉伸试验数据的最大允许测量不确定度（使用方和根方法）

参数	拉伸性能误差/%					
	R_{eH}	R_{eL}	R_m	R_p	A	Z
力	1	1	1	1	—	—
应变[1]（位移）	—	—	—	1	1	—
标距L_o[1]	—	—	—	1	1	—
S_o	1	1	1	1	—	1
S_u	—	—	—	—	—	2
不确定度期望值	$\pm\sqrt{2}$	$\pm\sqrt{2}$	$\pm\sqrt{2}$	$\pm\sqrt{4}$	$\pm\sqrt{2}$	$\pm\sqrt{5}$

1）假定按照检定过的1级引伸计。

J2.2 与材料有关的参数

对于室温拉伸试验，材料受应变速率（或应力速率）控制参数影响明显的拉伸性能是R_{eH}、R_{eL}和R_p。抗拉强度R_m也与应变速率相关，但试验中，通常以比测定R_p高得多的应变速率进行试验测定，一般受应变速率的影响呈现较小的敏感性。

原则上，在计算累积误差之前需要测定应变速率对材料性能的影响（参见图J1和图J2）。有限的一些数据是可用的，而且也可以用下列例子估算一些材料的测量不确定度。

表J2和表J3给出了一组用以确定材料受本标准规定应变速率范围影响的典型数据例子。同时，表J2也给出了应变速率对几种材料的规定强度的影响。

表 J2　本标准允许的应变速率范围对室温规定强度 $R_{p0.2}$ 影响的例子

材　　料	标 称 成 分	$R_{p0.2}$ 平均值/(N/mm^2)	应变速率对 $R_{p0.2}$ 的影响/%	等效误差/%
铁素体钢:管线钢	Cr-Mo-V-Fe(其余)	680	0.1	±0.5
板钢(Fe430)	C-Mn-Fe(其余)	315	1.8	±0.9
奥氏体钢:X5CrNiMo17-12-2	17Cr,11Ni-Fe(其余)	235	6.8	±3.4
镍基合金:NiCr20Ti	18Cr,5Fe,2Co-Ni(其余)	325	2.8	±1.4
NiCrCoTiAl25-20	24Cr,20Co,3Ti,1.5Mo,1.5Al-Ni(其余)	790	1.9	±0.95

J2.3　总测量不确定度

将表 J1 中规定的与材料无关的参数,与表 J2 所给应变速率对规定强度影响的数据进行合成,即可给出所示各材料的测量不确定度总估计,见表 J3 所示。

为了进行合成总不确定度,将标准中允许的应变速率范围内对规定强度的影响值取其一半,表示为等效误差。例如 X5CrNiMo17-12-2 不锈钢,其规定强度 $R_{p0.2}$ 在允许的应变速率范围内受影响为 6.8%,取其一半的值等于±3.4%的误差。因此,对于 X5CrNiMo17-12-2 不锈钢,其总不确定度为:

$$\pm\sqrt{2^2+3.4^2}=\pm\sqrt{15.6}=\pm 3.9\%$$

表 J3　按照本标准测定的室温规定强度的总不确定度期望值例子

材　　料	$R_{p0.2}$ 平均值/(N/mm^2)	取自表 J1 之值/%	取自表 J2 之值/%	总测量不确定度期望值/%
铁素体钢:				
管线钢	680	±2	±0.05	±2.0
板钢(Fe430)	315	±2	±0.9	±2.2
奥氏体钢:				
X5CrNiMo17-12-2	235	±2	±3.4	±3.9
镍基合金:				
NiCr20Ti	325	±2	±1.4	±2.4
NiCrCoTiAl25-20	790	±2	±0.95	±2.2

J3　结束语

对利用误差累积原理计算室温拉伸试验测量不确定度的方法提出要点,并给出一些材料对已知试验参数影响的例子。应注意,计算的不确定度可能需要修正,以便包含符合测量不确定度表达指南的加权因子。而当欧洲试验室和 ISO 工作部门最后决定他们要采纳推荐的最佳方法后,将着手这方面的工作。此外,还存在影响拉伸性能测定的其他因素,例如试样弯曲、试样夹持方法和试验控制模式,即引伸计控制模式或十字头控制模式。它们都可能影响拉伸性能的测定。但目前未有足够可用的定量性数据,所以不可能将其影响包括在累积误差之中。应该指出,这一误差累积方法仅仅给出由于测量技术所引起的不确定度的估计,而并非对归因于材料不均匀性而引起试验数据的固有分散性作出容限。

最后,应当知道,适合的标准材料成为可用之时,将对试验机,包括目前没有证明其合格的夹头、弯曲等影响的总测量不确定度提供一种有用的方法。

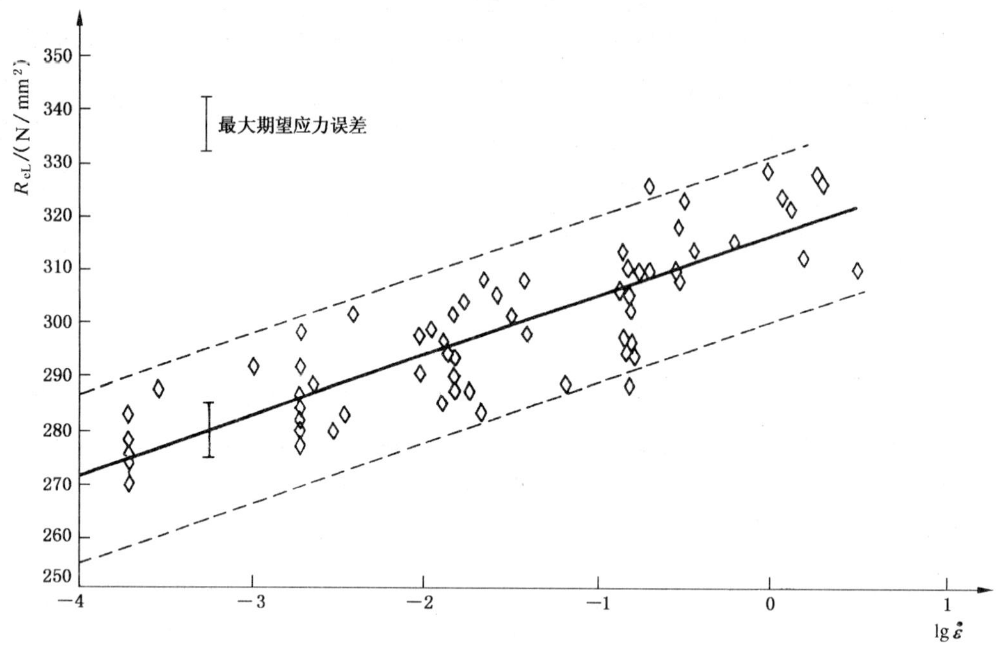

注：$\dot{\varepsilon}$=塑性应变速率，单位为(mm/mm)·min^{-1}。

图 J1　板钢的下屈服强度 R_{eL}随应变速率的变化(室温)

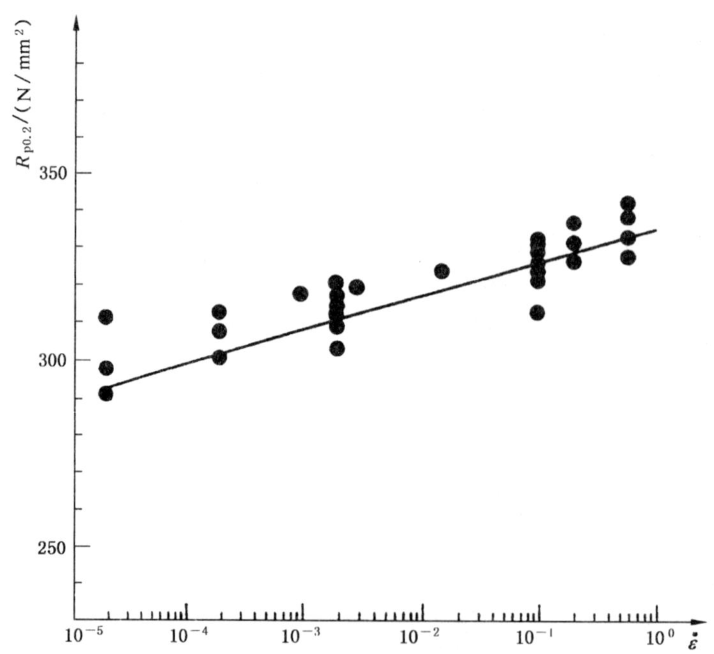

注：$\dot{\varepsilon}$=塑性应变速率，单位为(mm/mm)·min^{-1}。

图 J2　NiCr20Ti 合金的规定强度 $R_{p0.2}$随应变速率的变化(22℃)

附　录　K
（提示的附录）
拉伸试验的精密度——根据实验室间试验方案的结果

K1　拉伸试验中不确定度的原因

拉伸试验结果的精密度受材料、试样、试验设备、试验程序和力学性能的计算方法等因素影响。具体地说，可以提出下列引起不确定度的原因：

——材料的不均匀度，它存在于同一炉材料的一个工艺批之内；

——试样的几何形状、制备方法和公差；

——夹持方法和施力的轴向性；

——拉伸试验机和辅助测量系统（刚度、驱动、控制、操作方法）；

——试样尺寸的测量、标距的标记、引伸计标距、力和伸长的测量；

——试验的各阶段中的试验温度和加载速率；

——人为的或与拉伸性能测定相联系的软件误差。

本国家标准的要求和公差并不可以考核这些因素的影响。可以通过实验室间的试验，测定接近工业试验条件下结果的不确定度，但并不可以从试验方法引起的误差中分离出与材料有关的影响。

K2　程序

实验室间试验方案（方案 A、方案 B 和方案 C）的结果给出了试验金属材料时得到的不确定度的典型例子。

列入试验方案的每一种材料，从料坯中随机选取固定数目的样坯，进行预先的研究，检查料坯的均匀性，提供关于料坯自身力学性能的固有分散度。样坯送至参加试验的各实验室，按各实验室正常使用的图纸要求机加工试样。仅仅要求试样和试验本身符合相关标准的要求。建议尽可能在短时间内由同一操作者和使用同一试验机完成试验。

表 K1、表 K2 和表 K3 中用相对不确定度系数表示三类误差：

$$UC_r = \pm 2S_r/\overline{X}(\%) \qquad \cdots\cdots\cdots\cdots(K1)$$

$$UC_L = \pm 2S_L/\overline{X}(\%) \qquad \cdots\cdots\cdots\cdots(K2)$$

$$UC_R = \pm 2S_R/\overline{X}(\%) \qquad \cdots\cdots\cdots\cdots(K3)$$

式中：$\overline{X}$——总平均；

S_r——估计的实验室内的重复性标准偏差；

S_L——估计的实验室间的变动度；

S_R——估计的试验方法的精密度：复现性标准偏差。

这些量均为接近 $\overline{X}$ 的 95％置信区间。对每一种材料和每一种性能进行计算。

K3　方案 A 的试验结果（国际）

试验材料：铝、钢和镍合金。

参加试验室数：6 个。

每个试验室试验每种材料的试样数：6 个。

试样：采用圆形横截面试样，直径 12.5 mm，原始标距 62.5 mm（5 倍试样直径）。

试验结果：列于表 K1。不区分下屈服强度（R_{eL}）和 0.2％规定强度（$R_{p0.2}$）。

K4 方案 B 的试验结果(国际)

试验材料:钢。

参加试验室数:18 个。

每个试验室试验每种材料的试样数:5 个。

试样:厚度 2.5 mm 的薄板,采用矩形横截面试样,宽度 20 mm,原始标距 80 mm。棒材采用圆形横截面试样,直径 10 mm,原始标距 50 mm(5 倍试样直径)。

试验结果:列于表 K2。不区分下屈服强度(R_{eL})和 0.2%规定强度($R_{p0.2}$)。

K5 方案 C 的试验结果(国内)

试验材料:铝合金和钢。

参加试验室数:14 个。

每个试验室试验每种材料的试样数:5 个。

试样:厚度等于小于 3 mm 的薄板,采用矩形横截面试样,宽度 12.5 mm,原始标距 50 mm。厚度大于 3 mm 的板材,采用矩形横截面试样,宽度 20 mm,原始标距为 $5.65\sqrt{S_o}$。盘圆材采用不经机加工试样,原始标距 50 mm。棒材采用圆形横截面试样,直径 10 mm,原始标距 50 mm(5 倍试样直径)。

试验结果:列于表 K3。

表 K1 试验方案 A 的实验室间拉伸试验结果(国际)

材料	铝	铝	碳素钢	奥氏体不锈钢	镍合金	马氏体不锈钢
牌号	EC-H19	2024-T351	C22	X7CrNiMo17-12-2	NiCr15Fe8	X12Cr13
试样	圆形横截面	圆形横截面	圆形横截面	圆形横截面	圆形横截面	圆形横截面
$R_{p0.2}/(N/mm^2)$						
总平均值	158.4	362.9	402.4	480.1	268.3	967.5
$UC_r/\%$	4.12	2.82	2.84	2.74	1.86	1.84
$UC_L/\%$	0.42	0.98	4.04	7.66	3.94	2.72
$UC_R/\%$	4.14	2.98	4.94	8.14	4.36	3.28
$R_m/(N/mm^2)$						
总平均值	179.9	491.3	596.9	694.6	695.9	1 253
$UC_r/\%$	4.90	2.84	1.40	0.78	0.86	0.50
$UC_L/\%$	—	1.00	2.40	2.28	1.16	1.16
$UC_R/\%$	4.90	2.66	2.78	2.40	1.44	1.26
$A/\%$						
总平均值	14.61	8.04	25.63	35.93	41.58	12.39
$UC_r/\%$	8.14	6.94	6.00	3.93	3.22	7.22
$UC_L/\%$	4.09	17.58	8.18	14.36	7.00	13.70
$UC_R/\%$	9.10	18.90	10.12	14.90	7.72	15.48
$Z/\%$						
总平均值	79.14	30.31	65.59	71.49	59.34	50.49
$UC_r/\%$	4.86	13.80	2.56	2.78	2.28	7.38
$UC_L/\%$	1.46	19.24	2.88	3.54	0.68	13.78
$UC_R/\%$	5.08	23.66	3.84	4.50	2.38	15.62

表 K2　试验方案 B 的实验室间拉伸试验结果(国际)

材　　料	低碳钢	奥氏体不锈钢	结构钢	奥氏体不锈钢	高强钢
牌号	HR3(ISO)	X2CrNi18-10	Fe510C(ISO)	X2CrNiMo18-10	30NiCrMo-16
试样	矩形横截面	矩形横截面	圆形横截面	圆形横截面	圆形横截面
$R_{p0.2}$(或 R_{eL})/(N/mm²)					
总平均值	228.6	303.8	367.4	353.3	1 039.9
UC_r/%	4.92	2.47	2.47	5.29	1.13
UC_L/%	6.53	6.06	4.42	5.77	1.64
UC_R/%	8.17	6.44	5.07	7.07	1.99
R_m/(N/mm²)					
总平均值	335.2	594.0	552.4	622.5	1 167.8
UC_r/%	1.14	2.63	1.25	1.36	0.61
UC_L/%	4.86	2.88	1.42	2.71	1.32
UC_R/%	4.09	2.98	1.90	3.02	1.45
A/%					
	L_o=80 mm		L_o=5d		
总平均值	38.41	52.47	31.44	51.86	16.69
UC_r/%	10.44	3.81	6.41	3.82	7.07
UC_L/%	7.97	12.00	12.46	12.04	11.20
UC_R/%	13.80	12.59	14.01	12.65	13.26
Z/%					
总平均值			71.38	77.94	65.59
UC_r/%			2.05	1.99	2.45
UC_L/%			1.71	5.25	2.11
UC_R/%			2.68	5.62	3.23

表 K3　试验方案 C 的实验室间拉伸试验结果(国内)

材　　料	钢	铝合金	铝合金	钢	钢	钢	钢
牌号	st16	LF5M	LY12CZ	Q235A	Q235	B480	40Cr
试样	两面机加工矩形横截面	两面机加工矩形横截面	两面机加工矩形横截面	两面机加工矩形横截面	不经机加工圆形横截面	两面机加工矩形横截面	机加工圆形横截面(热处理)
$R_{p0.2}$/(N/mm²)							
总平均值	145.59	166.28	325.18				984.32
UC_r/%	7.57	2.97	3.35				1.97
UC_L/%	14.06	3.62	4.57				—
UC_R/%	15.97	4.69	5.66				1.97
R_{eH}/(N/mm²)							
总平均值				315.39		417.44	
UC_r/%				4.02		4.17	
UC_L/%				3.97		0.84	
UC_R/%				5.65		4.26	

R_{eL}/(N/mm²)

总平均值				309.65	357.07	401.29	
UC_r/%				2.87	6.97	2.54	
UC_L/%				8.57	3.47	2.94	
UC_R/%				9.00	7.78	3.89	

R_m/(N/mm²)

总平均值	287.94	301.01	451.67	456.96	513.23	527.22	1 082.69
UC_r/%	2.37	1.15	3.16	1.85	4.87	1.88	6.10
UC_L/%	3.43	3.61	2.79	6.07	2.87	1.76	—
UC_R/%	4.16	3.79	4.22	6.33	5.66	2.58	6.10

A/%

总平均值	46.06	25.03		33.50	29.88	33.53	15.59
UC_r/%	7.36	10.64		9.51	11.38	10.64	14.17
UC_L/%	13.52	6.40		6.31	13.59	7.86	7.89
UC_R/%	15.40	12.42		11.41	18.01	13.23	16.22

Z/%

总平均值							57.97
UC_r/%							3.41
UC_L/%							1.62
UC_R/%							3.78

附 录 L[20]

（提示的附录）

新旧标准性能名称和符号对照

本标准采用的性能名称和符号与旧标准有所不同，为了便于对照，将其分别列于表L1和表L2。

L1 性能名称对照

性能名称对照见表L1。

表L1 性能名称对照

新标准			旧标准	
性能名称		符号	性能名称	符号
断面收缩率	percentage reduction of area	Z	断面收缩率	ψ
断后伸长率	percentage elongation after fracture	A $A_{11.3}$ A_{xmm}	断后伸长率	δ_5 δ_{10} δ_{xmm}
断裂总伸长率	percentage total elongation at fracture	A_t	—	—
最大力总伸长率	percentage elongation at maximum force	A_{gt}	最大力下的总伸长率	δ_{gt}

采用说明

20) 国际标准未规定此附录内容。

表 L1(完)

新标准			旧标准	
性能名称		符号	性能名称	符号
最大力非比例延伸率	percentage non-proportional elongation at maximum force	A_g	最大力下的非比例伸长率	δ_g
屈服点延伸率	percentage yield point extension	A_e	屈服点伸长率	δ_s
屈服强度	yield strength	—	屈服点	σ_s
上屈服强度	upper yield strength	R_{eH}	上屈服点	σ_{sU}
下屈服强度	lower yield strength	R_{eL}	下屈服点	σ_{sL}
规定非比例延伸强度	proof strength, non-proportional extension	R_p 例如 $R_{p0.2}$	规定非比例伸长应力	σ_p 例如 $\sigma_{p0.2}$
规定总延伸强度	proof strength, total extension	R_t 例如 $R_{t0.5}$	规定总伸长应力	σ_t 例如 $\sigma_{t0.5}$
规定残余延伸强度	permanent set strength	R_r 例如 $R_{r0.2}$	规定残余伸长应力	σ_r 例如 $\sigma_{r0.2}$
抗拉强度	tensile strength	R_m	抗拉强度	σ_b

L2 符号对照

符号对照见表 L2。

表 L2 符号对照

新标准	旧标准	新标准	旧标准
a	a_0	—	F_s, P_s
a_u	a_1	—	F_{sU}, P_{sU}
b	b_0	—	F_{sL}, P_{sL}
b_u	b_1	F_m	F_b, P_b
d	d_0	—	F_J
d_u	d_1	R_p	σ_p, σ_ε
D	D_0	R_t	σ_t
L_c	L_c, l	R_r	σ_r
L_o	L_0, l_0	—	σ_s
L_u	L_1	R_{eH}	σ_{sU}
L'_o	—	R_{eL}	σ_{sL}
L'	—	R_m	σ_b
L_e	L_e	A_e	δ_s
L_t	L	A_{gt}	δ_{gt}
S_o	S_0, F_0	A_g	δ_g
S_u	S_1	$A(A, A_{11.3}, A_{xmm})$	$\delta(\delta_5, \delta_{10}, \delta_{xmm})$
—	F_p, P_ε	ε_p	ε_p
—	F_t	ε_t	ε_t
—	F_r	ε_r	ε_r

表 L2(完)

新标准	旧标准	新标准	旧标准
Z	ψ	n	n
m	m,W	ΔL_m	—
ρ	ρ	E	—
π	π	r	r
k	k		

ICS 77.040.10
H 22

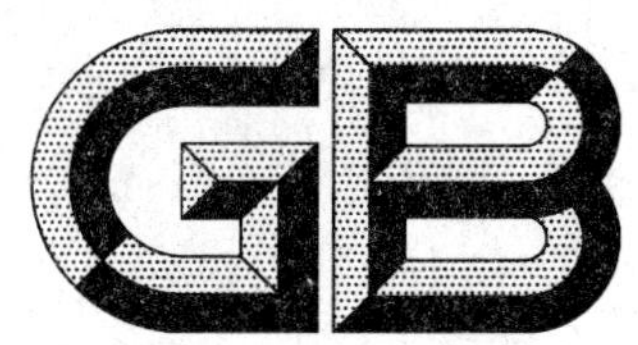

中华人民共和国国家标准

GB/T 229—2007
代替 GB/T 229—1994

金属材料　夏比摆锤冲击试验方法

Metallic materials—Charpy pendulum impact test method

(ISO 148-1:2006,Metallic materials—Charpy pendulum impact test—
Part 1:Test method,MOD)

2007-11-23 发布　　2008-06-01 实施

中华人民共和国国家质量监督检验检疫总局
中国国家标准化管理委员会　发布

前　言

本标准修改采用国际标准 ISO 148-1:2006《金属材料　夏比摆锤冲击试验　第 1 部分:试验方法》(英文版)。本标准对国际标准在以下内容进行了修改:

——在规范性引用文件中,增加了 GB/T 2975 钢及钢产品力学性能试验取样位置及试样制备、GB/T 8170 数值修约规则和 JJG 145 摆锤式冲击试验机检定规程;删去了 ISO 286-1 标准;

——在 6.2 中增加了深度 2 mm 的 U 型缺口试样,并在表 2 中增加了宽度为 7.5 mm 和 5 mm 的 U 型缺口试样;

——在 7.2 增加了 JJG 145 标准;

——在 8.1 中增加了"试验前应检查摆锤空打时的回零差或空载能耗。试验前应检查砧座跨距,砧座跨距应保证在 $40^{+0.2}$ mm 以内。"

——在 8.2.2 中增加了"当使用气体介质冷却试样时,试样距低温装置内表面以及试样与试样之间应保持足够的距离,试样应在规定温度下保持至少 20 min。"

——在 8.4 中增加了试验机的能力下限;

——在 8.5 中增加了"由于试验机打击能量不足使试样未完全断开,吸收能量不能确定,试验报告应注明用×J 的试验机试验,试样未断开。"

——增加了 8.8 试验结果;

——删去了附录 B 中的图 B.3;

——增加了附录 E。

本标准代替 GB/T 229—1994《金属夏比缺口冲击试验方法》。

本标准此次修订对下列技术内容进行了较大修改和补充:

——引用标准;

——试样类型;

——对心夹钳;

——侧膨胀值;

——断口形貌;

——冲击吸收能量-温度曲线及转变温度;

——性能测定结果数值修约;

——高低温环境下的冲击试验。

本标准的附录 A、附录 B、附录 C、附录 D 和附录 E 为资料性附录。

本标准由中国钢铁工业协会提出。

本标准由全国钢标准化技术委员会归口。

本标准起草单位:钢铁研究总院、首钢总公司、时代试金集团公司、大连希望设备公司、深圳市新三思材料检测有限公司、北京纳克分析仪器有限公司、冶金工业信息标准研究院、上海材料所、武昌造船厂。

本标准起草人:朱林茂、高怡斐、刘卫平、刘娟、殷建军、安建平、张庄、王萍、董莉、王滨、杨小敏。

本标准所代替标准的历次版本发布情况为:

——GB/T 229—1984,GB/T 229—1994。

金属材料 夏比摆锤冲击试验方法

1 范围

本标准规定了测定金属材料在夏比冲击试验中吸收能量的方法(V型和U型缺口试样)。

本标准不包括仪器化冲击试验方法,这部分内容在GB/T 19748—2005《金属材料仪器化夏比冲击试验方法》中规定。

2 规范性引用文件

下列文件中的条款通过本标准的引用而成为本标准的条款。凡是注日期的引用文件,其随后所有的修改单(不包括勘误的内容)或修订版均不适用于本标准,然而,鼓励根据本标准达成协议的各方研究是否可使用这些文件的最新版本。凡是不注日期的引用文件,其最新版本适用于本标准。

GB/T 3808 摆锤式冲击试验机的检验(GB/T 3808—2002,ISO 148-2:1998,MOD)

GB/T 2975 钢及钢产品力学性能试验取样位置及试样制备(GB/T 2975—1998,eqv ISO 377:1997)

GB/T 8170 数值修约规则

JJG 145 摆锤式冲击试验机检定规程

3 术语和定义

下列术语和定义适用于本标准。

3.1 能量

3.1.1

实际初始势能(势能) actual initial potential energy(potential energy)

K_p

对试验机直接检验测定的值。

3.1.2

吸收能量 absorbed energy

K

由指针或其他指示装置示出的能量值。

注:用字母 V 和 U 表示缺口几何形状,用下标数字2或8表示摆锤刀刃半径,例如 KV_2。

3.2 试样

根据试样在试验机支座上的试验位置,使用下列的术语(见图1):

3.2.1

高度 height

h

开缺口面与其相对面之间的距离。

3.2.2

宽度 width

w

与缺口轴线平行且垂直于高度方向的尺寸。

3.2.3

长度 length

l

与缺口方向垂直的最大尺寸。

注：缺口方向即缺口深度方向。

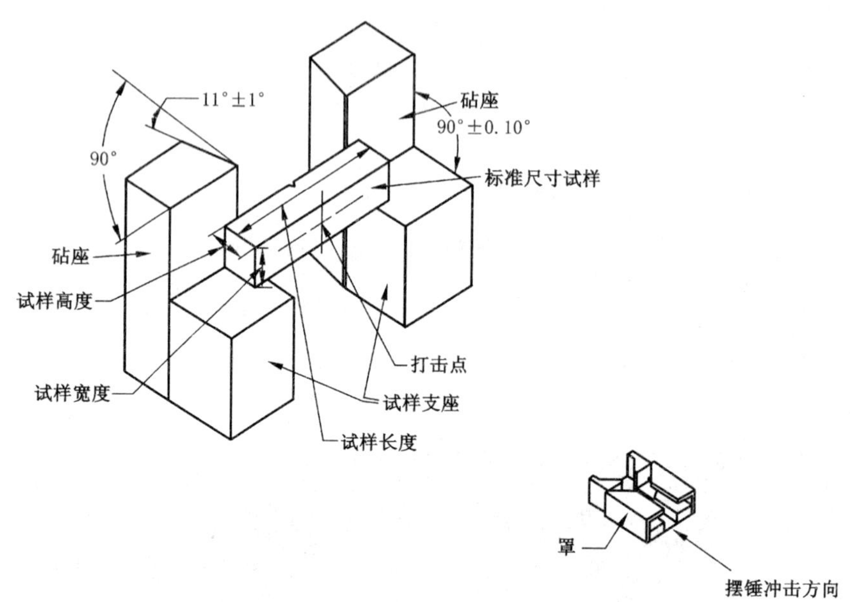

图 1 试样与摆锤冲击试验机支座及砧座相对位置示意图

4 符号

本标准使用的符号见表 1 及图 2。

表 1 符号、名称及单位

符号	单位	名称
K_p	J	实际初始势能(势能)
FA	%	剪切断面率
h	mm	试样高度
KU_2	J	U 型缺口试样在 2 mm 摆锤刀刃下的冲击吸收能量
KU_8	J	U 型缺口试样在 8 mm 摆锤刀刃下的冲击吸收能量
KV_2	J	V 型缺口试样在 2 mm 摆锤刀刃下的冲击吸收能量
KV_8	J	V 型缺口试样在 8 mm 摆锤刀刃下的冲击吸收能量
LE	mm	侧膨胀值
l	mm	试样长度
T_t	℃	转变温度
w	mm	试样宽度

5 原理

将规定几何形状的缺口试样置于试验机两支座之间，缺口背向打击面放置，用摆锤一次打击试样，测定试样的吸收能量。

由于大多数材料冲击值随温度变化，因此试验应在规定温度下进行。当不在室温下试验时，试样必须在规定条件下加热或冷却，以保持规定的温度。

6 试样

6.1 一般要求

标准尺寸冲击试样长度为55 mm，横截面为10 mm×10 mm方形截面。在试样长度中间有V型或U型缺口，见6.2.1和6.2.2规定。

如试料不够制备标准尺寸试样，可使用宽度7.5 mm、5 mm或2.5 mm的小尺寸试样（见图2和表2）。

注：对于低能量的冲击试验，因为摆锤要吸收额外能量，因此垫片的使用非常重要。对于高能量的冲击试验并不十分重要。应在支座上放置适当厚度的垫片，以使试样打击中心的高度为5 mm（相当于宽度10 mm标准试样打击中心的高度）。

试样表面粗糙度 Ra 应优于5 μm，端部除外。

对于需热处理的试验材料，应在最后精加工前进行热处理，除非已知两者顺序改变不导致性能的差别。

6.2 缺口几何形状

对缺口的制备应仔细，以保证缺口根部处没有影响吸收能的加工痕迹。

缺口对称面应垂直于试样纵向轴线（见图2）。

6.2.1 V型缺口

V型缺口应有45°夹角，其深度为2 mm，底部曲率半径为0.25 mm[见图2a)和表2]。

6.2.2 U型缺口

U型缺口深度应为2 mm或5 mm（除非另有规定），底部曲率半径为1 mm[见图2b)和表2]。

6.3 试样尺寸及偏差

规定的试样及缺口尺寸与偏差在图2和表2中示出。

6.4 试样的制备

试样样坯的切取应按相关产品标准或GB/T 2975的规定执行，试样制备过程应使由于过热或冷加工硬化而改变材料冲击性能的影响减至最小。

6.5 试样的标记

试样标记应远离缺口，不应标在与支座、砧座或摆锤刀刃接触的面上。试样标记应避免塑性变形和表面不连续性对冲击吸收能量的影响。

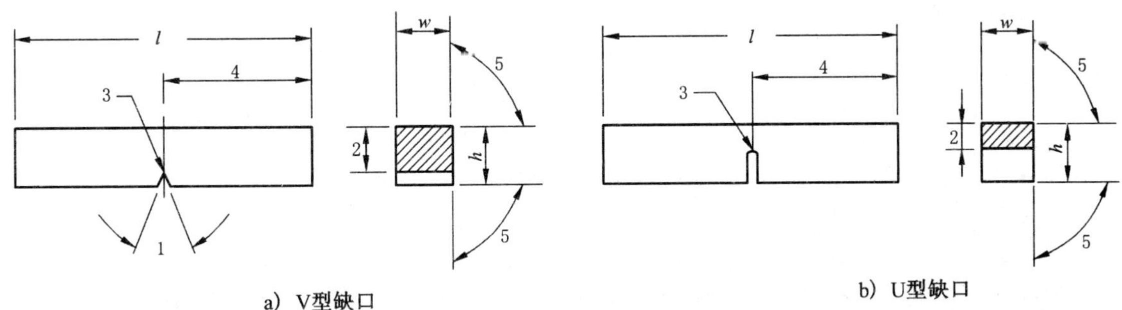

注：符号 l、h、w 和数字1～5的尺寸见表2。

图2 夏比冲击试样

表 2　试样的尺寸与偏差

名　称	符号及序号	V 型缺口试样		U 型缺口试样	
		公称尺寸	机加工偏差	公称尺寸	机加工偏差
长度	l	55 mm	±0.60 mm	55 mm	±0.60 mm
高度[a]	h	10 mm	±0.075 mm	10 mm	±0.11 mm
宽度[a]	w				
——标准试样		10 mm	±0.11 mm	10 mm	±0.11 mm
——小试样		7.5 mm	±0.11 mm	7.5 mm	±0.11 mm
——小试样		5 mm	±0.06 mm	5 mm	±0.06 mm
——小试样		2.5 mm	±0.04 mm	—	—
缺口角度	1	45°	±2°	—	—
缺口底部高度	2	8 mm	±0.075 mm	8 mm[b] 5 mm[b]	±0.09 mm ±0.09 mm
缺口根部半径	3	0.25 mm	±0.025 mm	1 mm	±0.07 mm
缺口对称面-端部距离[a]	4	27.5 mm	±0.42 mm[c]	27.5 mm	±0.42 mm[c]
缺口对称面-试样纵轴角度	—	90°	±2°	90°	±2°
试样纵向面间夹角	5	90°	±2°	90°	±2°

a　除端部外，试样表面粗糙度应优于 Ra 5 μm。

b　如规定其他高度，应规定相应偏差。

c　对自动定位试样的试验机，建议偏差用±0.165 mm 代替±0.42 mm。

7　试验设备

7.1　一般要求

所有测量仪器均应溯源至国家或国际标准。这些仪器应在合适的周期内进行校准。

7.2　安装及检验

试验机应按 GB/T 3808 或 JJG 145 进行安装及检验。

7.3　摆锤刀刃

摆锤刀刃半径应为 2 mm 和 8 mm 两种。用符号的下标数字表示：KV_2 或 KV_8。摆锤刀刃半径的选择应参考相关产品标准。

注：对于低能量的冲击试验，一些材料用 2 mm 和 8 mm 摆锤刀刃试验测定的结果有明显不同，2 mm 摆锤刀刃的结果可能高于 8 mm 摆锤刀刃的结果。

8　试验程序

8.1　一般要求

试样应紧贴试验机砧座，锤刃沿缺口对称面打击试样缺口的背面，试样缺口对称面偏离两砧座间的中点应不大于 0.5 mm(见图 1)。

试验前应检查摆锤空打时的回零差或空载能耗。

试验前应检查砧座跨距，砧座跨距应保证在 $40^{+0.2}$ mm 以内。

8.2　试验温度

8.2.1　对于试验温度有规定的，应在规定温度±2℃范围内进行。如果没有规定，室温冲击试验应在 23℃±5℃范围进行。

8.2.2　当使用液体介质冷却试样时，试样应放置于一容器中的网栅上，网栅至少高于容器底部25 mm，液体浸过试样的高度至少 25 mm，试样距容器侧壁至少 10 mm。应连续均匀搅拌介质以使温度均匀。

测定介质温度的仪器推荐置于一组试样中间处。介质温度应在规定温度±1℃以内,保持至少5 min。当使用气体介质冷却试样时,试样距低温装置内表面以及试样与试样之间应保持足够的距离,试样应在规定温度下保持至少20 min。

注:当液体介质接近其沸点时,从液体介质中移出试样至打击的时间间隔中,介质蒸发冷却会明显降低试样温度。

8.2.3 对于试验温度不超过200℃的高温试验,试样应在规定温度±2℃的液池中保持至少10 min。对于试验温度超过200℃的试验,试样应在规定温度±5℃以内的高温装置内保持至少20 min。

8.3 试样的转移

当试验不在室温进行时,试样从高温或低温装置中移出至打断的时间应不大于5 s。

转移装置的设计和使用应能使试样温度保持在允许的温度范围内。转移装置与试样接触部分应与试样一起加热或冷却。应采取措施确保试样对中装置不引起低能量高强度试样断裂后回弹到摆锤上而引起不正确的能量偏高指示。现已表明,试样端部和对中装置的间隙或定位部件的间隙应大于13 mm,否则,在断裂过程中,试样端部可能回弹至摆锤上。

注1:对于试样从高温或低温装置中移出至打击时间在3 s~5 s的试验,可考虑采用过冷或过热试样的方法补偿温度损失,过冷度或过热度参见附录E。对于高温试样应充分考虑过热对材料性能的影响。

注2:类似于附录A示出的V型缺口自动对中夹钳一般用于将试样从控温介质中移至适当的试验位置。此类夹钳消除了由于断样和固定的对中装置之间相互影响带来的潜在间隙问题。

8.4 试验机能力范围

试样吸收能量K不应超过实际初始势能K_p的80%,如果试样吸收能超过此值,在试验报告中应报告为近似值并注明超过试验机能力的80%。建议试样吸收能量K的下限应不低于试验机最小分辨力的25倍。

注:理想的冲击试验应在恒定的冲击速度下进行。在摆锤式冲击试验中,冲击速度随断裂进程降低,对于冲击吸收能量接近摆锤打击能力的试样,打击期间摆锤速度已下降至不再能准确获得冲击能量。

8.5 试样未完全断裂

对于试样试验后没有完全断裂,可以报出冲击吸收能量,或与完全断裂试样结果平均后报出。

由于试验机打击能量不足,试样未完全断开,吸收能量不能确定,试验报告应注明用×J的试验机试验,试样未断开。

8.6 试样卡锤

如果试样卡在试验机上,试验结果无效,应彻底检查试验机,否则试验机的损伤会影响测量的准确性。

8.7 断口检查

如断裂后检查显示出试样标记是在明显的变形部位,试验结果可能不代表材料的性能,应在试验报告中注明。

8.8 试验结果

读取每个试样的冲击吸收能量,应至少估读到0.5 J或0.5个标度单位(取两者之间较小值)。试验结果至少应保留两位有效数字,修约方法按GB/T 8170执行。

9 试验报告

试验报告应包括以下内容:

9.1 必要的内容

a) 本国家标准编号;

b) 试样相关资料(例如钢种、炉号等);

c) 缺口类型(缺口深度);

d) 与标准尺寸不同的试样尺寸;

e） 试验温度；

f） 吸收能量 KV_2、KV_8、KU_2、KU_8；

g） 可能影响试验的异常情况。

9.2 可选的内容

a） 试样的取向；

b） 试验机的标称能量，J；

c） 侧膨胀值 LE（见附录 B）；

d） 断口形貌与剪切断面率（见附录 C）；

e） 吸收能量-温度曲线（见附录 D 中 D.1）；

f） 转变温度，判定标准（见附录 D 中 D.2）；

g） 没有完全断裂的试样数。

附 录 A
（资料性附录）
对中夹钳

图 A.1 所示的夹钳一般用于从介质中取出试样放置于试验机上。

单位为毫米

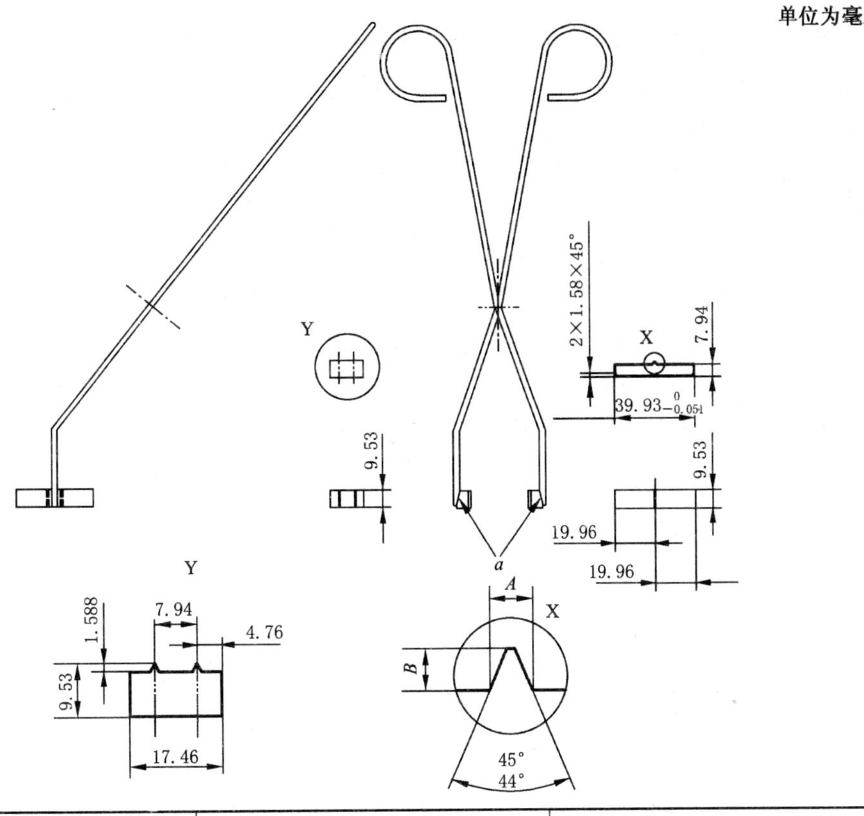

试样宽度/mm	缺口宽度 A/mm	高度 B/mm
10	1.60～1.70	1.52～1.65
5	0.74～0.80	0.69～0.81
3	0.45～0.51	0.36～0.48

图 A.1 V 型缺口夏比冲击试样对中夹钳

附 录 B
（资料性附录）
侧膨胀值

B.1 一般要求

用根部开缺口的夏比试样测量材料抵抗三轴应力断裂的能力要考虑此位置产生的变形量。此处的变形是压缩变形。由于测量变形较困难，即使断裂以后也是如此，因此用断面相对侧的膨胀量代表压缩量。

B.2 测定方法

测量侧膨胀值的方法要考虑到试样断面上两侧最大膨胀值，一半试样可能包括两侧最大膨胀量，也可能出现在一侧，或者均在另一半试样断面上。测量技术要保证测出的侧膨胀值是两个断面两侧最大膨胀量之和。为此，在测量两半试样断面的膨胀量时要以试样原尺寸为准，见图 B.1。可采用类似于图 B.2 示出的仪器、游标卡尺或图像分析仪测量两半试样的膨胀量。首先检查试样侧边是否出现毛刺，如果有毛刺要用毛刷或砂布去除。当磨毛刺时不应磨掉试样断面侧面的突出部分，然后放置两半断样使其原始侧面对齐，分别以原始侧面为基础测量两半断样（图 B.1 中的 X 和 Y），两侧的突出量，取两侧最大值。例如 $A_1>A_2$，$A_3=A_4$ 时，$LE=A_1+(A_3$ 或 $A_4)$，如果 $A_1>A_2$，$A_3>A_4$，$LE=A_1+A_3$。

如果试样侧面上出现一个或多个突出部分由于与试验机砧座接触或测量安装时已被损坏，则不能测量并应在报告中注明。

侧膨胀值要测量各个试样。

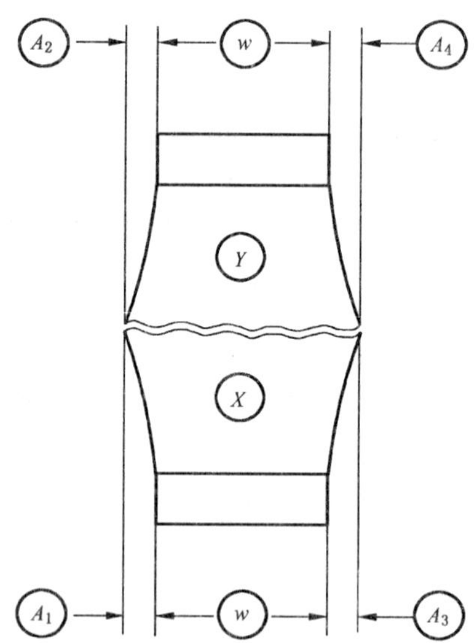

图 B.1 夏比冲击试样断后两截试样的侧膨胀值 A_1、A_2、A_3、A_4 和原始宽度 w

图 B.2 测量夏比冲击试样侧膨胀值用的装置

附　录　C
（资料性附录）
断口形貌

C.1　概述

夏比冲击试样的断口表面常用剪切断面率评定。剪切断面率越高，材料韧性越好。大多数夏比冲击试样的断口形貌为剪切和解理断裂的混合状态。由于对断口评定带有很高的主观性，因此建议不作为技术规范使用。

注：剪切断口常称为纤维断口，解理断口或晶状断口往往针对剪切断口反向评定。0%剪切断口就是100%解理断口。

C.2　测定方法

通常使用以下方法测定剪切断面率：

a)　测量断口解理断裂部分（即“闪亮”部分）的长度和宽度，如图C.1，按表C.1计算剪切断面率；

b)　使用图C.2所示的标准断口形貌图与试样断口的形貌进行比较；

c)　将断口放大，并与预先制好的对比图进行比较，或用求积仪测量剪切断面率（用100%减去解理断面率）；

d)　断口拍成放大照片用求积仪测量剪切断面率（100%－解理断面率）；

e)　用图像分析技术测量剪切断面率。

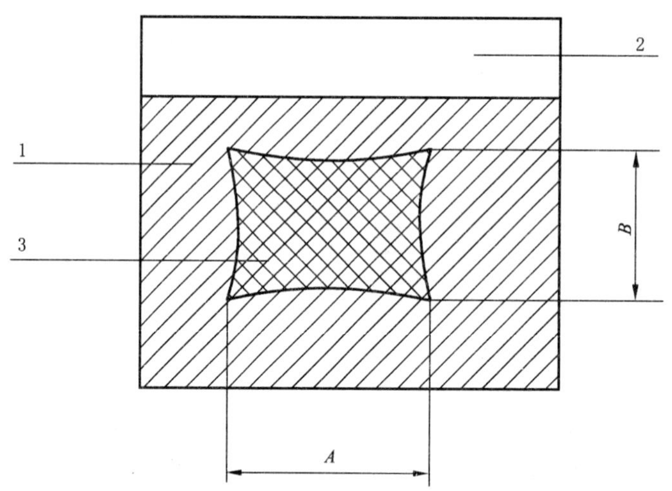

1——剪切面积；

2——缺口；

3——解理面积。

注1：测量 A 和 B 的平均尺寸应精确至0.5 mm。

注2：用表C.1确定剪切断面率。

图C.1　剪切断面率百分比的尺寸

表 C.1　剪切断面率百分比

B/mm	A/mm																		
	1.0	1.5	2.0	2.5	3.0	3.5	4.0	4.5	5.0	5.5	6.0	6.5	7.0	7.5	8.0	8.5	9.0	9.5	10
1.0	99	98	98	97	96	96	95	94	94	93	92	92	91	91	90	89	89	88	88
1.5	98	97	96	95	94	93	92	92	91	90	89	88	87	86	85	84	83	82	81
2.0	98	96	95	94	92	91	90	89	88	86	85	84	82	81	80	79	77	76	75
2.5	97	95	94	92	91	89	88	86	84	83	81	80	78	77	75	73	72	70	69
3.0	96	94	92	91	89	87	85	83	81	79	77	76	74	72	70	68	66	64	62
3.5	96	93	91	89	87	85	82	80	78	76	74	72	69	67	65	63	61	58	56
4.0	95	92	90	88	85	82	80	77	75	72	70	67	65	62	60	57	55	52	50
4.5	94	92	89	86	83	80	77	75	72	69	66	63	61	58	55	52	49	46	44
5.0	94	91	88	85	81	78	75	72	69	66	62	59	56	53	50	47	44	41	37
5.5	93	90	86	83	79	76	72	69	66	62	59	55	52	48	45	42	38	35	31
6.0	92	89	85	81	77	74	70	65	62	59	55	51	47	44	40	36	33	29	25
6.5	92	88	84	80	76	72	67	63	59	55	51	47	43	39	35	31	27	23	19
7.0	91	87	82	78	74	69	65	61	56	52	47	43	39	34	30	26	21	17	12
7.5	91	86	81	77	72	67	62	58	53	48	44	39	34	30	25	20	16	11	6
8.0	90	85	80	75	70	65	60	55	50	45	40	35	30	25	20	15	10	5	0
注：当 A 或 B 是零时，为 100%剪切外观。																			

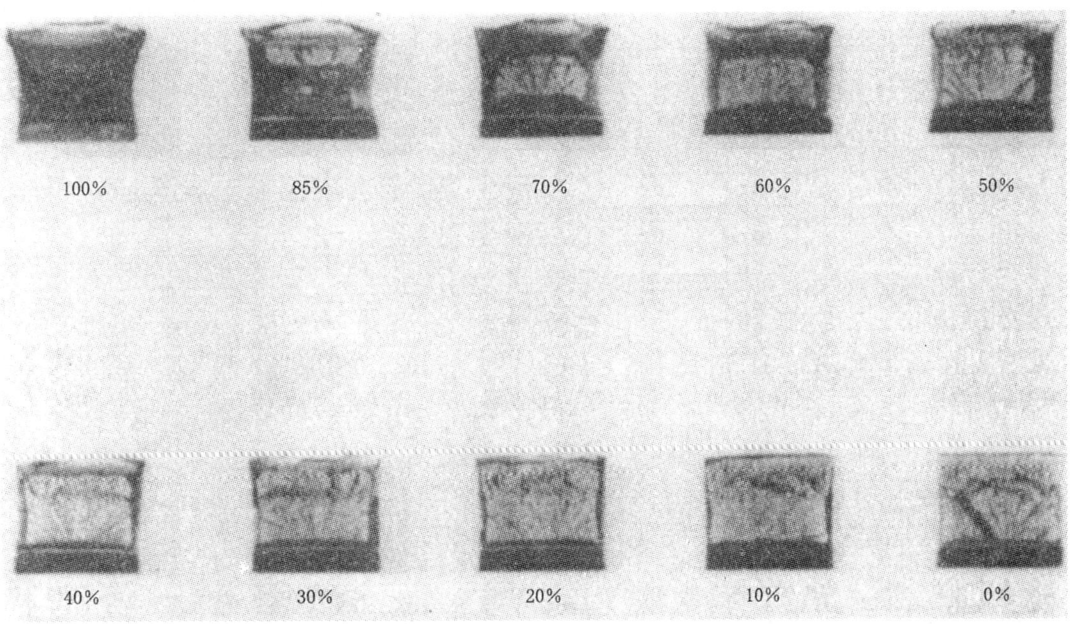

a) 断口形貌和剪切断面率对照

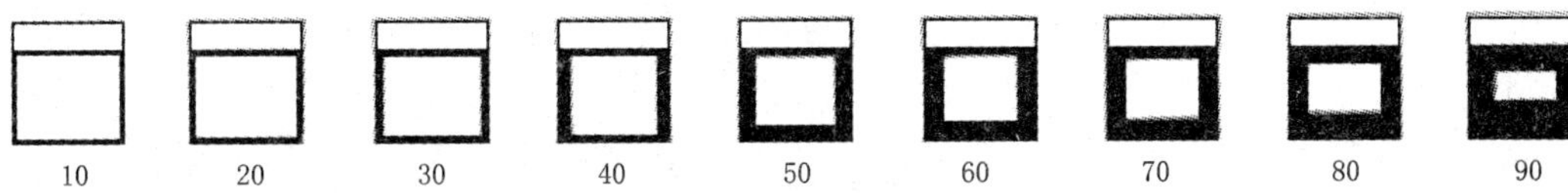

b) 估计断口形貌用指南

图 C.2　断口外观

附 录 D
（资料性附录）
冲击吸收能量-温度曲线和转变温度

D.1 冲击吸收能量与温度曲线

冲击吸收能量-温度曲线（K-T 曲线）表明，对于给定形状的试样，冲击吸收能量是试验温度的函数，如图 D.1 所示。通常曲线是通过拟合单独的试验点得到的。曲线的形状和试验结果的分散程度依赖于材料、试样形状和冲击速度。出现转变区的曲线，具有上平台(1)、转变区(2)和下平台(3)。

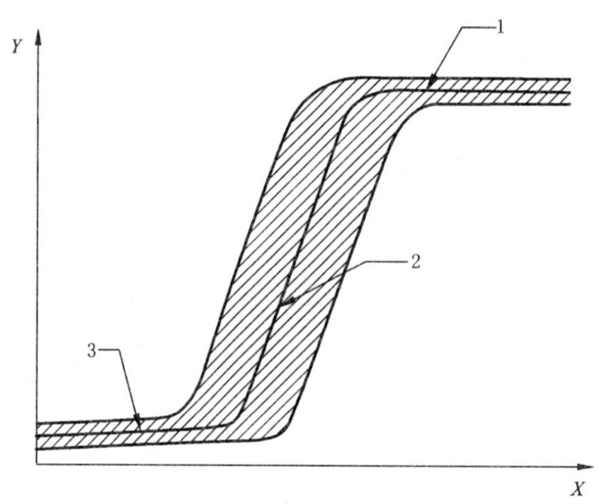

X——温度；
Y——冲击吸收能量；
1——上平台区；
2——转变区；
3——下平台区。

图 D.1 冲击吸收能量-温度曲线示意图

D.2 转变温度

转变温度 T_t 表征冲击吸收能量-温度曲线陡峭上升的位置。因为陡峭上升区通常覆盖较宽的温度范围，因此不能明确定义为一个温度。可用如下几种判据规定转变温度：

a) 冲击吸收能量达到某一特定值时，例如 $KV_8=27$ J；
b) 冲击吸收能量达到上平台某一百分数，例如 50%；
c) 剪切断面率达到某一百分数，例如 50%；
d) 侧膨胀值达到某一个量，例如 0.9 mm；

用以确定转变温度的方法应在相关产品标准规定，或通过协议规定。

附　录　E
（资料性附录）
试样从高温或低温装置中移出在 3 s～5 s 内打断的温度补偿值

表 E.1　过冷温度补偿值

试验温度/℃	过冷温度补偿值/℃
－192～＜－100	3～＜4
－100～＜－60	2～＜3
－60～＜0	1～＜2

表 E.2　过热温度补偿值

试验温度/℃	过热温度补偿值/℃
35～＜200	1～＜5
200～＜400	5～＜10
400～＜500	10～＜15
500～＜600	15～＜20
600～＜700	20～＜25
700～＜800	25～＜30
800～＜900	30～＜40
900～＜1 000	40～＜50

ICS 77.040.10
H 22

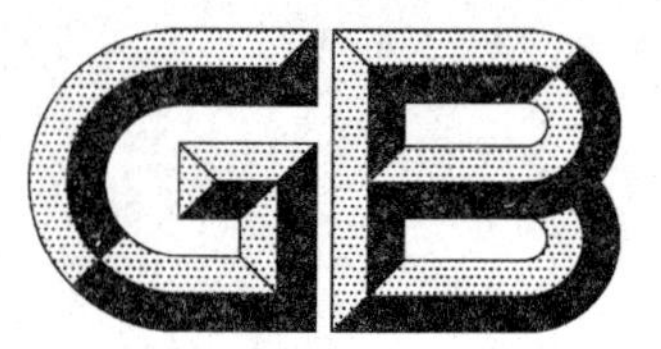

中华人民共和国国家标准

GB/T 231.1—2009
代替 GB/T 231.1—2002

金属材料 布氏硬度试验 第1部分:试验方法

**Metallic materials—Brinell hardness test—
Part 1:Test method**

(ISO 6506-1:2005,MOD)

2009-06-25 发布 2010-04-01 实施

中华人民共和国国家质量监督检验检疫总局
中国国家标准化管理委员会 发布

前　　言

GB/T 231《金属材料　布氏硬度试验》分为如下四部分：

——第1部分：试验方法；

——第2部分：硬度计的检验与校准；

——第3部分：标准硬度块的标定；

——第4部分：硬度值表。

本部分为GB/T 231的第1部分。

本部分修改采用国际标准ISO 6506-1:2005《金属材料　布氏硬度试验　第1部分：试验方法》(英文版)。

本部分根据ISO 6506-1:2005重新起草，根据我国的实际情况，本部分在采用国际标准时进行了修改和补充。这些技术性差异用垂直单线标识在它们所涉及的条款的页边空白处。

本部分结构和技术内容与ISO 6506-1:2005基本一致，根据我国情况在以下几方面进行了修改：

——删去了国际标准的前言；

——“本国际标准”一词改为“本标准”；

——用小数点“.”代替作为小数点的“,”；

——在规范性引用文件中删去了标准ISO 4498-1；

——在第6章中的6.1增加了试样表面粗糙度的建议；

——对原ISO 6506-1:2005标准的附录C硬度值的测量不确定度进行了修改。

本部分代替GB/T 231.1—2002《金属布氏硬度试验　第1部分：试验方法》，与原标准相比对下列内容进行了修改：

——增加了引言；

——在7.3中增加了“尽可能选取大的试样区域的相关内容”；

——在7.4中增加了“试样在试验过程中不应发生位移的说明”；

——增加了7.9条；

——增加了第8章“试验结果的不确定度”；

——增加了资料性附录A使用者对硬度计的日常核查；

——增加了资料性附录C硬度值测量不确定度。

本部分的附录B为规范性附录，附录A和附录C为资料性附录。

本部分由中国钢铁工业协会提出。

本部分由全国钢标准化技术委员会归口。

本部分起草单位：钢铁研究总院、冶金工业信息标准研究院、首钢总公司、上海出入境检验检疫局、武钢研究院、大连希望设备公司、上海材料所。

本部分起草人：高怡斐、董莉、王萍、吴益文、殷建军、李荣峰、王滨。

本部分所代替标准的历次版本发布情况为：

——GB/T 231—1962，GB/T 231—1984，GB/T 231.1—2002。

引　　言

本版标准只允许使用硬质合金球压头。布氏硬度符号为HBW，不应与以前的符号HB和用钢球头时使用的符号HBS相混淆。

金属材料 布氏硬度试验
第1部分:试验方法

1 范围

GB/T 231 的本部分规定了金属布氏硬度试验的原理、符号及说明、试验设备、试样、试验程序、结果的不确定度及试验报告。

本部分规定的布氏硬度试验范围上限为650 HBW。

特殊材料或产品布氏硬度试验,应在相关标准中规定。

2 规范性引用文件

下列文件中的条款通过 GB/T 231 的本部分的引用而成为本部分的条款。凡是注日期的引用文件,其随后所有的修改单(不包括勘误的内容)或修订版均不适用于本部分,然而,鼓励根据本部分达成协议的各方研究是否可使用这些文件的最新版本。凡是不注日期的引用文件,其最新版本适用于本部分。

GB/T 231.2 金属布氏硬度试验 第2部分:硬度计的检验与校准(GB/T 231.2—2002,ISO 6506-2:1999,MOD)

GB/T 231.3 金属布氏硬度试验 第3部分:标准硬度块的标定(GB/T 231.3—2002,ISO 6506-3:1999,MOD)

GB/T 231.4 金属材料 布氏硬度试验 第4部分:硬度值表(GB/T 231.4—2009,ISO 6506-4:2005,IDT)

JJF 1059 测量不确定度评定与表示

3 原理

对一定直径的硬质合金球施加试验力压入试样表面,经规定保持时间后,卸除试验力,测量试样表面压痕的直径(见图1)。

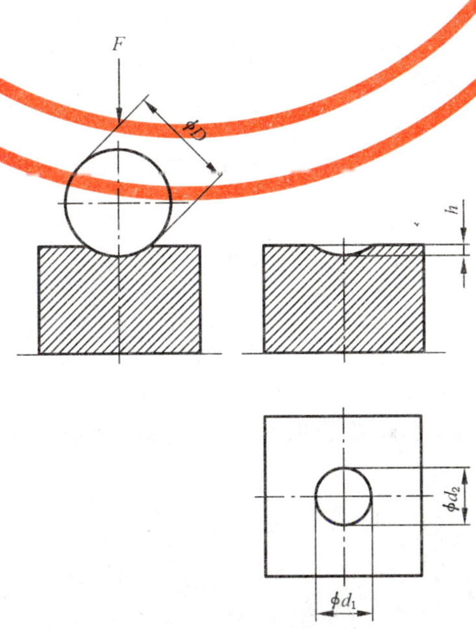

图1 试验原理

布氏硬度与试验力除以压痕表面积的商成正比。压痕被看作是具有一定半径的球形，压痕的表面积通过压痕的平均直径和压头直径计算得到。

4 符号及说明

4.1 符号及说明见表1及图1。

表1 符号及说明

符号	说明	单位
D	硬质合金球直径	mm
F	试验力	N
d	压痕平均直径 $d=\dfrac{d_1+d_2}{2}$	mm
d_1, d_2	在两相互垂直方向测量的压痕直径	mm
h	压痕深度 $=\dfrac{D-\sqrt{D^2-d^2}}{2}$	mm
HBW	布氏硬度 $=$ 常数 $\times\dfrac{\text{试验力}}{\text{压痕表面积}}$ $=0.102\dfrac{2F}{\pi D(D-\sqrt{D^2-d^2})}$	
$0.102\times F/D^2$	试验力-球直径平方的比率	N/mm^2
注：常数 $=\dfrac{1}{g_n}=\dfrac{1}{9.80665}\approx 0.102$。 g_n——标准重力加速度。		

4.2 布氏硬度 HBW 表达方法举例

示例：

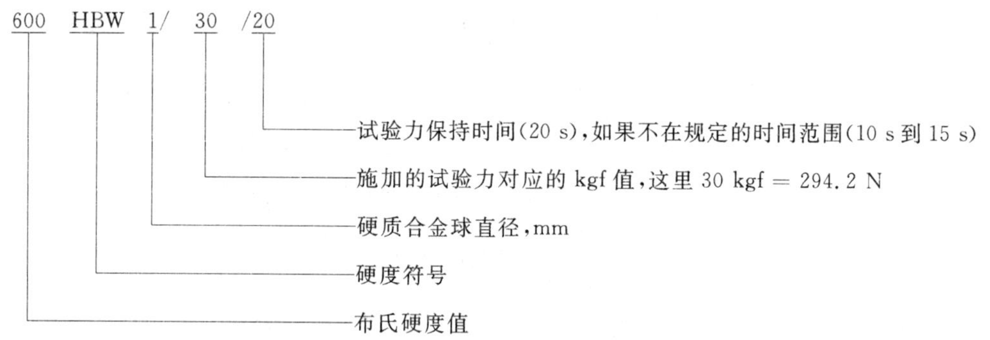

5 试验设备

5.1 硬度计

硬度计应符合 GB/T 231.2 的规定，能施加预定试验力或 9.807 N～29.42 kN 范围内的试验力。

5.2 压头

硬质合金压头应符合 GB/T 231.2 的要求。

5.3 压痕测量装置

压痕测量装置应符合 GB/T 231.2 的规定。

注：附录 A 给出了使用者对硬度计进行日常检查的方法。

6 试样

6.1 试样表面应平坦光滑，并且不应有氧化皮及外界污物，尤其不应有油脂。试样表面应能保证压痕直径的精确测量，建议表面粗糙度参数 Ra 不大于 1.6 μm。

6.2 制备试样时，应使过热或冷加工等因素对试样表面性能的影响减至最小。

6.3 试样厚度至少应为压痕深度的 8 倍。试样最小厚度与压痕平均直径的关系见附录 B。试验后，试样背部如出现可见变形，则表明试样太薄。

7 试验程序

7.1 试验一般在 10 ℃～35 ℃室温下进行，对于温度要求严格的试验，温度为 23 ℃±5 ℃。

7.2 本部分使用表 2 中各级试验力。

注：如果有特殊协议，其他试验力-球直径平方的比率也可以用。

表 2 不同条件下的试验力

硬度符号	硬质合金球直径 D/mm	试验力-球直径平方的比率 $0.102\times F/D^2$/(N/mm²)	试验力的标称值 F
HBW 10/3000	10	30	29.42 kN
HBW 10/1500	10	15	14.71 kN
HBW 10/1000	10	10	9.807 kN
HBW 10/500	10	5	4.903 kN
HBW 10/250	10	2.5	2.452 kN
HBW 10/100	10	1	980.7 N
HBW 5/750	5	30	7.355 kN
HBW 5/250	5	10	2.452 kN
HBW 5/125	5	5	1.226 kN
HBW 5/62.5	5	2.5	612.9 N
HBW 5/25	5	1	245.2 N
HBW 2.5/187.5	2.5	30	1.839 kN
HBW 2.5/62.5	2.5	10	612.9 N
HBW 2.5/31.25	2.5	5	306.5 N
HBW 2.5/15.625	2.5	2.5	153.2 N
HBW 2.5/6.25	2.5	1	61.29 N
HBW 1/30	1	30	294.2 N
HBW 1/10	1	10	98.07 N
HBW 1/5	1	5	49.03 N
HBW 1/2.5	1	2.5	24.52 N
HBW 1/1	1	1	9.807 N

7.3 试验力的选择应保证压痕直径在 $0.24D$～$0.6D$ 之间。

试验力-压头球直径平方的比率($0.102F/D^2$ 比值)应根据材料和硬度值选择，见表 3。

为了保证在尽可能大的有代表性的试样区域试验，应尽可能地选取大直径压头。

当试样尺寸允许时，应优先选用直径 10 mm 的球压头进行试验。

表 3 不同材料的试验力-压头球直径平方的比率

材 料	布氏硬度 HBW	试验力-球直径平方的比率 $0.102\times F/D^2/(\mathrm{N/mm^2})$
钢、镍基合金、钛合金		30
铸铁[a]	<140	10
	≥140	30
铜和铜合金	<35	5
	35～200	10
	>200	30
轻金属及其合金	<35	2.5
	35～80	5
		10
		15
	>80	10
		15
铅、锡		1

[a] 对于铸铁试验，压头的名义直径应为 2.5 mm、5 mm 或 10 mm。

7.4 试样应稳固地放置于试台上。试样背面和试台之间应清洁和无外界污物(氧化皮、油、灰尘等)。将试样牢固地放置在试台上，保证在试验过程中不发生位移是非常重要的。

7.5 使压头与试样表面接触，无冲击和振动地垂直于试验面施加试验力，直至达到规定试验力值。从加力开始至全部试验力施加完毕的时间应在 2 s～8 s 之间。试验力保持时间为 10 s～15 s。对于要求试验力保持时间较长的材料，试验力保持时间允许误差应在±2 s 以内。

7.6 在整个试验期间，硬度计不应受到影响试验结果的冲击和振动。

7.7 任一压痕中心距试样边缘距离至少应为压痕平均直径的 2.5 倍；两相邻压痕中心间距离至少应为压痕平均直径的 3 倍。

7.8 应在两相互垂直方向测量压痕直径。用两个读数的平均值计算布氏硬度，或按 GB/T 231.4 查得布氏硬度值。

注：对于自动测量装置，可采用如下方式计算：

——等间隔多次测量的平均值；

——材料表面压痕投影面积数值。

7.9 GB/T 231.4 包含了平面布氏硬度值的计算表，用于测定平面试样的硬度值。

8 结果的不确定度

如需要，一次完整的不确定度评估宜依照测量不确定度表示指南 JJF 1059 进行。

对于硬度试验，可能有以下两种评定测量不确定度的方法。

——基于在直接校准中对所有出现的相关不确定度分量的评估。

——基于用标准硬度块(有证标准物质)进行间接校准，测定指导参见附录 C。

9 试验报告

试验报告应包括以下内容：

a) GB/T 231 的本部分编号；

b) 有关试样的详细描述；

c) 如果试验温度不在 10 ℃～35 ℃，应注明试验温度；

d) 试验结果；

e) 不在本部分规定之内的操作；

f) 影响试验结果的各种细节。

注 1：没有普遍适用的精确方法将布氏硬度值换算成其他硬度或抗拉强度。除非通过对比试验得到相关的换算依据，或产品标准另有规定，否则应避免这些换算。

注 2：应注意材料的各项异性，例如经过大变形量冷加工，这样压痕直径在不同方向可能有较大差异。产品技术条件应规定这个差异的极限。

附 录 A
（资料性附录）
使用者对硬度计的日常检查

使用者应在当天使用硬度计之前，对其使用的硬度标尺或范围进行检查。

日常检查之前，(对于每个范围/标尺和硬度水平)应使用依照 GB/T 231.3 标定过的标准硬度块上的标准压痕进行压痕测量装置的间接检验。压痕测量值应与标准硬度块证书上的标准值相差在 0.5％以内。如果测量装置不能满足上述要求，应采取相应措施。

日常检查应在按照 GB/T 231.3 标定的标准硬度块上至少打一个压痕。如果测量的硬度(平均)值与标准硬度块标准值的差值在 GB/T 231.2 中给出的允许误差之内，则硬度计被认为是满意的。如果超出，应立即进行间接检验。

所测数据应当保存一段时间，以便监测硬度计的再现性和测量设备的稳定性。

附 录 B
（规范性附录）
压痕平均直径与试样最小厚度关系表

表 B.1 压痕平均直径与试样最小厚度关系

单位为毫米

压痕的平均直径 d	试样的最小厚度			
	D=1	D=2.5	D=5	D=10
0.2	0.08			
0.3	0.18			
0.4	0.33			
0.5	0.54			
0.6	0.80	0.29		
0.7		0.40		
0.8		0.53		
0.9		0.67		
1.0		0.83		
1.1		1.02		
1.2		1.23	0.58	
1.3		1.46	0.69	
1.4		1.72	0.80	
1.5		2.00	0.92	
1.6			1.05	
1.7			1.19	
1.8			1.34	
1.9			1.50	
2.0			1.67	
2.2			2.04	
2.4			2.46	1.17
2.6			2.92	1.38
2.8			3.43	1.60
3.0			4.00	1.84
3.2				2.10
3.4				2.38
3.6				2.68
3.8				3.00
4.0				3.34
4.2				3.70

表 B.1（续）

单位为毫米

压痕的平均直径 d	试样的最小厚度			
	D=1	D=2.5	D=5	D=10
4.4				4.08
4.6				4.48
4.8				4.91
5.0				5.36
5.2				5.83
5.4				6.33
5.6				6.86
5.8				7.42
6.0				8.00

附 录 C
(资料性附录)
硬度值测量的不确定度

C.1 通常要求

本附录定义的不确定度只考虑硬度计与标准硬度块(CRM)相关测量的不确定度。这些不确定度反映了所有分量不确定度的组合影响(间接检定)。由于本方法要求硬度计的各个独立部件均在其允许偏差范围内正常工作,故强烈建议在硬度计通过直接检定一年内采用本方法计算。

图 C.1 显示用于定义和区分各硬度标尺的四级的计量朔源链的结构图。朔源链起始于用于定义国际比对的各硬度标尺的国际基准。一定数量的国家基准——基础标准硬度计"定值"校准实验室用基础参考硬度块。当然,基础标准硬度计应当在尽可能高的准确度下进行直接标定和校准。

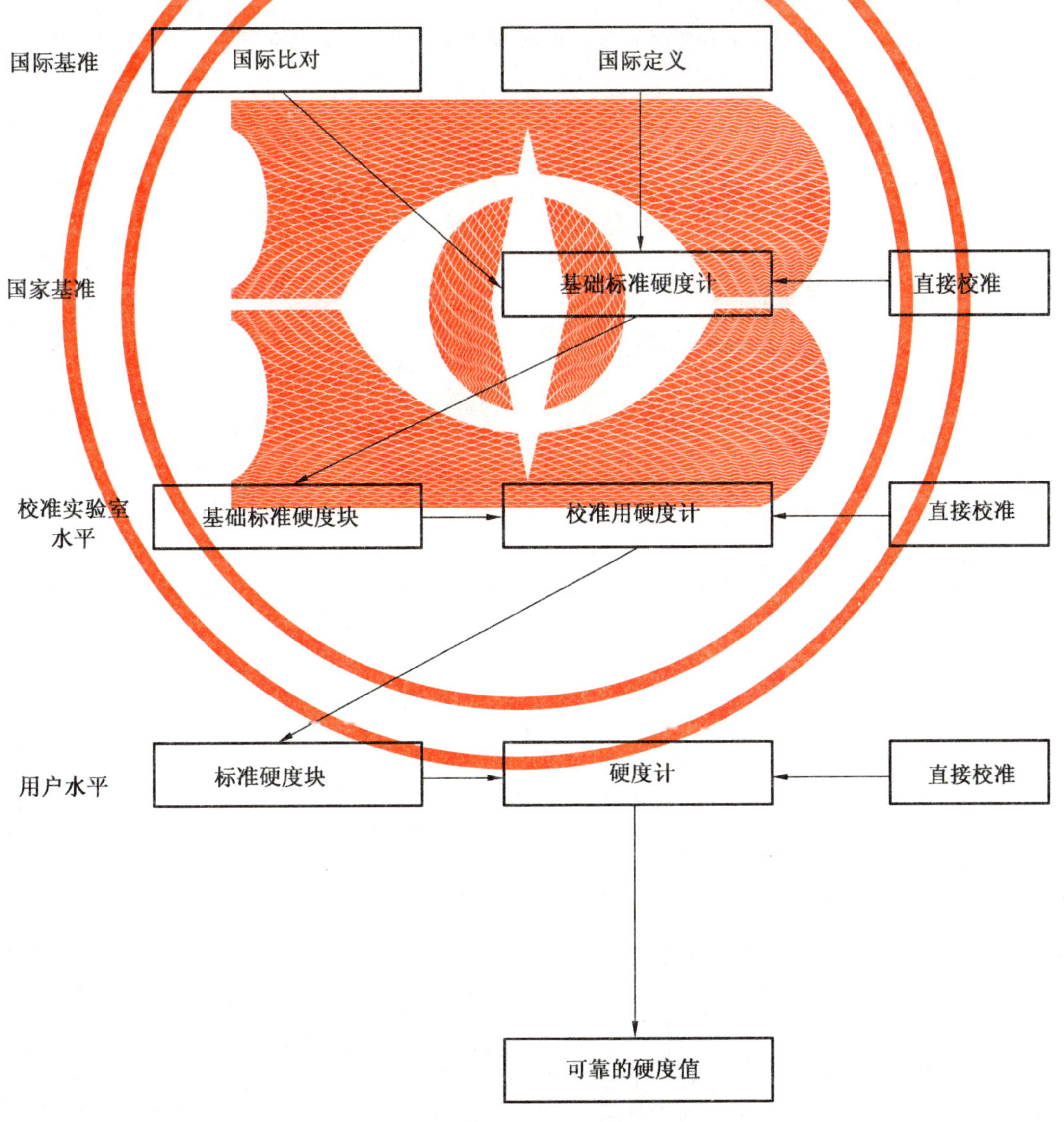

图 C.1 硬度标尺的定义和量值传递图

C.2 通常程序

本程序用平方根求和的方法(RSS)合成 u_1(各不确定度分项见表 C.1)。扩展不确定度 U 是 u_1 和包含因子 $k(k=2)$ 的乘积。表 C.1 给出了全部的符号和定义。

C.3 硬度计的偏差

硬度计的偏差 b 起源于下面两部分之间的差异:

——校准硬度计的五个硬度压痕的平均值。

——标准硬度块的标准值。

可以用不同的方法确定不确定度。

C.4 计算不确定度的步骤:硬度测量值

注:CRM (Certified Reference Material)是由标准硬度计标定的标准硬度块。

C.4.1 考虑硬度计最大允许误差的方法(方法 1)

方法 1 是一种简单的方法,它不考虑硬度计的系统误差,即是一种按照硬度计最大允许误差考虑的方法。

测定扩展不确定度 U(见表 C.1):

$$U = k \cdot \sqrt{u_E^2 + u_{CRM}^2 + u_H^2 + u_x^2 + u_{ms}^2} \qquad \cdots\cdots (C.1)$$

测量结果:

$$X = \bar{x} \pm U \qquad \cdots\cdots (C.2)$$

C.4.2 考虑硬度计系统误差的方法(方法 2)

除去方法 1,也可以选择方法 2。方法 2 是与控制流程相关的方法,可能获得较小的不确定度。

$$U = k \cdot \sqrt{u_x^2 + u_H^2 + u_{CRM}^2 + u_{ms}^2 + u_b^2} \qquad \cdots\cdots (C.3)$$

测量结果:

$$X = \bar{x} \pm U \qquad \cdots\cdots (C.4)$$

C.5 硬度测量结果的表示

表示测量结果时应注明不确定度的表示方法。通常用方法 1 表达测量不确定度(见表 C.1,第 10 步)。

表 C.1　扩展不确定度评定的两种方法

方法步骤	不确定度来源	符　号	公　式	依　据	例：[…]=HBW 2.5/187.5
1 方法 1 方法 2	测量试样的平均值及其标准偏差	$\bar{x}$ s_x	$\bar{x}=\frac{\sum_{i=1}^{n}x_i}{n}$ $s_x=\frac{R}{C}$	测量结果的标准偏差 采用极差法计算 当 $n=5$ 时 极差系数 $C=2.33$	单次测量值 246,245,246,246,246 $\bar{x}=245.8$ $s_x=\frac{1.0}{2.33}=0.43$
2 方法 1 方法 2	对试样测量重复性的标准不确定度	u_x	$u_x=s_x$	评定单次测量的标准不确定度	$u_x=0.43$
3 方法 1 方法 2	用标准硬度块检定的平均值和标准偏差	$\overline{H}$ s_H	$\overline{H}=\frac{\sum_{i=1}^{n}H_i}{n}$ $s_H=\frac{R}{C}$	检定结果的标准偏差 采用极差法计算 当 $n=5$ 时 极差系数 $C=2.33$	245,246,247,246,247 $\overline{H}=246.2$ $s_H=\frac{2.0}{2.33}=0.86$
4 方法 1 方法 2	用标准硬度块检定的平均值的标准不确定度	u_H	$u_H=s_H/\sqrt{5}$	评定 5 次平均值的标准不确定度 $n=5$	$u_H=\frac{0.86}{\sqrt{5}}=0.38$
5 方法 1 方法 2	标准硬度块的标准不确定度	u_{CRM}	$\mathrm{HBW}=0.102\times\frac{2F}{\pi D^2(1-\sqrt{1-d^2/D^2})}$ $u_{CRM}=H_{CRM}\cdot u_{dCRM}\cdot\left(\frac{D+\sqrt{D^2-d^2}}{\sqrt{D^2-d^2}}\right)$ $u_{dCRM}=\frac{r_{rel}}{2.83}$	标准硬度块不均匀性最大允许值见 GB/T 231.3	$u_{CRM}=246.8\times\frac{1.5\%}{2.83}\times\frac{2.5+\sqrt{2.5^2+0.965\ 5^2}}{\sqrt{2.5^2+0.965\ 5^2}}=2.53$
6 方法 1	最大允许误差下的标准不确定度	u_E	$u_E=\frac{E_{rel}\cdot\bar{x}}{\sqrt{3}}$	GB/T 231.2 压痕最大允许误差 $E_{rel}=\pm 2\%$	$u_E=\frac{0.02\times 245.8}{\sqrt{3}}=2.84$
7 方法 1 方法 2	压痕测量分辨力的标准不确定度	u_{ms}	$\mathrm{HBW}=0.102\times\frac{2F}{\pi D^2(1-\sqrt{1-d^2/D^2})}$ $u_{rel}(\mathrm{HBW})=2u_{rel}(d)$ $u_{rel(d)}=\frac{\delta_{ms}}{2\sqrt{3}}$	GB/T 231.2 中压痕测量装置能分辨直径的 0.5%	$u_{ms}=245.8\times u_{rel}(\mathrm{HBW})$ $=245.8\times 2\times\frac{0.5\%}{2\sqrt{3}}=0.71$

表 C.1（续）

方法步骤	不确定度来源	符号	公式	依据	例：[…]=HBW 2.5/187.5
8 方法 2	硬度计校准值与硬度块标准值差	b	$b=\overline{H}-H_{CRM}$	第 3 步和第 5 步	$b=246.2-246.8=-0.6$
9 方法 2	硬度计系统误差带来的不确定度	u_b	$u_b=\lvert b\rvert$	两点分布	$u_b=0.6$
10 方法 1	扩展不确定度的评定	U	$U=k\cdot\sqrt{u_x^2+u_H^2+u_{CRM}^2+u_E^2+u_{ms}^2}$	第 1 步到第 7 步 $k=2$	$U=2\cdot\sqrt{0.43^2+0.38^2+2.53^2+2.84^2+0.71^2}$ $U=7.8$HBW
11 方法 1	测量结果	X	$X=\bar{x}\pm U$	第 1 步和第 10 步	$X=(245.8\pm7.8)$HBW（方法 1）
12 方法 2	扩展不确定度的评定	U	$U=k\cdot\sqrt{u_x^2+u_H^2+u_{CRM}^2+u_{ms}^2+u_b^2}$	第 1 步到第 5 步 第 7 步到第 9 步	$U=2\times\sqrt{0.43^2+0.38^2+2.53^2+0.71^2+(-0.6)^2}$ $U=5.5$HBW
13 方法 2	测量结果	X	$X=\bar{x}\pm U$	第 1 步和第 12 步	$X=(245.8\pm5.5)$HBW（方法 2）

ICS 77.040.10
H 22

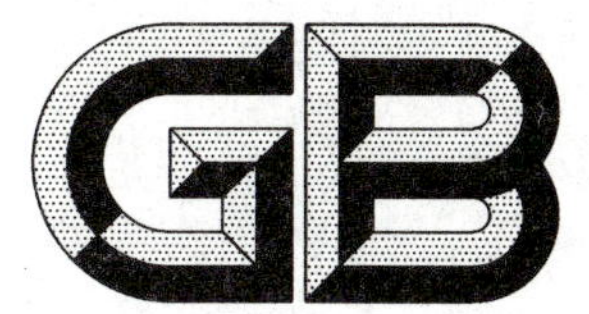

中华人民共和国国家标准

GB/T 231.2—2002
代替 GB/T 6269—1997

金属布氏硬度试验 第2部分:硬度计的检验与校准

Metallic Brinell hardness test—
Part 2:Verification and calibration of hardness testers

(ISO 6506-2:1999,Metallic materials—Brinell hardness test—Part 2:
Verification and calibration of testing machines,MOD)

2002-11-25 发布　　　　2003-05-01 实施

中华人民共和国
国家质量监督检验检疫总局　发布

前　言

GB/T 231《金属布氏硬度试验》分为如下三个部分：

——第1部分：试验方法；

——第2部分：硬度计的检验与校准；

——第3部分：标准硬度块的标定。

本部分为GB/T 231的第2部分。

本部分修改采用国际标准ISO 6506-2:1999《金属材料　布氏硬度试验　第2部分：硬度计的检验与校准》（英文第一版）。

本部分是根据ISO 6506-2:1999采用翻译法起草的，在文本结构和技术内容方面与ISO 6506-2:1999一致，存在小的差异如下：

——用中文惯用的小数点符号“.”代替英文采用的小数点符号“,”；

——为与我国相关硬度标准统一，改变了标准名称，合并了其引导要素和主体要素，统称为“金属布氏硬度试验”；

——重新编写了前言，代替ISO 6506-2的前言；

——对于ISO 6506-2所引用的其他国际标准，本部分直接引用与之相对应的我国国家标准。

本部分代替并废止GB/T 6269—1997《布氏硬度计的检验》。

本部分与GB/T 6269—1997相比主要变化如下：

——修改了名称；

——标准结构和编写格式符合GB/T 1.1—2000《标准化工作导则　第1部分：标准的结构和编写规则》的要求，技术内容与ISO 6506-2:1999保持一致；

——增加了引言，删除了ISO前言；

——增加了检验时的温度要求（见本版的4.1.1、5.1）；

——删除了钢球压头（1997年版的4.2.3.2、5.1；本版的4.3.4.2）；

——删除了2 mm球压头（1997年版的表2；本版的表1）；

——增加了第6章关于检验周期的规定（见第6章）；

增加了资料性附录“测量装置间接检验法示例”（见附录A）。

本部分的附录A为资料性附录。

本部分由中国机械工业联合会提出。

本部分由全国试验机标准化技术委员会归口。

本部分负责起草单位：长春试验机研究所。

本部分参加起草单位：上海材料试验机厂、莱州华银试验仪器有限公司。

本部分主要起草人：郭永祥、桑佩君、周巧云。

本部分所代替标准的历次版本发布情况：

GB 6269—1986、GB/T 6269—1997。

引　言

GB/T 231 本部分中的力值是根据公斤力(kgf)值换算而来的。这些力值都是在采用国际单位制(SI)以前引用的。GB/T 231 的本部分决定与国际标准一致仍保留这些基于旧单位建立的力值。国际标准在下一次修订时将要考虑引用试验力整数值(整数牛顿值)的益处和由此对相关各硬度标尺所产生的影响。

注意,GB/T 231 的本部分规定只使用硬质合金球压头。

布氏硬度符号是 HBW,不宜与以前使用钢球压头时的符号 HB 或 HBS 混淆。

金属布氏硬度试验
第2部分:硬度计的检验与校准

1 范围

GB/T 231的本部分规定了按GB/T 231.1的要求测定布氏硬度用的布氏硬度计(以下简称硬度计)的检验和校准方法。

本部分规定了检查硬度计基本功能的直接检验法和适用于检查硬度计综合性能的间接检验法。

如果硬度计还用于其他方法的硬度试验,则应按各自的方法对其进行检验。

本部分也适用于便携式硬度计,但6.1a)要求中"改变位置"一词不适用。

2 规范性引用文件

下列文件中的条款通过GB/T 231的本部分的引用而成为本部分的条款。凡是注日期的引用文件,其随后所有的修改单(不包括勘误的内容)或修订版均不适用于本部分,然而,鼓励根据本部分达成协议的各方研究是否可使用这些文件的最新版本。凡是不注日期的引用文件,其最新版本适用于本标准。

GB/T 231.1 金属布氏硬度试验 第1部分:试验方法(GB/T 231.1—2002,ISO 6506-1:1999,Metallic materials—Brinell hardness test—Part 1:Test method,EQV)

GB/T 231.3—2002 金属布氏硬度试验 第3部分:标准硬度块的标定(ISO 6506-3:1999,Metallic materials—Brinell hardness test—Part 3:Calibration of reference blocks,MOD)

GB/T 7997 硬质合金维氏硬度试验方法(GB/T 7997—1987,eqv ISO 3878:1983)

GB/T 13634 试验机检验用测力仪的校准(GB/T 13634—2000,idt ISO 376:1999)

3 一般要求

对布氏硬度计进行检验以前,应对其进行检查以确保:

a) 硬度计安装正确;

b) 压头主轴在导向体中正常滑动;

c) 在主轴上牢固安装带有一个球(取自按4.3检验合格的一批中)的压头;

d) 施加和卸除试验力时,无冲击、振动或过冲且不影响读数;

e) 对于测量装置与主机为一体的硬度计:

——从卸除试验力到测量压痕,不影响读数;

——照明不影响读数;

——如需要,压痕中心要位于视场中心。

4 直接检验

4.1 通则

4.1.1 直接检验宜在(23±5)℃温度范围内进行。如果超出该温度范围,则应在检验报告中注明。

4.1.2 用于检验和校准的仪器应溯源到国家基准。

4.1.3　直接检验包括：

a)　试验力的校准；

b)　压头的检验；

c)　压痕测量装置的校准；

d)　试验循环时间的检验。

4.2　试验力的校准

4.2.1　只要允许，应在试验过程中主轴整个移动范围内至少选择三个位置，测量各级试验力。

4.2.2　应采用下述两种方法之一测量试验力：

——使用满足 GB/T 13634 要求的 1 级测力仪；

——用校准过质量的砝码通过机械装置施加一个准确到±0.2%的力，使该力与被测试验力相平衡。

4.2.3　应在主轴的每个位置上，对各级试验力进行三次测量。将要读取试验力值的瞬间，主轴的移动方向应与试验时的移动方向一致。

4.2.4　测量的各级试验力的误差均应在 GB/T 231.1 规定的试验力标称值的±1.0%以内。

4.3　压头的检验

4.3.1　压头由一个球和一个压头座组成。

4.3.2　应从一批球中随机抽取样品，检验其尺寸和硬度。检验完硬度的球应予剔除。

4.3.3　所有球均应抛光，并且无表面缺陷。

4.3.4　使用者应对球进行测量，以保证满足下述要求，或者从球的供方获得证明能满足下述要求的球。

4.3.4.1　球的直径应为在球的不少于三个位置上测量的单个测量值的平均值。每一单个测量值与其标称直径之差均不应超过表 1 给出的允差。

表 1　不同球直径的允差

单位为毫米

球　直　径	允　　差
10	±0.005
5	±0.004
2.5	±0.003
1	±0.003

4.3.4.2　硬质合金球的特性应满足下列要求：

——硬度：按 GB/T 7997 的要求测定硬度，其维氏硬度不应低于 1 500HV10；

——密度：$\rho=(14.8\pm0.2)\ g/cm^3$。

注：建议含有以下化学成分：

碳化钨(WC)	剩余部分
其他碳化物总量	2.0%
钴(Co)	5.0%～7.0%

4.4　压痕测量装置的校准

4.4.1　压痕测量装置的标尺分度应能估测到压痕直径的±0.5%[1]以内。

4.4.2　将测量装置各工作范围至少分成五个间隔，在分级测微尺上测量进行检验，其最大允许误差应为±0.5%。

4.4.3　测量投影区域时，其最大允许误差应为±1%[1]。

4.4.4　除上述测量装置的直接检验外，还可按附录 A 规定的方法进行间接检验。

1) ISO 6506-2:1999 原文在此处的百分数前不加“±”。

4.5 试验循环时间的检验

试验循环时间应满足 GB/T 231.1 的要求，并应进行调整使其不确定度在 0.5 s[2]以内。

5 间接检验

5.1 间接检验应在(23±5)℃温度范围内使用按 GB/T 231.3 标定的标准块进行。如果在该温度范围以外进行检验，应在检验报告中注明。

标准块的试验面和支承面与压头表面不应有任何腐蚀性污物。

5.2 硬度计应针对各级试验力和所使用的每种规格的球进行检验。对每一试验力，应从下列硬度范围中至少选取两块标准块：

——≤200HBW；

——300≤HBW≤400；

——≥500HBW。

如果可能，两块标准块应在不同的硬度范围中选取。

注：当该硬度试验不可能在上述较高硬度范围内进行时(对于 $0.102\times F/D^2=5$ 或 10 的情况)，可以仅使用一块较低硬度范围内的标准块进行检验。

5.3 应在每一标准块上压出均匀分布的五个压痕，并对其进行测量。试验应按 GB/T 231.1 进行。

5.4 将每一标准块上所测得的五个压痕直径的平均值 d_1、d_2、d_3、d_4、d_5 按大小递增的次序排列。

5.5 在规定的检验条件下硬度计的示值重复性由下面的量确定：

$$d_5-d_1$$

直径的总平均值 $\overline{d}$ 等于：

$$\overline{d}=\frac{d_1+d_2+d_3+d_4+d_5}{5}$$

式中：d_1、d_2、d_3、d_4、d_5 已在 5.4 规定。

被检硬度计的示值重复性应符合表 2 的规定。

表 2 硬度计的示值重复性和示值误差

标准块硬度/HBW	硬度计示值重复性的最大允许值/mm	硬度计示值误差的最大允许值/%(相对 H)[3]
≤125	$0.030\ \overline{d}$	±3
125<HBW≤225	$0.025\ \overline{d}$	±2.5
>225	$0.020\ \overline{d}$	±2

5.6 在规定的检验条件下硬度计的示值误差由下面的量表示：

$$\overline{H}-H$$

式中：

$\overline{H}$——五个压痕硬度值的平均值：

$$\overline{H}=\frac{H_1+H_2+H_3+H_4+H_5}{5}$$

式中：

H_1、H_2、H_3、H_4、H_5——与 d_1、d_2、d_3、d_4、d_5 相对应的硬度值；

H——标准块的标定硬度值。

以标准块标定硬度值的百分比表示的硬度计示值误差不应超过表 2 的规定。

2) ISO 6506-2:1999 原文在此处的“0.5 s”前加“±”。

3) ISO 6506-2:1999 原文中此栏目的各项允许值前不加“±”。

6 检验周期

6.1 直接检验

下述情况下应进行直接检验：

a) 硬度计安装时或经拆卸重新装配后或改变位置后；

b) 间接检验结果不合格时；

c) 间接检验的时间间隔超过了12个月。

每次直接检验后，接着应做间接检验。

6.2 间接检验

两次间接检验的周期视硬度计的维护水平和被使用的次数而定。在任何情况下，检验周期不应超过12个月。

7 检验报告和(或)校准证书

检验报告和(或)校准证书应包括下列内容：

a) 注明采用本标准，即GB/T 231.2；

b) 检验方法(直接和(或)间接检验)；

c) 硬度计的标识资料；

d) 检验器具(标准块、标准测力仪等)；

e) 球压头直径和试验力；

f) 检验时的温度；

g) 检验结果；

h) 检验日期和检验机构。

附 录 A
（资料性附录）
测量装置间接检验法示例

测量装置的间接检验可以通过测量第5章中硬度计间接检验所使用的每一标准块上的标准压痕来进行（见GB/T 231.3—2002中8.3的注）。

以每一标准块上的某一标准压痕所选定直径的百分比表示的测量装置最大允许误差应为±1%[4)]。

4) ISO 6506-2:1999原文在此处的百分数前不加"±"。

ICS 77.040.10
H 22

中华人民共和国国家标准

GB/T 231.3—2002
代替 GB/T 6270—1997

金属布氏硬度试验
第3部分:标准硬度块的标定

Metallic Brinell hardness test—
Part 3:Calibration of hardness reference blocks

(ISO 6506-3:1999,Metallic materials—Brinell hardness test—
Part 3:Calibration of reference blocks,MOD)

2002-11-25 发布　　　　2003-05-01 实施

中华人民共和国
国家质量监督检验检疫总局　发布

前 言

GB/T 231《金属布氏硬度试验》分为如下三个部分：

——第1部分：试验方法；

——第2部分：硬度计的检验与校准；

——第3部分：标准硬度块的标定。

本部分为GB/T 231的第3部分。

本部分修改采用国际标准ISO 6506-3:1999《金属材料 布氏硬度试验 第3部分：标准块的标定》(英文第一版)。

本部分是根据ISO 6506-3:1999采用翻译法起草的，在文本结构和技术内容方面与ISO 6506-3:1999一致，存在小的差异如下：

——用中文惯用的小数点符号“.”代替英文采用的小数点符号“,”；

——为与我国相关硬度标准统一，改变了标准名称，合并了其引导要素和主体要素，统称为“金属布氏硬度试验”；

——重新编写了前言，代替ISO 6506-3的前言；

——对于ISO 6506-3所引用的其他国际标准，本部分直接引用与之相对应的我国国家标准。

本部分代替并废止GB/T 6270—1997《标准布氏硬度块的标定》。

本部分与GB/T 6270—1997相比主要变化如下：

——修改了名称；

——标准结构和编写格式符合GB/T 1.1—2000《标准化工作导则 第1部分：标准的结构和编写规则》的要求，技术内容与ISO 6506-3:1999保持一致；

——增加了引言，删除了ISO前言；

——第8章补充了标准块的附带文件(1997年版的第8章；本版的第8章)；

——增加了第9章关于标准块有效性的规定(见第9章)。

本部分由中国机械工业联合会提出。

本部分由全国试验机标准化技术委员会归口。

本部分负责起草单位：长春试验机研究所。

本部分参加起草单位：上海材料试验机厂、莱州华银试验仪器有限公司、泉州市丰泽东海仪器硬度块厂。

本部分主要起草人：郭永祥、桑佩君、周巧云、陈志明。

本部分所代替标准的历次版本发布情况：

GB 6270—1986、GB/T 6270—1997。

引　　言

GB/T 231本部分中的力值是根据公斤力(kgf)值换算而来的。这些力值都是在采用国际单位制(SI)以前引用的。GB/T 231的本部分决定与国际标准一致仍保留这些基于旧单位建立的力值。国际标准在下一次修订时将要考虑引用试验力整数值(整数牛顿值)的益处和由此对相关各硬度标尺所产生的影响。

注意,GB/T 231的本部分规定只使用硬质合金球压头。

布氏硬度符号是HBW,不宜与以前使用钢球压头时的符号HB或HBS混淆。

金属布氏硬度试验
第3部分:标准硬度块的标定

1 范围

GB/T 231 的本部分规定了在 GB/T 231.2 中描述的布氏硬度计间接检验用标准硬度块(以下简称标准块)的标定方法。

2 规范性引用文件

下列文件中的条款通过 GB/T 231 本部分的引用而成为本部分的条款。凡是注日期的引用文件,其随后所有的修改单(不包括勘误的内容)或修订版均不适用于本部分,然而,鼓励根据本部分达成协议的各方研究是否可使用这些文件的最新版本。凡是不注日期的引用文件,其最新版本适用于本部分。

GB/T 231.1 金属布氏硬度试验 第1部分:试验方法(GB/T 231.1—2002, ISO 6506-1:1999, Metallic materials—Brinell hardness test—Part 1:Test method,EQV)

GB/T 231.2—2002 金属布氏硬度试验 第2部分:布氏硬度计的检验与校准(ISO 6506-2:1999,Metallic materials—Brinell hardness test—Part 2:Verification and calibration of testing machines,MOD)

GB/T 3505 产品几何技术规范 表面结构 轮廓法 表面结构的术语、定义及参数(GB/T 3505—2000, eqv ISO 4287:1997)

GB/T 7997 硬质合金维氏硬度试验方法(GB/T 7997—1987,eqv ISO 3878:1983)

GB/T 13634 试验机检验用测力仪的校准(GB/T 13634—2000,idt ISO 376:1999)

3 标准块的制造

3.1 标准块应专门制造。

注:需要重视所使用的制造工艺过程,以使标准块获得必要的均质性、组织稳定性和表面硬度的均匀性。

3.2 每一待标定的金属块的厚度:

——对于 10 mm 球,不应小于 16 mm;

——对于 5 mm 球,不应小于 12 mm;

——对于小于 5 mm 球,不应小于 6 mm。

3.3 标准块应无磁性。对于钢制的块,建议制造者确保在其制造工艺结束时(标定前)均经过退磁处理。

3.4 标准块两表面的平面度和平行度应符合表 1 的规定。

3.5 试验面应无影响压痕测量的划痕(见表 1)。

3.6 为检查标准块以后不去除任何材料,标定时,应在标准块上标注其厚度,准确到 0.1 mm,或应在试验面上做出鉴别标记(见第 8 章)。

表 1　标准块的要求

球直径/mm	表面平面度/mm	平行度/(mm/50 mm)	表面粗糙度参数的最大允许值 *Ra*[a]/μm	
			试验面	支承面
10	0.04	0.05	0.3	0.8
5	0.03	0.04	0.2	0.8
<5	0.02	0.03	0.1	0.8

[a] 取样长度：*l*=0.8 mm(见 GB/T 3505)。

4　标准机

4.1　标准布氏硬度机除应满足 GB/T 231.2—2002 第 3 章规定的一般要求外，还应满足 4.2～4.8 的要求。

4.2　应对标准机进行直接检验，检验周期不超过 12 个月。直接检验包括：

a)　试验力的校准；

b)　压头的检验；

c)　测量装置的校准；

d)　试验循环时间的检验。

4.3　用于检验和校准的仪器应溯源到国家基准。

4.4　每一试验力应准确到 GB/T 231.1 规定的试验力标称值的±0.1%以内。

应使用满足 GB/T 13634 要求的 0.5 级标准测力仪测量试验力。

4.5　应对压头进行检验，除了球直径的允差应满足表 2 规定的要求外，压头还应满足 GB/T 231.2—2002 中 4.3 规定的要求。

表 2　不同球直径的允差　　单位为毫米

球　直　径	允　　差
10	±0.003
5	±0.002
2.5	±0.001
1	±0.001

4.6　对于用 10 mm 和 5 mm 直径的球压出的压痕，测量装置的标尺应分度到能读出 0.002 mm；对于用小于 5 mm 直径的球压出的压痕，应分度到能读出 0.001 mm。

将测量装置标尺各工作范围至少分成五个间隔，在分级测微尺上测量进行检验，对应不同的压痕直径，测量装置的准确度应符合表 3 的规定。

表 3　测量装置的准确度　　单位为毫米

压痕直径	允许误差
$d<1$	±0.000 5
$1\leqslant d<2.5$	±0.001
$d\geqslant 2.5$	±0.002

4.7 试验循环时间应满足 GB/T 231.1 的要求,并应进行调整使其不确定度在 0.5 s[1] 以内。

4.8 硬质合金球的特性应满足下列要求:

——硬度:按 GB/T 7997 的要求测定硬度,其维氏硬度不应低于 1 500HV10;

——密度:$\rho=(14.8\pm0.2)\mathrm{g/cm^3}$。

注:建议含有以下化学成分:

碳化钨(WC) 剩余部分

其他碳化物总量 2.0%

钴(Co) 5.0%~7.0%

5 标定方法

应在(23±5)℃的温度范围内使用 GB/T 231.1 规定的一般试验方法,在第 4 章描述的标准机上进行标定。

从开始施加试验力到达满试验力的时间应在 6 s~8 s 之间。试验力保持时间应为 10 s~15 s。

施加试验力的控制机构应保证球接触标准块前的接近速度不超过 1 mm/s。

6 压痕数目

在每一标准块的整个试验面上应压出均匀分布的五个压痕。

7 硬度均匀度

7.1 设 d_1、d_2、d_3、d_4、d_5 为每个测量的压痕直径的平均值,按大小递增的次序排列。

在规定标定条件下标准块的均匀度为:

$$d_5 - d_1$$

以 $\bar{d}$ 的百分比表示,其中 $\bar{d}$ 按下式计算:

$$\bar{d} = \frac{d_1 + d_2 + d_3 + d_4 + d_5}{5}$$

7.2 标准块不均匀度的最大允许值应符合表 4 的规定。

表 4 不均匀度的最大允许值

$\bar{d}$/mm	不均匀度的最大允许值/%(相对 $\bar{d}$)
$\bar{d}<0.5$	2.0
$0.5\leqslant\bar{d}\leqslant1$	1.5
$\bar{d}>1$	1.0
注:硬度值低于 200HBW 时,不均匀度的最大允许值可以是 $\bar{d}$ 的 2.0%。	

8 标志

8.1 每一标准块上应标记下列内容:

a) 标定时测得的硬度值的算术平均值,例如:348HBW5/750;

b) 供方或制造者的名称或标志;

c) 编号;

d) 标定机构的名称或标志;

e) 标准块的厚度或试验面上的鉴别标记(见 3.6);

f) 标定年份(在编号中未标出时)。

---

1) ISO 6506-3:1999 原文此处在“0.5 s”前加“±”号。

8.2 当试验面朝上时，标在标准块侧面上的任何标记均应是正立的。

8.3 随提供的每一标准块，应附有至少包括下列内容的证书：

a） 注明采用本标准，即 GB/T 231.3；

b） 标准块的标识；

c） 标定日期；

d） 硬度值的算术平均值或表征标准块均匀度的值（见 7.1）。

注：可以从五个压痕中选择一个压痕作为标准压痕用于 GB/T 231.2—2002 附录 A 提到的测量装置的间接检验。因此，宜对该压痕作一个永久标记，标出所测的一条直径。

9 有效性

满足第 3 章要求的标准块，只对标定的标尺有效。

注：标定的有效期不宜超过 5 年。

ICS 77.040.10
H 23

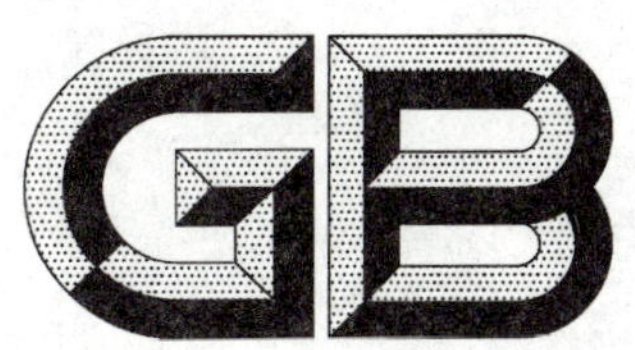

中华人民共和国国家标准

GB/T 232—2010
代替 GB/T 232—1999

金属材料 弯曲试验方法

Metallic materials—Bend test

(ISO 7438:2005,MOD)

2010-09-02 发布 2011-06-01 实施

中华人民共和国国家质量监督检验检疫总局
中国国家标准化管理委员会 发布

前　言

本标准修改采用国际标准 ISO 7438:2005《金属材料　弯曲试验》(英文版)。

本标准根据 ISO 7438:2005 重新起草,为了方便比较,在附录 A 中列出了本国家标准条款和国际标准条款的对照一览表。

本标准与国际标准主要技术差异如下:

——增加了第 2 章"规范性引用文件";

——在第 3 章中增加了引用图 3 和图 B.1;

——增加了 5.5"符合弯曲试验原理的其他弯曲装置(例如翻板式弯曲装置等)亦可使用";

——在 6.1 中增加了"样坯的切取位置和方向应按照相关产品标准的要求。如未具体规定,对于钢产品,应按照 GB/T 2975 的要求"。

为了便于使用,本标准做了下列编辑性修改:

——"本国际标准"一词改为"本标准";

——用小数点"."代替作为小数点的逗号",";

——删除了国际标准的前言。

本标准代替 GB/T 232—1999《金属材料　弯曲试验方法》。

本标准此次修订对 GB/T 232—1999 的下列主要技术内容做了修改:

——取消了"弯心"术语;

——取消了确定试样长度的公式;

——修改了试样厚度的规定;

——增加了矩形试样圆角半径数值的规定;

——增加了试验过程中应采取足够的安全措施和防护装置的规定;

——增加了当出现争议时,试验速度应为(1±0.2)mm/s 的规定;

——增加了附录 A 和附录 B。

本标准的附录 A 和附录 B 为资料性附录。

本标准由中国钢铁工业协会提出。

本标准由全国钢标准化技术委员会归口。

本标准主要起草单位:首钢总公司、冶金工业信息标准研究院、钢铁研究总院。

本标准主要起草人:王萍、刘卫平、董莉、任丹丹、高怡斐。

本标准所代替标准的历次版本发布情况为:

GB/T 232—1963、GB/T 232—1982、GB/T 232—1988、GB/T 232—1999。

金属材料　弯曲试验方法

1　范围

本标准规定了测定金属材料承受弯曲塑性变形能力的试验方法。

本标准适用于金属材料相关产品标准规定试样的弯曲试验。但不适用于金属管材和金属焊接接头的弯曲试验，金属管材和金属焊接接头的弯曲试验由其他标准规定。

2　规范性引用文件

下列标准所包含的条文，通过在本标准中引用而成为本标准的条文。凡是注日期的引用文件，其随后所有的修改单(不包括勘误的内容)或修订版均不适用于本标准，然而，鼓励根据本标准达成协议的各方研究是否可使用这些文件的最新版本。凡是不注日期的引用文件，其最新版本适用于本标准。

GB/T 2975　钢及钢产品　力学性能试验取样位置及试样制备(GB/T 2975—1998,eqv ISO 377:1997)

3　符号和说明

本标准使用的符号和说明见表1及图1、图2、图3和图B.1。

表1　符号和说明

符号	说　明	单位
a	试样厚度或直径(或多边形横截面内切圆直径)	mm
b	试样宽度	mm
L	试样长度	mm
l	支辊间距离	mm
D	弯曲压头直径	mm
α	弯曲角度	(°)
r	试样弯曲后的弯曲半径	mm
f	弯曲压头的移动距离	mm
c	试验前支辊中心轴所在水平面与弯曲压头中心轴所在水平面之间的间距	mm
p	试验后支辊中心轴所在垂直面与弯曲压头中心轴所在垂直面之间的间距	mm

4　原理

弯曲试验是以圆形、方形、矩形或多边形横截面试样在弯曲装置上经受弯曲塑性变形，不改变加力方向，直至达到规定的弯曲角度。

弯曲试验时，试样两臂的轴线保持在垂直于弯曲轴的平面内。如为弯曲180°角的弯曲试验，按照相关产品标准的要求，可以将试样弯曲至两臂直接接触或两臂相互平行且相距规定距离，可使用垫块控制规定距离。

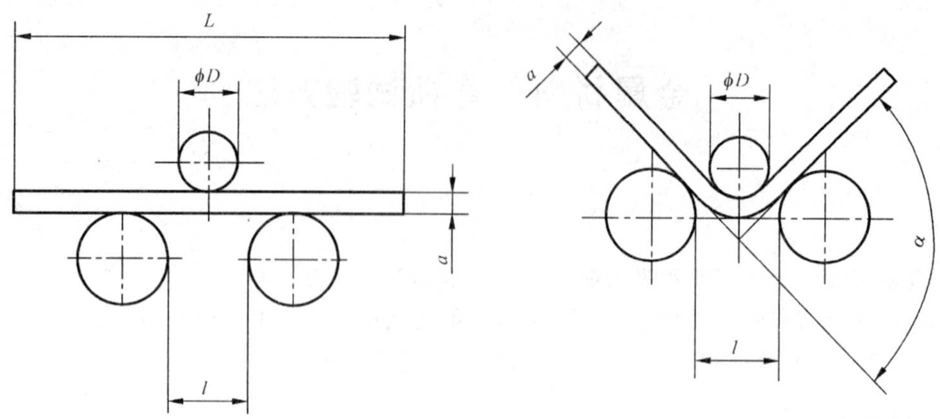

图 1

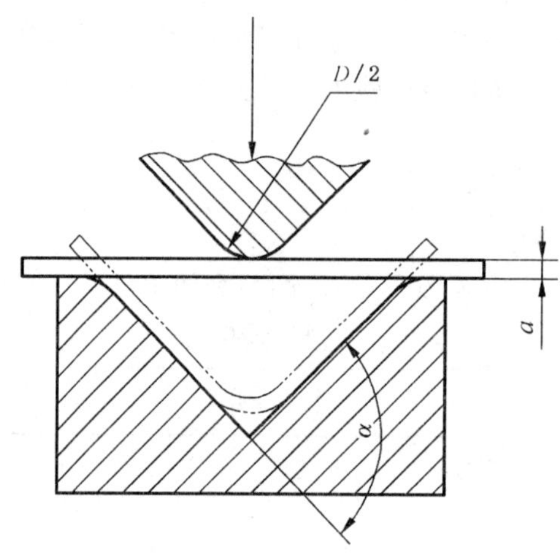

图 2

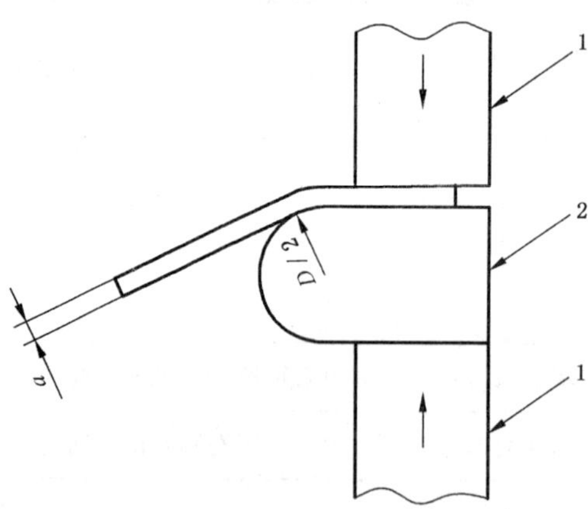

1——虎钳；

2——弯曲压头。

图 3

5 试验设备

5.1 一般要求

弯曲试验应在配备下列弯曲装置之一的试验机或压力机上完成：

a） 配有两个支辊和一个弯曲压头的支辊式弯曲装置，见图 1；

b） 配有一个 V 型模具和一个弯曲压头的 V 型模具式弯曲装置，见图 2；

c） 虎钳式弯曲装置，见图 3。

5.2 支辊式弯曲装置

5.2.1 支辊长度和弯曲压头的宽度应大于试样宽度或直径(见图 1)。弯曲压头的直径由产品标准规定。支辊和弯曲压头应具有足够的硬度。

5.2.2 除非另有规定，支辊间距离 l 应按照式(1)确定：

$$l = (D + 3a) \pm \frac{a}{2} \qquad \cdots\cdots(1)$$

此距离在试验期间应保持不变。

注：此距离在试验前期保持不变，对于 180°弯曲试样此距离会发生变化。

5.3 V 型模具式弯曲装置

模具的 V 形槽其角度应为(180°－α)(见图 2)，弯曲角度 α 应在相关产品标准中规定。

模具的支承棱边应倒圆，其倒圆半径应为(1～10)倍试样厚度。模具和弯曲压头宽度应大于试样宽度或直径并应具有足够的硬度。

5.4 虎钳式弯曲装置

装置由虎钳及有足够硬度的弯曲压头组成(见图 3)，可以配置加力杠杆。弯曲压头直径应按照相关产品标准要求，弯曲压头宽度应大于试样宽度或直径。

由于虎钳左端面的位置会影响测试结果，因此虎钳的左端面(见图 3)不能达到或者超过弯曲压头中心垂线。

5.5 符合弯曲试验原理的其他弯曲装置(例如翻板式弯曲装置等)亦可使用。

6 试样

6.1 一般要求

试验使用圆形、方形、矩形或多边形横截面的试样。样坯的切取位置和方向应按照相关产品标准的要求。如未具体规定，对于钢产品，应按照 GB/T 2975 的要求。试样应去除由于剪切或火焰切割或类似的操作而影响了材料性能的部分。如果试验结果不受影响，允许不去除试样受影响的部分。

6.2 矩形试样的棱边

试样表面不得有划痕和损伤。方形、矩形和多边形横截面试样的棱边应倒圆，倒圆半径不能超过以下数值：

——1 mm，当试样厚度小于 10 mm；

——1.5 mm，当试样厚度大于或等于 10 mm 且小于 50 mm；

——3 mm，当试样厚度不小于 50 mm。

棱边倒圆时不应形成影响试验结果的横向毛刺、伤痕或刻痕。如果试验结果不受影响，允许试样的棱边不倒圆。

6.3 试样的宽度

试样宽度应按照相关产品标准的要求，如未具体规定，应按照以下要求：

a） 当产品宽度不大于 20 mm 时，试样宽度为原产品宽度；

b） 当产品宽度大于 20 mm 时：

——当产品厚度小于 3 mm 时，试样宽度为(20±5)mm；

——当产品厚度不小于 3 mm 时，试样宽度在 20 mm～50 mm 之间。

6.4 试样的厚度

试样厚度或直径应按照相关产品标准的要求，如未具体规定，应按照以下要求：

6.4.1 对于板材、带材和型材，试样厚度应为原产品厚度。如果产品厚度大于 25 mm，试样厚度可以机加工减薄至不小于 25 mm，并保留一侧原表面。弯曲试验时，试样保留的原表面应位于受拉变形一侧。

6.4.2 直径(圆形横截面)或内切圆直径(多边形横截面)不大于 30 mm 的产品，其试样横截面应为原产品的横截面。对于直径或多边形横截面内切圆直径超过 30 mm 但不大于 50 mm 的产品，可以将其机加工成横截面内切圆直径不小于 25 mm 的试样。直径或多边形横截面内切圆直径大于 50 mm 的产品，应将其机加工成横截面内切圆直径不小于 25 mm 的试样(见图 4)。试验时，试样未经机加工的原表面应置于受拉变形的一侧。

单位为毫米

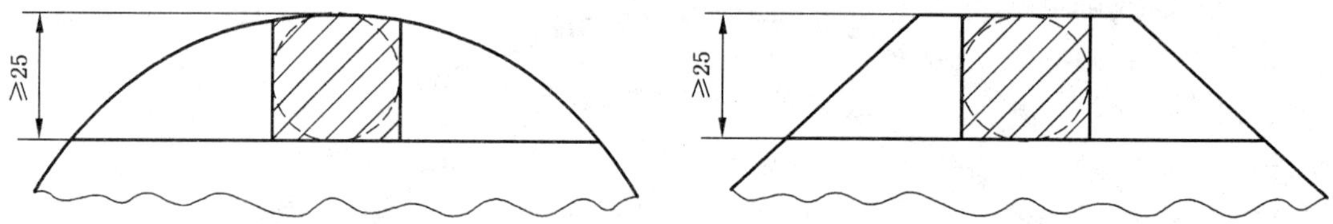

≥25

≥25

图 4

6.5 锻材、铸材和半成品的试样

对于锻材、铸材和半成品，其试样尺寸和形状应在交货要求或协议中规定。

6.6 大厚度和大宽度试样

经协议，可以使用大于 6.3 条规定宽度和 6.4 条规定厚度的试样进行试验。

6.7 试样的长度

试样长度应根据试样厚度(或直径)和所使用的试验设备确定。

7 试验程序

特别提示：试验过程中应采取足够的安全措施和防护装置。

7.1 试验一般在 10 ℃～35 ℃的室温范围内进行。对温度要求严格的试验，试验温度应为(23±5)℃。

7.2 按照相关产品标准规定，采用下列方法之一完成试验：

a) 试样在给定的条件和力作用下弯曲至规定的弯曲角度(见图 1、图 2 和图 3)；

b) 试样在力作用下弯曲至两臂相距规定距离且相互平行(见图 6)；

c) 试样在力作用下弯曲至两臂直接接触(见图 7)。

7.3 试样弯曲至规定弯曲角度的试验，应将试样放于两支辊(见图 1)或 V 形模具(见图 2)上，试样轴线应与弯曲压头轴线垂直，弯曲压头在两支座之间的中点处对试样连续施加力使其弯曲，直至达到规定的弯曲角度。弯曲角度 α 可以通过测量弯曲压头的位移计算得出，见附录 B。

可以采用图 3 所示的方法进行弯曲试验。试样一端固定，绕弯曲压头进行弯曲，可以绕过弯曲压头，直至达到规定的弯曲角度(详见 5.4)。

弯曲试验时，应当缓慢地施加弯曲力，以使材料能够自由地进行塑性变形。

当出现争议时，试验速率应为(1±0.2)mm/s。

使用上述方法如不能直接达到规定的弯曲角度，可将试样置于两平行压板之间(见图 5)，连续施加力压其两端使进一步弯曲，直至达到规定的弯曲角度。

7.4 试样弯曲至两臂相互平行的试验，首先对试样进行初步弯曲，然后将试样置于两平行压板之间(见图 5)，连续施加力压其两端使进一步弯曲，直至两臂平行(见图 6)。试验时可以加或不加内置垫块。垫块厚度等于规定的弯曲压头直径，除非产品标准中另有规定。

7.5 试样弯曲至两臂直接接触的试验，首先对试样进行初步弯曲，然后将试样置于两平行压板之间，连续施加力压其两端使进一步弯曲，直至两臂直接接触(见图 7)。

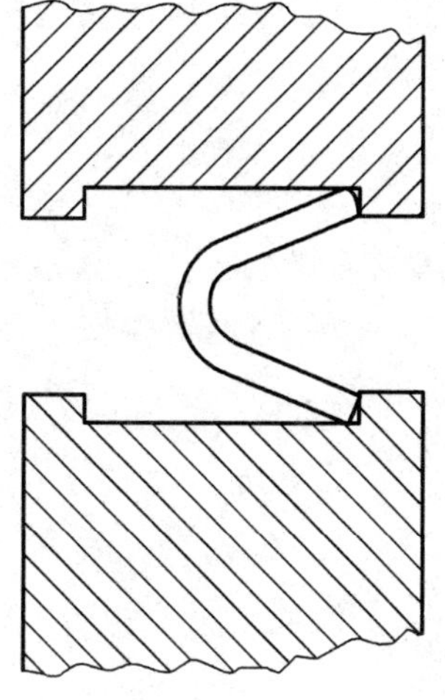

图 5

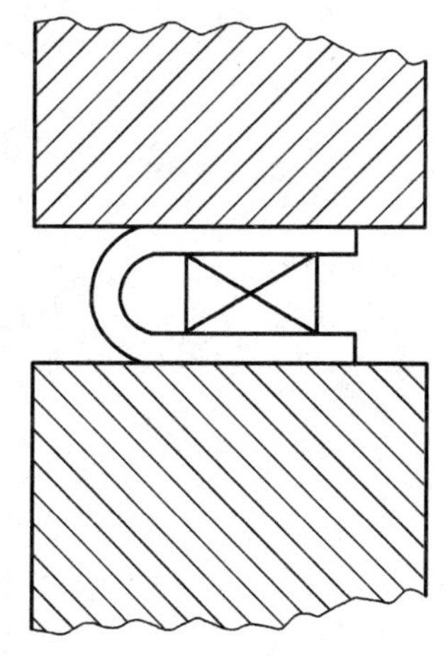

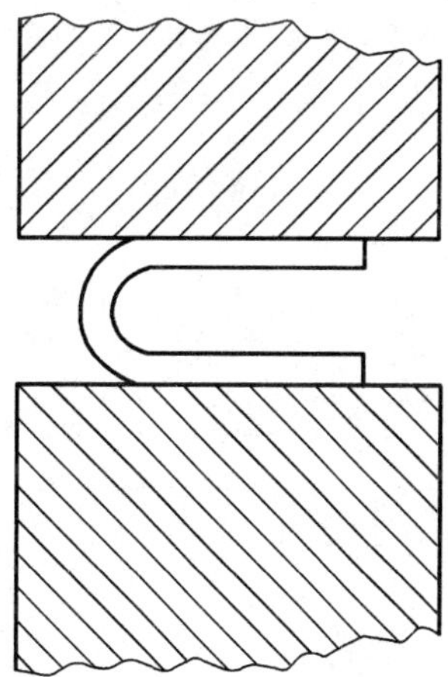

图 6

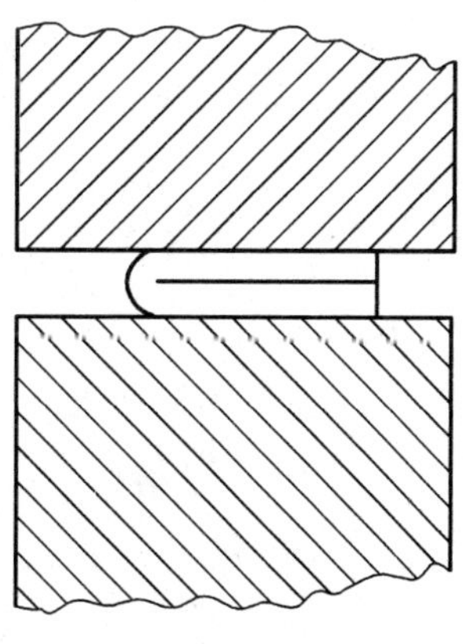

图 7

8 试验结果评定

8.1 应按照相关产品标准的要求评定弯曲试验结果。如未规定具体要求，弯曲试验后不使用放大仪器观察，试样弯曲外表面无可见裂纹应评定为合格。

8.2 以相关产品标准规定的弯曲角度作为最小值；若规定弯曲压头直径，以规定的弯曲压头直径作为最大值。

9 试验报告

试验报告至少应包括下列内容：

a) 本标准编号；

b) 试样标识(材料牌号、炉号、取样方向等)；

c) 试样的形状和尺寸；

d) 试验条件(弯曲压头直径，弯曲角度)；

e) 与本标准的偏差；

f) 试验结果。

附 录 A
（资料性附录）
本标准章条编号与 ISO 7438:2005 章条编号对照

表 A.1 给出了本标准章条编号与 ISO 7438:2005 章条编号对照一览表。

表 A.1 本标准与 ISO 7438:2005 章条编号对照

本标准章条编号	对应的国际标准章条编号
1	1
2	—
3	2
4	3
5	4
5.1	4.1
5.2	4.2
5.2.1	4.2.1
5.2.2	4.2.2
5.3	4.3
5.4	4.4
5.5	—
6	5
6.1	5.1
6.2	5.2
6.3	5.3
6.4	5.4
6.4.1	5.4.1
6.4.2	5.4.2
6.5	5.5
6.6	5.6
6.7	5.7
7	6
7.1	6.1
7.2	6.2
7.3	6.3 的第一、第二、第三、第四、第六段
7.4	6.3 的第五段
7.5	6.4
8	7
8.1	7.1

表 A.1(续)

本标准章条编号	对应的国际标准章条编号
8.2	7.2
9	8
附录 A	—
附录 B	附录 A

附　录　B
（资料性附录）
通过测量弯曲压头位移测定弯曲角度的方法

本标准规定了试样在压力作用下弯曲角度 α 的测定方法。由于直接测量弯曲角度 α 比较困难，因此，推荐使用通过测量弯曲压头位移 f 计算弯曲角度 α 的方法。试样在力的作用下弯曲角度 α 由弯曲压头的位移来确定，其参考值见图 B.1，计算公式如下：

其中

$$\sin\frac{\alpha}{2}=\frac{p\times c+W\times(f-c)}{p^2+(f-c)^2} \quad \cdots\cdots(\text{B.1})$$

$$\cos\frac{\alpha}{2}=\frac{W\times p-c\times(f-c)}{p^2+(f-c)^2} \quad \cdots\cdots(\text{B.2})$$

$$W=\sqrt{p^2+(f-c)^2-c^2} \quad \cdots\cdots(\text{B.3})$$

$$c=25+a+\frac{D}{2} \quad \cdots\cdots(\text{B.4})$$

单位为毫米

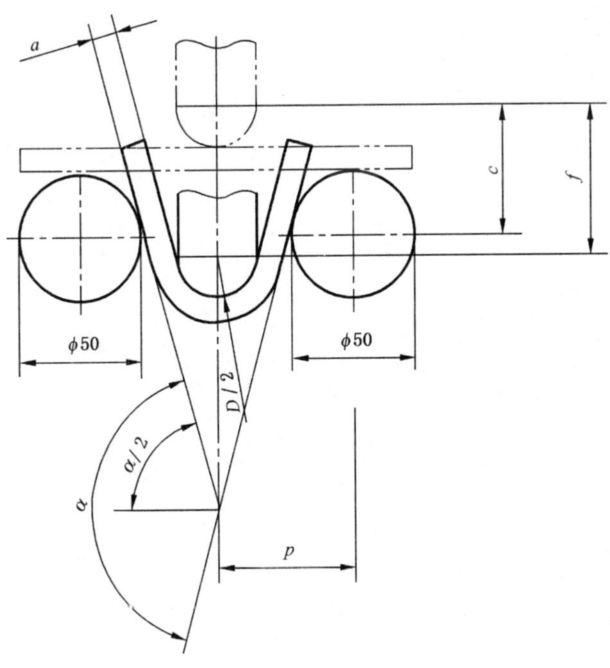

图 B.1

ICS 25.160.01
J 33

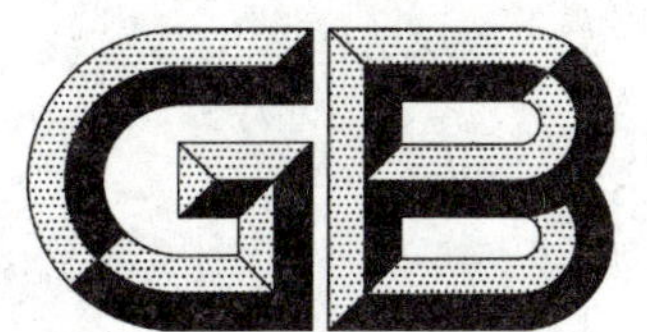

中华人民共和国国家标准

GB/T 324—2008
代替 GB/T 324—1988

焊缝符号表示法

Weld symbolic representation on drawings

(ISO 2553:1992, Welded, brazed and soldered joints—Symbolic representation on drawings, MOD)

2008-06-26 发布　　　　2009-01-01 实施

中华人民共和国国家质量监督检验检疫总局
中国国家标准化管理委员会　发布

前　言

本标准修改采用ISO 2553:1992《焊接、硬钎焊及软钎焊接头　在图样上的符号表示法》(英文版)。

本标准与ISO 2553:1992相比,主要差异如下:

——删除了国际标准的前言;

——规范性引用文件中删除了ISO 123:1982、ISO 544:1989、ISO 1302:1978、ISO 2560:1973、ISO 3098-1:1974、ISO 3581:1976、ISO 8167:1989,增加了GB/T 12212—1990;

——增加了若干种补充符号;

——尺寸标注方法做了细化;

——删除了国际标准中的部分示例。

本标准代替GB/T 324—1988《焊缝符号表示法》。

本标准与GB/T 324—1988相比主要变化如下:

——适用范围扩大至钎焊接头;

——增加了7种基本符号;

——原来的"辅助符号"和"补充符号"合并为"补充符号",并在其中增加了圆滑过渡符号,原来的衬垫细分为永久衬垫和临时衬垫;

——示例部分按照实用、简明的原则做了调整。

本标准的附录A为资料性附录。

本标准由全国焊接标准化技术委员会提出并归口。

本标准起草单位:哈尔滨焊接研究所、北京电力建设公司、兰州兰石机械设备有限责任公司。

本标准主要起草人:朴东光、任永宁、雷万庆。

本标准所代替标准的历次版本发布情况为:

——GB 324—1964、GB/T 324—1980、GB/T 324—1988。

焊缝符号表示法

1 范围

本标准规定了焊缝符号的表示规则。

本标准适用于焊接接头的符号标注。

2 规范性引用文件

下列文件中的条款通过本标准的引用而成为本标准的条款。凡是注日期的引用文件，其随后所有的修改单(不包括勘误的内容)或修订版均不适用于本标准，然而，鼓励根据本标准达成协议的各方研究是否可使用这些文件的最新版本。凡是不注日期的引用文件，其最新版本适用于本标准。

GB/T 5185 焊接及相关工艺方法代号(GB/T 5185—2005,ISO 4063:1998,IDT)

GB/T 12212 技术制图 焊缝符号的尺寸、比例及简化表示法

GB/T 16672 焊缝 工作位置 倾角和转角的定义(GB/T 16672—1996,idt ISO 6947:1993)

GB/T 19418 钢的弧焊接头 缺陷质量分级指南(GB/T 19418—2003,ISO 5817:1992,IDT)

3 总则

在技术图样或文件上需要表示焊缝或接头时，推荐采用焊缝符号。必要时，也可采用一般的技术制图方法表示。

焊缝符号应清晰表述所要说明的信息，不使图样增加更多的注解。

完整的焊缝符号包括基本符号、指引线、补充符号、尺寸符号及数据等。为了简化，在图样上标注焊缝时通常只采用基本符号和指引线，其他内容一般在有关的文件中(如焊接工艺规程等)明确。

符号的比例、尺寸及标注位置参见 GB/T 12212 的有关规定。

4 符号

4.1 基本符号

基本符号表示焊缝横截面的基本形式或特征，具体参见表 1，应用参见附录 A。

表 1 基本符号

序号	名称	示意图	符号
1	卷边焊缝(卷边完全熔化)		 ⅄⅄
2	I 形焊缝		 ‖
3	V 形焊缝		 V
4	单边 V 形焊缝		 ⅃/

表 1（续）

序号	名　　　称	示 意 图	符　　号
5	带钝边 V 形焊缝	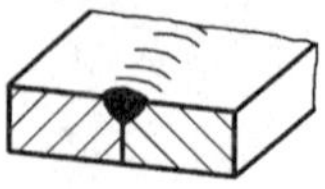	
6	带钝边单边 V 形焊缝	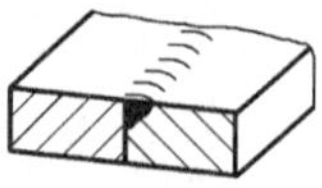	
7	带钝边 U 形焊缝	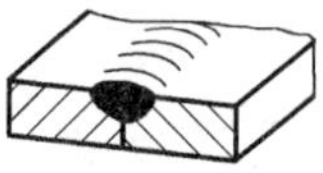	
8	带钝边 J 形焊缝		
9	封底焊缝	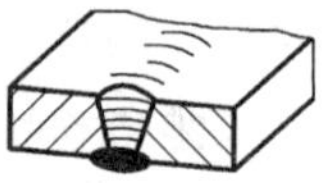	
10	角焊缝	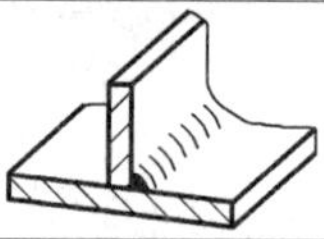	
11	塞焊缝或槽焊缝		
12	点焊缝	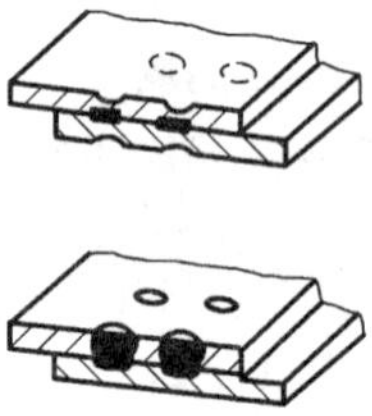	
13	缝焊缝	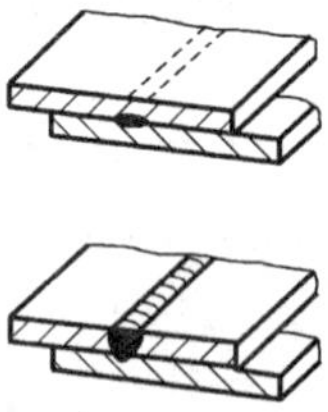	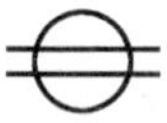
14	陡边 V 形焊缝	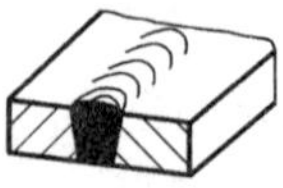	
15	陡边单 V 形焊缝		
16	端焊缝		

表 1（续）

序号	名　　称	示　意　图	符　　号
17	堆焊缝		
18	平面连接(钎焊)		=
19	斜面连接(钎焊)		//
20	折叠连接(钎焊)		

4.2 基本符号的组合

标注双面焊焊缝或接头时，基本符号可以组合使用，如表 2 所示。

表 2 基本符号的组合

序号	名　　称	示　意　图	符　　号
1	双面 V 形焊缝 (X 焊缝)		X
2	双面单 V 形焊缝 (K 焊缝)		K
3	带钝边的双面 V 形焊缝		
4	带钝边的双面单 V 形焊缝		
5	双面 U 形焊缝		

4.3 补充符号

补充符号用来补充说明有关焊缝或接头的某些特征(诸如表面形状、衬垫、焊缝分布、施焊地点等)。补充符号参见表 3。

表 3 补充符号

序号	名　称	符　号	说　明
1	平面		焊缝表面通常经过加工后平整
2	凹面		焊缝表面凹陷
3	凸面		焊缝表面凸起
4	圆滑过渡		焊趾处过渡圆滑
5	永久衬垫	M	衬垫永久保留
6	临时衬垫	MR	衬垫在焊接完成后拆除
7	三面焊缝		三面带有焊缝
8	周围焊缝		沿着工件周边施焊的焊缝 标注位置为基准线与箭头线的交点处
9	现场焊缝		在现场焊接的焊缝
10	尾部		可以表示所需的信息

5 基本符号和指引线的位置规定

5.1 基本要求

在焊缝符号中,基本符号和指引线为基本要素。焊缝的准确位置通常由基本符号和指引线之间的相对位置决定,具体位置包括:

——箭头线的位置;

——基准线的位置;

——基本符号的位置。

5.2 指引线

指引线由箭头线和基准线(实线和虚线)组成,见图 1。

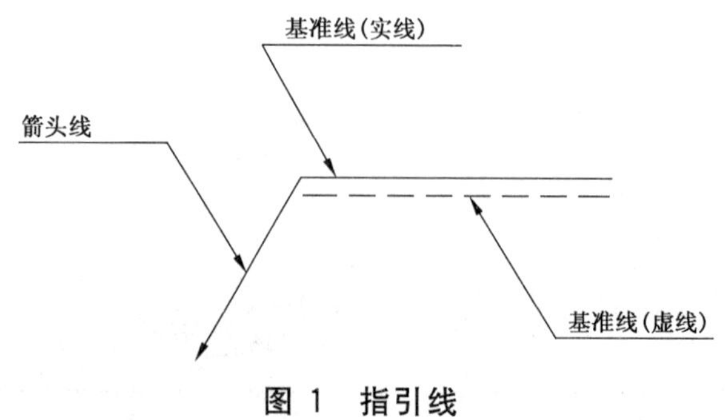

图 1 指引线

5.2.1 箭头线

箭头直接指向的接头侧为“接头的箭头侧”,与之相对的则为“接头的非箭头侧”,参见图 2。

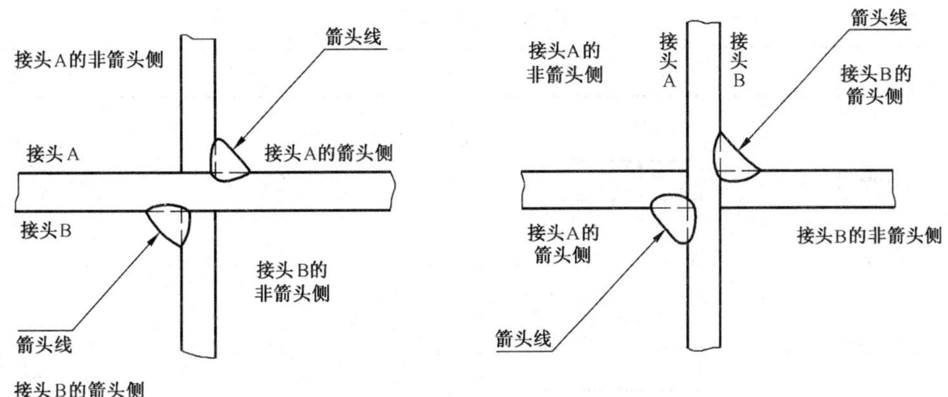

图 2 接头的“箭头侧”及“非箭头侧”示例

5.2.2 基准线

基准线一般应与图样的底边平行，必要时也可与底边垂直。

实线和虚线的位置可根据需要互换。

5.3 基本符号与基准线的相对位置

——基本符号在实线侧时，表示焊缝在箭头侧，参见图 3a)；

——基本符号在虚线侧时，表示焊缝在非箭头侧，参见图 3b)；

——对称焊缝允许省略虚线，参见图 3c)；

——在明确焊缝分布位置的情况下，有些双面焊缝也可省略虚线，参见图 3d)。

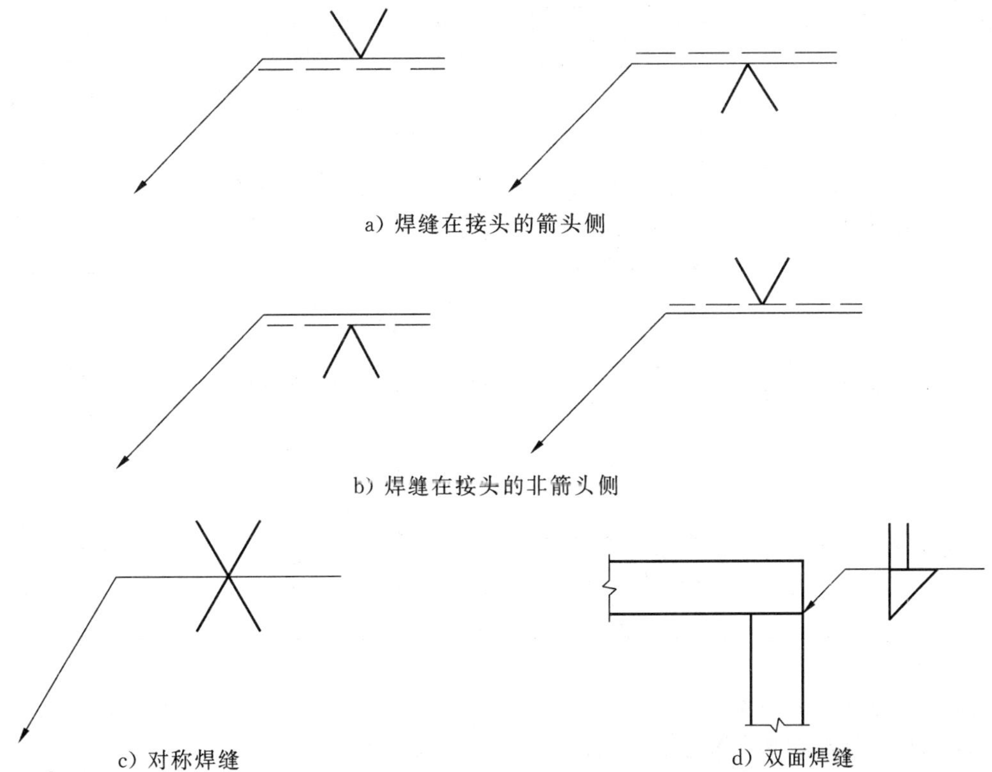

图 3 基本符号与基准线的相对位置

6 尺寸及标注

6.1 一般要求

必要时，可以在焊缝符号中标注尺寸。尺寸符号参见表 4。

表 4 尺寸符号

符号	名称	示意图	符号	名称	示意图
δ	工件厚度	δ	c	焊缝宽度	c
α	坡口角度	α	K	焊脚尺寸	K
β	坡口面角度	β	d	点焊:熔核直径 塞焊:孔径	d
b	根部间隙	b	n	焊缝段数	$n=2$
p	钝边	p	l	焊缝长度	l
R	根部半径	R	e	焊缝间距	e
H	坡口深度	H	N	相同焊缝数量	$N=3$
S	焊缝有效厚度	S	h	余高	h

6.2 标注规则

尺寸的标注方法参见图 4。

——横向尺寸标注在基本符号的左侧；

——纵向尺寸标注在基本符号的右侧；

——坡口角度、坡口面角度、根部间隙标注在基本符号的上侧或下侧；

——相同焊缝数量标注在尾部；

——当尺寸较多不易分辨时，可在尺寸数据前标注相应的尺寸符号。

当箭头线方向改变时，上述规则不变。

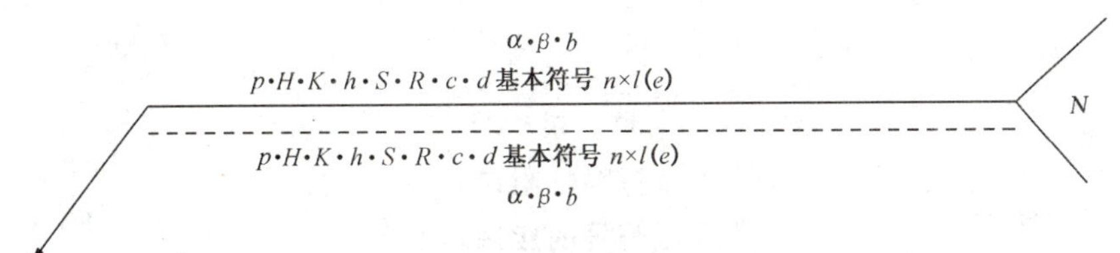

图 4 尺寸标注方法

6.3 关于尺寸的其他规定

确定焊缝位置的尺寸不在焊缝符号中标注，应将其标注在图样上。

在基本符号的右侧无任何尺寸标注又无其他说明时，意味着焊缝在工件的整个长度方向上是连续的。

在基本符号的左侧无任何尺寸标注又无其他说明时，意味着对接焊缝应完全焊透。

塞焊缝、槽焊缝带有斜边时，应标注其底部的尺寸。

附 录 A
（资料性附录）
焊缝符号的应用示例

A.1 基本符号的应用

表 A.1 给出了基本符号的应用示例。

表 A.1 基本符号的应用示例

序号	符号	示 意 图	标 注 示 例	备 注
1		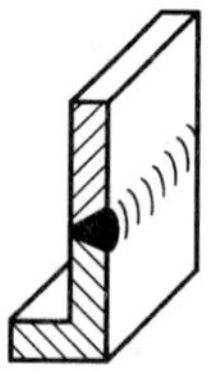	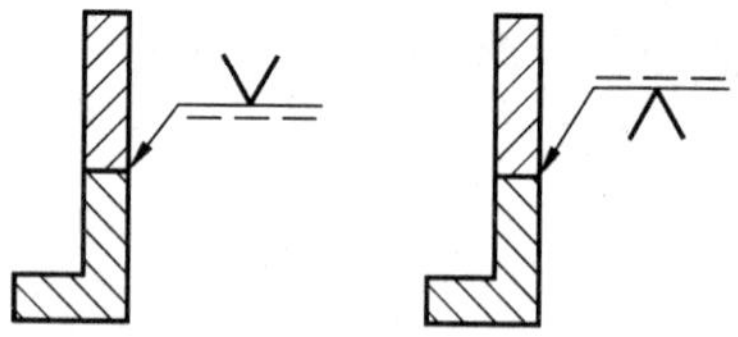	
2		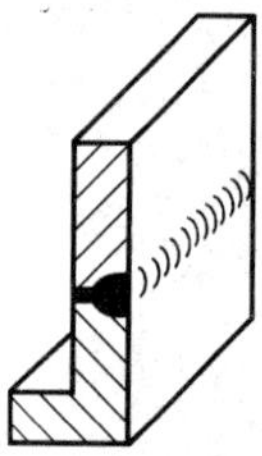	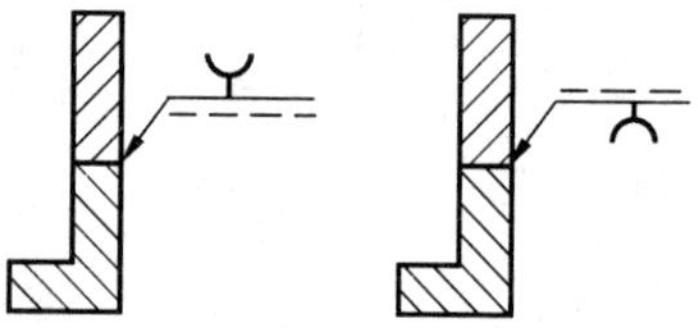	
3		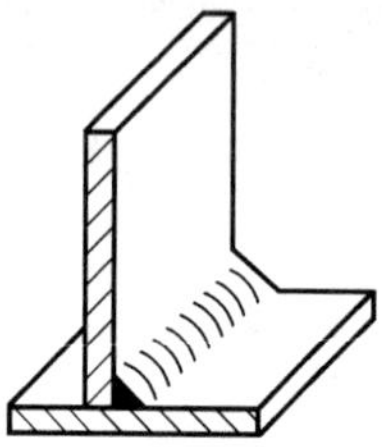	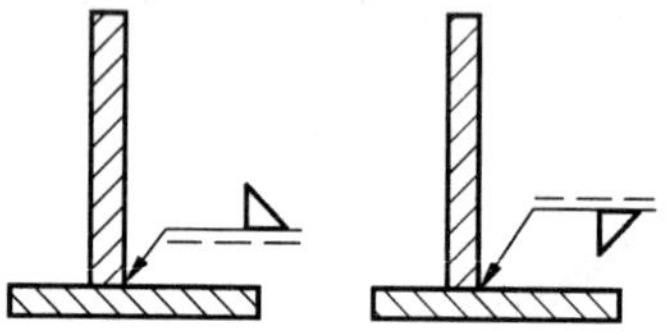	
4		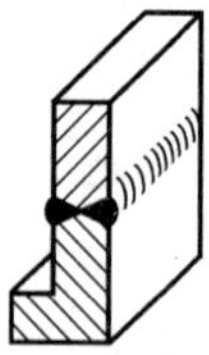	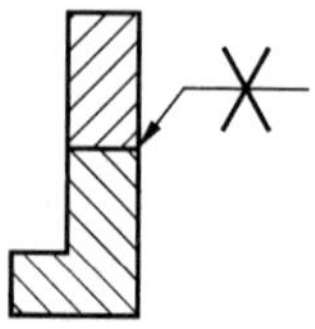	
5		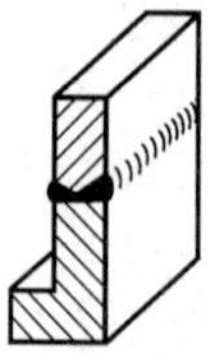	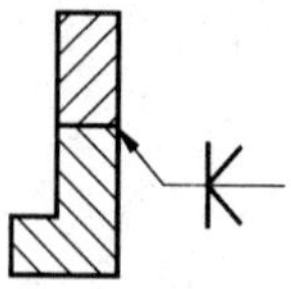	

A.2 补充符号应用示例

A.2.1 表 A.2 和表 A.3 给出了补充符号的应用及标注示例。

表 A.2 补充符号应用示例

序号	名称	示意图	符号
1	平齐的 V 形焊缝	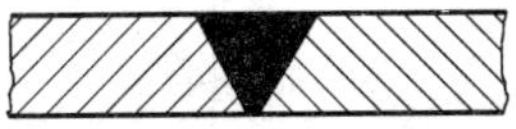	
2	凸起的双面 V 形焊缝		
3	凹陷的角焊缝	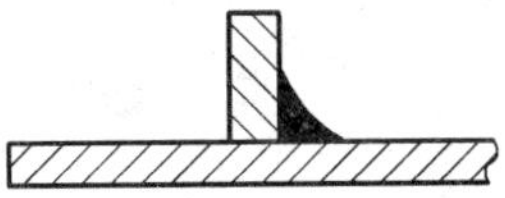	
4	平齐的 V 形焊缝和封底焊缝		
5	表面过渡平滑的角焊缝	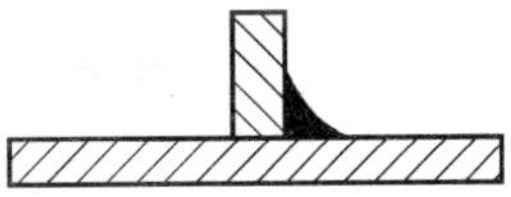	

表 A.3 补充符号的标注示例

序号	符号	示意图	标注示例	备注
1		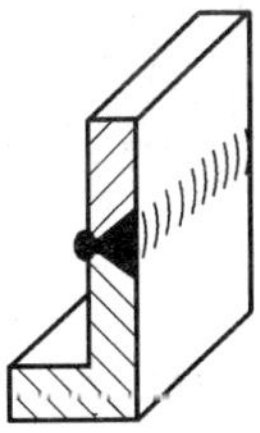	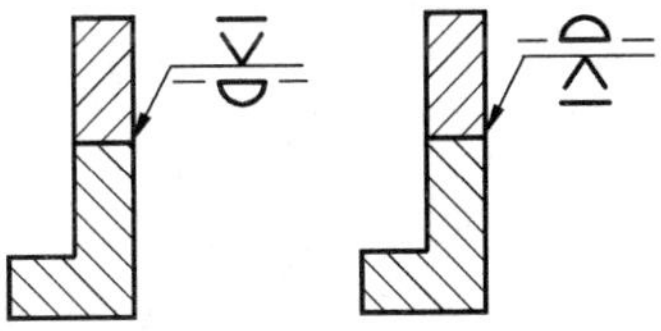	
2		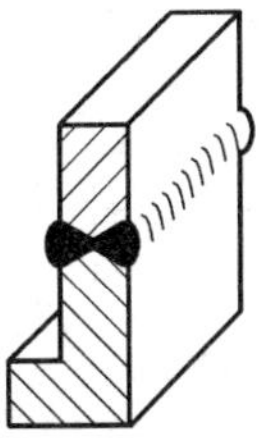	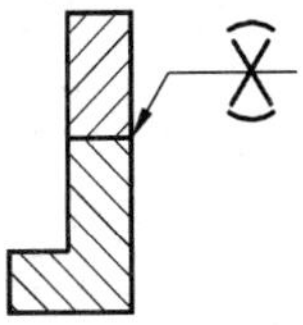	
3		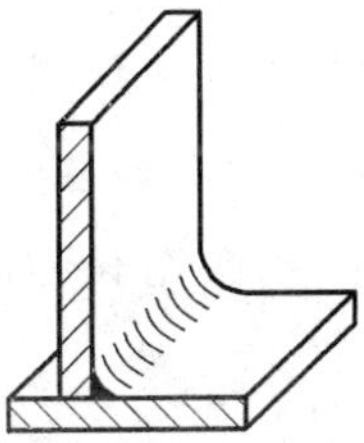	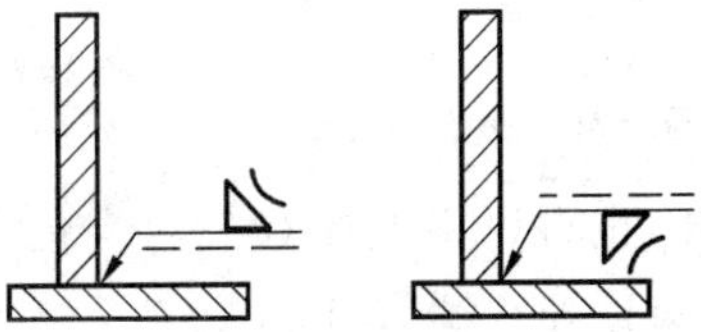	

A.2.2 其他补充说明

A.2.2.1 周围焊缝

当焊缝围绕工件周边时,可采用圆形的符号,如图 A.1 所示。

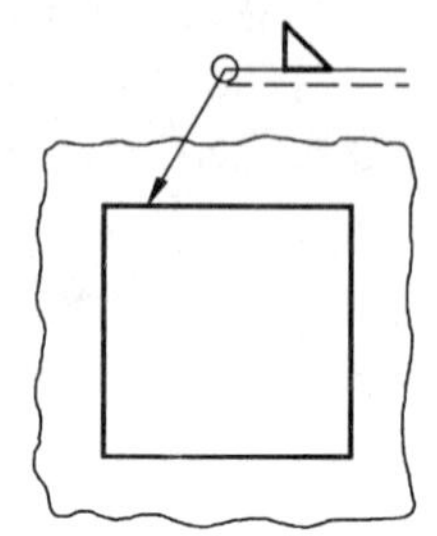

图 A.1 周围焊缝的标注

A.2.2.2 现场焊缝

用一个小旗表示野外或现场焊缝,如图 A.2。

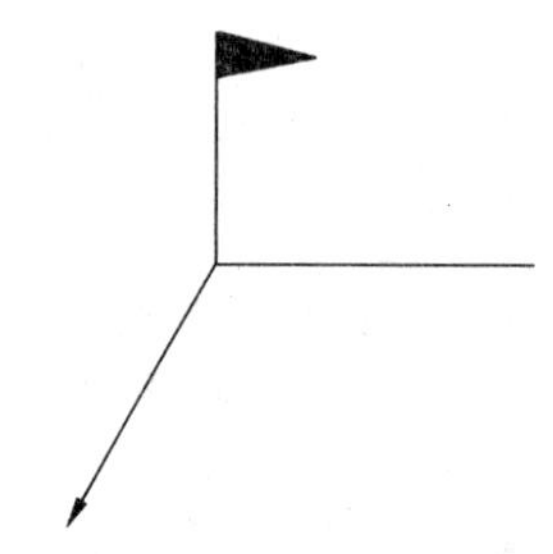

图 A.2 现场焊缝的表示

A.2.2.3 焊接方法的标注

必要时,可以在尾部标注焊接方法代号,见图 A.3。

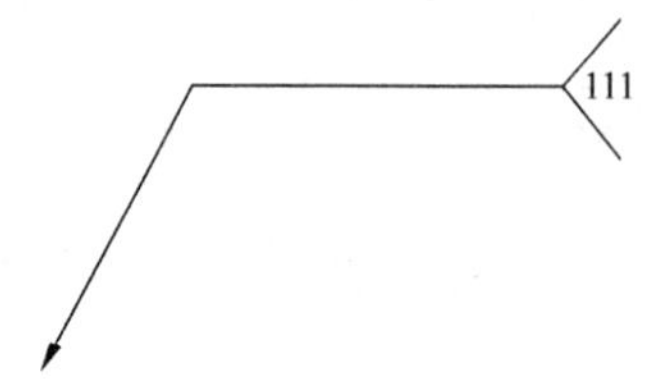

图 A.3 焊接方法的尾部标注

A.2.2.4 尾部标注内容的次序

尾部需要标注的内容较多时,可参照如下次序排列:

——相同焊缝数量;

——焊接方法代号(按照 GB/T 5185 规定);

——缺欠质量等级(按照 GB/T 19418 规定);

——焊接位置(按照 GB/T 16672 规定);

——焊接材料(如按照相关焊接材料标准);

——其他。

每个款项应用斜线“/”分开。

为了简化图样,也可以将上述有关内容包含在某个文件中,采用封闭尾部给出该文件的编号(如 WPS 编号或表格编号等),参见图 A.4。

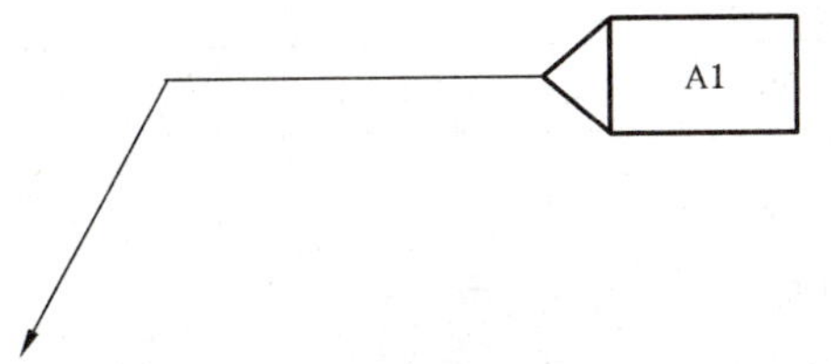

图 A.4 封闭尾部示例

A.3 尺寸标注示例

表 A.4 给出了尺寸标注的示例。

表 A.4 尺寸标注的示例

序号	名称	示 意 图	尺 寸 符 号	标 注 方 法
1	对接焊缝	S	S:焊缝有效厚度	S
2	连续角焊缝	K	K:焊脚尺寸	K
3	断续角焊缝	l (e) l	l:焊缝长度; e:间距; n:焊缝段数; K:焊脚尺寸	K n×l(e)
4	交错断续角焊缝	l (e) l (e) l l (e) l	l:焊缝长度; e:间距; n:焊缝段数; K:焊脚尺寸	K n×l (e) K n×l (e)
5	塞焊缝 或 槽焊缝	c c l (e) l	l:焊缝长度; e:间距; n:焊缝段数; c:槽宽	c n×l(e)

表 A.4（续）

序号	名称	示意图	尺寸符号	标注方法
5	塞焊缝 或 槽焊缝	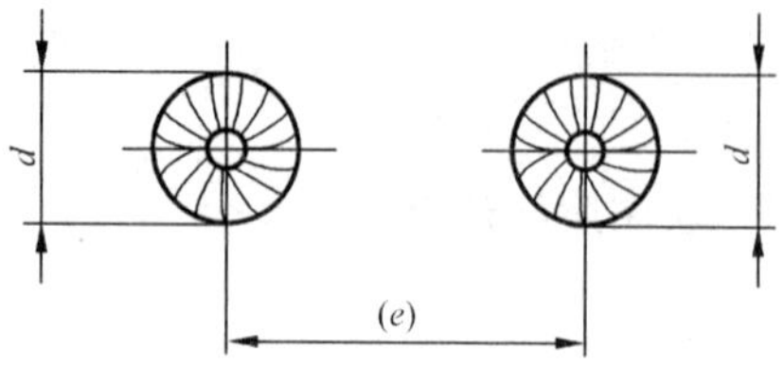 d (e) d	e:间距； n:焊缝段数； d:孔径	 d ⊓ $n×(e)$
6	点焊缝	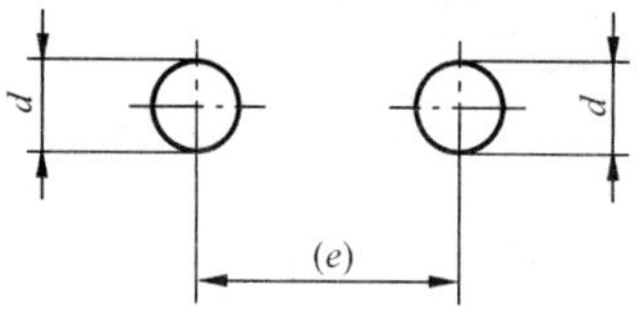 d (e) d	n:焊点数量； e:焊点距； d:熔核直径	 d ○ $n×(e)$
7	缝焊缝	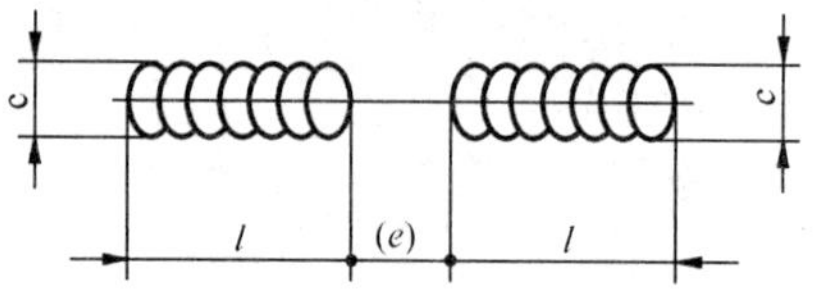 c l (e) l c	l:焊缝长度； e:间距； n:焊缝段数； c:焊缝宽度	 c ⊖ $n×l(e)$

前　　言

本标准是对国家标准 GB 567—1989《拱形金属爆破片技术条件》的修订版本。本版本对以下内容作了较大改变：

——更换了标准名称；

——扩大了标准的适用范围。

本标准从实施之日起，同时代替 GB 567—1989。

本标准的附录 A、附录 D 是标准的附录，附录 B、附录 C 是提示的附录。

本标准由国家质量技术监督局锅炉压力容器安全监察局提出。

本标准由国家质量技术监督局锅炉压力容器检测研究中心归口。

本标准起草单位：大连理工大学安全装备厂。

本标准主要起草人：丁信伟、李志义、王淑兰、毕明树、喻建良、由宏新、温殿江、徐晓惠、苏士艺、李岳、银建中。

中华人民共和国国家标准

GB 567—1999

代替 GB 567—1989

爆破片与爆破片装置

Bursting discs and bursting disc devices

1 范围

本标准规定了爆破片和爆破片装置的定义、技术要求和性能试验方法。

本标准适用于压力容器、管道或其他密闭空间防止超压或出现过度真空的爆破片和爆破片装置。爆破片的爆破压力最高不大于 500 MPa，最低不小于 0.001 MPa。

2 定义

本标准采用下列定义。

2.1 爆破片装置

由爆破片(或爆破片组件)和夹持器(或支承圈)等装配组成的压力泄放安全装置。当爆破片两侧压力差达到预定温度下的预定值时，爆破片即刻动作(破裂或脱落)，泄放出压力介质。

2.2 爆破片

在爆破片装置中，能够因超压而迅速动作的压力敏感元件。

2.3 爆破片组件(又称组合式爆破片)

由爆破片、背压托架、加强环、保护膜等两种或两种以上零件组合成的组件。

2.4 正拱形爆破片

压力敏感元件呈正拱形。安装后拱的凹面处于压力系统的高压侧，动作时该元件发生拉伸破裂。

2.4.1 正拱普通型爆破片

压力敏感元件无需其他加工，由坯片直接成形的正拱形爆破片。

2.4.2 正拱开缝型爆破片

压力敏感元件由有缝(孔)的拱形片与密封膜组成的正拱形爆破片。

2.4.3 正拱带槽型爆破片

压力敏感元件拱面上加工有槽的正拱形爆破片。

2.5 反拱形爆破片

压力敏感元件呈反拱形。安装后拱的凸面处于压力系统的高压侧，动作时该元件发生压缩失稳，致使破裂或脱落。

2.5.1 反拱带刀架(或鳄齿)型爆破片

压力敏感元件失稳翻转时因触及刀刃(或鳄齿)而破裂的反拱形爆破片。

2.5.2 反拱脱落型爆破片

压力敏感元件失稳翻转时沿支承边缘破裂或脱落，并随高压介质冲出的反拱形爆破片。

2.5.3 反拱带槽型爆破片

压力敏感元件拱面上加工有槽的反拱形爆破片。

2.6 平板形爆破片

压力敏感元件呈平板形。

国家质量技术监督局 1999-11-01 批准　　2000-08-01 实施

2.6.1 平板开缝型爆破片

压力敏感元件由带缝(孔)的平板形片与密封膜组成的平板形爆破片。

2.6.2 平板带槽形爆破片

压力敏感元件平面上加工有槽的平板形爆破片。

2.7 石墨爆破片

压力敏感元件由石墨制成,动作时因弯曲或剪切而破裂。

2.8 夹持器

在爆破片装置中,具有设计给定的泄放口径,用以固定并支承爆破片位置,保证爆破片准确动作的配合件。

2.9 支承圈

用机械方式或焊接方式固定和支承爆破片位置,保证爆破片准确动作的环圈。

2.10 背压

存在于爆破片装置泄放侧的静压。在爆破片装置泄放侧若存在其他压力源或在入口侧存在真空状态均会形成背压。

泄放侧压力超过入口侧压力的差值称为背压差。

2.11 背压托架

在组合式爆破片中,用来防止压力敏感元件因出现背压差而发生意外破坏的托架。

置于正拱形爆破片凹面的背压托架,在出现背压差时,防止爆破片凸面受压失稳。当系统压力可能出现真空时,此种背压托架可称为真空托架。

置于反拱形爆破片凸面的背压托架,在出现背压差时,防止爆破片凹面受压破坏。

2.11.1 张开型背压托架

随爆破片爆破而破裂的背压托架。

2.11.2 非张开型背压托架

在爆破片爆破时不发生破裂的背压托架。

2.12 加强环

在组合式爆破片中,与压力敏感元件边缘紧密结合,起增强边缘刚度作用的环圈。

2.13 密封膜

在组合式爆破片中,对压力敏感元件起密封作用的薄膜。

2.14 保护膜(层)

爆破片元件易受腐蚀影响时,用来防止其腐蚀的覆盖薄膜,或者涂(镀)层。

2.15 坯片

从金属薄带或薄板材上,或由石墨棒料上加工出来的,在制成爆破片以前的金属或石墨平片。

2.16 爆破压力

爆破片装置在给定的爆破温度下动作时,爆破片两侧的压力差值。

2.16.1 设计爆破压力

设计爆破片时由需方提出的对应于设计爆破温度下的爆破压力值。

2.16.2 最大(最小)设计爆破压力

设计爆破压力加制造范围,再加爆破压力允差的总代数和。

2.16.3 允许爆破范围

由最大和最小设计爆破压力所限定的压力范围。该压力范围由被保护设备的操作条件及设备的强度决定,当爆破片的实际爆破压力在该范围内时,则所选用的爆破片不会因爆破压力过低而影响正常操作,也不会因爆破压力过高对设备安全构成威胁。

2.16.4 试验爆破压力

爆破试验时，在爆破瞬间所测量到的爆破片的实际爆破压力值。测此爆破压力的同时应测量试验爆破温度。

2.16.5 标定爆破压力

同一批次爆破片，在一定温度下进行爆破试验，所得实际爆破压力的算术平均值。

2.17 爆破温度

与爆破压力相应的压力敏感元件壁的温度。此定义可以与“设计”或“试验”二词作定语连用。

2.18 制造范围

由供需双方商定的，一个批次爆破片的标定爆破压力的分布范围。

2.19 爆破压力允差

爆破片实际的试验爆破压力相对于标定爆破压力的最大允许偏差。其值可以是用正负号表示的绝对数值或百分数。

当商定制造范围为零时，此允差即表示对设计爆破压力的最大偏差，且此允差范围亦为允许爆破范围。

2.20 泄放面积

考虑到可能影响爆破片泄放能力的几何因素(如爆破后残留的爆破片碎片、背压托架及其他附件的残片等)后，爆破片装置的最小横截流通面积。

2.21 泄放量(又称泄放能力)

爆破片爆破后，通过泄放面积能够泄放出去的压力介质流量。

2.22 批次

具有相同型式、规格、标定爆破压力与爆破温度，且其材料(牌号、炉批号、性能)和制造工艺完全相同的一组爆破片为一个批次。

3 要求

3.1 设计

3.1.1 爆破片的泄放量(泄放能力)可按附录A(标准的附录)提供的方法确定。

3.1.2 正拱普通型爆破片的爆破压力，可参照附录B(提示的附录)提供的方法进行估算。

3.2 材料

3.2.1 用于制造爆破片、夹持器等金属与非金属材料均应符合国家标准、专业标准(部标准)或有关技术条件规定。

3.2.2 用于制造爆破片的材料必须有质量证明书和合格证，并应按制造要求进行必要的性能复验。

选择材料必须考虑对介质的耐腐蚀性要求。必要时可覆盖耐腐蚀的保护膜，或者涂(镀)层。

3.2.3 爆破片材料应具有均匀稳定的力学性能和热稳定性。推荐材料的最高适用温度参见附录C(提示的附录)。

3.2.4 密封膜、保护膜或涂(镀)层必须致密和不漏气。

3.3 爆破片

3.3.1 爆破片产品质量包括外观和爆破性能两部分。外观形状与尺寸应符合设计图样。爆破性能必须通过爆破试验检验合格。

3.3.2 爆破片的内外表面应无裂纹、锈蚀、微孔、气泡、夹渣和凹坑等缺陷，不应存在可能影响爆破性能的划伤等。

开缝型或带槽型爆破片的缝(孔)或槽的周边应无毛刺，缝(孔)或槽的几何形状与尺寸应符合设计图样要求。

3.3.3 爆破压力允差按表1规定，或按设计技术要求规定。

表 1 爆破压力允差

标定爆破压力范围 MPa	相对标定爆破压力的允差
≥0.001～0.01	±50%
>0.01～0.1	±25%
>0.1～0.3	±15%
>0.3～100	±5%
>100～500	±4%
注：当标定爆破压力小于 0.1 MPa 或大于 100 MPa 时，爆破片的爆破压力允差允许供需双方在表 1 规定的基础之上再进一步协商确定，作为检验、交货依据。	

3.3.4 考查爆破性能的爆破试验应在设计爆破温度下进行。试验条件应由供需双方协商确定，应尽量使其接近爆破片的使用条件。当室温下的试验结果能够保证设计爆破温度下的爆破性能时，则可以在室温下进行。

3.3.5 爆破片的制造范围应由供需双方参照附录 D(提示的附录)协商确定。

3.4 夹持器

3.4.1 夹持器的基本结构型式有：普通型、增大型、螺纹型及符合本标准的其他结构类型。

普通型(或称插入型)夹持器(见图 1)可居中安装在法兰的螺栓孔内侧，夹持器外圆直径不大于法兰螺栓圆内径。爆破片装置应准确地居中装入法兰间，才能保证爆破片的爆破性能和法兰密封性能。经制造厂与用户协商，可采用下列方法来使其对中：

a) 夹持器外圆恰好装入法兰的螺栓孔内侧；

b) 使用定位接头；

c) 其他合适的方法。

增大型(或称活套法兰型)夹持器(见图 2)，一般与配合法兰有相同的外径，通过法兰螺栓使其定位，居中装入法兰间。

螺纹型(或称螺塞式)夹持器(见图 3)由两个或多个零件通过螺纹连在一起将爆破片固定。这类夹持器一般适用于爆破片泄放直径较小的场合。

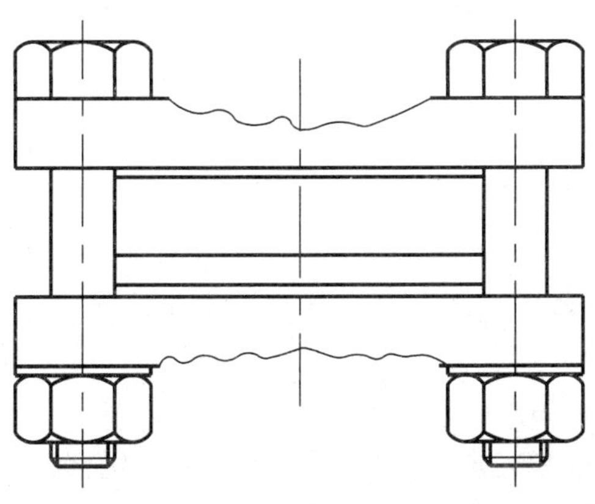

图 1 普通型爆破片夹持器

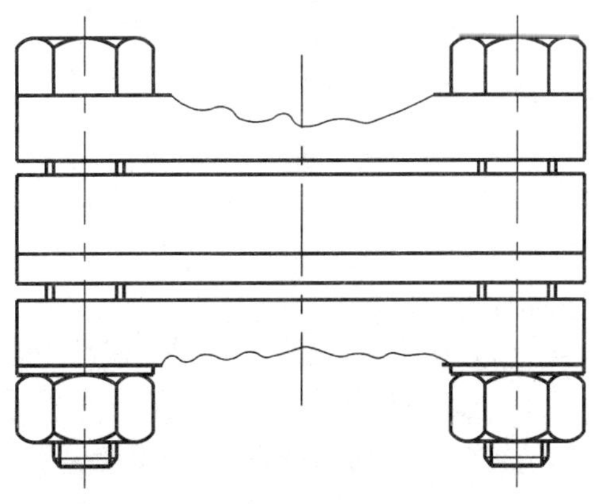

图 2 增大型爆破片夹持器

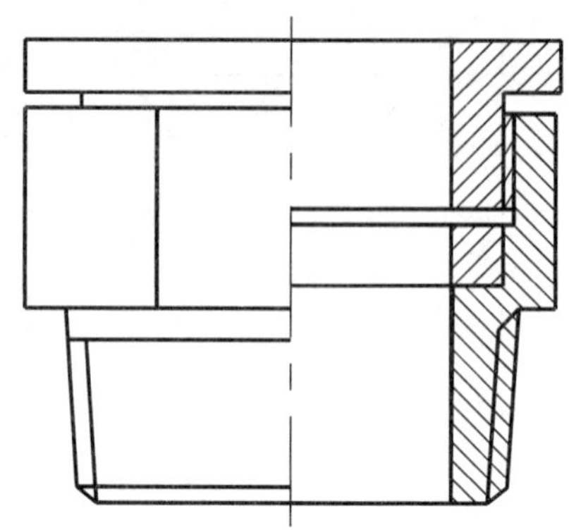

图3 螺纹型爆破片夹持器

3.4.2 夹持器必须与爆破片配套设计、制造，以保证正确配合。它应能传递均匀的夹紧载荷，确保爆破片受压直至爆破时其边缘不被抽动，并保证周边密封，不发生泄漏。

3.4.3 夹持器一般应高出爆破片的拱顶，或采用其他措施防止爆破片产生意外的损坏。

3.4.4 夹持器上一般应有定位结构，保证与爆破片正确装配。

3.4.5 夹持器只能与原设计爆破片配合使用，未经制造厂同意不得随意修改和替换。

3.5 支承圈

3.5.1 支承圈的加工应确保爆破片能够及时脱落。其高度参照3.4.3要求。

3.5.2 支承圈与爆破片由制造厂装配成一体以后，不得随意拆卸、加固或更动固定点。

3.6 背压托架

3.6.1 背压托架应当有足够刚度。与爆破片组合以后，应能承受1.3倍的最大背压差，保压时间应在1 min以上。

3.6.2 非张开型托架上的开孔自由截面积之和应能满足爆破片爆破时的泄放量要求。

3.6.3 张开型背压托架的开裂压力应小于爆破片的爆破压力。

3.6.4 背压托架上孔或缝的边缘均应无毛刺或其他易损伤爆破片或密封膜(保护膜层)的结构缺陷。

4 试验

4.1 检查

4.1.1 制造爆破片的同批材料均应通过工艺成型试验检查材料的均匀性和综合质量。

工艺成型试验是在同批材料的适当部位至少冲剪出3片试验坯片进行爆破片成形加工，经表面质量检查合格后进行爆破试验。各片爆破压力的最大偏差应在规定的爆破压力允差(见表1)范围内。

4.1.2 爆破片成品检查

爆破片成品检查包括如下内容：

a) 逐片作表面质量检查，不合格者剔除；

b) 抽样作爆破试验，应符合3.3.3和3.3.4的规定。

4.1.3 爆破片表面质量检查应符合3.3.2的要求。一般在正常照明条件下逐片目测，必要时可借助于3～5倍放大镜。当材料厚度小于0.2 mm时，除做上述观察外，必要时应逐片进行透光检查，光照度不小于5 000 lx，透光者剔除。

4.1.4 密封膜的致密性，除可参照4.1.3方法检查外，亦可采用其他方法作渗漏检查。

4.1.5 与腐蚀介质接触的材料、保护膜或涂(镀)层的耐腐蚀性，应经过腐蚀试验或根据已有的使用经验确认。涂(镀)层的均匀性和致密性应按相应标准规定的方法进行检查。

4.2 爆破试验

最终考核爆破片成品质量是否合格，取决于抽样爆破试验的结果。

4.2.1 同批次爆破片抽样爆破试验的数量按表2规定。试验抽样应在表面质量合格的同批次爆破片中随机抽取。

表 2 爆破试验抽样数量 片

同批次爆破片成品总数	爆破试验抽样数量
<10	2
10～15	3
16～30	4
31～100	6
101～250	4%,但不少于 6
251～1 000	3%,但不少于 10

注

1 剔除的和抽样试验用的爆破片均不计入该批次爆破片成品总数之内。

2 同批次爆破片成品总数超过 1 000 片时,爆破试验抽样数量由供需双方协商确定。

4.2.2 爆破试验系统应该包括:

a) 压力介质源;

b) 压力指示与爆破压力测量系统;

c) 温度测量系统;

d) 加温控制系统(爆破温度下试验用);

e) 爆破后的介质泄放通道(放空或泄放至贮存容器);

f) 压力介质的回流放空系统;

g) 安全防护设施。

4.2.3 爆破试验用夹持器的泄放口、直径和孔口结构都应与实际使用的夹持器相同。

4.2.4 爆破试验用的压力介质应当尽可能与爆破片实际使用介质的相态相同。液态介质可以用油或水,或某种无腐蚀性的高(低)温液体。气态介质可以用空气或氮气,或其他惰性气体。

液压爆破时,试验系统的受压腔内应充满液体。气压爆破时,试验系统事先须经液压试验考核合格,并再设置有效的安全措施。

4.2.5 爆破试验的压力测量可以采用在有效计量校验期内的数显压力计或弹簧管压力表,也可以采用其他测量压力的仪表。

4.2.5.1 整个试验系统至少应配有两个测压仪表。其中之一为测量爆破压力,其设置位置应尽量靠近试验爆破片;另一个用于指示系统压力,可置于压力源出口的可见部位。

4.2.5.2 测量爆破压力的弹簧管压力表,其精度不应低于表 3 规定。压力表的最大量程应是设计爆破压力的 1.5～3 倍。试验前所用压力表应该经过计量校验,或者在有效校验期内使用。对于其他测量压力的仪表,其精度也不能低于表 3 的要求。

表 3 弹簧管压力表精度等级

爆破压力/MPa	精 度 等 级
0.1～2.5	0.4
>2.5～100	1

4.2.6 爆破试验的温度测量可以采用经计量校验合格的玻璃液体温度计或热电偶,亦可以采用其他测温仪表。测温仪表应避免外界热传递的影响。

4.2.6.1 测量爆破温度可以将装配好的爆破片装置浸没于液体热(冷)载体中,或者放置于烘箱(或冷箱)或加热炉中加热(或冷却),待温度稳定以后开始升压至爆破。此时测得热(冷)载体的温度即可作为爆破温度。当需方(或设计单位)不能准确提供爆破片爆破温度时,爆破试验与爆破温度,由供需双方协商确定。

4.2.6.2 压力介质的温度测量应注意介质各处温度的均匀性。

4.2.7 爆破试验的升压速率：在不少于 30 s 的时间内，将装置入口压力升到最小爆破压力的 90%，并保压不少于 5 s。然后，稳定连续地增加压力，直至爆破片爆破或泄放。

4.2.8 进行高(低)温下的爆破试验，其升(降)温速率应缓慢。当达到设计爆破温度时应保温足够长时间，使爆破片壁温度均匀。此后，当升压爆破时温度波动的幅度不大于±10℃。

4.2.9 爆破试验结果应有正式试验报告

爆破试验报告是爆破片成品质量证明文件的依据，应包括以下内容：

a）一般资料：包括试验日期、爆破片型号、生产批次号与批量等；

b）有关试验爆破片装置资料：包括爆破片基本结构、夹持器泄放直径、爆破片材料、设计爆破压力与爆破温度、制造范围、爆破压力允差等；

c）试验条件与试验方法：包括抽样爆破片的数量、试验介质、介质温度与环境温度、试验装置与设备、试验用仪表等；

d）试验结果：包括试验爆破压力、试验爆破温度、标定爆破压力、爆破压力偏差等，以及合格与否的结论。

e）试验人员签字。需要监检时，还须有监检人员签字。

5 标志、包装、运输及贮存

5.1 标志

5.1.1 每个爆破片至少应有下列标记：

a）批次编号；

b）型号；

c）规格(泄放口公称直径)，mm；

d）材料；

e）标定爆破压力或设计爆破压力，MPa；

f）爆破温度，℃；

g）泄放侧方向；

h）标准代号；

i）制造厂厂名；

j）制造许可证编号。

5.1.2 标记内容应是永久性的。可以采用金属标牌固定于爆破片边缘，正面朝泄放侧。对于不带标牌的爆破片，可以在爆破片边缘的泄放侧作简单标记或着色，但同时应另用金属标牌标出 5.1.1 的全部内容，固定在爆破片附近。

5.2 包装

5.2.1 爆破片产品应配有专用包装盒(箱)，可以单装或集装。包装时，包装盒(箱)和爆破片均应干燥、洁净，应防止爆破片串动、拱面受挤压，以及影响爆破性能的任何损伤。

5.2.2 每个包装盒(箱)外表面应标明爆破片名称、型号、规格、数量、制造厂、制造年月及设备位号。包装盒(箱)内须带有爆破片产品质量证明书、合格证和使用说明书。亦可附带信息反馈单。

5.3 运输、贮存

5.3.1 爆破片产品应经包装合格后方可运输。在运输、搬动中应避免碰撞、冲击、受潮和污染。

5.3.2 爆破片产品应在原包装盒(箱)内贮存，正面朝上，保持干燥，预防环境腐蚀。贮存室应保持清洁、通风。

6 质量证明书

6.1 每批次爆破片产品均须有质量证明书和合格证。

6.2 爆破片产品质量证明书应至少包括下列内容：

a）名称，批次编号；

b）型号；

c）制造（批）数量；

d）规格（泄放口公称直径），mm；

e）材料；

f）适用介质、温度；

g）设计爆破压力，制造范围，MPa；

h）标定爆破压力，MPa；

i）爆破压力允差；

j）爆破温度，℃；

k）标准代号；

l）合格标记，检验人员印章；

m）制造厂厂名，制造许可证编号，印章，监检印记（需要监检时）；

n）制造日期。

6.3 每个爆破片产品合格证应与该批次爆破片质量证明书的内容相符合。

附 录 A

（标准的附录）

爆破片泄放量(泄放能力)

A1 符号说明

A——爆破片的最小泄放面积,mm^2;

W——爆破片的额定泄放量(泄放能力),kg/h;

p——爆破片的设计爆破压力(绝对),MPa;

p_0——爆破片的泄放侧压力(绝对),MPa;

p_c——气体的临界压力(绝对),见表 A1,MPa;

p_r——气体的对比压力,$p_r=p/p_c$;

Δp——超压爆破时,爆破片的内外压力差;若泄放侧为常压,其值即取设计爆破压力(表压),MPa;

T——容器设备内泄放气体的绝对温度,K;

T_c——气体的临界温度(绝对),见表 A1,K;

T_r——气体的对比温度,$T_r=T/T_c$;

M——气体的分子量,即摩尔质量,kg/kmol;

k——气体的绝热指数,见表 A1,对于空气 $k=1.40$;

Z——气体的压缩因子,根据 T_r 与 p_r 由图 A1 查取,其中:图 A1(a)用于 $p_r\leqslant 1.0$ 的情况,图 A1(b)用于 $1.0<p_r\leqslant 10$ 的情况,图 A1(c)用于 $10<p_r\leqslant 40$ 的情况;

C——气体的特性系数,由图 A2 查取或按下式计算:

$$C=\sqrt{\frac{k}{k-1}\left[\left(\frac{p_0}{p}\right)^{\frac{2}{k}}-\left(\frac{p_0}{p}\right)^{\frac{k+1}{k}}\right]}$$

$\frac{p_0}{p}=\left(\frac{2}{k+1}\right)^{\frac{k}{k-1}}$为临界泄放压力比。当$\frac{p_0}{p}$等于或小于临界泄放压力比时,$C$ 取其极大值;

$$C_{max}=0.7071\sqrt{k\left(\frac{2}{k+1}\right)^{\frac{k+1}{k-1}}}$$

C_s——水蒸汽的特性系数,蒸汽压力小于 16 MPa 的饱和蒸汽,$C_s\approx 1$;过热蒸汽随过热温度增加而减小,查表 A2;

ρ——液体密度,kg/m^3;

λ——额定泄放系数,取 $\lambda=0.62$ 或实测值;

μ——液体的动力黏度,kg/(m·s);

ζ——液体动力黏度的校正系数,根据雷诺数 $Re=\frac{0.3134\,W}{\mu\sqrt{A}}$ 由图 A3 查取;当液体黏度等于或小于水的黏度时,取 $\zeta=1$。

对比温度 T_r=5.00
3.00
2.00
1.60
1.40
1.30
1.20
1.15
1.10
1.05
T_r=1.00
0.95
0.90
0.85
0.80
0.75
0.70
0.65
0.60
压缩因子 Z
1.00
0.90
0.80
0.70
0.60
0.50
0.40
对比压力 p_r
0.0
0.1
0.2
0.3
0.4
0.5
0.6
0.7
0.8
0.9
1.0

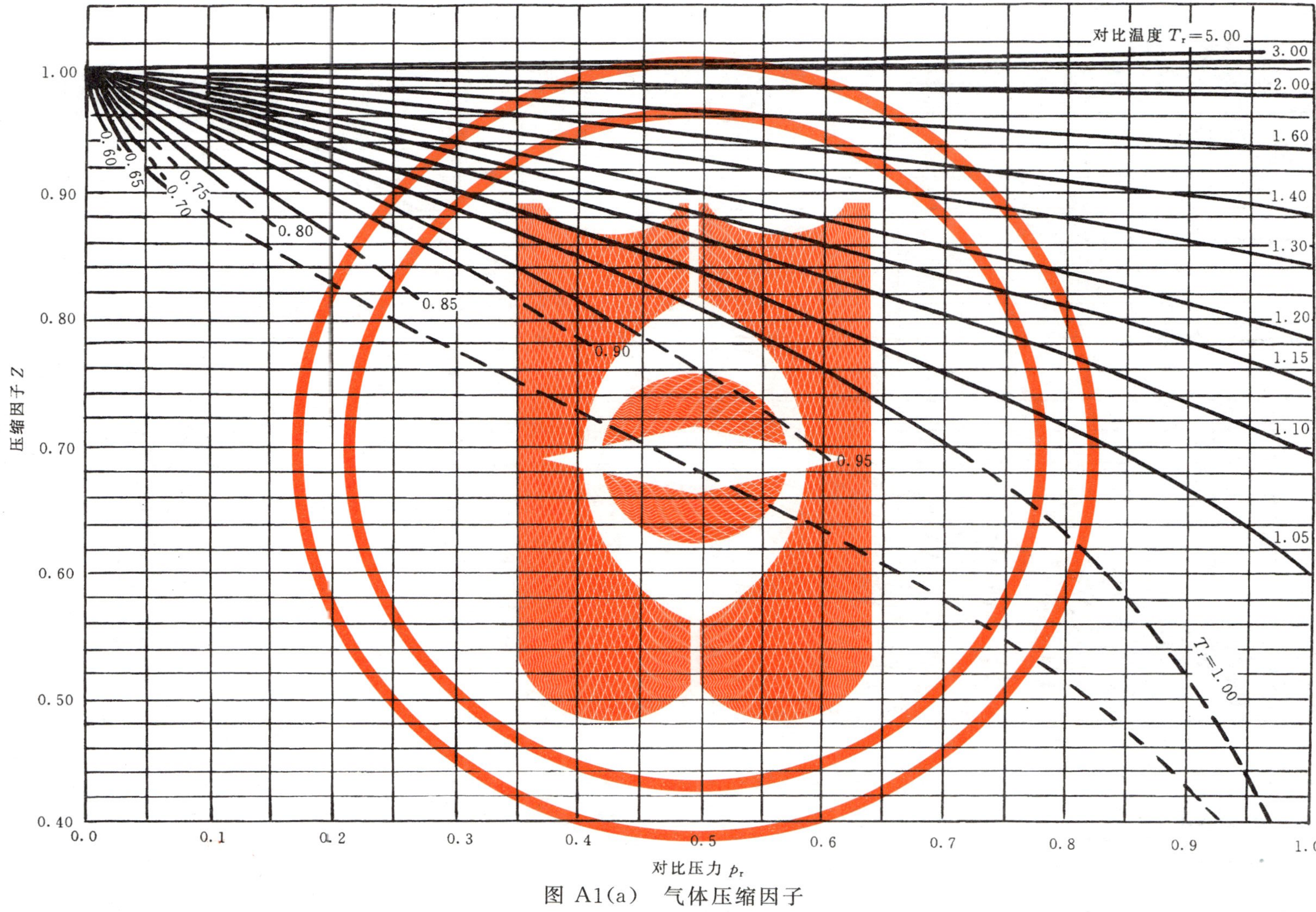

图 A1(a) 气体压缩因子

压缩因子 Z
对比压力 p_r
对比温度 T_r=3.50
2.50
2.00
1.80
1.60
1.50
1.40
1.30
1.20
1.15
1.10
1.05
T_r=1.00
5.00
7.00
10.00
T_r=15.00

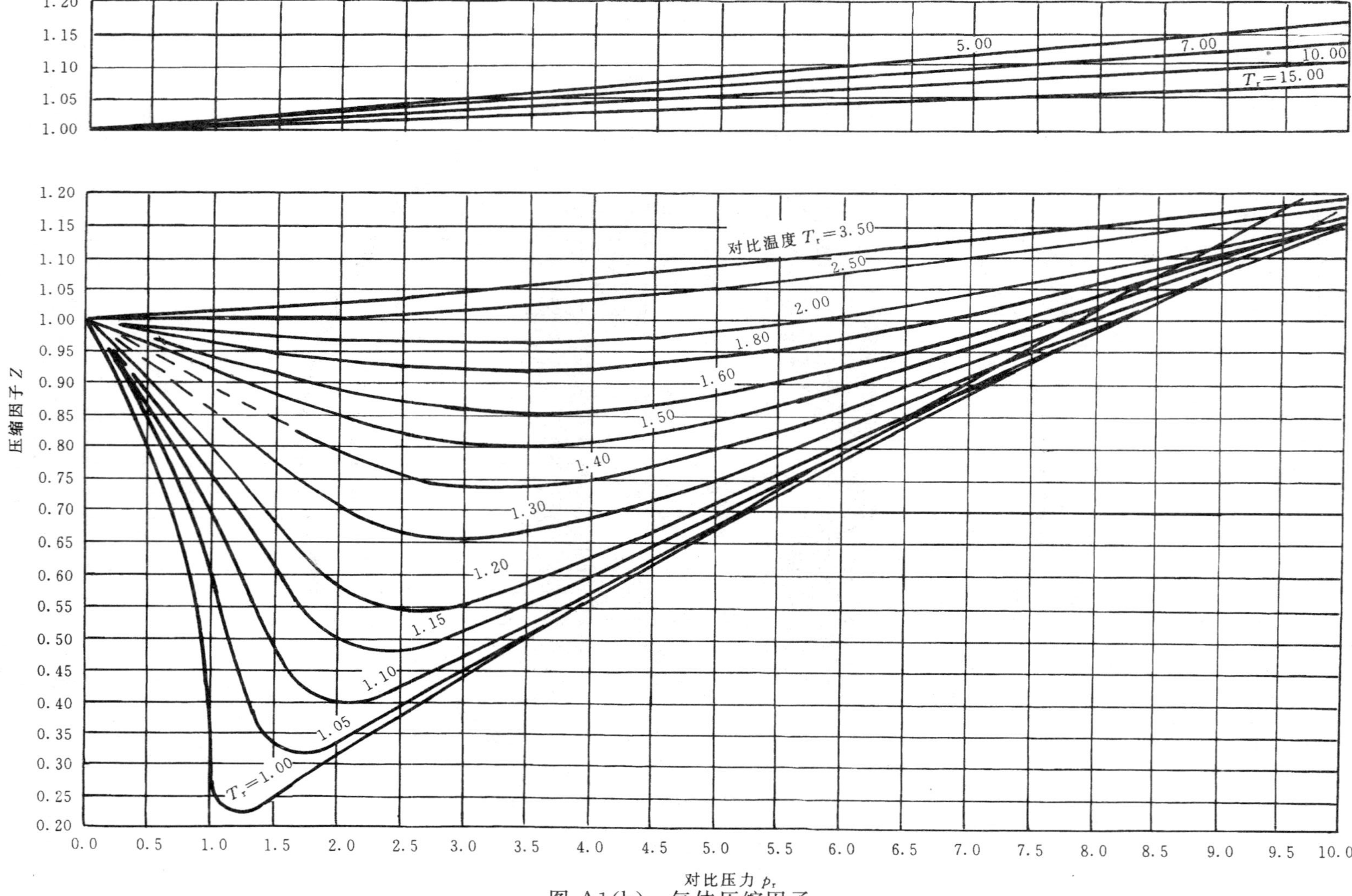

图 A1(b) 气体压缩因子

对比温度 T_r=1.00
1.05
1.10
1.15
1.20
1.30
1.40
1.50
1.60
1.80
2.00
2.50
3.00
3.50
4.00
5.00
6.00
8.00
10.00
15.00
T_r=5.00
1.20
T_r=1.00
0.0 1.0 2.0 3.0 4.0
压缩因子 Z
0 5 10 15 20 25 30 35 40
对比压力 p_r

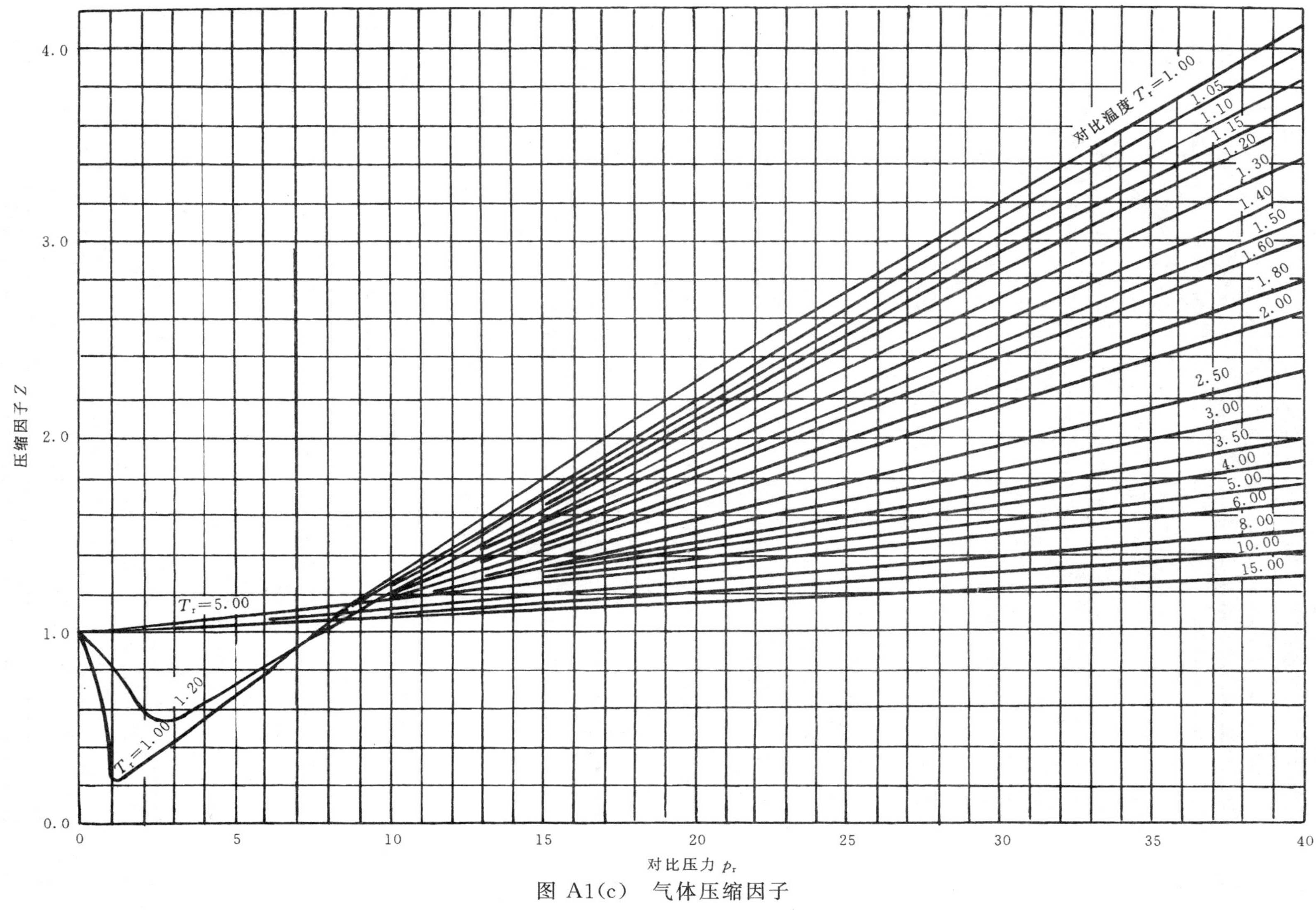

图 A1(c) 气体压缩因子

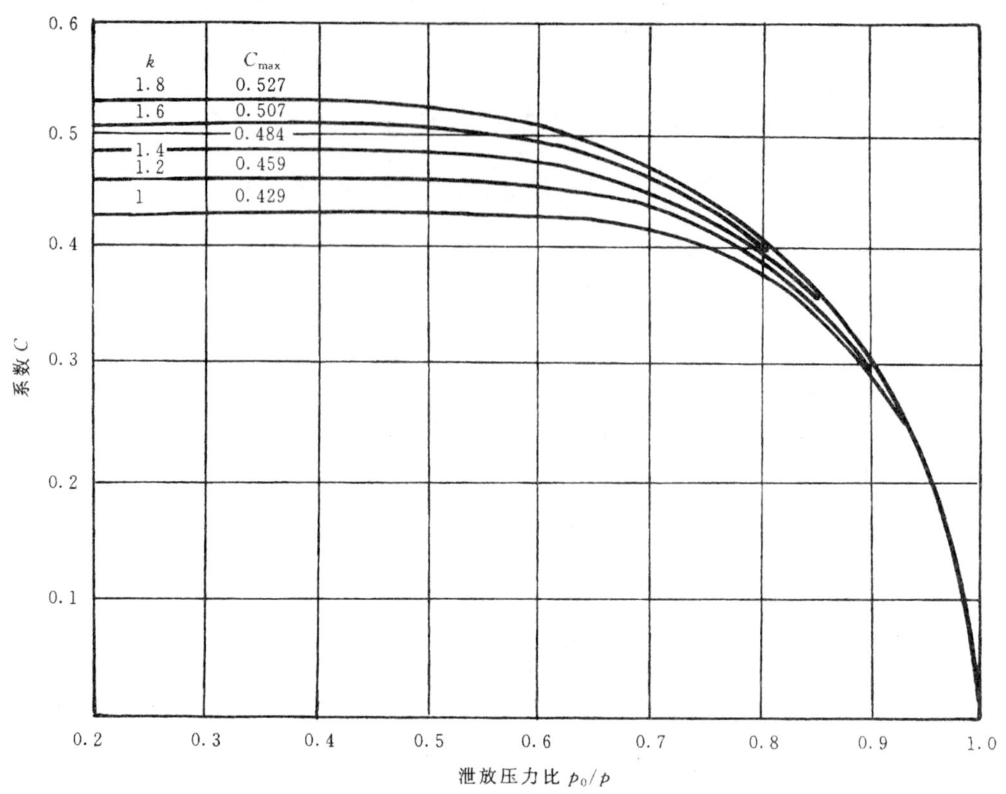

图 A2　气体特性系数 C

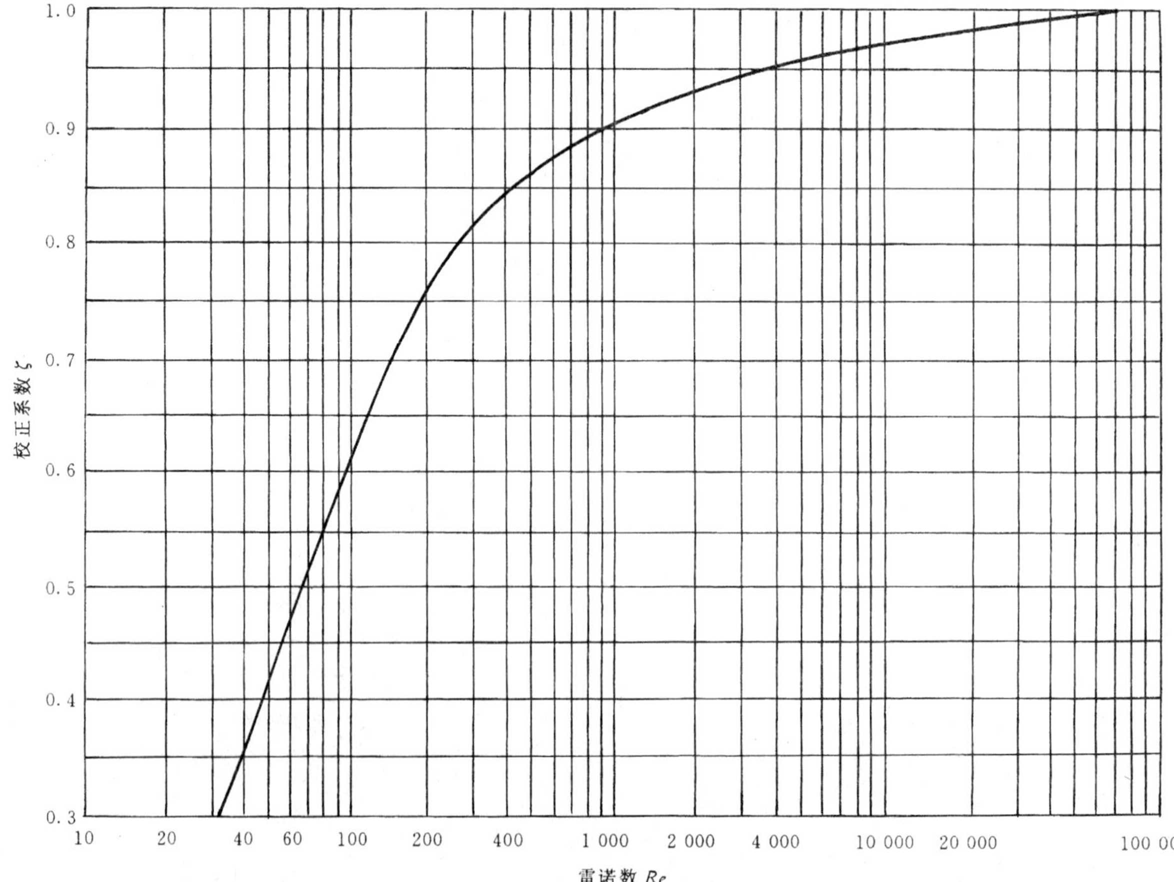

图 A3　液体动力黏度校正系数 ζ

A2 爆破片泄放量(泄放能力)

物理超压过程的爆破片额定泄放量(泄放能力)按以下公式计算,亦可以查表 A3 或表 A4。

A2.1 气体

$$W = 55.8\lambda CAp\sqrt{\frac{M}{ZT}} \qquad \cdots\cdots(A1)$$

A2.2 水蒸汽

$$W = 5.2\lambda C_s Ap \qquad \cdots\cdots(A2)$$

A2.3 液体

$$W = 5.1\lambda\zeta A\sqrt{\rho \cdot \Delta p} \qquad \cdots\cdots(A3)$$

表 A1 某些气体性质

气体	分子式	分子量 M kg/kmol	绝热指数 k (0.013 MPa,5℃时)	临界压力 p_c 0.1 MPa(绝对)	临界温度 T_c K
空气	—	28.97	1.40	37.69	132.45
氮气	N_2	28.01	1.40	33.94	126.05
氧气	O_2	32.00	1.40	50.36	154.35
氢气	H_2	2.02	1.41	12.97	33.25
氯气	Cl_2	70.91	1.35	77.11	417.15
一氧化碳	CO	28.01	1.40	35.46	134.15
二氧化碳	CO_2	44.01	1.30	73.97	304.25
氨	NH_3	17.03	1.31	112.98	405.55
氯化氢	HCl	36.46	1.41	82.68	324.55
硫化氢	H_2S	34.08	1.32	90.08	373.55
一氧化二氮	N_2O	44.01	1.30	72.65	309.65
二氧化硫	SO_2	64.06	1.29	78.73	430.35
甲烷	CH_4	16.04	1.31	46.41	190.65
乙炔	C_2H_2	26.02	1.26	62.82	309.15
乙烯	C_2H_4	28.05	1.25	51.57	282.85
乙烷	C_2H_6	30.05	1.22	49.45	305.25
丙烯	C_3H_6	42.08	1.15	45.60	365.45
丙烷	C_3H_8	44.10	1.13	43.57	368.75
丁烷	C_4H_{10}	58.12	1.11	36.48	426.15
异丁烷	$CH(CH_3)_3$	58.12	1.11	37.49	407.15

表 A2 水蒸汽特性系数

绝对压力 MPa	温度,℃													
	饱和	200	220	260	300	340	380	420	460	500	560	600	660	700
	系数 C_s													
0.5	1.005	0.996	0.972	0.931	0.896	0.864	0.835							
1	0.978	0.981	0.983	0.938	0.901	0.868	0.838							
1.5	0.977	0.976	0.970	0.947	0.906	0.872	0.841							
2	0.972		0.967	0.955	0.912	0.876	0.845	0.817	0.792	0.768				
2.5	0.969			0.961	0.918	0.880	0.848	0.819	0.793	0.770				
3	0.967			0.957	0.924	0.885	0.851	0.822	0.795	0.774	0.742	0.721	0.695	0.679

表 A2（完）

绝对压力 MPa	温度，℃													
	饱和	200	220	260	300	340	380	420	460	500	560	600	660	700
	系数 C_s													
4	0.965			0.958	0.934	0.894	0.857	0.826	0.799	0.775	0.744	0.725	0.696	0.680
5	0.966				0.953	0.904	0.865	0.832	0.803	0.778	0.747	0.723	0.697	0.681
6	0.968				0.953	0.911	0.872	0.838	0.808	0.781	0.747	0.729	0.698	0.682
7	0.971				0.958	0.924	0.881	0.844	0.812	0.785	0.749	0.731	0.702	0.683
8	0.975				0.967	0.937	0.888	0.850	0.817	0.789	0.752	0.731	0.701	0.684
9	0.980					0.957	0.897	0.856	0.822	0.792	0.754	0.733	0.702	0.685
10	0.986					0.961	0.909	0.863	0.827	0.796	0.757	0.735	0.703	0.686
12	0.999					0.975	0.926	0.876	0.838	0.805	0.762	0.739	0.706	0.688
14	1.016					1.002	0.956	0.893	0.846	0.811	0.768	0.743	0.711	0.691
16	1.063						0.988	0.907	0.858	0.819	0.774	0.748	0.714	0.693
18	1.063						1.004	0.929	0.873	0.828	0.779	0.752	0.717	0.697
20	1.094						1.028	0.953	0.885	0.835	0.786	0.757	0.720	0.700
22	1.129						1.072	0.982	0.900	0.849	0.793	0.761	0.724	0.702
24								1.016	0.915	0.861	0.797	0.766	0.727	0.705
26								1.055	0.935	0.871	0.804	0.772	0.731	0.708
28								1.096	0.956	0.883	0.811	0.776	0.735	0.710
30								1.132	0.977	0.895	0.821	0.781	0.735	0.715
32								1.169	1.009	0.908	0.824	0.787	0.742	0.714

注：压力和温度处于中间值时，C_s 可以由内插法计算。

表 A3　爆破片气体泄放量（泄放能力）　　$\times 10^3$ kg/h

爆破压力（表压）MPa	爆破片装置泄放口直径[1)]mm									
	10	20	30	50	75	100	150	200	250	300
0.1	0.08	0.33	0.74	2.07	4.65	8.27	18.62	33.10	51.27	74.47
1.0	0.46	1.82	4.10	11.38	25.60	45.51	102.40	182.05	284.45	409.60
2.0	0.87	3.48	7.82	21.72	48.87	86.89	195.49	347.54	543.03	781.97
3.0	1.28	5.13	11.54	32.06	72.15	128.26	288.58	513.04	801.62	1 154.33
4.0	1.70	6.79	15.27	42.41	95.42	169.63	381.67	678.53	1 060.21	1 526.70
5.0	2.11	8.44	18.99	52.75	118.69	211.01	474.77	844.03	1 318.79	1 899.06
10.0	4.18	16.72	37.61	104.47	235.06	417.88	940.22	1 671.50	2 611.73	3 760.89
15.0	6.25	24.99	56.23	156.19	351.42	624.75	1 405.68	2 498.98	3 904.66	5 622.71
20.0	8.32	33.26	74.85	207.90	467.78	831.62	1 871.13	3 326.46	5 197.59	7 484.54
25.0	10.38	41.54	93.46	259.62	584.15	1 038.48	2 336.59	4 153.94	6 490.53	9 346.36
30.0	12.45	49.81	112.08	311.34	700.51	1 245.35	2 802.05	4 981.42	7 783.46	11 208.19
35.0	14.51	58.03	130.71	362.71	816.10	1 450.85	3 264.41	5 803.40	9 067.81	13 057.65
40.0	16.58	66.30	149.18	414.38	932.36	1 657.52	3 729.43	6 630.10	10 539.52	14 917.71

表 A3（完） ×10³ kg/h

爆破压力(表压) MPa	爆破片装置泄放口直径[1)]mm									
	10	20	30	50	75	100	150	200	250	300
45.0	18.64	74.57	167.78	466.05	1 048.61	1 864.20	4 194.44	7 456.79	11 651.24	16 777.78
50.0	20.71	82.83	186.38	517.72	1 164.87	2 070.87	4 659.46	8 283.49	12 942.95	18 637.84
60.0	24.84	99.37	223.58	621.05	1 397.37	2 484.22	5 589.49	9 936.88	15 526.37	22 357.97
70.0	28.98	115.90	260.78	724.39	1 629.88	2 897.57	6 519.52	11 590.27	18 109.79	26 078.10
80.0	33.11	132.44	297.98	827.73	1 862.39	3 310.91	7 449.56	13 243.66	20 693.21	29 798.23
90.0	37.24	148.97	335.18	931.07	2 094.90	3 724.26	8 379.59	14 897.05	23 276.64	33 518.36
100.0	41.38	165.30	372.38	1 034.40	2 327.41	4 137.61	9 309.62	16 550.44	25 860.06	37 238.48
120.0	49.64	198.57	446.79	1 241.08	2 792.42	4 964.30	11 169.69	19 857.22	31 026.90	44 678.74
140.0	57.91	231.64	521.19	1 447.75	3 257.44	5 791.00	13 029.75	23 164.00	36 193.75	52 119.00
160.0	66.18	264.71	595.59	1 654.42	3 722.45	6 617.70	14 889.81	26 470.78	41 360.60	59 559.26
180.0	74.44	297.78	670.00	1 861.10	4 187.47	7 444.39	16 749.88	29 777.56	46 527.44	66 999.52
200.0	82.71	330.84	744.40	2 067.77	4 652.49	8 271.09	18 609.94	33 084.34	51 694.29	74 439.77
220.0	90.98	363.91	818.80	2 274.45	5 117.50	9 097.78	20 470.01	36 391.13	56 861.13	81 880.03
240.0	99.24	396.98	893.20	2 481.12	5 582.52	9 924.48	22 330.07	39 697.91	62 027.98	89 320.28
260.0	107.51	430.05	967.61	2 687.79	6 047.53	10 751.17	24 190.13	43 004.69	67 194.82	96 760.54
280.0	115.78	463.11	1 042.01	2 894.47	6 512.55	11 577.87	26 050.20	46 311.47	72 361.66	104 200.80
300.0	124.05	496.18	1 116.41	3 101.14	6 977.57	12 404.56	27 910.26	49 618.25	77 528.51	111 641.10
320.0	132.31	529.25	1 190.81	3 307.81	7 442.58	13 231.26	29 770.33	52 925.03	82 695.36	119 081.30
340.0	140.58	156.32	1 265.22	3 514.49	7 907.60	14 057.95	31 630.39	52 631.81	87 862.20	126 521.60
350.0	144.71	578.85	1 302.42	3 617.82	8 140.11	14 471.30	32 560.42	57 885.20	90 445.63	130 241.70

1）取夹持器泄放口的最小流通直径。

注：表内泄放量(泄放能力)为 20℃空气，按泄放侧为大气，额定泄放系数 $\lambda=0.62$，气体特性系数为 C_{max}，压缩因子 $Z=1$ 计算得出，对于其他气体(或蒸气)可用表中的数值乘以 $3.18\sqrt{M/(ZT)}$。式中 M 为分子量，T 为气体的绝对温度(K)，Z 为压缩因子。

表 A4 爆破片液体泄放量(泄放能力) ×10³ kg/h

爆破压力(表压) MPa	爆破片装置泄放口直径[1)]mm									
	10	20	30	50	75	100	150	200	250	300
0.1	2.48	9.93	22.35	62.09	139.69	248.34	558.77	993.37	1 552.14	2 235.09
1.0	7.85	31.41	70.68	196.33	441.75	785.33	1 766.99	3 141.32	4 908.31	7 067.96
2.0	11.11	44.42	99.96	277.66	624.73	1 110.62	2 498.90	4 442.49	6 941.39	9 995.61
3.0	13.60	54.41	122.42	340.06	765.13	1 360.23	3 060.52	5 440.92	8 501.44	12 242.07

表 A4（完） ×10^3 kg/h

爆破压力（表压）MPa	爆破片装置泄放口直径[1] mm									
	10	20	30	50	75	100	150	200	250	300
4.0	15.71	62.83	141.36	392.66	883.50	1 570.66	3 593.98	6 282.63	9 816.61	14 135.92
5.0	17.56	70.24	158.04	439.01	987.78	1 756.05	3 951.11	7 024.20	10 975.31	15 804.44
10.0	24.83	99.34	223.51	620.86	1 396.93	2 483.43	5 587.71	9 933.72	15 521.43	22 350.86
15.0	30.42	121.66	273.74	760.39	1 710.88	3 041.57	6 843.53	12 166.27	19 009.27	27 374.10
20.0	35.12	140.48	316.09	878.02	1 975.56	3 512.10	7 902.22	14 048.40	21 950.62	31 608.89
25.0	39.27	157.07	353.40	981.66	2 208.74	3 926.65	8 834.95	15 706.58	24 541.54	35 339.81
30.0	43.01	172.06	387.13	1 075.36	2 419.55	4 301.42	9 678.21	17 205.70	26 883.91	38 712.82
35.0	46.46	185.84	418.15	1 161.52	2 613.42	4 646.08	10 453.68	18 584.32	29 038.01	41 814.73
40.0	49.67	198.67	447.02	1 241.72	2 793.86	4 966.87	11 175.46	19 867.48	31 042.93	44 701.82
45.0	52.68	210.73	474.13	1 317.04	2 963.34	5 268.16	11 853.36	21 072.64	3 2 926.00	47 413.45
50.0	55.53	222.13	499.78	1 388.28	3 123.64	5 553.13	12 494.54	22 212.52	34 707.05	49 978.16
60.0	60.83	243.33	547.48	1 520.79	3 421.77	6 083.15	13 687.08	24 332.59	38 019.67	54 748.33
70.0	65.71	262.82	591.35	1 642.64	3 695.93	6 570.55	14 783.74	26 282.20	41 065.94	59 134.95
80.0	70.24	280.97	632.18	1 756.05	3 951.12	7 024.21	15 804.48	28 096.86	43 901.34	63 217.93
90.0	74.50	298.01	670.53	1 862.58	4 190.80	7 450.30	16 763.18	29 801.22	46 564.40	67 052.73
100.0	78.53	314.13	706.80	1 963.33	4 417.49	7 853.31	17 669.95	31 413.24	49 083.19	70 679.79
120.0	86.03	344.11	774.26	2 150.72	4 839.11	8 602.87	19 356.48	34 411.48	53 767.94	77 425.83
140.0	92.92	371.69	836.29	2 323.04	5 226.84	9 292.16	20 907.36	37 168.65	58 076.01	83 629.45
160.0	99.34	397.35	894.04	2 483.43	5 587.73	9 933.74	22 350.91	39 734.95	62 085.87	89 403.65
180.0	105.36	421.45	948.27	2 634.08	5 926.68	10 536.32	23 706.72	42 145.29	65 852.01	94 826.89
200.0	111.06	444.25	999.56	2 776.56	6 247.27	11 106.26	25 989.08	44 425.03	69 414.11	99 956.32
220.0	116.48	465.93	1 048.35	2 912.09	6 552.19	11 648.34	26 208.77	46 593.36	72 802.13	104 835.10
240.0	121.66	486.65	1 094.97	3 041.57	6 843.54	12 116.30	27 374.16	48 665.18	76 039.34	109 496.70
260.0	126.63	506.52	1 139.68	3 165.77	7 122.98	12 663.08	28 491.93	50 652.33	79 144.26	113 967.70
280.0	131.41	525.64	1 182.70	3 285.28	7 391.87	13 141.10	29 567.48	52 564.40	82 131.88	118 269.90
300.0	136.02	544.09	1 224.21	3 400.58	7 651.31	13 602.33	30 605.25	54 409.33	85 014.58	122 421.00
320.0	140.48	561.94	1 264.36	3 512.11	7 902.24	14 048.43	31 608.96	56 193.71	87 802.67	126 435.90
340.0	144.81	579.23	1 303.27	3 620.20	8 145.44	14 480.79	32 581.77	57 923.92	90 504.92	130 327.10
350.0	146.92	587.69	1 322.30	3 673.05	8 264.36	14 692.20	33 057.45	58 768.79	91 826.23	132 229.80

1）取夹持器泄放口的最小流通直径。

注：表内泄放量（泄放能力）为20℃水，按泄放侧为常压，额定泄放系数λ=0.62，密度ρ=1 000 kg·m^3，黏度校正系数ζ=1计算得出。对于其他液体可用表中的值乘以0.031 6 $\sqrt{\rho}$。式中ρ为液体密度（kg/m^3）。

附　录　B
（提示的附录）
正拱普通型爆破片爆破压力计算

正拱普通型爆破片的爆破压力可以采用以下公式进行估算：

$$p_B = K\sigma_b \frac{S}{D}$$

式中：p_B——爆破片的爆破压力，MPa；

σ_b——材料的强度极限，MPa；

S——爆破片的初始厚度，取坯片厚度，mm；

D——爆破片的夹持直径，取夹持器的泄放口径，mm；

K——与材料应变硬化程度有关的系数，$K=3\sim3.8$，初步估算可取3.5。

计算公式的准确性受下列因素影响：

a）材料强度极限的实测值；

b）爆破片夹持边缘的结构和夹持条件；

c）温度影响。可再乘以温度校正系数(该系数须通过爆破温度下的爆破试验得出)。

附　录　C
（提示的附录）
爆破片材料最高适用温度

爆破片材料	最高适用温度/℃
铝	100
铜	200
镍	400
奥氏体不锈钢	400
铜镍合金(蒙乃尔)	430
铬镍合金(因康镍)	480
石墨	200
注：当爆破片表面覆盖密封膜或保护膜时，应考虑该类覆盖材料对适用温度的影响。	

附　录　D
（标准的附录）
爆破片制造范围

爆破片的制造范围，须由供需双方协商确定。在制造范围内的标定爆破压力，应符合本标准3.3.3的爆破压力允差。

D1　正拱形片制造范围

分为：标准制造范围，1/2标准制造范围，1/4标准制造范围。标准制造范围见表D1。

表 D1 标准制造范围 MPa

设计爆破压力	标准制造范围		1/2 标准制造范围		1/4 标准制造范围	
	上限(正)	下限(负)	上限(负)	下限(负)	上限(负)	下限(负)
0.30～0.40	0.045	0.025	0.025	0.015	0.010	0.010
>0.40～0.70	0.065	0.035	0.030	0.020	0.020	0.010
>0.70～1.00	0.085	0.045	0.040	0.020	0.020	0.010
>1.00～1.40	0.110	0.065	0.060	0.040	0.040	0.020
>1.40～2.50	0.160	0.085	0.080	0.040	0.040	0.020
>2.50～3.50	0.210	0.105	0.100	0.050	0.040	0.025
>3.50	6%	3%	3%	1.5%	1.5%	0.8%

D2 反拱形爆破片制造范围

按设计爆破压力的百分数计算，分为：－10%，－5%和 0。

D3 制造范围说明

爆破片的制造范围与爆破压力允差不同，前者规定一批爆破片在交货时，标定爆破压力的分布范围，而后者乃是实际的试验爆破压力相对于标定爆破压力的允差。

当供需双方商定采用某一(标准或非标准)制造范围时，实际上规定了爆破片的允许爆破范围。当某批次爆破片由抽样爆破试验确定的爆破压力偏差符合 3.3.3 的规定，且按表 2 所抽取的所有爆破片，由抽样爆破试验确定的爆破压力，均不超出允许爆破范围，则该批次爆破片可定为合格品。

在一般情况下，不宜选择零制造范围。当必需选择零制造范围时，应与制造厂协商。

当设计爆破压力小于 0.3 MPa 时，由供需双方商定一个双方都能接受的较大的制造范围。

D4 制造范围应用举例

例 1 某批次正拱形爆破片产品共计 15 片，其设计爆破压力为 1.5 MPa，选用标准制造范围。从 15 片产品中随机抽取 3 片(参见表 2)作爆破试验，所得爆破压力分别为：1.35 MPa，1.38 MPa 和 1.45 MPa。试判断该批次爆破片可否按合格产品交货。

该批次爆破片的爆破压力允差为±5%(见表 1)；制造范围(参见表 D1)为(1.415 1.660)(MPa)，即：下限＝1.5－0.085＝1.415(MPa)，上限＝1.5＋0.160＝1.660(MPa)；允许爆破范围为(1.344 1.743)(MPa)，即：下限＝(1.5－0.085)－(1.5－0.085)×0.05＝1.344(MPa)，上限＝(1.5＋0.160)＋(1.5＋0.160)×0.05＝1.743(MPa)；由抽样爆破试验所得的标定爆破压力为1.393 MPa，即(1.35＋1.38 ＋1.45)/3＝1.393(MPa)；爆破试验最大爆破压力偏差为＋4.1%，即(1.45－1.393)/1.393＝4.1%；抽样爆破试验所得的爆破压力均在允许爆破范围〔1.344 1.743〕(MPa)内。显然，这批爆破片既满足爆破压力允差的要求，又满足允许爆破范围的要求，故应按合格产品交货，尽管其标定爆破压力(1.393 MPa)超出了所选定的制造范围〔1.415 1.660〕(MPa)。

例 2 其他条件与例 1 相同，只是抽样爆破试验所得爆破压力分别为：1.50 MPa，1.42 MPa 和 1.58 MPa，试判断该批次爆破片可否按合格产品交货。

该批次爆破片不能按合格产品交货。因为尽管其标定爆破压力(1.5 MPa)在制造范围〔1.415 1.660〕(MPa)内，且抽样爆破试验所得的爆破压力均未超出允许爆破范围〔1.344 1.743〕(MPa)，但其爆破试验最大偏差(±5.3%)已超出了爆破压力允差(±5%)。

例 3 其他条件与例 1 相同，只是抽样爆破试验所得爆破压力分别为：1.34 MPa，1.34 MPa 和 1.35 MPa，试判断该批次爆破片可否按合格产品交货。

该批次爆破片不能按合格产品交货。因为尽管其爆破试验的最大偏差(+0.5%)远远小于爆破压力允差(+5%),但爆破试验所得的爆破压力其中之一(1.34 MPa)已超出了允许爆破范围〔1.344 1.743〕(MPa)。

前　　言

本标准对 GB/T 699—1988《优质碳素结构钢技术条件》进行了修订。

本标准此次修订对下列技术内容进行了修改：

——标准名称改为“优质碳素结构钢”；

——适用范围扩大到可提供直径或厚度大于 250 mm 的优质碳素结构钢；

——增加“订货内容”一章；

——钢材的尺寸、外形及允许偏差按 GB/T 702—1986 或 GB/T 908—1987 标准的规定；

——增加钢产品标记代号和牌号的统一数字代号；

——40 号以下牌号(除 08F 以外)的碳含量的范围缩小了 0.01%；

——钢的磷、硫含量和低倍组织按冶金质量等级分为三级；

——以热轧或热锻状态交货的钢材，力学性能如供方能保证时，可不作检验；

——表 3 的注 2 中，将 75、80 和 85 号钢的淬火冷却介质由“水冷”改为“油冷”；

——取消“断口”检验项目；

——取消非金属夹杂物的合格级别。

自本标准实施之日起，代替 GB/T 699—1988《优质碳素结构钢技术条件》。

本标准由国家冶金工业局提出。

本标准由全国钢标准化技术委员会归口。

本标准主要起草单位：冶金部信息标准研究院、重庆特殊钢公司、上海浦钢集团公司、大冶特殊钢股份有限公司、邯郸钢铁公司。

本标准主要起草人：栾　燕、唐一凡、唐志柏、陈长西、孙　萍、滕长岭、赵关信。

本标准 1965 年 1 月首次发布，1988 年 2 月第一次修订。

中华人民共和国国家标准

优质碳素结构钢

Quality carbon structural steels

GB/T 699—1999

代替 GB/T 699—1988

1 范围

本标准规定了热轧或锻制的优质碳素结构钢的尺寸、外形、重量及允许偏差、技术要求、试验方法、检验规则、包装、标志及质量证明书等。

本标准适用于直径或厚度不大于 250 mm 的优质碳素结构钢棒材。经供需双方协商，也可提供直径或厚度大于 250 mm 的优质碳素结构钢棒材。

本标准所规定的牌号及化学成分也适用于钢锭、钢坯及其制品。

2 引用标准

下列标准所包含的条文，通过在本标准中引用而构成为本标准的条文。本标准出版时，所示版本均为有效。所有标准都会被修订，使用本标准的各方应探讨使用下列标准最新版本的可能性。

GB/T 222—1984 钢的化学分析用试样取样法及成品化学成分允许偏差

GB/T 224—1987 钢的脱碳层深度测定法

GB/T 226—1991 钢的低倍组织及缺陷酸蚀检验法

GB/T 228—1987 金属拉伸试验方法

GB/T 229—1994 金属夏比缺口冲击试验方法

GB/T 231—1984 金属布氏硬度试验方法

GB/T 233—1982 金属顶锻试验方法

GB/T 702—1986 热轧圆钢和方钢尺寸、外形、重量及允许偏差

GB/T 908—1987 锻制圆钢和方钢尺寸、外形、重量及允许偏差

GB/T 1979—1980 结构钢低倍组织缺陷评级图

GB/T 2101—1989 型钢验收、包装、标志及质量证明书的一般规定

GB/T 2975—1998 钢及钢产品力学性能试验取样位置及试样制备

GB/T 4336—1984 碳素钢和中低合金钢的光电发射光谱分析方法

GB/T 6397—1986 金属拉伸试验试样

GB/T 7736—1987 钢的低倍组织及缺陷超声波检验方法

GB/T 10561—1989 钢中非金属夹杂物显微评定方法

GB/T 17616—1998 钢铁及合金产品牌号统一数字代号

GB/T 13299—1991 钢的显微组织评定法

GB/T 15711—1995 钢材塔形发纹酸浸检验方法

GB/T 17505—1998 钢及钢产品交货一般技术要求

YB/T 5148—1993 金属平均晶粒度测定法

钢中各元素的化学分析方法的引用标准见附录 A(标准的附录)。

国家质量技术监督局 1999-11-01 批准　　2000-08-01 实施

3 订货内容

按本标准订货的合同或订单应包括下列内容：

a）标准编号；

b）产品名称；

c）牌号或统一数字代号；

d）交货的重量(数量)；

e）规格及尺寸精度等级；

f）使用加工方法；

g）交货状态；

h）冲击试验(有要求时，按 6.4.1)；

i）顶锻试验(有要求时，按 6.5)；

j）非金属夹杂物(有要求时，按 6.7)；

k）脱碳层(有要求时，按 6.8)；

l）特殊要求(有要求时，按 6.10)。

4 分类与代号

4.1 钢材按冶金质量等级分为：

优质钢

高级优质钢　　A

特级优质钢　　E

4.2 钢材按使用加工方法分为两类：

a）压力加工用钢　　UP

　　热压力加工用钢　　UHP

　　顶锻用钢　　UF

　　冷拔坯料用钢　　UCD

b）切削加工用钢　　UC

5 尺寸、外形、重量及允许偏差

5.1 热轧圆钢和方钢的尺寸、外形、重量及其允许偏差应符合 GB/T 702 的有关规定，具体要求应在合同中注明。

5.2 锻制圆钢和方钢的尺寸、外形、重量及其允许偏差应符合 GB/T 908 的有关规定，具体要求应在合同中注明。

5.3 其他截面形状钢材的尺寸、外形、重量及其允许偏差应符合相应标准的规定。

6 技术要求

6.1 牌号、代号及化学成分

6.1.1 钢的牌号、统一数字代号及化学成分(熔炼分析)应符合表 1 的规定。

6.1.1.1 钢的硫、磷含量应符合表 2 的规定。

6.1.1.2 使用废钢冶炼的钢允许含铜量不大于 0.30%。

6.1.1.3 热压力加工用钢的铜含量应不大于 0.20%。

6.1.1.4 铅浴淬火(派登脱)钢丝用的 35～85 钢的锰含量为 0.30%～0.60%；65Mn 和 70Mn 钢的锰含量为 0.70%～1.00%，铬含量不大于 0.10%，镍含量不大于 0.15%，铜含量不大于 0.20%；硫、磷含量应符合钢丝标准要求。

6.1.1.5 08钢用铝脱氧冶炼镇静钢，锰含量下限为0.25%，硅含量不大于0.03%，铝含量为0.02%～0.07%。此时钢的牌号为08Al。

表 1

序号	统一数字代号	牌号	化学成分，%					
			C	Si	Mn	Cr	Ni	Cu
						不大于		
1	U20080	08F	0.05～0.11	≤0.03	0.25～0.50	0.10	0.30	0.25
2	U20100	10F	0.07～0.13	≤0.07	0.25～0.50	0.15	0.30	0.25
3	U20150	15F	0.12～0.18	≤0.07	0.25～0.50	0.25	0.30	0.25
4	U20082	08	0.05～0.11	0.17～0.37	0.35～0.65	0.10	0.30	0.25
5	U20102	10	0.07～0.13	0.17～0.37	0.35～0.65	0.15	0.30	0.25
6	U20152	15	0.12～0.18	0.17～0.37	0.35～0.65	0.25	0.30	0.25
7	U20202	20	0.17～0.23	0.17～0.37	0.35～0.65	0.25	0.30	0.25
8	U20252	25	0.22～0.29	0.17～0.37	0.50～0.80	0.25	0.30	0.25
9	U20302	30	0.27～0.34	0.17～0.37	0.50～0.80	0.25	0.30	0.25
10	U20352	35	0.32～0.39	0.17～0.37	0.50～0.80	0.25	0.30	0.25
11	U20402	40	0.37～0.44	0.17～0.37	0.50～0.80	0.25	0.30	0.25
12	U20452	45	0.42～0.50	0.17～0.37	0.50～0.80	0.25	0.30	0.25
13	U20502	50	0.47～0.55	0.17～0.37	0.50～0.80	0.25	0.30	0.25
14	U20552	55	0.52～0.60	0.17～0.37	0.50～0.80	0.25	0.30	0.25
15	U20602	60	0.57～0.65	0.17～0.37	0.50～0.80	0.25	0.30	0.25
16	U20652	65	0.62～0.70	0.17～0.37	0.50～0.80	0.25	0.30	0.25
17	U20702	70	0.67～0.75	0.17～0.37	0.50～0.80	0.25	0.30	0.25
18	U20752	75	0.72～0.80	0.17～0.37	0.50～0.80	0.25	0.30	0.25
19	U20802	80	0.77～0.85	0.17～0.37	0.50～0.80	0.25	0.30	0.25
20	U20852	85	0.82～0.90	0.17～0.37	0.50～0.80	0.25	0.30	0.25
21	U21152	15Mn	0.12～0.18	0.17～0.37	0.70～1.00	0.25	0.30	0.25
22	U21202	20Mn	0.17～0.23	0.17～0.37	0.70～1.00	0.25	0.30	0.25
23	U21252	25Mn	0.22～0.29	0.17～0.37	0.70～1.00	0.25	0.30	0.25
24	U21302	30Mn	0.27～0.34	0.17～0.37	0.70～1.00	0.25	0.30	0.25
25	U21352	35Mn	0.32～0.39	0.17～0.37	0.70～1.00	0.25	0.30	0.25
26	U21402	40Mn	0.37～0.44	0.17～0.37	0.70～1.00	0.25	0.30	0.25
27	U21452	45Mn	0.42～0.50	0.17～0.37	0.70～1.00	0.25	0.30	0.25
28	U21502	50Mn	0.48～0.56	0.17～0.37	0.70～1.00	0.25	0.30	0.25
29	U21602	60Mn	0.57～0.65	0.17～0.37	0.70～1.00	0.25	0.30	0.25
30	U21652	65Mn	0.62～0.70	0.17～0.37	0.90～1.20	0.25	0.30	0.25
31	U21702	70Mn	0.67～0.75	0.17～0.37	0.90～1.20	0.25	0.30	0.25

注：表1所列牌号为优质钢。如果是高级优质钢，在牌号后面加"A"（统一数字代号最后一位数字改为"3"）；如果是特级优质钢，在牌号后面加"E"（统一数字代号最后一位数字改为"6"）；对于沸腾钢，牌号后面为"F"（统一数字代号最后一位数字为"0"）；对于半镇静钢，牌号后面为"b"（统一数字代号最后一位数字为"1"）

6.1.1.6 冷冲压用沸腾钢含硅量不大于0.03%。

6.1.1.7 氧气转炉冶炼的钢其含氮量应不大于0.008%。供方能保证合格时,可不做分析。

6.1.1.8 经供需双方协议,08~25钢可供应硅含量不大于0.17%的半镇静钢,其牌号为08b~25b。

6.1.2 钢材(或坯)的化学成分允许偏差应符合GB/T 222—1984标准中表2的规定。

表 2

组　　别	P	S
	不大于,%	
优质钢	0.035	0.035
高级优质钢	0.030	0.030
特级优质钢	0.025	0.020

6.2 冶炼方法

除非合同中另有规定,冶炼方法由生产厂自行选择。

6.3 交货状态

钢材通常以热轧或热锻状态交货。如需方有要求,并在合同中注明,也可以热处理(退火、正火或高温回火)状态或特殊表面状态交货。

6.4 力学性能

6.4.1 用热处理(正火)毛坯制成的试样测定钢材的纵向力学性能(不包括冲击吸收功)应符合表3的规定。以热轧或热锻状态交货的钢材,如供方能保证力学性能合格时,可不进行试验。

根据需方要求,用热处理(淬火+回火)毛坯制成试样测定25~50、25 Mn~50 Mn钢的冲击吸收功应符合表3的规定。

直径小于16 mm的圆钢和厚度不大于12 mm的方钢、扁钢,不作冲击试验。

6.4.2 表3所列的力学性能仅适用于截面尺寸不大于80 mm的钢材。对大于80 mm的钢材,允许其断后伸长率、断面收缩率比表3的规定分别降低2%(绝对值)及5%(绝对值)。

用尺寸大于80至120 mm的钢材改锻(轧)成70至80 mm的试料取样检验时,其试验结果应符合表3规定。

用尺寸大于120至250 mm的钢材改锻(轧)成90至100 mm的试料取样检验时,其试验结果应符合表3规定。

6.4.3 切削加工用钢材或冷拔坯料用钢材交货状态硬度应符合表3规定。不退火钢的硬度,供方若能保证合格时,可不作检验。高温回火或正火后的硬度指标,由供需双方协商确定。

表 3

序号	牌号	试样毛坯尺寸 mm	推荐热处理,℃			力学性能					钢材交货状态硬度 HBS10/3 000 不大于	
			正火	淬火	回火	σ_b MPa	σ_s MPa	δ_5 %	ψ %	A_{KU2} J		
						不小于					未热处理钢	退火钢
1	08F	25	930			295	175	35	60		131	
2	10F	25	930			315	185	33	55		137	
3	15F	25	920			355	205	29	55		143	
4	08	25	930			325	195	33	60		131	
5	10	25	930			335	205	31	55		137	
6	15	25	920			375	225	27	55		143	

表 3(完)

序号	牌号	试样毛坯尺寸 mm	推荐热处理,℃			力学性能					钢材交货状态硬度 HBS10/3 000 不大于	
			正火	淬火	回火	σ_b MPa	σ_s MPa	δ_5 %	ψ %	A_{KU2} J	未热处理钢	退火钢
						不小于						
7	20	25	910			410	245	25	55		156	
8	25	25	900	870	600	450	275	23	50	71	170	
9	30	25	880	860	600	490	295	21	50	63	179	
10	35	25	870	850	600	530	315	20	45	55	197	
11	40	25	860	840	600	570	335	19	45	47	217	187
12	45	25	850	840	600	600	355	16	40	39	229	197
13	50	25	830	830	600	630	375	14	40	31	241	207
14	55	25	820	820	600	645	380	13	35		255	217
15	60	25	810			675	400	12	35		255	229
16	65	25	810			695	410	10	30		255	229
17	70	25	790			715	420	9	30		269	229
18	75	试样		820	480	1 080	880	7	30		285	241
19	80	试样		820	480	1 080	930	6	30		285	241
20	85	试样		820	480	1 130	980	6	30		302	255
21	15Mn	25	920			410	245	26	55		163	
22	20Mn	25	910			450	275	24	50		197	
23	25Mn	25	900	870	600	490	295	22	50	71	207	
24	30Mn	25	880	860	600	540	315	20	45	63	217	187
25	35Mn	25	870	850	600	560	335	18	45	55	229	197
26	40Mn	25	860	840	600	590	355	17	45	47	229	207
27	45Mn	25	850	840	600	620	375	15	40	39	241	217
28	50Mn	25	830	830	600	645	390	13	40	31	255	217
29	60Mn	25	810			695	410	11	35		269	229
30	65Mn	25	830			735	430	9	30		285	229
31	70Mn	25	790			785	450	8	30		285	229

注

1 对于直径或厚度小于 25 mm 的钢材,热处理是在与成品截面尺寸相同的试样毛坯上进行。

2 表中所列正火推荐保温时间不少于 30 min,空冷;淬火推荐保温时间不少于 30 min,75、80 和 85 钢油冷,其余钢水冷;回火推荐保温时间不少于 1 h

6.5 顶锻

6.5.1 顶锻用钢应进行顶锻试验,并在合同中注明热顶锻或冷顶锻。热顶锻后的试样为原试样高度的 1/3;冷顶锻后的试样为原试样高度的 1/2。顶锻后试样上不得有裂口和裂缝。

6.5.2 对于尺寸大于 80 mm 要求热顶锻的钢材或尺寸大于 30 mm 要求冷顶锻的钢材,如供方能保证顶锻试验合格时,可不进行试验。

6.6 低倍组织

6.6.1 镇静钢钢材的横截面酸浸低倍组织试片上不得有目视可见的缩孔、气泡、裂纹、夹杂、翻皮和白点。供切削加工用的钢材允许有不超过表面缺陷允许深度的皮下夹杂等缺陷。

6.6.2 酸浸低倍组织应符合表 4 的规定。

表 4

质量等级	一般疏松	中心疏松	锭型偏析
	级别　不大于		
优质钢	3.0	3.0	3.0
高级优质钢	2.5	2.5	2.5
特级优质钢	2.0	2.0	2.0

6.6.3 如供方能保证低倍检验合格，允许采用 GB/T 7736 标准规定的超声波探伤法或其他无损探伤法代替低倍检验。

6.7 非金属夹杂物

根据需方要求，可检验钢的非金属夹杂物，其合格级别由供需双方协商规定。

6.8 脱碳层

根据需方要求，对公称碳含量大于 0.30%的钢材检验脱碳层时，每边总脱碳层深度(铁素体＋过渡层)应符合表 5 的规定。需方应在合同中注明组别。

表 5　　mm

组　　别	允许总脱碳层深度　不大于
第Ⅰ组	1.0%D
第Ⅱ组	1.5%D
注：D 为钢材公称直径或厚度	

6.9 表面质量

6.9.1 压力加工用钢材的表面不得有目视可见的裂纹、结疤、折叠及夹杂。如有上述缺陷必须清除，清除深度从钢材实际尺寸算起应符合表 6 的规定。清除宽度不小于深度的 5 倍。对直径或边长大于 140 mm的钢材，在同一截面的最大清除深度不得多于 2 处。允许有从实际尺寸算起不超过尺寸公差之半的个别细小划痕、压痕、麻点及深度不超过 0.2 mm 的小裂纹存在。

6.9.2 切削加工用钢材的表面允许有从钢材公称尺寸算起深度不超过表 7 规定的局部缺陷。

表 6　　mm

钢材公称尺寸(直径或厚度)	允许缺陷清除深度
＜80	钢材公称尺寸公差的 1/2
80～140	钢材公称尺寸公差
＞140～200	钢材公称尺寸的 5%
＞200	钢材公称尺寸的 6%

表 7　　mm

钢材公称尺寸(直径或厚度)	局部缺陷允许深度　不大于
＜100	钢材公称尺寸的负偏差
≥100	钢材公称尺寸的公差

6.10 特殊要求

根据需方要求，经供需双方协议，可供应有下列特殊要求的钢材：

a）缩小或修改表1规定的化学成分范围；

b）直径或厚度大于250 mm的钢棒；

c）检验钢的晶粒度；

d）检验钢的显微组织；

e）用塔形试样检验发纹；

f）加严力学性能指标；

g）可进行V型缺口冲击试验（指标由供需双方协商确定）；

h）其他。

7 试验方法

每批钢材的试验方法应符合表8的规定。

表8

序号	检验项目	取样数量	取样部位	试验方法
1	化学成分	1	GB/T 222	GB/T 223 GB/T 4336
2	拉伸试验	2	不同根钢材	GB/T 228 GB/T 2975 GB/T 6397
3	硬度	3	不同根钢材	GB/T 231
4	冲击试验	2	不同根钢材	GB/T 229
5	顶锻试验	2	不同根钢材	GB/T 233
6	低倍组织	2	相当于钢锭头部的不同根钢坯或钢材	GB/T 226 GB/T 1979
7	塔形发纹	2	不同根钢材	GB/T 15711
8	脱碳	2	不同根钢材	GB/T 224（金相法）
9	晶粒度	1	任一根钢材	YB/T 5148
10	非金属夹杂物	2	不同根钢材	GB/T 10561
11	显微组织	2	不同根钢材	GB/T 13299
12	超声波检验	2	整根材上	GB/T 7736
13	尺寸、外形	逐根	整根材上	卡尺、千分尺
14	表面	逐根	整根材上	目视

8 检验规则

8.1 检查和验收

8.1.1 钢材的质量由供方质量技术监督部门进行检查和验收。

8.1.2 供方必须保证交货的钢材符合本标准或合同的规定，必要时，需方有权对本标准或合同所规定的任一检验项目进行检查或验收。

8.2 组批规则

钢材应按批检查和验收。每批由同一炉（罐）号、同一加工方法、同一尺寸、同一交货状态［或同一热处理制度(炉次)]和同一表面状态的钢材组成。

8.3 取样数量及取样部位

钢材的取样数量和取样部位应符合表 8 的规定。

8.4 复验与判定规则

8.4.1 钢材的复验和判定规则按 GB/T 17505—1998 标准的 8.3.4.3 的有关规定执行。

8.4.2 如供方能保证钢材合格时,对同一炉(罐)号的钢材或钢坯的低倍、力学性能和非金属夹杂物的检验结果允许以坯代材、以大代小。

9 包装、标志及质量证明书

钢材的包装、标志及质量证明书应符合 GB/T 2101 的规定。

附 录 A

（标准的附录）

化学分析方法引用标准

GB/T 223.3—1988 钢铁及合金化学分析方法 二安替吡啉甲烷磷钼酸重量法测定磷量
GB/T 223.5—1997 钢铁及合金化学分析方法 还原型硅钼酸盐光度法测定酸溶硅含量
GB/T 223.10—1991 钢铁及合金化学分析方法 铜铁试剂分离-铬天青S光度法测定铝量
GB/T 223.11—1991 钢铁及合金化学分析方法 过硫酸铵氧化容量法测定铬量
GB/T 223.12—1991 钢铁及合金化学分析方法 碳酸钠分离-二苯碳酰二肼光度法测定铬量
GB/T 223.18—1994 钢铁及合金化学分析方法 硫代硫酸钠分离-碘量法测定铜量
GB/T 223.19—1989 钢铁及合金化学分析方法 新亚铜灵-三氯甲烷萃取光度法测定铜量
GB/T 223.23—1994 钢铁及合金化学分析方法 丁二酮肟分光光度法测定镍量
GB/T 223.24—1994 钢铁及合金化学分析方法 萃取分离-丁二酮肟分光光度法测定镍量
GB/T 223.36—1994 钢铁及合金化学分析方法 蒸馏分离-中和滴定法测定氮量
GB/T 223.37—1989 钢铁及合金化学分析方法 蒸馏分离-靛酚蓝光度法测定氮量
GB/T 223.53—1987 钢铁及合金化学分析方法 火焰原子吸收分光光度法测定铜量
GB/T 223.54—1987 钢铁及合金化学分析方法 火焰原子吸收分光光度法测定镍量
GB/T 223.58—1987 钢铁及合金化学分析方法 亚砷酸钠-亚硝酸钠滴定法测定锰量
GB/T 223.59—1987 钢铁及合金化学分析方法 锑磷钼蓝光度法测定磷量
GB/T 223.60—1997 钢铁及合金化学分析方法 高氯酸脱水重量法测定硅含量
GB/T 223.61—1988 钢铁及合金化学分析方法 磷钼酸铵容量法测定磷量
GB/T 223.62—1988 钢铁及合金化学分析方法 乙酸丁酯萃取光度测定磷量
GB/T 223.63—1988 钢铁及合金化学分析方法 高碘酸钠(钾)光度法测定锰量
GB/T 223.64—1988 钢铁及合金化学分析方法 火焰原子吸收光谱法测定锰量
GB/T 223.67—1989 钢铁及合金化学分析方法 还原蒸馏-次甲基蓝光度法测定硫量
GB/T 223.68—1997 钢铁及合金化学分析方法 管式炉内燃烧后碘酸钾滴定法测定硫含量
GB/T 223.69—1997 钢铁及合金化学分析方法 管式炉内燃烧后气体容量法测定碳含量
GB/T 223.71—1997 钢铁及合金化学分析方法 管式炉内燃烧后重量法测定碳含量
GB/T 223.72—1991 钢铁及合金化学分析方法 氧化铝色层分离-硫酸钡重量法测定硫量

GB/T 699—1999《优质碳素结构钢》第1号修改单

本修改单经国家质量技术监督局于2000年9月26日以质技监标函[2000]171号文批准，自2001年1月1日起实施。

一、第6.1.1.4条“铅浴淬火（派登脱）钢丝用的35～85钢的锰含量为0.30%～0.60%；铬含量不大于0.10%，……。”

应改为“铅浴淬火（派登脱）钢丝用的35～85钢的锰含量为0.30%～0.60%；65Mn和70Mn钢的锰含量为0.70%～1.00%，铬含量不大于0.10%，……。”

二、第6.5.1条“顶锻用钢应进行顶锻试验，并在合同中注明热顶锻或冷顶锻。”

应改为：“顶锻用钢应进行顶锻试验，并在合同中注明热顶锻或冷顶锻。热顶锻后的试样为原试样高度的1/3；冷顶锻后的试样为原试样高度的1/2。顶锻后试样上不得有裂口和裂缝。”

三、第8.4.1条“钢材的复验和判定规则按GB/T 17505—1998标准的8.3.4.3的有关规定执行。金属夹杂物的检验结果允许以坯代材、以大代小。”

应改为：

8.4.1　钢材的复验和判定规则按GB/T 17505—1998标准的8.3.4.3的有关规定执行。

8.4.2　如供方能保证钢材合格时，对同一炉（罐）号的钢材或钢坯的低倍、力学性能和非金属夹杂物的检验结果允许以坯代材、以大代小。

四、表3的注2中“…70、80和85号钢油冷……”改为“……75、80和85号钢油冷……”。

五、表8中第12项的“超声波检验”的“取样数量”由“逐根”改为“2”。

ICS 77.140.45
H 40

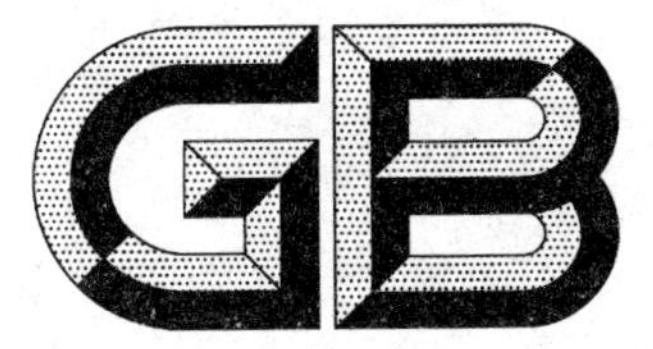

中华人民共和国国家标准

GB/T 700—2006
代替 GB/T 700—1988

碳 素 结 构 钢

Carbon structural steels

(ISO 630:1995,Structural steels—
Plates,wide flats,bars,sections and profiles,NEQ)

2006-11-01 发布　　2007-02-01 实施

中华人民共和国国家质量监督检验检疫总局
中国国家标准化管理委员会　发布

前　言

本标准与 ISO 630:1995《结构钢》的一致性程度为非等效,主要差别如下:

——不设屈服强度 185 N/mm^2 级和 355 N/mm^2 级的牌号;

——设 195 N/mm^2 级、215 N/mm^2 级的牌号 Q195、Q215;

——Q235 和 Q275 的 A 级钢磷含量降低 0.005%;

——Q235B 级钢按脱氧方法将厚度分两档,且碳含量均为 0.20%;

——厚度小于 25 mm 的 Q235B 级钢材,如供方能保证冲击吸收功值合格,经需方同意,可不作检验;

——大于 80 mm～100 mm 厚的 Q275 钢材,屈服强度提高 10 N/mm^2;

——增加冷弯试验;

——根据国内情况规定具体的组批规则。

本标准代替 GB/T 700—1988《碳素结构钢》,与 GB/T 700—1988 相比主要变化如下:

——"脱氧方法"取消半镇静钢;

——取消 GB/T 700—1988 中 Q255、Q275 牌号;

——新增 ISO 630:1995 中 E275 牌号,改为新的 Q275 牌号;

——取消各牌号的碳、锰含量下限,并提高锰含量上限;

——取消沸腾钢、镇静钢硅含量的界限;

——硅含量由 0.30%修改为 0.35%(Q195 除外);

——Q195 牌号的磷、硫含量分别由 0.045%和 0.050%降低为 0.035%和 0.040%;

——取消厚度(或直径)不大于 16 mm 一档的断后伸长率的规定;

——表 2 脚注增加"宽带钢(包括剪切钢板)抗拉强度上限不作交货条件"和"厚度小于 25 mm 的 Q235B 级钢材,如供方能保证冲击吸收功值合格,经需方同意,可不作检验";

——修改对钢中氮含量的规定;

——修改对冲击试验的规定,并增加宽度 5 mm～10 mm 试样最小冲击吸收功图;

——组批按"同一炉罐号"修改为"同一炉号",并取消混合批对炉号数量的限制。

本标准的附录 A 为规范性附录。

本标准由中国钢铁工业协会提出。

本标准由全国钢标准化技术委员会归口。

本标准起草单位:冶金工业信息标准研究院、首钢总公司、邯郸钢铁集团有限责任公司、本溪钢铁(集团)有限责任公司。

本标准主要起草人:唐一凡、栾燕、王丽萍、孙萍、张险峰、戴强。

本标准于 1965 年 1 月首次发布,1979 年 10 月第一次修订,1988 年 6 月第二次修订。

碳　素　结　构　钢

1　范围

本标准规定了碳素结构钢的牌号、尺寸、外形、重量及允许偏差、技术要求、试验方法、检验规则、包装、标志和质量证明书。

本标准适用于一般以交货状态使用，通常用于焊接、铆接、栓接工程结构用热轧钢板、钢带、型钢和钢棒。

本标准规定的化学成分也适用于钢锭、连铸坯、钢坯及其制品。

2　规范性引用文件

下列文件中的条款通过本标准的引用而成为本标准的条款。凡是注日期的引用文件，其随后所有的修改单(不包括勘误的内容)或修订版均不适用于本标准，然而，鼓励根据本标准达成协议的各方研究是否可使用这些文件的最新版本。凡是不注日期的引用文件，其最新版本适用于本标准。

GB/T 222—2006　钢的成品化学成分允许偏差

GB/T 223.3　钢铁及合金化学分析方法　二安替比林甲烷磷钼酸重量法测定磷量

GB/T 223.10　钢铁及合金化学分析方法　铜铁试剂分离-铬天青S光度法测定铝含量

GB/T 223.11　钢铁及合金化学分析方法　过硫酸铵氧化容量法测定铬量

GB/T 223.18　钢铁及合金化学分析方法　硫代硫酸钠分离-碘量法测定铜量

GB/T 223.19　钢铁及合金化学分析方法　新亚铜灵-三氯甲烷萃取光度法测定铜量

GB/T 223.24　钢铁及合金化学分析方法　萃取分离-丁二酮肟分光光度法测定镍量

GB/T 223.32　钢铁及合金化学分析方法　次磷酸钠还原-碘量法测定砷含量

GB/T 223.37　钢铁及合金化学分析方法　蒸馏分离-靛酚蓝光度法测定氮量

GB/T 223.58　钢铁及合金化学分析方法　亚砷酸钠-亚硝酸钠滴定法测定锰量

GB/T 223.59　钢铁及合金化学分析方法　锑磷钼蓝光度法测定磷量

GB/T 223.60　钢铁及合金化学分析方法　高氯酸脱水重量法测定硅含量

GB/T 223.63　钢铁及合金化学分析方法　高碘酸钠(钾)光度法测定锰量

GB/T 223.64　钢铁及合金化学分析方法　火焰原子吸收光谱法测定锰量

GB/T 223.68　钢铁及合金化学分析方法　管式炉内燃烧后碘酸钾滴定法测定硫含量

GB/T 223.71　钢铁及合金化学分析方法　管式炉内燃烧后重量法测定碳含量

GB/T 223.72　钢铁及合金化学分析方法　氧化铝色层分离-硫酸钡重量法测定硫量

GB/T 228　金属材料　室温拉伸试验方法　(GB/T 228—2002,eqv ISO 6892:1998)

GB/T 229　金属夏比缺口冲击试验方法(GB/T 229—1994,eqv ISO 83:1976,eqv ISO 148:1983)

GB/T 232　金属材料　弯曲试验方法(GB/T 232—1999,eqv ISO 7438:1985)

GB/T 247　钢板和钢带检验、包装、标志及质量证明书的一般规定

GB/T 2101　型钢验收、包装、标志及质量证明书的一般规定

GB/T 2975　钢及钢产品　力学性能试验取样位置及试样制备(GB/T 2975—1998,eqv ISO 377:1997)

GB/T 4336　碳素钢和中低合金钢　火花源原子发射光谱分析方法(常规法)

GB/T 20066　钢和铁　化学成分测定用试样的取样和制样方法(GB/T 20066—2006,ISO 14284:1996,IDT)

3 牌号表示方法和符号

3.1 牌号表示方法

钢的牌号由代表屈服强度的字母、屈服强度数值、质量等级符号、脱氧方法符号等4个部分按顺序组成。例如:Q235AF。

3.2 符号

Q——钢材屈服强度“屈”字汉语拼音首位字母;

A、B、C、D——分别为质量等级;

F——沸腾钢“沸”字汉语拼音首位字母;

Z——镇静钢“镇”字汉语拼音首位字母;

TZ——特殊镇静钢“特镇”两字汉语拼音首位字母。

在牌号组成表示方法中,“Z”与“TZ”符号可以省略。

4 尺寸、外形、重量及允许偏差

钢板、钢带、型钢和钢棒的尺寸、外形、重量及允许偏差应分别符合相应标准的规定。

5 技术要求

5.1 牌号和化学成分

5.1.1 钢的牌号和化学成分(熔炼分析)应符合表1的规定。

表 1

<table>
<tr><th rowspan="2">牌号</th><th rowspan="2">统一数字代号[a]</th><th rowspan="2">等级</th><th rowspan="2">厚度(或直径)/mm</th><th rowspan="2">脱氧方法</th><th colspan="5">化学成分(质量分数)/%,不大于</th></tr>
<tr><th>C</th><th>Si</th><th>Mn</th><th>P</th><th>S</th></tr>
<tr><td>Q195</td><td>U11952</td><td>—</td><td>—</td><td>F、Z</td><td>0.12</td><td>0.30</td><td>0.50</td><td>0.035</td><td>0.040</td></tr>
<tr><td rowspan="2">Q215</td><td>U12152</td><td>A</td><td rowspan="2">—</td><td rowspan="2">F、Z</td><td rowspan="2">0.15</td><td rowspan="2">0.35</td><td rowspan="2">1.20</td><td rowspan="2">0.045</td><td>0.050</td></tr>
<tr><td>U12155</td><td>B</td><td>0.045</td></tr>
<tr><td rowspan="4">Q235</td><td>U12352</td><td>A</td><td rowspan="4">—</td><td rowspan="2">F、Z</td><td>0.22</td><td rowspan="4">0.35</td><td rowspan="4">1.40</td><td rowspan="2">0.045</td><td>0.050</td></tr>
<tr><td>U12355</td><td>B</td><td>0.20[b]</td><td>0.045</td></tr>
<tr><td>U12358</td><td>C</td><td>Z</td><td rowspan="2">0.17</td><td>0.040</td><td>0.040</td></tr>
<tr><td>U12359</td><td>D</td><td>TZ</td><td>0.035</td><td>0.035</td></tr>
<tr><td rowspan="5">Q275</td><td>U12752</td><td>A</td><td>—</td><td>F、Z</td><td>0.24</td><td rowspan="5">0.35</td><td rowspan="5">1.50</td><td>0.045</td><td>0.050</td></tr>
<tr><td rowspan="2">U12755</td><td rowspan="2">B</td><td>≤40</td><td rowspan="2">Z</td><td>0.21</td><td rowspan="2">0.045</td><td rowspan="2">0.045</td></tr>
<tr><td>>40</td><td>0.22</td></tr>
<tr><td>U12758</td><td>C</td><td rowspan="2">—</td><td>Z</td><td rowspan="2">0.20</td><td>0.040</td><td>0.040</td></tr>
<tr><td>U12759</td><td>D</td><td>TZ</td><td>0.035</td><td>0.035</td></tr>
<tr><td colspan="10">a 表中为镇静钢、特殊镇静钢牌号的统一数字,沸腾钢牌号的统一数字代号如下:
Q195F——U11950;
Q215AF——U12150,Q215BF——U12153;
Q235AF——U12350,Q235BF——U12353;
Q275AF——U12750。
b 经需方同意,Q235B的碳含量可不大于0.22%。</td></tr>
</table>

5.1.1.1 D级钢应有足够细化晶粒的元素，并在质量证明书中注明细化晶粒元素的含量。当采用铝脱氧时，钢中酸溶铝含量应不小于0.015%，或总铝含量应不小于0.020%。

5.1.1.2 钢中残余元素铬、镍、铜含量应各不大于0.30%，氮含量应不大于0.008%。如供方能保证，均可不做分析。

5.1.1.2.1 氮含量允许超过5.1.1.2的规定值，但氮含量每增加0.001%，磷的最大含量应减少0.005%，熔炼分析氮的最大含量应不大于0.012%；如果钢中的酸溶铝含量不小于0.015%或总铝含量不小于0.020%，氮含量的上限值可以不受限制。固定氮的元素应在质量证明书中注明。

5.1.1.2.2 经需方同意，A级钢的铜含量可不大于0.35%。此时，供方应做铜含量的分析，并在质量证明书中注明其含量。

5.1.1.3 钢中砷的含量应不大于0.080%。用含砷矿冶炼生铁所冶炼的钢，砷含量由供需双方协议规定。如原料中不含砷，可不做砷的分析。

5.1.1.4 在保证钢材力学性能符合本标准规定的情况下，各牌号A级钢的碳、锰、硅含量可以不作为交货条件，但其含量应在质量证明书中注明。

5.1.1.5 在供应商品连铸坯、钢锭和钢坯时，为了保证轧制钢材各项性能达到本标准要求，可以根据需方要求规定各牌号的碳、锰含量下限。

5.1.2 成品钢材、连铸坯、钢坯的化学成分允许偏差应符合GB/T 222—2006中表1的规定。

氮含量允许超过规定值，但必须符合5.1.1.2.1条的要求，成品分析氮含量的最大值应不大于0.014%；如果钢中的铝含量达到5.1.1.2.1规定的含量，并在质量证明书中注明，氮含量上限值可不受限制。

沸腾钢成品钢材和钢坯的化学成分偏差不作保证。

5.2 冶炼方法

钢由氧气转炉或电炉冶炼。除非需方有特殊要求并在合同中注明，冶炼方法一般由供方自行选择。

5.3 交货状态

钢材一般以热轧、控轧或正火状态交货。

5.4 力学性能

5.4.1 钢材的拉伸和冲击试验结果应符合表2的规定，弯曲试验结果应符合表3的规定。

5.4.2 用Q195和Q235B级沸腾钢轧制的钢材，其厚度(或直径)不大于25 mm。

5.4.3 做拉伸和冷弯试验时，型钢和钢棒取纵向试样；钢板、钢带取横向试样，断后伸长率允许比表2降低2%(绝对值)。窄钢带取横向试样如果受宽度限制时，可以取纵向试样。

5.4.4 如供方能保证冷弯试验符合表3的规定，可不作检验。A级钢冷弯试验合格时，抗拉强度上限可以不作为交货条件。

5.4.5 厚度不小于12 mm或直径不小于16 mm的钢材应做冲击试验，试样尺寸为10 mm×10 mm×55 mm。经供需双方协议，厚度为6 mm～12 mm或直径为12 mm～16 mm的钢材可以做冲击试验，试样尺寸为10 mm×7.5 mm×55 mm或10 mm×5 mm×55 mm或10 mm×产品厚度×55 mm。在附录A中给出规定的冲击吸收功值，如：当采用10 mm×5 mm×55 mm试样时，其试验结果应不小于规定值的50%。

5.4.6 夏比(V型缺口)冲击吸收功值按一组3个试样单值的算术平均值计算，允许其中1个试样的单个值低于规定值，但不得低于规定值的70%。

如果没有满足上述条件，可从同一抽样产品上再取3个试样进行试验，先后6个试样的平均值不得低于规定值，允许有2个试样低于规定值，但其中低于规定值70%的试样只允许1个。

表 2

牌号	等级	屈服强度[a] R_{eH}/(N/mm²),不小于						抗拉强度[b] R_m/(N/mm²)	断后伸长率 A/%,不小于					冲击试验(V 型缺口)	
		厚度(或直径)/mm							厚度(或直径)/mm					温度/℃	冲击吸收功(纵向)/J 不小于
		≤16	>16~40	>40~60	>60~100	>100~150	>150~200		≤40	>40~60	>60~100	>100~150	>150~200		
Q195	—	195	185	—	—	—	—	315~430	33	—	—	—	—	—	—
Q215	A	215	205	195	185	175	165	335~450	31	30	29	27	26	—	—
	B													+20	27
Q235	A	235	225	215	215	195	185	370~500	26	25	24	22	21	—	—
	B													+20	27[c]
	C													0	
	D													−20	
Q275	A	275	265	255	245	225	215	410~540	22	21	20	18	17	—	—
	B													+20	27
	C													0	
	D													−20	

a Q195 的屈服强度值仅供参考,不作交货条件。

b 厚度大于 100 mm 的钢材,抗拉强度下限允许降低 20 N/mm²。宽带钢(包括剪切钢板)抗拉强度上限不作交货条件。

c 厚度小于 25 mm 的 Q235B 级钢材,如供方能保证冲击吸收功值合格,经需方同意,可不作检验。

表 3

牌 号	试样方向	冷弯试验 180° $B=2a$[a]	
		钢材厚度(或直径)[b]/mm	
		≤60	>60~100
		弯心直径 d	
Q195	纵	0	—
	横	0.5a	
Q215	纵	0.5a	1.5a
	横	a	2a
Q235	纵	a	2a
	横	1.5a	2.5a
Q275	纵	1.5a	2.5a
	横	2a	3a

a B 为试样宽度,a 为试样厚度(或直径)。

b 钢材厚度(或直径)大于 100 mm 时,弯曲试验由双方协商确定。

5.5 表面质量

钢材的表面质量应分别符合钢板、钢带、型钢和钢棒等有关产品标准的规定。

6 试验方法

6.1 每批钢材的检验项目、取样数量、取样方法和试验方法应符合表4的规定。

表 4

序　　号	检验项目	取样数量/个	取样方法	试验方法
1	化学分析	1(每炉)	GB/T 20066	第2章中GB/T 223系列标准、GB/T 4336
2	拉伸	1	GB/T 2975	GB/T 228
3	冷弯			GB/T 232
4	冲击	3		GB/T 229

6.2 拉伸和冷弯试验，钢板、钢带试样的纵向轴线应垂直于轧制方向；型钢、钢棒和受宽度限制的窄钢带试样的纵向轴线应平行于轧制方向。

6.3 冲击试样的纵向轴线应平行轧制方向。冲击试样可以保留一个轧制面。

7 检验规则

7.1 钢材的检查和验收由供方技术监督部门进行，需方有权对本标准或合同所规定的任一检验项目进行检查和验收。

7.2 钢材应成批验收，每批由同一牌号、同一炉号、同一质量等级、同一品种、同一尺寸、同一交货状态的钢材组成。每批重量应不大于60 t。

公称容量比较小的炼钢炉冶炼的钢轧成的钢材，同一冶炼、浇注和脱氧方法、不同炉号、同一牌号的A级钢或B级钢，允许组成混合批，但每批各炉号含碳量之差不得大于0.02%，含锰量之差不得大于0.15%。

7.3 钢材的夏比(V型缺口)冲击试验结果不符合5.4.6规定时，抽样产品应报废，再从该检验批的剩余部分取两个抽样产品，在每个抽样产品上各选取新的一组3个试样，这两组试样的复验结果均应合格，否则该批产品不得交货。

7.4 钢材其他检验项目的复验和检验规则应符合GB/T 247和GB/T 2101的规定。

8 包装、标志、质量证明书

钢材的包装、标志和质量证明书应符合GB/T 247和GB/T 2101的规定。

附　录　A
（规范性附录）
小尺寸冲击试样的冲击吸收功值

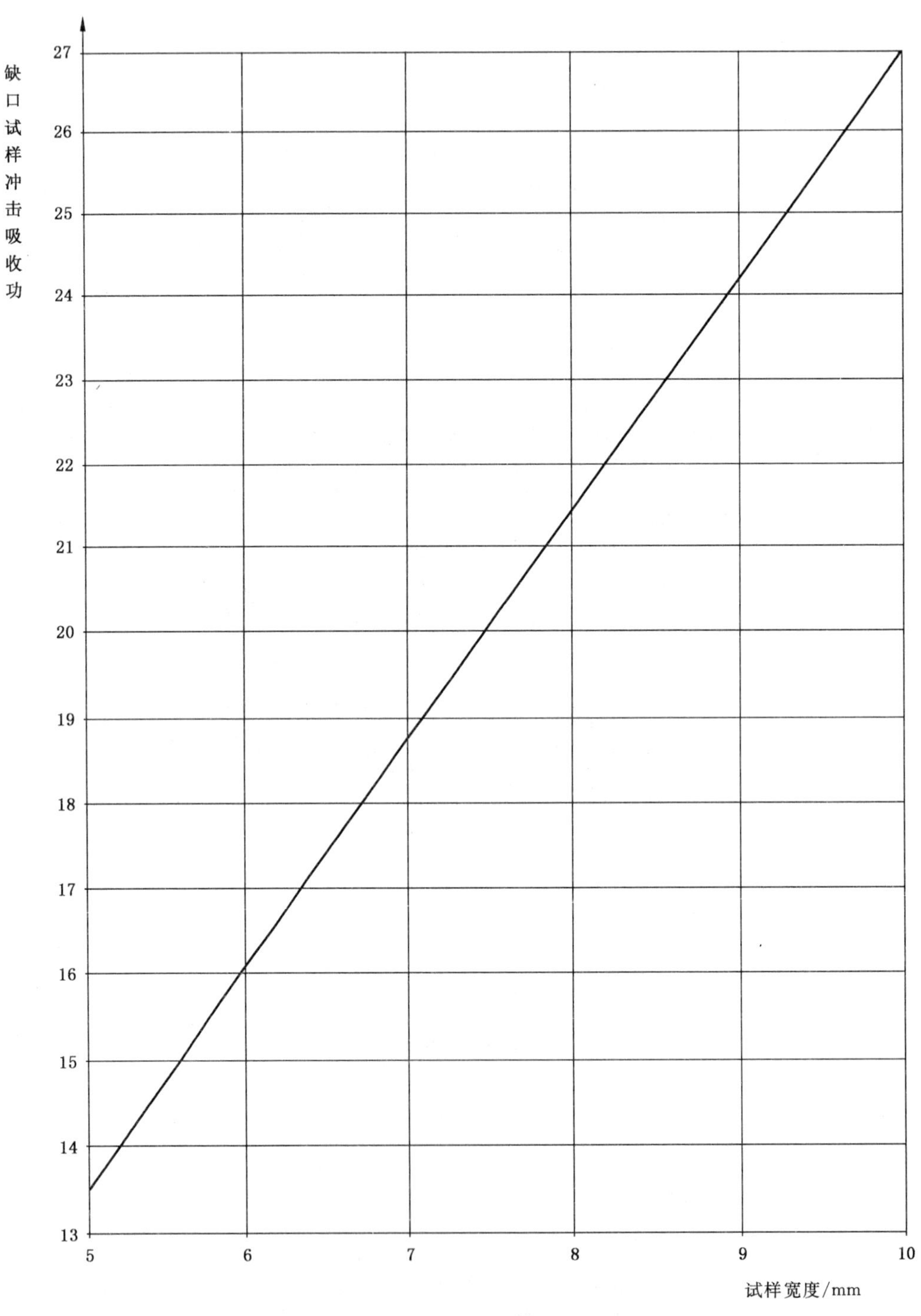

图 A.1　宽度 5 mm～10 mm 试样的最小冲击吸收功值

ICS 77.140.50
H 46

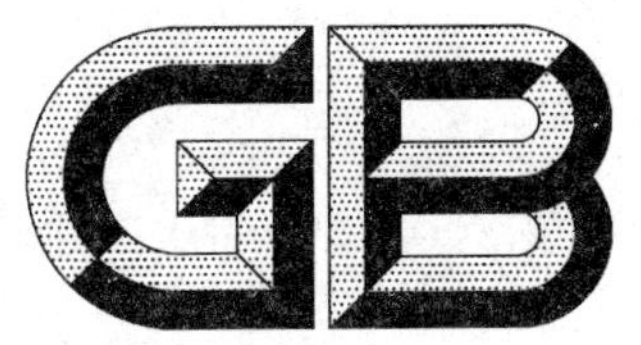

中华人民共和国国家标准

GB/T 710—2008
代替 GB/T 710—1991

优质碳素结构钢热轧薄钢板和钢带

Hot-rolled quality carbon structural steel sheets and strips

2008-12-06 发布　　2009-10-01 实施

中华人民共和国国家质量监督检验检疫总局
中国国家标准化管理委员会　发布

前 言

本标准代替 GB/T 710—1991《优质碳素结构钢热轧薄钢板和钢带》。

本标准与 GB/T 710—1991 相比主要变化如下：

——增加了热轧薄钢板和钢带订货内容；

——取消了沸腾钢系列牌号；

——调整了各牌号拉伸性能指标；

——提高了最深拉延级、深拉延级晶粒度级别；

——调整了杯突试验厚度范围指标；

——增加了冷弯试验厚度要求；

——修改了复验的规定。

本标准由中国钢铁工业协会提出。

本标准由全国钢标准化技术委员会归口。

本标准起草单位：湖南华菱涟源钢铁有限公司、济钢集团有限公司、首钢总公司、冶金工业信息标准研究院。

本标准主要起草人：周鉴、吴光亮、高玲、师莉、王晓虎、李晓少、何淑芝。

本标准所代替标准的历次版本发布情况为：

GB/T 710—1988、GB/T 710—1991。

优质碳素结构钢热轧薄钢板和钢带

1 范围

本标准规定了优质碳素结构钢热轧薄钢板和钢带的分类、订货内容、尺寸、外形及允许偏差、技术要求、试验方法、检验规则、包装、标志及质量证明书。

本标准适用于厚度小于 3 mm、宽度不小于 600 mm 的优质碳素结构钢热轧薄钢板和钢带(以下简称钢板和钢带)。

2 规范性引用文件

下列文件中的条款通过本标准的引用而成为本标准的条款。凡是注日期的引用文件，其随后所有的修改单(不包括勘误的内容)或修订版均不适用于本标准，然而，鼓励根据本标准达成协议的各方研究是否可使用这些文件的最新版本。凡是不注日期的引用文件，其最新版本适用于本标准。

GB/T 222 钢的成品化学成分允许偏差

GB/T 223.3 钢铁及合金化学分析方法 二安替比林甲烷磷钼酸重量测定磷量

GB/T 223.5 钢铁酸溶硅和全硅含量的测定 还原型硅酸盐分光光度法

GB/T 223.9 钢铁及合金 铝含量的测定 铬天青 S 分光光度法

GB/T 223.11 钢铁及合金铬含量的测定 可视滴定或电位滴定法

GB/T 223.12 钢铁及合金化学分析方法 碳酸钠分离-二苯碳酰二肼光度法测定铬量

GB/T 223.18 钢铁及合金化学分析方法 硫代硫酸钠分离-碘量法测定铜量

GB/T 223.19 钢铁及合金化学分析方法 新亚铜灵-三氯甲烷萃取光度法测定铜量

GB/T 223.23 钢铁及合金 镍含量的测定 丁二酮肟分光光度法

GB/T 223.36 钢铁及合金化学分析方法 蒸馏分离-中和滴定法测定氮量

GB/T 223.37 钢铁及合金化学分析方法 蒸馏分离-靛酚蓝光度法测定氮量

GB/T 223.53 钢铁及合金化学分析方法 火焰原子吸收分光光度法测定铜量

GB/T 223.54 钢铁及合金化学分析方法 火焰原子吸收分光光度法测定镍量

GB/T 223.58 钢铁及合金化学分析方法 亚砷酸钠-亚硝酸钠滴定法测定锰量

GB/T 223.59 钢铁及合金化学分析方法 磷含量的测定 铋磷钼蓝分光光度法和锑磷钼蓝分光光度法

GB/T 223.60 钢铁及合金化学分析方法 高氯酸脱水重量法测定硅含量

GB/T 223.61 钢铁及合金化学分析方法 磷钼酸铵容量法测定磷量

GB/T 223.62 钢铁及合金化学分析方法 乙酸丁酯萃取光度法测定磷量

GB/T 223.63 钢铁及合金化学分析方法 高碘酸钠(钾)光度法测定锰量

GB/T 223.64 钢铁及合金 锰含量的测定 火焰原子吸收光谱法

GB/T 223.67 钢铁及合金 硫含量的测定 次甲基蓝分光光度法

GB/T 223.68 钢铁及合金化学分析方法 管式炉内燃烧后碘酸钾滴定法测定硫含量

GB/T 223.69 钢铁及合金 碳含量的测定 管式炉内燃烧后气体容量法

GB/T 224 钢的脱碳层深度测定法

GB/T 228 金属材料 室温拉伸试验方法(GB/T 228—2002,eqv ISO 6892:1998)

GB/T 232 金属材料 弯曲试验方法(GB/T 232—1999,eqv ISO 7438:1985)

GB/T 247 钢板和钢带包装、标志及质量证明书的一般规定

GB/T 709 热轧钢板和钢带的尺寸、外形、重量及允许偏差

GB/T 2975 钢及钢产品 力学性能试验取样位置及试样制备(GB/T 2975—1998,eqv ISO 377:1997)

GB/T 4156 金属材料 薄板和薄带埃里克森杯突试验(GB/T 4156—2007,ISO 20482:2003,IDT)

GB/T 4336 碳素钢和中低合金钢火花源原子发射光谱分析方法(常规法)

GB/T 6394 金属平均晶粒度测定法

GB/T 13299 钢的显微组织评定方法

GB/T 17505 钢及钢产品一般交货技术要求(GB/T 17505—1998,eqv ISO 404:1992)

GB/T 20066 钢和铁 化学成分测定用试样的取样和制样方法(GB/T 20066—2006,ISO 14284:1996,IDT)

GB/T 20123 钢铁 总碳硫含量的测定 高频感应炉燃烧后红外吸收法(常规方法)(GB/T 20123—2006,ISO 15350:2000,IDT)

YB/T 081 冶金技术标准的数值修约与检测数值的判定原则

3 分类与代号

钢板和钢带按拉延级别分为三级:

——最深拉延级(Z);

——深拉延级(S);

——普通拉延级(P)。

4 订货内容

4.1 订货合同应包括以下内容:

a) 产品名称(钢板或钢带);

b) 本标准号;

c) 尺寸及精度;

d) 牌号;

e) 重量;

f) 边缘状态(EC或EM);

g) 交货状态;

h) 拉延级别;

i) 特殊要求。

4.2 若订货合同未指明边缘状态、交货状态、厚度精度、拉延级别,则按不切边、热轧状态、普通厚度精度、普通拉延级供货。

订货时,如未说明表面状态,则以热轧表面交货。当表面状态为热轧酸洗表面时,如未说明是否涂油时,则以涂油交货。

5 尺寸、外形及允许偏差

钢板的不平度应符合表1的规定,其他尺寸、外形及允许偏差应符合GB/T 709的规定,45、50牌号的钢板和钢带厚度允许偏差可增加10%。

表 1　钢板的不平度

单位为毫米

公称厚度	公称宽度	下列牌号钢板的不平度，不大于		
		08、08Al、10	15、20、25、30、35	40、45、50
≤2	≤1 200	21	26	32
	>1 200～1 500	25	31	36
	>1 500	30	38	45
>2	≤1 200	18	22	27
	>1 200～1 500	23	29	34
	>1 500	28	35	42

6　技术要求

6.1　钢的牌号和化学成分

6.1.1　钢的牌号

08、08Al、10、15、20、25、30、35、40、45、50。

经供需双方协商可供应其他牌号。

6.1.2　化学成分(熔炼分析)

各牌号化学成分应符合 GB/T 699 的规定。在保证性能的前提下，08、08Al 牌号的热轧钢板和钢带的碳、锰含量下限不限，08Al 酸溶铝含量为 0.015%～0.060%。

6.1.3　钢的成品化学成分允许偏差应按 GB/T 222 的规定。

6.2　冶炼方法

钢由转炉或电炉冶炼。

6.3　交货状态

6.3.1　钢板和钢带一般以热轧状态交货。根据需方要求，经供需双方协商，可按热处理状态供货，热处理方法应在合同中注明。

6.3.2　如需方要求，经供需双方协商，可经酸洗交货。

6.4　力学性能

热轧状态下钢板和钢带的力学性能按表 2 规定。经供需双方协商，可对表 1 中的性能指标进行调整。

表 2　拉伸性能

牌号	拉延级别				
	Z	S 和 P	Z	S	P
	抗拉强度 R_m/MPa		断后伸长率 A/% 不小于		
08、08Al	275～410	≥300	36	35	34
10	280～410	≥335	36	34	32
15	300～430	≥370	34	32	30
20	340～480	≥410	30	28	26
25	—	≥450	—	26	24
30	—	≥490	—	24	22
35	—	≥530	—	22	20
40	—	≥570	—	—	19
45	—	≥600	—	—	17
50	—	≥610	—	—	16

6.5 弯曲试验

6.5.1 用08、08Al、10、15、20、25、30、35号钢轧制的钢板和钢带，在交货状态下应进行180°横向弯曲试验，弯心直径符合表3规定。弯曲处不得有裂纹、裂口和分层。

表3 弯曲试验

牌号	弯心直径 d	
	板厚 $a\leqslant 2$ mm	板厚 $a>2$ mm
08、08Al	0	$0.5a$
10	$0.5a$	a
15	a	$1.5a$
20	$2a$	$2.5a$
25、30、35	$2.5a$	$3a$

6.5.2 根据需方要求，表3未列牌号的钢板和钢带，其弯曲试验由供需双方协商。

6.6 特殊要求

根据需方要求，经供需双方协商，可进行如下试验。

6.6.1 杯突试验

用08、08Al钢轧制厚度不大于2 mm的钢板和钢带可进行杯突试验，每个测量点的杯突值应符合表4的规定。

表4 杯突试验

单位为毫米

厚度	冲压深度，不小于
≤1.0	9.5
>1.0～1.5	10.5
>1.5～2.0	11.5

6.6.2 金相组织

6.6.2.1 晶粒度

用08、08Al、10、15、20号钢轧制的钢板和钢带晶粒度应符合表5规定。

表5 晶粒度

拉延级别	Z		S
牌号	08	08Al、10、15、20	08Al、10、15、20
晶粒度级别	6～9	6～10	6～11

6.6.2.2 带状组织

钢板和钢带的带状组织按GB/T 13299第二评级图评级，15、20牌号的Z级带状组织级别范围为1级、2级、3级。

6.6.2.3 脱碳层

根据需方要求，35、40、45和50号钢的钢板和钢带应检验表面脱碳层、全脱碳层(铁素体)深度(从实际尺寸算起)，单面不得大于钢板和钢带实际厚度的2.5%，双面不得大于4%。

6.6.3 表面硬度、非金属夹杂、显微组织检验的具体要求由双方协商。

6.7 表面质量

6.7.1 钢板和钢带表面不应有裂纹、气泡、折叠、夹杂、结疤和压入氧化铁皮，钢板不允许有分层。

6.7.2 钢板和钢带不允许有妨碍检查表面缺陷的薄层氧化铁皮或铁锈及凹凸度不大于钢板和钢带厚度公差之半的麻点、凹面、划痕及其他局部缺陷，且应保证钢板和钢带允许最小厚度。

6.7.3 钢板和钢带表面局部缺陷允许清理，清理处应平滑无棱角，并应保证钢板和钢带允许最小厚度。

6.7.4 在钢带连续生产的过程中，局部的表面缺陷不易发现并去除，因此允许带缺陷交货，但有缺陷部分不得超过每卷钢带总长度的6%。

6.7.5 根据需方要求，经供需双方协商，可供应表面经酸洗处理或其他方法处理的钢带，表面质量要求由双方协商。

7 试验方法

每批钢板和钢带的检验项目、取样数量、取样方法及试验方法应符合表6规定。

表6 检验项目、试样数量、取样方法及试验方法

序号	检验项目	取样数量	取样方法	试验方法
1	化学成分(熔炼分析)	每炉1个	GB/T 20066	GB/T 223、GB/T 4336、GB/T 20123
2	拉伸试验	1个	GB/T 2975	GB/T 228
3	弯曲试验	1个	GB/T 2975	GB/T 232
4	杯突试验	3个	试样长度同板、带宽度，并在中心与边缘三点进行	GB/T 4156
5	晶粒度	1个	GB/T 6394	GB/T 6394
6	带状组织	1个	GB/T 13299	GB/T 13299
7	脱碳	2个	GB/T 224	GB/T 224
8	尺寸、外形	逐张(卷)	—	符合精度要求的适宜量具
9	表面	逐张(卷)	—	目视

8 检验规则

8.1 钢板和钢带的质量由供方质量技术监督部门进行检查和验收。

8.2 钢板和钢带应成批验收，每批由同一牌号、同一炉号、同一厚度、同一拉延级别、同一轧制或热处理制度的钢板和钢带组成，每批重量不大于60 t。轧制卷重大于30 t的钢带和连轧板可按两个轧制卷组批。

8.3 钢板和钢带的复验应符合GB/T 17505的规定。

9 包装、标志及质量证明书

钢板和钢带的包装、标志及质量证明书符合GB/T 247有关规定。

10 数值修约

数值修约应符合YB/T 081的规定。

'S 77.140.50
46

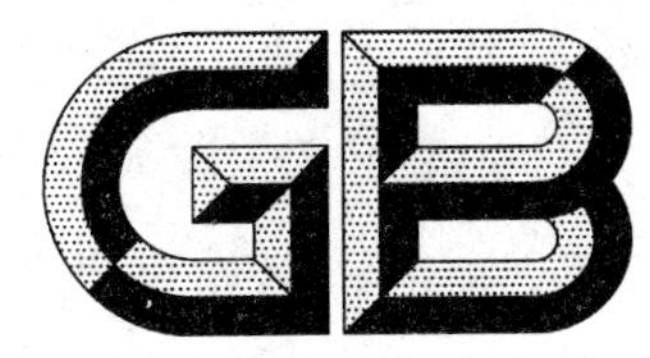

中华人民共和国国家标准

GB/T 711—2008
代替 GB/T 711—1988

优质碳素结构钢热轧厚钢板和钢带

Hot-rolled quality carbon structural steel plates、sheets and wide strips

2008-10-10 发布 2009-05-01 实施

中华人民共和国国家质量监督检验检疫总局
中国国家标准化管理委员会 发布

前　言

本标准代替 GB/T 711—1988《优质碳素结构钢热轧厚钢板和宽钢带》。

本标准与 GB/T 711—1988 相比主要变化如下：

——改变交货状态的规定；

——硫含量降低 0.005%；

——冲击试验由横向变为纵向，并提高冲击吸收能量值；

——检验批重扩大为 60 t。

本标准由中国钢铁工业协会提出。

本标准由全国钢标准化技术委员会归口。

本标准主要起草单位：重庆钢铁股份有限公司、天津钢铁有限公司、首钢总公司、鞍钢股份有限公司、冶金工业信息标准研究院。

本标准主要起草人：朱斌、曾小平、原建华、李树庆、杜大松、师莉、管吉春、宿艳、王晓虎。

本标准所代替标准的历次版本发布情况为：

——GB/T 711—1985、GB/T 711—1988。

优质碳素结构钢热轧厚钢板和钢带

1 范围

本标准规定了优质碳素结构钢热轧厚钢板和钢带的尺寸、外形、重量及允许偏差、技术要求、试验方法、检验规则、包装、标志及质量证明书等。

本标准适用于厚度为 3 mm～60 mm、宽度不小于 600 mm 的优质碳素结构钢热轧厚钢板和钢带。

2 规范性引用文件

下列文件中的条款通过本标准的引用而成为本标准的条款。凡是注日期的引用文件，其随后所有的修改单(不包括勘误的内容)或修订版均不适用于本标准，然而，鼓励根据本标准达成协议的各方研究是否可使用这些文件的最新版本。凡是不注日期的引用文件，其最新版本适用于本标准。

GB/T 222 钢的成品化学成分允许偏差

GB/T 223.3 钢铁及合金化学分析方法 二安替吡啉甲烷磷钼酸重量测定磷量

GB/T 223.5 钢铁 酸溶硅和全硅含量的测定 还原型硅钼酸盐分光光度法

GB/T 223.9 钢铁及合金 铝含量的测定 铬天青S分光光度法

GB/T 223.11 钢铁及合金 铬含量的测定 可视滴定或电位滴定法

GB/T 223.12 钢铁及合金化学分析方法 碳酸钠分离-二苯碳酰二肼光度法测定铬量

GB/T 223.18 钢铁及合金化学分析方法 硫代硫酸钠分离-碘量法测定铜量

GB/T 223.19 钢铁及合金化学分析方法 新亚铜灵-三氯甲烷萃取光度法测定铜量

GB/T 223.23 钢铁及合金 镍含量的测定 丁二酮肟分光光度法

GB/T 223.36 钢铁及合金化学分析方法 蒸馏分离-中和滴定法测定氮量

GB/T 223.37 钢铁及合金化学分析方法 蒸馏分离-靛酚蓝光度法测定氮量

GB/T 223.59 钢铁及合金 磷含量的测定 铋磷钼蓝分光光度法和锑磷钼蓝分光光度法

GB/T 223.60 钢铁及合金化学分析方法 高氯酸脱水重量法测定硅含量

GB/T 223.61 钢铁及合金化学分析方法 磷钼酸铵容量法测定磷量

GB/T 223.62 钢铁及合金化学分析方法 乙酸丁酯萃取光度法测定磷量

GB/T 223.63 钢铁及合金化学分析方法 高碘酸钠(钾)光度法测定锰量

GB/T 223.64 钢铁及合金 锰含量的测定 火焰原子吸收光谱法

GB/T 223.67 钢铁及合金 硫含量的测定 次甲基蓝分光光度法

GB/T 223.68 钢铁及合金化学分析方法 管式炉内燃烧后碘酸钾滴定法测定硫含量

GB/T 223.69 钢铁及合金 碳含量的测定 管式炉内燃烧后气体容量法

GB/T 224 钢的脱碳层深度测定法

GB/T 226 钢的低倍组织及缺陷酸蚀检验法

GB/T 228 金属材料 室温拉伸试验方法(GB/T 228—2002，eqv ISO 6892:1998)

GB/T 229 金属材料 夏比摆锤冲击试验方法(GB/T 229—2007，ISO 148-1:2006，MOD)

GB/T 232 金属材料 弯曲试验方法(GB/T 232—1999，eqv ISO 7438:1985)

GB/T 247 钢板和钢带验收、包装、标志及质量证明书的一般规定

GB/T 709 热轧钢板和钢带的尺寸、外形、重量及允许偏差

GB/T 2970　厚钢板超声波检验方法

GB/T 2975　钢及钢产品力学性能试验取样位置及试样制备(GB/T 2975—1998,eqv ISO 377:1997)

GB/T 4336　碳素钢和中低合金钢火花源原子发射光谱分析方法(常规法)

GB/T 17505　钢及钢产品一般交货技术要求(GB/T 17505—1998,eqv ISO 404:1992)

GB/T 20066　钢和铁　化学成分测定用试样的取样和制样方法(GB/T 20066—2006,ISO 14284:1996,IDT)

GB/T 20123　钢铁　总碳硫含量的测定　高频感应炉燃烧后红外吸收法(常规方法)(GB/T 20123—2006,ISO 15350:2000,IDT)

GB/T 20125　低合金钢　多元素含量的测定　电感耦合等离子体原子发射光谱法

YB/T 081　冶金技术标准的数值修约与检测数值的判定原则

3　订货内容

按本标准订货的合同或订单应包括下列内容:

a) 标准编号;

b) 产品名称;

c) 牌号;

d) 交货状态;

e) 尺寸及允许偏差;

f) 重量;

g) 特殊要求。

4　尺寸、外形、重量及允许偏差

钢板和钢带的尺寸、外形、重量及允许偏差应符合 GB/T 709 的规定。

5　技术要求

5.1　牌号和化学成分

5.1.1　钢的牌号和化学成分(熔炼成分)应符合表1的规定。

5.1.1.1　钢中残余元素铬、镍、铜含量供方若能保证,可不进行分析。

5.1.1.2　氧气转炉冶炼的钢其含氮量应不大于0.008%,供方能保证合格,可不进行分析。

5.1.1.3　08钢允许用铝代替硅脱氧,此时,钢中锰含量下限为0.25%,硅含量不大于0.03%,钢中酸溶铝含量为0.015%～0.065%或全铝含量为0.020%～0.070%。

5.1.2　成品钢板和钢带的化学成分允许偏差应符合 GB/T 222 的规定。

表1　化学成分(质量分数)　　%

牌号	C	Si	Mn	P	S	Cr	Ni	Cu
				不大于				
08F	0.05～0.11	≤0.03	0.25～0.50	0.035	0.035	0.10	0.30	0.25
08	0.05～0.11	0.17～0.37	0.35～0.65	0.035	0.035	0.10	0.30	0.25
10F	0.07～0.13	≤0.07	0.25～0.50	0.035	0.035	0.15	0.30	0.25
10	0.07～0.13	0.17～0.37	0.35～0.65	0.035	0.035	0.15	0.30	0.25

表 1（续） %

牌号	C	Si	Mn	P	S	Cr	Ni	Cu
				不大于				
15F	0.12～0.18	≤0.07	0.25～0.50	0.035	0.035	0.20	0.30	0.25
15	0.12～0.18	0.17～0.37	0.35～0.65	0.035	0.035	0.20	0.30	0.25
20	0.17～0.23	0.17～0.37	0.35～0.65	0.035	0.035	0.20	0.30	0.25
25	0.22～0.29	0.17～0.37	0.50～0.80	0.035	0.035	0.20	0.30	0.25
30	0.27～0.34	0.17～0.37	0.50～0.80	0.035	0.035	0.20	0.30	0.25
35	0.32～0.39	0.17～0.37	0.50～0.80	0.035	0.035	0.20	0.30	0.25
40	0.37～0.44	0.17～0.37	0.50～0.80	0.035	0.035	0.20	0.30	0.25
45	0.42～0.50	0.17～0.37	0.50～0.80	0.035	0.035	0.20	0.30	0.25
50	0.47～0.55	0.17～0.37	0.50～0.80	0.035	0.035	0.20	0.30	0.25
55	0.52～0.60	0.17～0.37	0.50～0.80	0.035	0.035	0.20	0.30	0.25
60	0.57～0.65	0.17～0.37	0.50～0.80	0.035	0.035	0.20	0.30	0.25
65	0.62～0.70	0.17～0.37	0.50～0.80	0.035	0.035	0.20	0.30	0.25
70	0.67～0.75	0.17～0.37	0.50～0.80	0.035	0.035	0.20	0.30	0.25
20Mn	0.17～0.23	0.17～0.37	0.70～1.00	0.035	0.035	0.20	0.30	0.25
25Mn	0.22～0.29	0.17～0.37	0.70～1.00	0.035	0.035	0.20	0.30	0.25
30Mn	0.27～0.34	0.17～0.37	0.70～1.00	0.035	0.035	0.20	0.30	0.25
40Mn	0.37～0.44	0.17～0.37	0.70～1.00	0.035	0.035	0.20	0.30	0.25
50Mn	0.47～0.55	0.17～0.37	0.70～1.00	0.035	0.035	0.20	0.30	0.25
60Mn	0.57～0.65	0.17～0.37	0.70～1.00	0.035	0.035	0.20	0.30	0.25
65Mn	0.62～0.70	0.17～0.37	0.90～1.20	0.035	0.035	0.20	0.30	0.25

5.2 冶炼方法

钢由氧气转炉或电炉冶炼。

5.3 交货状态

5.3.1 钢板和钢带的交货状态应符合表 2 的规定。

5.3.2 钢板应剪切或用火焰切割交货。受设备能力限制时，经供需双方协议，并在合同中注明，允许以毛边状态交货。

5.4 力学性能

5.4.1 钢板和钢带的力学性能应符合表 2 的规定。08Al 钢各项性能应符合 08 钢板和钢带的要求；08～35 号钢冷弯试验应符合表 3 的规定，如供方能保证合格，可不作检验。

5.4.1.1 热处理状态交货的钢板，当其伸长率较表 2 规定提高 2%以上（绝对值）时，允许抗拉强度比表 2 规定降低 40 N/mm^2。

5.4.1.2 钢板和钢带厚度大于 20 mm 时，厚度每增加 1 mm 伸长率允许降低 0.25%（绝对值），厚度≤32 mm 的总降低值应不大于 2%（绝对值），厚度>32 mm 的总降低值应不大于 3%（绝对值）。

5.4.2 经供需双方协议，厚度≥6 mm 的钢材可作 20 ℃或－20 ℃低温冲击试验，10、15、20 钢板的冲击功应符合表 4 的规定，试验温度应在合同中注明。其他牌号的试验温度和冲击吸收能量由双方协议。

表 2 力学性能

牌号	交货状态	抗拉强度 R_m/(N/mm²)	断后伸长率 A/%	牌号	交货状态	抗拉强度 R_m/(N/mm²)	断后伸长率 A/%
		不小于				不小于	
08F	热轧或热处理	315	34	50[a]	热处理	625	16
08		325	33	55[a]		645	13
10F		325	32	60[a]		675	12
10		335	32	65[a]		695	10
15F		355	30	70[a]		715	9
15		370	30	20Mn	热轧或热处理	450	24
20		410	28	25Mn		490	22
25		450	24	30Mn		540	20
30		490	22	40Mn[a]	热处理	590	17
35[a]	热处理	530	20	50Mn[a]		650	13
40[a]		570	19	60Mn[a]		695	11
45[a]		600	17	65Mn[a]		735	9

注：热处理指正火、退火或高温回火。

[a] 经供需双方协议，也可以热轧状态交货，以热处理样坯测定力学性能，样坯尺寸为 $a \times 3a \times 3a$，a 为钢材厚度。

表 3 冷弯试验

牌号	冷弯试验 180°	
	钢板公称厚度 a/mm	
	≤20	>20
	弯心直径 d	
08、10	0	a
15	0.5a	1.5a
20	a	2a
25、30、35	2a	3a

表 4 冲击试验

牌　　号	纵向 V 型冲击吸收能量 KV_2/J	
	20 ℃	−20 ℃
10	≥34	≥27
15	≥34	≥27
20	≥34	≥27

5.4.2.1 除表 4 列的温度外，可测定其他温度的 V 型冲击吸收能量，其值由双方协议。

5.4.2.2 夏比（V 型缺口）冲击吸收能量，按 3 个试样的算术平均值计算，允许其中 1 个试样的单个值比表 4 规定值低，但应不低于规定值的 70%。

如果没有满足上述条件，可从同一抽样产品上再取 3 个试样进行试验，先后 6 个试样的平均值应不低于规定值,允许有2个试样低于规定值,但其中低于规定值70%的试样只允许1个。

5.4.2.3 对厚度小于12 mm钢板的夏比(V型缺口)冲击试验应采用辅助试样,厚度>8 mm~<12 mm钢板辅助试样尺寸为7.5 mm×10 mm×55 mm,其试验结果应不小于表4规定值的75%,厚度6 mm~8 mm钢板辅助试样尺寸为5 mm×10 mm×55 mm,其试验结果应不小于表4规定值的50%。

5.5 低倍

经供需双方协商,厚度大于10 mm的钢板和钢带可进行低倍组织检查,钢板和钢带不应有肉眼可见的缩孔、夹杂、裂纹和分层。供方能保证质量的情况下,允许用板坯代替钢板检查低倍组织。

5.6 脱碳层

经供需双方协议,35钢和含碳量更高的钢板和钢带,可进行脱碳层检验,总脱碳层深度每面应不大于钢板和钢带实际厚度的2%。

5.7 超声波检验

经供需双方协议,钢板和钢带可进行超声检验,检测方法按GB/T 2970的规定,合格级别在合同中注明。

5.8 表面质量

5.8.1 钢板和钢带表面不应有裂纹、气泡、折叠、夹杂、结疤和压入氧化铁皮,钢板不允许有分层。

5.8.2 钢板和钢带不允许有妨碍检查表面缺陷的薄层氧化铁皮或铁锈及凹凸度不大于钢板和钢带厚度公差之半的麻点、凹面、划痕及其他局部缺陷,且应保证钢板和钢带允许最小厚度。

5.8.3 钢板和钢带表面局部缺陷允许清理,清理处应平滑无棱角,并应保证钢板和钢带允许最小厚度。

5.8.4 在钢带连续生产的过程中,局部的表面缺陷不易发现并去除,因此允许带缺陷交货,但有缺陷部份不得超过每卷钢带总长度的6%。

5.8.5 厚度大于30 mm的钢板和钢带允许火焰切边,但需热处理的钢板,必须在热处理前进行。

6 试验方法

每批钢板和钢带的检验项目、取样数量、取样方法及试验方法应符合表5的规定。

表5 检验项目、试样数量、取样方法及试验方法

序号	检验项目	取样数量	取样方法	试验方法
1	化学成分	每炉1个	GB/T 20066	GB/T 223、GB/T 4336、GB/T 20123、GB/T 20125
2	拉伸试验	1个	GB/T 2975	GB/T 228
3	弯曲试验	1个	GB/T 2975	GB/T 232
4	冲击试验	3个	GB/T 2975	GB/T 229
5	低倍组织	1个	GB/T 226	GB/T 226
6	脱碳层	2个	GB/T 224	GB/T 224
7	超声波检验	逐张	—	GB/T 2970或JB/T 4730.3
8	尺寸、外形	逐张	—	符合精度要求的适宜量具
9	表面	逐张	—	目视

7 检验规则

7.1 钢板和钢带的质量由供方质量技术监督部门进行检查和验收。

7.2 钢板和钢带应成批验收,每批由同一牌号、同一炉号、同一厚度、同一轧制或热处理制度的钢板和钢带组成,每批重量不大于60 t。轧制卷重大于30 t的钢带和连轧板可按两个轧制卷组批。

7.3 复验

钢板和钢带的复验应符合GB/T 17505的规定。

8 包装、标志及质量证明书

钢板和钢带的包装、标志及质量证明书应符合GB/T 247的规定。

9 数值修约

数值修约应符合YB/T 081的规定。

ICS 77.140.50
H 46

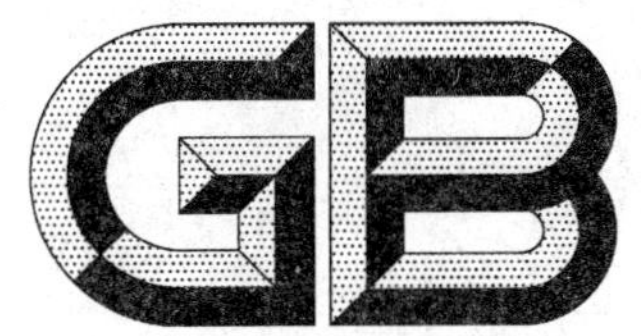

中华人民共和国国家标准

GB 712—2011
代替 GB 712—2000

船舶及海洋工程用结构钢

Ship and ocean engineering structural steel

2011-06-16 发布　　2012-02-01 实施

中华人民共和国国家质量监督检验检疫总局
中国国家标准化管理委员会　发布

前 言

本标准中第 2、3、4 章，第 6.6.2 以及附录 B 为推荐性的，其余为强制性的。

本标准按照 GB/T 1.1—2009 给出的规则起草。

本标准参照中国船级社(CCS)《材料与焊接规范》对 GB 712—2000《船体用结构钢》进行修订。

本标准自实施之日起，GB 712—2000《船体用结构钢》废止。

本标准与 GB 712—2000 相比，主要变化如下：

——修改了标准名称；

——增加了订货内容；

——增加了高强度、超高强度 6 个钢级的 24 个牌号和 Z 向钢 Z25、Z35 两个级别；

——对钢中 P、S 等有害元素加严控制；

——增加了高强度、超高强度钢级 24 个牌号的化学成分、力学性能等；

——增加了表面质量修磨面积的规定；

——钢带的表面质量允许不正常部分减少为 6%；

——增加“数值修约”一章；

——增加附录 A(钢材的牌号、交货状态和冲击检验批量)、附录 B(各船级社规范中规定船体用钢各钢级、牌号的对应关系表)。

本标准的附录 A 为规范性附录，附录 B 为资料性附录。

本标准由中国钢铁工业协会提出。

本标准由全国钢标准化技术委员会归口。

本标准主要起草单位：鞍钢股份有限公司、冶金信息标准研究院、重庆钢铁股份有限公司、新余钢铁集团有限公司、天津钢铁集团有限公司、南京钢铁股份有限公司、湖南华菱湘潭钢铁有限公司、江苏沙钢集团有限公司、首钢总公司、湖南华菱涟源钢铁有限公司、中国船级社。

本标准主要起草人：刘徐源、朴志民、王晓虎、赵捷、曹志强、李红、赖朝彬、吴波、徐海泉、黄正玉、师莉、成小军、曹忠孝、马玉璞、原建华、陈英俊、董天真、朱爱玲、李小莉、高燕、李晓波。

本标准所代替标准的历次版本发布情况为：GB 712—1965、GB 712—1979、GB 712—1988、GB 712—2000。

船舶及海洋工程用结构钢

1 范围

本标准规定了船舶及海洋工程用结构钢的分类和牌号、订货内容、尺寸、外形、重量及允许偏差、要求、检验和试验、包装、标志和质量证明书。

本标准适用于制造远洋、沿海和内河航区航行船舶、渔船及海洋工程结构用厚度不大于150 mm的钢板、厚度不大于25.4 mm的钢带及剪切板和厚度或直径不大于50 mm的型钢(以下简称钢材)。

2 规范性引用文件

下列文件对于本文件的应用是必不可少的。凡是注日期的引用文件,仅注日期的版本适用于本文件。凡是不注日期的引用文件,其最新版本(包括所有的修改单)适用于本文件。

GB/T 222 钢的成品化学成分允许偏差

GB/T 223.5 钢铁 酸溶硅和全硅含量的测定 还原型硅钼酸盐分光光度法

GB/T 223.9 钢铁及合金 铝含量的测定 铬天青S分光光度法

GB/T 223.12 钢铁及合金化学分析方法 碳酸钠分离-二苯碳酰二肼光度法测定铬量

GB/T 223.14 钢铁及合金化学分析方法 钽试剂萃取光度法测定钒含量

GB/T 223.16 钢铁及合金化学分析方法 变色酸光度法测定钛量

GB/T 223.19 钢铁及合金化学分析方法 新亚铜灵-三氯甲烷萃取光度法测定铜量

GB/T 223.23 钢铁及合金 镍含量的测定 丁二铜肟分光光度法

GB/T 223.25 钢铁及合金化学分析方法 丁二铜肟重量法测定镍量

GB/T 223.26 钢铁及合金 钼含量的测定 硫氰酸盐分光光度法

GB/T 223.37 钢铁及合金化学分析方法 蒸馏分离-靛酚蓝光度法测定氮量

GB/T 223.40 钢铁及合金 铌含量的测定 氯磺酚S分光光度法

GB/T 223.62 钢铁及合金化学分析方法 乙酸丁酯萃取光度法测定磷量

GB/T 223.63 钢铁及合金化学分析方法 高碘酸钠(钾)光度法测定锰量

GB/T 223.67 钢铁及合金 硫含量的测定 次甲基蓝分光光度法

GB/T 223.69 钢铁及合金 碳含量的测定 管式炉内燃烧后气体容量法

GB/T 228.1 金属材料拉伸 第1部分:室温试验方法(GB/T 228.1—2011,ISO 6892-1:2009,MOD)

GB/T 229 金属材料 夏比摆锤冲击试验方法

GB/T 247 钢板和钢带包装、标志及质量证明书的一般规定

GB/T 709 热轧钢板和钢带的尺寸、外形、重量及允许偏差

GB/T 2101 型钢验收、包装、标志及质量证明书的一般规定

GB/T 2970 厚钢板超声波检验方法

GB/T 2975 钢及钢产品 力学性能试验取样位置及试样的制备

GB/T 4336 碳素钢和中低合金钢 火花源原子发射光谱分析方法(常规法)

GB/T 5313 厚度方向性能钢板

GB/T 17505 钢及钢产品交货一般技术要求

GB/T 20066 钢和铁 化学成分测定用试样的取样和制样方法

GB/T 20123 钢铁 总碳硫含量的测定 高频感应炉燃烧后红外吸收法(常规方法)

GB/T 20124 钢铁 氮含量的测定 惰性气体熔融热导法(常规方法)

GB/T 20125 低合金钢 多元素含量的测定 电感耦合等离子体原子发射光谱法

YB/T 081 冶金技术标准的数值修约与检测数据的判定原则

3 分类及牌号

钢材按强度级别分为：一般强度、高强度和超高强度船舶及海洋工程结构用钢三类。

钢材的牌号、Z向钢级别及用途应符合表1的规定。

表 1

牌　　号	Z向钢	用　途
A、B、D、E	Z25、Z35	一般强度船舶及海洋工程用结构钢
AH32、DH32、EH32、FH32 AH36、DH36、EH36、FH36 AH40、DH40、EH40、FH40	Z25、Z35	高强度船舶及海洋工程用结构钢
AH420、DH420、EH420、FH420 AH460、DH460、EH460、FH460 AH500、DH500、EH500、FH500 AH550、DH550、EH550、FH550 AH620、DH620、EH620、FH620 AH690、DH690、EH690、FH690	Z25、Z35	超高强度船舶及海洋工程用结构钢

4 订货内容

4.1 按本标准订货的合同或订单应包括下列内容：

a) 本标准编号；

b) 牌号；

c) 规格；

d) 重量；

e) 尺寸及尺寸、外形精度；

f) 交货状态；

g) 标志；

h) 特殊要求。

4.2 订货合同对e)～g)项内容未明确时，可由供方自行确定。

5 尺寸、外形、重量及允许偏差

钢板和钢带的尺寸、外形、重量及允许偏差应符合GB/T 709的规定，厚度下偏差为－0.30 mm。

型钢的尺寸、外形、重量及允许偏差应符合相应标准的规定。

6 要求

6.1 牌号和化学成分

6.1.1 一般强度级、高强度级钢材的牌号和化学成分(熔炼分析)应符合表2的规定。以TMCP状态交货的高强度级钢材，其碳当量最大值应符合表3的规定。

6.1.2 超高强度级钢材的牌号和化学成分(熔炼分析)应符合表4的规定。

6.1.3 钢材的化学成分允许偏差应符合GB/T 222的规定。

表 2

牌号	化学成分[e,f,g,h]（质量分数）/%													
	C	Si	Mn	P	S	Cu	Cr	Ni	Nb	V	Ti	Mo	N	Als[d]
A	≤0.21[a]	≤0.50	≥0.50	≤0.035	≤0.035	≤0.35	≤0.30	≤0.30	—	—	—	—	—	—
B		≤0.35	≥0.80[b]											
D			≥0.60	≤0.030	≤0.030									≥0.015
E	≤0.18		≥0.70	≤0.025	≤0.025									
AH32	≤0.18	≤0.50	0.90～1.60[c]	≤0.030	≤0.030	≤0.35	≤0.20	≤0.40	0.02～0.05	0.05～0.10	≤0.02	≤0.08	—	≥0.015
AH36														
AH40														
DH32				≤0.025	≤0.025									
DH36														
DH40														
EH32														
EH36														
EH40														
FH32	≤0.16			≤0.020	≤0.020			≤0.80					≤0.009	
FH36														
FH40														

[a] A 级型钢的 C 含量最大可到 0.23%。

[b] B 级钢材做冲击试验时，Mn 含量下限可到 0.60%。

[c] 当 AH32～EH40 级钢材的厚度≤12.5 mm 时，Mn 含量的最小值可为 0.70%。

[d] 对于厚度大于 25 mm 的 D 级、E 级钢材的铝含量应符合表中规定；可测定总铝含量代替酸溶铝含量，此时总铝含量应不小于 0.020%。经船级社同意，也可使用其他细化晶粒元素。

[e] 细化晶粒元素 Al、Nb、V、Ti 可单独或以任一组合形式加入钢中。当单独加入时，其含量应符合本表的规定；若混合加入两种或两种以上细化晶粒元素时，表中细晶元素含量下限的规定不适用，同时要求 Nb+V+Ti≤0.12%。

[f] 当 F 级钢中含铝时，N≤0.012%。

[g] A、B、D、E 的碳当量 Ceq≤0.40%。碳当量计算公式：Ceq=C+Mn/6。

[h] 添加的任何其他元素，应在质量证明中注明。

表 3

牌号	碳当量[a,b]/%		
	钢材厚度≤50 mm	50 mm<钢材厚度≤100 mm	100 mm<钢材厚度≤150 mm
AH32、DH32、EH32、FH32	≤0.36	≤0.38	≤0.40
AH36、DH36、EH36、FH36	≤0.38	≤0.40	≤0.42
AH40、DH40、EH40、FH40	≤0.40	≤0.42	≤0.45

a 碳当量计算公式：Ceq=C+Mn/6+(Cr+Mo+V)/5+(Ni+Cu)/15。

b 根据需要，可用裂纹敏感系数 Pcm 代替碳当量，其值应符合船级社接受的有关标准。裂纹敏感系数计算公式：Pcm=C+Si/30+Mn/20+Cu/20+Ni/60+Cr/20+Mo/15+V/10+5B。

表 4

牌号	化学成分[a,b](质量分数)/%					
	C	Si	Mn	P	S	N
AH420	≤0.21	≤0.55	≤1.70	≤0.030	≤0.030	≤0.020
AH460						
AH500						
AH550						
AH620						
AH690						
DH420	≤0.20	≤0.55	≤1.70	≤0.025	≤0.025	
DH460						
DH500						
DH550						
DH620						
DH690						
EH420	≤0.20	≤0.55	≤1.70	≤0.025	≤0.025	
EH460						
EH500						
EH550						
EH620						
EH690						
FH420	≤0.18	≤0.55	≤1.60	≤0.020	≤0.020	
FH460						
FH500						
FH550						
FH620						
FH690						

a 添加的合金化元素及细化晶粒元素 Al、Nb、V、Ti 应符合船级社认可或公认的有关标准规定。

b 应采用表 3 中公式计算裂纹敏感系数 Pcm 代替碳当量，其值应符合船级社认可的标准。

6.2 冶炼方法

钢由转炉或电炉冶炼，需要时，应进行炉外精炼。

6.3 交货状态

钢材的交货状态应符合附录 A 的规定。

6.4 力学性能

6.4.1 钢材的力学性能应符合表 5 和表 6 的规定。

6.4.2 对厚度为 6 mm～<12 mm 的钢材取冲击试验试样时，可分别取 5 mm×10 mm×55 mm 和 7.5 mm×10 mm×55 mm 的小尺寸试样，此时冲击功值分别为不小于规定值的 2/3 和 5/6。优先采用较大尺寸的试样。

6.4.3 钢材的冲击试验结果按一组 3 个试样的算术平均值进行计算，允许其中有 1 个试验值低于规定值，但不应低于规定值的 70%。

6.4.4 Z 向钢厚度方向断面收缩率应符合表 7 的规定。3 个试样的算术平均值应不低于表 7 规定的平均值，仅允许其中一个试样的单值低于表 7 规定的平均值，但不得低于表 7 中相应钢级的最小单值。

表 5

牌号	拉伸试验[a,b]			V 型冲击试验						
	上屈服强度 R_{eH}/MPa	抗拉强度 R_m/MPa	断后伸长率 A/%	试验温度/℃	以下厚度(mm)冲击吸收能量 KV_2/J					
					≤50		>50～70		>70～150	
					纵向	横向	纵向	横向	纵向	横向
					不小于					
A[c]	≥235	400～520	≥22	20	—	—	34	24	41	27
B[d]				0	27	20	34	24	41	27
D				−20						
E				−40						
AH32	≥315	450～570		0	31	22	38	26	46	31
DH32				−20						
EH32				−40						
FH32				−60						
AH36	≥355	490～630	≥21	0	34	24	41	27	50	34
DH36				−20						
EH36				−40						
FH36				−60						
AH40	≥390	510～660	≥20	0	41	27	46	31	55	37
DH40				−20						
EH40				−40						
FH40				−60						

[a] 拉伸试验取横向试样。经船级社同意，A 级型钢的抗拉强度可超上限。

[b] 当屈服不明显时，可测量 $R_{P0.2}$ 代替上屈服强度。

[c] 冲击试验取纵向试样，但供方应保证横向冲击性能。型钢不进行横向冲击试验。厚度大于 50 mm 的 A 级钢，经细化晶粒处理并以正火状态交货时，可不做冲击试验。

[d] 厚度不大于 25 mm 的 B 级钢、以 TMCP 状态交货的 A 级钢，经船级社同意可不做冲击试验。

表 6

钢级	拉伸试验[a,b]			V 型冲击试验		
	上屈服强度 R_{eH}/MPa	抗拉强度 R_m/MPa	断后伸长率 A/%	试验温度/℃	冲击吸收能量 KV_2/J	
					纵向	横向
					不小于	
AH420	≥420	530～680	≥18	0	42	28
DH420				−20		
EH420				−40		
FH420				−60		
AH460	≥460	570～720	≥17	0	46	31
DH460				−20		
EH460				−40		
FH460				−60		
AH500	≥500	610～770	≥16	0	50	33
DH500				−20		
EH500				−40		
FH500				−60		
AH550	≥550	670～830	≥16	0	55	37
DH550				−20		
EH550				−40		
FH550				−60		
AH620	≥620	720～890	≥15	0	62	41
DH620				−20		
EH620				−40		
FH620				−60		
AH690	≥690	770～940	≥14	0	69	46
DH690				−20		
EH690				−40		
FH690				−60		

[a] 拉伸试验取横向试样。冲击试验取纵向试样，但供方应保证横向冲击性能。

[b] 当屈服不明显时，可测量 $R_{P0.2}$ 代替上屈服强度。

表 7

厚度方向断面收缩率/%	Z 向性能级别	
	Z25	Z35
3 个试样平均值	≥25	≥35
单个试样值	≥15	≥25

6.5 表面质量

6.5.1 钢材表面不应有气泡、结疤、裂纹、折叠、夹杂和压入氧化铁皮等有害缺陷。钢材不应有肉眼可见的分层。

6.5.2 钢材的表面允许有不妨碍检查表面缺陷的薄层氧化铁皮、铁锈及由于压入氧化铁皮和轧辊所造成的不明显的粗糙、网纹、划痕及其他局部缺陷，但其深度不应大于钢材厚度的负偏差，并应保证钢材允许的最小厚度。

6.5.3 钢材的表面缺陷允许用修磨方法清除，清理处应平滑无棱角，清理后钢材任何部位的厚度不应小于公称厚度的93%，且减薄量应不大于 3 mm；单个修磨面积应不大于 0.25 m^2，局部修磨面积之和不应大于总面积的 2%，两个修磨面之间的距离应大于它们的平均宽度，否则认为是一个修磨面。焊补应符合中国船级社规范的规定。

6.5.4 对于钢带，由于没有机会去除表面带缺陷部分，故允许表面带有一定的缺陷，但每卷钢带缺陷部分的长度不应大于钢带总长度的 6%。

6.6 无损检验

6.6.1 Z 向钢板应进行超声波探伤，探伤级别应在合同中注明。

6.6.2 根据需方要求，经供需双方协议，其他钢板也可进行无损检验。

7 检验和试验

7.1 外观、尺寸和外形检查

7.1.1 钢材的外观应目视检查。

7.1.2 钢材的尺寸和外形用合适的测量工具检查。钢板厚度的测量部位应在距钢板的侧边不小于 10 mm 任意处，钢带厚度的测量部位应在距钢带的侧边不小于 40 mm 任意处。

7.2 其他各项检验

每批钢材的检验项目、取样数量、取样方法和试验方法应符合表 8 的规定。

表 8

序号	检验项目	取样数量/个	取样方法	试验方法
1	化学成分	1/炉	GB/T 20066	GB/T 223、GB/T4336 GB/T 20123、GB/T 20124、GB/T 20125
2	拉伸试验	1/批	GB/T 2975	GB/T 228.1
3	冲击试验	3/批	GB/T 2975	GB/T 229
4	Z 向钢厚度方向断面收缩	3/批	GB/T 5313	GB/T 5313
5	超声波探伤检验	逐张	—	GB/T 2970
6	表面质量	逐张/逐件	—	目视及测量
7	尺寸、外形	逐张/逐件	—	合适的量具

7.3 组批

7.3.1 钢材应成批验收。每批应由同一牌号、同一炉号、同一交货状态、厚度差小于 10 mm 的钢材组成。

7.3.2 对于拉伸试验，每批钢材的重量不大于 50 t；对于冲击试验，其批量应符合附录 A 的规定。

7.3.3 Z 向钢按轧制坯验收。当 Z25 钢硫含量不大于 0.005%时，可按批检验，每批重量不大于 50 t。

7.4 取样位置

7.4.1 拉伸试验试样应在每一批中最厚的钢材上制取。当钢材的厚度不大于 40 mm 时，取全截面矩形试样，试样宽度为 25 mm。当试验机能力不足时，可在试样的一个轧制面加工，使厚度减薄至 25 mm。当钢材的厚度大于 40 mm 时，取圆截面试样，其轴线距钢材表面应为钢材 1/4 厚度处或尽量接近此位置，试样的直径为 14 mm；可根据试验机能力，采用全截面试样。

7.4.2 冲击试验试样也应在每一批中最厚的钢材上制取，其方向为纵向。

当钢材的厚度不大于 40 mm 时，冲击试样应为近表面试样，试样边缘距一个轧制面小于 2 mm；当钢材的厚度大于 40 mm 时，试样轴线应位于钢材 1/4 厚度处或尽量接近此位置。缺口应垂直于原轧制面。

7.5 复验与判定

7.5.1 拉伸试验的复验与判定

钢材拉伸试验的复验与判定按符合 GB/T 17505 的规定。

7.5.2 Z 向钢厚度方向断面收缩率的复验与判定

图 1 规定了允许复验的三种情况。在这些情况下，需要对剩余的 3 个备用试样进行试验。6 个试样的平均值应大于规定的最小平均值，低于平均值的结果不大于 2 个，但不得低于表 7 规定的最小单值。否则该批钢材不能验收。

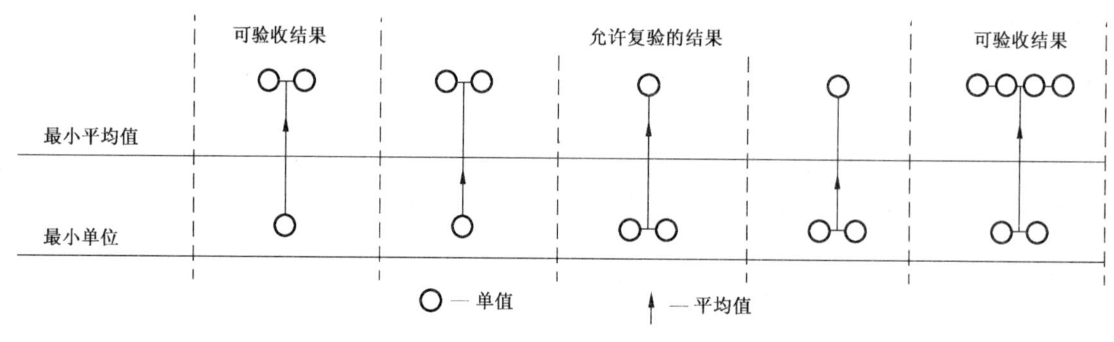

图 1

7.5.3 冲击试验的复验与判定

7.5.3.1 单件钢材的复验

当一组 3 个试样的冲击试验结果不合格时，若低于规定平均值的试样不多于 2 个，且低于规定平均值 70％的试样不多于 1 个，可在原取样钢材附近再取一组 3 个试样进行复验。前后两组 6 个试样的算术平均值不应低于规定的平均值，且低于规定平均值的试样不应超过 2 个，其中低于规定平均值 70％的试样不应超过 1 个，否则该件钢材不能验收。

7.5.3.2 批量钢材的复验

如果单件钢材的复验不符合要求，将该件钢材挑出。可在该批钢材中另取两件钢材，每件钢材各取一组试样进行再验。再验的每组试验结果都应符合要求，否则，该批不能验收。

7.5.4 重新热处理

对复验不合格的钢材，允许进行重新热处理并按新的一批提交验收。

8 包装、标志和质量证明书

钢材的包装、标志和质量证明书应符合 GB/T 247、GB/T 2101 的规定。

9 数值修约

数值修约应符合 YB/T 081 的规定。

附 录 A
（规范性附录）
钢材的牌号、交货状态和冲击检验批量

钢材的牌号、交货状态和冲击检验批量应符合表 A.1～A.3 的规定。

表 A.1

<table>
<tr><th rowspan="3">牌号</th><th rowspan="3">脱氧方法</th><th rowspan="3">产品形式</th><th colspan="5">交 货 状 态</th></tr>
<tr><th colspan="5">钢材厚度 t/mm</th></tr>
<tr><th>$t≤12.5$</th><th>$12.5<t≤25$</th><th>$25<t≤35$</th><th>$35<t≤50$</th><th>$50<t≤150$</th></tr>
<tr><td rowspan="3">A</td><td>沸腾</td><td>型材</td><td>A(—)</td><td colspan="3">—</td><td>—</td></tr>
<tr><td rowspan="2">厚度不大于 50 mm 除沸腾钢外任何方法；厚度大于 50 mm 镇静处理</td><td>板材</td><td colspan="4">A(—)</td><td>N(—)、TM(—)、CR(50)、AR*(50)</td></tr>
<tr><td>型材</td><td colspan="4">A(—)</td><td>—</td></tr>
<tr><td rowspan="2">B</td><td rowspan="2">厚度不大于 50 mm 除沸腾钢外任何方法；厚度大于 50 mm 镇静处理</td><td>板材</td><td colspan="2" rowspan="2">A(—)</td><td colspan="2" rowspan="2">A(50)</td><td>N(50)、CR(25)、TM(50)、AR*(25)</td></tr>
<tr><td>型材</td><td>—</td></tr>
<tr><td rowspan="3">D</td><td>镇静处理</td><td>板材
型材</td><td colspan="2">A(50)</td><td colspan="3">—</td></tr>
<tr><td rowspan="2">镇静和细化晶粒处理</td><td>板材</td><td colspan="3" rowspan="2">A(50)</td><td rowspan="2">CR(50)、N(50)、TM(50)
AR*(25)</td><td>CR(25)、N(50)、TM(50)</td></tr>
<tr><td>型材</td><td>—</td></tr>
<tr><td rowspan="2">E</td><td rowspan="2">镇静和细化晶粒处理</td><td>板材</td><td colspan="5">N(每件)、TM(每件)</td></tr>
<tr><td>型材</td><td colspan="4">N(25)、TM(25)、AR*(15)、CR*(15)</td><td>—</td></tr>
<tr><td colspan="8">注 1：A-任意状态；AR-热轧；CR-控轧；N-正火；TM(TMCP)-温度-形变控制轧制。AR*：经船级社特别认可后，可采用热轧状态交货；CR*经船级社特别认可后，可采用控制轧制状态交货。
注 2：括号内的数值表示冲击试样的取样批量(单位为吨)，(—)表示不作冲击试验。由同一块板坯轧制的所有钢板应视为一件。
注 3：所有钢级的 Z25/Z35，细化晶粒元素、厚度范围、交货状态与相应的钢级一致。</td></tr>
</table>

表 A.2

<table>
<tr><th rowspan="3">钢材等级</th><th rowspan="3">细化晶粒元素</th><th rowspan="3">产品型式</th><th colspan="6">交货状态(冲击试验取样批量)</th></tr>
<tr><th colspan="6">厚度 t/mm</th></tr>
<tr><th>$t≤12.5$</th><th>$12.5<t≤20$</th><th>$20<t≤25$</th><th>$25<t≤35$</th><th>$35<t≤50$</th><th>$50<t≤150$</th></tr>
<tr><td rowspan="5">A32
A36</td><td rowspan="2">Nb 和/或 V</td><td>板材</td><td>A(50)</td><td colspan="4">N(50),CR(50),TM(50)</td><td>N(50),CR(50),TM(50)</td></tr>
<tr><td>型材</td><td>A(50)</td><td colspan="4">N(50),CR(50),TM(50),AR*(25)</td><td>—</td></tr>
<tr><td rowspan="3">Al 或 Al 和 Ti</td><td rowspan="2">板材</td><td colspan="2" rowspan="2">A(50)</td><td colspan="2">AR*(25)</td><td colspan="2">—</td></tr>
<tr><td colspan="3">N(50),CR(50),TM(50)</td><td>N(50),CR(25),TM(50)</td></tr>
<tr><td>型材</td><td>A(50)</td><td colspan="4">N(50),CR(50),TM(50),AR*(25)</td><td>—</td></tr>
</table>

表 A.2（续）

<table>
<tr><th rowspan="3">钢材等级</th><th rowspan="3">细化晶粒元素</th><th rowspan="3">产品型式</th><th colspan="6">交货状态(冲击试验取样批量)</th></tr>
<tr><th colspan="6">厚度 t/mm</th></tr>
<tr><th>$t\leqslant12.5$</th><th>$12.5<t\leqslant20$</th><th>$20<t\leqslant25$</th><th>$25<t\leqslant35$</th><th>$35<t\leqslant50$</th><th>$50<t\leqslant150$</th></tr>
<tr><td rowspan="2">A40</td><td rowspan="2">任意</td><td>板材</td><td>A(50)</td><td colspan="4">N(50),CR(50),TM(50)</td><td>N(50),TM(50)，QT(每热处理长度)</td></tr>
<tr><td>型材</td><td>A(50)</td><td colspan="4">N(50),CR(50),TM(50)</td><td>—</td></tr>
<tr><td rowspan="5">D32
D36</td><td rowspan="2">Nb 和/或 V</td><td>板材</td><td>A(50)</td><td colspan="4">N(50),CR(25),TM(50)</td><td>N(50),CR(25),TM(50)</td></tr>
<tr><td>型材</td><td>A(50)</td><td colspan="4">N(50),CR(50),TM(50),AR＊(25)</td><td>—</td></tr>
<tr><td rowspan="3">Al 或 Al 和 Ti</td><td rowspan="2">板材</td><td colspan="2" rowspan="2">A(50)</td><td>AR＊(25)</td><td colspan="3">—</td></tr>
<tr><td colspan="3">N(50),CR(25),TM(50)</td><td>N(50),CR(25),TM(50)</td></tr>
<tr><td>型材</td><td colspan="2">A(50)</td><td colspan="3">N(50),CR(50),TM(50),AR＊(25)</td><td>—</td></tr>
<tr><td rowspan="2">D40</td><td rowspan="2">任意</td><td>板材</td><td colspan="5">N(50),CR(50),TM(50)</td><td>N(50),TM(50)，QT(每热处理长度)</td></tr>
<tr><td>型材</td><td colspan="5">N(50),CR(50),TM(50)</td><td>—</td></tr>
<tr><td rowspan="2">E32
E36</td><td rowspan="2">任意</td><td>板材</td><td colspan="6">N(每件),TM(每件)</td></tr>
<tr><td>型材</td><td colspan="5">N(25),TM(25),AR＊(15),CR＊(15)</td><td>—</td></tr>
<tr><td rowspan="2">E40</td><td rowspan="2">任意</td><td>板材</td><td colspan="6">N(每件),TM(每件),QT(每热处理长度)</td></tr>
<tr><td>型材</td><td colspan="5">N(25),TM(25),QT(25)</td><td>—</td></tr>
<tr><td rowspan="2">F32
F36</td><td rowspan="2">任意</td><td>板材</td><td colspan="6">N(每件),TM(每件),QT(每热处理长度)</td></tr>
<tr><td>型材</td><td colspan="5">N(25),TM(25),QT(25),CR＊(15)</td><td>—</td></tr>
<tr><td rowspan="2">F40</td><td rowspan="2">任意</td><td>板材</td><td colspan="6">N(每件),TM(每件),QT(每一热处理长度)</td></tr>
<tr><td>型材</td><td colspan="5">N(25),TM(25),QT(25)</td><td>—</td></tr>
<tr><td colspan="9">注 1：A-任意状态；CR-控轧；N-正火；TM(TMCP)-温度-形变控制轧制；AR＊：经船级社特别认可后，可采用热轧状态交货；CR＊经船级社特别认可后，可采用控制轧制状态交货；QT：淬火加回火。
注 2：括号中的数值表示冲击试样的取样批量(单位为吨)，(—)表示不作冲击试验。</td></tr>
</table>

表 A.3

<table>
<tr><th rowspan="2">钢材等级</th><th rowspan="2">细化晶粒元素</th><th rowspan="2">产品型式</th><th colspan="2">交货状态(冲击试验取样批量)</th></tr>
<tr><th>厚度 t/mm</th><th>供货状态</th></tr>
<tr><td rowspan="2">AH420、AH460、AH500、AH550、AH620、AH690</td><td rowspan="2">任意</td><td>板材</td><td>$t\leqslant150$</td><td rowspan="2">TM(50)、QT(50)、TM+T(50)</td></tr>
<tr><td>型材</td><td>$t\leqslant50$</td></tr>
<tr><td rowspan="2">DH420、DH460、DH500、DH550、DH620、DH690</td><td rowspan="2">任意</td><td>板材</td><td>$t\leqslant150$</td><td rowspan="2">TM(50)、QT(50)、TM+T(50)</td></tr>
<tr><td>型材</td><td>$t\leqslant50$</td></tr>
<tr><td rowspan="2">EH420、EH460、EH500、EH550、EH620、EH690</td><td rowspan="2">任意</td><td>板材</td><td>$t\leqslant150$</td><td rowspan="2">TM(每件)、QT(每件)、TM+T(每件)</td></tr>
<tr><td>型材</td><td>$t\leqslant50$</td></tr>
<tr><td rowspan="2">FH420、FH460、FH500、FH550、FH620、FH690</td><td rowspan="2">任意</td><td>板材</td><td>$t\leqslant150$</td><td rowspan="2">TM(每件)、QT(每件)、TM+T(每件)</td></tr>
<tr><td>型材</td><td>$t\leqslant50$</td></tr>
<tr><td colspan="5">注 1：TM(TMCP)-温度-形变控制轧制；QT-淬火加回火；TM(TMCP)+T-温度-形变控制轧制+回火。
注 2：括号中的数值表示冲击试样的取样批量(单位为吨)。</td></tr>
</table>

附　录　B
（资料性附录）
各船级社规范中规定船体用钢各钢级、牌号的对应关系表

各船级社规范中规定钢材各钢级、牌号的对应关系见表 B.1。

表 B.1

本标准	牌号														
	船级社规范														GB 712—2000
	ABS			BV	CCS	DNV	GL		KR	LR	NK	RINA	ZY		
	AR、CR	TMCP	N				AR、CR、N	TMCP							
A	AB/A	AB/A	AB/AN	BVA	CCSA	NV A	GL-A	GL-ATM	KRA	LRA	KA	RINA-A	ZYA	A
B	AB/B	AB/B	AB/BN	BVB	CCSB	NV B	GL-B	GL-BTM	KRB	LRB	KB	RINA-B	ZYB	B
D	AB/D	AB/DN	AB/DN	BVD	CCSD	NV D	GL-D	GL-DTM	KRD	LRD	KD	RINA-D	ZYD	D
E	AB/E	AB/E	AB/EN	BVE	CCSE	NV E	GL-E	GL-ETM	KRE	LRE	KE	RINA-E	—	E
AH32	AB/AH32	AB/AH32	AB/AH32N	BVAH32	CCSAH32	NV A32	GL-A32	GL-A32TM	KRAH32	LRAH32	KA32	RINA-AH32	A32	A32
DH32	AB/DH32	AB/DH32N	AB/DH32N	BVDH32	CCSDH32	NV D32	GL-D32	GL-D32TM	KRDH32	LRDH32	KD32	RINA-DH32	D32	D32
EH32	AB/EH32	AB/EH32	AB/EH32N	BVEH32	CCSEH32	NV E32	GL-E32	GL-E32TM	KREH32	LREH32	KE32	RINA-EH32	E32	E32
FH32	AB/FH32	AB/FH32	AB/FH32N	BVFH32	CCSFH32	NV F32	GL-F32	GL-F32TM	KRFH32	LRFH32	KF32	RINA-FH32	—	—
AH36	AB/AH36	AB/AH36	AB/AH36N	BVAH36	CCSAH36	NV A36	GL-A36	GL-A36TM	KRAH36	LRAH36	KA36	RINA-AH36	A36	A36
DH36	AB/DH36	AB/DH36N	AB/DH36N	BVDH36	CCSDH36	NV D36	GL-D36	GL-D36TM	KRDH36	LRDH36	KD36	RINA-DH36	D36	D36
EH36	AB/EH36	AB/EH36	AB/EH36N	BVEH36	CCSEH36	NV E36	GL-E36	GL-E36TM	KREH36	LREH36	KE36	RINA-EH36	E36	E36
FH36	AB/FH36	AB/FH36	AB/FH36N	BVFH36	CCSFH36	NV F36	GL-F36	GL-F36TM	KRFH36	LRFH36	KF36	RINA-FH36	—	—
AH40	AB/AH40	AB/AH40	AB/AH40N	BVAH40	CCSAH40	NV A40	GL-A40	GL-A40TM	KRAH40	LRAH40	KA40	RINA-AH40	—	—
DH40	AB/DH40	AB/DH40N	AB/DH40N	BVDH40	CCSDH40	NV D40	GL-D40	GL-D40TM	KRDH40	LRDH40	KD40	RINA-DH40	—	—
EH40	AB/EH40	AB/EH40	AB/EH40N	BVEH40	CCSEH40	NV E40	GL-E40	GL-E40TM	KREH40	LREH40	KE40	RINA-EH40	—	—
FH40	AB/FH40	AB/FH40	AB/FH40N	BVFH40	CCSFH40	NV F40	GL-F40	GL-F40TM	KRFH40	LRFH40	KF40	RINA-FH40	—	—
AH420	AB/AQ43	AB/AQ43	AB/AQ43N	BVAH420	CCSAH420	NV A420	GL-A420	GL-A420TM	KRAH43	LRAH42	KA43	RINA-A420	—	—
DH420	AB/DQ43	AB/DQ43	AB/DQ43N	BVDH420	CCSDH420	NV D420	GL-D420	GL-D420TM	KRDH43	LRDH42	KD43	RINA-D420	—	—
EH420	AB/EQ43	AB/EQ43	AB/EQ43N	BVEH420	CCSEH420	NV E420	GL-E420	GL-E420TM	KREH43	LREH42	KE43	RINA-E420	—	—
FH420	AB/FQ43	AB/FQ43	AB/FQ43N	BVFH420	CCSFH420	NV F420	GL-F420	GL-F420TM	KRFH43	LRFH42	KF43	RINA-F420	—	—
AH460	AB/AQ47	AB/AQ47	AB/AQ47N	BVAH460	CCSAH460	NV A460	GL-A460	GL-A460TM	KRAH47	LRAH46	KA47	RINA-A460	—	—
DH460	AB/DQ47	AB/DQ47	AB/DQ47N	BVDH460	CCSDH460	NV D460	GL-D460	GL-D460TM	KRDH47	LRDH46	KD47	RINA-D460	—	—
EH460	AB/EQ47	AB/EQ47	AB/EQ47N	BVEH460	CCSEH460	NV E460	GL-E460	GL-E460TM	KREH47	LREH46	KE47	RINA-E460	—	—
FH460	AB/FQ47	AB/FQ47	AB/FQ47N	BVFH460	CCSFH460	NV F460	GL-F460	GL-F460TM	KRFH47	LRFH46	KF47	RINA-F460	—	—

表 B.1（续）

本标准	牌号										
	船级社规范										GB 712—2000
	ABS	BV	CCS	DNV	GL	KR	LR	NK	RINA	ZY	
AH500	AB/AQ51	BVAH500	CCSAH500	NV A500	GL-A500	KRAH51	LRAH50	KA51	RINA-A500	—	—
DH500	AB/DQ51	BVDH500	CCSDH500	NV D500	GL-D500	KRDH51	LRDH50	KD51	RINA-D500	—	—
EH500	AB/EQ51	BVEH500	CCSEH500	NV E500	GL-E500	KREH51	LREH50	KE51	RINA-E500	—	—
FH500	AB/FQ51	BVFH500	CCSFH500	NV F500	GL-F500	KRFH51	LRFH50	KF51	RINA-F500	—	—
AH550	AB/AQ56	BVAH550	CCSAH550	NV A550	GL-A550	KRAH56	LRAH55	KA56	RINA-A550	—	—
DH550	AB/DQ56	BVDH550	CCSDH550	NV D550	GL-D550	KRDH56	LRDH55	KD56	RINA-D550	—	—
EH550	AB/EQ56	BVEH550	CCSEH550	NV E550	GL-E550	KREH56	LREH55	KE56	RINA-E550	—	—
FH550	AB/FQ56	BVFH550	CCSFH550	NV F550	GL-F550	KRFH56	LRFH55	KF56	RINA-F550	—	—
AH620	AB/AQ63	BVAH620	CCSAH620	NV A620	GL-A620	KRAH63	LRAH63	KA63	RINA-A620	—	—
DH620	AB/DQ63	BVDH620	CCSDH620	NV D620	GL-D620	KRDH63	LRDH63	KD63	RINA-D620	—	—
EH620	AB/EQ63	BVEH620	CCSEH620	NV E620	GL-E620	KREH63	LREH63	KE63	RINA-E620	—	—
FH620	AB/FQ63	BVFH620	CCSFH620	NV F620	GL-F620	KRFH63	LRFH63	KF63	RINA-F620	—	—
AH690	AB/AQ70	BVAH690	CCSAH690	NV A690	GL-A690	KRAH70	LRAH70	KA70	RINA-A690	—	—
DH690	AB/DQ70	BVDH690	CCSDH690	NV D690	GL-D690	KRDH70	LRDH70	KD70	RINA-D690	—	—
EH690	AB/EQ70	BVEH690	CCSEH690	NV E690	GL-E690	KREH70	LREH70	KE70	RINA-E690	—	—
FH690	AB/FQ70	BVFH690	CCSFH690	NV F690	GL-F690	KRFH70	LRFH70	KF70	RINA-F690	—	—

ICS 77.140.50
H 46

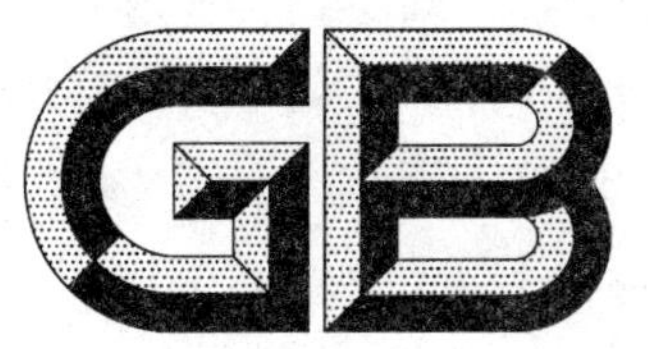

中华人民共和国国家标准

GB 713—2008
代替 GB 713—1997,GB 6654—1996

锅炉和压力容器用钢板

Steel plates for boilers and pressure vessels

(ISO 9328-2:2004,Steel flat products for pressure purposes—Technical delivery conditions—Part 2:Non-alloy and alloy steels with specified elevated temperature properties,NEQ)

2008-03-31 发布　　2008-09-01 实施

中华人民共和国国家质量监督检验检疫总局
中国国家标准化管理委员会　发布

前言

本标准中 5.2.1、6.1.1.4、6.1.1.5、6.3.3、6.3.4、6.3.5.1、6.4.1.1、6.4.1.2、6.4.2、6.4.3、6.4.4、6.5、6.7、表 1 中的脚注 b、8.3、8.4.1 为协议条款，其余技术内容为强制性。

本标准与 ISO 9328-2:2004《压力容器用钢板和钢带　供货技术条件　第 2 部分：规定室温和高温性能的非合金钢和低合金钢》的一致性程度为非等效。

本标准参考 EN 10028-2:2003《压力容器用钢板　第 2 部分：规定高温性能的非合金钢和合金钢》等，对 GB 713—1997《锅炉用钢板》和 GB 6654—1996《压力容器用钢板》进行合并修改。

本标准自实施之日起，GB 713—1997《锅炉用钢板》和 GB 6654—1996《压力容器用钢板》废止。

本标准与 GB 713—1997、GB 6654—1996 相比，主要变化如下：

——扩大钢板厚度、宽度范围；

——改变标准名称和牌号表示方法；

——取消 15MnVR、15MnVNR，纳入 14Cr1MoR 和 12Cr2Mo1R；

——20R 和 20g 合并为 Q245R，16MnR 和 16Mng、19Mng 合并为 Q345R，13MnNiMoNbR 和 13MnNiCrMoNbg 合并为 13MnNiMoR；

——降低各牌号的 S、P 含量；

——提高各牌号的 V 型冲击功指标；

——取消 20g、16Mng 时效冲击试验。

本标准的附录 A 为资料性附录。

本标准由中国钢铁工业协会提出。

本标准由全国钢标准化技术委员会归口。

本标准主要起草单位：重庆钢铁股份有限公司、冶金工业信息标准研究院、鞍钢股份有限公司、中国通用机械工程总公司、武汉钢铁(集团)公司、济南钢铁股份有限公司、中国特种设备检测研究中心。

本标准主要起草人：李红、王晓虎、秦晓钟、唐一凡、杜大松、朴志民、李书瑞、张爱民。

本标准所代替标准的历次版本发布情况为：

——GB 713—1963、GB 713—1972、GB 713—1986、GB 713—1997；

——GB 6654—1996。

锅炉和压力容器用钢板

1 范围

本标准规定了锅炉和压力容器用钢板的尺寸、外形、技术要求、试验方法、检验规则、包装、标志及质量证明书等。

本标准适用于锅炉及其附件和中常温压力容器的受压元件用厚度为 3 mm～200 mm 的钢板。

2 规范性引用文件

下列文件中的条款通过本标准的引用而成为本标准的条款。凡是注日期的引用文件，其随后所有的修改单(不包括勘误的内容)或修订版均不适用于本标准，然而，鼓励根据本标准达成协议的各方研究是否可使用这些文件的最新版本。凡是不注日期的引用文件，其最新版本适用于本标准。

GB/T 222 钢的成品化学成分允许偏差

GB/T 223.3 钢铁及合金化学分析方法 二安替吡啉甲烷磷钼酸重量测定磷量

GB/T 223.10 钢铁及合金化学分析方法 钢铁试剂分离-铬天青S光度法测定铝量

GB/T 223.11 钢铁及合金化学分析方法 过硫酸铵氧化容量法测定铬量

GB/T 223.14 钢铁及合金化学分析方法 钽试剂萃取光度法测定钒量

GB/T 223.17 钢铁及合金化学分析方法 二安替吡啉甲烷光度法测定钛量

GB/T 223.18 钢铁及合金化学分析方法 硫代硫酸钠分离-碘量法测定铜量

GB/T 223.23 钢铁及合金化学分析方法 丁二酮肟分光光度法测定镍量

GB/T 223.26 钢铁及合金化学分析方法 硫氰酸盐直接光度法测定钼量

GB/T 223.27 钢铁及合金化学分析方法 硫氰酸盐-乙酸丁酯萃取分光光度法测定钼量

GB/T 223.40 钢铁及合金 铌含量的测定 氯磺酚S分光光度法

GB/T 223.60 钢铁及合金化学分析方法 高氯酸脱水重量法测定硅含量

GB/T 223.63 钢铁及合金化学分析方法 高碘酸钠(钾)光度法测定锰量

GB/T 223.68 钢铁及合金化学分析方法 管式炉内燃烧后碘酸钾滴定法测定硫含量

GB/T 223.69 钢铁及合金化学分析方法 管式炉内燃烧后气体容量法测定碳含量

GB/T 223.76 钢铁及合金化学分析方法 火焰原子吸收光谱法测定钒量(GB/T 223.76—1994，eqv ISO 9647:1989)

GB/T 228 金属材料 室温拉伸试验方法(GB/T 228—2002，eqv ISO 6892:1998)

GB/T 229 金属夏比缺口冲击试验方法

GB/T 232 金属材料 弯曲试验方法(GB/T 232—1999，eqv ISO 7438:1985)

GB/T 247 钢板和钢带检验、包装、标志及质量证明书的一般规定

GB/T 709 热轧钢板和钢带的尺寸、外形、重量及允许偏差

GB/T 2970 厚钢板超声波检验方法

GB/T 2975 钢及钢产品力学性能试验取样位置及试样制备(GB/T 2975—1998，eqv ISO 377:1997)

GB/T 4336 碳素钢和中低合金钢火花源原子发射光谱分析方法(常规法)

GB/T 4338 金属材料 高温拉伸试验

GB/T 5313 厚度方向性能钢板(GB/T 5313—1985，eqv ISO 7778:1983)

GB/T 6803 铁素体钢的无塑性转变温度落锤试验方法

GB/T 17505　钢及钢产品一般交货技术要求(GB/T 17505—1998,eqv ISO 404:1992)

GB/T 20066　钢和铁　化学成分测定用试样的取样和制样方法

YB/T 081　冶金技术标准的数值修约与检测数值的判定原则

JB/T 4730.3　承压设备无损检测

3　订货内容

按本标准订货的合同或订单应包括下列内容：

a)　标准编号；

b)　产品名称；

c)　牌号；

d)　尺寸；

e)　交货状态；

f)　重量；

g)　特殊技术要求(如超声检测、提高冲击功指标等)。

4　牌号表示方法

碳素钢和低合金高强度钢的牌号用屈服强度值和“屈”字、压力容器“容”字的汉语拼音首位字母表示。例如:Q245R。

钼钢、铬-钼钢的牌号,用平均含碳量和合金元素字母、压力容器“容”字的汉语拼音首位字母表示。例如:15CrMoR。

5　尺寸、外形、重量及允许偏差

5.1　钢板的尺寸、外形及允许偏差应符合 GB/T 709 的规定。

5.2　厚度允许偏差按 GB/T 709 的 B 类偏差。

5.2.1　根据需方要求,经供需双方协议,可供应减小负偏差且公差不变的钢板。

5.3　钢板按理论重量交货,理论计重采用的厚度为钢板允许的最大厚度和最小厚度的算术平均值。钢的密度为 7.85 g/cm^3。

6　技术要求

6.1　牌号和化学成分

6.1.1　钢的牌号和化学成分(熔炼分析)应符合表 1 的规定。

6.1.1.1　厚度大于 60 mm 的 Q345R 钢板,碳含量上限可提高至 0.22%。

6.1.1.2　作为残余元素的铬、镍、铜含量应各不大于 0.30%,钼应不大于 0.080%,这些元素的总含量应不大于 0.70%。供方若能保证可不做分析。

6.1.1.3　Q245R、Q345R 和 Q370R 钢中可添加微量铌、钒、钛元素,其含量应填写在质量证明书中,上述 3 个元素含量总和应分别不大于 0.050%、0.10%、0.12%。

6.1.1.4　根据需方要求,经供需双方协议,可规定 Q345R 和 Q370R 钢的 P 含量≤0.015%、S 含量≤0.005%,14Cr1MoR 和 12Cr2Mo1R 钢的 P 含量≤0.012%。

6.1.1.5　根据需方要求,经供需双方协议,Q245R、Q345R、Q370R 等牌号可以规定碳当量,其数值由双方商定。碳当量按公式(1)计算:

$$CE(\%) = C + Mn/6 + (Cr + Mo + V)/5 + (Ni + Cu)/15 \qquad (1)$$

6.1.1.6　全铝 Alt 含量可以用测定酸溶铝含量代替,此时酸溶铝 Als 含量应不小于 0.015%。

6.1.2　成品钢板的化学成分允许偏差应符合 GB/T 222 的规定。

6.2 制造方法

6.2.1 钢由氧气转炉或电炉冶炼。

6.2.2 连铸坯压缩比不小于3。

6.3 交货状态

6.3.1 钢板交货状态按表2规定。

6.3.2 18MnMoNbR、13MnNiMoR、15CrMoR、14Cr1MoR的回火温度应不低于620℃，12Cr2Mo1R、12Cr1MoVR的回火温度应不低于680℃。

6.3.3 经需方同意，厚度大于60 mm的18MnMoNbR、13MnNiMoR、15CrMoR、14Cr1MoR、12Cr2Mo1R、12Cr1MoVR钢板可以退火或回火状态交货。此时，这些牌号的试验用样坯应按表2交货状态进行热处理，性能按表2规定。样坯尺寸(宽度×厚度×长度)应不小于$3a\times a\times 3a$(a为钢板厚度)。

6.3.4 经供需双方协议，铬钼钢可以正火后加速冷却加回火交货，此时，按每轧制坯组批检验。

6.3.5 钢板应剪切或用火焰切割交货。

6.3.5.1 受设备能力限制时，经供需双方协议，并在合同中注明，允许以毛边状态交货。

6.4 力学和工艺性能

6.4.1 钢板的拉伸试验、夏比(V型缺口)冲击试验和弯曲试验结果应符合表2的规定。

6.4.1.1 厚度大于60 mm的钢板，经供需双方协议，并在合同中注明，可不做弯曲试验。

6.4.1.2 根据需方要求，经供需双方协议，Q245R、Q345R和13MnNiMoR钢板可进行-20℃冲击试验，代替表2中的0℃冲击试验，其冲击功值应符合表2的规定。

6.4.1.3 夏比(V型缺口)冲击功，按3个试样的算术平均值计算，允许其中1个试样的单个值比表2规定值低，但不得低于规定值的70%。

6.4.1.4 对厚度小于12 mm钢板的夏比(V型缺口)冲击试验应采用辅助试样，>8 mm～<12 mm钢板辅助试样尺寸为10 mm×7.5 mm×55 mm，其试验结果应不小于表2规定值的75%，6 mm～8 mm钢板辅助试样尺寸为10 mm×5 mm×55 mm，其试验结果应不小于表2规定值的50%，厚度小于6 mm的钢板不做冲击试验。

6.4.2 根据需方要求，经供需双方协议，对厚度大于20 mm的钢板可进行高温拉伸试验，试验温度应在合同中注明。高温下的规定非比例延伸强度($R_{P0.2}$)或下屈服强度(R_{eL})值应符合表3的规定。

6.4.3 根据需方要求，经供需双方协议，可进行厚度方向的拉伸试验，试验结果填写在质量证明书中。

6.4.4 根据需方要求，经供需双方协议，可进行落锤试验，试验结果填写在质量证明书中。

6.5 超声检测

根据需方要求，经供需双方协议，钢板可逐张进行超声检测，检测方法按GB/T 2970或JB/T 4730.3的规定，检测标准和合格级别应在合同中注明。

6.6 表面质量

6.6.1 钢板表面不允许存在裂纹、气泡、结疤、折叠和夹杂等对使用有害的缺陷。钢板不得有分层。

如有上述表面缺陷允许清理，清理深度从钢板实际尺寸算起，不得大于钢板厚度公差之半，并应保证清理处钢板的最小厚度。缺陷清理处应平滑无棱角。

6.6.2 其他缺陷允许存在，其深度从钢板实际尺寸算起，不得超过钢板厚度允许公差之半，并应保证缺陷处钢板厚度不小于钢板允许最小厚度。

6.7 其他附加要求

根据需方要求，经供需双方协议并在合同中注明，可附加规定临氢用途铬钼钢、抗HIC用途碳素钢和低合金钢的其他要求。

表 1 化学成分

牌号	化学成分(质量分数)/%										
	C[b]	Si	Mn	Cr	Ni	Mo	Nb	V	P	S	Alt
Q245R[a]	≤0.20	≤0.35	0.50~1.00[c]						≤0.025	≤0.015	≥0.020
Q345R[a]	≤0.20	≤0.55	1.20~1.60						≤0.025	≤0.015	≥0.020
Q370R	≤0.18	≤0.55	1.20~1.60				0.015~0.050		≤0.025	≤0.015	
18MnMoNbR	≤0.22	0.15~0.50	1.20~1.60			0.45~0.65	0.025~0.050		≤0.020	≤0.010	
13MnNiMoR	≤0.15	0.15~0.50	1.20~1.60	0.20~0.40	0.60~1.00	0.20~0.40	0.005~0.020		≤0.020	≤0.010	
15CrMoR	0.12~0.18	0.15~0.40	0.40~0.70	0.80~1.20		0.45~0.60			≤0.025	≤0.010	
14Cr1MoR	0.05~0.17	0.50~0.80	0.40~0.65	1.15~1.50		0.45~0.65			≤0.020	≤0.010	
12Cr2Mo1R	0.08~0.15	≤0.50	0.30~0.60	2.00~2.50		0.90~1.10			≤0.020	≤0.010	
12Cr1MoVR	0.08~0.15	0.15~0.40	0.40~0.70	0.90~1.20		0.25~0.35		0.15~0.30	≤0.025	≤0.010	

a 如果钢中加入 Nb、Ti、V 等微量元素，Alt 含量的下限不适用。

b 经供需双方协议，并在合同中注明，C 含量下限可不作要求。

c 厚度大于 60 mm 的钢板，Mn 含量上限可至 1.20%。

表 2 力学性能和工艺性能

牌号	交货状态	钢板厚度/mm	拉伸试验			冲击试验		弯曲试验
			抗拉强度 R_m/(N/mm²)	屈服强度[a] R_{eL}/(N/mm²)	伸长率 A/%	温度/℃	V 型冲击功 A_{KV}/J	180° $b=2a$
				不小于			不小于	
Q245R	热轧控轧或正火	3~16	400~520	245	25	0	31	$d=1.5a$
		>16~36		235				
		>36~60		225				
		>60~100	390~510	205	24			$d=2a$
		>100~150	380~500	185				
Q345R		3~16	510~640	345	21	0	34	$d=2a$
		>16~36	500~630	325				$d=3a$
		>36~60	490~620	315				
		>60~100	490~620	305	20			
		>100~150	480~610	285				
		>150~200	470~600	265				

表 2（续）

牌号	交货状态	钢板厚度/mm	拉伸试验			冲击试验		弯曲试验
			抗拉强度 R_m/(N/mm²)	屈服强度[a] R_{eL}/(N/mm²)	伸长率 A/%	温度/℃	V型冲击功 A_{KV}/J	180° $b=2a$
				不小于			不小于	
Q370R	正火	10～16	530～630	370	20	−20	34	$d=2a$
		＞16～36		360				$d=3a$
		＞36～60	520～620	340				
18MnMoNbR	正火加回火	30～60	570～720	400	17	0	41	$d=3a$
		＞60～100		390				
13MnNiMoR		30～100	570～720	390	18	0	41	$d=3a$
		＞100～150		380				
15CrMoR		6～60	450～590	295	19	20	31	$d=3a$
		＞60～100		275				
		＞100～150	440～580	255				
14Cr1MoR		6～100	520～680	310	19	20	34	$d=3a$
		＞100～150	510～670	300				
12Cr2Mo1R		6～150	520～680	310	19	20	34	$d=3a$
12Cr1MoVR		6～60	440～590	245	19	20	34	$d=3a$
		＞60～100	430～580	235				

[a] 如屈服现象不明显，屈服强度取 $R_{P0.2}$。

表 3 高温力学性能

牌号	厚度/mm	试验温度/℃						
		200	250	300	350	400	450	500
		屈服强度[a] R_{eL} 或 $R_{P0.2}$/(N/mm²) 不小于						
Q245R	＞20～36	186	167	153	139	129	121	
	＞36～60	178	161	147	133	123	116	
	＞60～100	164	147	135	123	113	106	
	＞100～150	150	135	120	110	105	95	
Q345R	＞20～36	255	235	215	200	190	180	
	＞36～60	240	220	200	185	175	165	
	＞60～100	225	205	185	175	165	155	
	＞100～150	220	200	180	170	160	150	
	＞150～200	215	195	175	165	155	145	
Q370R	＞20～36	290	275	260	245	230		
	＞36～60	280	270	255	240	225		

表 3(续)

牌号	厚度/mm	试验温度/℃						
		200	250	300	350	400	450	500
		屈服强度[a] R_{eL} 或 $R_{P0.2}$/(N/mm²) 不小于						
18MnMoNbR	30～60	360	355	350	340	310	275	
	>60～100	355	350	345	335	305	270	
13MnNiMoR	30～100	355	350	345	335	305		
	>100～150	345	340	335	325	300		
15CrMoR	>20～60	240	225	210	200	189	179	174
	>60～100	220	210	196	186	176	167	162
	>100～150	210	199	185	175	165	156	150
14Cr1MoR	>20～150	255	245	230	220	210	195	176
12Cr2Mo1R	>20～150	260	255	250	245	240	230	215
12Cr1MoVR	>20～100	200	190	176	167	157	150	142

a 如屈服现象不明显，屈服强度取 $R_{P0.2}$。

7 试验方法

7.1 每批钢板的检验项目、取样数量、取样方法及试验方法应符合表 4 的规定。

表 4 检验项目、取样数量及试验方法

序号	检验项目	取样数量(个)	取样方法	取样方向	试验方法
1	化学成分	1/每炉	GB/T 20066		GB/T 223 或 GB/T 4336
2	拉伸试验	1	GB/T 2975	横向	GB/T 228
3	Z 向拉伸	3	GB/T 5313		GB/T 5313
4	弯曲试验	1	GB/T 2975	横向	GB/T 232
5	冲击试验	3	GB/T 2975	横向	GB/T 229
6	高温拉伸	1/每炉	GB/T 2975	横向	GB/T 4338
7	落锤试验		GB/T 6803		GB/T 6803
8	超声波检测	逐张			GB/T 2970 或 JB/T4730.3
9	尺寸、外形	逐张			符合精度要求的适宜量具
10	表　面	逐张			目　视

8 检验规则

8.1 钢板的质量由供方质量技术监督部门进行检查和验收。

8.2 钢板应成批验收，每批钢板由同一牌号、同一炉号、同一厚度、同一轧制或热处理制度的钢板组成，每批重量不大于 30 t。

对长期生产质量稳定的钢厂，提出申请报告并附出厂检验数据，由国家特种设备安全监察机构审查合格批准后，按批准扩大的批重交货。

8.3 根据需方要求，经供需双方协议，厚度大于 16 mm 的钢板可逐轧制坯进行力学性能检验。

8.4 力学性能试验取样位置按 GB/T 2975 的规定。对于厚度大于 40 mm 的钢板,冲击试样的轴线应位于厚度四分之一处。

8.4.1 根据需方要求,经供需双方协议,冲击试样的轴线可位于厚度二分之一处。

8.5 夏比(V 型缺口)冲击试验结果不符合 6.4.1.2 规定时,应从同一张钢板(或同一样坯)上再取 3 个试样进行复验,前后两组 6 个试样的平均值不得低于规定值,允许有 2 个试样低于规定值,但其中低于规定值 70%的试样只允许有 1 个。

8.6 其他检验项目的复验和判定按 GB/T 17505 的有关规定执行。

9 包装、标志及质量证明书

钢板的包装、标志及质量证明书应符合 GB/T 247 的规定。

附　录　A
（资料性附录）
新旧标准牌号对照

GB 713—2008 的牌号与 GB 713—1997、GB 6654—1996（含第 1 号和第 2 号修改单）的牌号对照如下：

GB 713—2008	GB 713—1997	GB 6654—1996
Q245R	20g	20R
Q345R	16Mng、19Mng	16MnR
Q370R		15MnNbR
18MnMoNbR		18MnMoNbR
13MnNiMoR	13MnNiCrMoNbg	13MnNiMoNbR
15CrMoR	15CrMog	15CrMoR
12Cr1MoVR	12Cr1MoVg	
14Cr1MoR		
12Cr2Mo1R		

中华人民共和国国家标准

GB 716—91

碳素结构钢冷轧钢带

代替 GB 716—83

Cold-rolled carbon structural steel strips

1 主题内容与适用范围

本标准规定了碳素结构钢冷轧钢带(以下简称钢带)的尺寸、外形、技术要求、试验方法、检验规则、包装、标志和质量证明书。

本标准适用于冷轧机制造的成卷钢带。

2 引用标准

GB 222 钢的化学分析用试样取样法及成品化学成分允许偏差

GB 223 钢铁及合金化学分析方法

GB 228 金属拉伸试验方法

GB 247 钢板和钢带验收、包装、标志及质量证明书的一般规定

GB 700 碳素结构钢

GB 2975 钢材力学及工艺性能试验取样规定

GB 3076 金属薄板(带)拉伸试验方法

GB 4340 金属维氏硬度试验方法

GB 6397 金属拉伸试验试样

3 分类、代号

3.1 钢带按尺寸精度分为:

普通精度钢带	P
宽度较高精度钢带	K
厚度较高精度钢带	H
宽度、厚度较高精度钢带	KH

3.2 钢带按表面精度分为:

普通精度表面钢带	I
较高精度表面钢带	II

3.3 钢带按边缘状态分为:

切边钢带	Q
不切边钢带	BQ

3.4 钢带按力学性能分为:

软钢带	R
半软钢带	BR
硬钢带	Y

国家技术监督局1991-03-26批准　　　　1991-11-01实施

4 尺寸、外形

4.1 钢带厚度和宽度应符合表1中的规定。

表 1 mm

厚　　度	宽　　度
0.10～3.00	10～250

4.1.1 经供需双方协议，可供表1规定之外尺寸的钢带。

4.2 钢带厚度允许偏差应符合表2中的规定。

表 2 mm

厚　　度	允许偏差	
	普通精度	较高精度
≤0.15	0 −0.020	0 −0.015
>0.15～0.25	0 −0.03	0 −0.02
>0.25～0.40	0 −0.04	0 −0.03
>0.40～0.70	0 −0.05	0 −0.04
>0.70～1.00	0 −0.07	0 −0.05
>1.00～1.50	0 −0.09	0 −0.07
>1.50～2.50	0 −0.12	0 −0.09
>2.50～3.00	0 −0.15	0 −0.12

成卷交货的钢带焊缝处1 000 mm范围内厚度偏差允许比表2数值增加100%。

4.2.1 根据需方要求，经供需双方协议，可制造正偏差的钢带，公差值应不大于表2的规定。

4.3 钢带宽度允许偏差

4.3.1 切边钢带应符合表3中的规定。

表 3 mm

厚　　度	允许偏差			
	宽度≤120		宽度>120	
	普通精度	较高精度	普通精度	较高精度
≤0.50	0 −0.25	0 −0.15	0 −0.45	0 −0.25
>0.50～1.00	0 −0.35	0 −0.25	0 −0.55	0 −0.35
>1.00～3.00	0 −0.50	0 −0.40	0 −0.70	0 −0.50

4.3.2 不切边钢带应符合表4中的规定。

表 4 mm

宽 度	允许偏差	
	普通精度	较高精度
≤120	±1.50	±1.00
>120	±2.50	±2.00

4.3.3 根据需方要求,经供需双方协议,可供应正偏差的钢带,公差值应不大于表 3、表 4 的规定。

4.4 钢带的不平度和镰刀弯应符合表 5 中的规定。

表 5

厚 度 mm	不 平 度,mm/m				镰刀弯,mm/m	
	宽 度,mm				切边	不切边
	≤50	>50~100	>100~150	>150		
	不 大 于					
≤0.50	4	5	6	7	2	3
>0.50	3	4	5	6	3	4

4.5 钢带分切头尾和不切头尾两种,其有效长度应符合表 6 中的规定。

表 6 mm

厚 度	有 效 长 度 不小于
≤1.50	11 000
>1.50~2.00	7 000
>2.00~3.00	5 000

4.6 钢带应成卷交货,卷重不大于 2 t。

4.7 标记示例

用 Q 235-A・F 钢轧制的普通精度尺寸、较高精度表面、切边、半软态、厚度为 0.5 mm,宽度为 120 mm的钢带标记为:

冷轧钢带 Q 235-A・F-P-Ⅱ-Q-BR-0.5×120 GB 716。

5 技术要求

5.1 钢带采用 GB 700 标准中的碳素结构钢轧制,其化学成分应符合该标准中的规定。

5.2 钢带的抗拉强度和伸长率应符合表 7 中的规定。

表 7

类别	抗拉强度 σ_b MPa	伸长率 δ %,不小于	维氏硬度 HV
软钢带	275~440	23	≤130
半软钢带	370~490	10	105~145
硬钢带	490~785	—	140~230

5.2.1 根据需方要求,经供需双方协议,钢带可进行硬度试验,硬度值应符合表 7 的规定。此时抗拉强度和伸长率不作交货条件。

5.3 普通精度的钢带表面,除允许有深度或高度不大于钢带厚度允许偏差的个别的凹面、凸块、压痕、结疤、纵向刮伤或划痕以及轻微的锈痕、粉状的氧化皮薄层外,不得有其他缺陷。

5.4 较高精度的钢带表面，除允许有深度或高度不大于钢带厚度允许偏差之半的个别的凹面、凸块、压痕、结疤、纵向刮伤或划痕外，不得有其他缺陷。

5.5 在切边钢带的边缘上，允许有深度不大于钢带宽度允许偏差之半的切割不齐和尺寸不大于厚度允许偏差的毛刺。

5.6 在不切边钢带的边缘上允许有深度不大于表8规定的裂边。

表 8 mm

厚　　度	裂　　边	
	用热带直接轧制的	用热带纵剪后轧制的
≤0.50	3	5
>0.50～1.00	2	4
>1.00～3.00	1	3

5.7 需方对钢带性能和交货状态有特殊要求时，则由供需双方按协议规定执行。

6 试验方法

6.1 钢带用肉眼作外观检查。

6.2 用通用量具在钢带有效长度内测量钢带厚度。宽度大于20 mm的钢带，切边的应在距边缘不小于5 mm处测量厚度，不切边的应在距边缘不小于10 mm处测量厚度；宽度不大于20 mm的钢带，应在钢带中部测量厚度。

6.3 测量镰刀弯时，将钢带受检部分放于平板上，并将1 m长的直尺靠贴钢带的凹边，测量钢带与直尺之间的最大距离。

6.4 测量不平度时，将钢带受检部自由地放在平台上，除钢带本身重量外，不加任何外力，测量钢带下表面与平台之间的最大距离。

6.5 每批钢带的试验项目、取样数量、取样方法和试验方法应符合表9的规定。

6.5.1 拉伸试验的试样应符合GB 6397中的规定。当计算的比例标距小于25 mm时取25 mm，试样宽度均为20 mm。

6.5.2 厚度小于0.15 mm，经供需双方协议，也可测定拉伸性能。

表 9

试验项目	取样数量	取样方法	试验方法
化学成分 （熔炼分析）	每炉罐号一个	GB 222	GB 223
力学性能	4	GB 2975 从二卷钢带的内外圈各取一个试样	GB 228 GB 3076 GB 6397 试样 P8、P4 GB 4340

7 检验规则

7.1 钢带应成批验收，每批应由同一牌号、同一规格和同一类别钢带组成。

7.2 不切头尾钢带，头尾不作考核部分长度应不大于表10中的规定。

表 10

mm

厚　　度	头　　部	尾　　部
≤0.50	2 500	1 000
>0.50～1.00	2 000	1 000
>1.00～1.50	1 500	1 000
>1.50	1 000	500

7.3　由连轧机轧制的成卷长钢带不正常部分不得超过每卷总长度的 8%。

7.4　钢带的复验应符合 GB 247 标准中的规定。

8　包装、标志和质量证明书

钢带的包装、标志和质量证明书应符合 GB 247 标准中的规定。

附加说明：

本标准由中华人民共和国冶金工业部提出。

本标准由上海第十钢铁厂负责起草。

本标准主要起草人房增德、赵春宝。

ICS 77.140.50
H 46

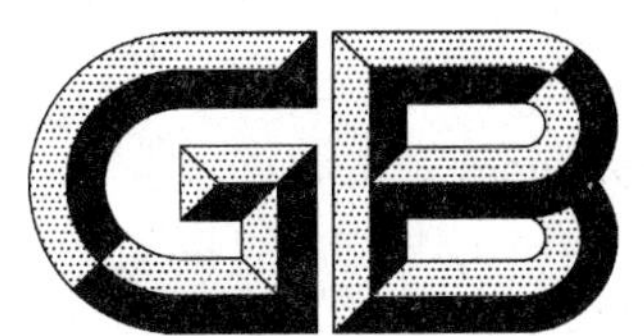

中华人民共和国国家标准

GB 912—2008
代替 GB/T 912—1989

碳素结构钢和低合金结构钢热轧薄钢板和钢带

Hot-rolled sheets and strips of carbon structural steels and high strength low alloy structural steels

(ISO 4995:2001(E), ISO 4996:1999(E), NEQ)

2008-10-24 发布　　　　2009-10-01 实施

中华人民共和国国家质量监督检验检疫总局
中国国家标准化管理委员会　发布

前　言

本标准为条文强制性标准，本标准中 5.1.2、5.4.1、5.4.3、8.2 为强制性条款。

本标准与 ISO 4995:2001(E)《结构级热轧薄钢板》(英文版)和 ISO 4996:1999(E)《高屈服强度结构级热轧薄钢板》(英文版)的一致性程度为非等效。

本标准代替 GB/T 912—1989《碳素结构钢和低合金结构钢热轧薄钢板及钢带》。与原标准相比，主要变化如下：

——由推荐性标准改为条文强制性标准；

——取消了原标准中叠轧钢板相关内容；

——调整了产品厚度范围；

——增加了订货内容；

——改变了交货状态；

——修改了表面质量的规定。

本标准由中国钢铁工业协会提出。

本标准由全国钢标准化技术委员会归口。

本标准主要起草单位：广东出入境检验检疫局、冶金工业信息标准研究院、本溪钢铁(集团)有限责任公司。

本标准主要起草人：李成明、彭小钢、王晓虎、张震坤、周崎、张险峰、刘健斌、曹标、裴昱。

本标准所代替标准的历次版本发布情况为：

——GB/T 912—1989。

碳素结构钢和低合金结构钢热轧薄钢板和钢带

1 范围

本标准规定了碳素结构钢和低合金结构钢热轧薄钢板和钢带的订货内容、尺寸、外形、重量及允许偏差、技术要求、试验方法、检验规则、包装、标志和质量证明书等。

本标准适用于厚度小于 3 mm 的碳素结构钢和低合金结构钢热轧薄钢板和钢带。

2 规范性引用文件

下列文件中的条款通过本标准的引用而成为本标准的条款。凡是注日期的引用文件，其随后所有的修改单(不包括勘误的内容)或修订版均不适用于本标准，然而，鼓励根据本标准达成协议的各方研究是否可使用这些文件的最新版本。凡是不注日期的引用文件，其最新版本适用于本标准。

GB/T 222 钢的成品化学成分允许偏差
GB/T 223.3 钢铁及合金化学分析方法 二安替吡啉甲烷磷钼酸重量测定磷量
GB/T 223.5 钢铁 酸溶硅和全硅含量的测定 还原型硅钼酸盐分光光度法
GB/T 223.10 钢铁及合金化学分析方法 铜铁试剂分离-铬天青 S 光度法测定铝量
GB/T 223.11 钢铁及合金化学分析方法 过硫酸铵氧化容量法测定铬量
GB/T 223.14 钢铁及合金化学分析方法 钽试剂萃取光度法测定钒量
GB/T 223.17 钢铁及合金化学分析方法 二安替吡啉甲烷光度法测定钛量
GB/T 223.18 钢铁及合金化学分析方法 硫代硫酸钠分离-碘量法测定铜量
GB/T 223.19 钢铁及合金化学分析方法 新亚铜灵-三氯甲烷萃取光度法测定铜量
GB/T 223.23 钢铁及合金 镍含量的测定 丁二酮肟分光光度法
GB/T 223.32 钢铁及合金化学分析方法 次磷酸钠还原-碘量法测定砷含量
GB/T 223.37 钢铁及合金化学分析方法 蒸馏分离-靛酚蓝光度法测定氮量
GB/T 223.40 钢铁及合金 铌含量的测定 氯磺酚 S 分光光度法
GB/T 223.58 钢铁及合金化学分析方法 亚砷酸钠-亚硝酸钠滴定法测定锰量
GB/T 223.59 钢铁及合金 磷含量的测定 铋磷钼蓝分光光度法和锑磷钼蓝分光光度法
GB/T 223.60 钢铁及合金化学分析方法 高氯酸脱水重量法测定硅含量
GB/T 223.63 钢铁及合金化学分析方法 高碘酸钠(钾)光度法测定锰量
GB/T 223.64 钢铁及合金 锰含量的测定 火焰原子吸收光谱法
GB/T 223.68 钢铁及合金化学分析方法 管式炉内燃烧后碘酸钾滴定法测定硫含量
GB/T 223.71 钢铁及合金化学分析方法 管式炉内燃烧后重量法测定碳含量
GB/T 223.72 钢铁及合金 硫含量的测定 重量法
GB/T 228 金属材料 室温拉伸试验方法(GB/T 228—2002,eqv ISO 6892:1998)
GB/T 232 金属材料 弯曲试验方法(GB/T 232—1999,eqv ISO 7438:1985)
GB/T 247 钢板和钢带检验、包装、标志及质量证明书的一般规定
GB/T 700 碳素结构钢
GB/T 709 热轧钢板和钢带的尺寸、外形、重量及允许偏差
GB/T 1591 高强度低合金结构钢

GB/T 2975 钢及钢产品力学性能试验取样位置及试样制备(GB/T 2975—1998,eqv ISO 377:1997)

GB/T 4336 碳素钢和中低合金钢火花源原子发射光谱分析方法(常规法)

GB/T 17505 钢及钢产品一般交货技术要求(GB/T 17505—1998,eqv ISO 404:1992)

GB/T 18253 钢及钢产品检验文件的类型(GB/T 18253—2000,eqv ISO 10474:1991)

GB/T 20066 钢和铁 化学成分测定用试样的取样和制样方法(GB/T 20066—2006,ISO 14284:1996 IDT)

YB/T 081 冶金技术标准的数值修约与检测数值的判定原则

3 订货内容

3.1 按本标准订货的合同或订单应包括下列内容:

a) 标准编号;

b) 产品名称(钢板、钢带);

c) 牌号;

d) 尺寸;

e) 边缘状态(切边 EC、不切边 EM);

f) 厚度精度(PT. A、PT. B);

g) 重量;

h) 交货状态;

i) 用途;

j) 特殊要求。

3.2 订货合同对 e)、f)项内容未明确时,按如下规定:

a) 钢带通常不切边交货,由钢带剪切的钢板通常切边交货;

b) 厚度精度按普通精度(PT. A 类)。

4 尺寸、外形、重量及允许偏差

钢板和钢带的尺寸、外形、重量及允许偏差应符合 GB/T 709 的规定。

5 技术要求

5.1 牌号和化学成分

5.1.1 钢的牌号和化学成分应符合 GB/T 700、GB/T 1591 的规定。

5.1.2 钢中砷的含量不大于 0.080%。用含砷矿冶炼生铁所冶炼的钢,砷含量由供需双方协议规定。如原料中不含砷,可不做砷的分析。

5.1.3 成品钢板和钢带的化学成分允许偏差应符合 GB/T 222 的规定。

5.2 冶炼方法

钢由转炉或电炉冶炼。

5.3 交货状态

钢板和钢带以热轧状态或退火状态交货。

5.4 力学性能和工艺性能

5.4.1 钢板和钢带的抗拉强度和伸长率应符合 GB/T 700、GB/T 1591 的规定。但伸长率允许比 GB/T 700 或 GB/T 1591 的规定降低 5%(绝对值)。

5.4.2 根据需方要求,钢板和钢带的屈服强度可按 GB/T 700、GB/T 1591 的规定。

5.4.3 钢板和钢带应做 180°弯曲试验,试样弯心直径应符合 GB/T 700、GB/T 1591 的规定。

5.4.4 根据需方要求，对冷冲压用低合金钢或 Q235 碳素结构钢，可做弯心直径等于试样厚度的弯曲试验。

5.5 表面质量

5.5.1 钢板和钢带表面不应有结疤、裂纹、折叠、夹杂、气泡和氧化铁皮压入等对使用有害的缺陷。钢板和钢带不得有分层。

5.5.2 钢板和钢带表面允许有不影响使用的薄层氧化铁皮、铁锈和轻微的麻点、划痕等局部缺陷，其凹凸度不得超过钢板和钢带厚度公差之半，并应保证钢板和钢带的允许最小厚度。

5.5.3 钢板表面缺陷允许清理。清理处应平缓无棱角，并应保证钢板的允许最小厚度。

5.5.4 对于钢带，由于没有机会切除有缺陷部分，允许带缺陷交货，但带缺陷部分不应超过每卷钢带总长度的 8%。

6 试验方法

6.1 每批钢板和钢带的检验项目、取样数量、取样方法及试验方法应符合表 1 的规定。

表 1 检验项目、取样数量、取样方法及试验方法

序号	检验项目	取样数量(个)	取样方法	试验方法
1	化学成分	1/每炉	GB/T 20066	GB/T 223、GB/T 4336
2	拉伸试验	1	GB/T 2975	GB/T 228
3	弯曲试验	1	GB/T 2975	GB/T 232

6.2 钢板和钢带的表面质量用目视检查。

7 检验规则

7.1 钢板和钢带的检查和验收由供方技术质量监督部门负责，需方有权按本标准或合同所规定的任一检验项目进行检查和验收。

7.2 钢板和钢带应成批验收，每批由同一牌号、同一炉号、同一质量等级、同一交货状态的钢板和钢带组成，每批重量应不大于 60 t。

7.3 公称容量比较小的炼钢炉冶炼的钢轧成的钢板和钢带组成的混合批，应符合 GB/T 700 和GB/T 1591 的有关规定。

7.4 钢板和钢带的复验和判定按 GB/T 17505 的规定。

8 包装、标志和质量证明书

8.1 钢板和钢带的包装、标志及质量证明书应符合 GB/T 247 的规定。钢板和钢带的质量证明书类型可按 GB/T 18253 的规定。

8.2 供方应提供钢板和钢带的中文说明标志和中文质量证明书。

9 数值修约

数值修约应符合 YB/T 081 的规定。

中华人民共和国国家标准

GB/T 983—1995

代替 GB 983—85

不锈钢焊条

Stainless steel covered electrodes

1 主题内容与适用范围

本标准规定了不锈钢焊条的型号分类、技术要求、试验方法及检验规则等内容。

本标准适用于手工电弧焊接用的不锈钢焊条。这类焊条熔敷金属中铬含量应大于10.50%,铁的含量应超过其他任何元素。

2 引用标准

GB 223.1~223.70 钢铁及合金化学分析方法

GB 1954 铬镍奥氏体不锈钢焊缝铁素体含量测量方法

GB 2652 焊缝及熔敷金属拉伸试验方法

GB 4334.5 不锈钢 硫酸-硫酸铜腐蚀试验方法

3 型号分类

3.1 焊条根据熔敷金属的化学成分、药皮类型、焊接位置及焊接电流种类划分型号,见表1、表2。

3.2 型号编制方法

字母"E"表示焊条,"E"后面的数字表示熔敷金属化学成分分类代号,如有特殊要求的化学成分,该化学成分用元素符号表示放在数字的后面。短划"-"后面的两位数字表示焊条药皮类型、焊接位置及焊接电流种类。

3.3 本标准中焊条型号举例如下:

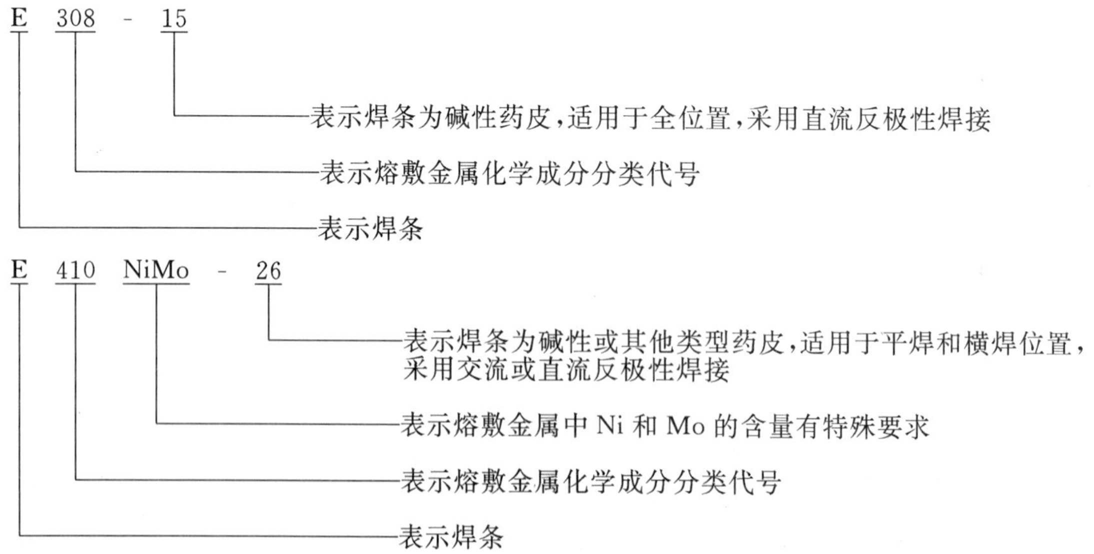

国家技术监督局1995-12-13批准 1996-08-01实施

表 1　熔敷金属化学成分　　%

<table>
<tr><th>化学成分
焊条型号</th><th>C</th><th>Cr</th><th>Ni</th><th>Mo</th><th>Mn</th><th>Si</th><th>P</th><th>S</th><th>Cu</th><th>其他</th></tr>
<tr><td>E209-XX</td><td rowspan="3">0.60</td><td>20.5～24.0</td><td>9.5～12.0</td><td>1.5～3.0</td><td>4.0～7.0</td><td>0.90</td><td rowspan="14">0.040</td><td rowspan="29">0.030</td><td rowspan="24">0.75</td><td>N:0.10～0.30
V:0.10～0.30</td></tr>
<tr><td>E219-XX</td><td>19.0～21.5</td><td>5.5～7.0</td><td rowspan="2">0.75</td><td>8.0～10.0</td><td rowspan="2">1.00</td><td rowspan="2">N:0.10～0.30</td></tr>
<tr><td>E240-XX</td><td>17.0～19.0</td><td>4.0～6.0</td><td>10.5～13.5</td></tr>
<tr><td>E307-XX</td><td>0.04～0.14</td><td>18.0～21.5</td><td>9.0～10.7</td><td>0.5～1.5</td><td>3.30～4.75</td><td rowspan="11">0.90</td><td rowspan="8">—</td></tr>
<tr><td>E308-XX</td><td>0.08</td><td rowspan="5">18.0～21.0</td><td rowspan="3">9.0～11.0</td><td rowspan="3">0.75</td><td rowspan="10">0.5～2.5</td></tr>
<tr><td>E308H-XX</td><td>0.04～0.08</td></tr>
<tr><td>E308L-XX</td><td>0.04</td></tr>
<tr><td>E308Mo-XX</td><td>0.08</td><td rowspan="2">9.0～12.0</td><td rowspan="2">2.0～3.0</td></tr>
<tr><td>E308MoL-XX</td><td>0.04</td></tr>
<tr><td>E309-XX</td><td>0.15</td><td rowspan="5">22.0～25.0</td><td rowspan="5">12.0～14.0</td><td rowspan="3">0.75</td></tr>
<tr><td>E309L-XX</td><td>0.04</td></tr>
<tr><td>E309Nb-XX</td><td rowspan="2">0.12</td><td>Nb:0.70～1.00</td></tr>
<tr><td>E309Mo-XX</td><td rowspan="2">2.0～3.0</td><td rowspan="4">—</td></tr>
<tr><td>E309MoL-XX</td><td>0.04</td></tr>
<tr><td>E310-XX</td><td>0.08～0.20</td><td rowspan="4">25.0～28.0</td><td rowspan="2">20.0～22.5</td><td rowspan="3">0.75</td><td rowspan="4">1.0～2.5</td><td rowspan="4">0.75</td><td rowspan="4">0.030</td></tr>
<tr><td>E310H-XX</td><td>0.35～0.45</td></tr>
<tr><td>E310Nb-XX</td><td rowspan="2">0.12</td><td rowspan="2">20.0～22.0</td><td>Nb:0.70～1.00</td></tr>
<tr><td>E310Mo-XX</td><td>2.0～3.0</td><td rowspan="9">—</td></tr>
<tr><td>E312-XX</td><td>0.15</td><td>28.0～32.0</td><td>8.0～10.5</td><td>0.75</td><td rowspan="11">0.5～2.5</td><td rowspan="10">0.90</td><td rowspan="6">0.040</td></tr>
<tr><td>E316-XX</td><td>0.08</td><td rowspan="3">17.0～20.0</td><td rowspan="3">11.0～14.0</td><td rowspan="3">2.0～3.0</td></tr>
<tr><td>E316H-XX</td><td>0.04～0.08</td></tr>
<tr><td>E316L-XX</td><td>0.04</td></tr>
<tr><td>E317-XX</td><td>0.08</td><td rowspan="4">18.0～21.0</td><td rowspan="4">12.0～14.0</td><td rowspan="2">3.0～4.0</td></tr>
<tr><td>E317L-XX</td><td>0.04</td></tr>
<tr><td>E317MoCu-XX</td><td>0.08</td><td rowspan="2">2.0～2.5</td><td rowspan="2">0.035</td><td rowspan="2">2</td></tr>
<tr><td>E317MoCuL-XX</td><td>0.04</td></tr>
<tr><td>E318-XX</td><td rowspan="2">0.08</td><td rowspan="2">17.0～20.0</td><td rowspan="2">11.0～14.0</td><td>2.0～3.0</td><td>0.040</td><td>0.75</td><td>Nb:6×C～1.00</td></tr>
<tr><td>E318V-XX</td><td>2.0～2.5</td><td>0.035</td><td>0.5</td><td>V:0.30～0.70</td></tr>
<tr><td>E320-XX</td><td>0.07</td><td rowspan="2">19.0～21.0</td><td rowspan="2">32.0～36.0</td><td rowspan="2">2.0～3.0</td><td>0.60</td><td>0.040</td><td rowspan="2">3.0～4.0</td><td>Nb:8×C～1.00</td></tr>
<tr><td>E320LR-XX</td><td>0.03</td><td>1.5～2.5</td><td>0.30</td><td>0.020</td><td>0.015</td><td>Nb:8×C～0.40</td></tr>
</table>

续表 1

%

<table>
<tr><th>化学成分
焊条型号</th><th>C</th><th>Cr</th><th>Ni</th><th>Mo</th><th>Mn</th><th>Si</th><th>P</th><th>S</th><th>Cu</th><th>其他</th></tr>
<tr><td>E330-XX</td><td>0.18～0.25</td><td rowspan="2">14.0～17.0</td><td rowspan="3">33.0～37.0</td><td rowspan="2">0.75</td><td rowspan="2">1.0～2.5</td><td rowspan="2">0.90</td><td rowspan="2">0.040</td><td rowspan="5">0.030</td><td rowspan="2">0.75</td><td rowspan="2">—</td></tr>
<tr><td>E330H-XX</td><td>0.35～0.45</td></tr>
<tr><td>E330MoMnWNb-XX</td><td>0.20</td><td>15.0～17.0</td><td>2.0～3.0</td><td>3.5</td><td>0.70</td><td>0.035</td><td>0.5</td><td>Nb:1.0～2.0
W:2.0～3.0</td></tr>
<tr><td>E347-XX</td><td>0.08</td><td rowspan="2">18.0～21.0</td><td>9.0～11.0</td><td>0.75</td><td rowspan="3">0.5～2.5</td><td rowspan="3">0.90</td><td rowspan="2">0.040</td><td rowspan="2">0.75</td><td>Nb:8×C～1.00</td></tr>
<tr><td>E349-XX</td><td>0.13</td><td>8.0～10.0</td><td>0.35～0.65</td><td>Nb:0.75～1.20
V:0.10～0.30
Ti:0.15
W:1.25～1.75</td></tr>
<tr><td>E383-XX</td><td rowspan="2">0.03</td><td>26.5～29.0</td><td>30.0～33.0</td><td>3.2～4.2</td><td>0.020</td><td rowspan="2">0.020</td><td>0.6～1.5</td><td rowspan="7">—</td></tr>
<tr><td>E385-XX</td><td>19.5～21.5</td><td>24.0～26.0</td><td>4.2～5.2</td><td>1.0～2.5</td><td>0.75</td><td>0.030</td><td>1.2～2.0</td></tr>
<tr><td>E410-XX</td><td>0.12</td><td>11.0～13.5</td><td>0.7</td><td>0.75</td><td rowspan="5">1.0</td><td rowspan="5">0.90</td><td rowspan="6">0.040</td><td rowspan="5">0.030</td><td rowspan="5">0.75</td></tr>
<tr><td>E410NiMo-XX</td><td>0.06</td><td>11.0～12.5</td><td>4.0～5.0</td><td>0.40～0.70</td></tr>
<tr><td>E430-XX</td><td rowspan="3">0.10</td><td>15.0～18.0</td><td>0.6</td><td>0.75</td></tr>
<tr><td>E502-XX</td><td>4.0～6.0</td><td rowspan="2">0.4</td><td>0.45～0.65</td></tr>
<tr><td>E505-XX</td><td>8.0～10.5</td><td>0.85～1.20</td></tr>
<tr><td>E630-XX</td><td>0.05</td><td>16.00～16.75</td><td>4.5～5.0</td><td>0.75</td><td>0.25～0.75</td><td>0.75</td><td rowspan="10">0.030</td><td>3.25～4.00</td><td>Nb:0.15～0.30</td></tr>
<tr><td>E16-8-2-XX</td><td>0.10</td><td>14.5～16.5</td><td>7.5～9.5</td><td>1.0～2.0</td><td rowspan="2">0.5～2.5</td><td>0.60</td><td>0.030</td><td>0.75</td><td>—</td></tr>
<tr><td>E16-25MoN-XX</td><td>0.12</td><td>14.0～18.0</td><td>22.0～27.0</td><td>5.0～7.0</td><td rowspan="2">0.90</td><td>0.035</td><td>0.5</td><td>N≥0.1</td></tr>
<tr><td>E7Cr-XX</td><td>0.10</td><td>6.0～8.0</td><td>0.40</td><td>0.45～0.65</td><td>1.0</td><td>0.040</td><td>0.75</td><td>—</td></tr>
<tr><td>E5MoV-XX</td><td>0.12</td><td>4.5～6.0</td><td rowspan="2">—</td><td>0.40～0.70</td><td>0.5～0.9</td><td rowspan="4">0.50</td><td rowspan="4">0.035</td><td rowspan="4">0.5</td><td>V:0.10～0.35</td></tr>
<tr><td>E9Mo-XX</td><td>0.15</td><td>8.5～10.0</td><td>0.70～1.00</td><td rowspan="3">0.5～1.0</td><td>—</td></tr>
<tr><td>E11MoVNi-XX</td><td rowspan="2">0.19</td><td>9.5～11.5</td><td>0.60～0.90</td><td>0.60～0.90</td><td>V:0.20～0.40</td></tr>
<tr><td>E11MoVNiW-XX</td><td>9.5～12.0</td><td>0.40～1.10</td><td>0.80～1.00</td><td>V:0.20～0.40
W:0.40～0.70</td></tr>
<tr><td>E2209-XX</td><td>0.04</td><td>21.5～23.5</td><td>8.5～10.5</td><td>2.5～3.5</td><td>0.5～2.0</td><td>0.90</td><td rowspan="2">0.040</td><td>0.75</td><td>N:0.08～0.20</td></tr>
<tr><td>E2553-XX</td><td>0.06</td><td>24.0～27.0</td><td>6.5～8.5</td><td>2.9～3.9</td><td>0.5～1.5</td><td>1.0</td><td>1.5～2.5</td><td>N:0.10～0.25</td></tr>
</table>

注：① 表中单值均为最大值。

② 当对表中给出的元素进行化学分析还存在其他元素时，这些元素的总量不得超过 0.5%(铁除外)。

③ 焊条型号中的字母 L 表示碳含量较低，H 表示碳含量较高，R 表示碳、磷、硅含量较低。

④ E502、E505、E7Cr、E5Mo、E9Mo 型焊条将放入下次修订的 GB 5118《低合金钢焊条》标准中，而从本标准中删除。

⑤ 后缀-XX 表示-15、-16、-17、-25 或-26。

表 2　焊接电流及焊接位置

焊 条 型 号	焊接电流	焊接位置
EXXX(X)-15	直流反接	全位置
EXXX(X)-25		平焊、横焊
EXXX(X)-16	交流或直流反接	全位置
EXXX(X)-17		
EXXX(X)-26		平焊、横焊

注：直径等于和大于 5.0 mm 焊条不推荐全位置焊接。

4　技术要求

4.1　尺寸

4.1.1　焊条尺寸应符合表 3 规定。

表 3　焊条尺寸　　mm

焊 条 直 径		焊 条 长 度	
基本尺寸	极限偏差	基本尺寸	极限偏差
1.6,2.0	−0.08	220～260	±2.0
2.5		230～350	
3.2		300～460	
4.0,5.0,6.0		340～460	

4.1.1.1　允许制造直径 3.0 mm 焊条代替 3.2 mm 焊条，直径 5.8 mm 焊条代替 6.0 mm 焊条。

4.1.1.2　根据供需双方协议，允许供应其他尺寸的焊条。

4.1.2　焊条夹持端长度应符合表 4 规定。

表 4　夹持端长度　　mm

焊 条 直 径	夹 持 端 长 度
≤4.0	10～30
≥5.0	20～40

4.2　药皮

4.2.1　焊条药皮上不应有影响焊接质量的裂纹、气泡、杂质及剥落等缺陷。

4.2.2　焊条引弧端药皮应倒角，焊芯端面应露出，以保证易于引弧，焊条露芯应符合如下规定：

a.　直径不大于 2.0 mm 焊条，沿长度方向的露芯长度不应大于 1.6 mm；

b.　直径为 2.5 mm 及 3.2 mm 焊条，沿长度方向的露芯长度不应大于 2.0 mm；

c. 直径大于 3.2 mm 焊条，沿长度方向的露芯长度不应大于 3.2 mm；

d. 各种焊条直径沿圆周方向的露芯均不应大于圆周的一半。

4.2.3 焊条药皮应具有足够的强度，不致在正常搬运或使用过程中损坏。

4.2.4 焊条偏心度应符合如下规定：

a. 直径不大于 2.5 mm 焊条，偏心度不应大于 7%；

b. 直径为 3.2 mm 和 4.0 mm 焊条，偏心度不应大于 5%；

c. 直径不小于 5.0 mm 焊条，偏心度不应大于 4%。

偏心度计算方法如下(见图 1)：

$$焊条偏心度 = \frac{T_1 - T_2}{(T_1 + T_2)/2} \times 100\%$$

式中：T_1——焊条断面药皮层最大厚度+焊芯直径；

T_2——同一断面药皮层最小厚度+焊芯直径。

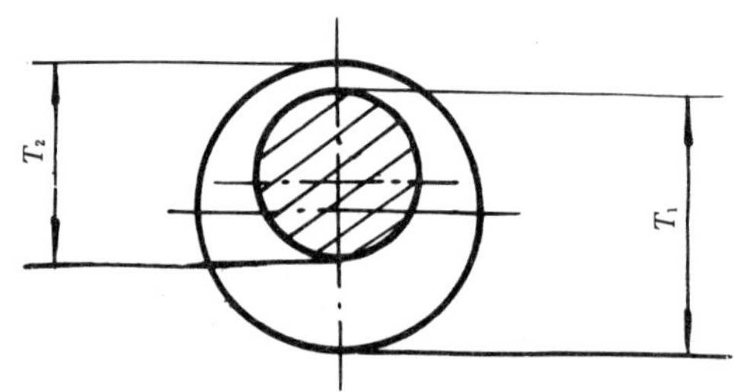

图 1 焊条偏心度

4.3 T 型接头角焊缝

4.3.1 角焊缝表面经肉眼检查应无裂纹、焊瘤、夹渣及表面气孔。

4.3.2 角焊缝断面经磨光、腐蚀后应符合如下规定：

a. 每侧角焊缝均应熔到或熔过两板的交接点；

b. 每侧角焊缝的焊脚尺寸及两焊脚长度之差应符合表 5 规定(见图 2)；

c. 每侧凸型角焊缝的凸度应符合图 3 规定；

d. 经肉眼检查，角焊缝横断面不得有裂纹；

e. 焊缝不得有夹渣和气孔。

表 5　角焊缝尺寸　　mm

焊条直径	板　　厚	焊接位置	最大焊脚尺寸	两焊脚长度之差
3.2	6.0	立焊	6.4	≤1.6
3.2	6.0	横焊，仰焊	4.8	
3.2[1]	9.0 或 13.0	立焊	9.5	
3.2[1]	9.0 或 13.0	横焊，仰焊	6.4	
4.0	6.0 或 9.0	立焊	8.0	
4.0	6.0 或 9.0	横焊，仰焊	6.4	
4.0[1]	13.0	立焊	13.0	
4.0[1]	13.0	横焊，仰焊	8.0	
5.0	10.0	横焊	8.0	
6.0	10.0	横焊	9.5	

注：1）仅适用于 EXXX-17 型焊条。

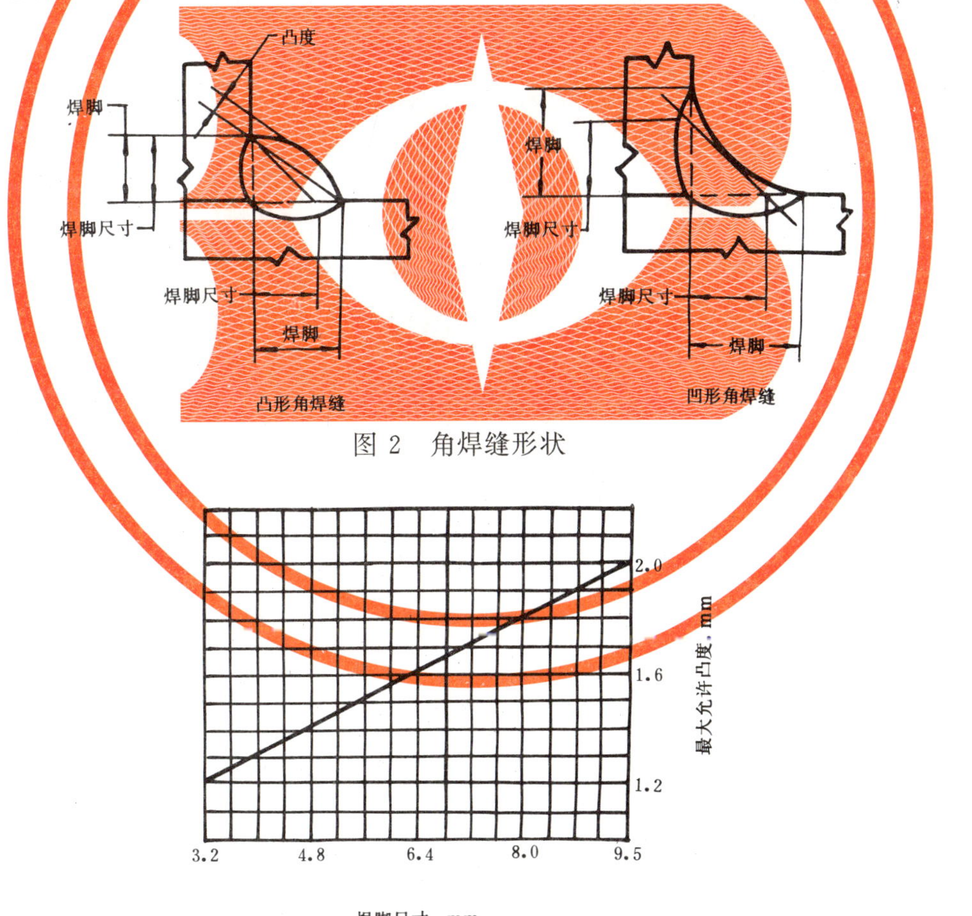

图 2　角焊缝形状

图 3　凸型角焊缝的凸度

4.4　熔敷金属化学成分

熔敷金属化学成分应符合表 1 规定。

4.5　熔敷金属力学性能

熔敷金属拉伸试验结果应符合表 6 规定。

表 6 熔敷金属力学性能

焊条型号	抗拉强度 σ_b MPa	伸长率 δ_5 %	热处理
E209-XX	690	15	
E219-XX	620		
E240-XX	690		
E307-XX	590	30	
E308-XX	550	35	
E308H-XX			
E308L-XX	520		
E308Mo-XX	550		
E308MoL-XX	520		
E309-XX	550	25	
E309L-XX	520		
E309Nb-XX	550		
E309Mo-XX			
E309MoL-XX	540		
E310-XX	550		
E310H-XX	620	10	
E310Nb-XX	550	25	
E310Mo-XX			
E312-XX	660	22	
E316-XX	520	30	
E316H-XX			
E316L-XX	490		
E317-XX	550	25	
E317L-XX	520		
E317MoCu-XX	540		—
E317MoCuL-XX			
E318-XX	550		
E318V-XX	540		

续表 6

焊条型号	抗拉强度 σ_b MPa	伸长率 δ_5 %	热处理
E320-XX	550	30	—
E320LR-XX	520		
E330-XX		25	
E330H-XX	620	10	
E330MoMnWNb-XX	590	25	
E347-XX	520	25	
E349-XX	690	25	
E383-XX	520	30	
E385-XX			
E410-XX	450	20	a
E410NiMo-XX	760	15	b
E430-XX	450	20	c
E502-XX	420		d
E505-XX			
E630-XX	930	7	e
E16-8-2-XX	550	35	—
E16-25MoN-XX	610	30	
E7Cr-XX	420	20	d
E5MoV-XX	540	14	f
E9Mo-XX	590	16	g
E11MoVNi-XX	730	15	
E11MoVNiW-XX			
E2209-XX	690	20	—
E2553-XX	760	15	

注：① 表中的数值均为最小值。

② 热处理栏中的字母表示的内容为：

a 试件在 730～760℃保温 1 h，以不超过 60℃/h 的速度随炉冷至 315℃，然后空冷。

b 试件在 595～620℃保温 1 h，然后空冷。

c 试件在 760～790℃保温 2 h，以不超过 55℃/h 的速度随炉冷至 595℃，然后空冷。

d 试件在 840～870℃保温 2 h，以不超过 55℃/h 的速度随炉冷至 595℃，然后空冷。

e 试件在 1 025～1 050℃保温 1 h 后空冷到室温，随后再加热至 610～630℃保温 4 h，进行沉淀硬化处理，然后空冷到室温。

f 试件在 740～760℃保温 4 h，然后空冷。

g 试件在 730～750℃保温 4 h，然后空冷。

4.6 熔敷金属耐腐蚀性能

熔敷金属耐腐蚀性能试验由供需双方协议确定。

4.7 熔敷金属铁素体含量

熔敷金属铁素体含量由供需双方协议确定。

5 试验方法

5.1 每种型号焊条要求的试验应符合表7规定。试验前,焊条应按生产厂推荐的烘干温度烘干。可用于交流或直流焊接的焊条试验时应采用交流。

表7 试验要求

<table>
<tr><th rowspan="2">焊条药皮类型</th><th rowspan="2">焊条直径
mm</th><th rowspan="2">焊接电流种类</th><th colspan="3">焊接位置</th></tr>
<tr><th>化学分析试验</th><th>熔敷金属拉伸试验</th><th>角焊缝试验</th></tr>
<tr><td rowspan="7">—15</td><td>1.6</td><td rowspan="7">直流反接</td><td rowspan="21">平焊</td><td rowspan="3">不要求</td><td rowspan="3">不要求</td></tr>
<tr><td>2.0</td></tr>
<tr><td>2.5</td></tr>
<tr><td>3.2</td><td rowspan="4">平焊</td><td rowspan="2">横焊、立焊、仰焊</td></tr>
<tr><td>4.0</td></tr>
<tr><td>5.0</td><td rowspan="2">横焊</td></tr>
<tr><td>6.0</td></tr>
<tr><td rowspan="7">—16
—17</td><td>1.6</td><td rowspan="7">交流或直流反接</td><td rowspan="3">不要求</td><td rowspan="3">不要求</td></tr>
<tr><td>2.0</td></tr>
<tr><td>2.5</td></tr>
<tr><td>3.2</td><td rowspan="4">平焊</td><td rowspan="2">横焊、立焊、仰焊</td></tr>
<tr><td>4.0</td></tr>
<tr><td>5.0</td><td rowspan="2">横焊</td></tr>
<tr><td>6.0</td></tr>
<tr><td rowspan="7">—25</td><td>1.6</td><td rowspan="7">直流反接</td><td rowspan="3">不要求</td><td rowspan="3">不要求</td></tr>
<tr><td>2.0</td></tr>
<tr><td>2.5</td></tr>
<tr><td>3.2</td><td rowspan="4">平焊</td><td rowspan="4">横焊</td></tr>
<tr><td>4.0</td></tr>
<tr><td>5.0</td></tr>
<tr><td>6.0</td></tr>
<tr><td rowspan="7">—26</td><td>1.6</td><td rowspan="7">交流或直流反接</td><td rowspan="7">平焊</td><td rowspan="3">不要求</td><td rowspan="3">不要求</td></tr>
<tr><td>2.0</td></tr>
<tr><td>2.5</td></tr>
<tr><td>3.2</td><td rowspan="4">平焊</td><td rowspan="4">横焊</td></tr>
<tr><td>4.0</td></tr>
<tr><td>5.0</td></tr>
<tr><td>6.0</td></tr>
</table>

5.2 试验用母材

5.2.1 T 型接头角焊缝试验用母材要求如下：

a. 奥氏体型及 E630 型焊条应采用与熔敷金属化学成分相当的不锈钢板，或者为 0Cr19Ni9 或 0Cr19Ni9Ti 型钢板。

b. E410、E410NiMo、E430 型焊条应采用 0Cr13 或 1Cr13 型不锈钢板。

c. 其余类型焊条应采用与熔敷金属化学成分相当的耐热钢板或碳钢、低合金钢板。

5.2.2 化学分析用的母材可为碳钢、低合金钢或不锈钢。熔敷金属含碳量不大于 0.04%的焊条及 E630 型焊条化学分析用的母材最高含碳量为 0.03%，在符合 5.4.3 条规定时，也可采用最高含碳量为 0.25%的母材。其余所有型号焊条化学分析用母材最高含碳量为 0.25%。

5.2.3 熔敷金属拉伸试验用的母材应为与熔敷金属化学成分相当的不锈钢板。如母材化学成分与熔敷金属化学成分不相当，应先用试验焊条（直径及批号不限）在坡口面及垫板面堆焊隔离层，隔离层厚度加工后不得小于 3.0 mm。在确保熔敷金属不受母材影响的情况下，也可以采用其他方法。但仲裁试验时，必须采用与熔敷金属化学成分相当的不锈钢板或坡口面及垫板面有隔离层的试板。

5.3 T 型接头角焊缝试验

5.3.1 试板制备应符合表 5、图 4 及 5.3.2 条的规定，焊接位置应符合表 7 及图 5 的规定。

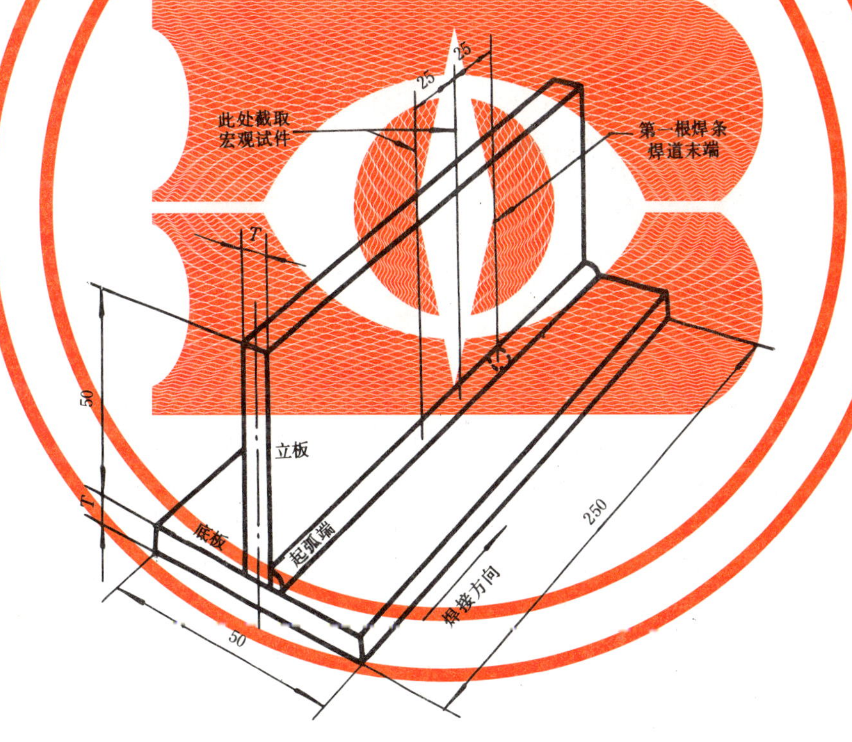

图 4 角焊缝试件

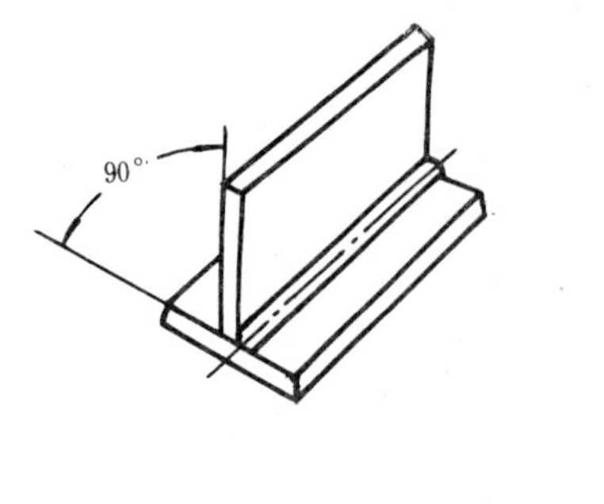

(a) 横角焊

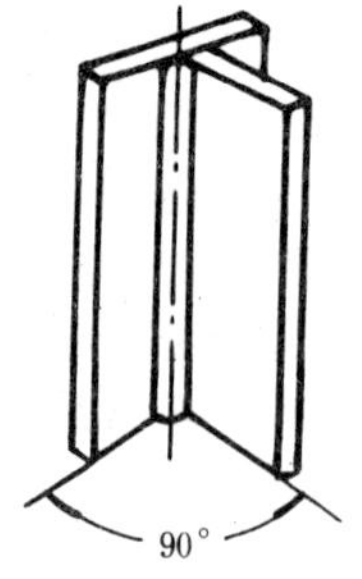

(b) 立角焊

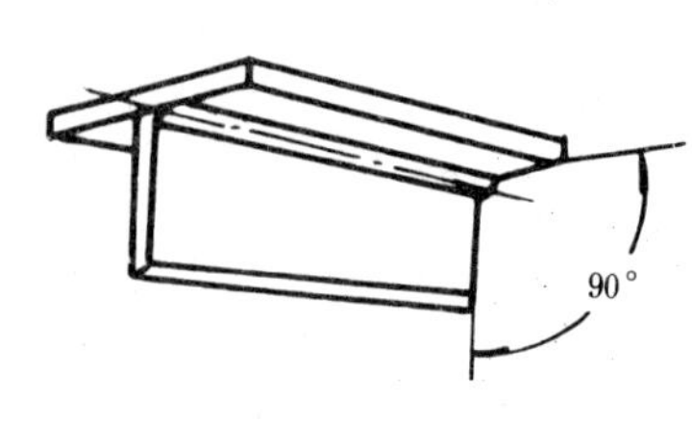

(c) 仰角焊

图 5 角焊缝焊接位置

5.3.2 试件由立板和底板组成，立板与底板的结合面应进行机械加工，底板应平直、光洁，以保证两板结合处无明显缝隙。

5.3.3 首先在接头一侧焊一单道角焊缝。第一根焊条应连续焊到焊条残头不大于 50 mm 时为止，然后用第二根焊条完成整个接头的焊接。第一根焊条的焊道末端距试板末端小于 100 mm 时，可采用引弧板或较长的试板。

5.3.4 立焊时，应向上立焊。

5.3.5 在接头一侧焊完后，试板应冷却到室温(但不得低于 15℃)，然后再开始焊接另一侧。如在水中冷却，焊接另一侧前，应予以干燥。

5.3.6 焊接另一侧时应采用与第一侧相同的工艺。

5.3.7 焊后的焊缝应首先做肉眼检查，然后按图 4 所示截取一个宏观试件。截得两断面中的任意一面均可用于检验。

5.3.8 断面经磨光和腐蚀后，按图 2 所示划线，测量两侧角焊缝的焊脚尺寸、焊脚及凸形角焊缝的凸度。测量误差精确到 0.5 mm。

5.4 熔敷金属化学分析

5.4.1 熔敷金属化学分析的试块应按表 7 规定的电流种类和焊接位置施焊。

5.4.2 化学分析试块应多层堆焊。预热温度不得低于 16℃。每一焊道宽度约为焊芯直径的 1.5～2.5 倍。施焊时，应尽量采用短弧焊接，焊接电流按生产厂推荐的电流，也可由供需双方协商。每层焊完后，试块应在水中浸泡 30 s(水温无要求)，并予以干燥清除焊道表面异物。

5.4.3 化学分析试样应取自堆焊金属的上部。堆焊金属尺寸及取样部位应符合表 8 的规定。熔敷金属含碳量不大于 0.04%的焊条及 E630 型焊条，当试板含碳量大于 0.03%时，试样应取自堆焊金属的第八层焊道以上。

表 8 堆焊金属尺寸 mm

焊条直径	堆焊金属最小尺寸 (长×宽×高)	取样部位距试板表面最小距离
1.6	38×13×13	10
2.0		
2.5		
3.2	50×13×16	13
4.0		
5.0		
6.0	63×13×20	16

注：如堆焊试件焊后状态过硬，可进行退火热处理(热处理规范见表 6 中注)。

5.4.4 化学分析试样也可以从熔敷金属拉伸试样断口处制取，也可以从其他熔敷金属处制取，但分析结果应与从堆焊金属上取样所得结果一致。仲裁试验的试样仅允许从堆焊金属上制取。

5.4.5 化学分析可采用供需双方同意的任何适宜的方法。仲裁试验应按 GB 223.1～223.70 规定进行。

5.5 熔敷金属拉伸试验

5.5.1 试件的制备按图 6 的规定及 5.5.2、5.5.3 条的要求在平焊位置施焊。

5.5.2 焊前试件应予以反变形或拘束，防止角变形。角变形超过 5°的试件应予报废。焊后的试件不允许矫正。

5.5.3 每一焊道施焊前，试件温度应控制在表 9 规定的范围内，并在试件中部距离焊缝中心线 25 mm 处测量。焊后的试件应在空气中冷却到规定的温度范围内，不允许在水中冷却。

5.5.4 按图 7 所示，从焊后的试件上加工出一个熔敷金属拉伸试样。

5.5.5 熔敷金属拉伸试验方法按 GB 2652 进行。

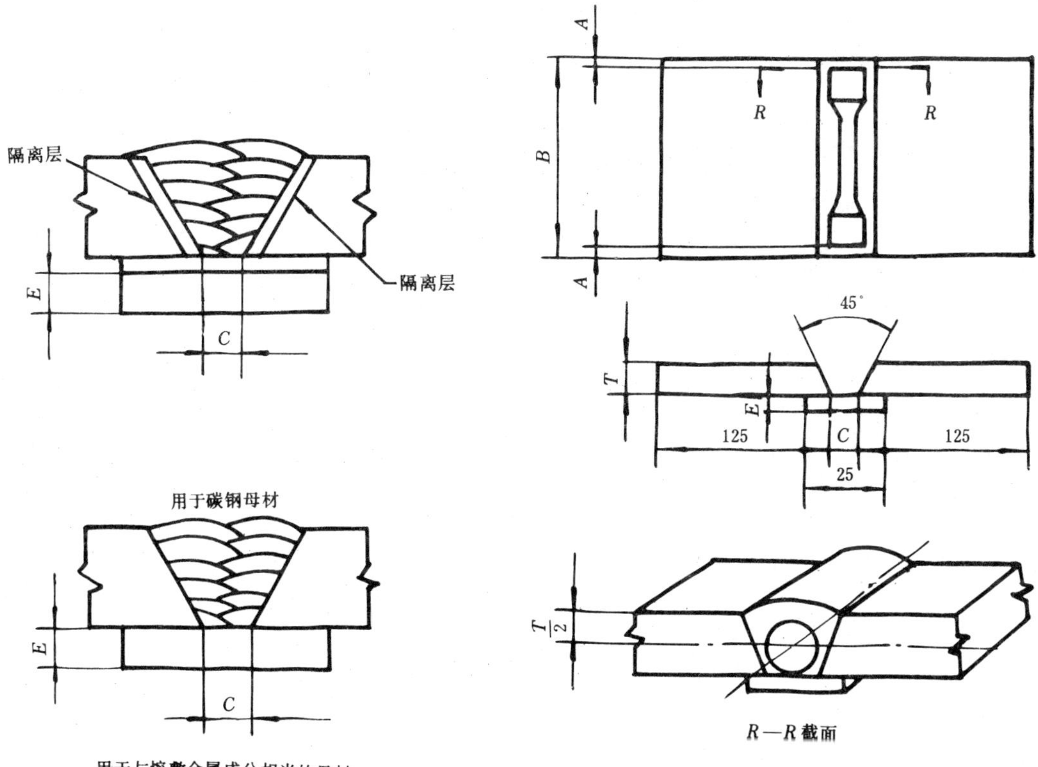

mm

焊条直径	试板尺寸				
	T,最小	A,最小	B,最小	C	E
3.2	12	7	80		5
4.0～6.0	20	7	120	13	6

注：直径为 4.0 mm 焊条也可以使用厚度为 12 mm 的试板，试板尺寸符合对 3.2 mm 焊条所做的规定。仲裁试验时，4.0 mm焊条必须使用厚度为 20 mm 的试板。

图 6 力学性能试件的制备

表 9　道间温度

焊条型号	试件温度，℃
E4XX(E410 除外) E5XX E7Cr	150～260
E410	210～315
E11MoVNi E11MoVNiW	350～450
其他型号	16～150

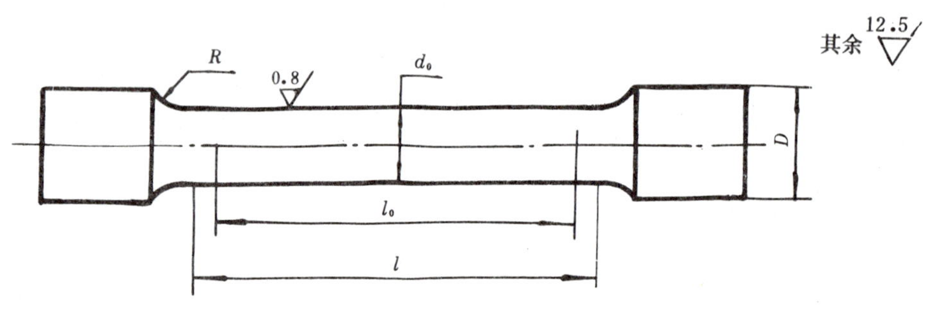

mm

焊条直径	试样尺寸			
	d_0	R,最小	l_0	l
3.2	6±0.1	3	30	36
4.0～6.0	10±0.2	4	50	60

注：直径为 4.0 mm 的焊条使用厚度为 12 mm 的试板时，试样尺寸应符合对 3.2 mm 焊条所做的规定。

图 7　拉伸试样

5.6　熔敷金属耐腐蚀性能试验

熔敷金属耐腐蚀性能试验按 GB 4334.5 进行。

5.7　熔敷金属铁素体含量测量

熔敷金属铁素体含量测量应按 GB 1954 进行，也可以按供需双方协商的方法进行。

6　检验规则

成品焊条由制造厂技术检验部门按批检验。

6.1　批量划分

每批焊条由同一批号焊芯、同一批号主要涂料原料，以同样涂料配方及制造工艺制成。每批焊条最高重量为 10 t。

6.2　焊条取样方法

每批焊条检验时，按照需要数量至少在三个部位平均取有代表性的样品。

6.3 验收

6.3.1 每批焊条的角焊缝检验结果应符合4.3条的规定。在保证符合4.3条的规定时，角焊缝可不按批检验。

6.3.2 每批焊条的熔敷金属化学成分检验结果应符合表1的规定。

6.3.3 按供需双方协商，要求检验熔敷金属力学性能时，其结果应符合表6的规定。

6.3.4 每批焊条的熔敷金属的耐腐蚀性能试验及铁素体含量测量结果根据供需双方协议评定。

6.4 复验

任何一项检验不合格时，该项检验应加倍复验。复验拉伸试验时，抗拉强度及伸长率应同时作为复验项目。其试样在原试件或新焊的试件上截取。加倍复验的结果应符合对该项检验的规定。

7 包装、标志和质量证明书

7.1 包装

7.1.1 焊条按批号每1、2、2.5、5或10 kg净重或按相应的根数作一包装。这种包装应封口，并能保证焊条存放在干燥仓库中至少一年不致变质损坏。

7.1.2 若干包焊条应装箱，以保证在正常的运输过程中不致损坏。

7.2 标志

7.2.1 在靠近焊条夹持端的药皮上至少印有一个焊条型号或牌号。字型应采用醒目的印刷体。字体颜色与焊条药皮间应有较强的反差，以便在正常的焊接操作前后都清晰可辨。

7.2.2 每包及每箱应标出下列内容：

a. 标准号、焊条型号及焊条牌号；

b. 制造厂名及商标；

c. 规格及净重或根数；

d. 生产批号及检验号。

7.3 质量证明书

制造厂对每一批焊条，根据实际检验结果应出具质量证明书，以供需方查询。当用户提出要求时，制造厂应提供检验结果的副本。

附 录 A
焊条用途及熔敷金属的性能
（参考件）

A1 E209 通常用于焊接相同类型的不锈钢，也可以用于异种钢的焊接，如低碳钢和不锈钢，还可以直接在低碳钢上堆焊以防腐蚀。

A2 E219 通常用于焊接相同类型的不锈钢，也可以用于异种钢的焊接，如低碳钢和不锈钢，还可以直接在低碳钢上堆焊以防腐蚀。

A3 E240 通常用于焊接相同类型的不锈钢，也可以用于异种钢的焊接，如低碳钢和不锈钢，还可以直接在低碳钢上堆焊以防腐蚀和耐磨损。

A4 E307 通常用于异种钢的焊接，如奥氏体锰钢与碳钢锻件或铸件的焊接。焊缝强度中等，具有良好的抗裂性。

A5 E308 通常用于焊接相同类型的不锈钢，如Cr18Ni9、Cr18Ni12型不锈钢。

A6 E308H 除含碳量限制在上限外，熔敷金属合金元素含量与E308相同。由于含碳量高，在高温下具有较高的抗拉强度和蠕变强度。

A7 E308L 除含碳量低外，熔敷金属合金元素含量与E308相同。由于含碳量低，在不含铌、钛等稳定剂时，也能抵抗因碳化物析出而产生的晶间腐蚀。但与铌稳定化的焊缝相比，其高温强度较低。

A8 E308Mo 除钼含量较高外，熔敷金属合金元素含量与E308相同。通常用于焊接相同类型的不锈钢。当希望熔敷金属中的铁素体含量超过E316型焊条时，也可以用于Cr18Ni12Mo型不锈钢锻件的焊接。

A9 E308MoL 通常用于焊接相同类型的不锈钢，当希望熔敷金属中铁素体含量超过E316型焊条时，也可以用于Cr18Ni12Mo型不锈钢锻件的焊接。

A10 E309 通常用于焊接相同类型的不锈钢，也可以用于焊接在强腐蚀介质中使用的要求焊缝合金元素含量较高的不锈钢或用于异种钢的焊接，如Cr18Ni9型不锈钢与碳钢的焊接。

A11 E309L 除含碳量较低外，熔敷金属合金元素含量与E309相同。由于含碳量低，因此在不含铌、钛等稳定剂时，也能抵抗因碳化物析出而产生的晶间腐蚀。但与铌稳定化的焊缝相比，其高温强度较低。

A12 E309Nb 除含碳量较低并加入铌以外，熔敷金属合金元素含量与E309相同，铌使焊缝金属的抗晶间腐蚀能力和高温强度提高。通常用于0Cr18Ni11Nb型复合钢板的焊接或在碳钢上堆焊。

A13 E309Mo 除含碳量较低并加入钼外，熔敷金属中的合金元素含量与E309相同。通常用于0Cr17Ni12Mo2型复合钢板的焊接或在碳钢上堆焊。

A14 E309MoL 熔敷金属合金元素含量除含碳量低以外与E309Mo相同，熔敷金属含碳量低，因此焊缝抗晶间腐蚀能力较强。

A15 E310 通常用于焊接相同类型的不锈钢，如0Cr25Ni20型不锈钢。

A16 E310H 除含碳量较高外，熔敷金属合金元素的含量与E310相同。通常用于相同类型的耐热、耐腐蚀不锈钢铸件的焊接和补焊。不宜在高硫气氛中或者有剧烈热冲击条件下使用，因为在820～870℃下长时间停留时，可促使形成σ相和二次碳化物，降低耐腐蚀性能和韧性。

A17 E310Nb 除降低含碳量并加入铌外，熔敷金属合金元素含量与E310相同。通常用于焊接耐热的铸件，0Cr18Ni11Nb型复合钢板或在碳钢上堆焊。

A18 E310Mo 除降低含碳量并加入钼外，熔敷金属合金元素含量与E310相同，常用于耐热铸件，0Cr17Ni12Mo2型复合钢板的焊接，或在碳钢上堆焊。

A19 E312 通常用于高镍合金与其他金属的焊接。焊缝金属为奥氏体基体上与分布其上的大量铁素体构成的双相组织，即使在被大量奥氏体形成元素所稀释时仍保持双相组织，因此具有较高的抗裂能力。不宜在420℃以下温度使用，以避免二次脆化相的形成。

A20　E316　通常用于焊接0Cr17Ni12Mo2型不锈钢及相类似的合金。由于钼提高了焊缝的抗蠕变能力，因此也可以用于焊接在较高温度下使用的不锈钢。当焊缝金属存在连续或非连续网状铁素体和焊缝金属的铬钼比小于8.2～1，并且焊缝金属在腐蚀介质中时，焊缝金属可能会发生快速腐蚀。

A21　E316H　除碳含量限制在上限外，熔敷金属合金元素含量与E316相同。由于含碳量较高，在高温下具有较高的抗拉强度和蠕变强度。

A22　E316L　除含碳量较低外，熔敷金属合金元素含量与E316相同。由于含碳量低，因此在不含铌、钛等稳定剂时，也能抵抗因碳化物析出而产生的晶间腐蚀。通常用于焊接低碳含钼奥氏体钢。当焊缝金属含碳量限制在0.04％以下时，在绝大多数情况下都可以防止晶间腐蚀。高温强度不如E316H型焊条。

A23　E317　熔敷金属中合金元素含量(特别是钼)略高于E316型焊条。通常用于焊接相同类型的不锈钢，可在强腐蚀条件下使用。

A24　E317L　除含碳量较低外，熔敷金属中合金元素的含量与E317相同。由于含碳量低，因此在不含铌、钛等稳定剂时，也能抵抗因碳化物析出而产生的晶间腐蚀，焊缝强度不如E317型焊条。

A25　E317MoCu　熔敷金属中含铜量较高，因此具有较高的耐腐蚀性能。通常用于焊接相同类型的含铜不锈钢。

A26　E317MoCuL　熔敷金属中含钼量较高并含有铜，因此在硫酸介质中具有较高的耐腐蚀能力。通常用于焊接在稀、中浓度硫酸介质中工作的同类型超低碳不锈钢。

A27　E318　除加铌外，熔敷金属中合金元素含量与E316相近，铌提高了焊缝金属抗晶间腐蚀能力。通常用于焊接相同类型不锈钢。

A28　E318V　除加钒外，熔敷金属中合金元素与E316相近。钒提高了焊缝金属热强性和抗腐蚀能力。通常用于焊接相同类型含钒不锈钢。

A29　E320　熔敷金属中加入铌后，提高了抗晶间腐蚀能力。通常用于焊接各种化工设备，如在硫酸、亚硫酸及其盐类等强腐蚀介质中工作的相同类型不锈钢。也可以用于焊接不进行后热处理的相同类型的不锈钢。当熔敷金属中不含铌时，可用于含铌不锈钢铸件的补焊，但焊后必须进行固熔处理。

A30　E320LR　除碳、硅、硫、磷的含量较低外，熔敷金属合金元素含量与E320相同。常用于为获得含有铁素体的奥氏体不锈钢的焊接。焊缝强度比E320型焊条低。

A31　E330　通常用于焊接在980℃以上工作的、要求具有耐热性能的设备，并广泛用于相同类型的不锈钢铸件的补焊及铸造合金与锻造合金的焊接。

A32　E330H　除含碳量较高外，熔敷金属合金元素与E330相同。常用于相同类型的耐热及耐腐蚀高合金铸件的焊接和补焊。

A33　E330MoMnWNb　除加入钨、铌及较高的锰、钼外，熔敷金属中合金元素含量与E330相同。通常用于在850～950℃高温下工作的耐热及耐腐蚀高合金钢，如Cr20Ni30和Cr18Ni37型不锈钢等的焊接和补焊。

A34　E347　用铌或铌加钽作稳定剂，提高抗晶间腐蚀的能力。常用于焊接以铌或钛作稳定剂成分相近的铬镍合金。

A35　E349　熔敷金属中加入钼、钨及铌后，使焊缝金属具有良好的高温强度。熔敷金属中的铁素体含量较高，有助于提高焊缝的抗裂性能。常用于焊接相同类型的不锈钢。

A36　E383　通常用于焊接与其成分相近的母材和其他类型不锈钢。E383型焊缝金属可在硫酸和磷酸介质中应用。由于碳、硫和磷的含量低，可减少焊缝金属热裂纹和常在奥氏体不锈钢焊缝金属中产生的裂纹。

A37　E385　通常用于焊接在硫酸和一些含有氯化物介质使用的不锈钢。当要求改善在某些介质中的耐腐蚀性能时，也可用于焊接00Cr19Ni13Mo型不锈钢。由于碳、硅、硫、磷的含量低，可减少焊缝金属热裂纹和常在奥氏体不锈钢焊缝金属中产生的裂纹。

A38 E410 焊接接头属于空气淬硬型材料，因此焊接时需要进行预热和后热处理，以获得良好的塑性。通常用于焊接相同类型的不锈钢，也用于在碳钢上堆焊，以提高抗腐蚀和擦伤的能力。

A39 E410NiMo 与E410型焊条相比，熔敷金属中镍含量较高，以限制焊缝组织中的铁素体含量，减少对机械性能的有害影响。焊缝的焊后热处理温度不应超过620℃，温度过高时，可能使焊缝组织中未回火的马氏体在冷却到室温后重新淬硬。

A40 E430 熔敷金属中含铬量较高，在通常使用条件下，具有优良的耐腐蚀性能，在热处理后又可获得足够的塑性。焊接时，通常需要进行预热和后热处理。只有经过热处理后，焊接接头才能获得理想的机械性能和抗腐蚀能力。

A41 E502 通常用于焊接相同类型的不锈钢管材。焊接接头属于空冷淬硬型材料。焊接时，通常需要进行预热和后热处理。

A42 E505 通常用于相同类型不锈钢管材。焊接接头属于空冷淬硬型材料。焊接时，通常需要进行预热和后热处理。

A43 E630 通常用于焊接Cr16Ni4型沉淀硬化不锈钢。熔敷金属化学成分限制了马氏体组织中网状铁素体的存在，减少了对机械性能的不利影响。根据使用条件和焊接接头的尺寸不同，焊缝可在焊后经沉淀硬化处理或经固熔和沉淀硬化处理，也可在焊后状态下使用。

A44 E16-8-2 通常用于焊接高温、高压不锈钢管路。熔敷金属铁素体含量一般在5FN以下。焊缝具有良好的热塑性能，即使在较大的拘束条件下，仍具有较强的抗裂能力，并且不论在焊后状态下还是在固熔处理后都具有较好的性能。腐蚀试验表明E16-8-2型焊条的耐腐蚀性能稍差于0Cr17Ni12Mo2型不锈钢。当焊缝在强腐蚀介质中工作时，与介质相接触的焊道应使用更抗腐蚀的焊条进行焊接。

A45 E16-25MoN 通常用于焊接淬火状态下的低合金钢、中合金钢、刚性较大的结构件及相同类型的耐热钢等，如用于淬火状态下的30CrMnSi钢。也可用于异种金属的焊接，如不锈钢与碳钢的焊接。

A46 E7Cr 通常用于焊接相同类型管材或铸件，焊接接头属于空冷淬硬型材料，为了保证良好的焊接性，焊接时，通常需要进行预热和后热处理。

A47 E5MoV 通常用于焊接Cr5Mo型珠光体耐热钢，如在400℃以下工作的高温抗腐蚀管道等。焊缝金属具有良好的高温抗氢腐蚀能力。焊接时，通常需要进行预热和后热处理。

A48 E9Mo 通常用于焊接相同类型的管材或铸件。焊接接头属于空冷淬硬型材料。焊接时，通常需要进行预热和后热处理。

A49 E11MoVNi 通常用于焊接工作温度在565℃以下的Cr11MoV型耐热钢结构件，如高压汽轮机的复速级叶片等。焊接时，通常要求进行预热和后热处理。

A50 E11MoVNiW 通常用于焊接工作温度在580℃以下的Cr11MoVW型热强钢过热器及蒸汽管道等。焊缝金属具有良好的耐热性能，焊接时，通常需要进行预热和后热处理。

A51 E2209 通常用于焊接含铬量约为22%的双相不锈钢。熔敷金属的显微组织为奥氏体-铁素体基体的双相结构。使焊缝金属的强度增加，并能提高抗点腐蚀性能和应力腐蚀开裂的能力。

A52 E2553 通常用于焊接含铬量约为25%的双相不锈钢。焊缝金属的显微组织为奥氏体-铁素体基体的双相结构，增加了焊缝金属的强度，并能提高抗点腐蚀性能和应力腐蚀开裂的能力。

附 录 B
焊条药皮类型
（参考件）

B1 药皮类型15的焊条通常为碱性焊条，仅适用于直流反极性焊接。虽然有时也采用交流施焊，但焊接工艺性能往往受到影响。直径不大于 4.0 mm 的焊条可用于全位置焊接。

B2 药皮类型 16 的焊条适用于交流或直流焊接。药皮可以是碱性的，也可以是钛型或钛钙型。为了在交流施焊时获得良好的电弧稳定性，这类焊条药皮中一般都含有易电离元素，如钾。直径不大于4.0 mm 的焊条可用于全位置焊接。

B3 药皮类型 17 是药皮类型 16 的变型，用二氧化硅代替药皮类型 16 中的一些二氧化钛。由于药皮类型 16 和 17 两种焊条都适用于交流焊接，以前两种药皮类型没有分开，都属于药皮类型 16。

横角焊缝用药皮类型 17 比药皮类型 16 有产生较多喷射电弧和焊缝表面焊波较细小的趋势。与药皮类型 16 稍有凸形的横角焊缝形状相比，药皮类型 17 的横角焊缝形状是凹形的。当从下向上立焊角焊缝时，药皮类型 17 熔渣凝固较慢，需要采用轻微摆动的工艺，以形成合适的焊缝形状，因此角焊缝最小焊脚尺寸比药皮类型 16 大些。这类焊条可用于全位置焊接。直径大于或等于 5.0 mm 的焊条不推荐用于立焊和仰焊。

B4 药皮类型 25 的药皮成分和操作特征与药皮类型 15 非常类似，药皮类型 15 的说明也适用于药皮类型 25。两种药皮类型的差别是药皮类型 25 焊条可用于熔敷金属成分相差很大的焊芯，如可用允许较大焊接电流的低碳钢，标准中规定的合金元素从药皮中过渡。与药皮类型 15 相比，焊条的外径较大。这种药皮类型的焊条仅推荐用于平焊和横焊。

B5 药皮类型 26 的药皮成分和操作特征与药皮类型 16 非常类似。药皮类型 16 的说明也适用于药皮类型 26。两种药皮类型的差别是药皮类型 26 焊条可用于熔敷金属成分相差很大的焊芯，如可用允许较大焊接电流的低碳钢。标准中规定的合金元素从药皮中过渡。与药皮类型 16 相比，焊条的外径较大。这种药皮类型的焊条仅推荐用于平焊和横焊。

附　录　C
焊缝中的铁素体
（参考件）

C1 铁素体可以降低某些不锈钢焊缝的裂纹倾向，但并不是必不可少的。通常当焊缝受到拘束和焊接接头很大时，以及有害的裂纹影响使用性能时，铁素体是有益的。在某些环境下，铁素体对焊缝的耐腐蚀性能是有害的。通常认为，铁素体对低温韧性有害，在高温下转变为脆性的 σ 相。

C2 焊缝中铁素体含量一般用磁性检测仪进行测量。为保证测量结果具有良好的再现性，应采用标准方法对仪器进行标定。当使用经标准方法标定的磁性检测仪测量不锈钢中的铁素体时，测量结果应用“铁素体数(FN)”表示。

C3 在 E300 系列焊条中，许多焊条，如 E310、E320、E320LR、E330、E383 和 E385 型的熔敷金属为纯奥氏体型。E316 型的熔敷金属可能为纯奥氏体型(以提高焊缝在某些介质中的耐腐蚀性)，也可能含有一定数量的铁素体(可高达 4FN 以上)。其余 E300 型系列焊条，熔敷金属铁素体含量控制较低，也可以提高到 4FN 以上，但由于工作条件的要求，其熔敷金属铁素体含量一般不超过 10～15 FN。E16-8-2 型焊条熔敷金属铁素体含量一般控制在 5 FN 以下。E312、E2553 和 E2209 型焊条熔敷金属铁素体含量一般在 20FN 以上。

C4 不锈钢焊条熔敷金属铁素体含量会受到焊接工艺参数、试板化学成分及稀释率的影响，使得同一型号焊条所焊接的不同试样之间可能出现铁素体含量的差别。为了减小这种差别，当要求测定铁素体含量时，推荐采用以下程序：

C4.1 试板材料应为 1Cr18Ni9 和 0Cr18Ni9 型钢板，当堆焊金属高度符合表 C1 中的规定时，也可以用碳钢试板。试板尺寸见图 C1。

C4.2 将两平行的铜块置于试板之上，铜块最好采用图 C2 中的形式。两铜块间的距离及焊接电流应符合表 C1 规定。应尽可能采用短弧焊接，焊接时焊条可以摆动，但电弧不许触及铜块。各焊道间的焊接方向应相互交替，起弧点和熄弧点应在堆焊层两端。道间最高温度为 95℃，每条焊道焊完后，应清理焊道表面，并将试块在水中冷却 20 s 以上。在最后一条焊道水冷之前，应将试块在空气中冷却到 430℃以下。

C4.3 焊后的堆焊金属表面应适当地加工，加工后的表面应光洁、平直，看不到焊波，其宽度不应小于 3 mm。

C4.4 当采用磁性法测量时，在加工后的堆焊金属表面上，使用经标准方法标定的磁性测量仪沿长轴方向测量六点，测得的六点读数应取平均值。

表 C1 焊接电流及堆焊金属尺寸

<table>
<tr><th rowspan="3">焊条直径
mm</th><th rowspan="3">焊接电流
A</th><th colspan="4">堆焊金属尺寸，mm</th></tr>
<tr><th rowspan="2">W</th><th rowspan="2">L</th><th colspan="2">H(最小)</th></tr>
<tr><th>不锈钢基板</th><th>碳钢基板</th></tr>
<tr><td>1.6</td><td>35～50</td><td rowspan="2">6</td><td rowspan="2">32</td><td rowspan="7">13</td><td rowspan="7">16</td></tr>
<tr><td>2.0</td><td>45～60</td></tr>
<tr><td>2.5</td><td>65～90</td><td>8</td><td rowspan="5">38</td></tr>
<tr><td>3.2</td><td>90～120</td><td>10</td></tr>
<tr><td>4.0</td><td>120～150</td><td>13</td></tr>
<tr><td>5.0</td><td>160～200</td><td>15</td></tr>
<tr><td>6.0</td><td>200～240
220～260</td><td>18</td></tr>
</table>

注：表中 W、L、H 见图 C1。

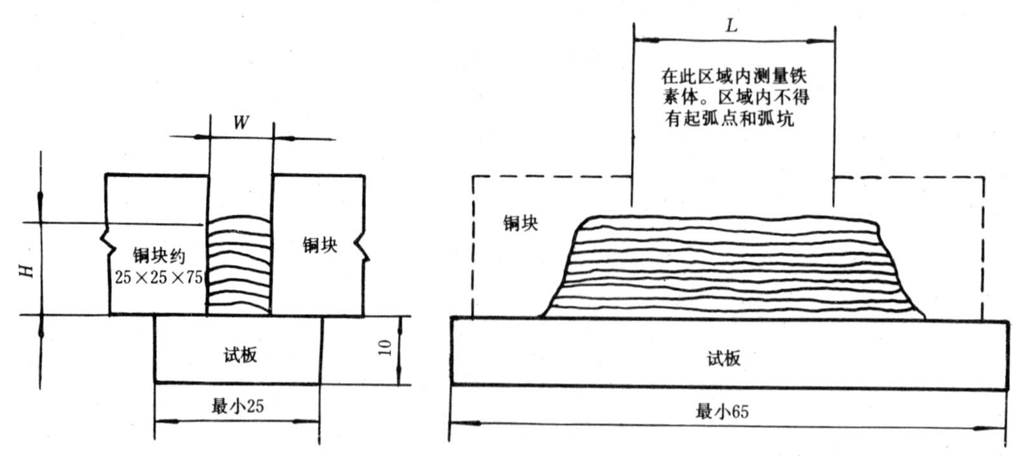

图 C1 试板尺寸

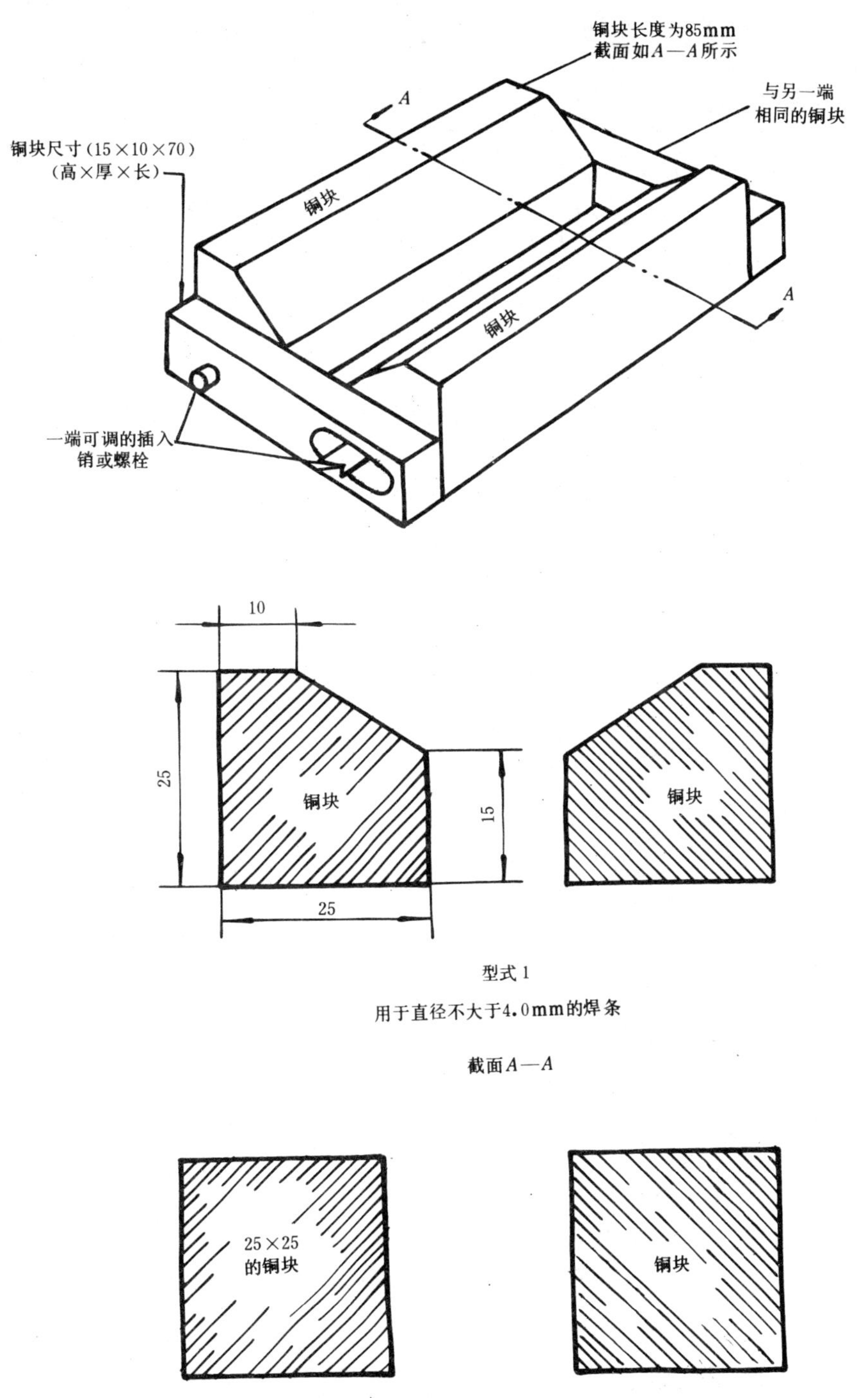

型式1

用于直径不大于4.0mm的焊条

截面A—A

型式2

用于直径不小于5.0 mm的焊条或在碳钢基板上进行堆焊的焊条。

图C2 焊接铁素体试样夹具

附　录　D
新旧型号对照表
（参考件）

表 D1

GB/T 983—1995	GB 983—85	GB/T 983—1995	GB 983—85
E209	—	E318	E0-18-12Mo2Nb
E219	—	E318V	E0-18-12Mo2V
E240	—	E320	E0-20-34Mo3Cu4Nb
E307	E1-19-9MoMn4	E320LR	—
E308	E0-19-10	E330	E2-16-35
E308H	—	E330H	E3-16-35
E308L	E00-19-10	E330MoMnWNb	E2-16-35MoMn4W3Nb
E308Mo	E0-19-10Mo2	E347	E0-19-10Nb
E308MoL	E00-19-10Mo2	E349	E1-19-9MoW2Nb
E309	E1-23-13	E385	—
E309L	E00-23-13	E410	E1-13
E309Nb	E1-23-13Nb	E410NiMo	E0-13-5Mo
E309Mo	E1-23-13Mo2	E430	E0-17
E309MoL	E00-23-13Mo2	E502	E0-5Mo
E310	E2-26-21	E505	E0-9Mo
E310H	E3-26-21	E630	E0-16-5MoCu4Nb
E310Nb	E1-26-21Nb	E16-8-2	E1-16-8Mo2
E310Mo	E1-26-21Mo2	E16-25MoN	E1-16-25Mo6N
E312	E1-30-9	E7Cr	E0-7Mo
E316	E0-18-12Mo2	E5MoV	E1-5MoV
E316H	—	E9Mo	E1-9Mo
E316L	E00-18-12Mo2	E11MoVNi	E1-11MoVNi
E317	E0-19-13Mo3	E11MoVNiW	E2-11MoVNiW
E317L	E00-19-13Mo3	E2209	—
E317MoCu	E0-19-13Mo2Cu2	E2553	—
E317MoCuL	E00-19-13Mo2Cu2		

附加说明：

本标准由中华人民共和国机械工业部提出。

本标准由全国焊接标准化技术委员会归口。

本标准由机械工业部哈尔滨焊接研究所、上海电焊条总公司负责起草。

本标准起草人温安然、储继君、张让二。

本标准于1976年首次发布。

前　言

本标准等效采用ANSI AWS A5.13《手工电弧焊堆焊焊条规程》的技术内容，是对GB/T 984—1985《堆焊焊条》的修订。

本标准与GB/T 984—1985相比，主要技术内容改变如下：

——在保留原型号编制方法的基础上，增加了22种铁基焊条、1种钴基焊条、2种镍基焊条和3种碳化钨管状焊条，删减了1种普通低中合金钢焊条，并调整了两种焊条的型号；

——调整了部分焊条熔敷金属的化学成分和硬度值，修改了焊条尺寸和熔敷金属化学分析试件尺寸等有关规定；

——增加了对碳化钨管状焊条的技术要求和试验方法。

本标准的附录A、附录B、附录C均为提示的附录。

本标准首次发布于1967年，1976年第一次修订，1985年第二次修订，本版为第三次修订。

本标准从实施之日起，代替GB/T 984—1985。

本标准由中国机械工业联合会提出。

本标准由全国焊接标准化技术委员会归口。

本标准起草单位：国家焊接材料质量监督检验中心、天津市金桥焊材有限公司、锦州市特种焊条厂。

本标准起草人：陈默、李春范、李连胜、侯永泰、郑建伟、吴国权。

中华人民共和国国家标准

GB/T 984—2001

堆 焊 焊 条

Hardfacing electrodes for shielded metal arc welding

代替 GB/T 984—1985

1 范围

本标准规定了堆焊焊条的型号分类、技术要求、试验方法及检验规则等内容。

本标准适用于手工电弧焊表面耐磨堆焊焊条。

2 引用标准

下列标准所包含的条文，通过在本标准中引用而构成为本标准的条文。本标准出版时，所示版本均为有效。所有标准都会被修订，使用本标准的各方应探讨使用下列标准最新版本的可能性。

GB/T 230—1991 金属洛氏硬度试验方法(neq ISO 6508:1986)

GB/T 231—1984 金属布氏硬度试验方法

GB/T 700—1988 碳素结构钢

GB/T 1480—1995 金属粉末粒度组成的测定 干筛分法

GB/T 1591—1994 低合金高强度结构钢(neq ISO 4950:1981)

GB/T 2654—1989 焊接接头及堆焊金属硬度试验方法

GB/T 3375—1994 焊接术语

3 型号分类

3.1 焊条型号根据熔敷金属的化学成分、药皮类型和焊接电流种类划分，仅有碳化钨管状焊条型号根据芯部碳化钨粉的化学成分和粒度划分。

3.2 型号编制方法如下：

3.2.1 型号中第一字母“E”表示焊条；第二字母“D”表示用于表面耐磨堆焊；后面用一或两位字母、元素符号表示焊条熔敷金属化学成分分类代号(见表1)，还可附加一些主要成分的元素符号；在基本型号内可用数字、字母进行细分类，细分类代号也可用短划“-”与前面符号分开；型号中最后两位数字表示药皮类型和焊接电流种类，用短划“-”与前面符号分开(见表2)。

药皮类型和焊接电流种类不要求限定时，型号可以简化，如EDPCrMo-Al-03可简化成EDPCrMo-Al。

中华人民共和国国家质量监督检验检疫总局 2001-12-17 批准　　2002-06-01 实施

表 1　熔敷金属化学成分分类

型号分类	熔敷金属化学成分分类	型号分类	熔敷金属化学成分分类
EDP××-××	普通低中合金钢	EDZ××-××	合金铸铁
EDR××-××	热强合金钢	EDZCr××-××	高铬铸铁
EDCr××-××	高铬钢	EDCoCr××-××	钴基合金
EDMn××-××	高锰钢	EDW××-××	碳化钨
EDCrMn××-××	高铬锰钢	EDT××-××	特殊型
EDCrNi××-××	高铬镍钢	EDNi××-××	镍基合金
EDD××-××	高速钢		

表 2　药皮类型和焊接电流种类

型　　号	药皮类型	焊接电流种类
ED××-00	特殊型	交流或直流
ED××-03	钛钙型	
ED××-15	低氢钠型	直流
ED××-16	低氢钾型	交流或直流
ED××-08	石墨型	

3.2.2　对于碳化钨管状焊条，其型号中第一字母“E”表示焊条；第二字母“D”表示用于表面耐磨堆焊；后面用字母“G”和元素符号“WC”表示碳化钨管状焊条，其后用数字 1、2、3 表示芯部碳化钨粉化学成分分类代号(见表 3)；短划“-”后面为碳化钨粉粒度代号，用通过筛网和不通过筛网的两个目数表示，以斜线“/”相隔，或是只用通过筛网的一个目数表示(见表 4)。

表 3　碳化钨粉的化学成分　　%

型号	C	Si	Ni	Mo	Co	W	Fe	Th
EDGWC1-××	3.6～4.2	≤0.3	≤0.3	≤0.6	≤0.3	≥94.0	≤1.0	≤0.01
EDGWC2-××	6.0～6.2					≥91.5	≤0.5	
EDGWC3-××	由供需双方商定							

表 4　碳化钨粉的粒度

型　号	粒度分布
EDGWC×-12/30	1.70 mm～600 μm(－12 目＋30 目)
EDGWC×-20/30	850 μm～600 μm(－20 目＋30 目)
EDGWC×-30/40	600 μm～425 μm(－30 目＋40 目)
EDGWC×-40	＜425 μm(－40 目)
EDGWC×-40/120	425 μm～125 μm(－40 目＋120 目)

注

1　焊条型号中的“×”代表“1”或“2”或“3”。

2　允许通过(“－”)筛网的筛上物≤5%，不通过(“＋”)筛网的筛下物≤20%。

3.3 完整的焊条型号举例如下：

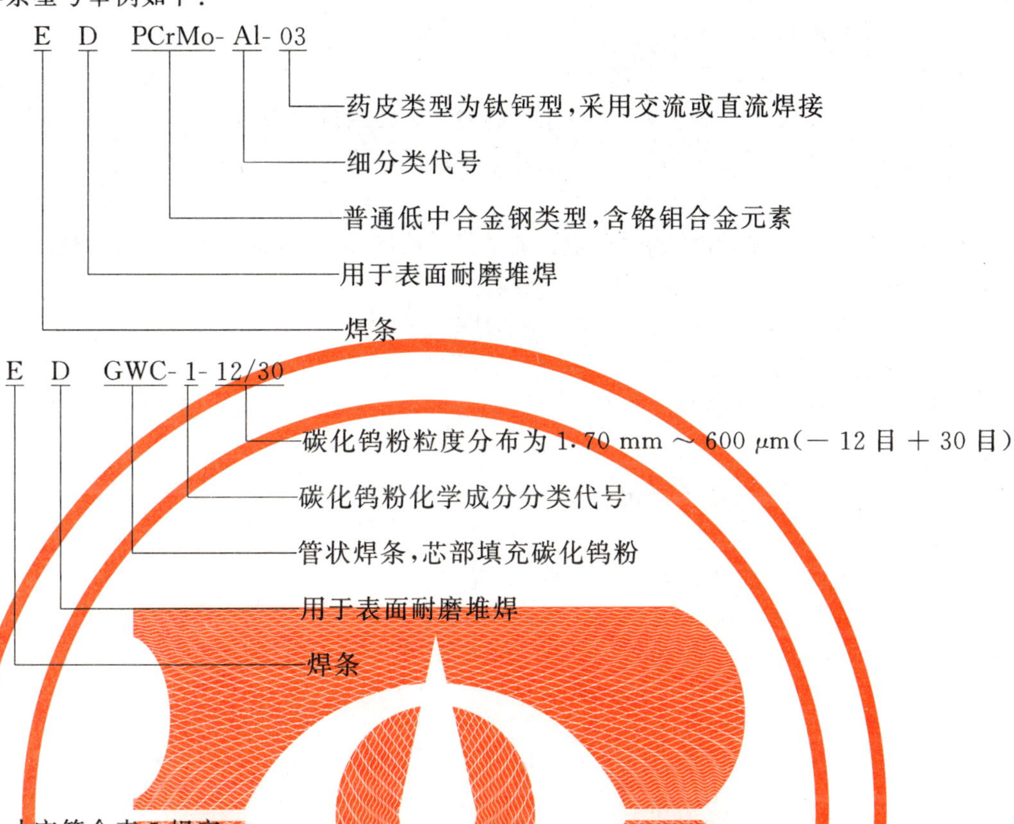

4 技术要求

4.1 尺寸

4.1.1 焊条尺寸应符合表 5 规定。

表 5 焊条尺寸

mm

类别	冷拔焊芯		铸造焊芯		复合焊芯		碳化钨管状	
	直径	长度	直径	长度	直径	长度	直径	长度
基本尺寸	2.0 2.5	230～300	3.2 4.0 5.0	230～350	3.2 4.0 5.0	230～350	2.5 3.2 4.0 5.0	230～350
	3.2 4.0	300～450						
	5.0 6.0 8.0	350～450	6.0 8.0	300～350	6.0 8.0	350～450	6.0 8.0	350～450
极限偏差	±0.08	±3.0	±0.5	±10	±0.5	±10	±1.0	±10
注：根据供需双方协议，也可生产其他尺寸的焊条。								

4.1.2 焊条夹持端长度为 15 mm～30 mm。

4.2 药皮

4.2.1 焊芯和药皮不应有影响焊缝质量均匀性的缺陷。

4.2.2 焊条引弧端药皮应倒角，焊芯端面应露出，但露芯长度应不大于 2 mm。

4.2.3 焊条偏心度应符合如下规定：

a）对于冷拔焊芯的焊条，直径小于等于 4.0 mm 的，偏心度应不大于 7%；直径大于 4.0 mm 的，偏心度应不大于 5%；

b）对于铸造焊芯的焊条，偏心度应不大于10%；

c）对于其他焊芯的焊条，偏心度由供需双方商定。

偏心度的计算按GB/T 3375进行。

4.2.4 药皮应具有足够的强度，不应在正常的搬运和使用过程中损坏。

4.2.5 药皮应具有一定的耐潮性，不应在开启包装后很快吸潮而影响使用。

4.3 工艺性能

4.3.1 电弧应容易引燃，在焊接过程中燃烧平稳。药皮应均匀熔化，无成块脱落现象。焊接过程中，不应有过大、过多的飞溅。焊缝成型正常，熔渣容易清除。

4.3.2 熔敷金属不允许存在影响使用性能的缺陷。

4.4 熔敷金属化学成分

熔敷金属化学成分应符合表6规定。

4.5 熔敷金属硬度

熔敷金属硬度应符合表6规定。

4.6 碳化钨管状焊条

4.6.1 芯部碳化钨粉的化学成分应符合表3规定。

4.6.2 芯部碳化钨粉的粒度应符合表4规定。

4.6.3 芯部碳化钨粉WC1和WC2的质量分数应为$(60^{+4}_{-2})\%$，WC3的质量分数由供需双方商定。

5 试验方法

5.1 试验用母材

试验用母材应采用GB/T 700规定的Q235A级、B级等低碳钢，也可采用GB/T 1591规定的16Mn等低合金钢。根据供需双方协议，也可采用其他材质。

5.2 试验规范

焊条烘焙和焊接参数以及是否进行预热焊接和焊后热处理，应按制造厂的规定和推荐的规范确定。对交直流两用的焊条，试验时应采用交流焊接。

5.3 工艺性能试验

堆焊焊条的工艺性能试验，应在焊接过程中观察电弧燃烧及焊条熔化情况；将冷却后的焊缝除去熔渣，观察焊缝成型情况；除去堆焊金属表层1～2 mm，检查是否有影响使用性能的缺陷。

5.4 熔敷金属化学分析

5.4.1 化学分析试件应以平焊位置施焊，堆焊试件尺寸及取样位置应符合图1规定。取样前应清理堆焊金属表面。可采用热处理软化堆焊试件以利于取样。

5.4.2 化学分析试样也可从硬度试件或其他熔敷金属上制取，但分析结果应与从5.4.1规定的堆焊试件上取样所得到的结果一致。仲裁试验的试样仅允许从5.4.1规定的堆焊试件上制取。

5.4.3 化学分析试验方法可采用供需双方同意的任何适宜方法。仲裁试验应按GB/T 223.1～223.78进行。

5.5 熔敷金属硬度试验

5.5.1 熔敷金属硬度试件应以平焊位置施焊，试板尺寸及堆焊试件尺寸应符合图1规定。试件至少堆焊4层，每道焊缝宽度不应大于焊条直径的4倍。堆焊时每焊完一道，应冷却至100℃±10℃再开始焊下道焊缝。

5.5.2 熔敷金属硬度试验方法应按GB/T 2654进行，按GB/T 230测定HRC硬度5至10点或按GB/T 231测定HB硬度5点。

表 6　熔敷金属化学成分及硬度

序号	焊条型号	熔敷金属化学成分,%															熔敷金属硬度 HRC (HB)
		C	Mn	Si	Cr	Ni	Mo	W	V	Nb	Co	Fe	B	S	P	其他元素总量	
1	EDPMn2-××	0.20	3.50	—	—	—	—	—	—	—	—	余量	—	—	—	—	(220)
2	EDPMn4-××		4.50													2.00	30
3	EDPMn5-××		5.20													—	40
4	EDPMn6-××	0.45	6.50	1.00													50
5	EDPCrMo-A0-××	0.04～0.20	0.50～2.00		0.50～3.50		1.50							0.035	0.035	1.00	—
6	EDPCrMo-A1-××	0.25	—	—	2.00									—	—	2.00	(220)
7	EDPCrMo-A2-××	0.50			3.00											—	30
8	EDPCrMo-A3-××				2.50		2.50										40
9	EDPCrMo-A4-××	0.30～0.60			5.00		4.00										50
10	EDPCrMo-A5-××	0.50～0.80	0.50～1.50	1.00	4.00～8.00		1.00							0.035	0.035	1.00	—
11	EDPCrMnSi-A1-××	0.30～1.00	2.50		3.50		—										50
12	EDPCrMnSi-A2-××	1.00～2.00	0.50～2.00		3.00～5.00												—
13	EDPCrMoV-A0-××	0.10～0.30			1.80～3.80	1.00	1.00		0.35								

表 6(续)

序号	焊条型号	熔敷金属化学成分,%															熔敷金属硬度 HRC (HB)
		C	Mn	Si	Cr	Ni	Mo	W	V	Nb	Co	Fe	B	S	P	其他元素总量	
14	EDPCrMoV-A1-××	0.30～0.60	—	—	8.00～10.00	—	3.00	—	0.50～1.00	—	—	余量	—	—	—	4.00	50
15	EDPCrMoV-A2-××	0.45～0.65	—	—	4.00～5.00	—	2.00～3.00	—	4.00～5.00	—	—	余量	—	—	—	—	55
16	EDPCrSi-A-××	0.35	0.80	1.80	6.50～8.50	—	—	—	—	—	—	余量	0.20～0.40	0.03	0.03	—	45
17	EDPCrSi-B-××	1.00	0.80	1.50～3.00	6.50～8.50	—	—	—	—	—	—	余量	0.50～0.90	0.03	0.03	—	60
18	EDRCrMnMo-××	0.60	2.50	1.00	2.00	—	1.00	—	—	—	—	余量	—	0.035	0.04	—	40、45*)
19	EDRCrW-××	0.25～0.55	—	—	2.00～3.50	—	—	7.00～10.00	—	—	—	余量	—	0.035	0.04	1.00	48
20	EDRCrMoWV-A1-××	0.50	—	—	5.00	—	2.50	7.00～10.00	1.00	—	—	余量	—	0.035	0.04	—	55
21	EDRCrMoWV-A2-××	0.30～0.50	—	—	5.00～6.50	—	2.00～3.00	2.00～3.50	1.00～3.00	—	—	余量	—	0.035	0.04	—	50
22	EDRCrMoWV-A3-××	0.70～1.00	—	—	3.00～4.00	—	3.00～5.00	4.50～6.00	1.50～3.00	—	—	余量	—	0.035	0.04	1.50	50
23	EDRCrMoWCo-A-××	0.08～0.12	0.30～0.70	0.80～1.60	2.00～4.20	—	3.80～6.20	5.00～8.00	0.50～1.10	—	12.70～16.30	余量	—	—	—	—	52～58*)

表 6(续)

序号	焊条型号	熔敷金属化学成分,%															熔敷金属硬度 HRC (HB)
		C	Mn	Si	Cr	Ni	Mo	W	V	Nb	Co	Fe	B	S	P	其他元素总量	
24	EDRCrMoWCo-B-××	0.08～0.12	0.30～0.70	0.80～1.6)	1.80～3.20	—	7.80～11.20	8.80～12.20	0.40～0.80	—	15.70～19.30	余量	—	—	—	—	62～66*)
25	EDCr-A1-××	0.15	—	—	10.00～16.00		—	—	—		—			0.03	0.04	2.50	40
26	EDCr-A2-××	0.20				6.00	2.50	2.00						—	—		37
27	EDCr-B-××	0.25				—	—	—								5.00	45
28	EDMn-A-××	1.10	11.00～16.00	1.30	—												(170)
29	EDMn-B-××		11.00～18.00				2.50									1.00	
30	EDMn-C-××	0.50～1.00	12.00～16.00		2.50～5.00	2.50～5.00	—							0.035	0.035		—
31	EDMn-D-××		15.00～20.00		4.50～7.50	—			0.40～1.20								
32	EDMn-E-××				3.00～6.00	1.00			—								
33	EDMn-F-××	0.80～1.20	17.00～21.00														

表 6(续)

序号	焊条型号	熔敷金属化学成分,%															熔敷金属硬度HRC(HB)
		C	Mn	Si	Cr	Ni	Mo	W	V	Nb	Co	Fe	B	S	P	其他元素总量	
34	EDCrMn-A-××	0.25	6.00~8.00	1.00	12.00~14.00	—	—	—	—	—	—	余量	—	—	—	—	30
35	EDCrMn-B-××	0.80	11.00~18.00	1.30	13.00~17.00	2.00	2.00	—	—	—	—	余量	—	—	—	4.00	(210)
36	EDCrMn-C-××	1.10	12.00~18.00	2.00	12.00~18.00	6.00	4.00	—	—	—	—	余量	—	—	—	3.00	28
37	EDCrMn-D-××	0.50~0.80	24.00~27.00	1.30	9.50~12.50	—	—	—	—	—	—	余量	—	—	—	—	(210)
38	EDCrNi-A-××	0.18	0.60~2.00	4.80~6.40	15.00~18.00	7.00~9.00	—	—	—	—	—	余量	—	0.03	0.04	—	(270~320)
39	EDCrNi-B-××	0.18	0.60~5.00	3.80~6.50	14.00~21.00	6.50~12.00	3.50~7.00	—	—	0.50~1.20	—	余量	—	0.03	0.04	2.50	37
40	EDCrNi-C-××	0.20	2.00~3.00	5.00~7.00	18.00~20.00	7.00~10.00	—	—	—	—	—	余量	—	0.03	0.04	—	37
41	EDD-A-××	0.70~1.00	0.60	0.80	3.00~5.00	—	4.00~6.00	5.00~7.00	1.00~2.50	—	—	余量	—	0.03	0.04	1.00	55
42	EDD-B1-××	0.50~0.90	0.60	0.80	3.00~5.00	—	5.00~9.50	1.00~2.50	0.80~1.30	—	—	余量	—	0.03	0.04	1.00	55

表 6(续)

序号	焊条型号	熔敷金属化学成分,%															熔敷金属硬度 HRC (HB)
		C	Mn	Si	Cr	Ni	Mo	W	V	Nb	Co	Fe	B	S	P	其他元素总量	
43	EDD-B2-××	0.60~1.00	0.40~1.00	1.00	3.00~5.00	—	7.00~9.50	0.50~1.50	0.50~1.50	—	—	余量	—	0.035	0.035	1.00	—
44	EDD-C-××	0.30~0.50	0.60	0.80			5.00~9.00	1.00~2.50	0.80~1.20					0.03	0.04		55
45	EDD-D-××	0.70~1.00	—	—	3.80~4.50		—	17.00~19.50	1.00~1.50					0.035		1.50	
46	EDZ-A0-××	1.50~3.00	0.50~2.00	1.50	4.00~8.00		1.00	—	—						0.035	1.00	—
47	EDZ-A1-××	2.50~4.50	—	—	3.00~5.00		3.00~5.00							—	—	—	55
48	EDZ-A2-××	3.00~4.50	1.50	2.50	26.00~34.00		2.00~3.00									3.00	60
49	EDZ-A3-××	4.80~6.00	—	—	35.00~40.00		4.20~5.80									—	
50	EDZ-B1-××	1.50~2.20			—		—	8.00~10.00								1.00	50
51	EDZ-B2-××	3.00			4.00~6.00			8.50~14.00								3.00	60

表 6(续)

序号	焊条型号	熔敷金属化学成分,%															熔敷金属硬度HRC(HB)
		C	Mn	Si	Cr	Ni	Mo	W	V	Nb	Co	Fe	B	S	P	其他元素总量	
52	EDZ-E1-××	5.00～6.50	2.00～3.00	0.80～1.50	12.00～16.00	—	—	—	—	Ti:4.00～7.00	—	余量	—	0.035	0.035	1.00	—
53	EDZ-E2-××	4.00～6.00	0.50～1.50	1.50	14.00～20.00	—	5.00～7.00	—	1.50	—	—	余量	—	0.035	0.035	1.00	—
54	EDZ-E3-××	5.00～7.00	0.50～2.00	0.50～2.00	18.00～28.00	—	5.00～7.00	3.00～5.00	—	—	—	余量	—	0.035	0.035	1.00	—
55	EDZ-E4-××	4.00～6.00	0.50～1.50	1.00	20.00～30.00	—	5.00～7.00	2.00	0.50～1.50	4.00～7.00	—	余量	—	0.035	0.035	1.00	—
56	EDZCr-A-××	1.50～3.50	1.50～3.00	1.50	28.00～32.00	5.00～8.00	—	—	—	—	—	余量	—	—	—	—	40
57	EDZCr-B-××	1.50～3.50	1.00	—	22.00～32.00	—	—	—	—	—	—	余量	—	—	—	7.00	45
58	EDZCr-C-××	2.50～5.00	8.00	1.00～4.80	25.00～32.00	3.00～5.00	—	—	—	—	—	余量	—	—	—	2.00	48
59	EDZCr-D-××	3.00～4.00	1.50～3.50	3.00	22.00～32.00	—	—	—	—	—	—	余量	0.50～2.50	—	—	6.00	58

表 6(续)

序号	焊条型号	熔敷金属化学成分,%															熔敷金属硬度 HRC (HB)
		C	Mn	Si	Cr	Ni	Mo	W	V	Nb	Co	Fe	B	S	P	其他元素总量	
60	EDZCr-A1A-××	3.50~4.50	4.00~6.00	0.50~2.00	20.00~25.00	—	0.5	—	—	—	—	余量	—	0.035	0.035	1.00	—
61	EDZCr-A2-××	2.50~3.50	0.50~1.50	0.50~1.50	7.50~9.00		—			Ti:1.20~1.80							
62	EDZCr-A3-××	2.50~4.50	0.50~2.00	1.00~2.50	14.00~20.00		1.5			—							
63	EDZCr-A4-××	3.50~4.50	1.50~3.50	1.50	23.00~29.00		1.00~3.00										
64	EDZCr-A5-××	1.50~2.50	0.50~1.50	2.0 [?]	24.00~32.00	4.00	4.00										
65	EDZCr-A6-××	2.50~3.50		1.00~2.50	24.00~30.00	—	0.50~2.00										
66	EDZCr-A7-××	3.50~5.00		0.50~2.50	23.00~30.00		2.00~4.50										
67	EDZCr-A8-××	2.50~4.50		1.50	30.00~40.00		2.0										

表 6(续)

序号	焊条型号	熔敷金属化学成分,%															熔敷金属硬度HRC(HB)
		C	Mn	Si	Cr	Ni	Mo	W	V	Nb	Co	Fe	B	S	P	其他元素总量	
68	EDCoCr-A-××	0.70~1.40	2.00	2.00	25.00~32.00	—	—	3.00~6.00	—	—	余量	5.00	—	—	—	4.00	40
69	EDCoCr-B-××	1.00~1.70	2.00	2.00	25.00~32.00	—	—	7.00~10.00	—	—	余量	5.00	—	—	—	4.00	44
70	EDCoCr-C-××	1.70~3.00	2.00	2.00	25.00~33.00	—	—	11.00~19.00	—	—	余量	5.00	—	—	—	4.00	53
71	EDCoCr-D-××	0.20~0.50	2.00	2.00	23.00~32.00	—	—	9.50	—	—	余量	5.00	—	—	—	7.00	28~35
72	EDCoCr-E-××	0.15~0.40	1.50	2.00	24.00~29.00	2.00~4.00	4.50~6.50	0.50	—	—	余量	5.00	—	0.03	0.03	1.00	—
73	EDW-A-××	1.50~3.00	2.00	4.00	—	—	—	40.00~50.00	—	—	—	余量	—	—	—	—	60
74	EDW-B-××	1.50~4.00	3.00	4.00	3.00	3.00	7.00	50.00~70.00	—	—	—	余量	—	—	—	3.00	60
75	EDTV-××	0.25	2.00~3.00	1.00	—	—	2.00~3.00	—	5.00~8.00	—	—	余量	0.15	0.03	0.03	—	(180)

表 6(完)

序号	焊条型号	熔敷金属化学成分,%															熔敷金属硬度 HRC (HB)
		C	Mn	Si	Cr	Ni	Mo	W	V,	Nb	Co	Fe	B	S	P	其他元素总量	
76	EDNiCr-C	0.50～1.00	—	3.50～5.50	12.00～18.00	余量	—	—	—	—	1.00	3.50～5.50	2.50～4.50	0.03	0.03	1.00	—
77	EDNiCrFeCo	2.20～3.00	1.00	0.60～1.50	25.00～30.00	10.00～33.00	7.00～10.00	2.00～4.00	—	—	10.00～15.00	20.00～25.00	—	0.03	0.03	1.00	—

注

1 若存在其他元素,也应进行分析,以确定是否符合“其他元素总量”一栏的规定。

2 化学成分的单值均为最大值。硬度的单值均为最小平均值。

＊) 为经热处理的硬度值,热处理规范在说明书中规定。

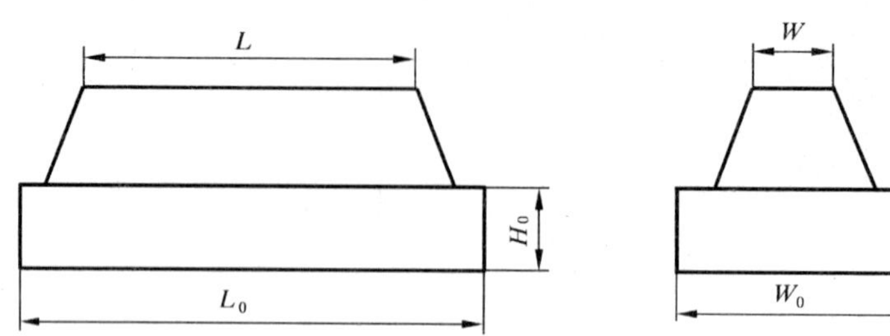

mm

焊条直径	化学分析堆焊试件最小尺寸		取样位置距试板上表面最小距离
	L	W	
2.0,2.5	40	13	13
3.2,4.0,5.0	50	13	16
6.0,8.0	65	13	19

mm

硬度试验试板尺寸			堆焊试件最小尺寸	
L_0	W_0	H_0	L	W
～100	～50	≥16	70	15
注：测定布氏硬度时，尺寸 W 应为 25 mm。				

图 1　化学分析和硬度试验的试件制备

5.6　碳化钨粉的化学分析

5.6.1　从管中取出碳化钨粉，用水清洗。可用 1∶1 的盐酸(或加热)清除其中的焊药、铁粉及石墨等，清洗时间不应超过 1 h。清洗后应进行 120℃±15℃干燥处理。

5.6.2　化学分析试验可采用供需双方同意的任何适宜方法。仲裁试验应按 GB/T 223.1～223.78 进行。

5.7　碳化钨粉的粒度检验

碳化钨粉应按 5.6.1 进行处理。粒度检验方法应按 GB/T 1480 进行。

5.8　碳化钨粉的质量分数检验

除净碳化钨管状焊条表面涂层，称量管状焊芯的总质量，再从管中取出碳化钨粉，按 5.6.1 进行处理后称量。称量精确到 0.1 g。

$$\text{碳化钨粉的质量分数}(\%)=\frac{\text{碳化钨粉的质量}}{\text{管状焊芯总质量}}\times 100\%$$

6　检验规则

成品焊条由制造厂质量检验部门按批检验。

6.1　批量划分

每批焊条由同一批焊芯(或钢带)、同一批号主要涂料(或药芯)原料，以同样配方和制造工艺制成。EDP 型焊条，每批最高质量为 10 t，其他类型焊条，每批最高质量为 5 t。

6.2　焊条取样方法

每批焊条检验时，按照需要数量至少在三个部位平均取有代表性的样品。

6.3　验收

每批焊条应按 6.3.1～6.3.2 的规定验收，碳化钨管状焊条应按 6.3.3 的规定验收。

6.3.1 每批焊条的熔敷金属化学成分检验结果应符合表6规定。

6.3.2 每批焊条的熔敷金属硬度检验结果应符合表6规定。

6.3.3 每批碳化钨管状焊条芯部碳化钨粉的化学成分、粒度及质量分数检验结果应符合4.6规定。

6.3.4 每批焊条也可按供需双方商定的检验项目和检验方法进行验收。

6.4 复验

任何一项检验不合格时,该项应加倍复验。加倍复验结果应符合对该项检验的规定。

7 包装、标记和质量证明书

7.1 包装

7.1.1 焊条按批号每1 kg、2 kg、2.5 kg、5 kg、10 kg净重或按相应的根数进行包装。包装应封口,保证焊条在正常的贮存条件下不致变质损坏。

7.1.2 若干包焊条应装箱,包装材料应牢固耐用,以保证在正常的运输和贮存过程中不致损坏。

7.2 标记

7.2.1 在靠近焊条夹持端的药皮上应印有焊条型号或牌号。字型应采用醒目的印刷体,字体颜色与焊条药皮应有较强的反差,以便在正常的焊接操作前后都清晰可辨。

7.2.2 每包及每箱外面至少应标出下列内容:

——标准号、焊条型号及焊条牌号;

——制造厂名及商标;

——规格及净重或根数;

——批号及检验号。

7.3 质量证明书

制造厂对每一批号焊条,根据实际检验结果出具质量证明书,以便需方查询。当用户提出要求时,制造厂应提供检验结果的副本。

附 录 A

（提示的附录）

堆焊焊条性能及用途

A1 EDPMn，EDPCrMo，EDPCrMnSi，EDPCrMoV，EDPCrSi 型为普通低中合金钢堆焊焊条。一般用于常温及非腐蚀条件下工作的零部件的堆焊。含碳低的硬度较低，韧性较好，适用于在激烈的冲击载荷下工作的部件，如车轮、车钩、轴、齿轮、铁轨等磨损部件的堆焊。含碳高的硬度高，韧性较差，适用于带有磨料磨损的冲击载荷条件下工作的零件，如推土机刃板、挖泥斗牙、混凝土搅拌机叶牙、水力机械及矿山机械零件等的堆焊。

A2 EDRCrMnMo、EDRCrW、EDRCrMoWV 型为热强合金钢堆焊焊条。熔敷金属除 Cr 外还含有 Mo、W、V 或 Ni 等其他合金元素，在高温中能保持足够的硬度和抗疲劳性能，主要用于锻模、冲模、热剪切机刀刃、轧辊等堆焊。

EDRCrMoWCo 型适用于工作条件差的热模具，如镦粗、拉伸、冲孔等模具的堆焊，也可用于金属切削刀具的堆焊。

A3 EDCr 型为高铬钢堆焊焊条。堆焊层具有空淬特性，有较高的中温硬度，耐蚀性较好。常用于金属间磨损及受水蒸汽、弱酸、气蚀等作用下的部件，如阀门密封面、轴、搅拌机浆、螺旋输送机叶片等的堆焊。

A4 EDMn 型为高锰钢堆焊焊条。该类焊条堆焊后硬度不高，但经加工硬化后可达 450 HB～500 HB。适用于严重冲击载荷和金属间磨损条件下工作的零部件，如破碎机颚板、铁轨道岔等的堆焊。

A5 EDCrMn 型为高铬锰钢堆焊焊条。熔敷金属具有较好的耐磨、耐热、耐腐蚀和气蚀性能。EDCrMn-B 型用于水轮机受气蚀破坏的零件，如叶片、导水叶等的堆焊。EDCrMn-A、EDCrMn C、EDCrMn-D 型适用于阀门密封面的堆焊。

A6 EDCrNi 型为高铬镍钢堆焊焊条。熔敷金属具有较好的抗氧化、气蚀、腐蚀性能和热强性能。加入 Si 或 W 能提高耐磨性，可以堆焊 600℃～650℃以下工作的锅炉阀门、热锻模、热轧辊等。

A7 EDD 型为高速钢堆焊焊条。熔敷金属具有很高的硬度、耐磨性和韧性，适用于工作温度不超过 600℃的零部件的堆焊。含碳高的适用于切割及机械加工。含碳低的热加工及韧性较好，通常可用于刀具、剪刀、绞刀、成型模、剪模、导轨、锭钳、拉刀及其他类似工具的堆焊。

A8 EDZ 型为含金铸铁堆焊焊条。熔敷金属含有少量 Cr、Ni、Mo 或 W 等合金元素，除提高耐磨性能外，也改善耐热、耐蚀及抗氧化性能和韧性。常用于混凝土搅拌机、高速混砂机、螺旋送料机等主要受磨料磨损部件的堆焊。

A9 EDZCr 型为高铬铸铁堆焊焊条。熔敷金属具有优良的抗氧化和耐气蚀性能、硬度高、耐磨料磨损性能好。常用于工作温度不超过 500℃的高炉料钟、矿石破碎机、煤孔挖掘器等耐磨耐蚀件的堆焊。

A10 EDCoCr 型为钴基合金堆焊焊条。熔敷金属具有综合耐热性、耐腐蚀性及抗氧化性能，在 600℃以上的高温中能保持高的硬度。调整 C 和 W 的含量可改变其硬度和韧性，以适应不同用途的要求。含碳量愈低，韧性愈好，而且能够承受冷热条件下的冲击，适用于高温高压阀门、热锻模、热剪切机刀刃等的堆焊。高碳的硬度高，耐磨性能好，但抗冲击能力弱，且不易加工，常用于牙轮钻头轴承、锅炉旋转叶轮、粉碎机刀口，螺旋送料机等部件的堆焊。

A11 EDW 型为碳化钨堆焊焊条。熔敷金属的基体组织上弥散地分布着碳化钨颗粒，硬度很高，抗高、低应力磨料磨损的能力较强，可在 650℃以下工作，但耐冲击力低，裂缝倾向大。适用于受岩石强烈磨损的机械零件，如混凝土搅拌机叶片，推土机、挖泥机叶片，高速混砂箱等表面的堆焊。

A12 EDTV 型为特殊型堆焊焊条。用于铸铁压延模、成型模以及其他铸铁模具的堆焊。

A13 EDNi 型为镍基合金堆焊焊条。熔敷金属具有综合耐热性、耐腐蚀性，由于含有大量的碳化物，对应力开裂较敏感。主要适用于低应力磨损场合，如泥浆泵、活塞泵套筒、螺旋进料机、挤压机螺杆、搅拌机等部件的堆焊。

A14 EDGWC 型为碳化钨管状堆焊焊条。WC1 型粉是 WC 和 W_2C 的混合物。WC2 型粉是 WC 结晶体。焊缝的硬度一般在 30 HRC～60 HRC,耐磨性能极为优良,适用于低冲击的耐磨场合,如钻井机、挖掘机等。某些工具也用这类焊条进行表面堆焊,如油井钻头、农用工具等。

附 录 B
(提示的附录)
堆焊焊条药皮类型

B1 钛钙型

药皮含 30%以上的氧化钛和 20%以下的钙或镁的碳酸盐矿石。熔渣流动性良好。电弧较稳定,熔深适中,脱渣容易,飞溅少,焊波美观。适用于交流或直流焊接。

B2 低氢钠型

药皮主要组成物是钙或镁的碳酸盐矿石和氟化物。熔渣为碱性,流动性好,焊接工艺性能一般,应短弧操作。焊接时要求焊条药皮很干燥。该类型焊条具有良好的抗裂性能和力学性能。适用于直流焊接。

B3 低氢钾型

低氢钾型具备低氢钠型焊条的各种特性并可交流施焊。为了用于交流,在药皮中加入稳弧组成物,还增加硅酸钾作粘合剂。

B4 石墨型

这类焊条药皮中除含有酸性氧化物、碱性氧化物外,还加入较多量石墨,使焊缝金属获得较高的游离碳或碳化物。采用石墨型药皮的焊条除焊接时烟雾较大外,工艺性能较好,飞溅少,熔深较浅、引弧容易,适用于交流或直流焊接,施焊时一般以采用小规范为宜。该焊条药皮强度较差,在包装、运输、贮存及使用中应予注意。

附 录 C
(提示的附录)
引用相关标准目录

GB/T 223.1—1981 钢铁及合金中碳量的测定
GB/T 223.2—1981 钢铁及合金中硫量的测定
GB/T 223.3—1988 钢铁及合金化学分析方法 二安替比林甲烷磷钼酸重量法测定磷量
GB/T 223.4—1988 钢铁及合金化学分析方法 硝酸铵氧化容量法测定锰量
GB/T 223.5—1997 钢铁及合金化学分析方法 还原型硅钼酸盐光度法测定酸溶硅含量
GB/T 223.6—1994 钢铁及合金化学分析方法 中和滴定法测定硼量
GB/T 223.7—1981 合金及铁粉中铁量的测定
GB/T 223.8—2000 钢铁及合金化学分析方法 氟化钠分离-EDTA 滴定法测定铝含量
GB/T 223.9—2000 钢铁及合金化学分析方法 铬天青 S 光度法测定铝含量
GB/T 223.10—2000 钢铁及合金化学分析方法 铜铁试剂分离-铬天青 S 光度法测定铝含量

GB/T 223.11—1991 钢铁及合金化学分析方法 过硫酸铵氧化容量法测定铬量
GB/T 223.12—1991 钢铁及合金化学分析方法 碳酸钠分离-二苯碳酰二肼光度法测定铬量
GB/T 223.13—2000 钢铁及合金化学分析方法 硫酸亚铁铵滴定法测定钒含量
GB/T 223.14—2000 钢铁及合金化学分析方法 钽试剂萃取光度法测定钒含量
GB/T 223.15—1982 钢铁及合金化学分析方法 重量法测定钛
GB/T 223.16—1991 钢铁及合金化学分析方法 变色酸光度法测定钛量
GB/T 223.17—1989 钢铁及合金化学分析方法 二安替比林甲烷光度法测定钛量
GB/T 223.18—1994 钢铁及合金化学分析方法 硫代硫酸钠分离-碘量法测定铜量
GB/T 223.19—1989 钢铁及合金化学分析方法 新亚铜灵-三氯甲烷萃取光度法测定铜量
GB/T 223.20—1994 钢铁及合金化学分析方法 电位滴定法测定钴量
GB/T 223.21—1994 钢铁及合金化学分析方法 5-Cl-PADAB 分光光度法测定钴量
GB/T 223.22—1994 钢铁及合金化学分析方法 亚硝基 R 盐分光光度法测定钴量
GB/T 223.23—1994 钢铁及合金化学分析方法 丁二酮肟分光光度法测定镍量
GB/T 223.24—1994 钢铁及合金化学分析方法 萃取分离-丁二酮肟分光光度法测定镍量
GB/T 223.25—1994 钢铁及合金化学分析方法 丁二酮肟重量法测定镍量
GB/T 223.26—1989 钢铁及合金化学分析方法 硫氰酸盐直接光度法测定钼量
GB/T 223.27—1994 钢铁及合金化学分析方法 硫氰酸盐-乙酸丁酯萃取分光光度法测定钼量
GB/T 223.28—1989 钢铁及合金化学分析方法 α-安息香肟重量法测定钼量
GB/T 223.29—1984 钢铁及合金化学分析方法 载体沉淀-二甲酚橙光度法测定铅量
GB/T 223.30—1994 钢铁及合金化学分析方法 对-溴苦杏仁酸沉淀分离-偶氮胂Ⅲ分光光度法测定锆量
GB/T 223.31—1994 钢铁及合金化学分析方法 蒸馏分离-钼蓝分光光度法测定砷量
GB/T 223.32—1994 钢铁及合金化学分析方法 次磷酸钠还原-碘量法测定砷量
GB/T 223.33—1994 钢铁及合金化学分析方法 萃取分离-偶氮氯膦 mA 光度法测定铈量
GB/T 223.34—2000 钢铁及合金化学分析方法 铁粉中盐酸不溶物的测定
GB/T 223.35—1985 钢铁及合金化学分析方法 脉冲加热惰气熔融库仑滴定法测定氧量
GB/T 223.36—1994 钢铁及合金化学分析方法 蒸馏分离-中和滴定法测定氮量
GB/T 223.37—1989 钢铁及合金化学分析方法 蒸馏分离-靛酚蓝光度法测定氮量
GB/T 223.38—1985 钢铁及合金化学分析方法 离子交换分离-重量法测定铌量
GB/T 223.40—1985 钢铁及合金化学分析方法 离子交换分离-氯磺酚 S 光度法测定铌量
GB/T 223.41—1985 钢铁及合金化学分析方法 离子交换分离-连苯三酚光度法测定钽量
GB/T 223.42—1985 钢铁及合金化学分析方法 离子交换分离-溴邻苯三酚红光度法测定钽量
GB/T 223.43—1994 钢铁及合金化学分析方法 钨量的测定
GB/T 223.45—1994 钢铁及合金化学分析方法 铜试剂分离-二甲苯胺蓝Ⅱ光度法测定镁量
GB/T 223.46—1989 钢铁及合金化学分析方法 火焰原子吸收光谱法测定镁量
GB/T 223.47—1994 钢铁及合金化学分析方法 载体沉淀-钼蓝光度法测定锑量
GB/T 223.48—1985 钢铁及合金化学分析方法 半二甲酚橙光度法测定铋量
GB/T 223.49—1994 钢铁及合金化学分析方法 萃取分离-偶氮氯膦 mA 分光光度法测定稀土总量
GB/T 223.50—1994 钢铁及合金化学分析方法 苯基荧光酮-溴化十六烷基三甲基胺直接光度法测定锡量
GB/T 223.51—1987 钢铁及合金化学分析方法 5-Br-PADAP 光度法测定锌量
GB/T 223.52—1987 钢铁及合金化学分析方法 盐酸羟胺-碘量法测定硒量

GB/T 223.53—1987 钢铁及合金化学分析方法 火焰原子吸收分光光度法测定铜量
GB/T 223.54—1987 钢铁及合金化学分析方法 火焰原子吸收分光光度法测定镍量
GB/T 223.55—1987 钢铁及合金化学分析方法 示波极谱(直接)法测定碲量
GB/T 223.56—1987 钢铁及合金化学分析方法 巯基棉分离-示波极谱法测定碲量
GB/T 223.57—1987 钢铁及合金化学分析方法 萃取分离-吸附催化极谱法测定镉量
GB/T 223.58—1987 钢铁及合金化学分析方法 亚砷酸钠-亚硝酸钠滴定法测定锰量
GB/T 223.59—1987 钢铁及合金化学分析方法 锑磷钼蓝光度法测定磷量
GB/T 223.60—1997 钢铁及合金化学分析方法 高氯酸脱水重量法测定硅含量
GB/T 223.61—1988 钢铁及合金化学分析方法 磷钼酸铵容量法测定磷量
GB/T 223.62—1988 钢铁及合金化学分析方法 乙酸丁酯萃取光度法测定磷量
GB/T 223.63—1988 钢铁及合金化学分析方法 高碘酸钠(钾)光度法测定锰量
GB/T 223.64—1988 钢铁及合金化学分析方法 火焰原子吸收光谱法测定锰量
GB/T 223.65—1988 钢铁及合金化学分析方法 火焰原子吸收光谱法测定钴量
GB/T 223.66—1989 钢铁及合金化学分析方法 硫氰酸盐-盐酸氯丙嗪-三氯甲烷萃取光度法测定钨量
GB/T 223.67—1989 钢铁及合金化学分析方法 还原蒸馏-次甲基蓝光度法测定硫量
GB/T 223.68—1997 钢铁及合金化学分析方法 管式炉内燃烧后碘酸钾滴定法测定硫含量
GB/T 223.69—1997 钢铁及合金化学分析方法 管式炉内燃烧后气体容量法测定碳含量
GB/T 223.70—1989 钢铁及合金化学分析方法 邻菲啰啉分光光度法测定铁量
GB/T 223.71—1997 钢铁及合金化学分析方法 管式炉内燃烧后重量法测定碳含量
GB/T 223.72—1991 钢铁及合金化学分析方法 氧化铝色层分离-硫酸钡重量法测定硫量
GB/T 223.73—1991 钢铁及合金化学分析方法 三氯化钛-重铬酸钾容量法测定铁量
GB/T 223.74—1997 钢铁及合金化学分析方法 非化合碳含量的测定
GB/T 223.75—1991 钢铁及合金化学分析方法 甲醇蒸馏-姜黄素光度法测定硼量
GB/T 223.76—1994 钢铁及合金化学分析方法 火焰原子吸收光谱法测定钒量
GB/T 223.77—1994 钢铁及合金化学分析方法 火焰原子吸收光谱法测定钙量
GB/T 223.78—2000 钢铁及合金化学分析方法 姜黄素直接光度法测定硼含量

ICS 25.160.01
J 33

中华人民共和国国家标准

GB/T 985.1—2008
代替 GB/T 985—1988

气焊、焊条电弧焊、气体保护焊和高能束焊的推荐坡口

Recommended joint preparation for gas welding, manual metal arc welding, gas-shield arc welding and beam welding

(ISO 9692-1:2003, Welding and allied processes—Recommendations for joint preparation—Part 1: Manual metal arc welding, gas-shield arc welding, gas welding, TIG welding and beam welding of steels, MOD)

2008-03-31 发布　　2008-09-01 实施

中华人民共和国国家质量监督检验检疫总局
中国国家标准化管理委员会　发布

前　言

GB/T 985 分为如下 4 个部分：

——GB/T 985.1　气焊、焊条电弧焊、气体保护焊和高能束焊的推荐坡口；

——GB/T 985.2　埋弧焊的推荐坡口；

——GB/T 985.3　铝及铝合金气体保护焊的推荐坡口；

——GB/T 985.4　复合钢的推荐坡口。

本部分为 GB/T 985.1。

本部分修改采用 ISO 9692-1:2003《焊接及相关工艺　推荐的焊接坡口　第 1 部分:钢的焊条电弧焊、熔化极气体保护焊、气焊、TIG 焊和高能束焊》(英文版)。

本部分根据 ISO 9692-1:2003 重新起草。本标准与 ISO 9692-1:2003 相比,技术内容修改如下：

——增加了附录 A。

为了便于使用，本部分做了下列编辑性修改：

——删除了国际标准的前言；

——将标准名称改为"气焊、焊条电弧焊、气体保护焊和高能束焊的推荐坡口"；

——对 ISO 9692-1:2003 中引用的其他国际标准,有被等同或修改采用为我国标准的用我国标准代替对应的国际标准；

——表中的序号做了调整。

本部分代替 GB/T 985—1988《气焊、手工电弧焊及气体保护焊焊缝坡口的基本形式和尺寸》。

本部分与 GB/T 985—1988 相比主要变化如下：

——适用范围增加了高能束焊接头；

——坡口按照单面焊和双面焊划分；

——针对每种坡口推荐了相应的焊接方法；

——增加了窄间隙焊接坡口。

本部分的附录 A 为资料性附录。

本部分由全国焊接标准化技术委员会提出并归口。

本部分起草单位:哈尔滨焊接研究所、东方锅炉(集团)股份有限公司。

本部分主要起草人:朴东光、潘乾刚、储继君。

本部分所代替标准的历次版本发布情况为：

——GB 985—1967、GB 985—1980、GB/T 985—1988。

气焊、焊条电弧焊、气体保护焊和高能束焊的推荐坡口

1 范围

GB/T 985 的本部分规定了钢材焊接的坡口形式和尺寸。本部分适用于气焊、焊条电弧焊、气体保护焊和高能束焊接。

2 规范性引用文件

下列文件中的条款通过 GB/T 985 的本部分的引用而成为本部分的条款。凡是注日期的引用文件，其随后所有的修改单(不包括勘误的内容)或修订版均不适用于本部分，然而，鼓励根据本部分达成协议的各方研究是否可使用这些文件的最新版本。凡是不注日期的引用文件，其最新版本适用于本部分。

GB/T 324 焊缝符号表示法(GB/T 324—1988,eqv ISO 2553:1984)

GB/T 5185 焊接及相关工艺方法代号(GB/T 5185—2005，ISO 4063:1998，IDT)

GB/T 16672 焊缝 工作位置 倾角和转角的定义(GB/T 16672—1996，idt ISO 6947：1993)

3 总则

本部分按照完全熔透的原则，规定了对接接头的坡口形式和尺寸。对于不完全熔透的对接接头，允许采用其他形式的焊接坡口。焊缝符号参见 GB/T 324。焊接位置参见 GB/T 16672。

4 焊接方法

表 1～表 4 规定的各类坡口适用于相应的焊接方法。必要时，也可采用两种以上适用方法组合焊接。

焊接方法代号参见 GB/T 5185。

5 坡口底边的打磨

从工艺角度出发，不带钝边的坡口可对其根部的底边进行打磨处理，保留一定的钝边量(2 mm 以内)。

6 坡口的推荐形式和尺寸

6.1 单面对接焊坡口

表 1 规定了单面对接焊的坡口形式和尺寸。在横焊位置焊接时，坡口角(或坡口面角)可适当加大，而且允许是非对称的。给定的间隙也适用于定位焊条件。

6.2 双面对接焊坡口

表 2 规定了双面对接焊的坡口形式和尺寸。在横焊位置焊接时，坡口角(或坡口面角)可适当加大，而且允许是非对称的。给定的间隙也适用于定位焊条件。

6.3 单面角焊缝

表 3 规定了单面角焊缝的接头形式。

6.4 双面角焊缝

表 4 规定了双面角焊缝的接头形式。

表 1　单面对接焊坡口

单位为毫米

序号	母材厚度 t	坡口/接头种类	基本符号	横截面示意图	尺寸：坡口角 α 或坡口面角 β	尺寸：间隙 b	尺寸：钝边 c	尺寸：坡口深度 h	适用的焊接方法	焊缝示意图	备注
1	≤2	卷边坡口	⋀		—	—	—	—	3 111 141 512		通常不填加焊接材料
2	≤4	I形坡口	‖		—	≈t	—	—	3 111 141		—
	3<t≤8					3≤b≤8			13		必要时加衬垫
						≈t			141[a]		
	≤15					≤1[b]			52		
						0					

表 1（续）

单位为毫米

序号	母材厚度 t	坡口/接头种类	基本符号	横截面示意图	尺寸 坡口角 α 或坡口面角 β	间隙 b	钝边 c	坡口深度 h	适用的焊接方法	焊缝示意图	备注
3	≤100	I形坡口（带衬垫）	—		—	—	—	—	51		—
		I形坡口（带锁底）	—								
4	3＜t≤10	V形坡口	V		40°≤α≤60°	≤4	≤2	—	3 111 13 141		必要时加衬垫
	8＜t≤12				6°≤α≤8°	—			52[b]		
5	＞16	陡边坡口			5°≤β≤20°	5≤b≤15	—	—	111 13		带衬垫

表 1（续）

单位为毫米

序号	母材厚度 t	坡口/接头种类	基本符号	横截面示意图	尺寸：坡口角 α 或坡口面角 β	尺寸：间隙 b	尺寸：钝边 c	尺寸：坡口深度 h	适用的焊接方法	焊缝示意图	备注
6	$5\leqslant t\leqslant 40$	V形坡口（带钝边）	Y	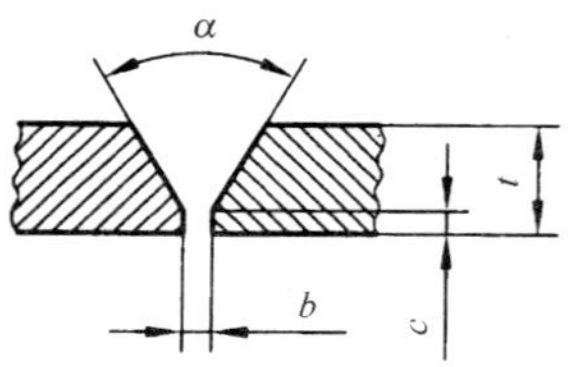	$\alpha\approx 60°$	$1\leqslant b\leqslant 4$	$2\leqslant c\leqslant 4$	—	111 13 141	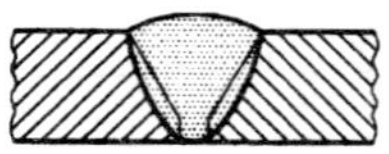	—
7	>12	U-V形组合坡口		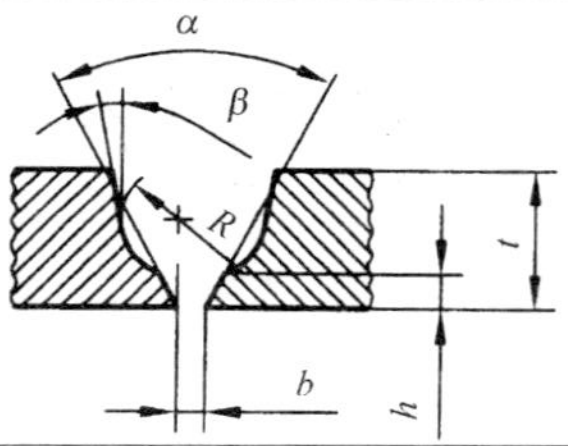	$60°\leqslant\alpha\leqslant 90°$ $8°\leqslant\beta\leqslant 12°$	$1\leqslant b\leqslant 3$	—	≈ 4	111 13 141	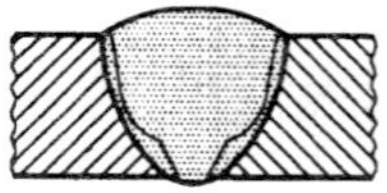	$6\leqslant R\leqslant 9$
8	>12	V-V形组合坡口		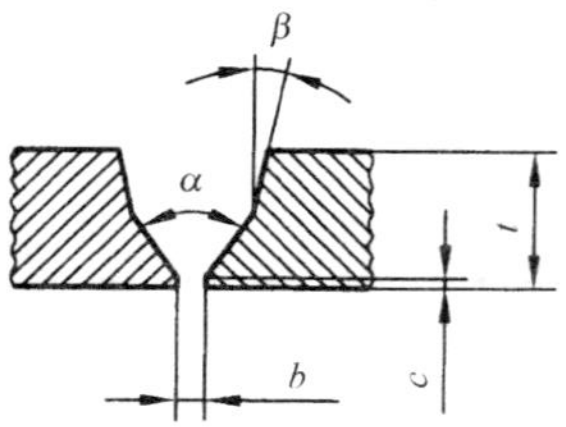	$60°\leqslant\alpha\leqslant 90°$ $10°\leqslant\beta\leqslant 15°$	$2\leqslant b\leqslant 4$	>2	—	111 13 141	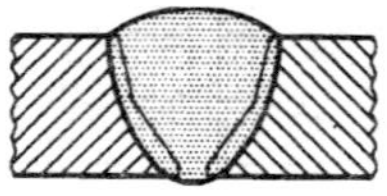	—
9	>12	U形坡口		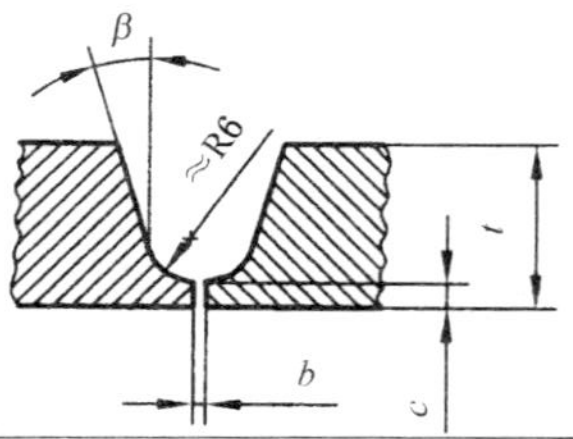	$8°\leqslant\beta\leqslant 12°$	$\leqslant 4$	$\leqslant 3$	—	111 13 141	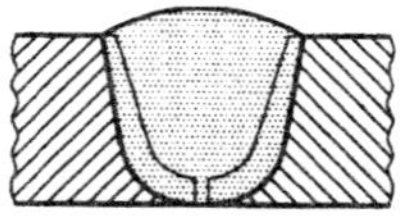	—

表 1（续）

单位为毫米

序号	母材厚度 t	坡口/接头种类	基本符号	横截面示意图	尺寸				适用的焊接方法	焊缝示意图	备注
					坡口角 α 或坡口面角 β	间隙 b	钝边 c	坡口深度 h			
10	$3<t\leqslant10$	单边V形坡口	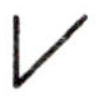	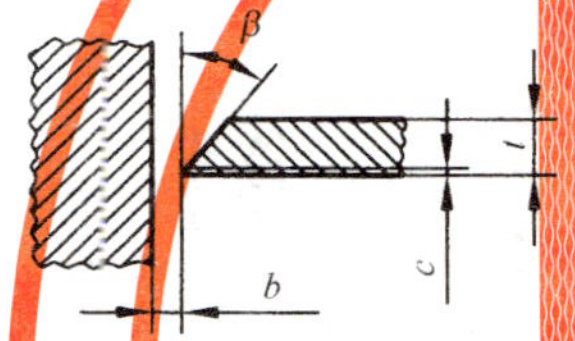 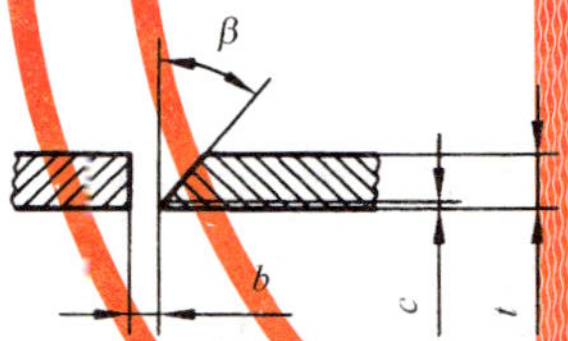	$35°\leqslant\beta\leqslant60°$	$2\leqslant b\leqslant4$	$1\leqslant c\leqslant2$	—	111 13 141	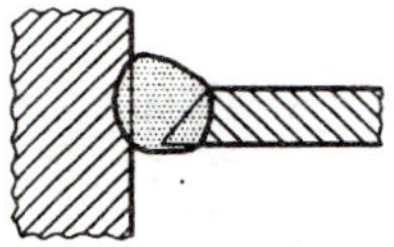 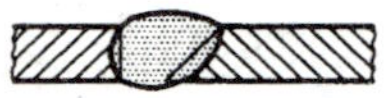	—
11	>16	单边陡边坡口		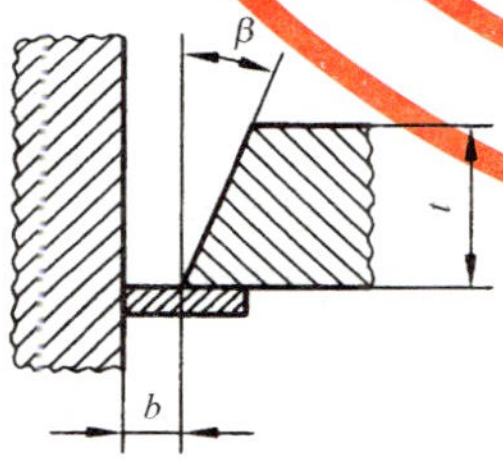	$15°\leqslant\beta\leqslant60°$	$6\leqslant b\leqslant12$	—	—	111	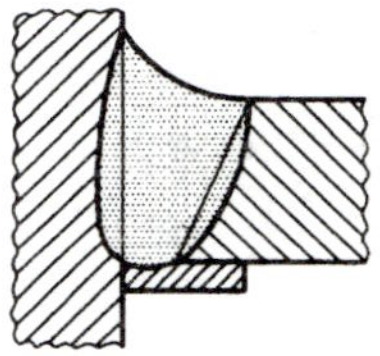	带衬垫
						≈12			13 141		

表 1（续）

单位为毫米

序号	母材厚度 t	坡口/接头种类	基本符号	横截面示意图	尺寸：坡口角 α 或坡口面角 β	尺寸：间隙 b	尺寸：钝边 c	尺寸：坡口深度 h	适用的焊接方法	焊缝示意图	备注
12	>16	J形坡口			$10° \leqslant \beta \leqslant 20°$	$2 \leqslant b \leqslant 4$	$1 \leqslant c \leqslant 2$	—	111 13 141		—
13	≤15	T形接头			—	—	—	—	52		—
	≤100								51		
14	≤15	T形接头			—	—	—	—	52		—
	≤100								51		

[a] 该种焊接方法不一定适用于整个工件厚度范围的焊接。

[b] 需要添加焊接材料。

单位为毫米

表 2　双面对接焊坡口

序号	母材厚度 t	坡口/接头种类	基本符号	横截面示意图	尺寸：坡口角 α 或坡口面角 β	尺寸：间隙 b	尺寸：钝边 c	尺寸：坡口深度 h	适用的焊接方法	焊缝示意图	备注
1	≤8	I形坡口	‖	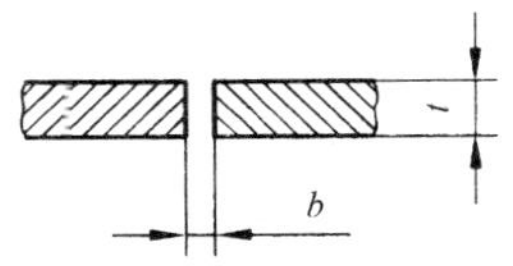	—	≈t/2	—	—	111 141 13		—
	≤15					0			52		
2	3≤t≤40	V形坡口		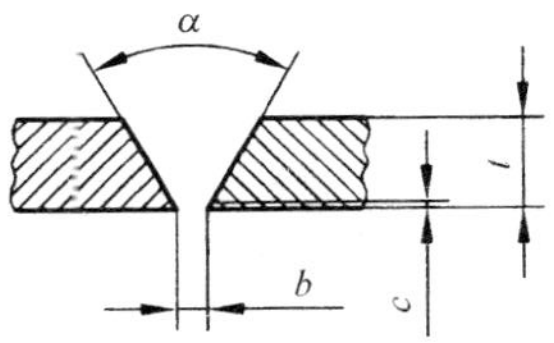	α≈60°	≤3	≤2	—	111 141	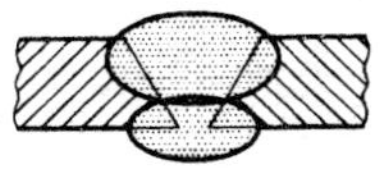	封底
					40°≤α≤60°				13		
3	>10	带钝边V形坡口		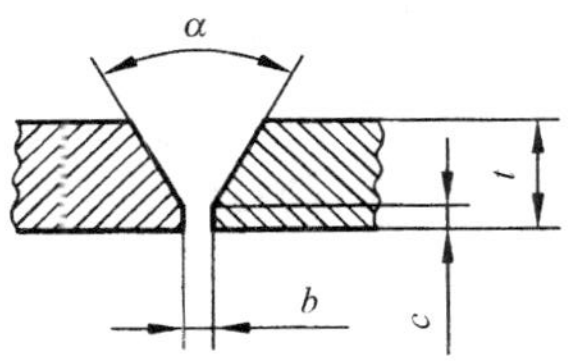	α≈60°	1≤b≤3	2≤c≤4	—	111 141	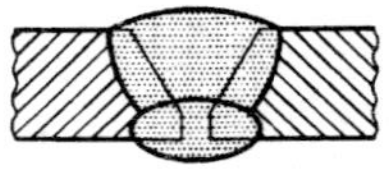	特殊情况下可适用更小的厚度和气保焊方法。注明封底
					40°≤α≤60°				13		

表 2（续）

单位为毫米

序号	母材厚度 t	坡口/接头种类	基本符号	横截面示意图	尺寸 坡口角 α 或坡口面角 β	尺寸 间隙 b	尺寸 钝边 c	尺寸 坡口深度 h	适用的焊接方法	焊缝示意图	备注
4	>10	双 V 形坡口（带钝边）			$\alpha \approx 60°$	$1 \leqslant b \leqslant 4$	$2 \leqslant c \leqslant 6$	$h_1 = h_2 = \frac{t-c}{2}$	111 141		—
					$40° \leqslant \alpha \leqslant 60°$				13		
5	>10	双 V 形坡口			$\alpha \approx 60°$	$1 \leqslant b \leqslant 3$	$\leqslant 2$	$\approx t/2$	111 141		—
					$40° \leqslant \alpha \leqslant 60°$				13		
		非对称双 V 形坡口			$\alpha_1 \approx 60°$ $\alpha_2 \approx 60°$			$\approx t/3$	111 141		—
					$40° \leqslant \alpha_1 \leqslant 60°$ $40° \leqslant \alpha_2 \leqslant 60°$				13		

表 2（续）

单位为毫米

序号	母材厚度 t	坡口/接头种类	基本符号	横截面示意图	尺寸：坡口角 α 或坡口面角 β	尺寸：间隙 b	尺寸：钝边 c	尺寸：坡口深度 h	适用的焊接方法	焊缝示意图	备注
6	>12	U 形坡口		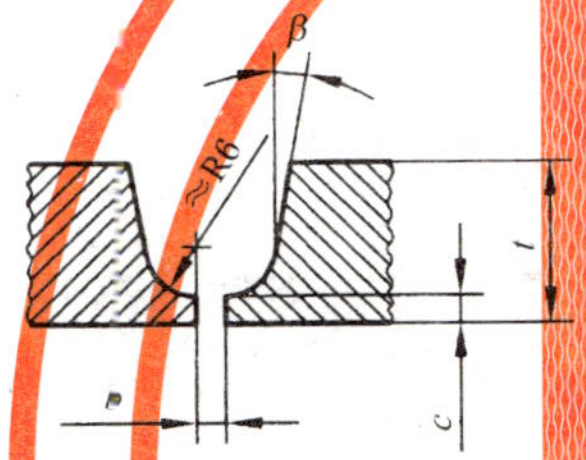	$8° \leqslant \beta \leqslant 12°$	$1 \leqslant b \leqslant 3$	≈5	—	111 13	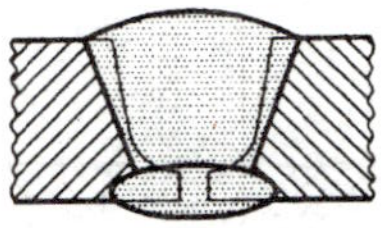	封底
						≤3			141[a]		
7	≥30	双 U 形坡口		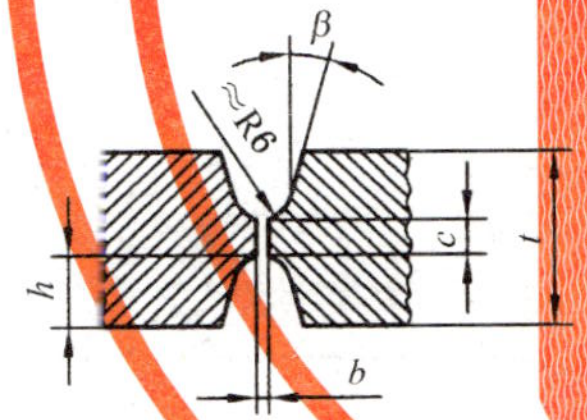	$8° \leqslant \beta \leqslant 12°$	≤3	≈3	$\approx \frac{t-c}{2}$	111 13 141[a]	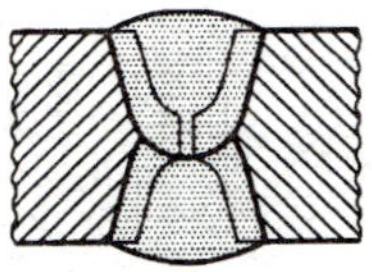	可制成与 V 形坡口相似的非对称坡口形式
8	$3 \leqslant t \leqslant 30$	单边 V 形坡口		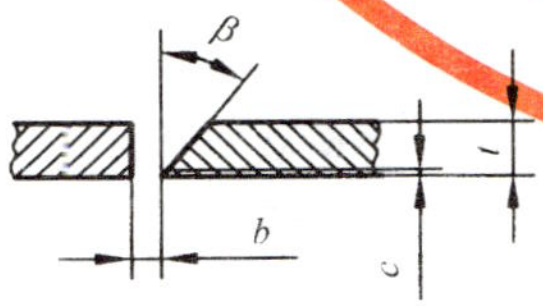	$35° \leqslant \beta \leqslant 60°$	$1 \leqslant b \leqslant 4$	≤2	—	111 13 141[a]		封底

表 2（续）

单位为毫米

序号	母材厚度 t	坡口/接头种类	基本符号	横截面示意图	尺寸：坡口角 α 或坡口面角 β	尺寸：间隙 b	尺寸：钝边 c	尺寸：坡口深度 h	适用的焊接方法	焊缝示意图	备注
9	>10	K形坡口	K		$35° \leqslant \beta \leqslant 60°$	$1 \leqslant b \leqslant 4$	$\leqslant 2$	$\approx t/2$ 或 $\approx t/3$	111 13 141[a]		可制成与V形坡口相似的非对称坡口形式
10	>16	J形坡口			$10° \leqslant \beta \leqslant 20°$	$1 \leqslant b \leqslant 3$	$\geqslant 2$	—	111 13 141[a]		封底

表 2（续）

单位为毫米

序号	母材厚度 t	坡口/接头种类	基本符号	横截面示意图	尺寸：坡口角 α 或坡口面角 β	尺寸：间隙 b	尺寸：钝边 c	尺寸：坡口深度 h	适用的焊接方法	焊缝示意图	备注
11	>30	双 J 形坡口			$10° \leqslant \beta \leqslant 20°$	≤3	≥2	$-\frac{t-c}{2}$	111 13 141[a]		可制成与 V 形坡口相似的非对称坡口形式
							<2	$\approx t/2$			
12	≤25	T 形接头			—	—	—	—	52		—
	≤170								51		

a 该种焊接方法不一定适用于整个工件厚变范围的焊接。

表 3　角焊缝的接头形式(单面焊)

单位为毫米

序号	母材厚度 t	接头形式	基本符号	横截面示意图	尺寸 角度 α	尺寸 间隙 b	适用的焊接方法[a]	焊缝示意图
1	$t_1>2$ $t_2>2$	T形接头	◺		$70°\leqslant\alpha\leqslant100°$	$\leqslant2$	3 111 13 141	
2	$t_1>2$ $t_2>2$	搭接			—	$\leqslant2$	3 111 13 141	
3	$t_1>2$ $t_2>2$	角接			$60°\leqslant\alpha\leqslant120°$	$\leqslant2$	3 111 13 141	

[a] 这些焊接方法不一定适用于整个工件厚度范围的焊接。

表 4 角焊缝的接头形式(双面焊)

单位为毫米

<table>
<tr><th rowspan="2">序号</th><th rowspan="2">母材厚度
t</th><th rowspan="2">接头形式</th><th rowspan="2">基本符号</th><th rowspan="2">横截面示意图</th><th colspan="2">尺寸</th><th rowspan="2">适用的焊接方法[a]</th><th rowspan="2">焊缝示意图</th></tr>
<tr><th>角度
α</th><th>间隙
b</th></tr>
<tr><td>1</td><td>$t_1>3$
$t_2>3$</td><td>角接</td><td rowspan="4"></td><td></td><td>$70°\leqslant\alpha\leqslant100°$</td><td>≤2</td><td>3
111
13
141</td><td></td></tr>
<tr><td>2</td><td>$t_1>2$
$t_2>5$</td><td>角接</td><td></td><td>$60°\leqslant\alpha\leqslant120°$</td><td>—</td><td>3
111
13
141</td><td></td></tr>
<tr><td rowspan="2">3</td><td>$2\leqslant t_1\leqslant4$
$2\leqslant t_2\leqslant4$</td><td rowspan="2">T 形接头</td><td rowspan="2"></td><td rowspan="2">—</td><td>≤2</td><td rowspan="2">3
111
13
141</td><td rowspan="2"></td></tr>
<tr><td>$t_1>4$
$t_2>4$</td><td>—</td></tr>
<tr><td colspan="9">[a] 这些焊接方法不一定适用于整个工件厚度范围的焊接。</td></tr>
</table>

附　录　A
（资料性附录）
窄间隙焊接坡口

表 A.1　窄间隙热丝焊坡口

单位为毫米

序号	母材厚度 t	坡口/接头种类	基本符号	横截面示意图	尺寸				适用的焊接方法	焊缝示意图	备注
					坡口角 α 或 坡口面角 β	间隙 b	钝边 c	坡口深度 h			
1	$20 \leqslant t \leqslant 150$	U形坡口			$1° \leqslant \beta \leqslant 1.5°$	—	$c \approx 2$	—	141（热丝）		

ICS 25.160.01
J 33

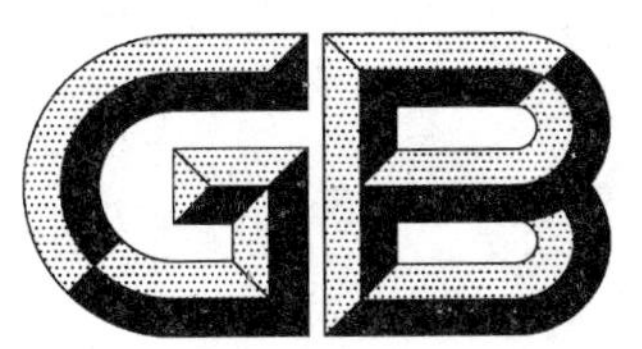

中华人民共和国国家标准

GB/T 985.2—2008
代替 GB/T 986—1988

埋弧焊的推荐坡口

Recommended joint preparation for submerged arc welding

(ISO 9692-2:1998,Welding and allied processes—Joint preparation—
Part 2:Submerged arc welding of steels,MOD)

2008-03-31 发布　　2008-09-01 实施

中华人民共和国国家质量监督检验检疫总局
中国国家标准化管理委员会　发布

前 言

GB/T 985 分为如下 4 个部分：

——GB/T 985.1 气焊、焊条电弧焊、气体保护焊和高能束焊的推荐坡口；

——GB/T 985.2 埋弧焊的推荐坡口；

——GB/T 985.3 铝及铝合金气体保护焊的推荐坡口；

——GB/T 985.4 复合钢的推荐坡口。

本部分为 GB/T 985.2。

本部分修改采用 ISO 9692-2:1998《焊接及相关工艺 推荐的焊接坡口 第 2 部分：钢的埋弧焊》(英文版)。

本部分根据 ISO 9692-2:1998 重新起草。本标准与 ISO 9692-2:1998 相比，技术内容修改如下：

——规范性引用文件中删除了 ISO 3834、ISO 9692 和 ISO 9956；

——增加了附录 A。

为了便于使用，本部分做了下列编辑性修改：

——删除了国际标准的前言；

——将标准名称改为"埋弧焊的推荐坡口"；

——对 ISO 9692-2:1998 中引用的其他国际标准，有被等同或修改采用为我国标准的用我国标准代替对应的国际标准；

——表中的序号做了调整。

本部分代替 GB/T 986—1988《埋弧焊焊缝坡口的基本形式和尺寸》。

本部分与 GB/T 986—1988 相比主要变化如下：

——坡口按照单面焊和双面焊划分；

——增加了窄间隙焊接坡口。

本部分的附录 A 为资料性附录。

本部分由全国焊接标准化技术委员会提出并归口。

本部分起草单位：哈尔滨焊接研究所、东方锅炉(集团)股份有限公司。

本部分主要起草人：朴东光、潘乾刚、储继君。

本部分所代替标准的历次版本发布情况为：

——GB 986—1967、GB 986—1980、GB/T 986—1988。

埋弧焊的推荐坡口

1 范围

GB/T 985 的本部分规定了钢材焊接的坡口形式和尺寸。本部分适用于埋弧焊工艺方法。

2 规范性引用文件

下列文件中的条款通过 GB/T 985 的本部分的引用而成为本部分的条款。凡是注日期的引用文件,其随后所有的修改单(不包括勘误的内容)或修订版均不适用于本部分,然而,鼓励根据本部分达成协议的各方研究是否可使用这些文件的最新版本。凡是不注日期的引用文件,其最新版本适用于本部分。

GB/T 324 焊缝符号表示法(GB/T 324—1988,eqv ISO 2553:1984)

GB/T 16672 焊缝 工作位置 倾角和转角的定义(GB/T 16672—1996,ISO 6947:1993,IDT)

3 总则

本部分按照完全熔透的原则,规定了对接接头的坡口形式和尺寸。对于不完全熔透的对接接头,允许采用其他形式的焊接坡口。

4 焊接位置

本部分规定的坡口主要针对的是 GB/T 16672 中的平焊和平角焊位置(PA 和 PB),采用横焊位置(PC 位置)时,可考虑采用其他的坡口形式和尺寸。

5 坡口形式

表 1 和表 2 规定了推荐的坡口形式和尺寸。基本符号参见 GB/T 324。

在采用定位焊接的情况下,表 1 和表 2 中的间隙是完成定位焊之后的间隙。

本部分未规定衬垫的材料和尺寸,衬垫的选择和使用应结合具体工况条件。

表 1　单面对接焊坡口

单位为毫米

焊缝					坡口形式和尺寸					焊接位置	备注
序号	工件厚度 t	名称	基本符号	焊缝示意图	横截面示意图	坡口角 α 或坡口面角 β	间隙 b、圆弧半径 R	钝边 c	坡口深度 h		
1	$3\leqslant t\leqslant 12$	平对接焊缝	‖	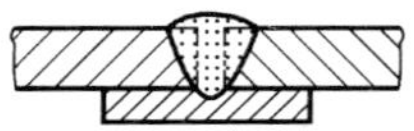	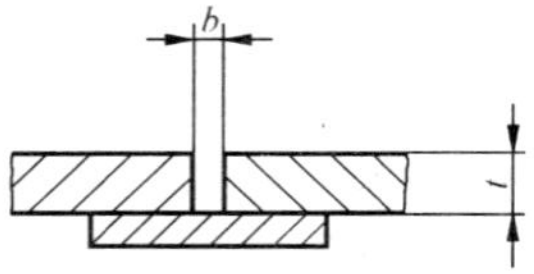	—	$b\leqslant 0.5t$ 最大 5	—	—	PA	带衬垫，衬垫厚度至少：5 mm 或 $0.5t$
2	$10\leqslant t\leqslant 20$	V 形焊缝	V	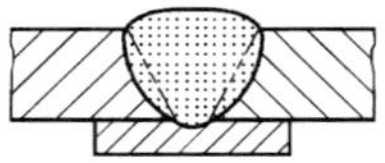	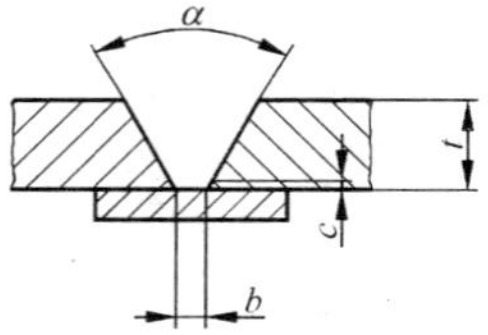	$30°\leqslant \alpha\leqslant 50°$	$4\leqslant b\leqslant 8$	$c\leqslant 2$	—	PA	带衬垫，衬垫厚度至少：5 mm 或 $0.5t$
3	$t>20$	陡边 V 形焊缝		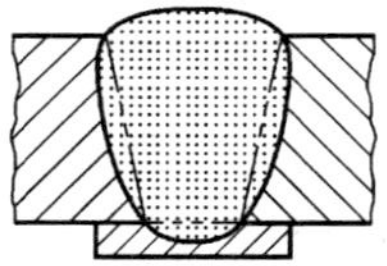	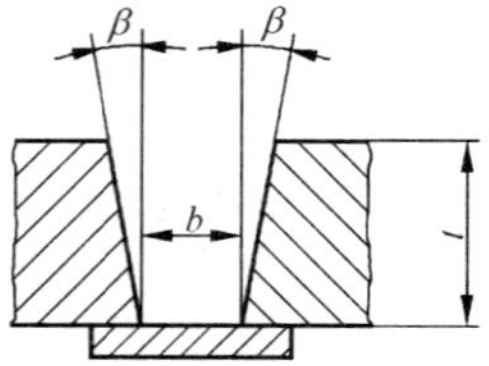	$4°\leqslant \beta\leqslant 10°$	$16\leqslant b\leqslant 25$	—	—	PA	带衬垫，衬垫厚度至少：5 mm 或 $0.5t$
4	$t>12$	双 V 形组合焊缝		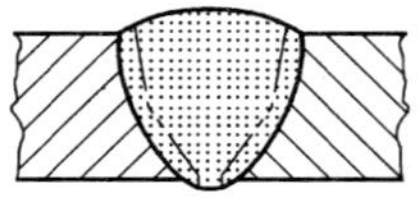	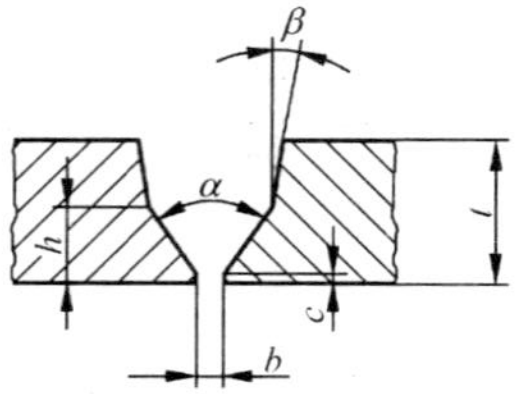	$60°\leqslant \alpha\leqslant 70°$ $4°\leqslant \beta\leqslant 10°$	$1\leqslant b\leqslant 4$	$0\leqslant c\leqslant 3$	$4\leqslant h\leqslant 10$	PA	根部焊道可采用合适的方法焊接
5	$t\geqslant 12$	U-V 形组合焊缝		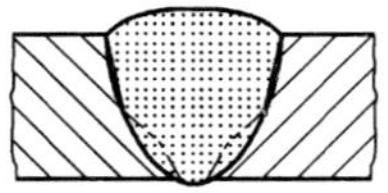	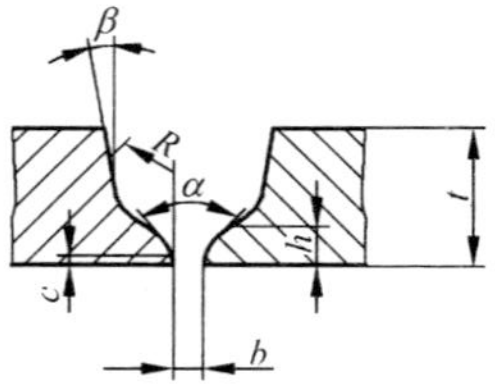	$60°\leqslant \alpha\leqslant 70°$ $4°\leqslant \beta\leqslant 10°$	$1\leqslant b\leqslant 4$ $5\leqslant R\leqslant 10$	$0\leqslant c\leqslant 3$	$4\leqslant h\leqslant 10$	PA	根部焊道可采用合适的方法焊接

表 1（续）

单位为毫米

焊缝					坡口形式和尺寸					焊接位置	备注
序号	工件厚度 t	名称	基本符号	焊缝示意图	横截面示意图	坡口角 α 或坡口面角 β	间隙 b、圆弧半径 R	钝边 c	坡口深度 h		
6	$t\geqslant30$	U 形焊缝		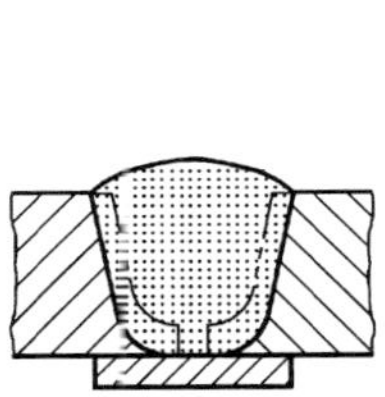	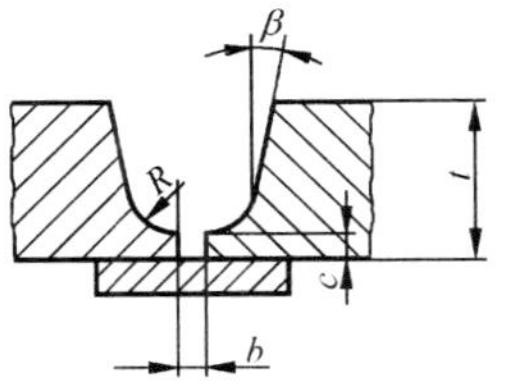	$4°\leqslant\beta\leqslant10°$	$1\leqslant b\leqslant4$ $5\leqslant R\leqslant10$	$2\leqslant c\leqslant3$	—	PA	带衬垫，衬垫厚度至少：5 mm 或 0.5t
7	$3\leqslant t\leqslant16$	单边 V 形焊缝		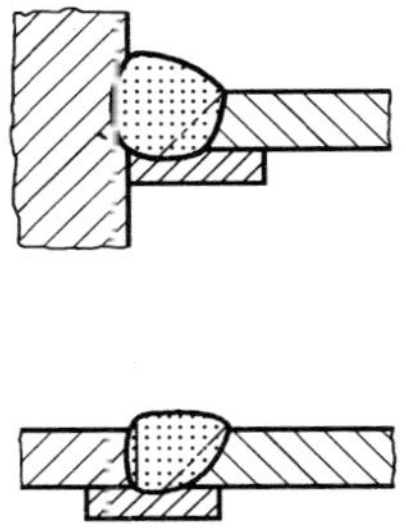	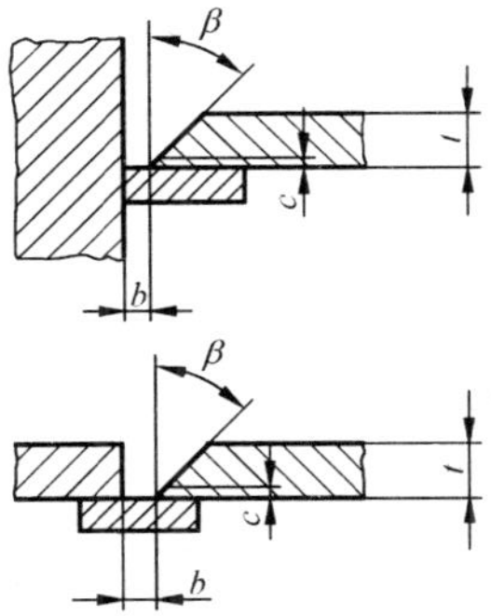	$30°\leqslant\beta\leqslant50°$	$1\leqslant b\leqslant4$	$c\leqslant2$	—	PA PB	带衬垫，衬垫厚度至少：5 mm 或 0.5t
8	$t\geqslant16$	单边陡边 V 形焊缝		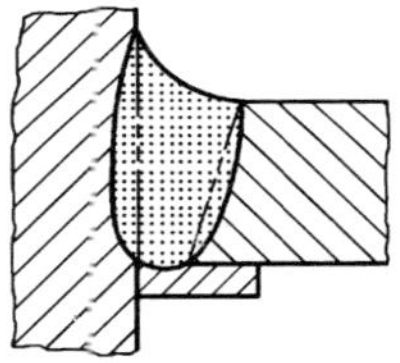	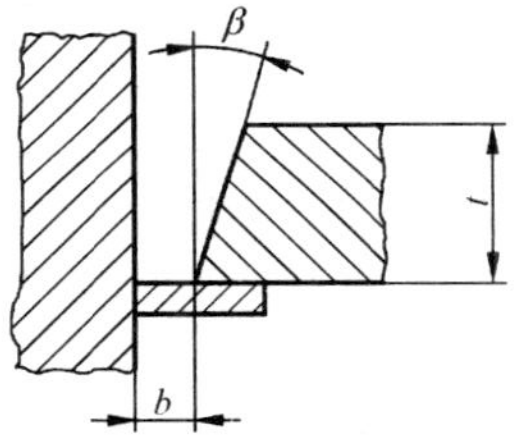	$8°\leqslant\beta\leqslant10°$	$5\leqslant b\leqslant15$	—	—	PA PB	带衬垫，衬垫厚度至少：5 mm 或 0.5t

表 1（续）

单位为毫米

焊缝					坡口形式和尺寸					焊接位置	备注
序号	工件厚度 t	名称	基本符号	焊缝示意图	横截面示意图	坡口角 α 或坡口面角 β	间隙 b、圆弧半径 R	钝边 c	坡口深度 h		
9	$t\geqslant16$	J 形焊缝	⌡			$4°\leqslant\beta\leqslant10°$	$2\leqslant b\leqslant4$ $5\leqslant R\leqslant10$	$2\leqslant c\leqslant3$	—	PA PB	带衬垫，衬垫厚度至少：5 mm 或 0.5t

表 2　双面对接焊坡口

单位为毫米

焊缝					坡口形式和尺寸					焊接位置	备　注
序号	工件厚度 t	名称	基本符号	焊缝示意图	横截面示意图	坡口角 α 或坡口面角 β	间隙 b、圆弧半径 R	钝边 c	坡口深度 h		
1	$3 \leqslant t \leqslant 20$	平对接焊缝			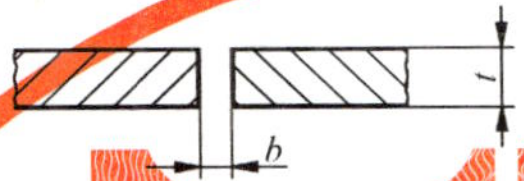	—	$b \leqslant 2$	—	—	PA	间隙应符合公差要求
2	$10 \leqslant t \leqslant 35$	带钝边 V 形焊缝/封底			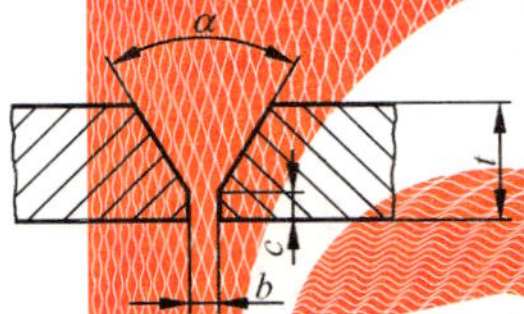	$30° \leqslant \alpha \leqslant 60°$	$b \leqslant 4$	$4 \leqslant c \leqslant 10$	—	PA	根部焊道可用其他方法焊接
3	$10 \leqslant t \leqslant 20$	V 形焊缝/平对接焊缝		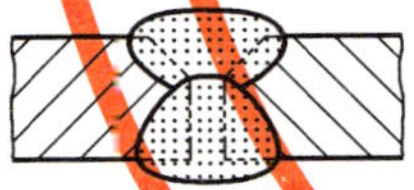		$60° \leqslant \alpha \leqslant 80°$	$b \leqslant 4$	$5 \leqslant c \leqslant 15$	—	PA	根部焊道可用其他方法焊接
4	$t \geqslant 16$	带钝边的双 V 形焊缝		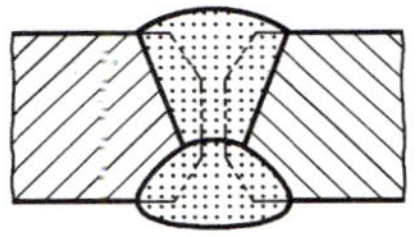	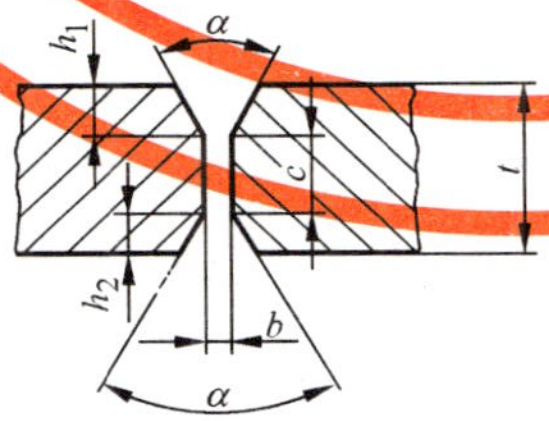	$30° \leqslant \alpha \leqslant 70°$	$b \leqslant 4$	$4 \leqslant c \leqslant 10$	$h_1 = h_2$	PA	—

表 2（续）

单位为毫米

焊缝					坡口形式和尺寸					焊接位置	备注
序号	工件厚度 t	名称	基本符号	焊缝示意图	横截面示意图	坡口角 α 或坡口面角 β	间隙 b、圆弧半径 R	钝边 c	坡口深度 h		
5	$t\geqslant30$	U 形焊缝/封底焊缝		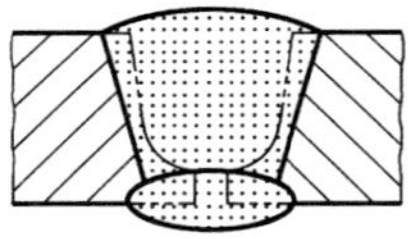	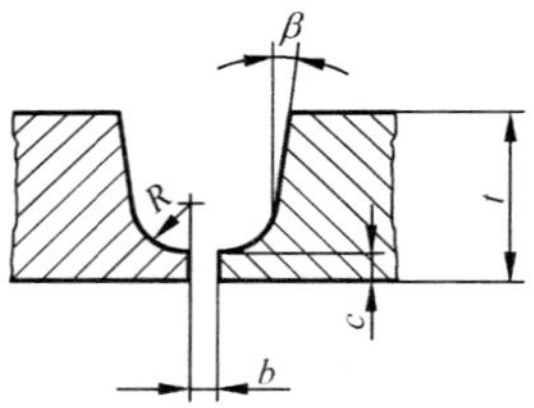	$5°\leqslant\beta\leqslant10°$	$b\leqslant4$ $5\leqslant R\leqslant10$	$4\leqslant c\leqslant10$	—	PA	—
6	$t\geqslant50$	双 U 形焊缝	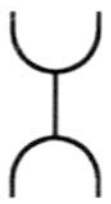	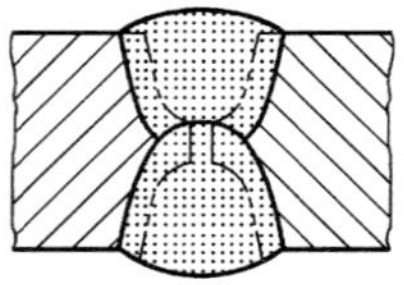	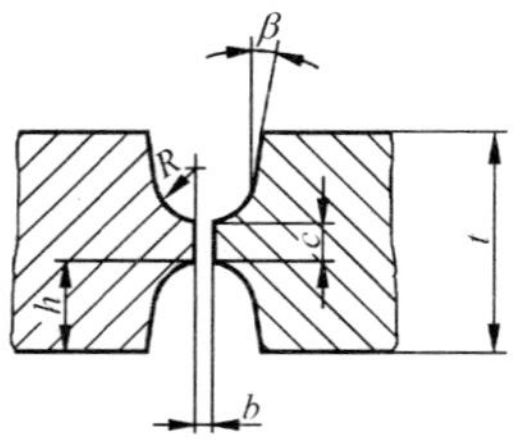	$5°\leqslant\beta\leqslant10°$	$b\leqslant4$ $5\leqslant R\leqslant10$	$4\leqslant c\leqslant10$	$h=0.5$ $(t-c)$	PA	与双 V 形对称坡口相似，这种坡口可制成对称的形式
7	$t\geqslant12$	带钝边的 K 形焊缝		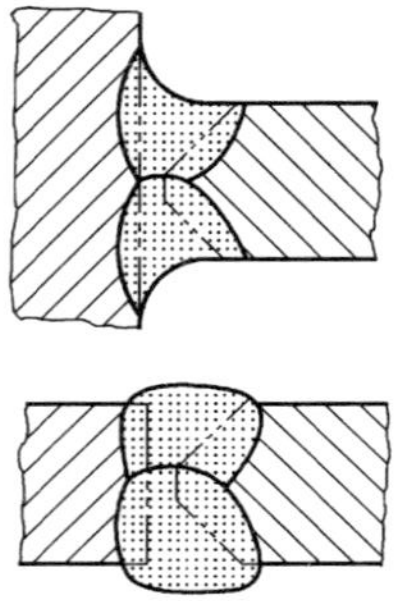	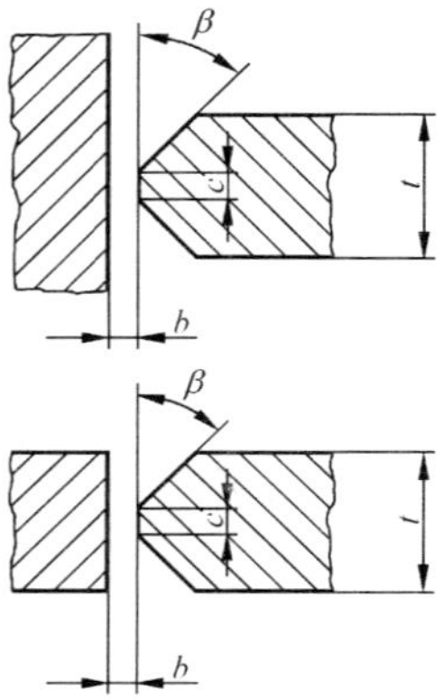	$30°\leqslant\beta\leqslant50°$	$b\leqslant4$	$4\leqslant c\leqslant10$	—	PA PB	与双 V 形对称坡口相似，这种坡口可制成对称的形式。 必要时可进行打底焊

表 2（续）

单位为毫米

焊缝					坡口形式和尺寸					焊接位置	备注
序号	工件厚度 t	名称	基本符号	焊缝示意图	横截面示意图	坡口角 α 或坡口面角 β	间隙 b、圆弧半径 R	钝边 c	坡口深度 h		
8	$t\geqslant 20$	J 形焊缝/封底焊缝		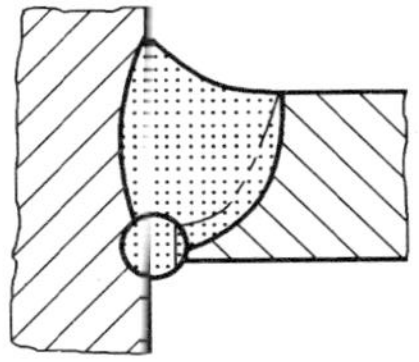	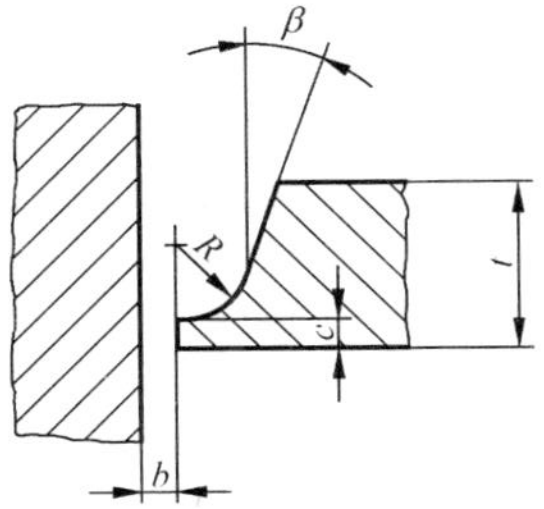	$5^\circ\leqslant\beta\leqslant 10^\circ$	$b\leqslant 4$ $5\leqslant R\leqslant 10$	$4\leqslant c\leqslant 10$	—	PA PB	必要时可进行打底焊接
9	$t<12$	单边 V 形焊缝		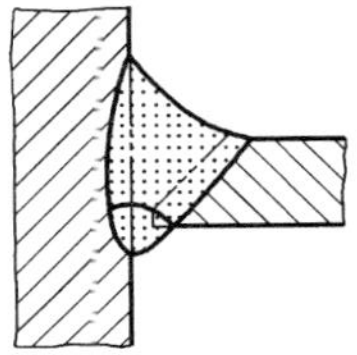	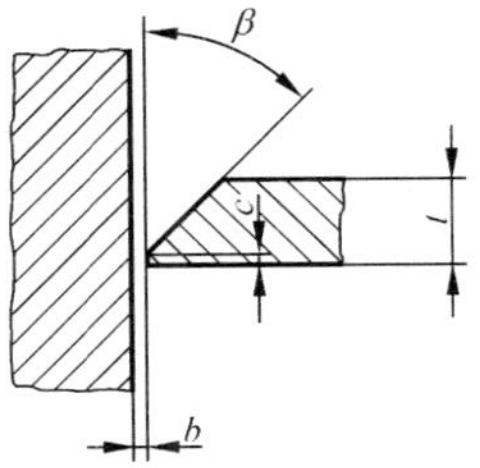	$30^\circ\leqslant\beta\leqslant 50^\circ$	$b\leqslant 4$	$c\leqslant 2$	—	PA PB	必要时可进行打底焊接
10	$t\geqslant 30$	双面 J 形焊缝		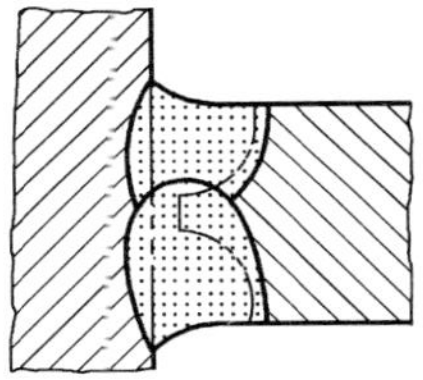	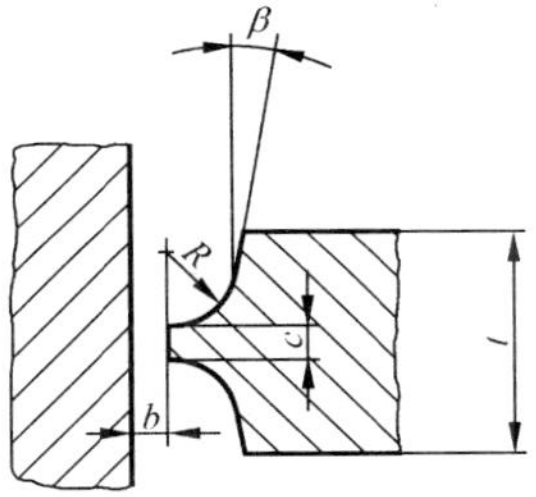	$5^\circ\leqslant\beta\leqslant 10^\circ$	$b\leqslant 4$ $5\leqslant R\leqslant 10$	$2\leqslant c\leqslant 7$	—	PA PB	与双 V 形对称坡口相似，这种坡口可制成对称的形式。 必要时可进行打底焊

表 2（续）

单位为毫米

焊缝					坡口形式和尺寸					焊接位置	备注
序号	工件厚度 t	名称	基本符号	焊缝示意图	横截面示意图	坡口角 α 或坡口面角 β	间隙 b、圆弧半径 R	钝边 c	坡口深度 h		
11	$t \leqslant 12$	双面 J 形焊缝				—	$b \leqslant 2$ $5 \leqslant R \leqslant 10$	$2 \leqslant c \leqslant 3$	—	PA PB	单道焊坡口
12	$t > 12$	双面 J 形焊缝				$5° \leqslant \beta \leqslant 10°$	$b \leqslant 4$ $5 \leqslant R \leqslant 10$	$2 \leqslant c \leqslant 7$	—	PA PB	多道焊坡口。 必要时可进行打底焊接

附 录 A
（资料性附录）
窄间隙焊接坡口

表 A.1 窄间隙埋弧焊坡口

单位为毫米

焊缝					坡口形式和尺寸					焊接位置	备注
序号	工件厚度 t	名称	基本符号	焊缝示意图	横截面示意图	坡口角 α 或坡口面角 β	间隙 b、圆弧半径 R	钝边 c	坡口深度 h		
1	$t \geqslant 30$	UY 形坡口				$1° \leqslant \beta \leqslant 1.5°$ $85° \leqslant \alpha \leqslant 95°$	$0 \leqslant b \leqslant 2$	$c \approx 2$	$4 \leqslant h \leqslant 10$	PA	适用于环缝，V 形坡口侧焊条电弧焊封底
						$1.5° \leqslant \beta \leqslant 2°$ $85° \leqslant \alpha \leqslant 95°$	$0 \leqslant b \leqslant 2$	$c \approx 2$	$4 \leqslant h \leqslant 10$	PA	适用于纵缝，V 形坡口侧焊条电弧焊封底
2	$t \geqslant 30$	陡边 V 形坡口				$1.5° \leqslant \beta \leqslant 2°$	$b \approx 20$	—	—	PA	带衬垫，衬垫厚度至少：10 mm

ICS 25.160.01
J 33

中华人民共和国国家标准

GB/T 985.3—2008

铝及铝合金气体保护焊的推荐坡口

Recommended joint preparation for gas-shield arc welding on aluminium and its alloys

(ISO 9692-3:2000,Welding and allied processes—Recommendations for joint preparation—Part 3:Metal inert gas welding and tungsten inert gas welding of aluminium and its alloys,MOD)

2008-03-31 发布　　2008-09-01 实施

中华人民共和国国家质量监督检验检疫总局
中国国家标准化管理委员会　发布

前　　言

GB/T 985 分为如下 4 个部分：

——GB/T 985.1　气焊、焊条电弧焊、气体保护焊和高能束焊的推荐坡口；

——GB/T 985.2　埋弧焊的推荐坡口；

——GB/T 985.3　铝及铝合金气体保护焊的推荐坡口；

——GB/T 985.4　复合钢的推荐坡口。

本部分为 GB/T 985.3。

本部分修改采用 ISO 9692-3:2000《焊接及相关工艺　推荐的焊接坡口　第 3 部分：铝及铝合金的气体保护焊》(英文版)。

本部分根据 ISO 9692-3:2000 重新起草。为了便于使用，本部分做了下列编辑性修改：

——删除了国际标准的前言；

——将标准名称改为"铝及铝合金气体保护焊的推荐坡口"；

——对 ISO 9692-1:2003 中引用的其他国际标准，有被等同或修改采用为我国标准的用我国标准代替对应的国际标准；

——表中的序号做了调整。

本部分由全国焊接标准化技术委员会提出并归口。

本部分起草单位：哈尔滨焊接研究所。

本部分主要起草人：朴东光、储继君。

铝及铝合金气体保护焊的推荐坡口

1 范围

GB/T 985的本部分规定了铝及铝合金焊接的坡口形式和尺寸。

本部分适用于铝及铝合金的气体保护焊方法。

2 规范性引用文件

下列文件中的条款通过GB/T 985的本部分的引用而成为本部分的条款。凡是注日期的引用文件，其随后所有的修改单(不包括勘误的内容)或修订版均不适用于本部分，然而，鼓励根据本部分达成协议的各方研究是否可使用这些文件的最新版本。凡是不注日期的引用文件，其最新版本适用于本部分。

GB/T 324 焊缝符号表示法(GB/T 324—1988，eqv ISO 2553：1984)

GB/T 5185 焊接及相关工艺方法代号(GB/T 5185—2005，ISO 4063：1998，IDT)

3 总则

本部分推荐的焊接坡口适用于所有可焊铝及铝合金的全熔透接头，对于不完全熔透的对接接头，允许采用其他形式的焊接坡口。

4 焊接方法

表1～表3规定的各类坡口适用于相应的焊接方法。必要时，也可采用两种以上适用方法组合焊接。

焊接方法代号参见GB/T 5185。

5 坡口的加工处理

坡口的边缘应采用机械方法(如剪切、锯削、研磨)加工。不得使用矿物油类的清洁剂。采用等离子切割时，应注意切割表面的质量(如不得出现裂纹)。

坡口的纵边(特别是不带衬垫的单面对接焊坡口)应做打磨或倒角处理。

6 坡口形式

表1～表3规定了推荐的坡口形式和尺寸。

具体坡口的选择(坡口角、间隙、钝边)取决于接头厚度、焊接位置和焊接方法。较大的间隙(≥1.5 mm)可采用较小的坡口角。

单面焊时，垫板是坡口的组成部分。

表 1　单面对接焊坡口

单位为毫米

焊缝					坡口形式及尺寸					适用的焊接方法[b]	备注
序号	工件厚度 t	名称	基本符号[a]	焊缝示意图	横截面示意图	坡口角 α 或坡口面角 β	间隙 b	钝边 c	其他尺寸		
1	$t\leqslant 2$	卷边焊缝	 ⋏	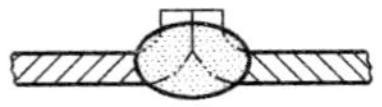	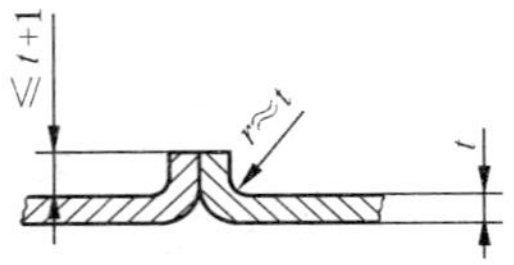	—	—	—	—	141	
2	$t\leqslant 4$	I形焊缝	‖		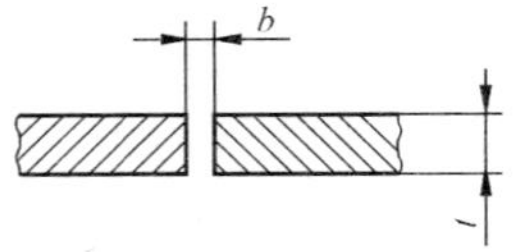	—	$b\leqslant 2$	—	—	141	建议根部倒角
	$2\leqslant t\leqslant 4$	带衬垫的I形焊缝		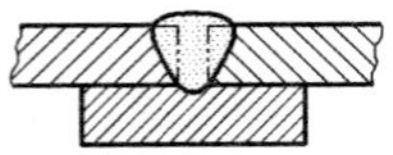	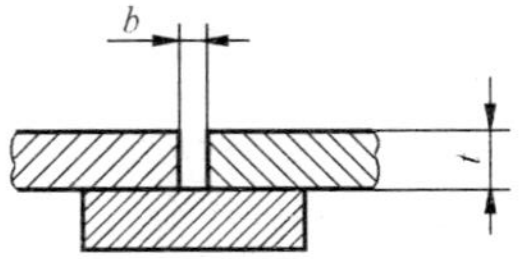	—	$b\leqslant 1.5$	—	—	131	
3	$3\leqslant t\leqslant 5$	V形焊缝	V	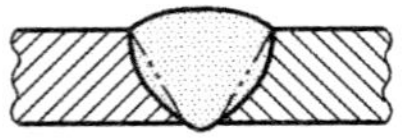	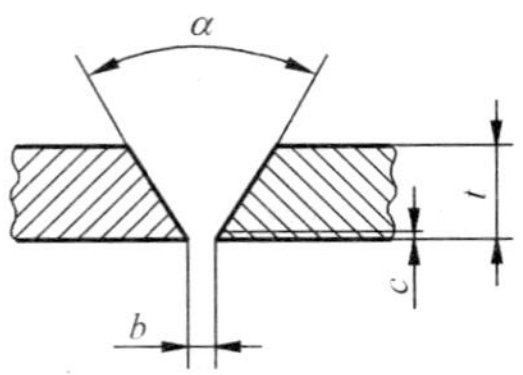	$\alpha\geqslant 50°$	$b\leqslant 3$	$c\leqslant 2$	—	141	
						$60°\leqslant\alpha\leqslant 90°$	$b\leqslant 2$			131	
		带衬垫的V形焊缝		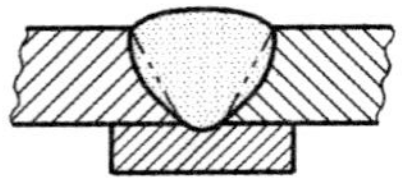	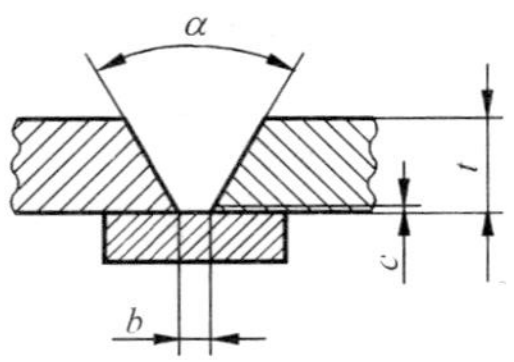	$60°\leqslant\alpha\leqslant 90°$	$b\leqslant 4$	$c\leqslant 2$	—	131	

表 1（续）

单位为毫米

焊缝					坡口形式及尺寸					适用的焊接方法[b]	备注
序号	工件厚度 t	名称	基本符号[a]	焊缝示意图	横截面示意图	坡口角 α 或坡口面角 β	间隙 b	钝边 c	其他尺寸		
4	$8 \leqslant t \leqslant 20$	带衬垫的陡边焊缝		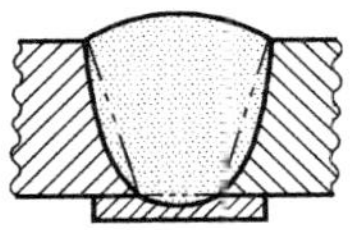	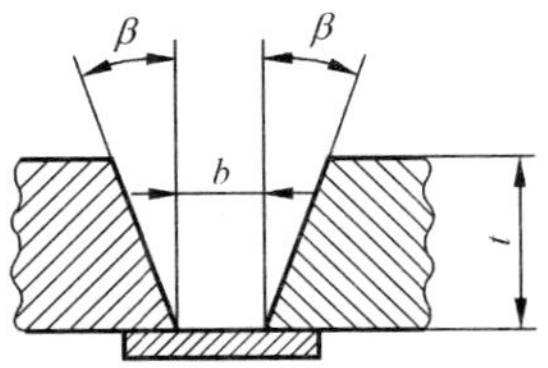	$15° \leqslant \beta \leqslant 20°$	$3 \leqslant b \leqslant 10$	—	—	131	
5	$3 \leqslant t \leqslant 15$	带钝边V形焊缝		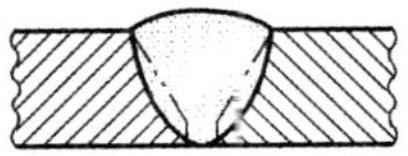	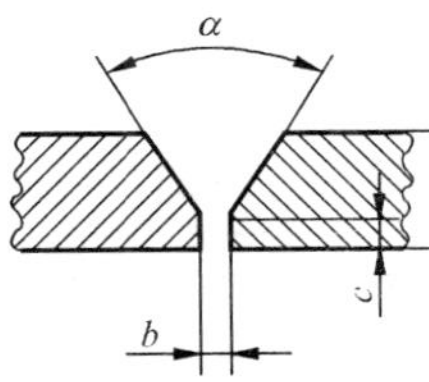	$\alpha \geqslant 50°$	$b \leqslant 2$	$c \leqslant 2$	—	131 141	
	$6 \leqslant t \leqslant 25$	带钝边V形焊缝（带衬垫）		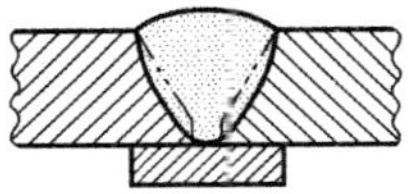	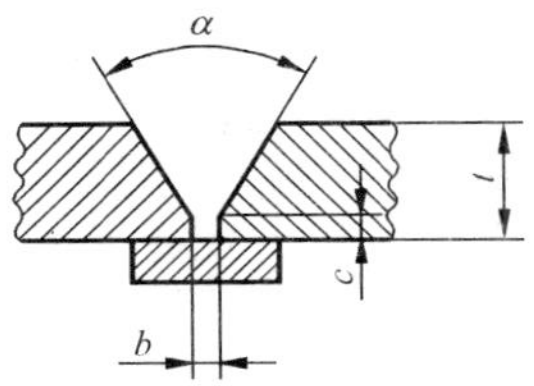	$\alpha \geqslant 50°$	$4 \leqslant b \leqslant 10$	$c=3$	—	131	
6	板 $t \geqslant 12$ 管 $t \geqslant 5$	带钝边U形焊缝		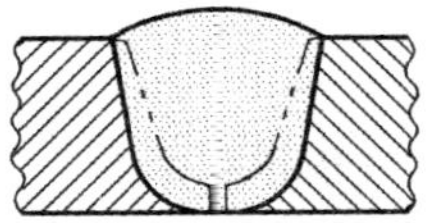	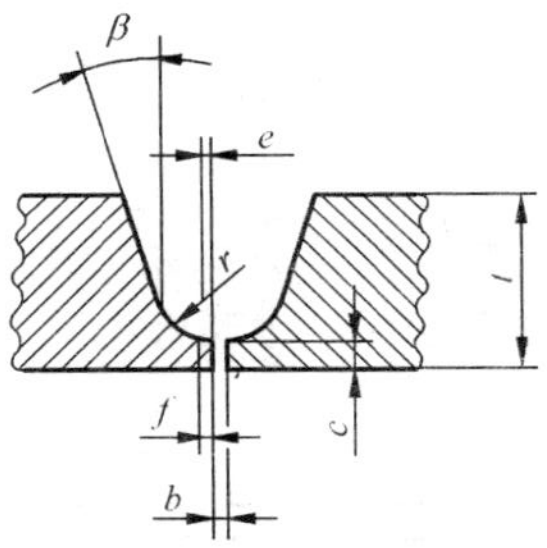	$15° \leqslant \beta \leqslant 20°$	$b \leqslant 2$	$2 \leqslant c \leqslant 4$	$4 \leqslant r \leqslant 6$ $3 \leqslant f \leqslant 4$ $0 \leqslant e \leqslant 4$	141	
	$5 \leqslant t \leqslant 30$					$15° \leqslant \beta \leqslant 20°$	$1 \leqslant b \leqslant 3$	$2 \leqslant c \leqslant 4$		131	根部焊道建议采用TIG焊(141)

表 1（续）

单位为毫米

焊缝					坡口形式及尺寸					适用的焊接方法[b]	备注
序号	工件厚度 t	名称	基本符号[a]	焊缝示意图	横截面示意图	坡口角 α 或坡口面角 β	间隙 b	钝边 c	其他尺寸		
7	$4\leqslant t\leqslant 10$	单边V形焊缝	 ⅃	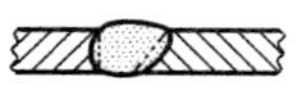	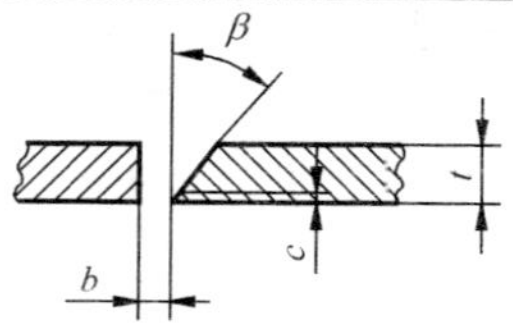	$\beta\geqslant 50°$	$b\leqslant 3$	$c\leqslant 2$	—	131 141	
	$3\leqslant t\leqslant 20$	带衬垫单边V形焊缝		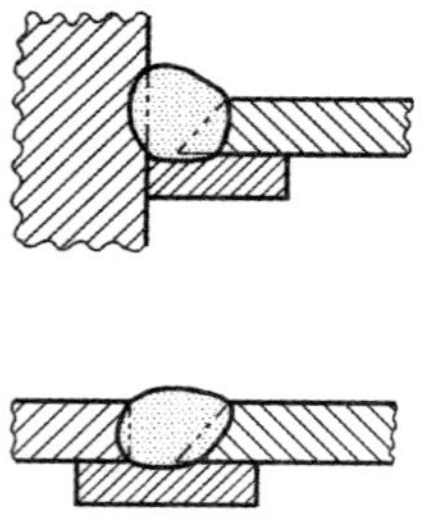	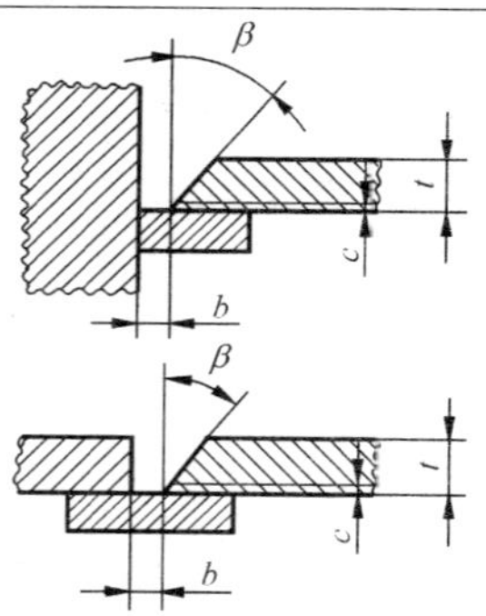	$50°\leqslant\beta\leqslant 70°$	$b\leqslant 6$	$c\leqslant 2$	—	131 141	
8	$2\leqslant t\leqslant 20$	锁底焊缝	—	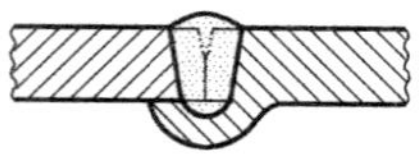	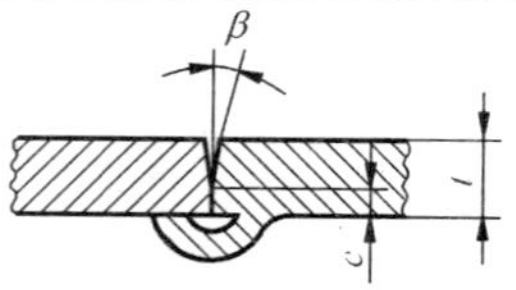	$20°\leqslant\beta\leqslant 40°$	$b\leqslant 3$	$1\leqslant c\leqslant 3$	—	131 141	
9	$6\leqslant t\leqslant 40$	锁底焊缝	—	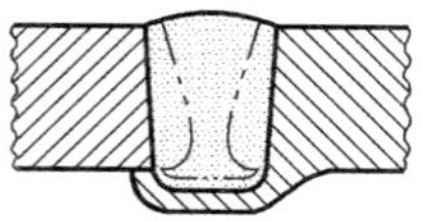	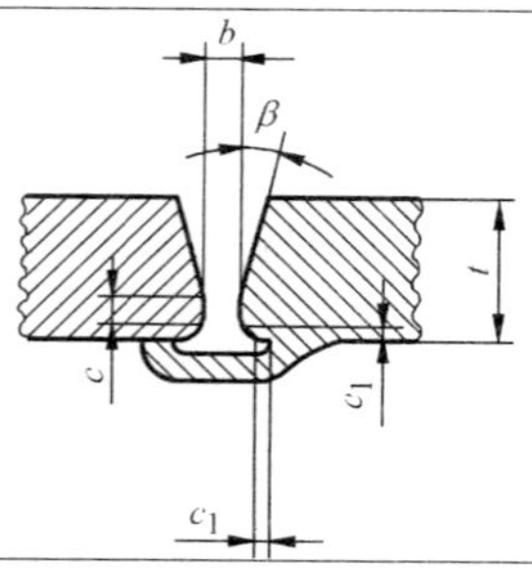	$10°\leqslant\beta\leqslant 20°$	$0\leqslant b\leqslant 3$	$2\leqslant c\leqslant 3$	$c_1\geqslant 1$	131 141	

[a] 基本符号参见 GB/T 324。

[b] 焊接方法代号参见 GB/T 5185。

表 2　双面对接焊坡口

单位为毫米

焊缝					坡口形式及尺寸					适用的焊接方法[b]	备注
序号	工件厚度 t	名称	基本符号[a]	焊缝示意图	横截面示意图	坡口角 α 或坡口面角 β	间隙 b	钝边 c	其他尺寸		
1	$6\leqslant t\leqslant 20$	I形焊缝	||			—	$b\leqslant 6$	—	—	131 141	
2	$6\leqslant t\leqslant 15$	带钝边V形焊缝封底				$\alpha\geqslant 50°$	$b\leqslant 3$	$2\leqslant c\leqslant 4$	—	141 131	
3	$6\leqslant t\leqslant 15$	双面V形焊缝	X			$\alpha\geqslant 60°$	$\leqslant 3$	$c\leqslant 2$	—	141	
	$t>15$					$\alpha\geqslant 70°$		$c\leqslant 2$		131	
4	$6\leqslant t\leqslant 15$	带钝边双面V形焊缝				$\alpha\geqslant 50°$	$b\leqslant 3$	$2\leqslant c\leqslant 4$	$h_1=h_2$	141	
	$t>15$					$60°\leqslant\alpha\leqslant 70°$		$2\leqslant c\leqslant 6$		131	

表 2（续）

单位为毫米

焊缝					坡口形式及尺寸					适用的焊接方法[b]	备注
序号	工件厚度 t	名称	基本符号[a]	焊缝示意图	横截面示意图	坡口角 α 或坡口面角 β	间隙 b	钝边 c	其他尺寸		
5	$3 \leqslant t \leqslant 15$	单边V形焊缝封底		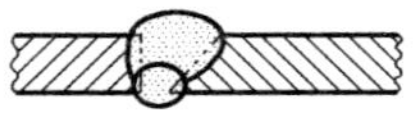	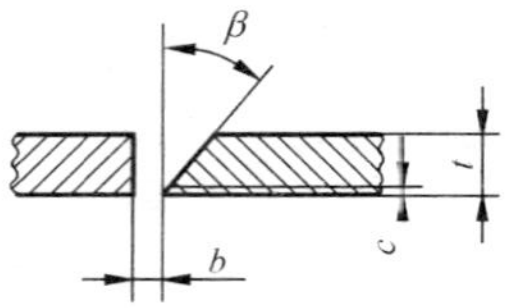	$\beta \geqslant 50°$	$b \leqslant 3$	$c \leqslant 2$	—	141 131	
6	$t \geqslant 15$	带钝边双面U形焊缝		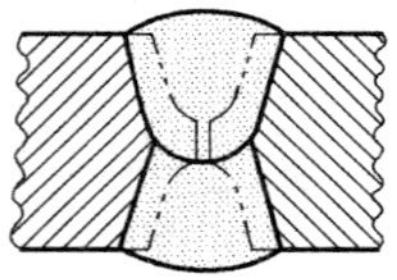	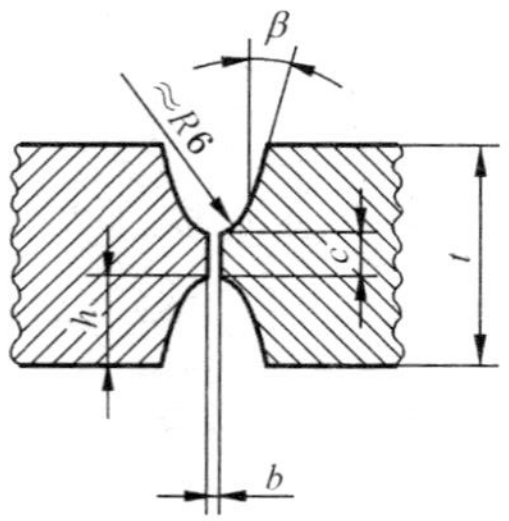	$15° \leqslant \beta \leqslant 20°$	$b \leqslant 3$	$2 \leqslant c \leqslant 4$	$h=0.5(t-c)$	131	

[a] 基本符号参见 GB/T 324。

[b] 焊接方法代号参见 GB/T 5185。

表 3　T 型接头

单位为毫米

焊缝					坡口形式及尺寸					适用的焊接方法[b]	备注
序号	工件厚度 t	名称	基本符号[a]	焊缝示意图	横截面示意图	坡口角 α 或坡口面角 β	间隙 b	钝边 c	其他尺寸		
1	—	单面角焊缝		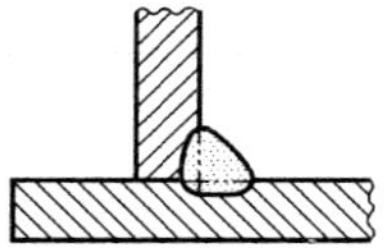	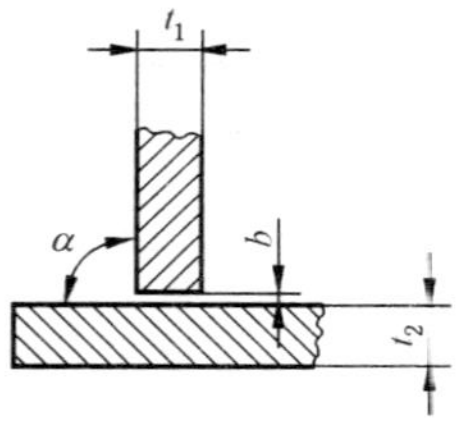	$\alpha=90°$	$b \leqslant 2$	—	—	141 131	

表 3（续）

单位为毫米

焊缝					坡口形式及尺寸					适用的焊接方法[b]	备注
序号	工件厚度 t	名称	基本符号[a]	焊缝示意图	横截面示意图	坡口角 α 或坡口面角 β	间隙 b	钝边 c	其他尺寸		
2	—	双面角焊缝		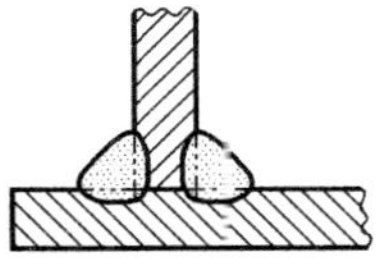	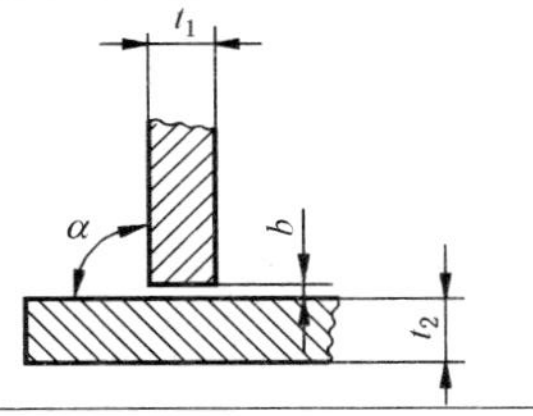	$\alpha=90°$	$b\leqslant 2$	—	—	141 131	
3	$t_1\geqslant 5$	单V形焊缝		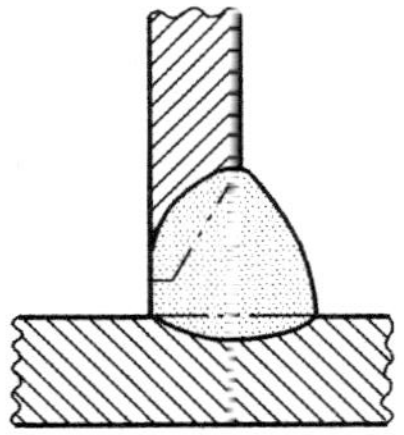	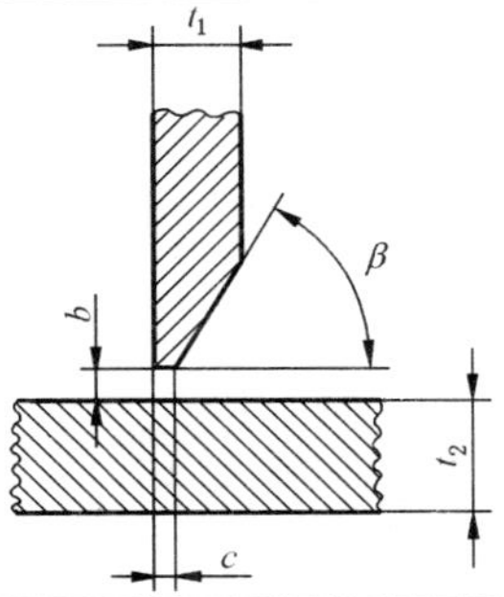	$\beta\geqslant 50°$	$b\leqslant 2$	$c\leqslant 2$	$t_2\geqslant 5$	141 131	
4	$t_1\geqslant 8$	双V形焊缝		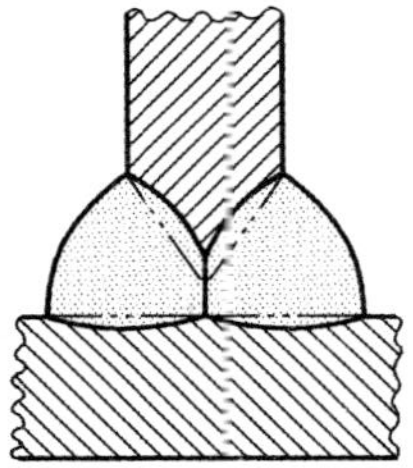	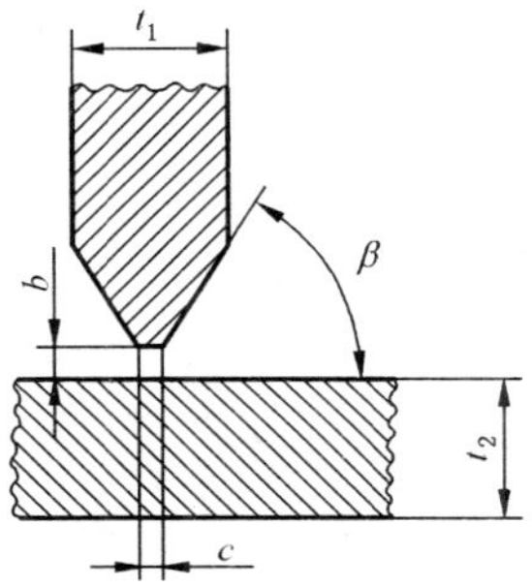	$\beta\geqslant 50°$	$b\leqslant 2$	$c\leqslant 2$	$t_2\geqslant 8$	141 131	采用双人双面同时焊接工艺时，坡口尺寸可适当调整

[a] 基本符号参见 GB/T 324。

[b] 焊接方法代号参见 GB/T 5185。

ICS 25.160.01
J 33

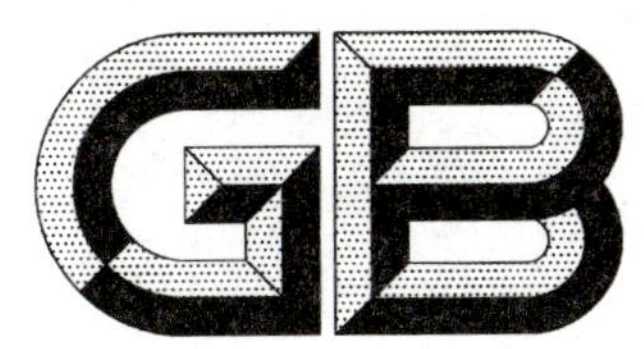

中华人民共和国国家标准

GB/T 985.4—2008

复合钢的推荐坡口

Recommended joint preparation for welding on clad steels

(ISO 9692-4:2003, Welding and allied processes—Recommendations for joint preparation—Part 4:Clad steels, MOD)

2008-03-31 发布 2008-09-01 实施

中华人民共和国国家质量监督检验检疫总局
中国国家标准化管理委员会 发布

前　言

GB/T 985 分为如下 4 个部分：

——GB/T 985.1　气焊、焊条电弧焊、气体保护焊和高能束焊的推荐坡口；

——GB/T 985.2　埋弧焊的推荐坡口；

——GB/T 985.3　铝及铝合金气体保护焊的推荐坡口；

——GB/T 985.4　复合钢的推荐坡口。

本部分为 GB/T 985.4。

本部分修改采用 ISO 9692-4:2003《焊接及相关工艺　推荐的焊接坡口　第 4 部分:复合钢》(英文版)。

本部分根据 ISO 9692-4:2003 重新起草。为了便于使用，本部分做了下列编辑性修改：

——删除了国际标准的前言；

——将标准名称改为"复合钢的推荐坡口"；

——删除了与本标准技术内容无关的规范性引用文件；

——表中的序号做了调整。

本部分由全国焊接标准化技术委员会提出并归口。

本部分起草单位:哈尔滨焊接研究所。

本部分主要起草人:朴东光、储继君。

复合钢的推荐坡口

1 范围

GB/T 985的本部分规定了复合钢的焊接坡口形式和尺寸。本部分适用于复合钢的焊接。

2 材料

本部分推荐的焊接坡口通常适合所有可焊的复合钢。但复合层含有钛、锆及其合金时，因为可能产生脆化层，必要时可做适当修正。

3 坡口形式及尺寸

复合钢的坡口形式及尺寸参见表1～表4。

表 1　复合钢双面焊坡口

单位为毫米

序号	工件厚度 t_1	坡　口	示　意　图	坡口角 α、坡口面角 β	间隙 b、半径 R	钝边 c	坡口深度 h	复合层去除宽度 e	备　注
1	$t_1 \leqslant 18$	带钝边的 V 形对接焊缝	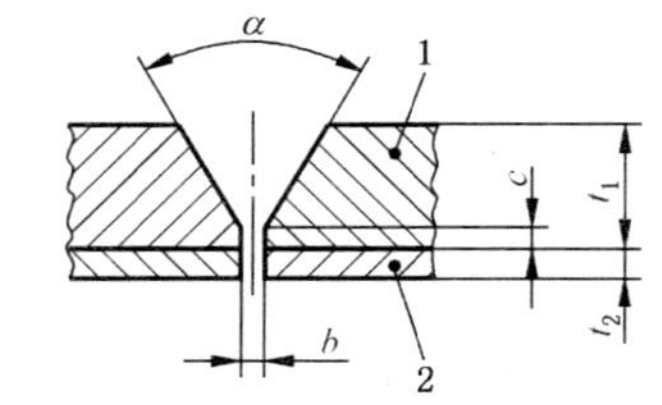	$50° < \alpha < 70°$ $5° < \beta < 15°$	$4 < R < 8$ $b \leqslant 3$	$2 \leqslant c \leqslant 4$	—	—	在复合层侧进行背面打磨或机械加工
2	$t_1 \leqslant 18$	U 形对接焊缝	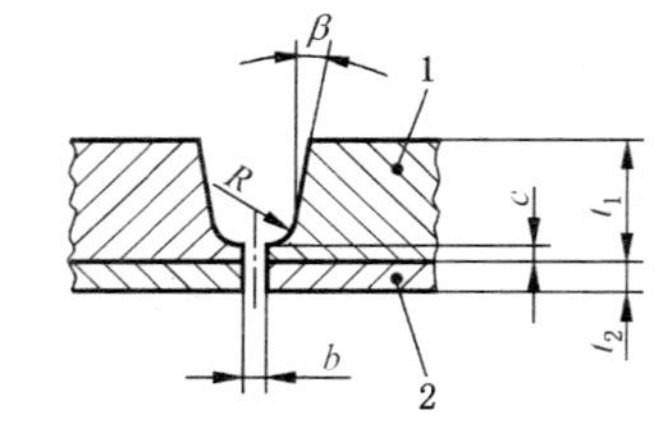						
3	$t_1 > 18$	双 V 形焊缝	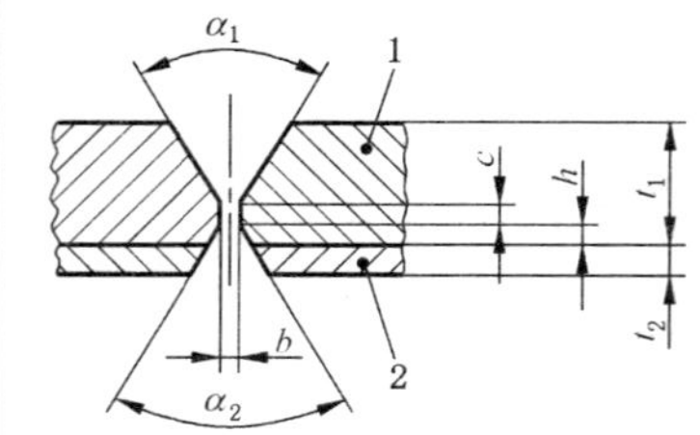	$50° \leqslant \alpha \leqslant 70°$ $5° \leqslant \beta \leqslant 15°$	$4 \leqslant R \leqslant 8$ $b \leqslant 3$	$2 \leqslant c \leqslant 6$	$h=3$	—	
4	$t_1 > 18$	U-V 形组合焊缝	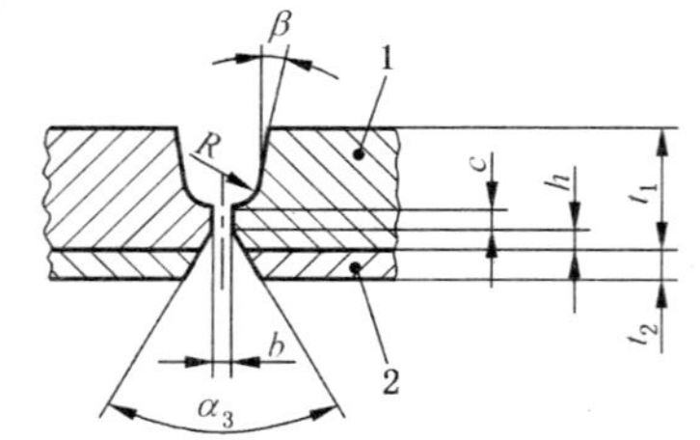						

注：示意图中：1 为基材；2 为复合层；t_2 为复合层厚度。

表 2　复合钢双面焊坡口(复合层做去除加工处理)

单位为毫米

序号	工件厚度 t_1	坡　口	示　意　图	坡口角 α、坡口面角 β	间隙 b、半径 R	钝边 c	坡口深度 h	复合层去除宽度 e	备　注
1	$t_1 \leqslant 18$	V 形 对接焊缝		$50° \leqslant \alpha \leqslant 70°$ $5° \leqslant \beta \leqslant 15°$	$3 \leqslant b \leqslant 5$ $4 \leqslant R \leqslant 8$	$c \leqslant 2$	—	$e \geqslant 4$	建议进行背面打磨或机械加工。 邻近的复合层表面应做保护处理，防止打磨颗粒影响。 采用埋弧焊时，e 至少应 8 mm
2	$t_1 \leqslant 18$	U 形 对接焊缝							
3	$t_1 > 18$	双 V 形 焊缝		$50° \leqslant \alpha \leqslant 70°$	$3 \leqslant b \leqslant 5$	$c \leqslant 2$	$h \approx \frac{1}{3} t_1$	$e \geqslant 4$	

注：示意图中：1 为基材；2 为复合层；t_2 为复合层厚度。

表 3　复合钢单面焊坡口

单位为毫米

序号	工件厚度 t_1	坡　口	示　意　图	坡口角 c、坡口面角 β	间隙 b、半径 R	钝边 c	坡口深度 h	复合层去除宽度 e	备　注
1	$t_1<8$	V 形 对接焊缝		$20°\leqslant\beta_1\leqslant45°$ $20°\leqslant\beta_2\leqslant45°$	$2\leqslant b\leqslant4$	—	—	$e\geqslant3$	
2	$t_1<8$	V-V 形 组合焊缝							
3	$t_1\leqslant18$ $1\leqslant t_2\leqslant4$	管道 焊缝		$30°\leqslant\beta_1\leqslant40°$ $20°\leqslant\beta_2\leqslant45°$	$1\leqslant b\leqslant4$	$c\leqslant2$	—	$e\geqslant2$	适合管道焊接

注：示意图中：1 为基材；2 为复合层；t_2 为复合层厚度。

表 4　复合钢焊接坡口(带衬垫、垫板或盖板)

单位为毫米

序号	工件厚度 t_1	坡　口	示　意　图	坡口角 α、坡口面角 β	间隙 b、半径 R	钝边 c	坡口深度 h	复合层去除宽度 e	备　注
1	$t_1 \leqslant 18$	V形 对接焊缝	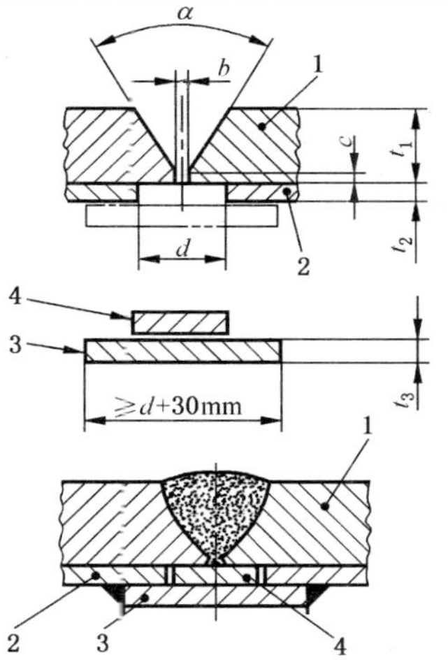	$50° \leqslant \alpha \leqslant 70°$	$b \leqslant 3$	$c \leqslant 2$	—	—	为了组成坡口,在复合层去除之后在复合层一侧放置插件(其尺寸约为: $d \approx (b+10)t_2$ $t_3 \geqslant t_2$
2	$t_1 \leqslant 18$	V形 对接焊缝	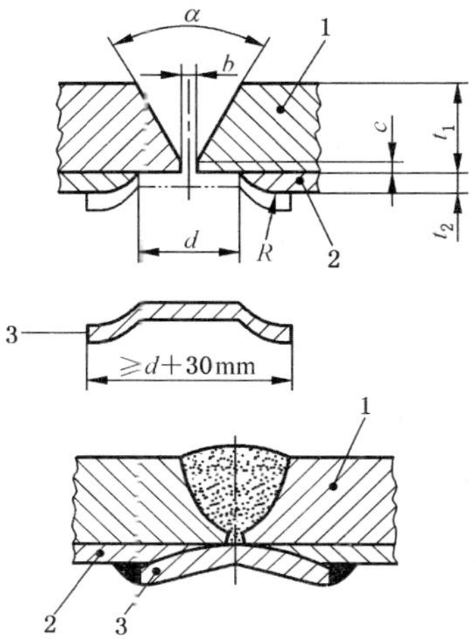	$50° \leqslant \alpha \leqslant 70°$	$b \leqslant 3$ $R > 10$	$c \leqslant 2$	—	—	复合层去除宽度: $d \approx b+15$
注:示意图中:1 为基材;2 为复合层;3 为盖板;4 为垫板;t_2 为复合层厚度。									

ICS 77.140.20
H 40

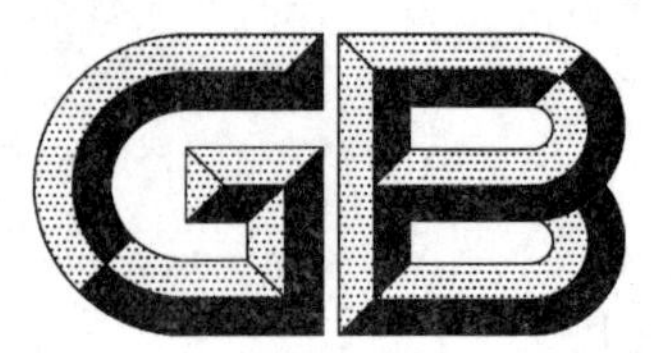

中华人民共和国国家标准

GB/T 1220—2007
代替 GB/T 1220—1992

不 锈 钢 棒

Stainless steel bars

2007-05-14 发布

2007-12-01 实施

中华人民共和国国家质量监督检验检疫总局
中国国家标准化管理委员会 发布

前　言

本标准代替 GB/T 1220—1992《不锈钢棒》。

本标准与 GB/T 1220—1992 标准相比，主要变化如下：

——增加"术语及定义"和"订货内容"(见第 3 章和第 4 章)；

——"尺寸、外形、重量及允许偏差"修改为直接引用通用基础标准的规定(1992 年版的第 4 章；本版的第 6 章)；

——取消了 1Cr18Mn10Ni5Mo3N、1Cr18Ni12Mo2Ti、0Cr18Ni12Mo2Ti、1Cr18Ni12Mo3Ti、1Cr18Ni9Ti、0Cr26Ni5Mo2 等 6 个牌号(1992 年版的表 2 和表 3)；

——增加了 022Cr22Ni5Mo3N、022Cr23Ni5Mo3N、022Cr25Ni6Mo2N、03Cr25Ni6Mo3Cu2N、17Cr16Ni2、05Cr15Ni5Cu4Nb 等 6 个牌号及性能(见表 2 和表 7、表 4 和表 9、表 5 和表 10)；

——根据国际通用牌号成分调整了 21 个牌号(序号 1、3、13、17、23、25、35、38、39、41、43、44、52、55、62、68、83、85、98、137、139)的化学成分及部分牌号的磷含量(1992 年版表 2，本版的表 1～表 5)；

——"冶炼方法"作了修改，优先采用初炼钢水加炉外精炼工艺(1992 年版 5.2，本版 7.2)；

——"交货状态"由"如需方提出，也可不进行处理"修改为"经供需双方协商，也可不进行处理"，并对沉淀硬化型不锈钢棒增加可根据钢的组织选择退火处理交货(1992 年版的 5.3；本版的 7.3)；

——"表面质量"增加"经供需双方协商，并在合同中注明，可规定采用酸洗、车削等方法除去热处理产生的黑皮"(本版 7.8.3)；

——将各类型不锈钢棒或试样的热处理制度从力学性能表中分离出来，放入附录 A(资料性附录)(1992 年版的表 3～表 5；本版的表 A.1～表 A.5)；

——将马氏体型和沉淀硬化型不锈钢的屈服强度修改为必检指标(1992 年版的 5.4.1.1；本版的表 9 和表 10)；

——022Cr19Ni5Mo3Si2N(00Cr18Ni5Mo3Si2)钢增加布氏硬度值 HBW 不大于 290(1992 年版表 3；本版的表 7)；

——12Cr13(1Cr13)钢增加碳含量的下限值 0.08%，并将其断后伸长率由 25%调整为 22%(1992 年版的表 2 和表 4；本版的表 4 和表 9)；

——Y12Cr13(Y1Cr13)钢的断后伸长率、断面收缩率和冲击吸收功分别由 25%、55%和 78 J 调整为 17%、45%和 55J(1992 年版的表 4；本版的表 9)；

——Y30Cr13(Y3Cr13)钢的断后伸长率和断面收缩率分别由 12%、40%调整为 8%、35%(1992 年版的表 4；本版的表 9)；

——部分奥氏体型不锈钢(序号 18、22、26、39、46、50、52)和 06Cr13Al(0Cr13Al)的原屈服强度 $\sigma_{0.2}$ 值由 177 MPa 调整为规定非比例延伸强度 $R_{p0.2}$ 值 175 N/mm²(1992 年版的表 3；本版的表 6 和表 8)；

——022Cr12(00Cr12)钢的屈服强度 $\sigma_{0.2}$ 值由 196 MPa 调整为规定非比例延伸强度 $R_{p0.2}$ 值 195 N/mm²，抗拉强度由 365 MPa 调整为 360 N/mm²(1992 年版的表 3；本版的表 8)；

——20Cr13 (2Cr13)和 13Cr13Mo(1Cr13Mo)钢的抗拉强度 R_m 分别由 635 MPa、685 MPa 调整为 640 N/mm²、690 N/mm²(1992 年版的表 4；本版的表 9)；

——取消对扁钢的断面收缩率的规定(1992 年版的表 3～表 5，本版的表 6 至表 10 的脚注)；

——“耐腐蚀性能”修改为协议项目，取消了 GB/T 4334.4 和 GB/T 4334.6 两种试验方法，06Cr19Ni13Mo3(0Cr19Ni13Mo3)钢的试验状态增加“敏化处理”(1992 年版的 5.5；本版的 7.5)；

——“表面质量”增加“经供需双方协商，并在合同中注明，可规定采用酸洗、车削等方法去除热处理产生的黑皮”(1992 年版的 5.8，本版的 7.8)；

——明确规定了连铸钢检验“低倍组织”和“塔形”的取样部位，以及“耐腐蚀性能”的取样数量(1992 年版表 12，本版的表 16)；

——取消了“本标准不锈钢牌号与各国不锈钢牌号对照表”，改为直接引用 GB/T 20878《不锈钢和耐热钢　牌号及化学成分》(1992 年版的附录 B；本版的表 1～表 5 中的注 2)。

本标准的附录 A 和附录 B 均是资料性附录。

本标准由中国钢铁工业协会提出。

本标准由全国钢标准化技术委员会归口。

本标准主要起草单位：冶金工业信息标准研究院、东北特殊钢集团有限责任公司。

本标准主要起草人：栾燕、戴强、谷强、曾文涛、刘宝石。

本标准所代替标准的历次版本发布情况为：

——GB/T 1220—1975，GB/T 1220—1984，GB/T 1220—1992。

不　锈　钢　棒

1　范围

本标准规定了不锈钢棒(圆钢、方钢、扁钢、六角钢和八角钢的总称,以下简称钢棒)的尺寸、外形、技术要求、试验方法、验收规则、包装标志及质量证明书等内容。

本标准适用于尺寸(直径、边长、厚度或对边距离,以下简称尺寸)不大于250 mm的热轧和锻制不锈钢棒。经供需双方协商,也可供应尺寸大于250 mm的热轧和锻制不锈钢棒。

2　规范性引用文件

下列文件中的条款通过本标准的引用而成为本标准的条款。凡是注日期的引用文件,其随后所有的修改单(不包括勘误的内容)或修订版均不适用于本标准,然而,鼓励根据本标准达成协议的各方研究是否可使用这些文件的最新版本。凡是不注日期的引用文件,其最新版本适用于本标准。

GB/T 222　钢的成品化学成分允许偏差

GB/T 223.3　钢铁及合金化学分析方法　二安替吡啉甲烷磷钼酸重量法测定磷量

GB/T 223.4　钢铁及合金化学分析方法　硝酸铵氧化容量法测定锰量

GB/T 223.5　钢铁及合金化学分析方法　还原型硅钼酸盐光度法测定酸溶硅含量

GB/T 223.8　钢铁及合金化学分析方法　氟化钠分离-EDTA滴定法测定铝含量

GB/T 223.9　钢铁及合金化学分析方法　铬天青S光度法测定铝含量

GB/T 223.11　钢铁及合金化学分析方法　过硫酸铵氧化容量法测定铬量

GB/T 223.14　钢铁及合金化学分析方法　钽试剂萃取光度法测定钒含量

GB/T 223.16　钢铁及合金化学分析方法　变色酸光度法测定钛量

GB/T 223.17　钢铁及合金化学分析方法　二安替吡啉甲烷光度法测定钛量

GB/T 223.18　钢铁及合金化学分析方法　硫代硫酸钠分离-碘量法测定铜量

GB/T 223.23　钢铁及合金化学分析方法　丁二酮肟分光光度法测定镍量

GB/T 223.25　钢铁及合金化学分析方法　丁二酮肟重量法测定镍量

GB/T 223.26　钢铁及合金化学分析方法　硫氰酸盐直接光度法测定钼量

GB/T 223.28　钢铁及合金化学分析方法　α-安息香肟重量法测定钼量

GB/T 223.36　钢铁及合金化学分析方法　蒸馏分离-中和滴定法测定氮量

GB/T 223.37　钢铁及合金化学分析方法　蒸馏分离-靛酚蓝光度法测定氮量

GB/T 223.40　钢铁及合金　铌含量的测定　氯磺酚S分光光度法

GB/T 223.52　钢铁及合金化学分析方法　盐酸羟胺-碘量法测定硒量

GB/T 223.58　钢铁及合金化学分析方法　亚砷酸钠-亚硝酸钠滴定法测定锰量

GB/T 223.59　钢铁及合金化学分析方法　锑磷钼蓝光度法测定磷量

GB/T 223.60　钢铁及合金化学分析方法　高氯酸脱水重量法测定硅含量

GB/T 223.61　钢铁及合金化学分析方法　磷钼酸铵容量法测定磷量

GB/T 223.62　钢铁及合金化学分析方法　乙酸丁酯萃取光度法测定磷量

GB/T 223.63　钢铁及合金化学分析方法　高碘酸钠(钾)光度法测定锰量(GB/T 223.63—1998,neq ISO R 629)

GB/T 223.64　钢铁及合金化学分析方法　火焰原子吸收光谱法测定锰量

GB/T 223.67　钢铁及合金化学分析方法　还原蒸馏-次甲基蓝光度法测定硫量

GB/T 223.68　钢铁及合金化学分析方法　管式炉内燃烧后碘酸钾滴定法测定硫含量

GB/T 223.69　钢铁及合金化学分析方法　管式炉内燃烧后气体容量法测定碳含量

GB/T 223.71　钢铁及合金化学分析方法　管式炉内燃烧后重量法测定碳含量

GB/T 223.72　钢铁及合金化学分析方法　氧化铝色层分离-硫酸钡重量法测定硫量

GB/T 226　钢的低倍组织及缺陷酸蚀检验法(GB/T 226—1991,neq ISO4969:1980, Steel—Macroscopic examination by etching with strong mineral acids)

GB/T 228　金属材料　室温拉伸试验方法(GB/T 228—2002,eqv ISO 6892:1998)

GB/T 229　金属夏比缺口冲击试验方法(GB/T 229—1994,eqv ISO 83:1976,Steel—Charpy impact test (U-notch), eqv ISO 148:1983, Steel—Charpy impact test (V-notch))

GB/T 230.1　金属洛氏硬度试验　第1部分:试验方法(A、B、C、D、E、F、G、H、K、N、T标尺)(GB/T 230.1—2004,ISO 6508:1999,MOD)

GB/T 231.1　金属布氏硬度试验　第1部分:试验方法(GB/T 231.1—2002, eqv ISO 6506-1:1999)

GB/T 702—2004　热轧圆钢和方钢尺寸、外形、重量及允许偏差(GB/T 702—2004 ,ISO 1035-1:1980,Hot-rolled steel bar—Part 1:Dimension of round bars,ISO 1035-2:1980 Hot-rolled steel bar—Part 1:Dimension of square bars, ISO1035-4:1982,Hot-rolled steel bar—Part 4:Tolerances,MOD)

GB/T 704—1988　热轧扁钢尺寸、外形、重量及允许偏差

GB/T 705—1985　热轧六角钢和八角钢尺寸、外形、重量及允许偏差

GB/T 908—1987　锻制圆钢和方钢尺寸、外形、重量及允许偏差

GB/T 1979　结构钢低倍组织缺陷评级图

GB/T 2101　型钢验收、包装、标志及质量证明书的一般规定

GB/T 2975　钢及钢产品力学性能试验取样位置及试样制备(GB/T 2975—1998,eqv ISO 377:1997)

GB/T 4334.1　不锈钢　10%草酸浸蚀试验方法

GB/T 4334.2　不锈钢　硫酸-硫酸铁腐蚀试验方法

GB/T 4334.3　不锈钢　65%硝酸腐蚀试验方法

GB/T 4334.5　不锈钢　硫酸-硫酸铜腐蚀试验方法

GB/T 4340.1　金属维氏硬度试验　第1部分:试验方法(GB/T 4340.1—1999,eqv ISO 6507-1:1997)

GB/T 6394　金属平均晶粒度测定法

GB/T 6401—1986　铁素体奥氏体型双相不锈钢中α-相面积含量金相测定法

GB/T 7736　钢的低倍组织及缺陷超声波检验法

GB/T 9971—2004　原料纯铁

GB/T 10121　钢材塔形发纹磁粉检验方法

GB/T 10561　钢中非金属夹杂物含量的测定　标准评级图谱显微检验法(GB/T 10561—2005,ISO 4967:1998,IDT)

GB/T 11170　不锈钢的光电发射光谱分析方法

GB/T 13305—1991　奥氏体不锈钢中α-相面积含量金相测定法

GB/T 15574 钢产品分类(GB/T 15574—1995,eqv ISO 6929:1987)

GB/T 15711 钢材塔形发纹酸浸检验方法

GB/T 16761—1997 锻制扁钢尺寸、外形、重量及允许偏差

GB/T 17505 钢及钢产品交货一般技术要求(GB/T 17505—1998,eqv ISO 404:1992)

GB/T 20066 钢和铁 化学成分测定用试样的取样和和制样方法(GB/T 20066—2006,ISO 14284:1996,IDT)

GB/T 20878 不锈钢和耐热钢 牌号及化学成分

YB/T 5293 金属材料 顶锻试验方法

3 术语及定义

GB/T 20878 和 GB/T 15574 标准中确立的术语及定义适用于本标准。

4 订货内容

按本标准订货的合同或订单应包括下列内容:

a) 标准编号;

b) 产品名称;

c) 牌号或统一数字代号;

d) 截面形状(圆、方、扁、六角、八角等);

e) 尺寸与外形(见第6章);

f) 重量(或数量);

g) 使用加工方法(见5.2);

h) 交货状态(见7.3);

i) 特殊要求(见7.9)。

5 分类

5.1 钢棒按组织特征分为奥氏体型、奥氏体—铁素体型、铁素体型、马氏体型和沉淀硬化型等五种类型。

5.2 钢棒按使用加工方法不同分为下列两类。钢棒的使用加工方法应在合同中注明,未注明者按切削加工用钢供货。

a) 压力加工用钢 UP

 1) 热压力加工 UHP

 2) 热顶锻用钢 UHF

 3) 冷拔坯料 UCD

b) 切削加工用钢 UC

6 尺寸、外形、重量及允许偏差

6.1 热轧圆钢和方钢的尺寸、外形及允许偏差

热轧圆钢和方钢的尺寸、外形及允许偏差应符合 GB/T 702—2004 的规定,具体要求应在合同中注明。未注明时按 GB/T 702—2004 标准2组执行。

6.2 热轧扁钢的尺寸、外形及允许偏差

热轧扁钢的尺寸、外形及其允许偏差应符合 GB/T 704—1988 中的规定,具体要求应在合同中注

明。未注明时按 GB/T 704—1988 标准的普通级执行。

6.3 热轧六角钢和八角钢的尺寸、外形及允许偏差

热轧六角钢和八角钢的尺寸、外形及允许偏差应符合 GB/T 705—1985 中的规定，具体要求应在合同中注明。未注明按 GB/T 705—1985 标准 2 组执行。

6.4 锻制圆钢和方钢的尺寸、外形及允许偏差

锻制圆钢和方钢的尺寸、外形及允许偏差应符合 GB/T 908—1987 的规定，具体要求应在合同中注明。未注明时按 GB/T 908—1987 标准 2 组执行。

6.5 锻制扁钢的尺寸、外形及允许偏差

锻制扁钢的尺寸、外形及允许偏差应符合 GB/T 16761—1997 的规定，具体要求应在合同中注明。未注明时按 GB/T 16761—1997 标准 2 组执行。

6.6 重量

钢棒按实际重量交货。

7 技术要求

7.1 牌号及化学成分

7.1.1 钢的牌号、统一数字代号及化学成分（熔炼分析）应符合表 1～表 5 的规定。

7.1.2 钢棒的化学成分允许偏差应符合 GB/T 222 的规定。

7.2 冶炼方法

除非在合同中另有规定，一般应采用初炼钢（水）加炉外精炼等工艺。

7.3 交货状态

钢棒可以热处理或不热处理状态交货，订货时可参照 7.3.1～7.3.4 条选择交货状态，并在合同中注明。未注明者按不热处理交货。各类型钢棒的热处理制度参见附录 A 中表 A.1～表 A.5。

7.3.1 切削加工用奥氏体型、奥氏体-铁素体型钢棒应进行固溶处理，经供需双方协商，也可不进行处理。热压力加工用钢棒不进行固溶处理。

7.3.2 铁素体型钢棒应进行退火处理，经供需双方协商，也可不进行处理。

7.3.3 马氏体型钢棒应进行退火处理。

7.3.4 沉淀硬化型钢棒应根据钢的组织选择固溶处理或退火处理，退火制度由供需双方协商确定，无协议时，退火温度一般为 650℃～680℃。经供需双方协商，沉淀硬化型钢棒（除 05Cr17Ni4Cu4Nb、外）可不进行处理。

7.4 力学性能

7.4.1 各类型钢棒或试样的热处理制度参照附录 A 中表 A.1～表 A.5 的规定。热处理用试样毛坯的尺寸一般为 25 mm。当钢棒尺寸小于 25 mm 时，用原尺寸钢棒进行热处理。

7.4.2 经热处理的钢棒（除马氏体钢退火外），试样不再进行热处理，其力学性能应分别符合表 6～表 10 的规定。

7.4.3 不经热处理的钢棒，试样毛坯经热处理后，其力学性能应分别符合表 6～表 10 的规定。

7.4.4 沉淀硬化型钢棒的力学性能应在合同中注明热处理组别，未注明时，按 1 组执行。

7.4.5 若供方能保证力学性能合格时，可省去部分或全部力学性能试验。

表 1　奥氏体型不锈钢的化学成分

GB/T 20878 中序号	统一数字代号	新牌号	旧牌号	化学成分(质量分数)/%										
				C	Si	Mn	P	S	Ni	Cr	Mo	Cu	N	其他元素
1	S35350	12Cr17Mn6Ni5N	1Cr17Mn6Ni5N	0.15	1.00	5.50～7.50	0.050	0.030	3.50～5.50	16.00～18.00	—	—	0.05～0.25	—
3	S35450	12Cr18Mn9Ni5N	1Cr18Mn8Ni5N	0.15	1.00	7.50～10.00	0.050	0.030	4.00～6.00	17.00～19.00	—	—	0.05～0.25	—
9	S30110	12Cr17Ni7	1Cr17Ni7	0.15	1.00	2.00	0.045	0.030	6.00～8.00	16.00～18.00	—	—	0.10	—
13	S30210	12Cr18Ni9	1Cr18Ni9	0.15	1.00	2.00	0.045	0.030	8.00～10.00	17.00～19.00	—	—	0.10	—
15	S30317	Y12Cr18Ni9	Y1Cr18Ni9	0.15	1.00	2.00	0.20	≥0.15	8.00～10.00	17.00～19.00	(0.60)	—	—	—
16	S30327	Y12Cr18Ni9Se	Y1Cr18Ni9Se	0.15	1.00	2.00	0.20	0.060	8.00～10.00	17.00～19.00	—	—	—	Se≥0.15
17	S30408	06Cr19Ni10	0Cr18Ni9	0.08	1.00	2.00	0.045	0.030	8.00～11.00	18.00～20.00	—	—	—	—
18	S30403	022Cr19Ni10	00Cr19Ni10	0.030	1.00	2.00	0.045	0.030	8.00～12.00	18.00～20.00	—	—	—	—
22	S30488	06Cr18Ni9Cu3	0Cr18Ni9Cu3	0.08	1.00	2.00	0.045	0.030	8.50～10.50	17.00～19.00	—	3.00～4.00	—	—
23	S30458	06Cr19Ni10N	0Cr19Ni9N	0.08	1.00	2.00	0.045	0.030	8.00～11.00	18.00～20.00	—	—	0.10～0.16	—
24	S30478	06Cr19Ni9NbN	0Cr19Ni10NbN	0.08	1.00	2.00	0.045	0.030	7.50～10.50	18.00～20.00	—	—	0.15～0.30	Nb 0.15
25	S30453	022Cr19Ni10N	00Cr18Ni10N	0.030	1.00	2.00	0.045	0.030	8.00～11.00	18.00～20.00	—	—	0.10～0.16	—
26	S30510	10Cr18Ni12	1Cr18Ni12	0.12	1.00	2.00	0.045	0.030	10.50～13.00	17.00～19.00	—	—	—	—
32	S30908	06Cr23Ni13	0Cr23Ni13	0.08	1.00	2.00	0.045	0.030	12.00～15.00	22.00～24.00	—	—	—	—
35	S31008	06Cr25Ni20	0Cr25Ni20	0.08	1.50	2.00	0.045	0.030	19.00～22.00	24.00～26.00	—	—	—	—
38	S31608	06Cr17Ni12Mo2	0Cr17Ni12Mo2	0.08	1.00	2.00	0.045	0.030	10.00～14.00	16.00～18.00	2.00～3.00	—	—	—

表 1（续）

GB/T 20878 中序号	统一数字代号	新牌号	旧牌号	化学成分(质量分数)/%										
				C	Si	Mn	P	S	Ni	Cr	Mo	Cu	N	其他元素
39	S31603	022Cr17Ni12Mo2	00Cr17Ni14Mo2	0.030	1.00	2.00	0.045	0.030	10.00～14.00	16.00～18.00	2.00～3.00	—	—	—
41	S31668	06Cr17Ni12Mo2Ti	0Cr18Ni12Mo3Ti	0.08	1.00	2.00	0.045	0.030	10.00～14.00	16.00～18.00	2.00～3.00	—	—	Ti≥ 5C
43	S31658	06Cr17Ni12Mo2N	0Cr17Ni12Mo2N	0.08	1.00	2.00	0.045	0.030	10.00～13.00	16.00～18.00	2.00～3.00	—	0.10～0.16	—
44	S31653	022Cr17Ni12Mo2N	00Cr17Ni13Mo2N	0.030	1.00	2.00	0.045	0.030	10.00～13.00	16.00～18.00	2.00～3.00	—	0.10～0.16	—
45	S31688	06Cr18Ni12Mo2Cu2	0Cr18Ni12Mo2Cu2	0.08	1.00	2.00	0.045	0.030	10.00～14.00	17.00～19.00	1.20～2.75	1.00～2.50	—	—
46	S31683	022Cr18Ni14Mo2Cu2	00Cr18Ni14Mo2Cu2	0.030	1.00	2.00	0.045	0.030	12.00～16.00	17.00～19.00	1.20～2.75	1.00～2.50	—	—
49	S31708	06Cr19Ni13Mo3	0Cr19Ni13Mo3	0.08	1.00	2.00	0.045	0.030	11.00～15.00	18.00～20.00	3.00～4.00	—	—	—
50	S31703	022Cr19Ni13Mo3	00Cr19Ni13Mo3	0.030	1.00	2.00	0.045	0.030	11.00～15.00	18.00～20.00	3.00～4.00	—	—	—
52	S31794	03Cr18Ni16Mo5	0Cr18Ni16Mo5	0.04	1.00	2.50	0.045	0.030	15.00～17.00	16.00～19.00	4.00～6.00	—	—	—
55	S32168	06Cr18Ni11Ti	0Cr18Ni10Ti	0.08	1.00	2.00	0.045	0.030	9.00～12.00	17.00～19.00	—	—	—	Ti 5C～0.70
62	S34778	06Cr18Ni11Nb	0Cr18Ni11Nb	0.08	1.00	2.00	0.045	0.030	9.00～12.00	17.00～19.00	—	—	—	Nb 10C～1.10
64	S38148	06Cr18Ni13Si4[a]	0Cr18Ni13Si4[a]	0.08	3.00～5.00	2.00	0.045	0.030	11.50～15.00	15.00～20.00	—	—	—	—

注 1：表中所列成分除标明范围或最小值外，其余均为最大值。括号内数值为可加入或允许含有的最大值。

注 2：本标准牌号与国外标准牌号对照参见 GB/T 20878。

[a] 必要时，可添加上表以外的合金元素。

表 2 奥氏体-铁素体型不锈钢的化学成分

GB/T 20878 中序号	统一数字代号	新牌号	旧牌号	化学成分(质量分数)/%										
				C	Si	Mn	P	S	Ni	Cr	Mo	Cu	N	其他元素
67	S21860	14Cr18Ni11Si4AlTi	1Cr18Ni11Si4AlTi	0.10～0.18	3.40～4.00	0.80	0.035	0.030	10.00～12.00	17.50～19.50	—	—	—	Ti 0.40～0.70 Al 0.10～0.30
68	S21953	022Cr19Ni5Mo3Si2N	00Cr18Ni5Mo3Si2	0.030	1.30～2.00	1.00～2.00	0.035	0.030	4.50～5.50	18.00～19.50	2.50～3.00	—	0.05～0.12	—
70	S22253	022Cr22Ni5Mo3N		0.030	1.00	2.00	0.030	0.020	4.50～6.50	21.00～23.00	2.50～3.50	—	0.08～0.20	—
71	S22053	022Cr23Ni5Mo3N		0.030	1.00	2.00	0.030	0.020	4.50～6.50	22.00～23.00	3.00～3.50	—	0.14～0.20	—
73	S22553	022Cr25Ni6Mo2N		0.030	1.00	2.00	0.035	0.030	5.50～6.50	24.00～26.00	1.20～2.50	—	0.10～0.20	—
75	S25554	03Cr25Ni6Mo3Cu2N		0.04	1.00	1.50	0.035	0.030	4.50～6.50	24.00～27.00	2.90～3.90	1.50～2.50	0.10～0.25	—

注 1：表中所列成分除标明范围或最小值外，其余均为最大值。

注 2：本标准牌号与国外标准牌号对照参见 GB/T 20878。

表 3 铁素体型不锈钢的化学成分

GB/T 20878 中序号	统一数字代号	新牌号	旧牌号	化学成分(质量分数)/%										
				C	Si	Mn	P	S	Ni	Cr	Mo	Cu	N	其他元素
78	S11348	06Cr13Al	0Cr13Al	0.08	1.00	1.00	0.040	0.030	(0.60)	11.50～14.50	—	—	—	Al 0.10～0.30
83	S11203	022Cr12	00Cr12	0.030	1.00	1.00	0.040	0.030	(0.60)	11.00～13.50	—	—	—	—
85	S11710	10Cr17	1Cr17	0.12	1.00	1.00	0.040	0.030	(0.60)	16.00～18.00	—	—	—	—
86	S11717	Y10Cr17	Y1Cr17	0.12	1.00	1.25	0.060	≥0.15	(0.60)	16.00～18.00	(0.60)	—	—	—
88	S11790	10Cr17Mo	1Cr17Mo	0.12	1.00	1.00	0.040	0.030	(0.60)	16.00～18.00	0.75～1.25	—	—	—
94	S12791	008Cr27Mo[a]	00Cr27Mo[a]	0.010	0.40	0.40	0.030	0.020	—	25.00～27.50	0.75～1.50	—	0.015	—
95	S13091	008Cr30Mo2[a]	00Cr30Mo2[a]	0.010	0.40	0.40	0.030	0.020	—	28.50～32.00	1.50～2.50	—	0.015	—

注 1：表中所列成分除标明范围或最小值外，其余均为最大值。括号内数值为可加入或允许含有的最大值。

注 2：本标准牌号与国外标准牌号对照参见 GB/T 20878。

[a] 允许含有小于或等于 0.50%镍，小于或等于 0.20%铜，而 Ni+Cu≤0.50%，必要时，可添加上表以外的合金元素。

表 4 马氏体型不锈钢的化学成分

GB/T 20878 中序号	统一数字代号	新牌号	旧牌号	化学成分(质量分数)/%										
				C	Si	Mn	P	S	Ni	Cr	Mo	Cu	N	其他元素
96	S40310	12Cr12	1Cr12	0.15	0.50	1.00	0.040	0.030	(0.60)	11.50～13.00	—	—	—	—
97	S41008	06Cr13	0Cr13	0.08	1.00	1.00	0.040	0.030	(0.60)	11.50～13.50	—	—	—	—
98	S41010	12Cr13[a]	1Cr13[a]	0.08～0.15	1.00	1.00	0.040	0.030	(0.60)	11.50～13.50	—	—	—	—
100	S41617	Y12Cr13	Y1Cr13	0.15	1.00	1.25	0.060	≥0.15	(0.60)	12.00～14.00	(0.60)	—		—
101	S42020	20Cr13	2Cr13	0.16～0.25	1.00	1.00	0.040	0.030	(0.60)	12.00～14.00	—	—	—	—
102	S42030	30Cr13	3Cr13	0.26～0.35	1.00	1.00	0.040	0.030	(0.60)	12.00～14.00	—	—	—	—
103	S42037	Y30Cr13	Y3Cr13	0.26～0.35	1.00	1.25	0.060	≥0.15	(0.60)	12.00～14.00	(0.60)	—	—	—
104	S42040	40Cr13	4Cr13	0.36～0.45	0.60	0.80	0.040	0.030	(0.60)	12.00～14.00	—	—	—	—
106	S43110	14Cr17Ni2	1Cr17Ni2	0.11～0.17	0.80	0.80	0.040	0.030	1.50～2.50	16.00～18.00	—	—	—	—
107	S43120	17Cr16Ni2		0.12～0.22	1.00	1.50	0.040	0.030	1.50～2.50	15.00～17.00	—	—	—	—
108	S44070	68Cr17	7Cr17	0.60～0.75	1.00	1.00	0.040	0.030	(0.60)	16.00～18.00	(0.75)	—	—	—
109	S44080	85Cr17	8Cr17	0.75～0.95	1.00	1.00	0.040	0.030	(0.60)	16.00～18.00	(0.75)	—	—	—
110	S44096	108Cr17	11Cr17	0.95～1.20	1.00	1.00	0.040	0.030	(0.60)	16.00～18.00	(0.75)	—	—	—
111	S44097	Y108Cr17	Y11Cr17	0.95～1.20	1.00	1.25	0.060	≥0.15	(0.60)	16.00～18.00	(0.75)	—	—	—
112	S44090	95Cr18	9Cr18	0.90～1.00	0.80	0.80	0.040	0.030	(0.60)	17.00～19.00	—	—	—	—
115	S45710	13Cr13Mo	1Cr13Mo	0.08～0.18	0.60	1.00	0.040	0.030	(0.60)	11.50～14.00	0.30～0.60	—	—	—
116	S45830	32Cr13Mo	3Cr13Mo	0.28～0.35	0.80	1.00	0.040	0.030	(0.60)	12.00～14.00	0.50～1.00	—	—	—
117	S45990	102Cr17Mo	9Cr18Mo	0.95～1.10	0.80	0.80	0.040	0.030	(0.60)	16.00～18.00	0.40～0.70	—	—	—
118	S46990	90Cr18MoV	9Cr18MoV	0.85～0.95	0.80	0.80	0.040	0.030	(0.60)	17.00～19.00	1.00～1.30	—	—	V 0.07～0.12

注 1：表中所列成分除标明范围或最小值外，其余均为最大值。括号内数值为可加入或允许含有的最大值。

注 2：本标准牌号与国外标准牌号对照参见 GB/T 20878。

[a] 相对于 GB/T 20878 调整成分牌号。

表 5　沉淀硬化型不锈钢的化学成分

GB/T 20878 中序号	统一数字代号	新牌号	旧牌号	化学成分(质量分数)/%										
				C	Si	Mn	P	S	Ni	Cr	Mo	Cu	N	其他元素
136	S51550	05Cr15Ni5Cu4Nb		0.07	1.00	1.00	0.040	0.030	3.50～5.50	14.00～15.50	—	2.50～4.50	—	Nb 0.15～0.45
137	S51740	05Cr17Ni4Cu4Nb	0Cr17Ni4Cu4Nb	0.07	1.00	1.00	0.040	0.030	3.00～5.00	15.00～17.50	—	3.00～5.00	—	Nb 0.15～0.45
138	S51770	07Cr17Ni7Al	0Cr17Ni7Al	0.09	1.00	1.00	0.040	0.030	6.50～7.75	16.00～18.00	—	—	—	Al 0.75～1.50
139	S51570	07Cr15Ni7Mo2Al	0Cr15Ni7Mo2Al	0.09	1.00	1.00	0.040	0.030	6.50～7.75	14.00～16.00	2.00～3.00	—	—	Al 0.75～1.50

注 1：表中所列成分除标明范围或最小值外，其余均为最大值。

注 2：本标准牌号与国外标准牌号对照参见 GB/T 20878。

表 6　经固溶处理(见表 A.1)的奥氏体型钢棒或试样的力学性能[a]

GB/T 20878 中序号	统一数字代号	新牌号	旧牌号	规定非比例延伸强度 $R_{p0.2}$[b]/(N/mm²)	抗拉强度 R_m/(N/mm²)	断后伸长率 A/%	断面收缩率 Z[c]/%	硬度[b]		
								HBW	HRB	HV
				不小于				不大于		
1	S35350	12Cr17Mn6Ni5N	1Cr17Mn6Ni5N	275	520	40	45	241	100	253
3	S35450	12Cr18Mn9Ni5N	1Cr18Mn8Ni5N	275	520	40	45	207	95	218
9	S30110	12Cr17Ni7	1Cr17Ni7	205	520	40	60	187	90	200
13	S30210	12Cr18Ni9	1Cr18Ni9	205	520	40	60	187	90	200
15	S30317	Y12Cr18Ni9	Y1Cr18Ni9	205	520	40	50	187	90	200
16	S30327	Y12Cr18Ni9Se	Y1Cr18Ni9Se	205	520	40	50	187	90	200
17	S30408	06Cr19Ni10	0Cr18Ni9	205	520	40	60	187	90	200
18	S30403	022Cr19Ni10	00Cr19Ni10	175	480	40	60	187	90	200
22	S30488	06Cr18Ni9Cu3	0Cr18Ni9Cu3	175	480	40	60	187	90	200
23	S30458	06Cr19Ni10N	0Cr19Ni9N	275	550	35	50	217	95	220

表 6（续）

GB/T 20878 中序号	统一数字代号	新牌号	旧牌号	规定非比例延伸强度 $R_{p0.2}$[b]/(N/mm²)	抗拉强度 R_m /(N/mm²)	断后伸长率 A /%	断面收缩率 Z[c] /%	硬度[b] HBW	HRB	HV
				不小于				不大于		
24	S30478	06Cr19Ni9NbN	0Cr19Ni10NbN	345	685	35	50	250	100	260
25	S30453	022Cr19Ni10N	00Cr18Ni10N	245	550	40	50	217	95	220
26	S30510	10Cr18Ni12	1Cr18Ni12	175	480	40	60	187	90	200
32	S30908	06Cr23Ni13	0Cr23Ni13	205	520	40	60	187	90	200
35	S31008	06Cr25Ni20	0Cr25Ni20	205	520	40	50	187	90	200
38	S31608	06Cr17Ni12Mo2	0Cr17Ni12Mo2	205	520	40	60	187	90	200
39	S31603	022Cr17Ni12Mo2	00Cr17Ni14Mo2	175	480	40	60	187	90	200
41	S31668	06Cr17Ni12Mo2Ti	0Cr18Ni12Mo3Ti	205	530	40	55	187	90	200
43	S31658	06Cr17Ni12Mo2N	0Cr17Ni12Mo2N	275	550	35	50	217	95	220
44	S31653	022Cr17Ni12Mo2N	00Cr17Ni13Mo2N	245	550	40	50	217	95	220
45	S31688	06Cr18Ni12Mo2Cu2	0Cr18Ni12Mo2Cu2	205	520	40	60	187	90	200
46	S31683	022Cr18Ni14Mo2Cu2	00Cr18Ni14Mo2Cu2	175	480	40	60	187	90	200
49	S31708	06Cr19Ni13Mo3	0Cr19Ni13Mo3	205	520	40	60	187	90	200
50	S31703	022Cr19Ni13Mo3	00Cr19Ni13Mo3	175	480	40	60	187	90	200
52	S31794	03Cr18Ni16Mo5	0Cr18Ni16Mo5	175	480	40	45	187	90	200
55	S32168	06Cr18Ni11Ti	0Cr18Ni10Ti	205	520	40	50	187	90	200
62	S34778	06Cr18Ni11Nb	0Cr18Ni11Nb	205	520	40	50	187	90	200
64	S38148	06Cr18Ni13Si4	0Cr18Ni13Si4	205	520	40	60	207	95	218

a 表 6 仅适用于直径、边长、厚度或对边距离小于或等于 180 mm 的钢棒。大于 180 mm 的钢棒，可改锻成 180 mm 的样坯检验，或由供需双方协商，规定允许降低其力学性能的数值。

b 规定非比例延伸强度和硬度，仅当需方要求时（合同中注明）才进行测定，且供方可根据钢棒的尺寸或状态任选一种方法测定硬度。

c 扁钢不适用，但需方要求时，由供需双方协商。

表 7　经固溶处理的(见表 A.2)奥氏体-铁素体型钢棒或试样的力学性能[a]

GB/T 20878 中序号	统一数字代号	新牌号	旧牌号	规定非比例延伸强度 $R_{p0.2}$[b]/(N/mm²)	抗拉强度 R_m/(N/mm²)	断后伸长率 A/%	断面收缩率 Z[c]/%	冲击吸收功 A_{ku2}[d]/J	硬度[b] HBW	硬度[b] HRB	硬度[b] HV
				不小于					不大于		
67	S21860	14Cr18Ni11Si4AlTi	1Cr18Ni11Si4AlTi	440	715	25	40	63	—	—	—
68	S21953	022Cr19Ni5Mo3Si2N	00Cr18Ni5Mo3Si2	390	590	20	40	—	290	30	300
70	S22253	022Cr22Ni5Mo3N		450	620	25	—	—	290	—	—
71	S22053	022Cr23Ni5Mo3N		450	655	25	—	—	290	—	—
73	S22553	022Cr25Ni6Mo2N		450	620	20	—	—	260	—	—
75	S25554	03Cr25Ni6Mo3Cu2N		550	750	25	—	—	290	—	—

a 表 7 仅适用于直径、边长、厚度或对边距离小于或等于 75 mm 的钢棒。大于 75 mm 的钢棒，可改锻成 75 mm 的样坯检验或由供需双方协商，规定允许降低其力学性能的数值。

b 规定非比例延伸强度和硬度，仅当需方要求时(合同中注明)才进行测定，且供方可根据钢棒的尺寸或状态任选一种方法测定硬度。

c 扁钢不适用，但需方要求时，由供需双方协商确定。

d 直径或对边距离小于等于 16 mm 的圆钢、六角钢、八角钢和边长或厚度小于等于 12 mm 的方钢、扁钢不做冲击试验。

表 8　经退火处理的(见表 A.3)铁素体型钢棒或试样的力学性能[a]

GB/T 20878 中序号	统一数字代号	新牌号	旧牌号	规定非比例延伸强度 $R_{p0.2}$[b]/(N/mm²)	抗拉强度 R_m/(N/mm²)	断后伸长率 A/%	断面收缩率 Z[c]/%	冲击吸收功 A_{ku2}[d]/J	硬度[b] HBW
				不小于					不大于
78	S11348	06Cr13Al	0Cr13Al	175	410	20	60	78	183
83	S11203	022Cr12	00Cr12	195	360	22	60	—	183
85	S11710	10Cr17	1Cr17	205	450	22	50	—	183
86	S11717	Y10Cr17	Y1Cr17	205	450	22	50	—	183
88	S11790	10Cr17Mo	1Cr17Mo	205	450	22	60	—	183
94	S12791	008Cr27Mo	00Cr27Mo	245	410	20	45	—	219
95	S13091	008Cr30Mo2	00Cr30Mo2	295	450	20	45	—	228

a 表 8 仅适用于直径、边长、厚度或对边距离小于或等于 75 mm 的钢棒。大于 75 mm 的钢棒，可改锻成 75 mm 的样坯检验或由供需双方协商，规定允许降低其力学性能的数值。

b 规定非比例延伸强度和硬度，仅当需方要求时(合同中注明)才进行测定。

c 扁钢不适用，但需方要求时，由供需双方协商确定。

d 直径或对边距离小于等于 16 mm 的圆钢、六角钢、八角钢和边长或厚度小于等于 12 mm 的方钢、扁钢不做冲击试验。

表 9 经热处理的马氏体型钢棒或试样的力学性能[a]

GB/T 20878 中序号	统一数字代号	新牌号	旧牌号	组别	经淬火回火(见表 A.4)后试样的力学性能和硬度：规定非比例延伸强度 $R_{p0.2}$/(N/mm²)	抗拉强度 R_m/(N/mm²)	断后伸长率 A/%	断面收缩率 Z^b/%	冲击吸收功 $A_{ku2}{}^d$/J	HBW	HRC	退火后钢棒的硬度[c] HBW
					不小于							不大于
96	S40310	12Cr12	1Cr12		390	590	25	55	118	170	—	200
97	S41008	06Cr13	0Cr13		345	490	24	60	—	—	—	183
98	S41010	12Cr13	1Cr13		345	540	22	55	78	159	—	200
100	S41617	Y12Cr13	Y1Cr13		345	540	17	45	55	159	—	200
101	S42020	20Cr13	2Cr13		440	640	20	50	63	192	—	223
102	S42030	30Cr13	3Cr13		540	735	12	40	24	217	—	235
103	S42037	Y30Cr13	Y3Cr13		540	735	8	35	24	217	—	235
104	S42040	40Cr13	4Cr13		—	—	—	—	—		50	235
106	S43110	14Cr17Ni2	1Cr17Ni2		—	1080	10	—	39	—	—	285
107	S43120	17Cr16Ni2[e]		1	700	900～1 050	12	45	25(A_{KV})	—	—	295
				2	600	800～950	14					
108	S44070	68Cr17	7Cr17		—	—	—	—	—	—	54	255
109	S44080	85Cr17	8Cr17		—	—	—	—	—	—	56	255
110	S44096	108Cr17	11Cr17		—	—	—	—	—	—	58	269
111	S44097	Y108Cr17	Y11Cr17		—	—	—	—	—	—	58	269
112	S44090	95Cr18	9Cr18		—	—	—	—	—	—	55	255
115	S45710	13Cr13Mo	1Cr13Mo		490	690	20	60	78	192	—	200
116	S45830	32Cr13Mo	3Cr13Mo		—	—	—	—	—	—	50	207
117	S45990	102Cr17Mo	9Cr18Mo		—	—	—	—	—	—	55	269
118	S46990	90Cr18MoV	9Cr18MoV		—	—	—	—	—	—	55	269

a 表 9 仅适用于直径、边长、厚度或对边距离小于或等于 75 mm 的钢棒。大于 75 mm 的钢棒，可改锻成 75 mm 的样坯检验或由供需双方协商，规定允许降低其力学性能的数值。

b 扁钢不适用，但需方要求时，由供需双方协商确定。

c 采用 750℃退火时，其硬度由供需双方协商。

d 直径或对边距离小于等于 16 mm 的圆钢、六角钢、八角钢和边长或厚度小于等于 12 mm 的方钢、扁钢不做冲击试验。

e 17Cr16Ni2 钢的性能组别应在合同中注明，未注明时，由供方自行选择。

表 10　沉淀硬化型(见表 A.5)钢棒或试样的力学性能[a]

GB/T 20878 中序号	统一数字代号	新牌号	旧牌号	热处理 类型		热处理 组别	规定非比例延伸强度 $R_{p0.2}$ /(N/mm²)	抗拉强度 R_m /(N/mm²)	断后伸长率 A /%	断面收缩率 Z[b] /%	硬度[c] HBW	硬度[c] HRC
							不小于					
136	S51550	05Cr15Ni5Cu4Nb		固溶处理		0	—	—	—	—	≤363	≤38
				沉淀硬化	480℃时效	1	1 180	1 310	10	35	≥375	≥40
					550℃时效	2	1 000	1 070	12	45	≥331	≥35
					580℃时效	3	865	1 000	13	45	≥302	≥31
					620℃时效	4	725	930	16	50	≥277	≥28
137	S51740	05Cr17Ni4Cu4Nb	0Cr17Ni4Cu4Nb	固溶处理		0	—	—	—	—	≤363	≤38
				沉淀硬化	480℃时效	1	1 180	1 310	10	40	≥375	≥40
					550℃时效	2	1 000	1 070	12	45	≥331	≥35
					580℃时效	3	865	1 000	13	45	≥302	≥31
					620℃时效	4	725	930	16	50	≥277	≥28
138	S51770	07Cr17Ni7Al	0Cr17Ni7Al	固溶处理		0	≤380	≤1030	20	—	≤229	—
				沉淀硬化	510℃时效	1	1 030	1 230	4	10	≥388	—
					565℃时效	2	960	1 140	5	25	≥363	—
139	S51570	07Cr15Ni7Mo2Al	0Cr15Ni7Mo2Al	固溶处理		0	—	—	—	—	≤269	—
				沉淀硬化	510℃时效	1	1 210	1 320	6	20	≥388	—
					565℃时效	2	1 100	1 210	7	25	≥375	—

a　表 10 仅适用于直径、边长、厚度或对边距离小于或等于 75 mm 的钢棒。大于 75 mm 的钢棒，可改锻成 75 mm 的样坯检验或由供需双方协商，规定允许降低其力学性能的数值。

b　扁钢不适用，但需方要求时，由供需双方协商确定。

c　供方可根据钢棒的尺寸或状态任选一种方法测定硬度。

7.5 耐腐蚀性能

根据需方要求，并由供需双方协商采用合适的试验方法，且在合同中注明，奥氏体型和奥氏体-铁素体型不锈钢棒可进行晶间腐蚀试验，其耐腐蚀性能见表11和表12。表11和表12以外牌号钢棒的耐腐蚀性能由供需双方协商确定。

表 11　GB/T 4334.1 中 10%草酸浸蚀试验的判别

<table>
<tr><th>GB/T 20878
中序号</th><th>统一数
字代号</th><th>新牌号</th><th>旧牌号</th><th>试验
状态</th><th>GB/T 4334.2
硫酸-硫酸铁
腐蚀试验</th><th>GB/T 4334.3
65%硝酸
腐蚀试验</th><th>GB/T 4334.5
硫酸-硫酸铜
腐蚀试验</th></tr>
<tr><td>17</td><td>S30408</td><td>06Cr19Ni10</td><td>0Cr18Ni9</td><td rowspan="4">固溶
处理</td><td rowspan="4">沟状组织</td><td>沟状组织
凹坑组织Ⅱ</td><td rowspan="4">沟状组织</td></tr>
<tr><td>38</td><td>S31608</td><td>06Cr17Ni12Mo2</td><td>0Cr17Ni12Mo2</td><td rowspan="3">—</td></tr>
<tr><td>45</td><td>S31688</td><td>06Cr18Ni12Mo2Cu2</td><td>0Cr18Ni12Mo2Cu2</td></tr>
<tr><td>49</td><td>S31708</td><td>06Cr19Ni13Mo3[a]</td><td>0Cr19Ni13Mo3[a]</td></tr>
<tr><td>18</td><td>S30403</td><td>022Cr19Ni10</td><td>00Cr19Ni10</td><td rowspan="6">敏
化
处
理</td><td rowspan="4">沟状组织</td><td>沟状组织
凹坑组织Ⅱ</td><td rowspan="6">沟状组织</td></tr>
<tr><td>39</td><td>S31603</td><td>022Cr17Ni12Mo2</td><td>00Cr17Ni14Mo2</td><td rowspan="5">—</td></tr>
<tr><td>46</td><td>S31683</td><td>022Cr18Ni14Mo2Cu2</td><td>00Cr18Ni14Mo2Cu2</td></tr>
<tr><td>50</td><td>S31703</td><td>022Cr19Ni13Mo3</td><td>00Cr19Ni13Mo3</td></tr>
<tr><td>55</td><td>S32168</td><td>06Cr18Ni11Ti</td><td>0Cr18Ni10Ti</td><td rowspan="2">—</td></tr>
<tr><td>62</td><td>S34778</td><td>06Cr18Ni11Nb</td><td>0Cr18Ni11Nb</td></tr>
<tr><td colspan="8">[a] 可进行敏化处理，但试验前应由供需双方协商确定。</td></tr>
</table>

表 12　晶间腐蚀试验

<table>
<tr><th rowspan="2">GB/T 20878
中序号</th><th rowspan="2">统一数
字代号</th><th rowspan="2">新牌号</th><th rowspan="2">旧牌号</th><th colspan="2">GB/T 4334.2</th><th colspan="2">GB/T 4334.3</th><th colspan="2">GB/T 4334.5</th></tr>
<tr><th>试验
状态</th><th>腐蚀减重/
[g/(m²·h)]</th><th>试验
状态</th><th>腐蚀减重/
[g/(m²·h)]</th><th>试验
状态</th><th>试验弯曲
面的状态</th></tr>
<tr><td>17</td><td>S30408</td><td>06Cr19Ni10</td><td>0Cr18Ni9</td><td rowspan="4">固溶
处理</td><td rowspan="4">协议</td><td>固溶
处理</td><td>协议</td><td rowspan="4">固溶
处理</td><td rowspan="13">不允许
有晶间
腐蚀裂纹</td></tr>
<tr><td>38</td><td>S31608</td><td>06Cr17Ni12Mo2</td><td>0Cr17Ni12Mo2</td><td colspan="2" rowspan="3">—</td></tr>
<tr><td>45</td><td>S31688</td><td>06Cr18Ni12Mo2Cu2</td><td>0Cr18Ni12Mo2Cu2</td></tr>
<tr><td>49</td><td>S31708</td><td>06Cr19Ni13Mo3[a]</td><td>0Cr19Ni13Mo3[a]</td></tr>
<tr><td>18</td><td>S30403</td><td>022Cr19Ni10</td><td>00Cr19Ni10</td><td rowspan="4">敏化
处理</td><td rowspan="4">协议</td><td>敏化
处理</td><td>协议</td><td rowspan="9">敏化
处理</td></tr>
<tr><td>39</td><td>S31603</td><td>022Cr17Ni12Mo2</td><td>00Cr17Ni14Mo2</td><td colspan="2" rowspan="8">—</td></tr>
<tr><td>46</td><td>S31683</td><td>022Cr18Ni14Mo2Cu2</td><td>00Cr18Ni14Mo2Cu2</td></tr>
<tr><td>50</td><td>S31703</td><td>022Cr19Ni13Mo3</td><td>00Cr19Ni13Mo3</td></tr>
<tr><td>41</td><td>S31668</td><td>06Cr17Ni12Mo2Ti</td><td>0Cr18Ni12Mo3Ti</td><td colspan="2" rowspan="3">—</td></tr>
<tr><td>55</td><td>S32168</td><td>06Cr18Ni11Ti</td><td>0Cr18Ni10Ti</td></tr>
<tr><td>62</td><td>S34778</td><td>06Cr18Ni11Nb</td><td>0Cr18Ni11Nb</td></tr>
<tr><td colspan="10">[a] 可进行敏化处理，但试验前应由供需双方协商确定。</td></tr>
</table>

7.6 低倍组织

7.6.1 钢棒的横截面酸浸低倍试片上不允许有目视可见的缩孔、气泡、裂纹、夹杂、翻皮及白点。对切削加工用的钢棒允许有深度不大于公称尺寸公差之半的皮下夹杂等缺陷。

7.6.2 酸浸低倍组织合格级别应符合表 13 的规定。当需方要求 1 组时,应在合同中注明。尺寸大于 200 mm 钢棒,其低倍组织合格级别由供需双方协商确定。

7.6.3 供方若能保证,允许采用超声波探伤法或其他无损探伤法代替低倍检验。

表 13 低倍组织合格级别

组 别	一般疏松	中心疏松	锭型偏析
1 组	≤2 级	≤2 级	≤2 级
2 组	≤3 级	≤3 级	≤3 级

7.7 热顶锻

7.7.1 热顶锻用钢(在合同中注明)应作热顶锻试验,试样顶锻至原高度的三分之一后,试样表面不允许有裂纹或裂口。

7.7.2 尺寸大于 80 mm 的钢棒,供方若能保证顶锻试验合格,可不进行试验。

7.8 表面质量

7.8.1 压力加工用钢棒的表面不允许有裂纹、结疤、折叠及夹杂,如有上述缺陷必须清除。清除深度应符合表 14 的规定,清除宽度不小于深度的 5 倍,同一截面达到最大清除深度不得多于一处,允许有从实际尺寸算起不超过公称尺寸公差之半的个别细小划痕、压痕、麻点及深度不超过 0.20 mm 的小裂纹存在。根据供需双方协议,压力加工用圆钢棒,表面可以车削或剥皮。

表 14 压力加工用钢棒表面缺陷允许清除深度

钢棒公称尺寸/mm	允许清除深度
≤80	钢棒公称尺寸公差之半
>80~140	钢棒公称尺寸公差
>140~200	钢棒公称尺寸的 5%
>200~250	钢棒公称尺寸的 6%

7.8.2 切削加工用钢棒允许有从公称尺寸算起不超过表 15 规定的局部缺陷。

表 15 切削加工用钢棒表面局部缺陷允许深度

钢棒公称尺寸/mm	局部缺陷允许深度
<100	钢棒公称尺寸的负偏差
≥100	钢棒公称尺寸的公差

7.8.3 经供需双方协商,并在合同中注明,可规定采用酸洗、车削等方法去除热处理产生的黑皮。

7.9 特殊要求

根据需方要求,并经供需双方协议,可供应下列特殊要求的钢棒。

a) 缩小表 1~表 5 化学成分范围;

b) 限制表 6~表 10 抗拉强度的上限;

c) 增加耐腐蚀性能试验;

d) 检验 α 相含量;

e) 检验钢中非金属夹杂物含量;

f) 检验钢的晶粒度;

g) 增加塔形检验;

h） 其他特殊要求。

8 试验方法

每批钢棒的检验项目及试验方法应符合表16的规定。

表16 钢棒检验项目、取样数量、取样部位及试验方法

序号	检验项目	取样数量[a]	取样部位	试验方法
1	化学成分	1	GB/T 20066	GB/T 223(见第2章)、GB/T 11170、GB/T 9971—2004的附录A
2	拉伸	2	不同根钢棒,GB/T 2975	GB/T 228
3	冲击	2		GB/T 229
4	硬度	2	不同根钢棒	GB/T 230.1、GB/T 231.1、GB/T 4340.1
5	晶间腐蚀	2		GB/T 4334.1、GB/T 4334.2、GB/T 4334.3、GB/T 4334.5
6	低倍组织	2	相当于钢锭头部的不同根钢棒或钢坯；连铸钢在任意不同根钢棒	GB/T 226、GB/T 1979
7	超声波检验	2	整根钢棒	GB/T 7736
8	热顶锻	2	不同根钢棒	YB/T 5293
9	非金属夹杂物	2		GB/T 10561
10	晶粒度	1	任一钢棒	GB/T 6394
11	α-相	1		GB/T 6401—1986、GB/T 13305—991
12	塔形	2	相当于钢锭头部不同根钢棒或钢坯；连铸钢在任意不同根钢棒	GB/T 15711、GB/T 10121
13	尺寸	逐根	整根钢棒	卡尺、千分尺
14	表面	逐根		目视

[a] 电渣钢除表面和尺寸逐根外，其他检验项目的取样数量均为1个。以自耗电极的熔炼母炉号组批时，除化学成分每个电渣炉号取1个外，其他检验项目取样数量同表中规定。

9 检验规则

9.1 检查和验收

钢棒的检查和验收由供方技术质量监督部门进行。

9.2 组批规则

钢棒应按批检查和验收。每批由同一牌号、同一炉号、同一加工方法、同一尺寸和同一交货状态(同一热处理炉次)的钢棒组成。采用电渣重熔冶炼的钢，在工艺稳定且能保证本标准各项技术要求的条件下，允许以自耗电极的熔炼母炉号组批交货，并在质量证明书中注明。

9.3 取样部位及取样数量

每批钢棒检验取样部位及取样数量应符合表16的规定。

9.4 复验和判定规则

9.4.1 复验和判定规则应按GB/T 17505的有关规定。

9.4.2 供方若能保证钢棒合格时，对同一炉号的钢棒或钢坯的力学性能、低倍组织、非金属夹杂物的检验结果，允许以坯代材、以大代小。

10 包装、标志和质量证明书

钢棒的包装、标志和质量证明书应符合 GB/T 2101 的规定。

附　录　A
（资料性附录）
不锈钢棒或试样的典型热处理制度

表 A.1　奥氏体型不锈钢棒或试样的典型热处理制度

GB/T 20878 中序号	统一数字代号	新　牌　号	旧　牌　号	固溶处理/℃
1	S35350	12Cr17Mn6Ni5N	1Cr17Mn6Ni5N	1 010～1 120，快冷
3	S35450	12Cr18Mn9Ni5N	1Cr18Mn8Ni5N	1 010～1 120，快冷
9	S30110	12Cr17Ni7	1Cr17Ni7	1 010～1 150，快冷
13	S30210	12Cr18Ni9	1Cr18Ni9	1 010～1 150，快冷
15	S30317	Y12Cr18Ni9	Y1Cr18Ni9	1 010～1 150，快冷
16	S30327	Y12Cr18Ni9Se	Y1Cr18Ni9Se	1 010～1 150，快冷
17	S30408	06Cr19Ni10	0Cr18Ni9	1 010～1 150，快冷
18	S30403	022Cr19Ni10	00Cr19Ni10	1 010～1 150，快冷
22	S30488	06Cr18Ni9Cu3	0Cr18Ni9Cu3	1 010～1 150，快冷
23	S30458	06Cr19Ni10N	0Cr19Ni9N	1 010～1 150，快冷
24	S30478	06Cr19Ni9NbN	0Cr19Ni10NbN	1 010～1 150，快冷
25	S30453	022Cr19Ni10N	00Cr18Ni10N	1 010～1 150，快冷
26	S30510	10Cr18Ni12	1Cr18Ni12	1 010～1 150，快冷
32	S30908	06Cr23Ni13	0Cr23Ni13	1 030～1 150，快冷
35	S31008	06Cr25Ni20	0Cr25Ni20	1 030～1 180，快冷
38	S31608	06Cr17Ni12Mo2	0Cr17Ni12Mo2	1 010～1 150，快冷
39	S31603	022Cr17Ni12Mo2	00Cr17Ni14Mo2	1 010～1 150，快冷
41	S31668	06Cr17Ni12Mo2Ti[a]	0Cr18Ni12Mo3Ti[a]	1 000～1 100，快冷
43	S31658	06Cr17Ni12Mo2N	0Cr17Ni12Mo2N	1 010～1 150，快冷
44	S31653	022Cr17Ni12Mo2N	00Cr17Ni13Mo2N	1 010～1 150，快冷
45	S31688	06Cr18Ni12Mo2Cu2	0Cr18Ni12Mo2Cu2	1 010～1 150，快冷
46	S31683	022Cr18Ni14Mo2Cu2	00Cr18Ni14Mo2Cu2	1 010～1 150，快冷
49	S31708	06Cr19Ni13Mo3	0Cr19Ni13Mo3	1 010～1 150，快冷
50	S31703	022Cr19Ni13Mo3	00Cr19Ni13Mo3	1 010～1 150，快冷
52	S31794	03Cr18Ni16Mo5	0Cr18Ni16Mo5	1 030～1 180，快冷
55	S32168	06Cr18Ni11Ti[a]	0Cr18Ni10Ti[a]	920～1 150，快冷
62	S34778	06Cr18Ni11Nb[a]	0Cr18Ni11Nb[a]	980～1 150，快冷
64	S38148	06Cr18Ni13Si4	0Cr18Ni13Si4	1 010～1 150，快冷

[a] 需方在合同中注明时，可进行稳定化处理，此时的热处理温度为 850℃～930℃。

表 A.2 奥氏体-铁素体型不锈钢棒或试样的典型热处理制度

GB/T 20878中序号	统一数字代号	新 牌 号	旧 牌 号	固溶处理/℃
67	S21860	14Cr18Ni11Si4AlTi	1Cr18Ni11Si4AlTi	930~1 050,快冷
68	S21953	022Cr19Ni5Mo3Si2N	00Cr18Ni5Mo3Si2	920~1 150,快冷
70	S22253	022Cr22Ni5Mo3N		950~1 200,快冷
71	S22053	022Cr23Ni5Mo3N		950~1 200,快冷
73	S22553	022Cr25Ni6Mo2N		950~1 200,快冷
75	S25554	03Cr25Ni6Mo3Cu2N		1 000~1 200,快冷

表 A.3 铁素体型不锈钢棒或试样的典型热处理制度

GB/T 20878中序号	统一数字代号	新 牌 号	旧 牌 号	退火/℃
78	S11348	06Cr13Al	0Cr13Al	780~830,空冷或缓冷
83	S11203	022Cr12	00Cr12	700~820,空冷或缓冷
85	S11710	10Cr17	1Cr17	780~850,空冷或缓冷
86	S11717	Y10Cr17	Y1Cr17	680~820,空冷或缓冷
88	S11790	10Cr17Mo	1Cr17Mo	780~850,空冷或缓冷
94	S12791	008Cr27Mo	00Cr27Mo	900~1 050,快冷
95	S13091	008Cr30Mo2	00Cr30Mo2	900~1 050,快冷

表 A.4 马氏体型不锈钢棒或试样的典型热处理制度

GB/T 20878中序号	统一数字代号	新牌号	旧牌号	钢棒的热处理制度	试样的热处理制度	
				退火/℃	淬火/℃	回火/℃
96	S40310	12Cr12	1Cr12	800~900 缓冷或约 750 快冷	950~1 000 油冷	700~750 快冷
97	S41008	06Cr13	0Cr13	800~900 缓冷或约 750 快冷	950~1 000 油冷	700~750 快冷
98	S41010	12Cr13	1Cr13	800~900 缓冷或约 750 快冷	950~1 000 油冷	700~750 快冷
100	S41617	Y12Cr13	Y1Cr13	800~900 缓冷或约 750 快冷	950~1 000 油冷	700~750 快冷
101	S42020	20Cr13	2Cr13	800~900 缓冷或约 750 快冷	920~980 油冷	600~750 快冷
102	S42030	30Cr13	3Cr13	800~900 缓冷或约 750 快冷	920~980 油冷	600~750 快冷
103	S42037	Y30Cr13	Y3Cr13	800~900 缓冷或约 750 快冷	920~980 油冷	600~750 快冷
104	S42040	40Cr13	4Cr13	800~900 缓冷或约 750 快冷	1050~1 100 油冷	200~300 空冷
106	S43110	14Cr17Ni2	1Cr17Ni2	680~700 高温回火,空冷	950~1 050 油冷	275~350 空冷
07	S43120	17Cr16Ni2		1　680~800,炉冷或空冷	950~1 050 油冷或空冷	600~650,空冷
				2		750~800+650~700[a],空冷
108	S44070	68Cr17	7Cr17	800~920 缓冷	1 010~1 070 油冷	100~180 快冷
109	S44080	85Cr17	8Cr17	800~920 缓冷	1 010~1 070 油冷	100~180 快冷
110	S44096	108Cr17	11Cr17	800~920 缓冷	1 010~1 070 油冷	100~180 快冷
111	S44097	Y108Cr17	Y11Cr17	800~920 缓冷	1 010~1 070 油冷	100~180 快冷
112	S44090	95Cr18	9Cr18	800~920 缓冷	1 000~1 050 油冷	200~300 油、空冷

表 A.4（续）

GB/T 20878 中序号	统一数字代号	新 牌 号	旧 牌 号	钢棒的热处理制度	试样的热处理制度	
				退火/℃	淬火/℃	回火/℃
115	S45710	13Cr13Mo	1Cr13Mo	830～900 缓冷或约 750 快冷	970～1 020 油冷	650～750 快冷
116	S45830	32Cr13Mo	3Cr13Mo	800～900 缓冷或约 750 快冷	1 025～1 075 油冷	200～300 油、水、空冷
117	S45990	102Cr17Mo	9Cr18Mo	800～900 缓冷	1 000～1 050 油冷	200～300 空冷
118	S46990	90Cr18MoV	9Cr18MoV	800～920 缓冷	1 050～1 075 油冷	100～200 空冷

[a] 当镍含量在表 4 规定的下限时，允许采用 620℃～720℃单回火制度。

表 A.5 沉淀硬化型不锈钢棒或试样的典型热处理制度

GB/T 20878 中序号	统一数字代号	新 牌 号	旧 牌 号	热 处 理			
				种 类		组别	条 件
136	S51550	05Cr15Ni5Cu4Nb		固溶处理		0	1 020℃～1 060℃，快冷。
				沉淀硬化	480℃时效	1	经固溶处理后，470℃～490℃空冷
					550℃时效	2	经固溶处理后，540℃～560℃空冷
					580℃时效	3	经固溶处理后，570℃～590℃空冷
					620℃时效	4	经固溶处理后，610℃～630℃空冷
137	S51740	05Cr17Ni4Cu4Nb	0Cr17Ni4Cu4Nb	固溶处理		0	1 020℃～1 060℃，快冷
				沉淀硬化	480℃时效	1	经固溶处理后，470℃～490℃空冷
					550℃时效	2	经固溶处理后，540℃～560℃空冷
					580℃时效	3	经固溶处理后，570℃～590℃空冷
					620℃时效	4	经固溶处理后，610℃～630℃空冷
138	S51770	07Cr17Ni7Al	0Cr17Ni7Al	固溶处理		0	1 000℃～1 100℃，快冷
				沉淀硬化	510℃时效	1	经固溶处理后，955℃±10℃保持 10 min，空冷到室温，在 24 h 内冷却到－73℃±6℃，保持 8 h，再加热到 510℃±10℃，保持 1 h 后，空冷
					565℃时效	2	经固溶处理后，于 760℃±15℃保持 90 min，在 1 h 内冷却到 15℃以下，保持 30 min，再加热到 565℃±10℃保持 90 min，空冷
139	S51570	07Cr15Ni7Mo2Al	0Cr15Ni7Mo2Al	固溶处理		0	1 000℃～1 100℃快冷
				沉淀硬化	510℃时效	1	经固溶处理后，955℃±10℃保持 10 min，空冷到室温，在 24 h 内冷却到－73℃±6℃，保持 8 h，再加热到 510℃±10℃，保持 1 h 后，空冷
					565℃时效	2	经固溶处理后，于 760℃±15℃保持 90 min，在 1 h 内冷却到 15℃以下，保持 30 min，再加热到 565℃±10℃保持 90 min，空冷

附 录 B
（资料性附录）
不锈钢的特性和用途

表 B.1 不锈钢的特性和用途

GB/T 20878 中序号	统一数字代号	新牌号	旧牌号	特性与用途
奥氏体型				
1	S35350	12Cr17Mn6Ni5N	1Cr17Mn6Ni5N	节镍钢，性能 12Cr17Ni7(1Cr17Ni7)与相近，可代替 12Cr17Ni7(1Cr17Ni7)使用。在固溶态无磁，冷加工后具有轻微磁性。主要用于制造旅馆装备、厨房用具、水池、交通工具等
3	S35450	12Cr18Mn9Ni5N	1Cr18Mn8Ni5N	节镍钢，是 Cr-Mn-Ni-N 型最典型、发展比较完善的钢。在 800℃以下具有很好的抗氧化性，且保持较高的强度，可代替 12Cr18Ni9(1Cr18Ni9)使用。主要用于制作 800℃以下经受弱介质腐蚀和承受负荷的零件，如炊具、餐具等
9	S30110	12Cr17Ni7	1Cr17Ni7	亚稳定奥氏体不锈钢，是最易冷变形强化的钢。经冷加工有高的强度和硬度，并仍保留足够的塑韧性，在大气条件下具有较好的耐蚀性。主要用于以冷加工状态承受较高负荷，又希望减轻装备重量和不生锈的设备和部件，如铁道车辆，装饰板、传送带、紧固件等
13	S30210	12Cr18Ni9	1Cr18Ni9	历史最悠久的奥氏体不锈钢，在固溶态具有良好的塑性、韧性和冷加工性，在氧化性酸和大气、水、蒸汽等介质中耐蚀性也好。经冷加工有高的强度，但伸长率比 12Cr17Ni7(1Cr17Ni7)稍差。主要用于对耐蚀性和强度要求不高的结构件和焊接件，如建筑物外表装饰材料；也可用于无磁部件和低温装置的部件。但在敏化态或焊后，具有晶间腐蚀倾向，不宜用作焊接结构材料
15	S30317	Y12Cr18Ni9	Y1Cr18Ni9	12Cr18Ni9(1Cr18Ni9)改进切削性能钢。最适用于快速切削(如自动车床)制作辊、轴、螺栓、螺母等
16	S30327	Y12Cr18Ni9Se	Y1Cr18Ni9Se	除调整 12Cr18Ni9(1Cr18Ni9)钢的磷、硫含量外，还加入硒，提高 12Cr18Ni9(1Cr18Ni9)钢的切削性能。用于小切削量，也适用于热加工或冷顶锻，如螺丝、铆钉等
17	S30408	06Cr19Ni10	0Cr18Ni9	在 12Cr18Ni9(1Cr18Ni9)钢基础上发展演变的钢，性能类似于 12Cr18Ni9(1Cr18Ni9)钢，但耐蚀性优于 12Cr18Ni9(1Cr18Ni9)钢，可用作薄截面尺寸的焊接件，是应用量最大、使用范围最广的不锈钢。适用于制造深冲成型部件和输酸管道、容器、结构件等，也可以制造无磁、低温设备和部件

表 B.1（续）

GB/T 20878 中序号	统一数字代号	新　牌　号	旧　牌　号	特性与用途
18	S30403	022Cr19Ni10	00Cr19Ni10	为解决因 $Cr_{23}C_6$ 析出致使 06Cr19Ni10(0Cr18Ni9)钢在一些条件下存在严重的晶间腐蚀倾向而发展的超低碳奥氏体不锈钢，其敏化态耐晶间腐蚀能力显著优于 06Cr18Ni9(0Cr18Ni9)钢。除强度稍低外，其他性能同 06Cr18Ni9Ti(0Cr18Ni9Ti)钢，主要用于需焊接且焊接后又不能进行固溶处理的耐蚀设备和部件
22	S30488	06Cr18Ni9Cu3	0Cr18Ni9Cu3	在 06Cr19Ni10 (0Cr18Ni9)基础上为改进其冷成形性能而发展的不锈钢。铜的加入，使钢的冷作硬化倾向小，冷作硬化率降低，可以在较小的成形力下获得最大的冷变形。主要用于制作冷镦紧固件、深拉等冷成形的部件
23	S30458	06Cr19Ni10N	0Cr19Ni9N	在 06Cr19Ni10 (0Cr18Ni9)钢基础上添加氮，不仅防止塑性降低，而且提高钢的强度和加工硬化倾向，改善钢的耐点蚀、晶腐性，使材料的厚度减少。用于有一定耐腐性要求，并要求较高强度和减轻重量的设备或结构部件
24	S30478	06Cr19Ni9NbN	0Cr19Ni10NbN	在 06Cr19Ni10 (0Cr18Ni9)钢基础上添加氮和铌，提高钢的耐点蚀和晶间腐蚀性能，具有与 06Cr19Ni10N(0Cr19Ni9N)钢相同的特性和用途
25	S30453	022Cr19Ni10N	00Cr18Ni10N	06Cr19Ni10N (0Cr19Ni9N)的超低碳钢。因 06Cr19Ni10N (0Cr19Ni9N)钢在 450℃～900℃加热后耐晶间腐蚀性能明显下降，因此对于焊接设备构件，推荐用 022Cr19Ni10N(00Cr18Ni10N)钢
26	S30510	10Cr18Ni12	1Cr18Ni12	在 12Cr18Ni9(1Cr18Ni9)钢基础上，通过提高钢中镍含量而发展起来的不锈钢。加工硬化性比 12Cr18Ni9(1Cr18Ni9)钢低。适宜用于旋压加工、特殊拉拔，如作冷墩钢用等
32	S30908	06Cr23Ni13	0Cr23Ni13	高铬镍奥氏体不锈钢，耐腐蚀性比 06Cr19Ni10 (0Cr18Ni9)钢好，但实际上多作为耐热钢使用
35	S31008	06Cr25Ni20	0Cr25Ni20	高铬镍奥氏体不锈钢，在氧化性介质中具有优良的耐蚀性，同时具有良好的高温力学性能，抗氧化性比 06Cr23Ni13(0Cr23Ni13)钢好，耐点蚀和耐应力腐蚀能力优于 18-8 型不锈钢，既可用于耐蚀部件又可作为耐热钢使用
38	S31608	06Cr17Ni12Mo2	0Cr17Ni12Mo2	在 10Cr18Ni12(1Cr18Ni12)钢基础上加入钼，使钢具有良好的耐还原性介质和耐点腐蚀能力。在海水和其他各种介质中，耐腐蚀性优于 06Cr19Ni10 (0Cr18Ni9)钢。主要用于耐点蚀材料
39	S31603	022Cr17Ni12Mo2	00Cr17Ni14Mo2	06Cr17Ni12Mo2(0Cr17Ni12Mo2)的超低碳钢，具有良好的耐敏化态晶间腐蚀的性能。适用于制造厚截面尺寸的焊接部件和设备，如石油化工、化肥、造纸、印染及原子能工业用设备的耐蚀材料

表 B.1（续）

GB/T 20878 中序号	统一数字代号	新　牌　号	旧　牌　号	特性与用途
41	S31668	06Cr17Ni12Mo2Ti	0Cr18Ni12Mo3Ti	为解决 06Cr17Ni12Mo2(0Cr17Ni12Mo2)钢的晶间腐蚀而发展起来的钢种，有良好的耐晶间腐蚀性，其他性能与 06Cr17Ni12Mo2(0Cr17Ni12Mo2)钢相近。适合于制造焊接部件
43	S31658	06Cr17Ni12Mo2N	0Cr17Ni12Mo2N	在 06Cr17Ni12Mo2(0Cr17Ni12Mo2)中加入氮，提高强度，同时又不降低塑性，使材料的使用厚度减薄。用于耐蚀性好的高强度部件
44	S31653	022Cr17Ni12Mo2N	00Cr17Ni13Mo2N	在 022Cr17Ni12Mo2(00Cr17Ni14Mo2)钢中加入氮，具有与 022Cr17Ni12Mo2(00Cr17Ni14Mo2)钢同样特性，用途与 06Cr17Ni12Mo2N(0Cr17Ni12Mo2N)相同，但耐晶间腐蚀性能更好。主要用于化肥、造纸、制药、高压设备等领域
45	S31688	06Cr18Ni12Mo2Cu2	0Cr18Ni12Mo2Cu2	在 06Cr17Ni12Mo2(0Cr17Ni12Mo2)钢基础上加入约 2%Cu，其耐腐蚀性、耐点蚀性好。主要用于制作耐硫酸材料，也可用作焊接结构件和管道、容器等
46	S31683	022Cr18Ni14Mo2Cu2	00Cr18Ni14Mo2Cu2	06Cr18Ni12Mo2Cu2(0Cr18Ni12Mo2Cu2)的超低碳钢。比 06Cr18Ni12Mo2Cu2(0Cr18Ni12Mo2Cu2)钢的耐晶间腐蚀性能好。用途同 06Cr18Ni12Mo2Cu2(0Cr18Ni12Mo2Cu2)钢
49	S31708	06Cr19Ni13Mo3	0Cr19Ni13Mo3	耐点蚀和抗蠕变能力优于 06Cr17Ni12Mo2(0Cr17Ni12Mo2)。用于制作造纸、印染设备，石油化工及耐有机酸腐蚀的装备等
50	S31703	022Cr19Ni13Mo3	00Cr19Ni13Mo3	06Cr19Ni13Mo3(0Cr19Ni13Mo3)的超低碳钢，比 06Cr19Ni13Mo3(0Cr19Ni13Mo3)钢耐晶间腐蚀性能好，在焊接整体件时抑制析出碳。用途与 06Cr19Ni13Mo3(0Cr19Ni13Mo3)钢相同
52	S31794	03Cr18Ni16Mo5	0Cr18Ni16Mo5	耐点蚀性能优于 022Cr17Ni12Mo2(00Cr17Ni14Mo2)和 06Cr17Ni12Mo2Ti(0Cr18Ni12Mo3Ti)的一种高钼不锈钢，在硫酸、甲酸、醋酸等介质中的耐蚀性要比一般含 2%～4%Mo 的常用 Cr-Ni 钢更好。主要用于处理含氯离子溶液的热交换器，醋酸设备，磷酸设备，漂白装置等，以及 022Cr17Ni12Mo2(00Cr17Ni14Mo2)和 06Cr17Ni12Mo2Ti(0Cr18Ni12Mo3Ti)钢不适用环境中使用
55	S32168	06Cr18Ni11Ti	0Cr18Ni10Ti	钛稳定化的奥氏体不锈钢，添加钛提高耐晶间腐蚀性能，并具有良好的高温力学性能。可用超低碳奥氏体不锈钢代替。除专用(高温或抗氢腐蚀)外，一般情况不推荐使用
62	S34778	06Cr18Ni11Nb	0Cr18Ni11Nb	铌稳定化的奥氏体不锈钢，添加铌提高耐晶间腐蚀性能，在酸、碱、盐等腐蚀介质中的耐蚀性同 06Cr18Ni11Ti(0Cr18Ni10Ti)，焊接性能良好。既可作耐蚀材料又可作耐热钢使用，主要用于火电厂、石油化工等领域，如制作容器、管道、热交换器、轴类等；也可作为焊接材料使用

表 B.1（续）

GB/T 20878 中序号	统一数字代号	新　牌　号	旧　牌　号	特性与用途
64	S38148	06Cr18Ni13Si4	0Cr18Ni13Si4	在 06Cr19Ni10（0Cr18Ni9）中增加镍，添加硅，提高耐应力腐蚀断裂性能。用于含氯离子环境，如汽车排气净化装置等
奥氏体-铁素体型				
67	S21860	14Cr18Ni11Si4AlTi	1Cr18Ni11Si4AlTi	含硅使钢的强度和耐浓硝酸腐蚀性能提高，可用于制作抗高温、浓硝酸介质的零件和设备，如排酸阀门等
68	S21953	022Cr19Ni5Mo3Si2N	00Cr18Ni5Mo3Si2	在瑞典 3RE60 钢基础上，加入 0.05%N～0.10%N 形成的一种耐氯化物应力腐蚀的专用不锈钢。耐点蚀性能与 022Cr17Ni12Mo2（00Cr17Ni14Mo2）相当。适用于含氯离子的环境，用于炼油、化肥、造纸、石油、化工等工业制造热交换器、冷凝器等。也可代替 022Cr19Ni10（00Cr19Ni10）和 022Cr17Ni12Mo2（00Cr17Ni14Mo2）钢在易发生应力腐蚀破坏的环境下使用
70	S22253	022Cr22Ni5Mo3N		在瑞典 SAF2205 钢基础上研制的，是目前世界上双相不锈钢中应用最普遍的钢。对含硫化氢、二氧化碳、氯化物的环境具有阻抗性，可进行冷、热加工及成型，焊接性良好，适用于作结构材料，用来代替 022Cr19Ni10（00Cr19Ni10）和 022Cr17Ni12Mo2（00Cr17Ni14Mo2）奥氏体不锈钢使用。用于制作油井管，化工储罐，热交换器、冷凝冷却器等易产生点蚀和应力腐蚀的受压设备
71	S22053	022Cr23Ni5Mo3N		从 022Cr22Ni5Mo3N 基础上派生出来的，具有更窄的区间。特性和用途同 022Cr22Ni5Mo3N
73	S22553	022Cr25Ni6Mo2N		在 0Cr26Ni5Mo2 钢基础上调高钼含量、调低碳含量、添加氮，具有高强度、耐氯化物应力腐蚀、可焊接等特点，是耐点蚀最好的钢。代替 0Cr26Ni5Mo2 钢使用。主要应用于化工、化肥、石油化工等工业领域，主要制作热交换器、蒸发器等
75	S25554	03Cr25Ni6Mo3Cu2N		在英国 Ferralium alloy 255 合金基础上研制的，具有良好的力学性能和耐局部腐蚀性能，尤其是耐磨损性能优于一般的奥氏体不锈钢，是海水环境中的理想材料。适用作舰船用的螺旋推进器、轴、潜艇密封件等，也适用于在化工、石油化工、天然气、纸浆、造纸等领域应用
铁素体型				
78	S11348	06Cr13Al	0Cr13Al	低铬纯铁素体不锈钢，非淬硬性钢。具有相当于低铬钢的不锈性和抗氧化性，塑性、韧性和冷成型性优于铬含量更高的其他铁素体不锈钢。主要用于 12Cr13（1Cr13）或 10Cr17（1Cr17）由于空气可淬硬而不适用的地方，如石油精制装置、压力容器衬里，蒸汽透平叶片和复合钢板等

表 B.1（续）

GB/T 20878 中序号	统一数字代号	新牌号	旧牌号	特性与用途
83	S11203	022Cr12	00Cr12	比 022Cr13（0Cr13）碳含量低，焊接部位弯曲性能、加工性能、耐高温氧化性能好。作汽车排气处理装置，锅炉燃烧室、喷嘴等
85	S11710	10Cr17	1Cr17	具有耐蚀性、力学性能和热导率高的特点，在大气、水蒸汽等介质中具有不锈性，但当介质中含有较高氯离子时，不锈性则不足。主要用于生产硝酸、硝铵的化工设备，如吸收塔、热交换器、贮槽等；薄板主要用于建筑内装饰、日用办公设备、厨房器具、汽车装饰、气体燃烧器等。由于它的脆性转变温度在室温以上，且对缺口敏感，不适用制作室温以下的承受载荷的设备和部件，且通常使用的钢材其截面尺寸一般不允许超过 4 mm
86	S11717	Y10Cr17	Y1Cr17	10Cr17(1Cr17)改进的切削钢。主要用于大切削量自动车床机加零件，如螺栓，螺母等
88	S11790	10Cr17Mo	1Cr17Mo	在 10Cr17(1Cr17)钢中加入钼，提高钢的耐点蚀、耐缝隙腐蚀性及强度等，比 10Cr17(1Cr17)钢抗盐溶液性强。主要用作汽车轮毂、紧固件、以及汽车外装饰材料使用
94	S12791	008Cr27Mo	00Cr27Mo	高纯铁素体不锈钢中发展最早的钢，性能类似于 008Cr30Mo2(00Cr30Mo2)。适用于既要求耐蚀性又要求软磁性的用途
95	S13091	008Cr30Mo2	00Cr30Mo2	高纯铁素体不锈钢。脆性转变温度低，耐卤离子应力腐蚀破坏性好，耐蚀性与纯镍相当，并具有良好的韧性，加工成型性和可焊接性。主要用于化学加工工业（醋酸、乳酸等有机酸，苛性钠浓缩工程）成套设备，食品工业、石油精炼工业、电力工业、水处理和污染控制等用热交换器、压力容器、罐和其他设备等
马氏体型				
96	S40310	12Cr12	1Cr12	作为汽轮机叶片及高应力部件之良好的不锈耐热钢
97	S41008	06Cr13	0Cr13	作较高韧性及受冲击负荷的零件，如汽轮机叶片、结构架、衬里、螺栓、螺帽等
98	S41010	12Cr13	1Cr13	半马氏体型不锈钢，经淬火回火处理后具有较高的强度、韧性，良好的耐蚀性和机加工性能。主要用于韧性要求较高且具有不锈性的受冲击载荷的部件，如刃具、叶片、紧固件、水压机阀、热裂解抗硫腐蚀设备等；也可制作在常温条件耐弱腐蚀介质的设备和部件
100	S41617	Y12Cr13	Y1Cr13	不锈钢中切削性能最好的钢，自动车床用

表 B.1（续）

GB/T 20878 中序号	统一数字代号	新牌号	旧牌号	特性与用途
101	S42020	20Cr13	2Cr13	马氏体型不锈钢，其主要性能类似于 12Cr13（1Cr13）。由于碳含量较高，其强度、硬度高于 12Cr13（1Cr13），而韧性和耐蚀性略低。主要用于制造承受高应力负荷的零件，如汽轮机叶片、热油泵、轴和轴套、叶轮、水压机阀片等，也可用于造纸工业和医疗器械以及日用消费领域的刀具、餐具等
102	S42030	30Cr13	3Cr13	马氏体型不锈钢，较 12Cr13（1Cr13）和 20Cr13（2Cr13）钢具有更高的强度、硬度和更好的淬透性，在室温的稀硝酸和弱的有机酸中具有一定的耐蚀性，但不及 12Cr13（1Cr13）和 20Cr13（2Cr13）钢。主要用于高强度部件，以及在承受高应力载荷并在一定腐蚀介质条件下的磨损件，如 300℃以下工作的刀具、弹簧，400℃以下工作的轴、螺栓、阀门、轴承等
103	S42037	Y30Cr13	Y3Cr13	改善 30Cr13（3Cr13）切削性能的钢。用途与 30Cr13（3Cr13）相似，需要更好的切削性能
104	S42040	40Cr13	4Cr13	特性与用途类似于 30Cr13（3Cr13）钢，其强度、硬度高于 30Cr13（3Cr13）钢，而韧性和耐蚀性略低。主要用于制造外科医疗用具、轴承、阀门、弹簧等。40Cr13（4Cr13）钢可焊性差，通常不制造焊接部件
106	S43110	14Cr17Ni2	1Cr17Ni2	热处理后具有较高的力学性能，耐蚀性优于 12Cr13（1Cr13）和 10Cr17（1Cr17）。一般用于既要求高力学性能的可淬硬性，又要求耐硝酸、有机酸腐蚀的轴类、活塞杆、泵、阀等零部件以及弹簧和紧固件
107	S43120	17Cr16Ni2		加工性能比 14Cr17Ni2（1Cr17Ni2）明显改善，适用于制作要求较高强度、韧性、塑性和良好的耐蚀性的零部件及在潮湿介质中工作的承力件
108	S44070	68Cr17	7Cr17	高铬马氏体型不锈钢，比 20Cr13（2Cr13）有较高的淬火硬度。在淬火回火状态下，具有高强度和硬度，并兼有不锈、耐蚀性能。一般用于制造要求具有不锈性或耐稀氧化性酸、有机酸和盐类腐蚀的刀具、量具、轴类、杆件、阀门、钩件等耐磨蚀的部件
109	S44080	85Cr17	8Cr17	可淬硬性不锈钢。性能与用途类似于 68Cr17（7Cr17），但硬化状态下，比 68Cr17（7Cr17）硬，而比 108Cr17（11Cr17）韧性高。如刃具、阀座等
110	S44096	108Cr17	11Cr17	在可淬硬性不锈钢，不锈钢中硬度最高。性能与用途类似于 68Cr17（7Cr17）。主要用于制作喷嘴、轴承等
111	S44097	Y108Cr17	Y11Cr17	108Cr17（11Cr17）改进的切削性钢种。自动车床用

表 B.1（续）

GB/T 20878 中序号	统一数字代号	新　牌　号	旧　牌　号	特性与用途
112	S44090	95Cr18	9Cr18	高碳马氏体不锈钢。较 Cr17 型马氏体型不锈钢耐蚀性有所改善，其他性能与 Cr17 型马氏体型不锈钢相似。主要用于制造耐蚀高强度耐耐磨损部件，如轴、泵、阀件、杆类、弹簧、紧固件等。由于钢中极易形成不均匀的碳化物而影响钢的质量和性能，需在生产时予以注意
115	S45710	13Cr13Mo	1Cr13Mo	比 12Cr13(1Cr13)钢耐蚀性高的高强度钢。用于制作汽轮机叶片，高温部件等
116	S45830	32Cr13Mo	3Cr13Mo	在 30Cr13（3Cr13）钢基础上加入钼，改善了钢的强度和硬度，并增强了二次硬化效应，且耐蚀性优于 30Cr13（3Cr13）钢。主要用途同 30Cr13（3Cr13）钢
117	S45990	102Cr17Mo	9Cr18Mo	性能与用途类似于 95Cr18(9Cr18)钢。由于钢中加入了钼和钒，热强性和抗回火能力均优于 95Cr18(9Cr18)钢。主要用来制造承受摩擦并在腐蚀介质中工作的零件，如量具、刃具等
118	S46990	90Cr18MoV	9Cr18MoV	
沉淀硬化型				
136	S51550	05Cr15Ni5Cu4Nb		在 05Cr17Ni4Cu4Nb(0Cr17Ni4Cu4Nb)钢基础上发展的马氏体沉淀硬化不锈钢，除高强度外，还具有高的横向韧性和良好的可锻性，耐蚀性与 05Cr17Ni4Cu4Nb(0Cr17Ni4Cu4Nb)钢相当。主要应用于具有高强度、良好韧性，又要求有优良耐蚀性的服役环境，如高强度锻件、高压系统阀门部件、飞机部件等
137	S51740	05Cr17Ni4Cu4Nb	0Cr17Ni4Cu4Nb	添加铜和铌的马氏体沉淀硬化不锈钢，强度可通过改变热处理工艺予以调整，耐蚀性优于 Cr13 型及 95Cr18（9Cr18）和 14Cr17Ni2（1Cr17Ni2）钢，抗腐蚀疲劳及抗水滴冲蚀能力优于 12%Cr 马氏体型不锈钢，焊接工艺简便，易于加工制造，但较难进行深度冷成型。主要用于既要求具有不锈性又要求耐弱酸、碱、盐腐蚀的高强度部件。如汽轮机末级动叶片以及在腐蚀环境下，工作温度低于 300℃的结构件
138	S51770	07Cr17Ni7Al	0Cr17Ni7Al	添加铝的半奥氏体沉淀硬化不锈钢，成分接近 18-8 型奥氏体不锈钢，具有良好的冶金和制造加工工艺性能。可用于 350℃以下长期工作的结构件、容器、管道、弹簧、垫圈、计器部件。该钢热处理工艺复杂，在全世界范围内有被马氏体时效钢取代的趋势，但目前仍具有广泛应用的领域
139	S51570	07Cr15Ni7Mo2Al	0Cr15Ni7Mo2Al	以 2%Mo 取代 07Cr17Ni7Al(0Cr17Ni7Al)钢中 2%Cr 的半奥氏体沉淀硬化不锈钢，使之耐还原性介质腐蚀能力有所改善，综合性能优于 07Cr17Ni7Al(0Cr17Ni7Al)。用于宇航、石油化工和能源等领域有一定耐蚀要求的高强度容器、零件及结构件

CS 77.140.20
 40

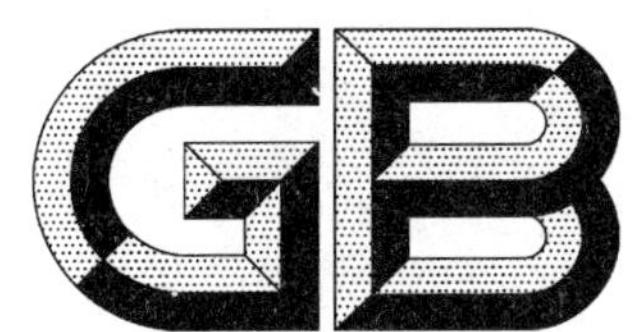

中华人民共和国国家标准

GB/T 1221—2007
代替 GB/T 1221—1992

耐 热 钢 棒

Heat-resistant steel bars

2007-05-14 发布　　2007-12-01 实施

中华人民共和国国家质量监督检验检疫总局
中国国家标准化管理委员会　发布

前　言

本标准代替 GB/T 1221—1992《耐热钢棒》。

本标准与 GB/T 1221—1992 标准相比，主要变化如下：

——“范围”中增加了对冷加工钢棒的规定(1992 年版的 1 章；本版的第 1 章)；

——增加“术语及定义”和“订货内容”(见第 3 章和第 4 章)；

——“尺寸、外形、重量及允许偏差”修改为直接引用通用基础标准的规定(1992 年版的第 4 章；本版的第 6 章)；

——删除了 1Cr18Ni9Ti，将 06Cr15Ni25Ti2MoAlVB(0Cr15Ni25Ti2MoAlVB)调整到沉淀硬化型耐热钢的表中(1992 年版表 2 和表 3，本版表 7、表 11 和表 B.1)；

——增加了 45Cr9Si3、18Cr11NiMoNbVN、17Cr16Ni2 三个牌号及性能(见表 6 和表 10)；

——根据国际通用牌号成分调整了 06Cr19Ni10(0Cr18Ni9)、06Cr25Ni20(0Cr25Ni20)、12Cr13(1Cr13)、06Cr18Ni11Ti(0Cr18Ni10Ti)、06Cr18Ni11Nb(0Cr18Ni11Nb)、022Cr12(00Cr12)、10Cr17(1Cr17)、05Cr17Ni4Cu4Nb(0Cr17Ni4Cu4Nb)等 8 个牌号的化学成分和部分牌号的磷含量(1992 年版表 2，本版的表 4～表 7)；

——“冶炼方法”作了修改，优先采用初炼钢水加炉外精炼工艺(1992 年版 5.2，本版的 7.2)；

——将各类型耐热钢棒的热处理制度从力学性能表中分离出来，放入附录 A(资料性附录)(1992 年版的表 3～表 5；本版的表 A.1～表 A.4)；

——将马氏体型和沉淀硬化型耐热钢的屈服强度由需方要求时才做修改为必检指标(1992 年版的 5.4.1.1；本版的表 10)；

——12Cr13(1Cr13)钢增加碳含量的下限值 0.08%，并将其断后伸长率由 25%调整为 22%(1992 年版的表 4；本版的表 10)；

——022Cr12(00Cr12)钢的屈服强度 $\sigma_{0.2}$ 值由 196 MPa 调整为规定非比例延伸强度 $R_{p0.2}$ 值 195 N/mm^2，抗拉强度由 365 MPa 调整为 360 N/mm^2(1992 年版的表 3；本版的表 9)；

——20Cr13(2Cr13)和 13Cr13Mo(1Cr13Mo)钢的抗拉强度 R_m 分别由 635 MPa、685 MPa 调整为 640 N/mm^2、690 N/mm^2(1992 年版的表 4；本版的表 10)；

——取消对扁钢的断面收缩率的规定(1992 年版表 3～表 5，本版的表 8～表 11 的角注)；

——“表面质量”增加“经供需双方协商，并在合同中注明，可规定采用酸洗、车削等方法去除热处理产生的黑皮”(1992 年版的 5.7，本版 7.7)；

——明确规定了连铸钢检验“低倍组织”和“塔形”的取样部位(1992 年版表 12，本版的表 15)；

——取消了“本标准耐热钢牌号与各国耐热钢牌号对照表”修改为直接引用 GB/T 20878《不锈钢和耐热钢　牌号及化学成分》(1992 年版的附录 B；本版的表 4～表 7 的注 2)。

本标准的附录 A 和附录 B 均是资料性附录。

本标准由中国钢铁工业协会提出。

本标准由全国钢标准化技术委员会归口。

本标准主要起草单位：冶金工业信息标准研究院、东北特殊钢集团有限责任公司。

本标准主要起草人：栾燕、戴强、谷强、曾文涛、刘宝石。

本标准所代替标准的历次版本发布情况为：

——GB/T 1221—1975，GB/T 1221—1984，GB/T 1221—1992。

耐 热 钢 棒

1 范围

本标准规定了耐热钢棒(圆钢、方钢、扁钢和六角钢的总称,以下简称钢棒)的尺寸、外形、技术要求、试验方法、验收规则、包装标志及质量证明书等内容。

本标准适用于尺寸(直径、边长、厚度或对边距离,以下简称尺寸)不大于 250 mm 的热轧、锻制钢棒或尺寸不大于 120 mm 的冷加工钢棒。经供需双方协商,也可供应尺寸大于 250 mm 的热轧、锻制钢棒,或尺寸大于 120 mm 的冷加工钢棒。

2 规范性引用文件

下列文件中的条款通过本标准的引用而成为本标准的条款。凡是注日期的引用文件,其随后所有的修改单(不包括勘误的内容)或修订版均不适用于本标准,然而,鼓励根据本标准达成协议的各方研究是否可使用这些文件的最新版本。凡是不注日期的引用文件,其最新版本适用于本标准。

GB/T 222 钢的成品化学成分允许偏差

GB/T 223.3 钢铁及合金化学分析方法 二安替吡啉甲烷磷钼酸重量法测定磷量

GB/T 223.4 钢铁及合金化学分析方法 硝酸铵氧化容量法测定锰量

GB/T 223.5 钢铁及合金化学分析方法 还原型硅钼酸盐光度法测定酸溶硅含量

GB/T 223.8 钢铁及合金化学分析方法 氟化钠分离-EDTA 滴定法测定铝含量

GB/T 223.9 钢铁及合金化学分析方法 铬天青 S 光度法测定铝含量

GB/T 223.11 钢铁及合金化学分析方法 过硫酸铵氧化容量法测定铬量

GB/T 223.14 钢铁及合金化学分析方法 钽试剂萃取光度法测定钒含量

GB/T 223.16 钢铁及合金化学分析方法 变色酸光度法测定钛量

GB/T 223.17 钢铁及合金化学分析方法 二安替吡啉甲烷光度法测定钛量

GB/T 223.18 钢铁及合金化学分析方法 硫代硫酸钠分离-碘量法测定铜量

GB/T 223.23 钢铁及合金化学分析方法 丁二酮肟分光光度法测定镍量

GB/T 223.25 钢铁及合金化学分析方法 丁二酮肟重量法测定镍量

GB/T 223.26 钢铁及合金化学分析方法 硫氰酸盐直接光度法测定钼量

GB/T 223.28 钢铁及合金化学分析方法 α-安息香肟重量法测定钼量

GB/T 223.36 钢铁及合金化学分析方法 蒸馏分离-中和滴定法测定氮量

GB/T 223.37 钢铁及合金化学分析方法 蒸馏分离-靛酚蓝光度法测定氮量

GB/T 223.40 钢铁及合金 铌含量的测定 氯磺酚 S 分光光度法

GB/T 223.43 钢铁及合金化学分析方法 钨量的测定

GB/T 223.58 钢铁及合金化学分析方法 亚砷酸钠-亚硝酸钠滴定法测定锰量

GB/T 223.59 钢铁及合金化学分析方法 锑磷钼蓝光度法测定磷量

GB/T 223.60 钢铁及合金化学分析方法 高氯酸脱水重量法测定硅含量

GB/T 223.61 钢铁及合金化学分析方法 磷钼酸铵容量法测定磷量

GB/T 223.62 钢铁及合金化学分析方法 乙酸丁酯萃取光度法测定磷量

GB/T 223.63 钢铁及合金化学分析方法 高碘酸钠(钾)光度法测定锰量(GB/T 223.63—1998, neq ISO R 629)

GB/T 223.64 钢铁及合金化学分析方法 火焰原子吸收光谱法测定锰量

GB/T 223.67 钢铁及合金化学分析方法 还原蒸馏-次甲基蓝光度法测定硫量

GB/T 223.68 钢铁及合金化学分析方法 管式炉内燃烧后碘酸钾滴定法测定硫含量

GB/T 223.69 钢铁及合金化学分析方法 管式炉内燃烧后气体容量法测定碳含量

GB/T 223.71 钢铁及合金化学分析方法 管式炉内燃烧后重量法测定碳含量

GB/T 223.72 钢铁及合金化学分析方法 氧化铝色层分离-硫酸钡重量法测定硫量

GB/T 223.75 钢铁及合金化学分析方法 甲醇蒸馏-姜黄素光度法测定硼量

GB/T 226 钢的低倍组织及缺陷酸蚀检验法(GB/T 226—1991,neq ISO 4969:1980,Steel-Macroscopic examination by etching with strong mineral acids)

GB/T 228 金属材料 室温拉伸试验方法 (GB/T 228—2002,eqv ISO 6892:1998)

GB/T 229 金属夏比缺口冲击试验方法(GB/T 229—1994,eqv ISO 83:1976,Steel-Charpy impact test(U-notch),eqv ISO 148:1983,Steel-Charpy impact test(V-notch))

GB/T 230.1 金属洛氏硬度试验 第1部分:试验方法(A、B、C、D、E、F、G、H、K、N、T标尺)(GB/T 230.1—2004,ISO 6508:1999,MOD)

GB/T 231.1 金属布氏硬度试验 第1部分:试验方法(GB/T 231.1—2002,eqv ISO 6506-1:1999)

GB/T 702—2004 热轧圆钢和方钢尺寸、外形、重量及允许偏差(GB/T 702—2004 ,ISO 1035-1:1980,Hot-rolled steel bar—Part 1:Dimension of round bars,ISO 1035-2:1980 Hot-rolled steel bar—Part 1:Dimension of square bars,ISO 1035-4:1982,Hot-rolled steel bar—Part 4:Tolerances,MOD)

GB/T 704—1988 热轧扁钢尺寸、外形、重量及允许偏差

GB/T 705—1985 热轧六角钢和八角钢尺寸、外形、重量及允许偏差

GB/T 908—1987 锻制圆钢和方钢尺寸、外形、重量及允许偏差

GB/T 1979 结构钢低倍组织缺陷评级图

GB/T 2101 型钢验收、包装、标志及质量证明书的一般规定

GB/T 2975 钢及钢产品力学性能试验取样位置及试样制备(GB/T 2975—1998,eqv ISO 377:1997)

GB/T 6394 金属平均晶粒度测定法

GB/T 7736 钢的低倍组织及缺陷超声波检验法

GB/T 9971—2004 原料纯铁

GB/T 10121 钢材塔形发纹磁粉检验方法

GB/T 10561 钢中非金属夹杂物含量的测定 标准评级图谱显微检验法(GB/T 10561—2005,ISO 4967:1998,IDT)

GB/T 11170 不锈钢的光电发射光谱分析方法

GB/T 15574 钢产品分类(GB/T 15574—1995,eqv ISO 6929:1987)

GB/T 15711 钢材塔形发纹酸浸检验方法

GB/T 16761—1997 锻制扁钢尺寸、外形、重量及允许偏差

GB/T 17505 钢及钢产品交货一般技术要求(GB/T 17505—1998,eqv ISO 404:1992)

GB/T 20066 钢和铁 化学成分测定用试样的取样和制样方法(GB/T 20066—2006,ISO 14284:1996,IDT)

GB/T 20878 不锈钢和耐热钢 牌号及化学成分

YB/T 5293 金属材料 顶锻试验方法

3 术语及定义

GB/T 20878 和 GB/T 15574 标准中确立的术语及定义适用于本标准。

4 订货内容

按本标准订货的合同或订单应包括下列内容：

a) 标准编号；

b) 产品名称；

c) 牌号或统一数字代号；

d) 截面形状(圆、方、扁、六角等)；

e) 尺寸与外形(见第6章)；

f) 重量(或数量)；

g) 使用加工方法(见5.2)；

h) 交货状态(见7.3)；

i) 特殊要求(见7.8)。

5 分类

5.1 钢棒按组织特征分为奥氏体型、铁素体型、马氏体型和沉淀硬化型等四种类型。

5.2 钢棒按使用加工方法不同分为下列两类。钢棒的使用加工方法应在合同中注明，未注明者按切削加工用钢供货。

a) 压力加工用钢 UP

  1) 热压力加工 UHP

  2) 热顶锻用钢 UHF

  3) 冷拔坯料 UCD

b) 切削加工用钢 UC

6 尺寸、外形、重量及允许偏差

6.1 热轧圆、方钢尺寸、外形及允许偏差

热轧圆钢和方钢的尺寸、外形及允许偏差应符合GB/T 702—2004的规定，具体要求应在合同中注明。未注明时按GB/T 702—2004标准的2组执行。

6.2 热轧扁钢尺寸、外形及允许偏差

热轧扁钢的尺寸、外形及其允许偏差应符合GB/T 704—1988中的规定，具体要求应在合同中注明。未注明时按GB/T 704—1988标准的普通级执行。

6.3 热轧六角钢尺寸、外形及允许偏差

热轧六角钢的尺寸、外形及允许偏差应符合GB/T 705—1985中的规定，具体要求应在合同中注明。未注明按GB/T 705—1985标准2组执行。

6.4 锻制圆、方钢尺寸、外形及允许偏差

锻制圆钢和方钢的尺寸、外形及允许偏差应符合GB/T 908—1987的规定，具体要求应在合同中注明。未注明时按GB/T 908—1987标准2组执行。

6.5 锻制扁钢尺寸、外形及允许偏差

锻制扁钢的尺寸、外形及允许偏差应符合GB/T 16761—1997的规定，具体要求应在合同中注明。未注明时按GB/T 16761—1997标准2组执行。

6.6 冷加工钢棒尺寸、外形及允许偏差

6.6.1 尺寸及允许偏差

6.6.1.1 冷加工钢棒的尺寸允许偏差应符合表1的规定，其允许偏差级别应在合同中注明，未注明时，则按h11级执行。冷加工钢棒允许偏差级别的适用范围可按表2选用。

6.6.1.2 冷加工后进行热处理、酸洗的钢棒，其允许偏差应为表 2 所列的较松偏差的 2 倍。

表 1 冷加工钢棒的尺寸允许偏差

单位为毫米

公称尺寸	允许偏差级别		
	h10	h11	h12
≥6～10	0 −0.058	0 −0.090	0 −0.15
>10～18	0 −0.070	0 −0.11	0 −0.18
>18～30	0 −0.084	0 −0.13	0 −0.21
>30～50	0 −0.100	0 −0.16	0 −0.25
>50～80	0 −0.12	0 −0.19	0 −0.30
>80～120	0 −0.14	0 −0.22	0 −0.35

表 2 允许偏差级别的适用范围

形状及加工方法	圆钢			方钢	六角钢	扁钢
	冷拉	磨光	切削			
适用级别	h11	h10	h11	h11	h11	h11
	h12	h11	h12	h12	h12	h12
根据供需双方协议，可规定表 2 以外的允许偏差级别。						

6.6.2 外形及允许偏差

冷加工钢棒弯曲度和不圆(方)度或边长差应符合表 3 的规定。供自动切削钢应在合同中注明。

表 3 冷加工钢棒的弯曲度及不圆(方)度或边长差

级别	不同截面尺寸的弯曲度/(mm/m) 不大于					总弯曲度/mm 不大于	不圆(方)度或边长差[a]/mm 不大于
	≤7 mm	>7～25 mm	>25～50 mm	>50～80 mm	>80 mm		
h10～h11	4	3	2	1	协议	总长度与每米允许弯曲度的乘积	公称尺寸公差的 50%
h12		4	3	2			
供自动切削用圆钢		2	2	1			
供自动切削用六角钢		2	1	1			
[a] 为同一截面上的直径、边长或对边距离的最大值和最小值之间的差。							

6.7 重量

钢棒一般按实际重量交货。

7 技术要求

7.1 牌号及化学成分

7.1.1 钢的牌号、统一数字代号及化学成分(熔炼分析)应符合表 4～表 7 的规定。

7.1.2 钢棒的化学成分允许偏差应符合 GB/T 222 的规定。

7.2 冶炼方法

除非在合同中另有规定,一般应采用初炼钢(水)加炉外精炼等工艺。

7.3 交货状态

钢棒可以热处理或不热处理状态交货,订货时可参照 7.3.1～7.3.5 条选择交货状态,并在合同中注明。未注明者按不热处理交货。各类型钢棒的热处理制度见附录 A 中表 A.1～表 A.4。

7.3.1 切削加工用奥氏体型钢棒应进行固溶处理或退火处理,经供需双方协商,也可不处理。热压力加工用钢棒不进行固溶处理或退火处理。

7.3.2 铁素体型钢棒应进行退火处理,经供需双方协商,可以不进行处理。

7.3.3 马氏体型钢棒应进行退火处理。

7.3.4 沉淀硬化型钢棒应根据钢的组织选择固溶处理或退火处理,退火制度由供需双方协商确定,无协议时,退火温度一般为 650℃～680℃。经供需双方协商,沉淀硬化型钢棒(除 05Cr17Ni4Cu4Nb 外)可不进行处理。

7.3.5 经冷拉、磨光、切削或者由这些方法组合制成的冷加工钢棒,根据需方要求可经热处理、酸洗后交货。

7.4 力学性能

7.4.1 各类型钢棒或试样的热处理制度参照附录 A 中表 A.1～表 A.4 的规定。热处理用试样毛坯的尺寸一般为 25 mm。当钢棒尺寸小于 25 mm 时,用原尺寸钢棒进行热处理。冷拉后不进行热处理钢棒的力学性能按供需双方协商确定。

7.4.2 经热处理的钢棒(除马氏体钢退火外),试样不再进行热处理,其力学性能应分别符合表 8～表 11 的规定。

7.4.3 不经热处理的钢棒,试样毛坯经热处理后,其力学性能应分别符合表 8～表 11 的规定。

7.4.4 沉淀硬化型钢棒的力学性能应在合同中注明热处理组别,未注明时,按 1 组执行。

7.4.5 若供方能保证力学性能合格,可省去部分或全部力学性能试验。

7.5 低倍组织

7.5.1 钢棒的横截面酸浸低倍试片上不允许有目视可见的缩孔、气泡、裂纹、夹杂、翻皮及白点。对切削加工用的钢棒允许有深度不大于公称尺寸公差之半的皮下夹杂等缺陷。

7.5.2 酸浸低倍组织合格级别应符合表 12 的规定。当需方要求 1 组时,应在合同中注明。尺寸大于 200 mm 钢棒,其低倍组织合格级别由供需双方协商确定。

7.5.3 供方若能保证,允许采用超声波探伤法或其他无损探伤法代替低倍检验。

表 4　奥氏体型耐热钢的化学成分

GB/T 20878 序号	统一数字代号	新　牌　号	旧　牌　号	化学成分(质量分数)/%										
				C	Si	Mn	P	S	Ni	Cr	Mo	Cu	N	其他元素
6	S35650	53Cr21Mn9Ni4N	5Cr21Mn9Ni4N	0.48～0.58	0.35	8.00～10.00	0.040	0.030	3.25～4.50	20.00～22.00	—	—	0.35～0.50	—
7	S35750	26Cr18Mn12Si2N	3Cr18Mn12Si2N	0.22～0.30	1.40～2.20	10.50～12.50	0.050	0.030	—	17.00～19.00	—	—	0.22～0.33	—
8	S35850	22Cr20Mn10Ni2Si2N	2Cr20Mn9Ni2Si2N	0.17～0.26	1.80～2.70	8.50～11.00	0.050	0.030	2.00～3.00	18.00～21.00	—		0.20～0.30	—
17	S30408	06Cr19Ni10	0Cr18Ni9	0.08	1.00	2.00	0.045	0.030	8.00～11.00	18.00～20.00	—	—	—	—
30	S30850	22Cr21Ni12N	2Cr21Ni12N	0.15～0.28	0.75～1.25	1.00～1.60	0.040	0.030	10.50～12.50	20.00～22.00	—	—	0.15～0.30	—
31	S30920	16Cr23Ni13	2Cr23Ni13	0.20	1.00	2.00	0.040	0.030	12.00～15.00	22.00～24.00	—	—	—	—
32	S30908	06Cr23Ni13	0Cr23Ni13	0.08	1.00	2.00	0.045	0.030	12.00～15.00	22.00～24.00	—	—	—	—
34	S31020	20Cr25Ni20	2Cr25Ni20	0.25	1.50	2.00	0.040	0.030	19.00～22.00	24.00～26.00	—	—	—	—
35	S31008	06Cr25Ni20	0Cr25Ni20	0.08	1.50	2.00	0.040	0.030	19.00～22.00	24.00～26.00	—	—	—	—
38	S31608	06Cr17Ni12Mo2	0Cr17Ni12Mo2	0.08	1.00	2.00	0.045	0.030	10.00～14.00	16.00～18.00	2.00～3.00	—	—	—
49	S31708	06Cr19Ni13Mo3	0Cr19Ni13Mo3	0.08	1.00	2.00	0.045	0.030	11.00～15.00	18.00～20.00	3.00～4.00	—	—	—
55	S32168	06Cr18Ni11Ti	0Cr18Ni10Ti	0.08	1.00	2.00	0.045	0.030	9.00～12.00	17.00～19.00	—	—	—	Ti 5C～0.70
57	S32590	45Cr14Ni14W2Mo	4Cr14Ni14W2Mo	0.40～0.50	0.80	0.70	0.040	0.030	13.00～15.00	13.00～15.00	0.25～0.40	—	—	W 2.00～2.75

表 4(续)

GB/T 20878 序号	统一数字代号	新牌号	旧牌号	化学成分(质量分数)/%										
				C	Si	Mn	P	S	Ni	Cr	Mo	Cu	N	其他元素
60	S33010	12Cr16Ni35	1Cr16Ni35	0.15	1.50	2.00	0.040	0.030	33.00～37.00	14.00～17.00	—	—	—	—
62	S34778	06Cr18Ni11Nb	0Cr18Ni11Nb	0.08	1.00	2.00	0.045	0.030	9.00～12.00	17.00～19.00	—	—	—	Nb 10C～1.10
64	S38148	06Cr18Ni13Si4[a]	0Cr18Ni13Si4[a]	0.08	3.00～5.00	2.00	0.045	0.030	11.50～15.00	15.00～20.00	—	—	—	—
65	S38240	16Cr20Ni14Si2	1Cr20Ni14Si2	0.20	1.50～2.50	1.50	0.040	0.030	12.00～15.00	19.00～22.00	—	—	—	—
66	S38340	16Cr25Ni20Si2	1Cr25Ni20Si2	0.20	1.50～2.50	1.50	0.040	0.030	18.00～21.00	24.00～27.00	—	—	—	—

注 1：表中所列成分除标明范围或最小值外，其余均为最大值。

注 2：本标准牌号与国外标准牌号对照参见 GB/T 20878。

a 必要时，可添加上表以外的合金元素。

表 5 铁素体型耐热钢的化学成分

GB/T 20878 序号	统一数字代号	新牌号	旧牌号	化学成分(质量分数)/%										
				C	Si	Mn	P	S	Ni	Cr	Mo	Cu	N	其他元素
78	S11348	06Cr13Al	0Cr13Al	0.08	1.00	1.00	0.040	0.030	—	11.50～14.50	—	—	—	Al 0.10～0.30
83	S11203	022Cr12	00Cr12	0.030	1.00	1.00	0.040	0.030	—	11.00～13.50	—	—	—	—
85	S11710	10Cr17	1Cr17	0.12	1.00	1.00	0.040	0.030	—	16.00～18.00	—	—	—	—
93	S12550	16Cr25N	2Cr25N	0.20	1.00	1.50	0.040	0.030	—	23.00～27.00	—	(0.30)	0.25	—

注 1：表中所列成分除标明范围或最小值外，其余均为最大值。括号内值为可加入或允许含有的最大值。

注 2：本标准牌号与国外标准牌号对照参见 GB/T 20878。

表 6　马氏体型耐热钢的化学成分

GB/T 20878 序号	统一数字代号	新牌号	旧牌号	化学成分(质量分数)/%										
				C	Si	Mn	P	S	Ni	Cr	Mo	Cu	N	其他元素
98	S41010	12Cr13[a]	1Cr13[a]	0.08～0.15	1.00	1.00	0.040	0.030	(0.60)	11.50～13.50	—	—	—	—
101	S42020	20Cr13	2Cr13	0.16～0.25	1.00	1.00	0.040	0.030	(0.60)	12.00～14.00	—	—	—	—
106	S43110	14Cr17Ni2	1Cr17Ni2	0.11～0.17	0.80	0.80	0.040	0.030	1.50～2.50	16.00～18.00	—	—	—	—
107	S43120	17Cr16Ni2		0.12～0.22	1.00	1.50	0.040	0.030	1.50～2.50	15.00～17.00	—	—	—	—
113	S45110	12Cr5Mo	1Cr5Mo	0.15	0.50	0.60	0.040	0.030	0.60	4.00～6.00	0.40～0.60	—	—	—
114	S45610	12Cr12Mo	1Cr12Mo	0.10～0.15	0.50	0.30～0.50	0.035	0.030	0.30～0.60	11.50～13.00	0.30～0.60	0.30	—	—
115	S45710	13Cr13Mo	1Cr13Mo	0.08～0.18	0.60	1.00	0.040	0.030	(0.60)	11.50～14.00	0.30～0.60	—	—	—
119	S46010	14Cr11MoV	1Cr11MoV	0.11～0.18	0.50	0.60	0.035	0.030	0.60	10.00～11.50	0.50～0.70	—	—	V 0.25～0.40
122	S46250	18Cr12MoVNbN	2Cr12MoVNbN	0.15～0.20	0.50	0.50～1.00	0.035	0.030	(0.60)	10.00～13.00	0.30～0.90	—	0.05～0.10	V 0.10～0.40 Nb 0.20～0.60
123	S47010	15Cr12WMoV	1Cr12WMoV	0.12～0.18	0.50	0.50～0.90	0.035	0.030	0.40～0.80	11.00～13.00	0.50～0.70	—	—	W 0.70～1.10 V 0.15～0.30
124	S47220	22Cr12NiWMoV	2Cr12NiMoWV	0.20～0.25	0.50	0.50～1.00	0.040	0.030	0.50～1.00	11.00～13.00	0.75～1.25	—	—	W 0.75～1.25 V 0.20～0.40
125	S47310	13Cr11Ni2W2MoV	1Cr11Ni2W2MoV	0.10～0.16	0.60	0.60	0.035	0.030	1.40～1.80	10.50～12.00	0.35～0.50	—	—	W 1.50～2.00 V 0.18～0.30

表 6(续)

GB/T 20878 序号	统一数字代号	新牌号	旧牌号	化学成分(质量分数)/%										
				C	Si	Mn	P	S	Ni	Cr	Mo	Cu	N	其他元素
128	S47450	18Cr11NiMoNbVN[a]	(2Cr11NiMoNbVN)[a]	0.15～0.20	0.50	0.50～0.80	0.030	0.025	0.30～0.60	10.00～12.00	0.60～0.90	—	0.04～0.09	V 0.20～0.30 Al 0.30 Nb 0.20～0.60
130	S48040	42Cr9Si2	4Cr9Si2	0.35～0.50	2.00～3.00	0.70	0.035	0.030	0.60	8.00～10.00	—	—	—	—
131	S48045	45Cr9Si3		0.40～0.50	3.00～3.50	0.60	0.030	0.030	0.60	7.50～9.50	—	—	—	—
132	S48140	40Cr10Si2Mo	4Cr10Si2Mo	0.35～0.45	1.90～2.60	0.70	0.035	0.030	0.60	9.00～10.50	0.70～0.90	—	—	—
133	S48380	80Cr20Si2Ni	8Cr20Si2Ni	0.75～0.85	1.75～2.25	0.20～0.60	0.030	0.030	1.15～1.65	19.00～20.50	—	—	—	—

注 1：表中所列成分除标明范围或最小值外，其余均为最大值。括号内值为可加入或允许含有的最大值。
注 2：本标准牌号与国外标准牌号对照参见 GB/T 20878。

[a] 相对于 GB/T 20878 调整成分牌号。

表 7 沉淀硬化型耐热钢的化学成分

GB/T 20878 序号	统一数字代号	新牌号	旧牌号	化学成分(质量分数)/%										
				C	Si	Mn	P	S	Ni	Cr	Mo	Cu	N	其他元素
137	S51740	05Cr17Ni4Cu4Nb	0Cr17Ni4Cu4Nb	0.07	1.00	1.00	0.040	0.030	3.00～5.00	15.00～17.50	—	3.00～5.00	—	Nb 0.15～0.45
138	S51770	07Cr17Ni7Al	0Cr17Ni7Al	0.09	1.00	1.00	0.040	0.030	6.50～7.75	16.00～18.00	—	—	—	Al 0.75～1.50
143	S51525	06Cr15Ni25Ti2Mo-AlVB	0Cr15Ni25Ti2Mo-AVB	0.08	1.00	2.00	0.040	0.030	24.00～27.00	13.50～16.00	1.00～1.50	—	—	Al 0.35 Ti 1.90～2.35 B 0.001～0.010 V 0.10～0.50

注 1：表中所列成分除标明范围或最小值外，其余均为最大值。
注 2：本标准牌号与国外标准牌号对照参见 GB/T 20878。

表 8 经热处理的奥氏体型钢棒或试样(见附表 A.1)的力学性能[a]

GB/T 20878 中序号	统一数字代号	新 牌 号	旧 牌 号	热处理状态	规定非比例延伸强度 $R_{p0.2}$[b]/(N/mm²)	抗拉强度 R_m/(N/mm²)	断后伸长率 A/%	断面收缩率 Z^c/%	布氏硬度 HBW[b]
					不小于				不大于
6	S35650	53Cr21Mn9Ni4N	5Cr21Mn9Ni4N	固溶+时效	560	885	8	—	≥302
7	S35750	26Cr18Mn12Si2N	3Cr18Mn12Si2N	固溶处理	390	685	35	45	248
8	S35850	22Cr20Mn10Ni2Si2N	2Cr20Mn9Ni2Si2N	固溶处理	390	635	35	45	248
17	S30408	06Cr19Ni10	0Cr18Ni9	固溶处理	205	520	40	60	187
30	S30850	22Cr21Ni12N	2Cr21Ni12N	固溶+时效	430	820	26	20	269
31	S30920	16Cr23Ni13	2Cr23Ni13	固溶处理	205	560	45	50	201
32	S30908	06Cr23Ni13	0Cr23Ni13	固溶处理	205	520	40	60	187
34	S31020	20Cr25Ni20	2Cr25Ni20	固溶处理	205	590	40	50	201
35	S31008	06Cr25Ni20	0Cr25Ni20	固溶处理	205	520	40	50	187
38	S31608	06Cr17Ni12Mo2	0Cr17Ni12Mo2	固溶处理	205	520	40	60	187
49	S31708	06Cr19Ni13Mo3	0Cr19Ni13Mo3	固溶处理	205	520	40	60	187
55	S32168	06Cr18Ni11Ti	0Cr18Ni10Ti	固溶处理	205	520	40	50	187
57	S32590	45Cr14Ni14W2Mo	4Cr14Ni14W2Mo	退火	315	705	20	35	248
60	S33010	12Cr16Ni35	1Cr16Ni35	固溶处理	205	560	40	50	201
62	S34778	06Cr18Ni11Nb	0Cr18Ni11Nb	固溶处理	205	520	40	50	187
64	S38148	06Cr18Ni13Si4	0Cr18Ni13Si4	固溶处理	205	520	40	60	207
65	S38240	16Cr20Ni14Si2	1Cr20Ni14Si2	固溶处理	295	590	35	50	187
66	S38340	16Cr25Ni20Si2	1Cr25Ni20Si2	固溶处理	295	590	35	50	187

a 53Cr21Mn9Ni4N 和 22Cr21Ni12N 仅适用于直径、边长及对边距离或厚度小于或等于 25 mm 的钢棒;大于 25 mm 的钢棒,可改锻成 25 mm 的样坯检验或由供需双方协商确定允许降低其力学性能的数值。其余牌号仅适用于直径、边长及对边距离或厚度小于或等于 180 mm 的钢棒。大于 180 mm 的钢棒,可改锻成 180 mm 的样坯检验或由供需双方协商确定,允许降低其力学性能数值。

b 规定非比例延伸强度和硬度,仅当需方要求时(合同中注明)才进行测定。

c 扁钢不适用,但需方要求时,可由供需双方协商确定。

表 9　经退火的(见表 A.2)铁素体型钢棒或试样的力学性能[a]

GB/T 20878 中序号	统一数字代号	新牌号	旧牌号	热处理状态	规定非比例延伸强度 $R_{p0.2}$[b]/(N/mm²)	抗拉强度 R_m/(N/mm²)	断后伸长率 A/%	断面收缩率 Z[c]/%	布氏硬度 HBW
					不小于				不大于
78	S11348	06Cr13Al	0Cr13Al	退火	175	410	20	60	183
83	S11203	022Cr12	00Cr12		195	360	22	60	183
85	S11710	10Cr17	1Cr17		205	450	22	50	183
93	S12550	16Cr25N	2Cr25N		275	510	20	40	201

a　表 9 仅适用于直径、边长、及对边距离或厚度小于或等于 75 mm 的钢棒。大于 75 mm 的钢棒，可改锻成 75 mm 的样坯检验或由供需双方协商确定允许降低其力学性能的数值。

b　规定非比例延伸强度和硬度，仅当需方要求时(合同中注明)才进行测定。

c　扁钢不适用，但需方要求时，由供需双方协商确定。

表 10　经淬火回火的(见表 A.3)马氏体型钢棒或试样的力学性能[a]

GB/T 20878 中序号	统一数字代号	新牌号	旧牌号		热处理状态	规定非比例延伸强度 $R_{p0.2}$/(N/mm²)	抗拉强度 R_m/(N/mm²)	断后伸长率 A/%	断面收缩率 Z[b]/%	冲击吸收功 A_{ku2}[d]/J	经淬火回火后的硬度 HBW	退火后的硬度[c] HBW
						不小于						不大于
98	S41010	12Cr13	1Cr13		淬火+回火	345	540	22	55	78	159	200
101	S42020	20Cr13	2Cr13			440	640	20	50	63	192	223
106	S43110	14Cr17Ni2	1Cr17Ni2			—	1 080	10	—	39	—	—
107	S43120	17Cr16Ni2[e]		1		700	900～1 050	12	45	25(A_{kv})	—	295
				2		600	800～950	14				
113	S45110	12Cr5Mo	1Cr5Mo			390	590	18	—	—	—	200

表 10(续)

GB/T 20878 中序号	统一数字代号	新牌号	旧牌号		热处理状态	规定非比例延伸强度 $R_{p0.2}$/(N/mm²)	抗拉强度 R_m/(N/mm²)	断后伸长率 A/%	断面收缩率 Z^b/%	冲击吸收功 $A_{ku2}{}^d$/J	经淬火回火后的硬度 HBW	退火后的硬度[c] HBW
						不小于						不大于
114	S45610	12Cr12Mo	1Cr12Mo		淬火+回火	550	685	18	60	78	217~248	255
115	S45710	13Cr13Mo	1Cr13Mo			490	690	20	60	78	192	200
119	S46010	14Cr11MoV	1Cr11MoV			490	685	16	55	47	—	200
122	S46250	18Cr12MoVNbN	2Cr12MoVNbN			685	835	15	30	—	≤321	269
123	S47010	15Cr12WMoV	1Cr12WMoV			585	735	15	45	47	—	—
124	S47220	22Cr12NiWMoV	2Cr12NiMoWV			735	885	10	25	—	≤341	269
125	S47310	13Cr11Ni2W2MoV[e]	1Cr11Ni2W-2MoV[e]	1		735	885	15	55	71	269~321	269
				2		885	1 080	12	50	55	311~388	
128	S47450	18Cr11NiMoNbVN	(2Cr11NiMoNbVN)			760	930	12	32	20(A_{kv})	277~331	255
130	S48040	42Cr9Si2	4Cr9Si2			590	885	19	50	—	—	269
131	S48045	45Cr9Si3				685	930	15	35	—	≥269	—
132	S48140	40Cr10Si2Mo	4Cr10Si2Mo			685	885	10	35	—	—	269
133	S48380	80Cr20Si2Ni	8Cr20Si2Ni			685	885	10	15	8	≥262	321

a 表 10 仅适用于直径、边长及对边距离或厚度小于或等于 75 mm 的钢棒。大于 75 mm 的钢棒,可改锻成 75 mm 的样坯检验或由供需双方协商规定允许降低其力学性能的数值。

b 扁钢不适用,但需方要求时,由供需双方协商确定。

c 采用 750℃退火时,其硬度由供需双方协商。

d 直径或对边距离小于或等于 16 mm 的圆钢、六角钢和边长或厚度小于或等于 12 mm 的方钢、扁钢不做冲击试验。

e 17Cr16Ni2 和 13Cr11Ni2W2MoV 钢的性能组别应在合同中注明,未注明时,由供方自行选择。

表 11　沉淀硬化型(见表 A.4)钢棒或试样的力学性能[a]

GB/T 20878 中序号	统一数字代号	新牌号	旧牌号	热处理 类型	热处理 组别	规定非比例延伸强度 $R_{p0.2}$/(N/mm²)	抗拉强度 R_m/(N/mm²)	断后伸长率 A/%	断面收缩率 Z^b/%	硬度[c] HBW	硬度[c] HRC
						不小于					
137	S51740	05Cr17Ni4Cu4Nb	0Cr17Ni4Cu4Nb	固溶处理	0	—	—	—	—	≤363	≤38
				沉淀硬化 480℃时效	1	1 180	1 310	10	40	≥375	≥40
				沉淀硬化 550℃时效	2	1 000	1 070	12	45	≥331	≥35
				沉淀硬化 580℃时效	3	865	1 000	13	45	≥302	≥31
				沉淀硬化 620℃时效	4	725	930	16	50	≥277	≥28
138	S51770	07Cr17Ni7Al	0Cr17Ni7Al	固溶处理	0	≤380	≤1 030	20	—	≤229	—
				沉淀硬化 510℃时效	1	1 030	1 230	4	10	≥388	—
				沉淀硬化 565℃时效	2	960	1140	5	25	≥363	—
143	S51525	06Cr15Ni25Ti2MoAlVB	0Cr15Ni25Ti2MoAlVB	固溶＋时效		590	900	15	18	≥248	—

a　表 11 仅适用于直径、边长、厚度或对边距离小于或等于 75 mm 的钢棒。大于 75 mm 的钢棒，可改锻成 75 mm 的样坯检验或由供需双方协商规定允许降低其力学性能的数值。

b　扁钢不适用，但需方要求时，由供需双方协商确定。

c　供方可根据钢棒的尺寸或状态任选一种方法测定硬度。

表 12 低倍组织合格级别

组 别	一般疏松	中心疏松	锭型偏析
1 组	≤2 级	≤2 级	≤2 级
2 组	≤3 级	≤3 级	≤3 级

7.6 热顶锻

7.6.1 热顶锻用钢(在合同中注明)应作热顶锻试验,热顶锻后的试样高度为原试样高度的三分之一。顶锻后的试样上不得有裂口和裂缝。

7.6.2 尺寸大于 80 mm 的钢棒,供方若能保证顶锻试验合格,可不进行试验。

7.7 表面质量

7.7.1 压力加工用钢棒的表面不允许有裂纹、结疤、折叠及夹杂、如有上述缺陷必须清除,清除深度应符合表 13 的规定,清除宽度不小于深度的 5 倍,同一截面达到最大清除深度不得多于一处,允许有从实际尺寸算起不超过公称尺寸公差之半的个别细小划痕、压痕、麻点及深度不超过 0.20 mm 的小裂纹存在。根据供需双方协议,压力加工用圆钢棒,表面可以车削或剥皮。

表 13 压力加工用钢棒表面缺陷允许清除深度

钢棒公称尺寸/mm	允许清除深度
≤80	钢棒公称尺寸公差之半
>80～140	钢棒公称尺寸公差
>140～200	钢棒公称尺寸的 5%
>200～250	钢棒公称尺寸的 6%

7.7.2 切削加工用钢棒允许有从公称尺寸算起不超过表 14 规定的局部缺陷。

表 14 切削加工用钢棒表面局部缺陷允许深度

钢棒公称尺寸/mm	局部缺陷允许深度
<100	钢棒公称尺寸的负偏差
≥100	钢棒公称尺寸的公差

7.7.3 冷加工钢棒表面应洁净、光滑,不允许有裂纹、结疤、折叠、夹杂、拉裂和氧化皮。热处理状态交货的钢棒允许有氧化色。在无特殊要求时,钢棒表面允许有个别从实际尺寸算起深度不超过该公称尺寸公差的轻微的个别划痕、拉痕、黑斑、麻点等缺陷。

7.7.4 经车削或剥皮、磨光和抛光的钢棒表面不允许有影响使用的缺陷存在。

7.7.5 经供需双方协商,并在合同中注明,可规定采用酸洗、车削等方法去除热处理产生的黑皮。

7.8 特殊要求

根据需方要求,并经供需双方协议,可供应下列特殊要求的钢棒。

a) 缩小表 4～表 7 化学成分范围;

b) 限制表 8～表 11 中抗拉强度的上限;

c) 检验钢中非金属夹杂物含量;

d) 检验钢的晶粒度;

e) 增加塔形检验;

f) 测定钢的高温力学性能;

g) 其他特殊要求。

8 试验方法

每批钢棒的检验项目及试验方法应符合表 15 的规定。

9 检验规则

9.1 检查和验收

钢棒的检查和验收由供方技术质量监督部门进行。

9.2 组批规则

钢棒应按批检查和验收。每批由同一牌号、同一炉号、同一加工方法、同一尺寸和同一交货状态(同一热处理炉次)的钢棒组成。采用电渣重熔冶炼的钢,在工艺稳定且能保证本标准各项技术要求的条件下,允许以自耗电极的熔炼母炉号组批交货,并在质量证明书中注明。

9.3 取样部位及取样数量

每批钢棒检验取样部位及取样数量应符合表 15 的规定。

表 15 钢棒检验项目、取样数量、取样部位及试验方法

序号	检验项目	取样数量[a]	取样部位	试验方法
1	化学成分	1	GB/T 20066	GB/T 223(见第 2 章)、GB/T 11170、GB/T 9971—2004 附录 A
2	拉伸	2	不同根钢棒,GB/T 2975	GB/T 228
3	硬度	2	不同根钢棒	GB/T 230.1、GB/T 231.1
4	低倍组织	2	相当于钢锭头部的不同根钢棒,连铸钢在任意不同根钢棒	GB/T 226、GB/T 1979
5	超声波检验	2	整根钢棒	GB/T 7736
6	热顶锻	2	不同根钢棒或钢坯	YB/T 5293
7	非金属夹杂物	2	不同根钢棒	GB/T 10561
8	晶粒度	1	任一钢棒	GB/T 6394
9	塔形	2	相当于钢锭头部不同根钢棒,连铸钢在任意不同根钢棒	GB/T 15711、GB/T 10121
10	尺寸	逐根	整根钢棒	卡尺、千分尺
11	表面	逐根	整根钢棒	目视

a 电渣钢除表面和尺寸逐根外,其他检验项目的取样数量均为 1 个。以自耗电极的熔炼母炉号组批时,除化学成分每个电渣炉号取 1 个外,其他检验项目取样数量同表中规定。

9.4 复验和判定规则

9.4.1 复验和判定规则应按 GB/T 17505 的有关规定。

9.4.2 供方若能保证钢棒合格时,对同一炉号的钢棒或钢坯的力学性能、低倍组织、非金属夹杂物的检验结果,允许以坯代材、以大代小。

10 包装、标志和质量证明书

钢棒的包装、标志和质量证明书应符合 GB/T 2101 中的有关规定。

附 录 A
（资料性附录）
耐热钢棒或试样典型的热处理制度

表 A.1 奥氏体型钢棒或试样典型的热处理制度

GB/T 20878 中序号	统一数字代号	新 牌 号	旧 牌 号	典型的热处理制度/℃
6	S35650	53Cr21Mn9Ni4N	5Cr21Mn9Ni4N	固溶 1 100～1 200,快冷 时效 730～780,空冷
7	S35750	26Cr18Mn12Si2N	3Cr18Mn12Si2N	固溶 1 100～1 150,快冷
8	S35850	22Cr20Mn10Ni2Si2N	2Cr20Mn9Ni2Si2N	固溶 1 100～1 150,快冷
17	S30408	06Cr19Ni10	0Cr18Ni9	固溶 1 010～1 150,快冷
30	S30850	22Cr21Ni12N	2Cr21Ni12N	固溶 1 050～1 150,快冷 时效 750～800,空冷
31	S30920	16Cr23Ni13	2Cr23Ni13	固溶 1 030～1 150,快冷
32	S30908	06Cr23Ni13	0Cr23Ni13	固溶 1 030～1 150,快冷
34	S31020	20Cr25Ni20	2Cr25Ni20	固溶 1 030～1 180,快冷
35	S31008	06Cr25Ni20	0Cr25Ni20	固溶 1 030～1 180,快冷
38	S31608	06Cr17Ni12Mo2	0Cr17Ni12Mo2	固溶 1 010～1 150,快冷
49	S31708	06Cr19Ni13Mo3	0Cr19Ni13Mo3	固溶 1 010～1 150,快冷
55	S32168	06Cr18Ni11Ti[a]	0Cr18Ni10Ti[a]	固溶 920～1 150,快冷
57	S32590	45Cr14Ni14W2Mo	4Cr14Ni14W2Mo	退火 820～850,快冷
60	S33010	12Cr16Ni35	1Cr16Ni35	固溶 1030～1180,快冷
62	S34778	06Cr18Ni11Nb[a]	0Cr18Ni11Nb[a]	固溶 980～1 150,快冷
64	S38148	06Cr18Ni13Si4	0Cr18Ni13Si4	固溶 1 010～1 150,快冷
65	S38240	16Cr20Ni14Si2	1Cr20Ni14Si2	固溶 1 080～1 130,快冷
66	S38340	16Cr25Ni20Si2	1Cr25Ni20Si2	固溶 1 080～1 130,快冷

a 需方在合同中注明时，可进行稳定化处理，此时的热处理温度为 850℃～930℃。

表 A.2 铁素体型钢棒或试样典型的热处理制度

GB/T 20878 中序号	统一数字代号	新 牌 号	旧 牌 号	退火/℃
78	S11348	06Cr13Al	0Cr13Al	780～830,空冷或缓冷
83	S11203	022Cr12	00Cr12	700～820,空冷或缓冷
85	S11710	10Cr17	1Cr17	780～850,空冷或缓冷
93	S12550	16Cr25N	2Cr25N	780～880,快冷

表 A.3　马氏体型钢棒或试样典型的热处理制度

GB/T 20878 中序号	统一数字代号	新牌号	旧牌号	钢棒的热处理制度	试样的热处理制度	
				退火/℃	淬火/℃	回火/℃
98	S41010	12Cr13	1Cr13	800～900 缓冷或约 750 快冷	950～1 000 油冷	700～750，快冷
101	S42020	20Cr13	2Cr13	800～900 缓冷或约 750 快冷	920～980 油冷	600～750，快冷
106	S43110	14Cr17Ni2	1Cr17Ni2	680～700 高温回火，空冷	950～1 050 油冷	275～350，空冷
107	S43120	17Cr16Ni2		1　680～800 炉冷或空冷	950～1 050 油冷或空冷	600～650，空冷
				2		750～800+650～700[a]，空冷
113	S45110	12Cr5Mo	1Cr5Mo	—	900～950，油冷	600～700，空冷
114	S45610	12Cr12Mo	1Cr12Mo	800～900 缓冷或约 750 快冷	950～1 000，油冷	700～750，快冷
115	S45710	13Cr13Mo	1Cr13Mo	830～900 缓冷或约 750 快冷	970～1 020 油冷	650～750，快冷
119	S46010	14Cr11MoV	1Cr11MoV	—	1 050～1 100，空冷	720～740，空冷
122	S46250	18Cr12MoVNbN	2Cr12MoVNbN	850～950 缓冷	1 100～1 170，油冷或空冷	≥600，空冷
123	S47010	15Cr12WMoV	1Cr12WMoV	—	1 000～1 050，油冷	680～700，空冷
124	S47220	22Cr12NiWMoV	2Cr12NiMoWV	830～900 缓冷	1 020～1 070，油冷或空冷	≥600，空冷
125	S47310	13Cr11Ni2W2MoV	1Cr11Ni2W2MoV	1　—	1 000～1 020 正火，1 000～1 020，油冷或空冷	660～710，油冷或空冷
				2		540～600，油冷或空冷
128	S47450	18Cr11NiMoNbVN	(2Cr11NiMoNbVN)	800～900 缓冷或 700～770 快冷	≥1 090，油冷	≥640，空冷
130	S48040	42Cr9Si2	4Cr9Si2	—	1 020～1 040，油冷	700～780，油冷
131	S48045	45Cr9Si3		800～900 缓冷	900～1 080，油冷	700～850，快冷
132	S48140	40Cr10Si2Mo	4Cr10Si2Mo	—	1 010～1 040，油冷	720～760，空冷
133	S48380	80Cr20Si2Ni	8Cr20Si2Ni	800～900 缓冷或约 720 空冷	1 030～1 080，油冷	700～800，快冷

a　当镍含量在表 6 规定的下限时，允许采用 620℃～720℃单回火制度。

表 A.4 沉淀硬化型钢棒或试样的典型热处理制度

<table>
<tr><th rowspan="2">GB/T 20878 中序号</th><th rowspan="2">统一数字代号</th><th rowspan="2">新牌号</th><th rowspan="2">旧牌号</th><th colspan="4">热处理</th></tr>
<tr><th colspan="2">种类</th><th>组别</th><th>条件</th></tr>
<tr><td rowspan="5">137</td><td rowspan="5">S51740</td><td rowspan="5">05Cr17Ni4Cu4Nb</td><td rowspan="5">0Cr17Ni4Cu4Nb</td><td colspan="2">固溶处理</td><td>0</td><td>1 020℃～1 060℃,快冷</td></tr>
<tr><td rowspan="4">沉淀硬化</td><td>480℃时效</td><td>1</td><td>经固溶处理后,470℃～490℃空冷</td></tr>
<tr><td>550℃时效</td><td>2</td><td>经固溶处理后,540℃～560℃空冷</td></tr>
<tr><td>580℃时效</td><td>3</td><td>经固溶处理后,570℃～590℃空冷</td></tr>
<tr><td>620℃时效</td><td>4</td><td>经固溶处理后,610℃～630℃空冷</td></tr>
<tr><td rowspan="3">138</td><td rowspan="3">S51770</td><td rowspan="3">07Cr17Ni7Al</td><td rowspan="3">0Cr17Ni7Al</td><td colspan="2">固溶处理</td><td>0</td><td>1 000℃～1 100℃,快冷</td></tr>
<tr><td rowspan="2">沉淀硬化</td><td>510℃时效</td><td>1</td><td>经固溶处理后,955℃±10℃保持 10 min,空冷到室温,在 24 h 内冷却到 −73℃±6℃,保持 8 h,再加热到 510℃±10℃,保持 1 h 后,空冷</td></tr>
<tr><td>565℃时效</td><td>2</td><td>经固溶处理后,于 760℃±15℃保持 90 min,在1 h 内冷却到 15℃以下,保持 30 min,再加热到 565℃±10℃保持 90 min,空冷</td></tr>
<tr><td>143</td><td>S51525</td><td>06Cr15Ni25Ti2Mo-AlVB</td><td>0Cr15Ni25Ti2Mo-AlVB</td><td colspan="2">固溶+时效</td><td colspan="2">固溶 885℃～915℃或 965℃～995℃,快冷,时效 700℃～760℃,16 h,空冷或缓冷</td></tr>
</table>

附　录　B
（资料性附录）
耐热钢的特性和用途

表 B.1　耐热钢的特性和用途

GB/T 20878 中序号	统一数字代号	新牌号	旧牌号	特性和用途
奥氏体型				
6	S35650	53Cr21Mn9Ni4N	5Cr21Mn9Ni4N	Cr-Mn-Ni-N 型奥氏体阀门钢。用于制作以经受高温强度为主的汽油及柴油机用排气阀
7	S35750	26Cr18Mn12Si2N	3Cr18Mn12Si2N	有较高的高温强度和一定的抗氧化性，并且有较好的抗硫及抗增碳性。用于吊挂支架，渗碳炉构件、加热炉传送带、料盘、炉爪
8	S35850	22Cr20Mn10Ni2Si2N	2Cr20Mn9Ni2Si2N	特性和用途同 26Cr18Mn12Si2N(3Cr18Mn12Si2N)，还可用作盐浴坩埚和加热炉管道等
17	S30408	06Cr19Ni10	0Cr18Ni9	通用耐氧化钢，可承受 870℃以下反复加热
30	S30850	22Cr21Ni12N	2Cr21Ni12N	Cr-Ni-N 型耐热钢。用以制造以抗氧化为主的汽油及柴油机用排气阀
31	S30920	16Cr23Ni13	2Cr23Ni13	承受 980℃以下反复加热的抗氧化钢。加热炉部件，重油燃烧器
32	S30908	06Cr23Ni13	0Cr23Ni13	耐腐蚀性比 06Cr19Ni10(0Cr18Ni9)钢好，可承受 980℃以下反复加热。炉用材料
34	S31020	20Cr25Ni20	2Cr25Ni20	承受 1 035℃以下反复加热的抗氧化钢。主要用于制作炉用部件、喷嘴、燃烧室
35	S31008	06Cr25Ni20	0Cr25Ni20	抗氧化性比 06Cr23Ni13(0Cr23Ni13)钢好，可承受 1 035℃以下反复加热。炉用材料、汽车排气净化装置等
38	S31608	06Cr17Ni12Mo2	0Cr17Ni12Mo2	高温具有优良的蠕变强度，作热交换用部件，高温耐蚀螺栓
49	S31708	06Cr19Ni13Mo3	0Cr19Ni13Mo3	耐点蚀和抗蠕变能力优于 06Cr17Ni12Mo2(0Cr17Ni12Mo2)。用于制作造纸、印染设备，石油化工及耐有机酸腐蚀的装备、热交换用部件等
55	S32168	06Cr18Ni11Ti	0Cr18Ni10Ti	作在 400℃～900℃腐蚀条件下使用的部件，高温用焊接结构部件
57	S32590	45Cr14Ni14W2Mo	4Cr14Ni14W2Mo	中碳奥氏体型阀门钢。在 700℃以下有较高的热强性，在 800℃以下有良好的抗氧化性能。用于制造 700℃以下工作的内燃机、柴油机重负荷进、排气阀和紧固件，500℃以下工作的航空发动机及其他产品零件。也可作为渗氮钢使用

表 B.1(续)

GB/T 20878 中序号	统一数字代号	新牌号	旧牌号	特性和用途
60	S33010	12Cr16Ni35	1Cr16Ni35	抗渗碳,易渗氮,1 035℃以下反复加热。炉用钢料、石油裂解装置
62	S34778	06Cr18Ni11Nb	0Cr18Ni11Nb	作在400℃~900℃腐蚀条件下使用的部件,高温用焊接结构部件
64	S38148	06Cr18Ni13Si4	0Cr18Ni13Si4	具有与06Cr25Ni20(0Cr25Ni20)相当的抗氧化性。用于含氯离子环境,如汽车排气净化装置等
65	S38240	16Cr20Ni14Si2	1Cr20Ni14Si2	具有较高的高温强度及抗氧化性,对含硫气氛较敏感,在600℃~800℃有析出相的脆化倾向,适用于制作承受应力的各种炉用构件
66	S38340	16Cr25Ni20Si2	1Cr25Ni20Si2	
铁素体型				
78	S11348	06Cr13Al	0Cr13Al	冷加工硬化少,主要用于制作燃气透平压缩机叶片、退火箱、淬火台架等
83	S11203	022Cr12	00Cr12	比022Cr13(0Cr13)碳含量低,焊接部位弯曲性能、加工性能、耐高温氧化性能好。作汽车排气处理装置,锅炉燃烧室、喷嘴等
85	S11710	10Cr17	1Cr17	作900℃以下耐氧化用部件、散热器、炉用部件、油喷嘴等
93	S12550	16Cr25N	2Cr25N	耐高温腐蚀性强,1 082℃以下不产生易剥落的氧化皮。常用于抗硫气氛,如燃烧室、退火箱、玻璃模具、阀、搅拌杆等
马氏体型				
98	S41010	12Cr13	1Cr13	作800℃以下耐氧化用部件
101	S42020	20Cr13	2Cr13	淬火状态下硬度高,耐蚀性良好。汽轮机叶片
106	S43110	14Cr17Ni2	1Cr17Ni2	作具有较高程度的耐硝酸、有机酸腐蚀的轴类、活塞杆、泵、阀等零部件以及弹簧、紧固件、容器和设备
107	S43120	17Cr16Ni2		改善14Cr17Ni2(1Cr17Ni2)钢的加工性能,可代替14Cr17Ni2(1Cr17Ni2)钢使用
113	S45110	12Cr5Mo	1Cr5Mo	在中高温下有好的力学性能。能抗石油裂化过程中产生的腐蚀。作再热蒸汽管、石油裂解管、锅炉吊架、蒸汽轮机气缸衬套、泵的零件、阀、活塞杆、高压加氢设备部件、紧固件
114	S45610	12Cr12Mo	1Cr12Mo	铬钼马氏体耐热钢。作汽轮机叶片
115	S45710	13Cr13Mo	1Cr13Mo	比12Cr13(1Cr13)耐蚀性高的高强度钢。用于制作汽轮机叶片,高温、高压蒸汽用机械部件等
119	S46010	14Cr11MoV	1Cr11MoV	铬钼钒马氏体耐热钢。有较高的热强性,良好的减震性及组织稳定性。用于透平叶片及导向叶片

表 B.1(续)

GB/T 20878 中序号	统一数字代号	新牌号	旧牌号	特性和用途
122	S46250	18Cr12MoVNbN	2Cr12MoVNbN	铬钼钒铌氮马氏体耐热钢。用于制作高温结构部件,如汽轮机叶片、盘、叶轮轴、螺栓等
123	S47010	15Cr12WMoV	1Cr12WMoV	铬钼钨钒马氏体耐热钢。有较高的热强性,良好的减震性及组织稳定性。用于透平叶片、紧固件、转子及轮盘
124	S47220	22Cr12NiWMoV	2Cr12NiMoWV	性能与用途类似于 13Cr11Ni2W2MoV(1Cr11Ni2W2MoV)。用于制作汽轮机叶片
125	S47310	13Cr11Ni2W2MoV	1Cr11Ni2W2MoV	铬镍钨钼钒马氏体耐热钢。具有良好的韧性和抗氧化性能,在淡水和湿空气中有较好的耐蚀性
128	S47450	18Cr11NiMoNbVN	(2Cr11NiMoNbVN)	具有良好的强韧性、抗蠕变性能和抗松弛性能,主要用于制作汽轮机高温紧固件和动叶片
130	S48040	42Cr9Si2	4Cr9Si2	铬硅马氏体阀门钢,750℃以下耐氧化。用于制作内燃机进气阀,轻负荷发动机的排气阀
131	S48045	45Cr9Si3		
132	S48140	40Cr10Si2Mo	4Cr10Si2Mo	铬硅钼马氏体阀门钢,经淬火回火后使用。因含有钼和硅,高温强度抗蠕变性能及抗氧化性能比 40Cr13(4Cr13)高。用于制作进、排气阀门,鱼雷,火箭部件,预燃烧室等
133	S48380	80Cr20Si2Ni	8Cr20Si2Ni	铬硅镍马氏体阀门钢。用于制作以耐磨性为主的进气阀、排气阀、阀座等
		沉淀硬化型		
137	S51740	05Cr17Ni4Cu4Nb	0Cr17Ni4Cu4Nb	添加铜和铌的马氏体沉淀硬化型钢,作燃气透平压缩机叶片、燃气透平发动机周围材料
138	S51770	07Cr17Ni7Al	0Cr17Ni7Al	添加铝的半奥氏体沉淀硬化型钢,作高温弹簧、膜片、固定器、波纹管
143	S51525	06Cr15Ni25Ti2MoAlVB	0Cr15Ni25Ti2MoAlVB	奥氏体沉淀硬化型钢,具有高的缺口强度,在温度低于980℃时抗氧化性能与 06Cr25Ni20(0Cr25Ni20)相当。主要用于700℃以下的工作环境,要求具有高强度和优良耐蚀性的部件或设备,如汽轮机转子、叶片、骨架、燃烧室部件和螺栓等

ICS 77.140.10;77.140.50
H 46

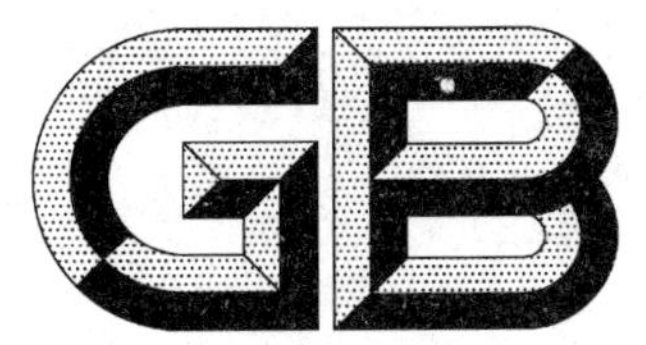

中华人民共和国国家标准

GB/T 1591—2008
代替 GB/T 1591—1994

低合金高强度结构钢

High strength low alloy structural steels

2008-12-06 发布　　　　2009-10-01 实施

中华人民共和国国家质量监督检验检疫总局
中国国家标准化管理委员会　发布

前　言

本标准参照 EN 10025:2004《结构钢热轧产品》对 GB/T 1591—1994《低合金高强度结构钢》进行修订。

本标准代替 GB/T 1591—1994《低合金高强度结构钢》。

与 GB/T 1591—1994 相比,本标准主要变化如下:

——扩大了标准的适用范围;

——增加了 Q500、Q550、Q620、Q690 强度级别,取消了 Q295 强度级别;

——修改了钢材化学成分的规定,加严了对磷、硫等有害元素的控制;

——增加了钢材碳当量及裂纹敏感系数的计算公式及规定;

——修改了钢材的交货状态,取消了调质钢的规定;

——修改了钢材力学性能值及厚度组距的规定,明确屈服强度为下屈服强度;

——提高了冲击吸收能量值;

——增加了各牌号钢的厚度方向性能要求。

本标准由中国钢铁工业协会提出。

本标准由全国钢标准化技术委员会归口。

本标准主要起草单位:鞍钢股份有限公司、冶金工业信息标准研究院、济钢集团有限公司、首钢总公司、江苏沙钢集团有限公司、湖南华菱涟源钢铁有限公司。

本标准主要起草人:刘徐源、朴志民、王晓虎、高玲、王丽萍、黄正玉、周鉴、马玉璞、陈寿琴。

本标准所代替标准的历次版本发布情况为:

——GB 1591—1979、GB 1591—1988、GB/T 1591—1994。

低合金高强度结构钢

1 范围

本标准规定了低合金高强度结构钢的牌号、尺寸、外形、重量及允许偏差、技术要求、试验方法、检验规则、包装、标志和质量证明书。

本标准适用于一般结构和工程用低合金高强度结构钢钢板、钢带、型钢、钢棒等。

2 规范性引用文件

下列文件中的条款通过本标准的引用而成为本标准的条款。凡是注日期的引用文件，其随后所有的修改单(不包括勘误的内容)或修订版均不适用于本标准，然而，鼓励根据本标准达成协议的各方研究是否可使用这些文件的最新版本。凡是不注日期的引用文件，其最新版本适用于本标准。

GB/T 222 钢的成品化学成分允许偏差

GB/T 223.5 钢铁 酸溶硅和全硅含量的测定 还原型硅酸盐分光光度法

GB/T 223.9 钢铁及合金 铝含量的测定 铬天青S分光光度法

GB/T 223.12 钢铁及合金化学分析方法 碳酸钠分离-二苯碳酰二肼光度法测定铬量

GB/T 223.14 钢铁及合金化学分析方法 钽试剂萃取光度法测定钒含量

GB/T 223.16 钢铁及合金化学分析方法 变色酸光度法测定钛量

GB/T 223.19 钢铁及合金化学分析方法 新亚铜灵-三氯甲烷萃取光度法测定铜量

GB/T 223.23 钢铁及合金 镍含量的测定 丁二酮肟分光光度法

GB/T 223.26 钢铁及合金 钼含量的测定 硫氰酸盐分光光度法

GB/T 223.37 钢铁及合金化学分析方法 蒸馏分离-靛酚蓝光度法测定氮量

GB/T 223.40 钢铁及合金 铌含量的测定 氯磺酚S分光光度法

GB/T 223.62 钢铁及合金化学分析方法 乙酸丁酯萃取光度法测定磷量

GB/T 223.63 钢铁及合金化学分析方法 高碘酸钠(钾)光度法测定锰量

GB/T 223.67 钢铁及合金 硫含量的测定 次甲基蓝分光光度法

GB/T 223.69 钢铁及合金 碳含量的测定 管式炉内燃烧后气体容量法

GB/T 223.78 钢铁及合金化学分析方法 姜黄素直接光度法测定硼含量

GB/T 228 金属材料 室温拉伸试验方法(GB/T 228—2002,eqv ISO 6892:1998)

GB/T 229 金属材料 夏比摆锤冲击试验方法(GB/T 229—2007,ISO 148-1:2006,MOD)

GB/T 232 金属材料 弯曲试验方法(GB/T 232—1999,eqv ISO 7438:1985)

GB/T 247 钢板和钢带 包装、标志及质量证明书的一般规定

GB/T 2101 型钢验收、包装、标志及质量证明书的一般规定

GB/T 2975 钢及钢产品 力学性能试验取样位置及试样的制备(GB/T 2975—1998,eqv ISO 377:1997)

GB/T 4336 碳素钢和中低合金钢 火花源原子发射光谱分析方法(常规法)

GB/T 5313 厚度方向性能钢板(GB/T 5313—1985,eqv ISO 7778:1983)

GB/T 17505 钢及钢产品交货一般技术要求(GB/T 17505—1998,eqv ISO 404:1992)

GB/T 20066 钢和铁 化学成分测定用试样的取样和制样方法(GB/T 20066—2006,ISO 14284:

1996,IDT)

GB/T 20125 低合金钢 多元素含量的测定 电感耦合等离子体原子发射光谱法

YB/T 081 冶金技术标准的数值修约与检测数据的判定原则

3 术语和定义

3.1

热机械轧制 thermomechanical rolling

最终变形在某一温度范围内进行,使材料获得仅仅依靠热处理不能获得的特定性能的轧制工艺。

注 1:轧制后如果加热到 580 ℃可能导致材料强度值的降低。如果确实需要加热到 580 ℃以上,则应由供方进行。

注 2:热机械轧制交货状态可以包括加速冷却、或加速冷却并回火(包括自回火),但不包括直接淬火或淬火加回火。

3.2

正火轧制 normalizing rolling

最终变形是在某一温度范围内进行,使材料获得与正火后性能相当的轧制工艺。

4 牌号表示方法

钢的牌号由代表屈服强度的汉语拼音字母、屈服强度数值、质量等级符号三个部分组成。例如:Q345D。其中:

Q——钢的屈服强度的“屈”字汉语拼音的首位字母;

345——屈服强度数值,单位 MPa;

D——质量等级为 D 级。

当需方要求钢板具有厚度方向性能时,则在上述规定的牌号后加上代表厚度方向(Z 向)性能级别的符号,例如:Q345DZ15。

5 尺寸、外形、重量及允许偏差

尺寸、外形、重量及允许偏差应符合相应标准的规定。

6 技术要求

6.1 牌号及化学成分

6.1.1 钢的牌号及化学成分(熔炼分析)应符合表 1 的规定。

6.1.2 当需要加入细化晶粒元素时,钢中应至少含有 Al、Nb、V、Ti 中的一种。加入的细化晶粒元素应在质量证明书中注明含量。

6.1.3 当采用全铝(Al_t)含量表示时,Al_t 应不小于 0.020%。

6.1.4 钢中氮元素含量应符合表 1 的规定,如供方保证,可不进行氮元素含量分析。如果钢中加入 Al、Nb、V、Ti 等具有固氮作用的合金元素,氮元素含量不作限制,固氮元素含量应在质量证明书中注明。

6.1.5 各牌号的 Cr、Ni、Cu 作为残余元素时,其含量各不大于 0.30%,如供方保证,可不作分析;当需要加入时,其含量应符合表 1 的规定或由供需双方协议规定。

6.1.6 为改善钢的性能,可加入 RE 元素时,其加入量按钢水重量的 0.02%~0.20%计算。

6.1.7 在保证钢材力学性能符合本标准规定的情况下,各牌号 A 级钢的 C、Si、Mn 化学成分可不作交货条件。

表 1

牌　号	质量等级	化学成分[a,b]（质量分数）/%													
		C	Si	Mn	P	S	Nb	V	Ti	Cr	Ni	Cu	N	Mo	B	Als
					不大于											不小于
Q345	A	≤0.20	≤0.50	≤1.70	0.035	0.035	0.07	0.15	0.20	0.30	0.50	0.30	0.012	0.10	—	—
	B				0.035	0.035										
	C				0.030	0.030										0.015
	D	≤0.18			0.030	0.025										
	E				0.025	0.020										
Q390	A	≤0.20	≤0.50	≤1.70	0.035	0.035	0.07	0.20	0.20	0.30	0.50	0.30	0.015	0.10	—	—
	B				0.035	0.035										
	C				0.030	0.030										0.015
	D				0.030	0.025										
	E				0.025	0.020										
Q420	A	≤0.20	≤0.50	≤1.70	0.035	0.035	0.07	0.20	0.20	0.30	0.80	0.30	0.015	0.20	—	—
	B				0.035	0.035										
	C				0.030	0.030										0.015
	D				0.030	0.025										
	E				0.025	0.020										
Q460	C	≤0.20	≤0.60	≤1.80	0.030	0.030	0.11	0.20	0.20	0.30	0.80	0.55	0.015	0.20	0.004	0.015
	D				0.030	0.025										
	E				0.025	0.020										
Q500	C	≤0.18	≤0.60	≤1.80	0.030	0.030	0.11	0.12	0.20	0.60	0.80	0.55	0.015	0.20	0.004	0.015
	D				0.030	0.025										
	E				0.025	0.020										

表 1（续）

牌号	质量等级	化学成分[a,b]（质量分数）/%														
		C	Si	Mn	P	S	Nb	V	Ti	Cr	Ni	Cu	N	Mo	B	Als
					不大于											不小于
Q550	C	≤0.18	≤0.60	≤2.00	0.030	0.030	0.11	0.12	0.20	0.80	0.80	0.80	0.015	0.30	0.004	0.015
	D				0.030	0.025										
	E				0.025	0.020										
Q620	C	≤0.18	≤0.60	≤2.00	0.030	0.030	0.11	0.12	0.20	1.00	0.80	0.80	0.015	0.30	0.004	0.015
	D				0.030	0.025										
	E				0.025	0.020										
Q690	C	≤0.18	≤0.60	≤2.00	0.030	0.030	0.11	0.12	0.20	1.00	0.80	0.80	0.015	0.30	0.004	0.015
	D				0.030	0.025										
	E				0.025	0.020										

[a] 型材及棒材 P、S 含量可提高 0.005%，其中 A 级钢上限可为 0.045%。

[b] 当细化晶粒元素组合加入时，20(Nb+V+Ti)≤0.22%，20(Mo+Cr)≤0.30%。

6.1.8 各牌号除A级钢以外的钢材，当以热轧、控轧状态交货时，其最大碳当量值应符合表2的规定；当以正火、正火轧制、正火加回火状态交货时，其最大碳当量值应符合表3的规定；当以热机械轧制(TMCP)或热机械轧制加回火状态交货时，其最大碳当量值应符合表4的规定。碳当量(CEV)应由熔炼分析成分并采用公式(1)计算。

$$CEV = C + Mn/6 + (Cr + Mo + V)/5 + (Ni + Cu)/15 \qquad \cdots\cdots(1)$$

表2 热轧、控轧状态交货钢材的碳当量

牌号	碳当量(CEV)/%		
	公称厚度或直径≤63 mm	公称厚度或直径>63 mm～250 mm	公称厚度>250 mm
Q345	≤0.44	≤0.47	≤0.47
Q390	≤0.45	≤0.48	≤0.48
Q420	≤0.45	≤0.48	≤0.48
Q460	≤0.46	≤0.49	—

表3 正火、正火轧制、正火加回火状态交货钢材的碳当量

牌号	碳当量(CEV)/%		
	公称厚度≤63 mm	公称厚度>63 mm～120 mm	公称厚度>120 mm～250 mm
Q345	≤0.45	≤0.48	≤0.48
Q390	≤0.46	≤0.48	≤0.49
Q420	≤0.48	≤0.50	≤0.52
Q460	≤0.53	≤0.54	≤0.55

表4 热机械轧制(TMCP)或热机械轧制加回火状态交货钢材的碳当量

牌号	碳当量(CEV)/%		
	公称厚度≤63 mm	公称厚度>63 mm～120 mm	公称厚度>120 mm～150 mm
Q345	≤0.44	≤0.45	≤0.45
Q390	≤0.46	≤0.47	≤0.47
Q420	≤0.46	≤0.47	≤0.47
Q460	≤0.47	≤0.48	≤0.48
Q500	≤0.47	≤0.48	≤0.48
Q550	≤0.47	≤0.48	≤0.48
Q620	≤0.48	≤0.49	≤0.49
Q690	≤0.49	≤0.49	≤0.49

6.1.9 热机械轧制(TMCP)或热机械轧制加回火状态交货钢材的碳含量不大于0.12%时，可采用焊接裂纹敏感性指数(Pcm)代替碳当量评估钢材的可焊性。Pcm应由熔炼分析成分并采用公式(2)计算，其值应符合表5的规定。

$$Pcm = C + Si/30 + Mn/20 + Cu/20 + Ni/60 + Cr/20 + Mo/15 + V/10 + 5B \qquad \cdots\cdots(2)$$

经供需双方协商，可指定采用碳当量或焊接裂纹敏感性指数作为衡量可焊性的指标，当未指定时，供方可任选其一。

表 5 热机械轧制(TMCP)或热机械轧制加回火状态交货钢材 Pcm 值

牌 号	Pcm/%
Q345	≤0.20
Q390	≤0.20
Q420	≤0.20
Q460	≤0.20
Q500	≤0.25
Q550	≤0.25
Q620	≤0.25
Q690	≤0.25

6.1.10 钢材、钢坯的化学成分允许偏差应符合 GB/T 222 的规定。

6.1.11 当需方要求保证厚度方向性能钢材时,其化学成分应符合 GB/T 5313 的规定。

6.2 冶炼方法

钢由转炉或电炉冶炼,必要时加炉外精炼。

6.3 交货状态

钢材以热轧、控轧、正火、正火轧制或正火加回火、热机械轧制(TMCP)或热机械轧制加回火状态交货。

6.4 力学性能及工艺性能

6.4.1 拉伸试验

钢材拉伸试验的性能应符合表 6 的规定。

6.4.2 夏比(V 型)冲击试验

6.4.2.1 钢材的夏比(V 型)冲击试验的试验温度和冲击吸收能量应符合表 7 的规定。

6.4.2.2 厚度不小于 6 mm 或直径不小于 12 mm 的钢材应做冲击试验,冲击试样尺寸取 10 mm×10 mm×55 mm 的标准试样;当钢材不足以制取标准试样时,应采用 10 mm×7.5 mm×55 mm 或 10 mm×5 mm×55 mm 小尺寸试样,冲击吸收能量应分别为不小于表 7 规定值的 75%或 50%,优先采用较大尺寸试样。

6.4.2.3 钢材的冲击试验结果按一组 3 个试样的算术平均值进行计算,允许其中有 1 个试验值低于规定值,但不应低于规定值的 70%,否则,应从同一抽样产品上再取 3 个试样进行试验;先后 6 个试样试验结果的算术平均值不得低于规定值,允许有 2 个试样的试验结果低于规定值,但其中低于规定值 70%的试样只允许有一个。

6.4.3 Z 向钢厚度方向断面收缩率应符合 GB/T 5313 的规定。

表 6 钢材的拉伸性能

<table>
<tr><th rowspan="4">牌号</th><th rowspan="4">质量等级</th><th colspan="22">拉伸试验[a,b,c]</th></tr>
<tr><th colspan="9" rowspan="2">以下公称厚度(直径,边长)下屈服强度(R_{eL})/MPa</th><th colspan="7" rowspan="2">以下公称厚度(直径,边长)抗拉强度(R_m)/MPa</th><th colspan="6">断后伸长率(A)/%</th></tr>
<tr><th colspan="6">公称厚度(直径,边长)</th></tr>
<tr><th>≤16 mm</th><th>>16 mm～40 mm</th><th>>40 mm～63 mm</th><th>>63 mm～80 mm</th><th>>80 mm～100 mm</th><th>>100 mm～150 mm</th><th>>150 mm～200 mm</th><th>>200 mm～250 mm</th><th>>250 mm～400 mm</th><th>≤40 mm</th><th>>40 mm～63 mm</th><th>>63 mm～80 mm</th><th>>80 mm～100 mm</th><th>>100 mm～150 mm</th><th>>150 mm～250 mm</th><th>>250 mm～400 mm</th><th>≤40 mm</th><th>>40 mm～63 mm</th><th>>63 mm～100 mm</th><th>>100 mm～150 mm</th><th>>150 mm～250 mm</th><th>>250 mm～400 mm</th></tr>
<tr><td rowspan="5">Q345</td><td>A</td><td rowspan="5">≥345</td><td rowspan="5">≥335</td><td rowspan="5">≥325</td><td rowspan="5">≥315</td><td rowspan="5">≥305</td><td rowspan="5">≥285</td><td rowspan="5">≥275</td><td rowspan="5">≥265</td><td rowspan="3">—</td><td rowspan="5">470～630</td><td rowspan="5">470～630</td><td rowspan="5">470～630</td><td rowspan="5">470～630</td><td rowspan="5">450～600</td><td rowspan="5">450～600</td><td rowspan="3">—</td><td rowspan="2">≥20</td><td rowspan="2">≥19</td><td rowspan="2">≥19</td><td rowspan="2">≥18</td><td rowspan="2">≥17</td><td rowspan="3">—</td></tr>
<tr><td>B</td></tr>
<tr><td>C</td><td rowspan="3">≥21</td><td rowspan="3">≥20</td><td rowspan="3">≥20</td><td rowspan="3">≥19</td><td rowspan="3">≥18</td></tr>
<tr><td>D</td><td rowspan="2">≥265</td><td rowspan="2">450～600</td><td rowspan="2">≥17</td></tr>
<tr><td>E</td></tr>
<tr><td rowspan="5">Q390</td><td>A</td><td rowspan="5">≥390</td><td rowspan="5">≥370</td><td rowspan="5">≥350</td><td rowspan="5">≥330</td><td rowspan="5">≥330</td><td rowspan="5">≥310</td><td rowspan="5">—</td><td rowspan="5">—</td><td rowspan="5">—</td><td rowspan="5">490～650</td><td rowspan="5">490～650</td><td rowspan="5">490～650</td><td rowspan="5">490～650</td><td rowspan="5">470～620</td><td rowspan="5">—</td><td rowspan="5">—</td><td rowspan="5">≥20</td><td rowspan="5">≥19</td><td rowspan="5">≥19</td><td rowspan="5">≥18</td><td rowspan="5">—</td><td rowspan="5">—</td></tr>
<tr><td>B</td></tr>
<tr><td>C</td></tr>
<tr><td>D</td></tr>
<tr><td>E</td></tr>
<tr><td rowspan="5">Q420</td><td>A</td><td rowspan="5">≥420</td><td rowspan="5">≥400</td><td rowspan="5">≥380</td><td rowspan="5">≥360</td><td rowspan="5">≥360</td><td rowspan="5">≥340</td><td rowspan="5">—</td><td rowspan="5">—</td><td rowspan="5">—</td><td rowspan="5">520～680</td><td rowspan="5">520～680</td><td rowspan="5">520～680</td><td rowspan="5">520～680</td><td rowspan="5">500～650</td><td rowspan="5">—</td><td rowspan="5">—</td><td rowspan="5">≥19</td><td rowspan="5">≥18</td><td rowspan="5">≥18</td><td rowspan="5">≥18</td><td rowspan="5">—</td><td rowspan="5">—</td></tr>
<tr><td>B</td></tr>
<tr><td>C</td></tr>
<tr><td>D</td></tr>
<tr><td>E</td></tr>
<tr><td rowspan="3">Q460</td><td>C</td><td rowspan="3">≥460</td><td rowspan="3">≥440</td><td rowspan="3">≥420</td><td rowspan="3">≥400</td><td rowspan="3">≥400</td><td rowspan="3">≥380</td><td rowspan="3">—</td><td rowspan="3">—</td><td rowspan="3">—</td><td rowspan="3">550～720</td><td rowspan="3">550～720</td><td rowspan="3">550～720</td><td rowspan="3">550～720</td><td rowspan="3">530～700</td><td rowspan="3">—</td><td rowspan="3">—</td><td rowspan="3">≥17</td><td rowspan="3">≥16</td><td rowspan="3">≥16</td><td rowspan="3">≥16</td><td rowspan="3">—</td><td rowspan="3">—</td></tr>
<tr><td>D</td></tr>
<tr><td>E</td></tr>
</table>

表 6（续）

牌号	质量等级	拉伸试验[a,b,c]																					
		以下公称厚度（直径，边长）下屈服强度（R_{eL}）/MPa									以下公称厚度（直径，边长）抗拉强度（R_m）/MPa							断后伸长率（A）/% 公称厚度（直径，边长）					
		≤16 mm	>16 mm～40 mm	>40 mm～63 mm	>63 mm～80 mm	>80 mm～100 mm	>100 mm～150 mm	>150 mm～200 mm	>200 mm～250 mm	>250 mm～400 mm	≤40 mm	>40 mm～63 mm	>63 mm～80 mm	>80 mm～100 mm	>100 mm～150 mm	>150 mm～250 mm	>250 mm～400 mm	≤40 mm	>40 mm～63 mm	>63 mm～100 mm	>100 mm～150 mm	>150 mm～250 mm	>250 mm～400 mm
Q500	C	≥500	≥480	≥470	≥450	≥440	—	—	—	—	610～770	600～760	590～750	540～730	—	—	—	≥17	≥17	≥17	—	—	—
	D																						
	E																						
Q550	C	≥550	≥530	≥520	≥500	≥490	—	—	—	—	670～830	620～810	600～790	590～780	—	—	—	≥16	≥16	≥16	—	—	—
	D																						
	E																						
Q620	C	≥620	≥600	≥590	≥570	—	—	—	—	—	710～880	690～880	670～860	—	—	—	—	≥15	≥15	≥15	—	—	—
	D																						
	E																						
Q690	C	≥690	≥670	≥660	≥640	—	—	—	—	—	770～940	750～920	730～900	—	—	—	—	≥14	≥14	≥14	—	—	—
	D																						
	E																						

a 当屈服不明显时，可测量 $R_{p0.2}$ 代替下屈服强度。

b 宽度不小于 600 mm 扁平材，拉伸试验取横向试样；宽度小于 600 mm 的扁平材、型材及棒材取纵向试样，断后伸长率最小值相应提高 1%（绝对值）。

c 厚度>250 mm～400 mm 的数值适用于扁平材。

表 7　夏比(V 型)冲击试验的试验温度和冲击吸收能量

牌　号	质量等级	试验温度/℃	冲击吸收能量(KV_2)[a]/J		
			公称厚度(直径、边长)		
			12 mm～150 mm	>150 mm～250 mm	>250 mm～400 mm
Q345	B	20	≥34	≥27	—
	C	0			
	D	−20			27
	E	−40			
Q390	B	20	≥34	—	—
	C	0			
	D	−20			
	E	−40			
Q420	B	20	≥34	—	—
	C	0			
	D	−20			
	E	−40			
Q460	C	0	≥34	—	—
	D	−20		—	—
	E	−40		—	—
Q500、Q550、Q620、Q690	C	0	≥55	—	—
	D	−20	≥47	—	—
	E	−40	≥31	—	—

a 冲击试验取纵向试样。

6.4.4　当需方要求做弯曲试验时，弯曲试验应符合表 8 的规定。当供方保证弯曲合格时，可不做弯曲试验。

表 8　弯曲试验

牌　号	试　样　方　向	180°弯曲试验 [d=弯心直径，a=试样厚度(直径)]	
		钢材厚度(直径，边长)	
		≤16 mm	>16 mm～100 mm
Q345 Q390 Q420 Q460	宽度不小于 600 mm 扁平材，拉伸试验取横向试样。宽度小于 600 mm 的扁平材、型材及棒材取纵向试样	$2a$	$3a$

6.5　表面质量

钢材的表面质量应符合相关产品标准的规定。

6.6　特殊要求

6.6.1　根据供需双方协议，钢材可进行无损检验，其检验标准和级别应在协议或合同中明确。

6.6.2　根据供需双方协议，可按本标准订购具有厚度方向性能要求的钢材。

6.6.3 根据供需双方协议，钢材也可进行其他项目的检验。

7 试验方法

钢材的各项检验的检验项目、取样数量、取样方法和试验方法应符合表 9 的规定。

表 9 钢材各项检验的检验项目、取样数量、取样方法和试验方法

序 号	检验项目	取样数量/个	取样方法	试验方法
1	化学成分(熔炼分析)	1/炉	GB/T 20066	GB/T 223、GB/T4336、GB/T 20125
2	拉伸试验	1/批	GB/T 2975	GB/T 228
3	弯曲试验	1/批	GB/T 2975	GB/T 232
4	冲击试验	3/批	GB/T 2975	GB/T 229
5	*Z* 向钢厚度方向断面收缩率	3/批	GB/T 5313	GB/T 5313
6	无损检验	逐张或逐件	按无损检验标准规定	协商
7	表面质量	逐张/逐件	—	目视及测量
8	尺寸、外形	逐张/逐件	—	合适的量具

8 检验规则

8.1 检查和验收

钢材的检查和验收由供方进行，需方有权对本标准或合同中所规定的任一检验项目进行检查和验收。

8.2 组批

钢材应成批验收。每批应由同一牌号、同一质量等级、同一炉罐号、同一规格、同一轧制制度或同一热处理制度的钢材组成，每批重量不大于 60 t。钢带的组批重量按相应产品标准规定。

各牌号的 A 级钢或 B 级钢允许同一牌号、同一质量等级、同一冶炼和浇注方法、不同炉罐号组成混合批。但每批不得多于 6 个炉罐号，且各炉罐号 C 含量之差不得大于 0.02%，Mn 含量之差不得大于 0.15%。

对于 *Z* 向钢的组批，应符合 GB/T 5313 的规定。

8.3 复验与判定规则

8.3.1 力学性能的复验与判定

钢材的冲击试验结果不符合 6.4.2.3 的规定时，抽样钢材应不予验收，再从该试验单元的剩余部分取两个抽样产品，在每个抽样产品上各选取新的一组 3 个试样，这两组试样的试验结果均应合格，否则该批钢材应拒收。钢材拉伸试验的复验与判定应符合 GB/T 17505 的规定。

8.3.2 其他检验项目的复验与判定

钢材的其他检验项目的复验与判定应符合 GB/T 17505 的规定。

8.4 力学性能和化学成分试验结果的修约

除非在合同或订单中另有规定，当需要评定试验结果是否符合规定值，所给出力学性能和化学成分试验结果应修约到与规定值的数位相一致，其修约方法应按 YB/T 081 的规定进行。碳当量应先按公式计算后修约。

9 包装、标志和质量证明书

钢材的包装、标志和质量证明书应符合 GB/T 247、GB/T 2101 的规定。

前　　言

本标准是根据国际标准 ISO 2768-1:1989(E)《一般公差　第 1 部分:未单独注出公差的线性和角度尺寸的公差》(1989-11-15 第 1 版)对 GB/T 1804—1992《一般公差　线性尺寸的未注公差》、GB/T 11335—1989《未注公差角度的极限偏差》进行修订的。在技术内容上与该国际标准等效。

这样,使我国的未注公差尺寸的一般公差标准尽可能与国际的一致或等同,以尽快适应国际贸易、技术和经济交流,以及采用国际标准飞跃发展的需要。

本标准与原 GB/T 1804 和 GB/T 11335 相比增加了引用标准、定义、总则和判定等四个章节,并对标准名称作了修改。

本标准从实施之日起,同时代替 GB/T 1804—1992、GB/T 11335—1989。

本标准的附录 A 是提示的附录。

本标准由国家机械工业局提出。

本标准由全国产品尺寸和几何技术规范标准化技术委员会归口。

本标准起草单位:机械科学研究院。

本标准主要起草人:李晓沛、俞汉清。

ISO 前言

ISO(国际标准化组织)是由各国标准团体(ISO 成员团体)组成的世界范围的联合组织。国际标准的起草工作一般通过 ISO 各技术委员会来完成。每一个成员团体对已成立的技术委员会的任务感兴趣,有权派代表参加其中工作。与 ISO 有联系的政府的或非政府的国际组织,也可参加工作。ISO 与从事电工标准化的国际电工委员会(IEC)有着密切的合作。

在 ISO 理事会批准作为国际标准前,被技术委员会采纳的国际标准草案须经各成员团体通信投票表决。按照 ISO 导则,须有 75%以上的成员团体投票赞成,方可通过。

国际标准 ISO 2768-1 由 ISO/TC3“极限与配合”技术委员会起草。本 ISO 2768-1(第一版)与 ISO 2768-2 一起代替 ISO 2768:1973。

ISO 2768 在“一般公差”主标题下,由以下部分组成:

——第 1 部分:未单独注出公差的线性和角度尺寸的公差

——第 2 部分:未单独注出公差的要素的几何公差

ISO 2768 本部分标准的附录 A 是提示的附录。

中华人民共和国国家标准

一般公差 未注公差的线性和角度尺寸的公差

GB/T 1804—2000
eqv ISO 2768-1:1989

General tolerances
Tolerances for linear and angular dimensions without individual tolerance indications

代替 GB/T 1804—1992
GB/T 11335—1989

1 范围

本标准规定了未注出公差的线性和角度尺寸的一般公差的公差等级和极限偏差数值。

本标准适用于金属切削加工的尺寸，也适用于一般的冲压加工的尺寸。非金属材料和其他工艺方法加工的尺寸可参照采用。

本标准仅适用于下列未注公差的尺寸：

a）线性尺寸（例如外尺寸，内尺寸，阶梯尺寸，直径，半径，距离，倒圆半径和倒角高度）；

b）角度尺寸，包括通常不注出角度值的角度尺寸，例如直角（90°）；GB/T 1184 提到的或等多边形的角度除外；

c）机加工组装件的线性和角度尺寸。

本标准不适用于下列尺寸：

a）其他一般公差标准涉及的线性和角度尺寸；

b）括号内的参考尺寸；

c）矩形框格内的理论正确尺寸。

2 引用标准

下列标准所包含的条文，通过在本标准中引用而构成为本标准的条文。本标准出版时，所示版本均为有效。所有标准都会被修订，使用本标准的各方应探讨使用下列标准最新版本的可能性。

GB/T 1800.1—1997　极限与配合　基础　第1部分：词汇

GB/T 1184—1996　形状和位置公差　未注公差值（eqv ISO 2768-2:1989）

GB/T 4249—1996　公差原则（eqv ISO 8015:1985）

GB/T 6403.4—1986　零件倒圆与倒角

3 定义

3.1　本标准采用 GB/T 1800.1 给出的有关术语和定义。

3.2　一般公差　general tolerances

指在车间通常加工条件下可保证的公差。采用一般公差的尺寸，在该尺寸后不需注出其极限偏差数值。

注：附录A（提示的附录）给出了一般公差的概念和解释。

国家质量技术监督局 2000-07-24 批准　　2000-12-01 实施

4 总则

选取图样上未注公差的尺寸的一般公差的公差等级时，应考虑通常的车间精度并由相应的技术文件或标准作出具体规定。

对任一单一尺寸，如功能上要求比一般公差更小的公差或允许更大的公差并更为经济时，其相应的极限偏差要在相关的基本尺寸后注出。

在图样或有关技术文件中采用本标准规定的线性和角度尺寸的一般公差时，应按本标准第 6 章的规定进行标注。

由不同类型的工艺(例如切削和铸造)分别加工形成的两表面之间的未注公差的尺寸应按规定的两个一般公差数值中的较大值控制。

以角度单位规定的一般公差仅控制表面的线或素线的总方向，不控制它们的形状误差。从实际表面得到的线的总方向是理想几何形状的接触线方向。接触线和实际线之间的最大距离是最小可能值(见 GB/T 4249)。

5 一般公差的公差等级和极限偏差数值

一般公差分精密 f、中等 m、粗糙 c、最粗 v 共 4 个公差等级。按未注公差的线性尺寸和角度尺寸分别给出了各公差等级的极限偏差数值。

5.1 线性尺寸

表 1 给出了线性尺寸的极限偏差数值；表 2 给出了倒圆半径和倒角高度尺寸的极限偏差数值。

表 1 线性尺寸的极限偏差数值

mm

公差等级	基本尺寸分段							
	0.5～3	>3～6	>6～30	>30～120	>120～400	>400～1 000	>1 000～2 000	>2 000～4 000
精密 f	±0.05	±0.05	±0.1	±0.15	±0.2	±0.3	±0.5	—
中等 m	±0.1	±0.1	±0.2	±0.3	±0.5	±0.8	±1.2	±2
粗糙 c	±0.2	±0.3	±0.5	±0.8	±1.2	±2	±3	±4
最粗 v	—	±0.5	±1	±1.5	±2.5	±4	±6	±8

表 2 倒圆半径和倒角高度尺寸的极限偏差数值

mm

公差等级	基本尺寸分段			
	0.5～3	>3～6	>6～30	>30
精密 f	±0.2	±0.5	±1	±2
中等 m				
粗糙 c	±0.4	±1	±2	±4
最粗 v				
注：倒圆半径和倒角高度的含义参见 GB/T 6403.4。				

5.2 角度尺寸

表 3 给出了角度尺寸的极限偏差数值，其值按角度短边长度确定，对圆锥角按圆锥素线长度确定。

表 3　角度尺寸的极限偏差数值

<table>
<tr><td rowspan="2">公差等级</td><td colspan="5">长度分段,mm</td></tr>
<tr><td>~10</td><td>>10~50</td><td>>50~120</td><td>>120~400</td><td>>400</td></tr>
<tr><td>精密 f</td><td rowspan="2">±1°</td><td rowspan="2">±30′</td><td rowspan="2">±20′</td><td rowspan="2">±10′</td><td rowspan="2">±5′</td></tr>
<tr><td>中等 m</td></tr>
<tr><td>粗糙 c</td><td>±1°30′</td><td>±1°</td><td>±30′</td><td>±15′</td><td>±10′</td></tr>
<tr><td>最粗 v</td><td>±3°</td><td>±2°</td><td>±1°</td><td>±30′</td><td>±20′</td></tr>
</table>

6　一般公差的图样表示法

若采用本标准规定的一般公差,应在图样标题栏附近或技术要求、技术文件(如企业标准)中注出本标准号及公差等级代号。例如选取中等级时,标注为:

GB/T 1804—m

7　判定

除另有规定,超出一般公差的工件如未达到损害其功能时,通常不应判定拒收(见 A5)。

附 录 A
（提示的附录）
线性和角度尺寸的一般公差的概念和解释

A1 构成零件的所有要素总是具有一定的尺寸和几何形状。由于尺寸误差和几何特征(形状、方向、位置)误差的存在，为保证零件的使用功能就必须对它们加以限制，超出将会损害其功能。因此，零件在图样上表达的所有要素都有一定的公差要求。

对功能上无特殊要求的要素可给出一般公差。一般公差可应用在线性尺寸、角度尺寸、形状和位置等几何要素。

采用一般公差的要素在图样上可不单独注出其公差，而是在图样上、技术要求或技术文件(如企业标准)中作出总的说明。

A2 线性和角度尺寸的一般公差是在车间普通工艺条件下，机床设备可保证的公差。在正常维护和操作情况下，它代表车间通常的加工精度。

一般公差的公差等级的公差数值符合通常的车间精度。按零件使用要求选取相应的公差等级。

线性尺寸的一般公差主要用于低精度的非配合尺寸。

采用一般公差的尺寸在正常车间精度保证的条件下，一般可不检验。

A3 对某确定的公差值，加大公差通常在制造上并不会经济。例如适宜"通常中等精度"水平的车间加工 35 mm 直径的某要素，规定±1 mm 的极限偏差值通常在制造上对车间不会带来更大的利益，而选用±0.3 mm 的一般公差的极限偏差值(中等级)就足够。

当功能上允许的公差等于或大于一般公差时，应采用一般公差。只有当要素的功能允许比一般公差大的公差，而该公差在制造上比一般公差更为经济时(例如装配时所钻的盲孔深度)，其相应的极限偏差数值要在尺寸后注出。

由于功能上的需要，某要素要求采用比"一般公差"小的公差值，则应在尺寸后注出其相应的极限偏差数值。当然这已不属一般公差的范畴。

A4 采用一般公差，可带来以下好处：

a) 简化制图，图面清晰易读，可高效地进行信息交换。

b) 节省图样设计时间。设计人员不必逐一考虑或计算公差值，只需了解某要素在功能上是否允许采用大于或等于一般公差的公差值。

c) 图样明确了哪些要素可由一般工艺水平保证，可简化检验要求，有助于质量管理。

d) 突出了图样上注出公差的尺寸，这些尺寸大多是重要的且需要控制的，引起加工与检验时重视和作出计划安排。

e) 由于签订合同前就已经知道工厂"通常车间精度"，买方和供方间能更方便地进行订货谈判；同时图样表示完整也可避免交货时买方和供方间的争论。

只有特定车间的通常车间精度可靠地满足等于或小于所采用的一般公差条件时，才能完全体现上述这些好处。因此，车间应做到：

——测量、评估车间的通常车间精度；

——只接受一般公差等于或大于通常车间精度的图样；

——抽样检查以保证车间的通常车间精度不被降低。

A5 零件功能允许的公差常常是大于一般公差，所以当工件任一要素超出（偶然地超出）一般公差时零件的功能通常不会被损害。只有当零件的功能受到损害时，超出一般公差的工件才能被拒收。

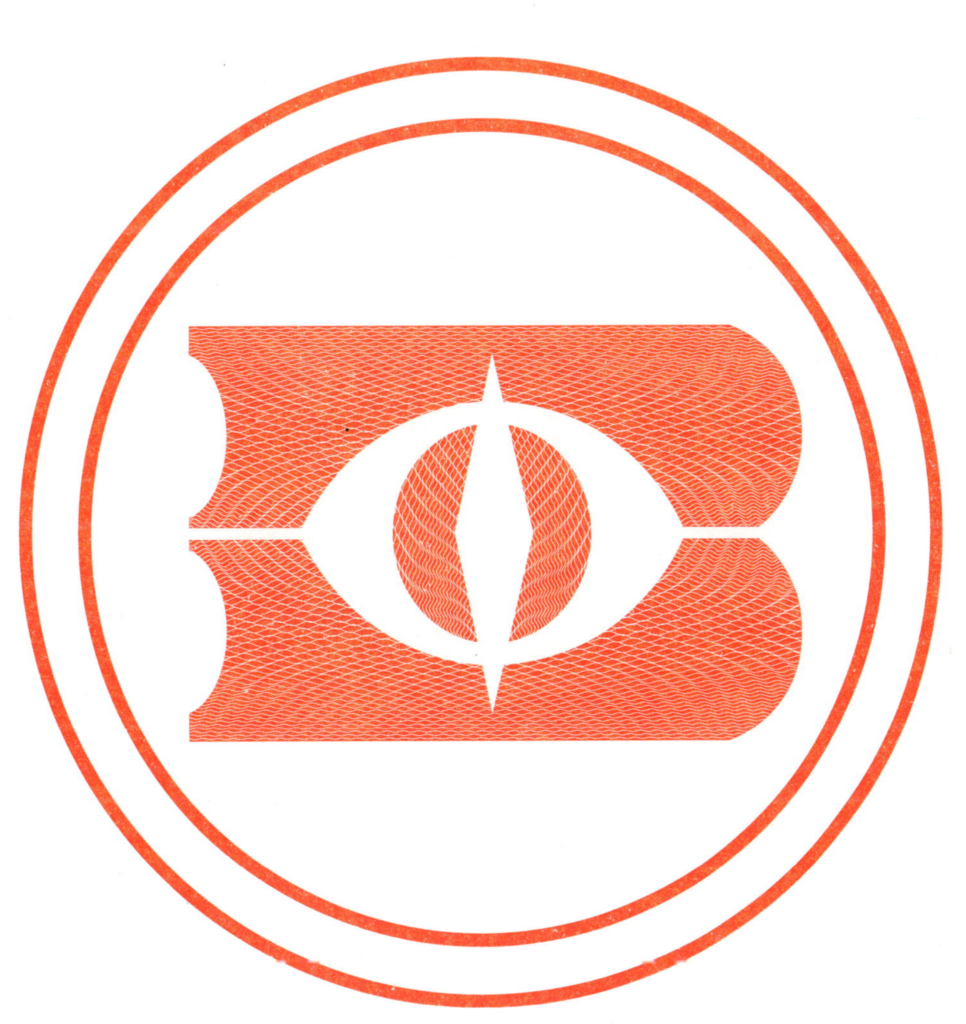

ICS 77.150.40
H 62

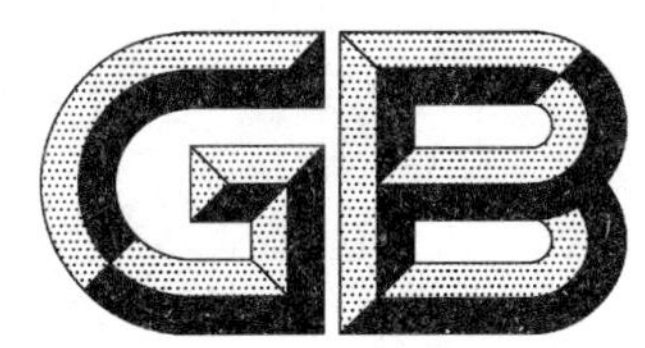

中华人民共和国国家标准

GB/T 2054—2005
代替 GB/T 2054—1980

镍及镍合金板

Nickel and nickel alloy sheets

2005-07-26 发布 2006-01-01 实施

中华人民共和国国家质量监督检验检疫总局
中国国家标准化管理委员会 发布

前　言

本标准修订时参照了ISO 6208—1992《镍及镍合金厚板、薄板和带材》、ASTM B162—99《镍厚板、薄板和带材》和ASTM B127—98《镍铜合金厚板、薄板和带材》，力学性能等指标达到了ISO 6208的相应规定。

本标准是对GB/T 2054—1980《镍及镍合金板》的修订，并合并了GB/T 11088—1989《电真空器件用镍及镍合金板和带》中板材部分的内容。

本标准与GB/T 2054—1980和GB/T 11088—1989相比，主要有以下变动：

——根据市场需求，增加了纯镍牌号N4。

——增加了N5和N7两个纯镍牌号及化学成分，并分别与ISO标准中的NW2201，NW2200和ASTM标准中的UNS N02201和UNS N02200牌号相对应。

——增加了Ncu30合金牌号，与ISO标准中NW4400和ASTM标准中UNS N04400牌号相同。

——板材厚度范围，从原标准的0.5 mm～20 mm扩大到0.3 mm～50 mm。

——板材的长、宽尺寸进行了修改，热轧板从原标准的宽度200 mm～1 000 mm改为300 mm～3 000 mm，长度800 mm～1 500 mm改为500 mm～4 500 mm；冷轧板从原标准的宽度100 mm～1 000 mm改为300 mm～1 000 mm，长度800 mm～1 500 mm改为500 mm～4 000 mm。

——尺寸公差由单向偏差改为双向偏差，并采用了ISO 6208:1992的公差指标。

——热轧板的不平度等同采用了ISO 6208:1992的规定。

——冷轧板的不平度由原标准的20 mm和30 mm加严到15 mm和25 mm。

——板材的力学性能指标进行了全面调整，并增加了$R_{p0.2}$性能指标。

本标准由中国有色金属工业协会提出。

本标准由全国有色金属标准化技术委员会归口。

本标准由宝鸡有色金属加工厂和沈阳有色金属加工厂负责起草。

本标准主要起草人：王红武、黄永光、张平辉、刘关强、王丽、张海龙、杨丽娟。

本标准由全国有色金属标准化技术委员会负责解释。

本标准所代替的历次版本发布情况为：

——YB 709—1970、GB/T 2054—1980；

——YB 757—1970、GB/T 11088—1989板材部分。

镍及镍合金板

1 范围

本标准规定了镍及镍合金板材的要求、试验方法、检验规则及标志、包装、运输、贮存。

本标准适用于仪表、电讯及其他工业部门用的镍及镍合金板。

2 规范性引用文件

下列文件中的条款通过本标准的引用而成为本标准的条款。凡是注日期的引用文件，其随后所有的修改单(不包括勘误的内容)或修订版均不适用于本标准，然而，鼓励根据本标准达成协议的各方研究是否可使用这些文件的最新版本。凡是不注日期的引用文件，其最新版本适用于本标准。

GB/T 228—2002 金属材料 室温拉伸试验方法

GB/T 230 金属洛氏硬度试验方法

GB/T 4340.1 金属维氏硬度试验 第一部分：试验方法

GB/T 5235 加工镍及镍合金 化学成分和产品形状

GB/T 8647(所有部分) 镍化学分析方法

GB/T 8888 重有色金属加工产品包装、标志、运输和贮存

YS/T 325 镍铜合金(NCu28-2.5-1.5)化学分析方法

3 要求

3.1 产品分类

3.1.1 牌号、状态、规格及制造方法

产品牌号、状态、规格及制造方法见表1。

表1 牌号、状态、规格及制造方法

<table>
<tr><th>牌号</th><th>制造方法</th><th>状态</th><th>规格(厚度×宽度×长度)/mm</th></tr>
<tr><td rowspan="2">N4、N5(NW2201，UNS N02201)
N6、N7(NW2200，UNS N02200)
NSi0.19、NMg0.1、NW4-0.15
NW4-0.1、NW4-0.07、DN
NCu28-2.5-1.5
NCu30(NW4400，UNS N04400)</td><td>热轧</td><td>热加工态(R)
软态(M)</td><td>(4.1～50.0)×(300～3 000)×(500～4 500)</td></tr>
<tr><td>冷轧</td><td>冷加工(硬)态(Y)
半硬状态(Y_2)
软状态(M)</td><td>(0.3～4.0)×(300～1 000)×(500～4 000)</td></tr>
<tr><td colspan="4">注：需要其它牌号、状态、规格的产品时，由供需双方协商。</td></tr>
</table>

3.1.2 标记示例

产品标记按产品名称、牌号、供应状态、规格和标准编号的顺序表示。标记示例如下：

用N6制成的厚度为3.0 mm、宽度500 mm、长度2 000 mm的软态板材，标记为：

板 N6M 3.0×500×2 000 GB/T 2054—2005

3.2 化学成分

N5、N7、NCu30的化学成分应符合表2的规定。其他牌号的化学成分应符合GB/T 5235的规定。

表 2　N5、N7、NCu30 的化学成分

牌号	化学成分/%							
	Ni+Co	Mn	Cu	Fe	C	Si	Cr	S
N5 (NW2201，UNS N02201)	≥99.0	≤0.35	≤0.25	≤0.30	≤0.02	≤0.30	≤0.2	≤0.01
N7 (NW2200，UNS N02200)	≥99.0	≤0.35	≤0.25	≤0.30	≤0.15	≤0.30	≤0.2	≤0.01
NCu30 (NW4400，UNS N04400)	≥63.0	≤2.0	28.0 ~34.0	≤2.5	≤0.30	≤0.5	—	≤0.024

3.3　尺寸及其允许偏差

3.3.1　热轧板的尺寸及其允许偏差应符合表 3 的规定。

表 3　热轧板的尺寸及其允许偏差

单位为毫米

厚度	宽度		宽度允许偏差	长度允许偏差
	300~1 000	>1 000~3 000		
	厚度允许偏差			
>4.0~6.0	±0.35	±0.40	+5 −10	+5 −15
>6.0~8.0	±0.40	±0.50		
>8.0~10.0	±0.50	±0.60		
>10.0~15.0	±0.60	±0.70		
>15.0~20.0	±0.70	±0.90	0 −15	0 −20
>20.0~30.0	±0.90	±1.10		
>30.0~40.0	±1.10	±1.30		
>40.0~50.0	±1.20	±1.50		

3.3.2　冷轧板的尺寸及其允许偏差应符合表 4 的规定。

表 4　冷轧板的尺寸及其允许偏差

单位为毫米

厚度	宽度		宽度允许偏差	长度允许偏差
	300~600	>600~1 000		
	厚度允许偏差			
0.3~0.5	±0.04	±0.05	+5 −10	+5 −15
>0.5~0.7	±0.05	±0.07		
>0.7~1.0	±0.07	±0.09		
>1.0~1.5	±0.09	±0.11		
>1.5~2.5	±0.11	±0.13		
>2.5~4.0	±0.13	±0.15		
注：对于电真空器件用板材，尺寸及尺寸允许偏差可由供需双方协商确定。				

3.3.3　板材应平直，允许有轻微的波浪。热轧板材的不平度应符合表 5 的规定。对于厚度大于 1.0 mm的冷轧板材，其长度方向上的不平度每米不超过 15 mm，厚度等于和小于 1.0 mm 的冷轧板材，其长度方向上的不平度每米不超过 25 mm。

表 5 热轧板材的不平度

单位为毫米

厚度	宽度		
	≤1 000	>1 000～1 500	>1 500～3 000
	不平度，不大于		
>4～7	20	27	32
>7～10	18	20	24
>10～15	13	15	18
>15～20	13	15	16
>20～25	13	15	16
>25～50	13	15	15
注：表中不平度适用于长度 3 500 mm 范围内的板材，或长度大于 3 500 mm 板材的任意 3 500 mm 长度。			

3.3.4 板材边部应切齐，无裂口、卷边。板材各角应切成直角，偏差应不大于±2°。

3.4 力学性能

厚度不大于 15 mm 的镍及镍合金板材横向室温力学性能应符合表 6 规定。

表 6 板材的力学性能

牌号	交货状态	厚度/mm	室温力学性能，不小于			硬度	
			抗拉强度，R_m/(MPa)	规定非比例延伸强度[1]，$R_{p0.2}$/(MPa)	断后伸长率，A_{50mm}或$A_{11.3}$/(%)	HV	HRB
N4、N5 NW4-0.15 NW4-0.1 NW4-0.07	M	≤1.5[2]	350	85	35	—	—
		>1.5	350	85	40	—	—
	R[3]	>4	350	85	30	—	—
	Y	≤2.5	490	—	2	—	—
N6、N7、DN NSi0.19、 NMg0.1	M	≤1.5[2]	380	105	35	—	—
		>1.5	380	105	40	—	—
	R	>4	380	130	30	—	—
	Y[4]	>1.5	620	480	2	188～215	90～95
		≤1.5[2]	540	—	2	—	—
	Y_2[4]	>1.5	490	290	20	147～170	79～85
NCu28-2.5-1.5	M	—	440	160	25	—	—
	R[3]	>4	440	—	25	—	—
	Y_2[4]	—	570	—	6.5	157～188	82～90
NCu30	M	—	480	195	30	—	—
	R[3]	>4	510	275	25	—	—
	Y_2[4]	—	550	300	25	157～188	82～90

表 6(续)

牌号	交货状态	厚度/mm	室温力学性能,不小于			硬度	
			抗拉强度,R_m/(MPa)	规定非比例延伸强度[1],$R_{p0.2}$/(MPa)	断后伸长率,A_{50mm}或$A_{11.3}$/(%)	HV	HRB

1) 厚度≤0.5 mm 的板材不提供规定非比例延伸强度。

2) 厚度<1.0 mm 用于成型换热器的 N4 和 N6 薄板力学性能报实测数据。

3) 热轧板材可在最终热轧前做一次热处理。

4) 硬态及半硬态供货的板材性能,以硬度作为验收依据,需方要求时,可提供拉伸性能。提供拉伸性能时,不再进行硬度测试。

5) 仅适用于电真空器件用板。

3.5 外观质量

3.5.1 热轧板的外观质量

3.5.1.1 热轧板的表面应清洁,不应有裂纹、起皮、压折和夹杂。

3.5.1.2 板材不应有分层。

3.5.1.3 允许有轻微的、局部的、不使板材厚度超出其允许偏差的斑点、凹坑、压入物、皱纹、粗糙的辊印等缺陷。对局部不超过允许偏差的缺陷可采用修磨的方式去除。

3.5.2 冷轧板的外观质量

3.5.2.1 冷轧板的表面应光滑、清洁,不应有裂纹、起皮、气泡、压折和夹杂。

3.5.2.2 板材不应有分层。

3.5.2.3 允许有轻微的、局部的、不使板材厚度超出其允许偏差的划伤、斑点、凹坑、压入物和辊印等缺陷。

3.5.2.4 板材表面允许有轻微的氧化色、发红、发暗和轻微的局部油迹、水迹。

3.5.3 厚度不小于 1.5 mm 的板材应经酸洗或表面抛光、喷砂后交货,厚度小于 1.5 mm 的板材退火后不进行表面处理交货。

4 试验方法

4.1 化学成分的分析方法

镍铜合金(NCu28-2.5-1.5)的化学成分仲裁分析方法按 YS/T 325 规定的方法进行:

其他镍及镍合金的化学成分仲裁分析方法按 GB/T 8647 规定的方法进行,GB/T 8647 分析方法测定范围之外的化学成分,其分析方法由供需双方协商。

4.2 尺寸测量方法

4.2.1 板材的尺寸用相应精度的量具测量,板材厚度在距顶角不小于 100 mm 和距边部不小于 10 mm 处测量,测量范围以外的厚度超差不做报废依据。

4.3 室温力学性能检验方法

镍及镍合金板材的室温拉伸试验按 GB/T 228 进行。板材的洛氏硬度试验按 GB/T 231 进行;板材的维氏硬度试验按 GB/T 4340.1 进行。

4.4 外观质量检验方法

板材的外观质量检验用目视法进行。

5 检验规则

5.1 检查和验收

5.1.1 板材应由供方技术监督部门进行检验，保证产品质量符合本标准的规定，并填写质量证明书。

5.1.2 需方应对收到的产品按本标准的规定进行复验。复验结果与本标准及订货合同的规定不符时，应以书面形式向供方提出，由供需双方协商解决。属于表面质量及尺寸偏差的异议，应在收到产品之日起一个月内提出，属于其他的异议，应在收到产品之日起三个月内提出。如需仲裁，仲裁取样应由供需双方共同进行。

5.2 组批

板材应成批提交验收，每批应由同一牌号(炉批)、状态和规格组成。对于多炉熔炼组批的板材，批重应不超过 3 000 kg。

5.3 检验项目

每批板材应进行化学成分、外形尺寸偏差、力学性能和外观质量的检验。

5.4 取样

板材取样应符合表 7 的规定。化学成分供方以铸锭的分析结果报出，需方复验在成品上取样。

表 7 板材取样

检验项目	取样规定	要求的章条号	试验方法的章条号
化学成分	每炉 1 份	3.2	4.1
尺寸偏差	逐张检查	3.3	4.2
力学性能和硬度	按 GB/T 228，每批任取 2 张，每张各取 1 个横向试样，厚度＜3 mm 取 P_5，厚度≥3～6 mm 取 P_{12}，厚度＞6 mm 取 R_{07}。	3.4	4.3
外观质量	逐张检查	3.5	4.4

5.5 检验结果的判定

5.5.1 化学成分不合格时，判该批产品不合格。

5.5.2 产品外形尺寸偏差、外观质量不合格时，判该张板材不合格。

5.5.3 当力学性能试验结果中有试样不合格时，应从该批产品中取双倍数量的试样进行重复试验。重复试验结果全部合格，则判整批产品合格。若重复试验结果仍有试样不合格，则判该批产品不合格。允许供方逐张检验，合格者交货。

6 标志、包装、运输和贮存

6.1 标志

在已检验的板材上应打上如下标记(或贴标签)：

a) 供方质量监督部门的检印；

b) 牌号；

c) 供应状态；

d) 批号。

6.2 包装、运输和贮存

产品的包装、运输和贮存应符合 GB/T 8888 的规定。

6.3 质量证明书

每批板材应附有质量证明书，注明：

a） 供方名称；
b） 产品名称；
c） 产品牌号、规格和状态；
d） 熔炼炉号、批号、批重和件数；
e） 所规定的各项分析检验结果及质量检验部门印记；
f） 本标准号；
g） 包装日期。

7 订货单（或合同）内容

订购本标准所列材料的订货单（或合同）内应包括下列内容：
a） 产品名称；
b） 牌号；
c） 状态；
d） 尺寸规格；
e） 重量或张数；
f） 本标准编号；
g） 其他。

ICS 77.140.70
H 44

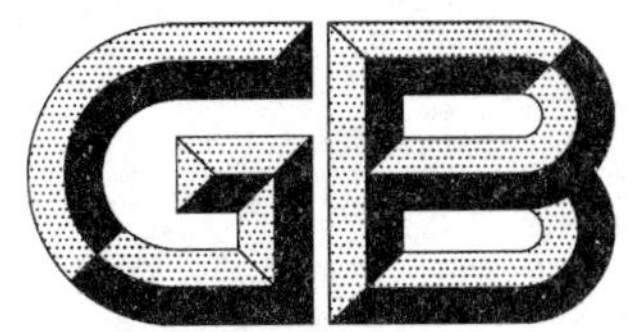

中华人民共和国国家标准

GB/T 2101—2008
代替 GB/T 2101—1989

型钢验收、包装、标志及质量证明书的一般规定

General requirement of acceptance, packaging, marking, and certification for section steel

2008-05-13 发布　　2008-11-01 实施

中华人民共和国国家质量监督检验检疫总局
中国国家标准化管理委员会　发布

前 言

本标准代替 GB/T 2101—1989《型钢验收、包装、标志及质量证明书的一般规定》。

本标准与 GB/T 2101—1989 相比，主要变化如下：

——规范了咬合法包装示意图；

——修改了复验与判定规则。

本标准由中国钢铁工业协会提出。

本标准由全国钢标准化技术委员会归口。

本标准起草单位：唐山钢铁股份有限公司、冶金工业信息标准研究院、首钢总公司、鞍山宝得钢铁有限公司。

本标准主要起草人：冯超、李致清、邓翠青、任翠英、唐牧、王洪新。

本标准所代替标准的历次版本发布情况为：

GB/T 2101—1980、GB/T 2101—1989。

型钢验收、包装、标志及质量证明书的一般规定

1 范围

本标准规定了型钢(条钢和盘条)的验收、包装、标志及质量证明书的一般技术要求。

本标准适用于热轧、冷拉(轧)、锻制及热处理型钢。

2 规范性引用文件

下列文件中的条款通过本标准的引用而成为本标准的条款。凡是注日期的引用文件,其随后所有的修改单(不包括勘误的内容)或修订版均不适用于本标准,然而,鼓励根据本标准达成协议的各方研究是否可使用这些文件的最新版本。凡是不注日期的引用文件,其最新版本适用于本标准。

GB/T 17505—1998 钢及钢产品交货一般技术要求(GB/T 17505—1998,eqv ISO 404:1992)

3 检验规则

3.1 检查和验收

3.1.1 型钢的质量由供方质量监督部门进行检查和验收。

3.1.2 供方必须保证交货的型钢符合有关标准的规定,需方有权按相应标准的规定进行检查和验收。

3.1.3 需方应在拆捆前按照型钢每捆的标志检查该捆型钢的长度、重量、每捆根数等内容,对上述内容有质量异议时不应拆捆。

3.2 组批规则

型钢应成批检验和验收,组批规则按相应标准的规定。

3.3 取样数量和取样部位

试验用取样数量、取样部位按相应标准的规定。

3.4 复验与判定规则

3.4.1 如果不合格的结果是从试验中测得的,仅规定单个值(例如拉伸试验、弯曲试验)时,应采用下列方法:

a) 试验单元是单件产品时,应对不合格项目做相同类型的双倍试验,双倍试验应全部合格,否则,产品应拒收;

b) 试验单元不是单件产品时,除非另有协议,供方可以将抽样产品从试验单元中挑出,也可不挑出:

1) 如果抽样产品不从试验单元中挑出,应从同一批中再任取双倍数量的试样进行该不合格项目的复验。复验结果应全部合格。

2) 如果抽样产品从试验单元中挑出,应随机从同一试验单元中选出另外两个抽样产品。然后从两个抽样产品中分别制取的试样,在与第一次试验相同的条件下再做一次同类型的试验,其试验结果应全部合格。

c) 成卷交货的产品复验不合格时,允许对该批产品逐卷进行检验,合格的单件产品允许交货。

3.4.2 按序贯方法得到的试验结果不合格时,如冲击试验,应按照 GB/T 17505—1998 中的 8.3.4.3.3 的要求进行判定。

3.4.3 出现白点时不允许复验。

3.5 其他

“试验结果无效”、“力学和化学试验结果的修约”和“重新分类和返修”的规定，可参照GB/T 17505—1998 中 8.4 和 8.5 和第 9 章的规定。

4 包装

4.1 尺寸小于或等于 30 mm 的圆钢、方钢、钢筋、六角钢、八角钢和其他小型型钢；边宽小于 50 mm 的等边角钢；边宽小于 63 mm×40 mm 的不等边角钢；宽度小于 60 mm 的扁钢；每米重量不大于 8 kg 的其他型钢必须成捆交货。其他规格的型钢如果选择成捆交货，其成捆要求也应符合本标准要求。每捆型钢应用钢带、盘条或铁丝捆扎结实，并一端平齐。

根据需方要求并在合同中注明亦可先捆扎成小捆，然后将数小捆再捆成大捆。示例见图 1。

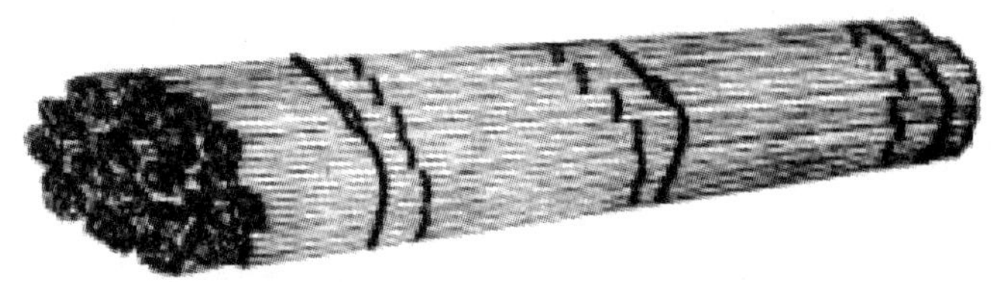

图 1 由小捆捆成大捆包装示意图

4.2 成捆交货型钢的包装应符合表 1 的规定。包装类别通常由供方选择，经供需双方协议并在合同中注明可采用其他包装类别。

表 1

包装类别	每捆重量/kg 不大于	捆扎道次		同捆长度差/mm 不大于
		长度≤6 000 mm	长度>6 000 mm	
		不少于		
1	2 000	4	5	1 000
2	4 000	3	4	2 000
3	5 000	3	4	—

4.2.1 倍尺交货的型钢、同捆长度差不受上表限制。

4.2.2 同一批中的短尺应集中捆扎，少量短尺集中捆扎后可并入大捆中，与该大捆的长度差不受上表限制。

4.2.3 长度小于或等于 2 000 mm 的锻制钢材，捆扎道次应不少于 2 道。

4.2.4 采用人工进行装卸的型钢，需在合同中注明。每捆重量不得大于 80 kg，长度等于或者大于 6 000 mm，均匀捆扎不少于 3 道；长度小于 6 000 mm，捆扎不少于 2 道。

4.3 成捆交货的工字钢、角钢、槽钢、方钢、扁钢等应采用咬合法或堆剁法包装，见图 2 和图 3。

4.4 冷拉钢、银亮钢应成捆或成盘交货，包装除符合表 1 的规定外，还应涂防锈油或防锈涂剂，用中性防潮纸和包装材料依次包裹，铁丝捆牢。捆重不得大于 2 t。

4.5 热轧盘条应成盘或成捆（可由数盘组成）交货。盘和捆均用铁丝、盘条或钢带捆扎牢固，不少于 2 道。

4.6 对于钢帘线用钢等有特殊要求的产品，根据需方要求可增加防锈和防碰伤包装。

a)　　b)

c)

图 2　咬合法包装示意图

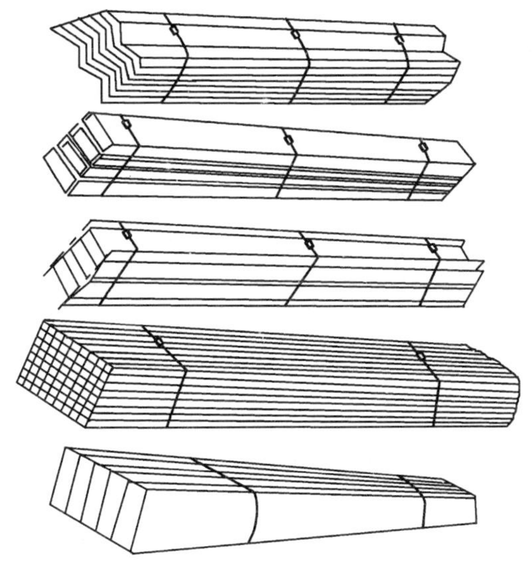

图 3　堆剁包装示意图

5　标志

5.1　型钢的标志应包括供方名称(商标)、牌号、炉(批)号、型号、规格、重量或每捆根数等。标志可采用热轧印、打钢印、喷印、盖印、挂标牌、粘贴标签和放置卡片等方式。标志应字迹清楚,牢固可靠。

5.2　逐根交货的型钢(冷拉钢除外),应在端面或靠端部逐根作上牌号、炉(批)号等印记。成捆交货的普通中型型钢可不逐根标记。

5.3　成捆(盘)交货的型钢,每捆(盘)至少挂两个标牌,标牌上应有供方名称(或厂标)、牌号、炉(批)号、尺寸(或型号)、重量等印记。

每根型钢作有标志时,可不挂标牌。

5.4　型钢涂色应符合有关标准的规定。

6 质量证明书

6.1 每批交货的型钢应附有证明该批型钢符合标准要求和订货合同的质量证明书。

6.2 填写质量证明书应字迹清楚，并注明以下内容：

a) 供方名称或商标；

b) 需方名称；

c) 发货日期；

d) 标准号；

e) 牌号；

f) 炉（批）号、交货状态、加工用途、重量、支数或件数；

g) 品种名称、尺寸（型号）和级别；

h) 标准和合同中所规定的各项试验结果；

i) 供方质量监督部门印记。

ICS 77.140.65
H 49

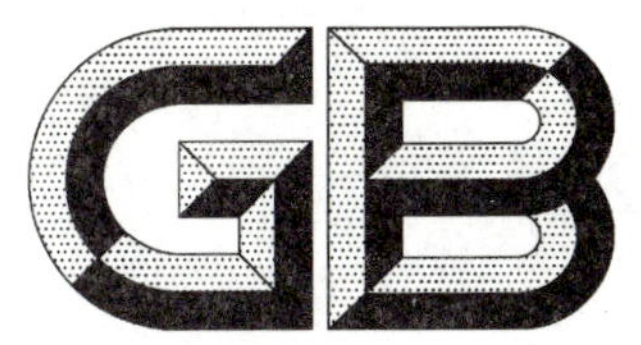

中华人民共和国国家标准

GB/T 2103—2008
代替 GB/T 2103—1988

钢丝验收、包装、标志及质量证明书的一般规定

General requirements for acceptance, packing, marking and quality certification of steel wire

2008-08-19 发布　　2009-04-01 实施

中华人民共和国国家质量监督检验检疫总局
中国国家标准化管理委员会　发布

前　言

本标准代替 GB/T 2103—1988《钢丝验收、包装、标志及质量证明书的一般规定》。

本标准与 GB/T 2103—1988 相比，主要变化如下：

——对优质钢丝以外的钢丝，加严形状、尺寸和表面检查数量；

——力学性能取样数量的变化，优质钢丝由抽取 10%修改为 5%；

——包装类型的变化，由Ⅰ、Ⅱ、Ⅱc、Ⅲ、Ⅳ及Ⅴ共 6 种，修改为 A～G 共 7 种；

——包装名称的变化，将防潮、防锈油和气相防锈包装合并为防锈包装；

——包装方法的变化，修改了防护包装和防锈包装的外包装，增加不带芯轴或带芯轴密排层绕包装、线轴包装和带线架包装；

——修改了直条钢丝的捆扎道次；

——包装材料的变化，将一般钢丝和优质钢丝的捆扎钢丝和捆扎钢带的要求，合并为无镀层钢丝的要求；

——增加了包装方法(见附录 A)。

本标准附录 A 为资料性附录。

本标准由中国钢铁工业协会提出。

本标准由全国钢标准化技术委员会归口。

本标准主要起草单位：东北特殊钢集团有限责任公司、冶金工业信息标准研究院、贵州钢绳股份有限公司、宝钢集团上海二钢有限公司。

本标准主要起草人：徐效谦、真娟、王玲君、戴石锋、杨红英、周代义。

本标准所代替标准的历次版本发布情况为：

——GB 2103—1980，GB/T 2103—1988。

钢丝验收、包装、标志及质量证明书的一般规定

1 范围

本标准规定了钢丝的验收规则、包装、标志、质量证明书及贮存和运输等。

本标准适用于钢丝验收、包装、标志及质量证明书的一般规定，当钢丝产品标准另有规定时，应按相应产品标准规定执行。

2 规范性引用文件

下列文件中的条款通过本标准的引用而成为本标准的条款。凡是注日期的引用文件，其随后所有的修改单(不包括勘误的内容)或修订版均不适用于本标准，然而，鼓励根据本标准达成协议的各方研究是否可使用这些文件的最新版本。凡是不注日期的引用文件，其最新版本适用于本标准。

GB/T 4879—1999 防锈包装

YB/T 025—2002 包装用钢带

YB/T 5294—2006 一般用途低碳钢丝

JB/T 6067—1999 气相防锈塑料薄膜

JB/T 6071 气相防锈剂

QB/T 1319 气相防锈纸

SH/T 0692—2000 防锈油

3 验收规则

3.1 检查和验收

3.1.1 钢丝的检查和验收由供方质量监督部门进行。

3.1.2 供方必须保证交货的钢丝符合相应产品标准和合同的要求。需方有权按相应产品标准和合同的要求进行验收。

3.2 组批规则

钢丝应成批验收。每批钢丝由同一牌号、同一炉号(或同一生产批号)、同一形状、同一尺寸及同一交货状态的钢丝组成。

3.3 取样数量

3.3.1 钢丝的取样数量应符合相应产品标准的规定。

3.3.2 如果产品标准未规定取样数量，则按下列规定执行：

钢丝应逐盘进行形状、尺寸和表面检查。

从检查合格的钢丝中抽取5%，但不少于三盘，进行力学性能试验及其他试验。

3.4 复验与判定规则

在检查中，如有某一项检查结果不符合产品标准或合同的要求，则该盘不得交货。并从同一批未经试验的钢丝盘中取双倍数量的试样进行该不合格项目的复验(包括该项试验所要求的任一指标)，复验结果即使有一个试样不合格，则不得整批交货，但允许对该批产品逐盘检验，合格产品允许交货。供方可以对复验不合格钢丝进行分类加工(包括热处理)后，重新提交验收。

4 包装

4.1 包装类型

4.1.1 钢丝按 GB/T 4879—1999 中的 3 级包装(防锈期限 2 年)规定进行包装,包装类型和要求应符合表 1 规定。包装类型应在产品标准中规定,或在合同中注明。未注明的由供方根据产品特性和运输方法确定包装方式。经供需双方协商,也可采用其他方法进行包装。

表 1 钢丝的包装类型及包装要求

包装类型	包装名称	防锈剂	内包装	外包装	捆扎
A	无防护包装	—	—	—	盘卷捆扎不少于 4 处,直条按表 2 规定
B	防护包装	—	—	防潮、防水、无腐蚀材料或聚丙烯编织物等	盘卷捆扎不少于 4 处,直条按表 2 规定
C	防锈包装	防锈油、脂	中性石蜡纸、聚乙烯薄膜或中性复合材料等	麻布、塑料编织物或其他材料	盘卷捆扎不少于 4 处,直条按表 2 规定
D	不带芯轴或带芯轴密排层绕包装	防锈油或气相缓蚀剂	硬(纤维)纸套桶、中性石蜡纸或气相防锈塑料薄膜	麻布、塑料编织物或其他材料	内、外包装捆扎均不少于 4 处
E	线轴包装	气相缓蚀剂	袋装干燥剂、热塑封包或铝塑薄膜真空封装	瓦楞纸箱	底部垫板,塑料封包
F	工字轮包装	防锈油或气相缓蚀剂	中性石蜡纸	塑料编织物或其他材料	外捆扎不少于 2 处
G	容器包装	防锈油或气相缓蚀剂	内衬气相防锈塑料薄膜或气相防锈纸,干燥剂	包装桶或木箱	牢固封严

4.1.2 直条钢丝要用镀锌钢丝(或软钢丝)捆扎结实,捆扎道次应符合表 2 规定。

表 2 直条钢丝的最少捆扎道次

钢丝长度/m	最少捆扎道次	
	内捆扎	外捆扎
≤3.0	3	3
>3.0～6.0	3	4
>6.0～9.0	4	5
>9.0	5	6

4.2 包装方法

4.2.1 钢丝可以选用成捆、不带芯轴或带芯轴密排层绕、缠线轴(工字轮)、带线架或装容器包装;直条钢丝可以成捆或装箱包装。根据产品标准规定或需方要求,可以供应定盘重、定捆重或定尺长度的钢丝。

4.2.2 钢丝具体包装方法参见附录 A《钢丝包装方法》。

4.3 包装材料

4.3.1 捆扎用钢丝或钢带的技术指标应不低于表3规定。若采用其他捆扎材料，材料性能应不低于捆扎钢丝或钢带的要求。

4.3.2 内包装材料应选用中性石蜡纸、聚乙烯薄膜、气相防锈纸和气相防锈塑料薄膜等中性、耐油、防潮的包装材料，也可用耐油复合材料直接包装。

4.3.3 防锈材料

4.3.3.1 防锈油应选用SH/T 0692—2000标准中列出的溶剂稀释型防锈油、润滑油型防锈或气相防锈油中的任一种或几种混合使用。若采用其他防锈油，其质量不应低于上述防锈油的技术指标。

4.3.3.2 要求气相防锈的钢丝应采用符合QB/T 1319规定的气相防锈纸，或符合JB/T 6067—1999规定的气相防锈塑料薄膜包装，或放入气相防锈粉剂、片剂、丸剂等符合JB/T 6071规定的气相缓蚀剂，内包装要求密封。

表3 捆扎用钢丝或钢带的技术要求

捆扎材料	钢丝分类	无镀层钢丝		镀层钢丝	
	钢丝直径/mm	＜1.6	≥1.6	＜1.6	≥1.6
捆扎钢丝	标准	YB/T 5294—2006，1类镀锌(SZ)丝或强度相近的软钢丝		YB/T 5294—2006，1类镀锌(SZ)丝	
	直径/mm	≤1.6	＞1.6～2.0	≤1.6	＞1.6～2.0
捆扎钢带	标准	YB/T 025—2002，Ⅱ-P-G类		YB/T 025—2002，Ⅱ-P-D类	
	规格/mm	0.4～0.6×13～16	＞0.6～0.8×13～32	0.4～0.6×13～16	＞0.6～0.8×13～32

5 标志

钢丝内外包装均应挂有标牌，标牌字迹要清晰，绑敷牢固、不易脱落，标牌上应包含但不限于以下内容：

a) 供方名称或商标；

b) 产品名称；

c) 牌号；

d) 炉号或批号；

e) 尺寸(规格)；

f) 外包装标牌上应注明毛重、净重及件数。

6 质量证明书

每批钢丝必须附有质量证明书，质量证明书应包含但不限于以下内容：

a) 供方名称或商标；

b) 需方名称；

c) 发货日期；

d) 产品标准号；

e) 产品名称及牌号(组别)；

f) 炉号或批号；

g) 尺寸(规格)；

h) 交货状态；

i) 重量、件数；

j) 合同号；

k) 产品标准规定的各项检验结果(包括参考性指标)；

l) 包装类型；

m) 质量监督部门印章。

7 贮存和运输

7.1 钢丝应在清洁、干燥、并在防雨防潮条件下分类贮存。

7.2 钢丝应平稳装卸，整齐堆垛，防止从高处跌落。

7.3 钢丝在中途转运过程中应放在干燥场地，底层用干燥垫木，上面用雨布封严，防止受潮。

附 录 A
（资料性附录）
钢丝包装方法

A.1 成捆包装

A.1.1 每捆钢丝允许由一盘卷或数盘卷钢丝组成，除需方另有要求，每捆钢丝重量由供方根据生产和运输条件确定，一般不大于 2 000 kg。

A.1.2 每盘卷应由一根钢丝组成，要用镀锌钢丝（或软钢丝）、钢带或不影响钢丝表面质量并能满足捆扎要求的材料捆扎结实，捆扎应均匀，不少于 4 处。用钢带包装时，带下必须衬垫无腐蚀性软垫。直径小于 0.7 mm 的成盘钢丝，可用自身端头缠绕扎紧；直径不大于 4 mm 的成盘钢丝，端头应弯入盘内或作标志；直径大于 4 mm 的成盘钢丝，端头应有明显标志。

A.2 不带芯轴和带芯轴密排层绕包装

在可拆卸工字轮或收线轴上套一个硬质（纤维）套桶，层绕排线完成后钢丝端头作标识，连同套桶一起卸下，在两端套上硬质（纤维）档环，用镀锌钢丝或不影响钢丝表面质量并能满足捆扎要求的材料捆扎结实，捆扎应均匀，不少于 4 处。按表 1 要求作内、外包装，并捆扎妥当。

A.3 线轴（工字轮）包装

钢丝整齐排绕在线轴（工字轮）上，端部有明显标识。线轴（工字轮）缠绕钢丝高度不得超过 90%，外缠一层气相防锈纸或气相防锈塑料薄膜，再用热缩塑料套封或铝塑薄膜真空封装。封装的线轴装入尺寸合适的瓦楞纸箱中，纸箱表面标志要明显，不易脱落。

A.4 带线架包装

使用带锥度的钢制装线架，将架杆装线部位用塑料薄膜包裹好，架底套上木制环板，然后采用倒立式下线机将钢丝直接卸在线架上，达到额定重量（或长度）后，在钢丝端部作标记，顶部加盖环板，钢丝外围用中性包装纸、塑料薄膜成编织布围裹，再用包装带将上下盖板与线架捆扎牢靠。带线架包装可以单架交货，也可以两个线架套装交货；线架可以一次性使用（丢弃线架），也可以反复使用。

A.5 容器包装

A.5.1 带芯轴的硬纸（纤维）桶包装

倒立式下线机将钢丝直接下到中间带有芯轴的硬纸（纤维）桶中，硬纸（纤维）桶中放入防锈粉和干燥剂，顶部和底部加环形盖板密封，再用钢带捆牢。纸桶一般内衬塑料薄膜，也可用气相防锈塑料薄膜覆盖。几个纸桶可装在一个木质托架上，用钢带捆牢即可发运。

A.5.2 硬纸（纤维）桶、铁桶或木箱包装

将内包装好的盘卷钢丝或带芯轴层绕钢丝直接装入桶或木箱中，加入防锈粉和干燥剂，密封包装。集中包装发运程序同上。

ICS 77.150
H 64

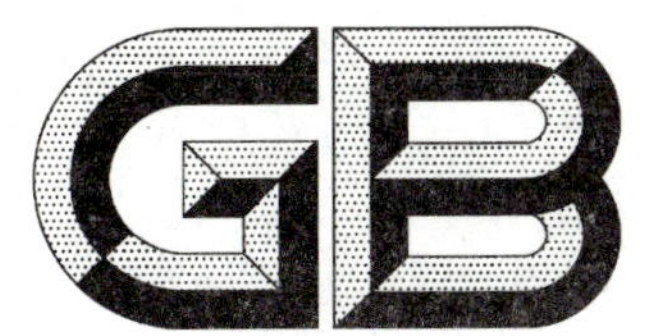

中华人民共和国国家标准

GB/T 2965—2007
代替 GB/T 2965—1996

钛及钛合金棒材

Titanium and titanium alloy bars

2007-11-23 发布　　2008-06-01 实施

中华人民共和国国家质量监督检验检疫总局
中国国家标准化管理委员会　发布

前　言

本标准代替 GB/T 2965—1996《钛及钛合金棒材》。

本标准与 GB/T 2965—1996 比较，主要有以下变动：

——扩大了棒材的尺寸范围：最小直径或截面厚度从 8 mm 变为＞7 mm，棒材的最大直径从 200 mm扩大到 230 mm，退火态棒材的长度范围扩大为 300 mm～3 000 mm；

——根据 GB/T 3620.1 中工业纯钛牌号及其化学成分的修订情况，将工业纯钛的牌号相应修改为 TA1、TA2、TA3 和 TA4；

——增加了 TA13、TA15、TA19、TC4 ELI 等钛合金牌号；

——参照 ASTM B348：06 标准，修订了力学性能要求所对应的棒材的横截面积和截面厚度的规定；

——增加了工业纯钛牌号及 TA13、TA15、TA19、TC4 ELI 等牌号钛合金棒材的技术要求；

——提高了棒材直径或截面厚度的尺寸允许偏差要求；

——增加了资料性附录 B，并对标准格式进行了编辑修改。

本标准的附录 A、附录 B 是资料性附录。

本标准由中国有色金属工业协会提出。

本标准由全国有色金属标准化技术委员会归口。

本标准由宝钛集团有限公司、宝鸡钛业股份有限公司负责起草。

本标准主要起草人：张平辉、王永梅、黄永光、冯永琦、李渭清、王韦琪。

本标准所代替标准的历次版本发布情况为：

——GB/T 2965—1996、GB/T 2965—1987。

钛及钛合金棒材

1 范围

本标准规定了钛及钛合金棒材的要求、试验方法、检验规则和标志、包装、运输、贮存及订货单(或合同)内容。

本标准适用于锻造、挤压、轧制和拉拔的钛及钛合金圆形和矩形棒材。

2 规范性引用文件

下列文件中的条款通过本标准的引用而成为本标准的条款。凡是注日期的引用文件,其随后所有的修改单(不包括勘误的内容)或修订版均不适用于本标准,然而,鼓励根据本标准达成协议的各方研究是否可使用这些文件的最新版本。凡是不注日期的引用文件,其最新版本适用于本标准。

GB/T 228　金属材料　室温拉伸试验方法

GB/T 2039　金属拉伸蠕变及持久试验方法

GB/T 3620.1　钛及钛合金牌号和化学成分

GB/T 3620.2　钛及钛合金加工产品化学成分允许偏差

GB/T 4338　金属材料　高温拉伸试验

GB/T 4698(所有部分)　海绵钛、钛及钛合金化学分析方法

GB/T 5168　两相钛合金高低倍组织检验方法

GB/T 5193　钛及钛合金加工产品超声波探伤方法

GB/T 8180　钛及钛合金加工产品的包装、标志、运输和贮存

3 要求

3.1 产品分类

3.1.1 棒材的牌号、状态和规格应符合表1的规定。

表 1

<table>
<tr><th>牌　　号</th><th>供应状态[a]</th><th>直径或截面厚度[b]/mm</th><th>长度[b]/mm</th></tr>
<tr><td rowspan="3">TA1、TA2、TA3、TA4、TA5、TA6、TA7、TA9、TA10、TA13、TA15、TA19、TB2、TC1、TC2、TC3、TC4、TC4、ELI、TC6、TC9、TC10、TC11、TC12</td><td>热加工态(R)</td><td rowspan="3">>7～230</td><td>300～6 000</td></tr>
<tr><td>冷加工态(Y)</td><td>300～6 000</td></tr>
<tr><td>退火状态(M)</td><td>300～3 000</td></tr>
</table>

[a] TC9、TA19和TC11钛合金棒材的供应状态为热加工态(R)和冷加工态(Y);TC6钛合金棒材的退火态(M)为普通退火态。

[b] 经供需双方协商,可供应超出表中规格的棒材。

3.1.2 标记示例

示例1:直径50 mm、长度3 000 mm的TC4钛合金热加工态圆棒标记为:TC4 Rϕ50×3 000 GB/T 2965—2007

示例2:截面厚度均为60 mm、长度为2 000 mm的TA15钛合金退火态方棒标记为:TA15 M 60×60×2 000 GB/T 2965—2007

示例3:直径10 mm、长度4 000 mm的TC4钛合金冷加工态圆棒标记为:TC4 Y ϕ10×4 000 GB/T 2965—2007

3.2 化学成分

钛及钛合金棒材的化学成分应符合 GB/T 3620.1 的规定。需方在产品上复验时，化学成分的允许偏差应符合 GB/T 3620.2 的规定。

3.3 力学性能

3.3.1 棒材的力学性能在经热处理后的试样坯上测试。试样的推荐热处理制度参照附录 A 进行。

3.3.2 棒材横截面积不大于 64.5 cm^2 且矩形棒的截面厚度不大于 76 mm 时，其纵向室温力学性能应符合表 2 的规定，当需方要求并在合同中注明时，其纵向高温力学性能应符合表 3 规定。

表 2

牌号	室温力学性能，不小于				
	抗拉强度 R_m/MPa	规定非比例延伸强度 $R_{p0.2}$/MPa	断后伸长率 A/%	断面收缩率 Z/%	备　注
TA1	240	140	24	30	
TA2	400	275	20	30	
TA3	500	380	18	30	
TA4	580	485	15	25	
TA5	685	585	15	40	
TA6	685	585	10	27	
TA7	785	680	10	25	
TA9	370	250	20	25	
TA10	485	345	18	25	
TA13	540	400	16	35	
TA15	885	825	8	20	
TA19	895	825	10	25	
TB2	≤980	820	18	40	淬火性能
	1 370	1 100	7	10	时效性能
TC1	585	460	15	30	
TC2	685	560	12	30	
TC3	800	700	10	25	
TC4	895	825	10	25	
TC4 ELI	830	760	10	15	
TC6[a]	980	840	10	25	
TC9	1 060	910	9	25	
TC10	1 030	900	12	25	
TC11	1 030	900	10	30	
TC12	1 150	1 000	10	25	

[a] TC6 棒材测定普通退火状态的性能。当需方要求并在合同中注明时，方测定等温退火状态的性能。

表 3

牌号	试验温度/℃	高温力学性能，不小于			
		抗拉强度 R_m/MPa	持久强度/MPa		
			σ_{100h}	σ_{50h}	σ_{35h}
TA6	350	420	390	—	—
TA7	350	490	440	—	—
TA15	500	570	—	470	—
TA19	480	620	—	—	480
TC1	350	345	325	—	—
TC2	350	420	390	—	—
TC4	400	620	570	—	—
TC6	400	735	665	—	—
TC9	500	785	590	—	—
TC10	400	835	785	—	—
TC11[a]	500	685	—	—	640[a]
TC12	500	700	590	—	—

[a] TC11 钛合金棒材持久强度不合格时，允许再按 500℃的 100h 持久强度 $\sigma_{100h}\geqslant$590 MPa 进行检验，检验合格则该批棒材的持久强度合格。

3.3.3 截面尺寸超出 3.3.2 规定的棒材，当需方要求并在合同中注明时，可测定棒材的横向力学性能，报实测值或由供需双方协商确定指标。

3.4 尺寸允许偏差

3.4.1 棒材以热加工或冷加工表面交货，也可经车(磨)光后交货。

3.4.2 棒材的直径或截面厚度及其允许偏差应符合表 4 的规定。

表 4

单位为毫米

直径或截面厚度	允许偏差		
	热锻造或挤压棒	热轧棒	车(磨)光棒、冷轧或冷拉棒
＞7～15	±1.0	+0.6 −0.5	±0.3
＞15～25	±1.5	+0.7 −0.5	±0.4
＞25～40	±2.0	+1.2 −0.5	±0.5
＞40～60	±2.5	+1.5 −1.0	±0.6
＞60～90	±3.0	+2.0 −1.0	±0.8
＞90～120	±3.5	+2.2 −1.2	±1.2
＞120～160	±5.0	—	±1.8
＞160～200	±6.5	—	±2.0
＞200～230	±7.0	—	±2.5

3.4.3 棒材的定尺或倍尺长度应在其不定尺长度范围内，定尺长度的允许偏差为+20 mm，倍尺长度还应计入棒材切断时的切口量，每一切口量为 5 mm。定尺或倍尺长度应在合同中注明。

3.4.4 棒材两端应切平整，切斜应不大于 5 mm。

3.4.5 棒材的弯曲度应符合表 5 的规定。

表 5

制造方法	直径或截面厚度/mm	弯曲度/(mm/m) 不大于
热加工	<35	6
	≥35	10
热加工后经车(磨)光及冷加工的圆棒、矩形棒	<35	4
	≥35	5

3.5 β 转变温度

当需方要求并在合同中注明时，棒材(工业纯钛 TA1、TA2、TA3 和 TA4 除外)应按熔炼炉号提供β转变温度。

3.6 超声波探伤

当需方要求并在合同中注明时，棒材可进行超声波探伤。超声波探伤应符合 GB/T 5193 的规定，其验收级别由供需双方协商确定。

3.7 低倍组织

棒材的横向低倍组织不应有裂纹、缩尾、气孔、金属或非金属夹杂、影响使用的偏析及其他目视可见的冶金缺陷。

3.8 显微组织

需方对棒材的显微组织有要求时，由供需双方协商确定并在合同中注明。

3.9 外观质量

3.9.1 棒材表面允许存在不大于直径或厚度允许偏差之半的轻微划伤、压痕、麻点和皱褶等缺陷。

3.9.2 棒材表面局部缺陷应予以清除，清理深度不超过产品的相应尺寸允许偏差；且其清除部位的深度与宽度之比应不大于 1∶6。

3.10 表面状况

合同中要求进行超声波探伤的车(磨)光棒材，其表面粗糙度的 *Ra* 值应不大于 3.2 μm(以满足探伤要求为准)。

4 试验方法

4.1 化学成分分析按 GB/T 4698 进行。

4.2 室温拉伸试验按 GB/T 228 进行。室温拉伸试验选用 R7 试样。

4.3 高温拉伸试验按 GB/T 4338 进行。

4.4 高温持久试验按 GB/T 2039 进行。

4.5 β转变温度用金相淬火法或其他方法测定。

4.6 超声波探伤检验按 GB/T 5193 进行。

4.7 低倍、显微组织检验按 GB/T 5168 进行。

4.8 棒材尺寸检验用相应精度的量具进行。

4.9 棒材的外观质量用目视检验。

4.10 棒材的表面粗糙度检验用标块对比法进行。

5 检验规则

5.1 检查和验收

5.1.1 棒材应由供方质量检验部门进行检验，保证产品质量符合本标准的规定，并填写质量证明书。

5.1.2 需方应对收到的产品按本标准的规定进行复验。复验结果与本标准及订货合同的规定不符时，应以书面形式向供方提出，由供需双方协商解决。属于表面质量及尺寸偏差的异议，应在收到产品之日起一个月内提出，属于其他性能的异议，应在收到产品之日起三个月内提出。如需仲裁，仲裁取样应由供需双方共同进行。

5.2 组批

棒材应成批提交验收，每批应由同一牌号、熔炼炉号、热处理炉(批)、规格、制造方法、状态和生产周期的棒材组成。

5.3 检验项目

每批棒材应进行化学成分、室温力学性能、外形尺寸偏差、外观质量、表面状况和低倍组织的检验。如合同中有要求时还应进行高温力学性能、β转变温度、超声波探伤和显微组织等检验。

5.4 取样

棒材的取样应符合表6的规定。

表6

检验项目	取样规定	要求的章条号	试验方法的章条号
化学成分[a]	每批1份	3.2	4.1
力学性能	每批取2根，各取1个试样	3.3	4.2、4.3、4.4
尺寸偏差	逐根检验	3.4	4.8
β转变温度[b]	任意部位，每炉1份	3.5	4.5
超声波探伤	逐根检验	3.6	4.6
低倍组织	每批取1根，取1个横向试样	3.7	4.7
显微组织	每批取1根，取1个横向试样	3.8	4.7
外观质量	逐根检验	3.9	4.9
表面状况	逐根检验	3.10	4.10

a 氢含量在距离棒材表面4 mm～6 mm处取样；其他化学成分，供方以原铸锭的分析结果报出，需方复验在棒材上取样。

b 供方可按铸锭的分析结果报出，需方在棒材上取样检验。

5.5 检验结果的判定

5.5.1 棒材化学成分检验结果不合格时，该批棒材不合格。

5.5.2 棒材尺寸允许偏差、超声波探伤、外观质量、表面状况不合格时，单根不合格，但允许供方切除不合格部分后重新检验，合格者交货。

5.5.3 当力学性能检验结果中有试样不合格时，应从该批棒材(包括原检验不合格的棒材)中另取双倍数量的试样对该项目进行重复试验，试验结果全部合格，则该批棒材合格。若仍有一个结果不合格，则判该批棒材不合格，但允许供方对其余棒材逐根检验，合格者交货。或进行重新热处理后重新取样检验。

5.5.4 低倍组织试样中有裂纹、非金属夹杂物和缩尾时，允许供方逐根检验，剔除缺陷，合格者交货。

5.5.5 显微组织检验不合格时，判该批棒材不合格，但允许供方对其余棒材逐根检验，合格者交货。

6 标志、包装、运输、贮存

6.1 产品标志

在检验的每根或每捆棒材上应打钢印(或贴标签、挂标牌)标记如下内容：

a) 供方质量检验部门的检印；

b) 生产厂名称、商标；

c) 产品牌号；

d) 批号或熔炼炉号；

e) 供应状态。

6.2 包装、标志、运输、贮存

棒材的包装、标志、运输和贮存应符合 GB/T 8180 的规定。

6.3 质量证明书

每批棒材应附有产品质量证明书,其上注明：

a) 供方名称；

b) 产品名称；

c) 牌号；

d) 规格；

e) 供应状态；

f) 批号或熔炼炉号；

g) 净重和件数；

h) 各项分析检验结果和质量检验部门印记；

i) 本标准编号；

j) 出厂日期(或包装日期)。

7 订货单(或合同)内容

订购本标准所列材料的订货单(或合同)内应包括下列内容：

a) 产品名称；

b) 牌号；

c) 状态；

d) 尺寸规格；

e) 重量或支数；

f) 特殊要求；

g) 本标准编号；

h) 其他。

附　录　A
（资料性附录）
钛及钛合金的热处理制度

A.1　钛及钛合金的热处理制度

钛及钛合金棒材或试样坯可按表A.1进行热处理。

表 A.1

牌号	加热温度，保温时间，冷却方式
TA1	600℃～700℃，1h～3h，空冷
TA2	600℃～700℃，1h～3h，空冷
TA3	600℃～700℃，1h～3h，空冷
TA4	600℃～700℃，1h～3h，空冷
TA5	700℃～850℃，1h～3h，空冷
TA6	750℃～850℃，1h～3h，空冷
TA7	750℃～850℃，1h～3h，空冷
TA9	600℃～700℃，1h～3h，空冷
TA10	600℃～700℃，1h～3h，空冷
TA13	780℃～800℃，0.5h～2h，空冷
TA15	700℃～850℃，1h～4h，空冷
TA19	955℃～985℃，1h～2h，空冷；575℃～605℃，8h，空冷
TB2	淬火：800℃～850℃，30min，空冷或水冷。 时效：450℃～500℃，8h，空冷
TC1	700℃～850℃，1h～3h，空冷
TC2	700℃～850℃，1h～3h，空冷
TC3	700℃～800℃，1h～3h，空冷
TC4	700℃～800℃，1h～3h，空冷
TC4 ELI	700℃～800℃，1h～3h，空冷
TC6	普通退火：800℃～850℃，保温1h～2h，空冷。 等温退火：870℃±10℃，1h～3h，炉冷至650℃，2h，空冷
TC9	950℃～1 000℃，1h～3h，空冷＋530℃±10℃，6h，空冷
TC10	700℃～800℃，1h～3h，空冷
TC11	950℃±10℃，1h～3h，空冷＋530℃±10℃，6h，空冷
TC12	700℃～850℃，1h～3h，空冷

注1：TC11的首次退火温度允许在β转变温度以下30℃～50℃内进行调整。
注2：当合同中注明时，可选等温退火。

附 录 B
（资料性附录）
旧标准中工业纯钛的牌号、化学成分及室温力学性能

B.1 旧标准中工业纯钛的牌号及其化学成分见表 B.1。

表 B.1

%（质量分数）

牌号	主要成分	杂质元素，不大于						
	Ti	Fe	C	N	H	O	其余单个杂质	其余杂质总和
TA0	余量	0.15	0.10	0.03	0.015	0.15	0.1	0.4
TA1	余量	0.25	0.10	0.03	0.015	0.20	0.1	0.4
TA2	余量	0.30	0.10	0.05	0.015	0.25	0.1	0.4
TA3	余量	0.40	0.10	0.05	0.015	0.30	0.1	0.4

B.2 旧标准中工业纯钛的室温力学性能见表 B.2。

表 B.2

牌号	室温力学性能，不小于			
	抗拉强度 R_m/MPa	规定比例延伸强度 $R_{p0.2}$/MPa	断后伸长率 A/%	断面收缩率 Z/%
TA0	280	170	24	30
TA1	370	250	20	30
TA2	440	320	18	30
TA3	540	410	15	25

前　　言

本标准对 GB/T 3077—1988《合金结构钢技术条件》进行了修订。

本标准此次修订对下列技术内容进行了修改：

——标准名称改为“合金结构钢”；

——经供需双方协商，可提供大于 250 mm 的棒材；

——增加“订货内容”一章；

——增加钢产品标记代号和牌号的统一数字代号；

——删除 30Mn2MoW、20Mn2B、20SiMnVB、20Cr3MoWVA、20CrV 等 5 个牌号，增加我国自行研制的 18CrMnNiMoA；

——增加规定残余钼含量上限；

——取消原标准中的 3.1.1.3、3.1.1.5、3.5.2.1 和 3.5.2.2 条文；

——对表 3 中热处理工艺及个别牌号热处理参数进行了适当调整。

本标准自实施之日起，代替 GB/T 3077—1988《合金结构钢技术条件》。

本标准由国家冶金工业局提出。

本标准由全国钢标准化技术委员会归口。

本标准主要起草单位：大冶特殊钢股份有限公司、冶金部信息标准研究院、上海五钢(集团)有限公司。

本标准主要起草人：方军、刘文德、栾燕、韩国亮、陈长西。

本标准 1982 年 5 月首次发布，1988 年 2 月第一次修订。

中华人民共和国国家标准

GB/T 3077—1999

合 金 结 构 钢

代替 GB/T 3077—1988

Alloy structure steels

1 范围

本标准规定了热轧和锻制的合金结构钢尺寸、外形、重量及允许偏差、技术要求、试验方法、检验规则、包装、标志和质量证明书等。

本标准适用于直径或厚度不大于 250 mm 的合金结构钢棒材。经供需双方协商，也可供应直径或厚度大于 250 mm 的合金结构钢棒材。

本标准所规定牌号的化学成分亦适用于钢锭、钢坯及其制品。

2 引用标准

下列标准所包含的条文，通过在本标准中引用而构成为本标准的条文。本标准出版时，所示版本均为有效。所有标准都会被修订，使用本标准的各方应探讨使用下列标准最新版本的可能性。

GB/T 222—1984 钢的化学分析用试样取样法及成品化学成分允许偏差
GB/T 224—1984 钢的脱碳层深度测定法
GB/T 225—1988 钢的淬透性末端淬火试验方法
GB/T 226—1991 钢的低倍组织及缺陷酸蚀检验法
GB/T 228—1987 金属拉伸试验方法
GB/T 229—1994 金属夏比缺口冲击试验方法
GB/T 231—1984 金属布氏硬度试验方法
GB/T 233—1982 金属顶锻试验方法
GB/T 702—1986 热轧圆钢和方钢尺寸、外形、重量及允许偏差
GB/T 908—1987 锻制圆钢和方钢尺寸、外形、重量及允许偏差
GB/T 1979—1980 结构钢低倍组织缺陷评级图
GB/T 2101—1989 型钢验收、包装、标志及质量证明书的一般规定
GB/T 2975—1998 钢及钢产品力学性能试验取样位置及试样制备
GB/T 4336—1984 碳素钢和中低合金钢的光电发射光谱分析方法
GB/T 6397—1986 金属拉伸试验试样
GB/T 7736—1987 钢的低倍组织及缺陷超声波检验法
GB/T 10561—1989 钢中非金属夹杂物显微评定方法
GB/T 13299—1991 钢的显微组织评定法
GB/T 15711—1995 钢材塔形发纹酸浸检验方法
GB/T 17505—1998 钢及钢产品交货一般技术条件
GB/T 17616—1998 钢铁及合金产品牌号统一数字代号
YB/T 5148—1993 金属平均晶粒度测定法

钢中各元素的化学分析方法的引用标准见附录 A(标准的附录)。

国家质量技术监督局 1999-11-01 批准　　2000-01-01 实施

3 订货内容

按本标准订货的合同或订单应包括下列内容：

a) 标准编号；

b) 产品名称；

c) 牌号或统一数字代号；

d) 控制残余元素(如有要求，见 6.1.1.2)；

e) 交货的重量(数量)；

f) 尺寸与外形；

g) 加工方法；

h) 交货状态；

i) 热处理状态交货(如有要求，见 6.4)；

j) 热顶锻(如有要求，见 6.7)；

k) 脱碳层(如有要求，见 6.8)；

l) 非金属夹杂物(如有要求，见 6.9)；

m) 特殊要求(如有要求，见 6.10)。

4 分类与代号

4.1 钢按冶金质量不同分为下列三类：

a) 优质钢；

b) 高级优质钢(牌号后加“A”)；

c) 特级优质钢(牌号后加“E”)。

4.2 钢按使用加工用途不同分下列两类。钢材的使用加工方法应在合同中注明，未注明者，按切削加工用钢。

a) 压力加工用钢 UP

1) 热压力加工 UHP

2) 顶锻用钢 UF

3) 冷拔坯料 UCD

b) 切削加工用钢 UC

5 尺寸、外形、重量及允许偏差

5.1 热轧圆钢和方钢的尺寸、外形、重量及其允许偏差应符合 GB/T 702 的有关规定，具体要求在合同中注明。

5.2 锻制圆钢和方钢的尺寸、外形、重量及其允许偏差应符合 GB/T 908 的有关规定，具体要求在合同中注明。

5.3 其他截面形状钢材尺寸、外形、重量及其允许偏差应符合相应标准或供需双方协议的规定，具体要求在合同中注明。

6 技术要求

6.1 牌号及化学成分

6.1.1 钢的牌号、统一数字代号及化学成分(熔炼分析)应符合表 1 的规定。

6.1.1.1 钢中硫、磷及残余铜、铬、镍、钼含量应符合表 2 的规定。

6.1.1.2 钢中残余钨、钒、钛含量应作分析，结果记入质量证明书中，根据需方要求，可对残余钨、钒、钛

表 1

钢组	序号	统一数字代号	牌号	化学成分，%										
				C	Si	Mn	Cr	Mo	Ni	W	B	Al	Ti	V
Mn	1	A00202	20Mn2	0.17～0.24	0.17～0.37	1.40～1.80								
	2	A00302	30Mn2	0.27～0.34	0.17～0.37	1.40～1.80								
	3	A00352	35Mn2	0.32～0.39	0.17～0.37	1.40～1.80								
	4	A00402	40Mn2	0.37～0.44	0.17～0.37	1.40～1.80								
	5	A00452	45Mn2	0.42～0.49	0.17～0.37	1.40～1.80								
	6	A00502	50Mn2	0.47～0.55	0.17～0.37	1.40～1.80								
MnV	7	A01202	20MnV	0.17～0.24	0.17～0.37	1.30～1.60								0.07～0.12
SiMn	8	A10272	27SiMn	0.24～0.32	1.10～1.40	1.10～1.40								
	9	A10352	35SiMn	0.32～0.40	1.10～1.40	1.10～1.40								
	10	A10422	42SiMn	0.39～0.45	1.10～1.40	1.10～1.40								
SiMnMoV	11	A14202	20SiMn2MoV	0.17～0.23	0.90～1.20	2.20～2.60		0.30～0.40						0.05～0.12
	12	A14262	25SiMn2MoV	0.22～0.28	0.90～1.20	2.20～2.60		0.30～0.40						0.05～0.12
	13	A14372	37SiMn2MoV	0.33～0.39	0.60～0.90	1.60～1.90		0.40～0.50						0.05～0.12
B	14	A70402	40B	0.37～0.44	0.17～0.37	0.60～0.90					0.0005～0.0035			
	15	A70452	45B	0.42～0.49	0.17～0.37	0.60～0.90					0.0005～0.0035			
	16	A70502	50B	0.47～0.55	0.17～0.37	0.60～0.90					0.0005～0.0035			
MnB	17	A71402	40MnB	0.37～0.44	0.17～0.37	1.10～1.40					0.0005～0.0035			
	18	A71452	45MnB	0.42～0.49	0.17～0.37	1.10～1.40					0.0005～0.0035			
MnMoB	19	A72202	20MnMoB	0.16～0.22	0.17～0.37	0.90～1.20		0.20～0.30			0.0005～0.0035			
MnVB	20	A73152	15MnVB	0.12～0.18	0.17～0.37	1.20～1.60					0.0005～0.0035			0.07～0.12
	21	A73202	20MnVB	0.17～0.23	0.17～0.37	1.20～1.60					0.0005～0.0035			0.07～0.12
	22	A73402	40MnVB	0.37～0.44	0.17～0.37	1.10～1.40					0.0005～0.0035			0.05～0.10
MnTiB	23	A74202	20MnTiB	0.17～0.24	0.17～0.37	1.30～1.60					0.0005～0.0035		0.04～0.10	
	24	A74252	25MnTiBRE	0.22～0.28	0.20～0.45	1.30～1.60					0.0005～0.0035		0.04～0.10	

表 1(续)

钢组	序号	统一数字代号	牌号	化学成分，%										
				C	Si	Mn	Cr	Mo	Ni	W	B	Al	Ti	V
Cr	25	A20152	15Cr	0.12～0.18	0.17～0.37	0.40～0.70	0.70～1.00							
	26	A20153	15CrA	0.12～0.17	0.17～0.37	0.40～0.70	0.70～1.00							
	27	A20202	20Cr	0.18～0.24	0.17～0.37	0.50～0.80	0.70～1.00							
	28	A20302	30Cr	0.27～0.34	0.17～0.37	0.50～0.80	0.80～1.10							
	29	A20352	35Cr	0.32～0.39	0.17～0.37	0.50～0.80	0.80～1.10							
	30	A20402	40Cr	0.37～0.44	0.17～0.37	0.50～0.80	0.80～1.10							
	31	A20452	45Cr	0.42～0.49	0.17～0.37	0.50～0.80	0.80～1.10							
	32	A20502	50Cr	0.47～0.54	0.17～0.37	0.50～0.80	0.80～1.10							
CrSi	33	A21382	38CrSi	0.35～0.43	1.00～1.30	0.30～0.60	1.30～1.60							
CrMo	34	A30122	12CrMo	0.08～0.15	0.17～0.37	0.40～0.70	0.40～0.70	0.40～0.55						
	35	A30152	15CrMo	0.12～0.18	0.17～0.37	0.40～0.70	0.80～1.10	0.40～0.55						
	36	A30202	20CrMo	0.17～0.24	0.17～0.37	0.40～0.70	0.80～1.10	0.15～0.25						
	37	A30302	30CrMo	0.26～0.34	0.17～0.37	0.40～0.70	0.80～1.10	0.15～0.25						
	38	A30303	30CrMoA	0.26～0.33	0.17～0.37	0.40～0.70	0.80～1.10	0.15～0.25						
	39	A30352	35CrMo	0.32～0.40	0.17～0.37	0.40～0.70	0.80～1.10	0.15～0.25						
	40	A30422	42CrMo	0.38～0.45	0.17～0.37	0.50～0.80	0.90～1.20	0.15～0.25						
CrMoV	41	A31122	12CrMoV	0.08～0.15	0.17～0.37	0.40～0.70	0.30～0.60	0.25～0.35						0.15～0.30
	42	A31352	35CrMoV	0.30～0.38	0.17～0.37	0.40～0.70	1.00～1.30	0.20～0.30						0.10～0.20
	43	A31132	12Cr1MoV	0.08～0.15	0.17～0.37	0.40～0.70	0.90～1.20	0.25～0.35						0.15～0.30
	44	A31253	25Cr2MoVA	0.22～0.29	0.17～0.37	0.40～0.70	1.50～1.80	0.25～0.35						0.15～0.30
	45	A31263	25Cr2Mo1VA	0.22～0.29	0.17～0.37	0.50～0.80	2.10～2.50	0.90～1.10						0.30～0.50
CrMoAl	46	A33382	38CrMoAl	0.35～0.42	0.20～0.45	0.30～0.60	1.35～1.65	0.15～0.25				0.70～1.10		
CrV	47	A23402	40CrV	0.37～0.44	0.17～0.37	0.50～0.80	0.80～1.10							0.10～0.20
	48	A23503	50CrVA	0.47～0.54	0.17～0.37	0.50～0.80	0.80～1.10							0.10～0.20

表 1(续)

钢组	序号	统一数字代号	牌号	化学成分，%										
				C	Si	Mn	Cr	Mo	Ni	W	B	Al	Ti	V
CrMn	49	A22152	15CrMn	0.12～0.18	0.17～0.37	1.10～1.40	0.40～0.70							
	50	A22202	20CrMn	0.17～0.23	0.17～0.37	0.90～1.20	0.90～1.20							
	51	A22402	40CrMn	0.37～0.45	0.17～0.37	0.90～1.20	0.90～1.20							
CrMnSi	52	A24202	20CrMnSi	0.17～0.23	0.90～1.20	0.80～1.10	0.80～1.10							
	53	A24252	25CrMnSi	0.22～0.28	0.90～1.20	0.80～1.10	0.80～1.10							
	54	A24302	30CrMnSi	0.27～0.34	0.90～1.20	0.80～1.10	0.80～1.10							
	55	A24303	30CrMnSiA	0.28～0.34	0.90～1.20	0.80～1.10	0.80～1.10							
	56	A24353	35CrMnSiA	0.32～0.39	1.10～1.40	0.80～1.10	1.10～1.40							
CrMnMo	57	A34202	20CrMnMo	0.17～0.23	0.17～0.37	0.90～1.20	1.10～1.40	0.20～0.30						
	58	A34402	40CrMnMo	0.37～0.45	0.17～0.37	0.90～1.20	0.90～1.20	0.20～0.30						
CrMnTi	59	A26202	20CrMnTi	0.17～0.23	0.17～0.37	0.80～1.10	1.00～1.30						0.04～0.10	
	60	A26302	30CrMnTi	0.24～0.32	0.17～0.37	0.80～1.10	1.00～1.30						0.04～0.10	
CrNi	61	A40202	20CrNi	0.17～0.23	0.17～0.37	0.40～0.70	0.45～0.75		1.00～1.40					
	62	A40402	40CrNi	0.37～0.44	0.17～0.37	0.50～0.80	0.45～0.75		1.00～1.40					
	63	A40452	45CrNi	0.42～0.49	0.17～0.37	0.50～0.80	0.45～0.75		1.00～1.40					
	64	A40502	50CrNi	0.47～0.54	0.17～0.37	0.50～0.80	0.45～0.75		1.00～1.40					
	65	A41122	12CrNi2	0.10～0.17	0.17～0.37	0.30～0.60	0.60～0.90		1.50～1.90					
	66	A42122	12CrNi3	0.10～0.17	0.17～0.37	0.30～0.60	0.60～0.90		2.75～3.15					
	67	A42202	20CrNi3	0.17～0.24	0.17～0.37	0.30～0.60	0.60～0.90		2.75～3.15					
	68	A42302	30CrNi3	0.27～0.33	0.17～0.37	0.30～0.60	0.60～0.90		2.75～3.15					
	69	A42372	37CrNi3	0.34～0.41	0.17～0.37	0.30～0.60	1.20～1.60		3.00～3.50					
	70	A43122	12Cr2Ni4	0.10～0.16	0.17～0.37	0.30～0.60	1.25～1.65		3.25～3.65					
	71	A43202	20Cr2Ni4	0.17～0.23	0.17～0.37	0.30～0.60	1.25～1.65		3.25～3.65					
CrNiMo	72	A50202	20CrNiMo	0.17～0.23	0.17～0.37	0.60～0.95	0.40～0.70	0.20～0.30	0.35～0.75					
	73	A50403	40CrNiMoA	0.37～0.44	0.17～0.37	0.50～0.80	0.60～0.90	0.15～0.25	1.25～1.65					

表1(完)

钢组	序号	统一数字代号	牌号	化学成分,%										
				C	Si	Mn	Cr	Mo	Ni	W	B	Al	Ti	V
CrMnNiMo	74	A50183	18CrNiMnMoA	0.15～0.21	0.17～0.37	1.10～1.40	1.00～1.30	0.20～0.30	1.00～1.30					
CrNiMoV	75	A51453	45CrNiMoVA	0.42～0.49	0.17～0.37	0.50～0.80	0.80～1.10	0.20～0.30	1.30～1.80					0.10～0.20
CrNiW	76	A52183	18Cr2Ni4WA	0.13～0.19	0.17～0.37	0.30～0.60	1.35～1.65		4.00～4.50	0.80～1.20				
	77	A52253	25Cr2Ni4WA	0.21～0.28	0.17～0.37	0.30～0.60	1.35～1.65		4.00～4.50	0.80～1.20				

注

1 本标准中规定带“A”字标志的牌号仅能作为高级优质钢订货,其他牌号按优质钢订货。

2 根据需方要求,可对表中各牌号按高级优质钢(指不带“A”)或特级优质钢(全部牌号)订货,只需在所订牌号后加“A”或“E”字标志(对有“A”字牌号应先去掉“A”)。需方对表中牌号化学成分提出其他要求可按特殊要求订货。

3 统一数字代号系根据 GB/T 17616 规定列入,优质钢尾部数字为“2”,高级优质钢(带“A”钢)尾部数字为“3”,特级优质钢(带“E”钢)尾部数字为“6”。

4 稀土成分按 0.05%计算量加入,成品分析结果供参考

含量加以限制。

6.1.1.3 热压力加工用钢的铜含量不大于0.20%。

表 2 %

钢类	P	S	Cu	Cr	Ni	Mo
	不大于					
优 质 钢	0.035	0.035	0.30	0.30	0.30	0.15
高级优质钢	0.025	0.025	0.25	0.30	0.30	0.10
特级优质钢	0.025	0.015	0.25	0.30	0.30	0.10

6.1.2 钢材(或坯)的化学成分允许偏差按GB/T 222的规定执行。

6.2 冶炼方法

除非合同中有规定,冶炼方法由生产厂自行选择。

6.3 交货状态

钢材通常以热轧或热锻状态交货。如需方要求(并在合同中注明),也可以热处理(退火、正火或高温回火)状态交货。

根据供需双方协议,压力加工用圆钢,表面可经车削、剥皮或其他精整方法交货。

6.4 力学性能

6.4.1 用热处理毛坯制成试样测定钢材的纵向力学性能和退火或高温回火状态的硬度,检验结果应符合表3的规定。

6.4.1.1 钢材尺寸小于试样毛坯尺寸时,用原尺寸钢材进行热处理。直径小于16 mm的圆钢和厚度不大于12 mm的方钢、扁钢,不作冲击试验。

6.4.2 表3所列力学性能适用于截面尺寸不大于80 mm的钢材。尺寸大于80至100 mm的钢材,允许其断后伸长率、断面收缩率及冲击吸收功较表3的规定分别降低1%(绝对值)、5%(绝对值)及5%;尺寸大于100至150 mm的钢材,允许其断后伸长率、断面收缩率及冲击吸收功分别降低2%(绝对值)、10%(绝对值)及10%;尺寸大于150至250 mm的钢材,允许其断后伸长率、断面收缩率及冲击吸收功分别降低3%(绝对值)、15%(绝对值)及15%。

6.4.3 尺寸大于80 mm的钢材允许将取样用坯改锻(轧)成截面70～80 mm后取样。检验结果应符合表3规定。

6.4.4 根据需方要求,供应以淬火和回火状态交货的钢材,其测定力学性能用试样不再进行热处理,力学性能指标由供需双方协议确定。

6.5 低倍

6.5.1 钢材的横截面酸浸低倍组织试片上不得有目视可见的缩孔、气泡、裂纹、夹杂、翻皮、白点、晶间裂纹。

6.5.2 酸浸低倍组织级别应符合表4的规定。

6.5.2.1 38CrMoAl或38CrMoAlA钢的一般点状偏析和边缘点状偏析分别不应超过2.5级和1.5级。

6.5.2.2 切削加工用的钢材允许有不超过表面缺陷允许深度的皮下夹杂、皮下气泡等缺陷。

6.5.2.3 如供方能保证低倍检验合格,可采用超声波检验法或其他无损探伤法代替酸浸低倍检验。

6.6 表面质量

6.6.1 压力加工用钢材的表面不得有裂纹、结疤、折叠及夹杂。如有上述缺陷必须清除,清除深度从钢材实际尺寸算起符合表5的规定。清除宽度不小于深度的5倍,同一截面达到最大清除深度不应多于1处。允许有从实际尺寸算起不超过尺寸公差之半的个别细小划痕、压痕、麻点及深度不超过0.2 mm的小裂纹存在。

表 3

钢组	序号	牌号	试样毛坯尺寸 mm	热处理					力学性能					钢材退火或高温回火供应状态布氏硬度 HB10 /3000 不大于
				淬火			回火		抗拉强度 σ_b MPa	屈服点 σ_s MPa	断后伸长率 δ_5 %	断面收缩率 ψ %	冲击吸收功 A_{ku2} J	
				加热温度，℃ 第一次淬火	加热温度，℃ 第二次淬火	冷却剂	加热温度 ℃	冷却剂	不小于					
Mn	1	20Mn2	15	850	—	水、油	200	水、空	785	590	10	40	47	187
				880	—	水、油	440	水、空						
	2	30Mn2	25	840	—	水	500	水	785	635	12	45	63	207
	3	35Mn2	25	840	—	水	500	水	835	685	12	45	55	207
	4	40Mn2	25	840	—	水、油	540	水	885	735	12	45	55	217
	5	45Mn2	25	840	—	油	550	水、油	885	735	10	45	47	217
	6	50Mn2	25	820	—	油	550	水、油	930	785	9	40	39	229
MnV	7	20MnV	15	880	—	水、油	200	水、空	785	590	10	40	55	187
SiMn	8	27SiMn	25	920	—	水	450	水、油	980	835	12	40	39	217
	9	35SiMn	25	900	—	水	570	水、油	885	735	15	45	47	229
	10	42SiMn	25	880	—	水	590	水	885	735	15	40	47	229
SiMnMoV	11	20SiMn2MoV	试样	900	—	油	200	水、空	1380	—	10	45	55	269
	12	25SiMn2MoV	试样	900	—	油	200	水、空	1470	—	10	40	47	269
	13	37SiMn2MoV	25	870	—	水、油	650	水、空	980	835	12	50	63	269
B	14	40B	25	840	—	水	550	水	785	635	12	45	55	207
	15	45B	25	840	—	水	550	水	835	685	12	45	47	217
	16	50B	20	840	—	油	600	空	785	540	10	45	39	207
MnB	17	40MnB	25	850	—	油	500	水、油	980	785	10	45	47	207
	18	45MnB	25	840	—	油	500	水、油	1030	835	9	40	39	217

表 3(续)

钢组	序号	牌号	试样毛坯尺寸 mm	热处理					力学性能					钢材退火或高温回火供应状态布氏硬度 HB10 /3000 不大于
				淬火			回火		抗拉强度 σ_b MPa	屈服点 σ_s MPa	断后伸长率 δ_5 %	断面收缩率 ψ %	冲击吸收功 A_{ku2} J	
				加热温度,℃ 第一次淬火	加热温度,℃ 第二次淬火	冷却剂	加热温度 ℃	冷却剂	不小于					
MnMoB	19	20MnMoB	15	880	—	油	200	油、空	1080	885	10	50	55	207
MnVB	20	15MnVB	15	860	—	油	200	水、空	885	635	10	45	55	207
	21	20MnVB	15	860	—	油	200	水、空	1080	885	10	45	55	207
	22	40MnVB	25	850	—	油	520	水、油	980	785	10	45	47	207
MnTiB	23	20MnTiB	15	860	—	油	200	水、空	1130	930	10	45	55	187
	24	25MnTiBRE	试样	860	—	油	200	水、空	1380	—	10	40	47	229
Cr	25	15Cr	15	880	780～820	水、油	200	水、空	735	490	11	45	55	179
	26	15CrA	15	880	770～820	水、油	180	油、空	685	490	12	45	55	179
	27	20Cr	15	880	780～820	水、油	200	水、空	835	540	10	40	47	179
	28	30Cr	25	860	—	油	500	水、油	885	685	11	45	47	187
	29	35Cr	25	860	—	油	500	水、油	930	735	11	45	47	207
	30	40Cr	25	850	—	油	520	水、油	980	785	9	45	47	207
	31	45Cr	25	840	—	油	520	水、油	1030	835	9	40	39	217
	32	50Cr	25	830	—	油	520	水、油	1080	930	9	40	39	229
CrSi	33	38CrSi	25	900	—	油	600	水、油	980	835	12	50	55	255

表 3(续)

钢组	序号	牌号	试样毛坯尺寸 mm	热处理					力学性能					钢材退火或高温回火供应状态布氏硬度 HB10 /3000 不大于
				淬火			回火		抗拉强度 σ_b MPa	屈服点 σ_s MPa	断后伸长率 δ_5 %	断面收缩率 ψ %	冲击吸收功 A_{ku2} J	
				加热温度,℃ 第一次淬火	加热温度,℃ 第二次淬火	冷却剂	加热温度 ℃	冷却剂	不小于					
CrMo	34	12CrMo	30	900	—	空	650	空	410	265	24	60	110	179
	35	15CrMo	30	900	—	空	650	空	440	295	22	60	94	179
	36	20CrMo	15	880	—	水、油	500	水、油	885	685	12	50	78	197
	37	30CrMo	25	880	—	水、油	540	水、油	930	785	12	50	63	229
	38	30CrMoA	15	880	—	油	540	水、油	930	735	12	50	71	229
	39	35CrMo	25	850	—	油	550	水、油	980	835	12	45	63	229
	40	42CrMo	25	850	—	油	560	水、油	1080	930	12	45	63	217
CrMoV	41	12CrMoV	30	970	—	空	750	空	440	225	22	50	78	241
	42	35CrMoV	25	900	—	油	630	水、油	1080	930	10	50	71	241
	43	12Cr1MoV	30	970	—	空	750	空	490	245	22	50	71	179
	44	25Cr2MoVA	25	900	—	油	640	空	930	785	14	55	63	241
	45	25Cr2Mo1VA	25	1040	—	空	700	空	735	590	16	50	47	241
CrMoAl	46	38CrMoAl	30	940	—	水、油	640	水、油	980	835	14	50	71	229
CrV	47	40CrV	25	880	—	油	650	水、油	885	735	10	50	71	241
	48	50CrVA	25	860	—	油	500	水、油	1280	1130	10	40	—	255
CrMn	49	15CrMn	15	880	—	油	200	水、空	785	590	12	50	47	179
	50	20CrMn	15	850	—	油	200	水、空	930	735	10	45	47	187
	51	40CrMn	25	840	—	油	550	水、油	980	835	9	45	47	229

表 3(续)

钢组	序号	牌号	试样毛坯尺寸 mm	热处理：淬火 加热温度,℃ 第一次淬火	热处理：淬火 加热温度,℃ 第二次淬火	热处理：淬火 冷却剂	热处理：回火 加热温度 ℃	热处理：回火 冷却剂	力学性能（不小于） 抗拉强度 σ_b MPa	屈服点 σ_s MPa	断后伸长率 δ_5 %	断面收缩率 ψ %	冲击吸收功 A_{ku2} J	钢材退火或高温回火供应状态布氏硬度 HB10/3000 不大于
CrMnSi	52	20CrMnSi	25	880	—	油	480	水、油	785	635	12	45	55	207
	53	25CrMnSi	25	880	—	油	480	水、油	1080	885	10	40	39	217
	54	30CrMnSi	25	880	—	油	520	水、油	1080	885	10	45	39	229
	55	30CrMnSiA	25	880	—	油	540	水、油	1080	835	10	45	39	229
	56	35CrMnSiA	试样	加热到 880℃，于 280～310℃ 等温淬火					1620	1280	9	40	31	241
			试样	950	890	油	230	空、油						
CrMnMo	57	20CrMnMo	15	850	—	油	200	水、空	1180	885	10	45	55	217
	58	40CrMnMo	25	850	—	油	600	水、油	980	785	10	45	63	217
CrMnTi	59	20CrMnTi	15	880	870	油	200	水、空	1080	850	10	45	55	217
	60	30CrMnTi	试样	880	850	油	200	水、空	1470	—	9	40	47	229
CrNi	61	20CrNi	25	850	—	水、油	460	水、油	785	590	10	50	63	197
	62	40CrNi	25	820	—	油	500	水、油	980	785	10	45	55	241
	63	45CrNi	25	820	—	油	530	水、油	980	785	10	45	55	255
	64	50CrNi	25	820	—	油	500	水、油	1080	835	8	40	39	255
	65	12CrNi2	15	860	780	水、油	200	水、空	785	590	12	50	63	207
	66	12CrNi3	15	860	780	油	200	水、空	930	685	11	50	71	217
	67	20CrNi3	25	830	—	水、油	480	水、油	930	735	11	55	78	241
	68	30CrNi3	25	820	—	油	500	水、油	980	785	9	45	63	241
	69	37CrNi3	25	820	—	油	500	水、油	1130	980	10	50	47	269
	70	12Cr2Ni4	15	860	780	油	200	水、空	1080	835	10	50	71	269
	71	20Cr2Ni4	15	880	780	油	200	水、空	1180	1080	10	45	63	269

表 3(完)

钢组	序号	牌号	试样毛坯尺寸 mm	热处理					力学性能					钢材退火或高温回火供应状态布氏硬度 HB10 /3000 不大于
				淬火			回火		抗拉强度 σ_b MPa	屈服点 σ_s MPa	断后伸长率 δ_5 %	断面收缩率 ψ %	冲击吸收功 A_{ku2} J	
				加热温度,℃		冷却剂	加热温度 ℃	冷却剂	不小于					
				第一次淬火	第二次淬火									
CrNiMo	72	20CrNiMo	15	850	—	油	200	空	980	785	9	40	47	197
	73	40CrNiMoA	25	850	—	油	600	水、油	980	835	12	55	78	269
CrMnNiMo	74	18CrMnNiMoA	15	830	—	油	200	空	1180	885	10	45	71	269
CrNiMoV	75	45CrNiMoVA	试样	860	—	油	460	油	1470	1330	7	35	31	269
CrNiW	76	18Cr2Ni4WA	15	950	850	空	200	水、空	1180	835	10	45	78	269
	77	25Cr2Ni4WA	25	850	—	油	550	水、油	1080	930	11	45	71	269

注

1 表中所列热处理温度允许调整范围:淬火±15℃,低温回火±20℃,高温回火±50℃。

2 硼钢在淬火前可先经正火,正火温度应不高于其淬火温度,铬锰钛钢第一次淬火可用正火代替。

3 拉伸试验时试样钢上不能发现屈服,无法测定屈服点 σ_s 情况下,可以测规定残余伸长应力 $\sigma_{r0.2}$

表 4

<table>
<tr><td rowspan="2">钢　类</td><td>锭型偏析</td><td>中心疏松</td><td>一般疏松</td><td>一般点状偏析</td><td>边缘点状偏析</td></tr>
<tr><td colspan="5">级别　不大于</td></tr>
<tr><td>优质钢</td><td>3</td><td>3</td><td>3</td><td>1</td><td>1</td></tr>
<tr><td>高级优质钢</td><td>2</td><td>2</td><td>2</td><td colspan="2" rowspan="2">不允许有</td></tr>
<tr><td>特级优质钢</td><td>1</td><td>1</td><td>1</td></tr>
</table>

表 5　　mm

<table>
<tr><td rowspan="2">钢材尺寸
直径或厚度</td><td colspan="2">允许清除深度</td></tr>
<tr><td>优质钢和高级优质钢</td><td>特级优质钢</td></tr>
<tr><td>＜80</td><td colspan="2">钢材尺寸公差的 1/2</td></tr>
<tr><td>≥80～140</td><td>钢材尺寸公差</td><td>钢材尺寸公差的 1/2</td></tr>
<tr><td>≥140～200</td><td>钢材尺寸的 5%</td><td rowspan="2">钢材尺寸的 3%</td></tr>
<tr><td>＞200</td><td>钢材尺寸的 6%</td></tr>
</table>

6.6.2　切削加工用钢材的表面允许有从钢材公称尺寸算起不超过表 6 规定的局部缺陷。

表 6　　mm

<table>
<tr><td rowspan="2">钢材尺寸
直径或厚度</td><td colspan="2">允许清除深度</td></tr>
<tr><td>优质钢和高级优质钢</td><td>特级优质钢</td></tr>
<tr><td>＜100</td><td colspan="2">钢材尺寸负偏差</td></tr>
<tr><td>≥100</td><td>钢材尺寸公差</td><td>钢材尺寸负偏差</td></tr>
</table>

6.7　热顶锻

根据需方要求(并在合同中注明),热顶锻用钢应作热顶锻试验,试验后的试样高度为原试样高度的 1/3,顶锻后试样上不得有裂口和裂缝。尺寸大于 80 mm 的钢材,供方若能保证合格可不进行试验。

6.8　脱碳层

根据需方要求(并在合同中注明),对含碳量大于 0.30%的钢应检验脱碳层,采用显微组织法检验每边总脱碳层深度(铁素体+过渡层)不大于钢材直径或厚度的 1.5%。

6.9　非金属夹杂物

根据需方要求,可检验钢的非金属夹杂物,其合格级别由供需双方协议规定。

6.10　特殊要求

根据需方要求,经供需双方协议,并在合同注明可供应有下列特殊要求的钢材:

a) 可对表 1 中所列牌号的化学成分范围提出缩小或放宽的要求;

b) 硫含量范围控制在 0.015%～0.040%;

c) 可提供规定淬透性要求的钢材,末端淬透性按 GB/T 225 检验,供需双方亦可协商用计算机来预测淬透性,并商定计算方法代替末端淬火试验;

d) 可提供晶粒度不小于 5 级的细晶粒钢;

e) 可作塔形检验;

f) 可作显微组织检验;

g) 可作 V 型缺口冲击;

h) 其他。

7 试验方法

每批钢材的试验方法按表7的规定执行。

表7

序号	检验项目	取样数量	取样部位	试验方法
1	化学成分	1	GB/T 222	GB/T 223,GB/T 4336
2	拉伸	2	不同根钢材,GB/T 2975	GB/T 228,GB/T 6397
3	冲击	2	不同根钢材	GB/T 229
4	硬度	3	不同根钢材	GB/T 231
5	低倍组织	2	相当于钢锭头部不同根钢坯或钢材	GB/T 226,GB/T 1979
6	热顶锻	2	不同根钢材	GB/T 233
7	脱碳	3	不同根钢材	GB/T 2249(金相法)
8	非金属夹杂物	2	不同根钢材	GB/T 10561
9	末端淬透性	1	任一根钢材	GB/T 225
10	晶粒度	1	任一根钢材	YB/T 5148
11	显微组织	2	不同根钢材	GB/T 13299
12	塔形	2	不同根钢材	GB/T 15711
13	超声波探伤	2	整根材上	GB/T 7736
14	表面	逐根	整根材上	目视
15	尺寸	逐根	整根材上	卡尺、千分尺

8 检验规则

8.1 检查和验收

8.1.1 钢材出厂的检查和验收由供方质量技术监督部门进行。

8.1.2 供方必须保证交货的钢材符合本标准或合同的规定,必要时,需方有权对本标准或合同所规定的任一检验项目进行检查和验收。

8.2 组批规则

钢材应按批检查和验收,每批由同一牌号、同一炉罐号、同一加工方法、同一尺寸、同一交货状态、同一热处理制度(炉次)的钢材组成。采用电渣重熔冶炼的钢,在工艺稳定且能保证本标准各项要求的条件下,允许以自耗电极的熔炼母炉号组批交货。

8.3 取样数量及取样部位

每批钢材的取样数量及取样部位应符合表7的规定。电渣钢取样数量:低倍组织为2个,硬度为3个,尺寸和表面逐支,其他试验项目均各取1个。电渣钢按熔炼母炉号组批时,取样数量按表7规定,但化学成分仍每个电渣炉号取1个。

8.4 复验与判定规则

8.4.1 钢材的复验与判定规则按GB/T 17505规定执行。

8.4.2 供方若能保证钢材合格时,对同一炉罐号的钢材或钢坯的力学性能、低倍组织、非金属夹杂物的检验结果,允许以坯代材,以大代小。

9 包装、标志和质量证明书

钢材的包装、标志和质量证明书应符合GB/T 2101的有关规定。

附 录 A
（标准的附录）
化学分析方法引用标准

GB/T 223.3—1988 钢铁及合金化学分析方法 二安替比林甲烷磷钼酸重量法测定磷量
GB/T 223.4—1988 钢铁及合金化学分析方法 硝酸铵氧化容量法测定锰量
GB/T 223.5—1997 钢铁及合金化学分析方法 还原型硅钼酸盐光度法测定酸溶硅含量
GB/T 223.8—1991 钢铁及合金化学分析方法 氟化钠分离-EDTA 容量法测定铝量
GB/T 223.9—1989 钢铁及合金化学分析方法 铬天青 S 光度法测定铝量
GB/T 223.11—1991 钢铁及合金化学分析方法 过硫酸铵氧化容量法测定铬量
GB/T 223.12—1991 钢铁及合金化学分析方法 碳酸钠分离-二苯碳酰二肼光度法测定铬量
GB/T 223.13—1989 钢铁及合金化学分析方法 硫酸亚铁铵容量法测定钒量
GB/T 223.14—1989 钢铁及合金化学分析方法 钽试剂萃取光度法测定钒量
GB/T 223.16—1991 钢铁及合金化学分析方法 变色酸光度法测定钛量
GB/T 223.17—1989 钢铁及合金化学分析方法 二安替比林甲烷光度法测定钛量
GB/T 223.18—1994 钢铁及合金化学分析方法 硫代硫酸钠分离-碘量法测定铜量
GB/T 223.19—1989 钢铁及合金化学分析方法 新亚铜灵-三氯甲烷萃取光度法测定铜量
GB/T 223.23—1994 钢铁及合金化学分析方法 丁二酮肟分光光度法测定镍量
GB/T 223.24—1994 钢铁及合金化学分析方法 萃取分离-丁二酮肟分光光度法测定镍量
GB/T 223.25—1994 钢铁及合金化学分析方法 丁二酮肟重量法测定镍量
GB/T 223.26—1989 钢铁及合金化学分析方法 硫氰酸盐直接光度法测定钼量
GB/T 223.43—1994 钢铁及合金化学分析方法 钨量的测定
GB/T 223.49—1994 钢铁及合金化学分析方法 萃取分离-偶氮氯膦 mA 分光光度法测定稀土总量
GB/T 223.54—1987 钢铁及合金化学分析方法 火焰原子吸收分光度法测定镍量
GB/T 223.58—1987 钢铁及合金化学分析方法 亚砷酸钠-亚硝酸钠滴定法测定锰量
GB/T 223.59—1987 钢铁及合金化学分析方法 锑磷钼蓝光度法测定磷量
GB/T 223.60—1997 钢铁及合金化学分析方法 高氯酸脱水重量法测定硅含量
GB/T 223.61—1988 钢铁及合金化学分析方法 磷钼酸铵容量法测定磷量
GB/T 223.62—1988 钢铁及合金化学分析方法 乙酸丁酯萃取光度法测定磷量
GB/T 223.63—1988 钢铁及合金化学分析方法 高碘酸钠(钾)光度法测定锰量
GB/T 223.64—1988 钢铁及合金化学分析方法 火焰原子吸收光谱法测定锰量
GB/T 223.66—1989 钢铁及合金化学分析方法 硫氰酸盐-盐酸氯丙嗪-三氯甲烷萃取光度法测定钨量
GB/T 223.67—1989 钢铁及合金化学分析方法 还原蒸馏-次甲基蓝光度法测定硫量
GB/T 223.68—1997 钢铁及合金化学分析方法 管式炉内燃烧后碘酸钾滴定法测定硫含量
GB/T 223.69—1997 钢铁及合金化学分析方法 管式炉内燃烧后气体容量法测定碳含量
GB/T 223.71—1997 钢铁及合金化学分析方法 管式炉内燃烧后重量法测定碳含量
GB/T 223.72—1991 钢铁及合金化学分析方法 氧化铝色层分离-硫酸钡重量法测定硫量
GB/T 223.75—1991 钢铁及合金化学分析方法 甲醇蒸馏-姜黄素光度法测定硼量
GB/T 223.76—1991 钢铁及合金化学分析方法 火焰原子吸收光谱法测定钒量

GB/T 3077—1999《合金结构钢》第1号修改单

本修改单经国家质量技术监督局于2000年9月26日以质技监标函[2000]171号文批准，自2001年1月1日起实施。

一、表1的注2中“……，只需在所订牌号后加“A”或“B”字标志……”改为“……，只需在所订牌号后加“A”或“E”字标志……”。

二、表3中的“HB100/3000”改为“HB10/3000”。

三、表3中序号19的20MnMoB钢的回火加热温度应由“2 000℃”改为“200℃”。

四、表7中第13项的“超声波探伤”的“取样数量”由“逐根”改为“2”。

ICS 77.140.75
H 48

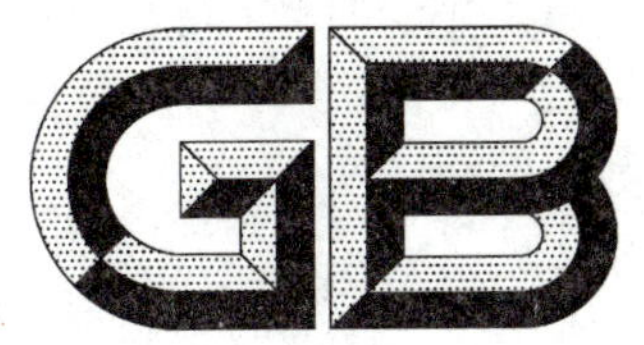

中华人民共和国国家标准

GB 3087—2008
代替 GB 3087—1999

低中压锅炉用无缝钢管

Seamless steel tubes for low and medium pressure boiler

(ISO 9329-1:1989,NEQ)

2008-10-24 发布 2009-10-01 实施

中华人民共和国国家质量监督检验检疫总局
中国国家标准化管理委员会 发布

前　言

本标准对应于ISO 9329-1:1989《压力用无缝钢管　交货技术条件　第1部分　规定室温性能的非合金钢钢管》(英文版)。本标准与ISO 9329-1:1989的一致性程度为非等效。

本标准自实施之日起,GB 3087—1999《低中压锅炉用无缝钢管》作废。本标准与GB 3087—1999相比,主要变化如下:

——修改了钢管的适用范围;

——增加了订货内容;

——修改了尺寸允许偏差;

——增加了全长弯曲度要求;

——增加了端头切斜要求;

——取消了标记示例;

——修改了钢的冶炼方法;

——修改了钢管的交货状态规定;

——增加了热扩钢管的具体制造方法规定;

——修改了钢管的力学性能规定;

——增加了钢管压扁试验试样6点(底)和12点(顶)位置处的判定规则;

——取消了卷边试验要求;

——修改了探伤代替液压试验的检验要求。

本标准中条款4.1、4.2、4.3、4.5、4.7、5.1.3、5.3.1、5.4.2、5.5.2、5.9为推荐性的,其余均为强制性的。

本标准由中国钢铁工业协会提出。

本标准由全国钢标准化技术委员会归口。

本标准起草单位:鞍钢股份有限公司、攀钢集团成都钢铁有限责任公司。

本标准主要起草人:章澎、张会轩、朴志民、李奇。

本标准所代替标准的历次版本发布情况为:

——GB 3087—1982、GB 3087—1999。

低中压锅炉用无缝钢管

1 范围

本标准规定了低中压锅炉用无缝钢管的订货内容、尺寸、外形、重量、技术要求、试验方法、检验规则、包装、标志和质量证明书。

本标准适用于制造各种低压和中压锅炉用的优质碳素结构钢无缝钢管。

2 规范性引用文件

下列文件中的条款通过本标准的引用而成为本标准的条款。凡是注日期的引用文件，其随后所有的修改单(不包括勘误的内容)或修订版均不适用于本标准，然而，鼓励根据本标准达成协议的各方研究是否可使用这些文件的最新版本。凡是不注日期的引用文件，其最新版本适用于本标准。

GB/T 222 钢的成品化学成分允许偏差

GB/T 223.3 钢铁及合金化学分析方法 二安替比林甲烷磷钼酸重量法测定磷量

GB/T 223.5 钢铁 酸溶硅和全硅含量的测定 还原型硅钼酸盐分光光度法

GB/T 223.10 钢铁及合金化学分析方法 铜铁试剂分离-铬天青S光度法测定铝含量

GB/T 223.12 钢铁及合金化学分析方法 硫酸钠分离-二苯碳酸二肼光度法测定铬量

GB/T 223.18 钢铁及合金化学分析方法 硫代硫酸钠分离-碘量法测定铜量

GB/T 223.19 钢铁及合金化学分析方法 新亚铜灵-三氯甲烷萃取光度法测定铜量

GB/T 223.23 钢铁及合金 镍含量的测定 丁二酮肟分光光度法

GB/T 223.37 钢铁及合金化学分析方法 蒸馏分离-靛酚蓝光度法测定氮量

GB/T 223.58 钢铁及合金化学分析方法 亚砷酸钠-亚硝酸钠滴定法测定锰量

GB/T 223.59 钢铁及合金 磷含量的测定 铋磷钼蓝分光光度法和锑磷钼蓝分光光度法

GB/T 223.60 钢铁及合金化学分析方法 高氯酸脱水重量法测定硅含量

GB/T 223.61 钢铁及合金化学分析方法 磷钼酸铵容量法测定磷量

GB/T 223.62 钢铁及合金化学分析方法 乙酸丁酯萃取光度法测定磷量

GB/T 223.63 钢铁及合金化学分析方法 高碘酸钠(钾)光度法测定锰量

GB/T 223.64 钢铁及合金 锰含量的测定 火焰原子吸收光谱法

GB/T 223.68 钢铁及合金化学分析方法 管式炉内燃烧后碘酸钾滴定法测定硫含量

GB/T 223.69 钢铁及合金 碳含量的测定 管式炉内燃烧后气体容量法

GB/T 223.71 钢铁及合金化学分析方法 管式炉内燃烧后重量法测定碳含量

GB/T 223.72 钢铁及合金 硫含量的测定 重量法

GB/T 223.74 钢铁及合金化学分析方法 非化合碳含量的测定

GB/T 226 钢的低倍组织及缺陷酸蚀检验法

GB/T 228 金属材料 室温拉伸试验方法(GB/T 228—2002, eqv ISO 6892:1998)

GB/T 241 金属管液压试验方法

GB/T 242 金属管 扩口试验方法(GB/T 242—2007,ISO 8493:1998,IDT)

GB/T 244 金属管 弯曲试验方法(GB/T 244—2008,ISO 8491:1998,IDT)

GB/T 246 金属管 压扁试验方法(GB/T 246—2007,ISO 8492:1998,IDT)

GB/T 699 优质碳素结构钢

GB/T 1979 结构钢低倍组织缺陷评级图

GB/T 2102 钢管的验收、包装、标志和质量证明书

GB/T 2975 钢及钢产品力学性能试验取样位置及试样制备(GB/T 2975—1998,eqv ISO 377:1997)

GB/T 4336 碳素钢和中低合金钢 火花源原子发射光谱分析方法(常规法)

GB/T 4338 金属材料 高温拉伸试验(GB/T 4338—2006,ISO 783:1999,MOD)

GB/T 5777—2008 无缝钢管超声波探伤检验方法(ISO 9303:1989(E),MOD)

GB/T 7735 钢管涡流探伤检验方法(GB/T 7735—2004,ISO 9304:1989,MOD)

GB/T 12606 钢管漏磁探伤方法(GB/T 12606—1999,eqv ISO 9402:1989、ISO 9598:1989)

GB/T 17395 无缝钢管尺寸、外形、重量及允许偏差(GB/T 17395—2008,ISO 1127:1992、ISO 4200:1991、ISO 5252:1991,MOD)

GB/T 20066 钢和铁 化学成分测定用试样的取样和制样方法(GB/T 20066—2006,ISO 14284:1996,IDT)

GB/T 20123 钢铁 总碳硫含量的测定 高频感应炉燃烧后红外吸收法(常规方法)(GB/T 20123—2006,ISO 15350:2000,IDT)

GB/T 20124 钢铁 氮含量的测定 惰性气体熔融热导法(常规方法)(GB/T 20124—2006,ISO 15351:1999,IDT)

3 订货内容

按本标准订购钢管的合同或订单应包括但不限于下列内容:

a) 标准编号;

b) 产品名称;

c) 钢的牌号;

d) 订购的数量(总重量或总长度);

e) 交货状态;

f) 尺寸规格;

g) 特殊要求。

4 尺寸、外形和重量

4.1 外径和壁厚

4.1.1 钢管的外径(D)和壁厚(S)应符合 GB/T 17395 的规定。

4.1.2 根据需方要求,经供需双方协商,可供应其他外径和壁厚的钢管。

4.2 外径和壁厚的允许偏差

4.2.1 钢管外径的允许偏差应符合表 1 的规定。

表 1 钢管的外径允许偏差

单位为毫米

钢管种类	允许偏差
热轧(挤压、扩)钢管	±1.0%D 或±0.50,取其中较大者
冷拔(轧)钢管	±1.0%D 或±0.30,取其中较大者

4.2.2 热轧(挤压、扩)钢管的壁厚允许偏差应符合表 2 的规定。

4.2.3 冷拔(轧)钢管的壁厚允许偏差应符合表 3 的规定。

4.2.4 根据需方要求,经供需双方协商,并在合同中注明,可生产表 1、表 2、表 3 规定以外尺寸允许偏差的钢管。

表 2　热轧(挤压、扩)钢管壁厚允许偏差

单位为毫米

钢管种类	钢管外径	S/D	允许偏差
热轧(挤压)钢管	≤102	—	±12.5%S 或±0.40,取其中较大者
	>102	≤0.05	±15%S 或±0.40,取其中较大者
		>0.05～0.10	±12.5%S 或±0.40,取其中较大者
		>0.10	+12.5%S −10%S
热扩钢管	±15%S		

表 3　冷拔(轧)钢管壁厚允许偏差

单位为毫米

钢管种类	壁厚	允许偏差
冷拔(轧)钢管	≤3	$^{+15}_{-10}$%S 或±0.15,取其中较大者
	>3	+12.5%S −10%S

4.3　长度

4.3.1　通常长度

钢管的通常长度为 4 000 mm～12 500 mm。经供需双方协商,并在合同中注明,可交付长度大于 12 500 mm 的钢管。

4.3.2　定尺和倍尺长度

根据需方要求,并在合同中注明,钢管可按定尺长度或倍尺长度交货。钢管的定尺长度应在通常长度范围内,全长允许偏差应符合如下规定:

a)　定尺长度≤6 000 mm,0～10 mm;

b)　定尺长度>6 000 mm,0～15 mm。

钢管的倍尺总长度应在通常长度范围内,全长允许偏差为:$^{+20}_{0}$ mm,每个倍尺长度应按下述规定留出切口余量:

a)　外径≤159 mm 时,切口余量为 5 mm～10 mm;

b)　外径>159 mm 时,切口余量为 10 mm～15 mm。

4.4　弯曲度

4.4.1　钢管的每米弯曲度应符合表 4 的规定。

表 4　钢管的每米弯曲度

钢管公称壁厚/mm	每米弯曲度/(mm/m)
≤15	≤1.5
>15～30	≤2.0
>30 或外径≥351	≤3.0

4.4.2　钢管的全长弯曲度应不大于钢管总长度的 1.5‰,且全长弯曲应不大于 12 mm。

4.5　不圆度和壁厚不均

根据需方要求,经供需双方协商,并在合同中注明,钢管的不圆度和壁厚不均应分别不超过外径和壁厚公差的 80%。

4.6　端头外形

钢管两端端面应与钢管轴线切直,切口毛刺应予清除。钢管端部的切斜(见图 1)应符合如下规定:

a)　钢管外径不大于 60 mm 时,切斜应不超过 1.5 mm;

b) 钢管外径大于 60 mm 时，切斜应不超过钢管外径的 2.5%，但最大应不超过 6 mm。

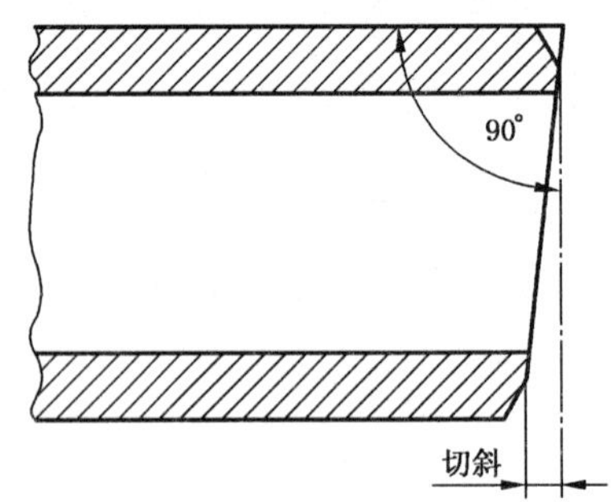

图 1 切斜

4.7 交货重量

4.7.1 钢管按实际重量交货，亦可按理论重量交货，钢管理论重量的计算按 GB/T 17395 的规定，钢的密度取 7.85 kg/dm³。

4.7.2 根据需方要求，经供需双方协商，并在合同中注明，交货钢管的理论重量与实际重量的偏差应符合如下规定：

a) 单支钢管：±10%；

b) 每批最小为 10 t 的钢管：±7.5%。

5 技术要求

5.1 钢的牌号和化学成分

5.1.1 钢管由 10、20 牌号的钢制造。

5.1.2 钢管的化学成分(熔炼分析)应符合 GB/T 699 的规定。

5.1.3 当需方要求做成品分析时，应在合同中注明。成品钢管的化学成分允许偏差应符合 GB/T 222 的规定。

5.2 制造方法

5.2.1 钢的冶炼方法

钢应采用电炉加炉外精炼或氧气转炉加炉外精炼冶炼。经供需双方协商，也可采用其他较高要求的方法冶炼。需方指定某一种冶炼方法时，应在合同中注明。

5.2.2 管坯的制造方法

管坯应采用连铸或热轧(锻)方法制造，钢锭也可直接用做管坯。

5.2.3 钢管的制造方法

钢管应采用热轧(挤压、扩)或冷拔(轧)无缝方法制造。需方指定某一种制造方法时，应在合同中注明。热扩钢管应是指坯料钢管经整体加热后扩制变形而成更大口径的钢管。

5.3 交货状态

5.3.1 热轧(挤压、扩)钢管以热轧或正火状态交货，热轧状态交货钢管的终轧温度应不低于相变临界温度 A_{r3}。

根据需方要求，经供需双方协商，并在合同中注明，热轧(挤压、扩)钢管可采用正火状态交货。当热扩钢管终轧温度不低于相变临界温度 A_{r3}，且钢管是经过空冷时，则应认为钢管是经过正火的。

5.3.2 冷拔(轧)钢管应以正火状态交货。

5.4 力学性能

5.4.1 交货状态钢管的纵向力学性能应符合表 5 的规定。

表 5 钢管的力学性能

序号	牌号	抗拉强度 R_m/MPa	下屈服强度 R_{eL}/MPa		断后伸长率 A/%
			壁厚/mm		
			≤16	>16	
			不小于		不小于
1	10	335～475	205	195	24
2	20	410～550	245	235	20

5.4.2 当需方在合同中注明钢管用于中压锅炉过热蒸汽管时，供方应保证钢管的高温规定非比例延伸强度($R_{p0.2}$)符合表 6 的规定，但供方可不做检验。

根据需方要求，经供需双方协商，并在合同中注明试验温度，钢管可做高温拉伸试验，其对应温度下的高温规定非比例延伸强度($R_{p0.2}$)应符合表 6 的规定。

表 6 钢管在高温下的规定非比例延伸强度最小值

牌号	试样状态	规定非比例延伸强度最小值 $R_{P0.2}$/MPa					
		试验温度/℃					
		200	250	300	350	400	450
10	供货状态	165	145	122	111	109	107
20		188	170	149	137	134	132

5.5 工艺性能

5.5.1 压扁试验

对于外径大于 22 mm 至 400 mm，并且壁厚不大于 10 mm 的钢管应进行压扁试验，试样压扁后两平板间距离 H 按公式(1)计算：

$$H=\frac{(1+\alpha)S}{\alpha+S/D} \qquad \cdots\cdots(1)$$

式中：

H——平板间距离，单位为毫米(mm)；

S——钢管公称壁厚，单位为毫米(mm)；

D——钢管公称外径，单位为毫米(mm)；

α——单位长度变形系数，取 0.08；当 $S/D\geqslant0.1$ 时 α 取 0.07。

压扁后试样上不允许出现裂缝或裂口。

下述情况不应作为压扁试验合格与否的判定依据：

当 $S/D>0.1$ 时，试样 6 点(底)和 12 点(顶)位置处内表面的裂纹。

5.5.2 扩口试验

根据需方要求，经供需双方协商，并在合同中注明，对于壁厚不大于 8 mm 的钢管，可做扩口试验。扩口试验顶心锥度为 30°、45°或 60°中的一种，扩口后试样的外径扩口率应符合表 7 的规定，扩口后试样不允许出现裂缝或裂口。

表 7 钢管外径扩口率

牌号	钢管外径扩大值/%		
	内径/外径		
	≤0.6	>0.6～0.8	>0.8
10	12	15	19
20	10	12	17

5.5.3 弯曲试验

外径不大于 22 mm 的钢管应做弯曲试验，弯曲角度为 90°，弯心半径为钢管外径的 6 倍，试样弯曲后弯曲处不允许出现裂缝或裂口。

5.6 液压试验

钢管应逐根进行液压试验。液压试验压力按式(2)计算，10 钢最大试验压力为 7 MPa，20 钢最大试验压力为 10 MPa。在试验压力下，稳压时间应不少于 5 s，钢管不允许出现渗漏现象。

$$P = 2SR/D \quad \cdots\cdots(2)$$

式中：

P——试验压力，单位为兆帕(MPa)；

S——钢管公称壁厚，单位为毫米(mm)；

D——钢管公称外径，单位为毫米(mm)；

R——允许应力，为表 5 规定下屈服强度的 60%，单位为兆帕(MPa)。

供方可用涡流探伤、漏滋探伤或超声波探伤代替液压试验。当需方有超声波检验要求时，供方不应以超声波检验代替液压试验。用涡流探伤时，对比样管人工缺陷应符合 GB/T 7735 中验收等级 A 的规定；用漏磁探伤时，对比样管外表面纵向人工缺陷应符合 GB/T 12606 中验收等级 L4 的规定；用超声波探伤时，对比样管外表面纵向人工缺陷应符合 GB/T 5777—2008 中验收等级 L4 的规定。

5.7 低倍检验

采用连铸坯或钢锭直接制造的钢管，供方应保证坯料或钢管的横截面酸浸低倍组织试片上无白点、夹杂、皮下气泡、翻皮和分层。

5.8 表面质量

钢管的内外表面不允许有目视可见的裂纹、折叠、结疤、轧折和离层。这些缺陷应完全清除，清除深度应不超过公称壁厚的 10%，清理处的实际壁厚应不小于壁厚偏差所允许的最小值。

直道允许深度应符合如下规定：

a) 冷拔(轧)钢管：不大于壁厚的 4%，最大深度为 0.3 mm；

b) 热轧(挤、扩)钢管：不大于壁厚的 5%，最大深度为 0.5 mm。

不超过壁厚负偏差的其他局部缺欠允许存在。

5.9 无损检验

根据需方要求，经供需双方协商，并在合同中注明，钢管可逐根进行超声波探伤检验，对比样管纵向人工缺陷应符合 GB/T 5777—2008 中验收等级 L2.5 的规定。

6 试验方法

6.1 钢管的尺寸和外形应采用符合精度要求的量具测量。

6.2 钢管的内外表面应在充分照明条件下逐根目视检查。

6.3 钢管的其他检验应符合表 8 的规定。

表 8 钢管的检验项目、取样数量、取样方法、试验方法

序号	检验项目	取样数量	取样方法	试验方法
1	化学成分	每炉取 1 个试样	GB/T 20066	GB/T 223 GB/T 4336
2	拉伸试验	每批在两根钢管上各取 1 个试样	GB/T 2975	GB/T 228
3	高温拉伸试验	每批在两根钢管上各取 1 个试样	GB/T 2975	GB/T 4338
4	压扁试验	每批在两根钢管上各取 1 个试样	GB/T 2975	GB/T 246

表 8（续）

序号	检验项目	取样数量	取样方法	试验方法
5	扩口试验	每批在两根钢管上各取 1 个试样	GB/T 2975	GB/T 242
6	弯曲试验	每批在两根钢管上各取 1 个试样	GB/T 2975	GB/T 244
7	液压试验	逐根	—	GB 241
8	涡流探伤检验	逐根	—	GB/T 7735
9	漏磁探伤检验	逐根	—	GB/T 12606
10	超声波探伤检验	逐根	—	GB/T 5777
11	低倍检验	每批在两根钢管上各取 1 个试样	GB/T 226	GB/T 226 GB/T 1979

7 检验规则

7.1 检查和验收

钢管的检查和验收由供方质量技术监督部门进行。

7.2 组批规则

7.2.1 钢管按批进行检查和验收。

7.2.2 若钢管在切成单根后不再进行热处理，则从一根管坯轧制钢管上截取的所有管段都可视为一根。

7.2.3 每批应由同一牌号、同一炉号、同一规格和同一热处理制度（炉次）的钢管组成。每批钢管的数量应不超过如下规定：

a) 外径不大于 76 mm 且壁厚不大于 3 mm，400 根；

b) 外径大于 351 mm，50 根；

c) 其他尺寸，200 根。

剩余钢管的根数，如不少于上述规定的 50%时则单独列为一批，少于上述规定的 50%时可并入同一牌号、同一炉号、同一规格和同一热处理制度（炉次）的相邻一批中。

7.3 取样数量

每批钢管各项性能检验的取样数量应符合表 8 的规定。

7.4 复验与判定规则

钢管的复验与判定规则应符合 GB/T 2102 的规定。

8 包装、标志和质量证明书

钢管的包装、标志和质量证明书应符合 GB/T 2102 的规定。

ICS 77.140.75
H 48

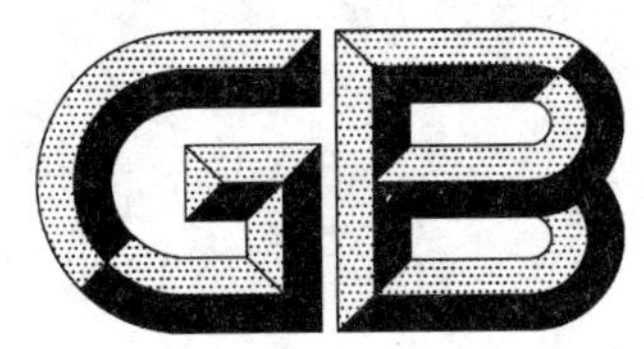

中华人民共和国国家标准

GB/T 3091—2008
代替 GB/T 3091—2001

低压流体输送用焊接钢管

Welded steel pipes for low pressure liquid delivery

(ISO 559:1991,NEQ)

2008-05-13 发布 2008-11-01 实施

中华人民共和国国家质量监督检验检疫总局
中国国家标准化管理委员会 发布

前　言

本标准与ISO 559:1991《清水和污水用钢管》(英文版)的一致性程度为非等效。

本标准代替GB/T 3091—2001《低压流体输送用焊接钢管》。本标准与GB/T 3091—2001相比，主要变化如下：

——增加螺旋缝埋弧焊钢管及其相关内容；

——调整外径和壁厚系列；

——加严外径大于508 mm钢管的外径允许偏差；

——加严钢管的壁厚允许偏差；

——增加重量允许偏差；

——增加Q195钢牌号；

——加严拉伸试验；

——加严压扁试验要求；

——增加埋弧焊钢管的正面导向弯曲试验要求；

——调整钢管液压试验值；

——对镀锌层的规定更加明确。

本标准的附录A为资料性附录，附录B和附录C为规范性附录。

本标准由中国钢铁工业协会提出。

本标准由全国钢标准化技术委员会归口。

本标准起草单位：锦西钢管有限公司、番禺珠江钢管有限公司、京华创新集团有限公司、浙江金洲管道科技股份有限公司。

本标准主要起草人：齐惠娟、朱兴伟、赵福亮、王利树、沈淦荣、黄克坚、杨伟芳。

本标准所代替标准的历次版本发布情况为：

——GB/T 3091—1982、GB/T 3091—1993、GB/T 3091—2001。

低压流体输送用焊接钢管

1 范围

本标准规定了低压流体输送用焊接钢管的尺寸、外形、重量、技术要求、试验方法、检验规则、包装、标志及质量证明书。

本标准适用于水、空气、采暖蒸汽、燃气等低压流体输送用焊接钢管。

本标准包括直缝高频电阻焊(ERW)钢管、直缝埋弧焊(SAWL)钢管和螺旋缝埋弧焊(SAWH)钢管,并对它们的不同要求分别做了标注,未标注的同时适用于直缝高频电阻焊钢管、直缝埋弧焊钢管和螺旋缝埋弧焊钢管。

2 规范性引用文件

下列文件中的条款通过本标准的引用而成为本标准的条款。凡是注日期的引用文件,其随后所有的修改单(不包括勘误的内容)或修订版均不适用于本标准,然而,鼓励根据本标准达成协议的各方研究是否可使用这些文件的最新版本。凡是不注日期的引用文件,其最新版本适用于本标准。

GB/T 222 钢的成品化学成分允许偏差

GB/T 223.3 钢铁及合金化学分析方法 二安替比林甲烷磷钼酸重量法测定磷量

GB/T 223.5 钢铁及合金化学分析方法 还原型硅钼酸盐光度法测定酸溶硅含量

GB/T 223.10 钢铁及合金化学分析方法 铜铁试剂分离-铬天青S光度法测定铝含量

GB/T 223.11 钢铁及合金化学分析方法 过硫酸铵氧化容量法测定铬量

GB/T 223.12 钢铁及合金化学分析方法 碳酸钠分离-二苯碳酰二肼光度法测定铬量

GB/T 223.14 钢铁及合金化学分析方法 钽试剂萃取光度法测定钒含量

GB/T 223.16 钢铁及合金化学分析方法 变色酸光度法测定钛量

GB/T 223.18 钢铁及合金化学分析方法 硫代硫酸钠分离-碘量法测定铜量

GB/T 223.19 钢铁及合金化学分析方法 新亚铜灵-三氯甲烷萃取光度法测定铜量

GB/T 223.23 钢铁及合金化学分析方法 丁二酮肟分光光度法测定镍量

GB/T 223.24 钢铁及合金化学分析方法 萃取分离-丁二酮肟分光光度法测定镍量

GB/T 223.32 钢铁及合金化学分析方法 次磷酸钠还原-碘量法测定砷含量

GB/T 223.36 钢铁及合金化学分析方法 蒸馏分离-中和滴定法测定氮量

GB/T 223.37 钢铁及合金化学分析方法 蒸馏分离-靛酚蓝光度法测量氮量

GB/T 223.40 钢铁及合金 铌含量的测定 氯磺酚S分光光度法

GB/T 223.53 钢铁及合金化学分析方法 火焰原子吸收分光光度法测定氮量

GB/T 223.54 钢铁及合金化学分析方法 火焰原子吸收分光光度法测定镍量

GB/T 223.58 钢铁及合金化学分析方法 亚砷酸钠-亚硝酸钠滴定法测定锰量

GB/T 223.59 钢铁及合金化学分析方法 锑磷钼蓝光度法测定磷量

GB/T 223.60 钢铁及合金化学分析方法 高氯酸脱水重量法测定硅含量

GB/T 223.61 钢铁及合金化学分析方法 磷钼酸铵容量法测定磷量

GB/T 223.62 钢铁及合金化学分析方法 乙酸丁酯萃取光度法测定磷量

GB/T 223.63 钢铁及合金化学分析方法 高碘酸钠(钾)光度法测定锰量

GB/T 223.64 钢铁及合金化学分析方法 火焰原子吸收光谱法测定锰量

GB/T 223.67 钢铁及合金化学分析方法 还原蒸馏-次甲基蓝光度法测定硫量

GB/T 223.68 钢铁及合金化学分析方法 管式炉内燃烧后碘酸钾滴定法测定硫含量

GB/T 223.69 钢铁及合金化学分析方法 管式炉内燃烧后气体容量法测定碳含量

GB/T 223.71 钢铁及合金化学分析方法 管式炉内燃烧后重量法测定碳含量

GB/T 223.72 钢铁及合金化学分析方法 氧化铝色层分离-硫酸钡重量法测定硫量

GB/T 228 金属材料 室温拉伸试验方法(GB/T 228—2002,ISO 6892:1998,EQV)

GB/T 232 金属材料 弯曲试验方法(GB/T 232—1999,neq ISO 7438:1985)

GB/T 241 金属管 液压试验方法

GB/T 244 金属管 弯曲试验方法(GB/T 244—2008,ISO 8491:1998,IDT)

GB/T 246 金属管 压扁试验方法(GB/T 246—2007,ISO 8492:1998,IDT)

GB/T 700 碳素结构钢(GB/T 700—2006,ISO 630:1995,NEQ)

GB/T 1591 低合金高强度结构钢(GB/T 1591—1994,neq ISO 4950-1:1981、ISO 4950-2:1981、ISO 4951:1981)

GB/T 2102 钢管的验收、包装、标志及质量证明书

GB/T 2975 钢及钢产品 力学性能试验取样位置及试样制备(GB/T 2975—1998,eqv ISO 377:1997)

GB/T 4336 碳素钢和中低合金钢 火花源原子发射光谱分析方法(常规法)

GB/T 7735 钢管涡流探伤检验方法(GB/T 7735—2004,ISO 9304:1989,MOD)

GB/T 20066 钢和铁 化学成分测定用试样的取样和制样方法(GB/T 20066—2006,ISO 14284:1996,IDT)

GB/T 20123 钢铁 总碳硫含量的测定 高频感应炉燃烧后红外吸收法(常规方法)(GB/T 20123—2006,ISO 15350:2000,IDT)

GB/T 21835 焊接钢管尺寸及单位长度重量(GB/T 21835—2008,ISO 4200:1991、ISO 1127:1992,NEQ)

SY/T 6423.1 石油天然气工业用承压焊接钢管无损检测方法 埋弧焊钢管焊缝缺欠的射线检测(SY/T 6423.1—1999,eqv ISO 12096:1996)

SY/T 6423.2 石油天然气工业用承压焊接钢管无损检测方法 电阻焊和感应焊钢管焊缝纵向缺欠的超声波检测(SY/T 6423.2—1989,eqv ISO 9764:1989)

SY/T 6423.3 石油天然气工业用承压焊接钢管无损检测方法 埋弧焊钢管焊缝纵向和/或横向缺欠的超声波检测(SY/T 6423.3—1999,eqv ISO 9765:1990)

3 订货内容

按本标准订购钢管的合同或订单至少应包括下列内容：

a) 标准编号；

b) 产品名称；

c) 钢的牌号(等级)；

d) 订购的数量(总重量或总长度)；

e) 尺寸规格(外径×壁厚,单位为毫米)；

f) 长度(单位为毫米)；

g) 制造工艺；

h) 交货状态；

i) 其他要求。

4 尺寸、外形和重量

4.1 尺寸

4.1.1 外径和壁厚

钢管的外径(D)和壁厚(t)应符合 GB/T 21835 的规定,其中管端用螺纹和沟槽连接的钢管尺寸参见附录 A。

根据需方要求,经供需双方协商,并在合同中注明,可供应 GB/T 21835 规定以外尺寸的钢管。

4.1.2 外径和壁厚的允许偏差

钢管外径和壁厚的允许偏差应符合表 1 的规定。根据需方要求,经供需双方协商,并在合同中注明,可供应表 1 规定以外允许偏差的钢管。

表 1 外径和壁厚的允许偏差

单位为毫米

<table>
<tr><th rowspan="2">外径</th><th colspan="2">外径允许偏差</th><th rowspan="2">壁厚允许偏差</th></tr>
<tr><th>管体</th><th>管端
(距管端 100 mm 范围内)</th></tr>
<tr><td>$D\leqslant 48.3$</td><td>±0.5</td><td>—</td><td rowspan="4">±10%t</td></tr>
<tr><td>$48.3 < D\leqslant 273.1$</td><td>±1%D</td><td>—</td></tr>
<tr><td>$273.1 < D\leqslant 508$</td><td>±0.75%D</td><td>+2.4
−0.8</td></tr>
<tr><td>$D > 508$</td><td>±1%D 或±10.0,两者取较小值</td><td>+3.2
−0.8</td></tr>
</table>

4.2 长度

4.2.1 通常长度

钢管的通常长度应为 3 000 mm~12 000 mm。

4.2.2 定尺长度

钢管的定尺长度应在通常长度范围内,直缝高频电阻焊钢管的定尺长度允许偏差为$^{+20}_{0}$ mm;螺旋缝埋弧焊钢管的定尺长度允许偏差为$^{+50}_{0}$ mm。

4.2.3 倍尺长度

钢管的倍尺总长度应在通常长度范围内,直缝高频电阻焊钢管的总长度允许偏差为$^{+20}_{0}$ mm;螺旋缝埋弧焊钢管的总长度允许偏差为$^{+50}_{0}$ mm,每个倍尺长度应留 5 mm~15 mm 的切口余量。

4.2.4 根据需方要求,经供需双方协商,并在合同中注明,可供应通常长度范围以外的定尺长度和倍尺长度的钢管。

4.3 弯曲度

4.3.1 外径小于 114.3 mm 的钢管,应具有不影响使用的弯曲度。

4.3.2 外径不小于 114.3 mm 的钢管,全长弯曲度应不大于钢管长度的 0.2%。

4.3.3 根据需方要求,经供需双方协商,并在合同中注明,可规定其他弯曲度指标。

4.4 不圆度

外径不大于 508 mm 的钢管,不圆度(同一截面最大外径与最小外径之差)应在外径公差范围内。

外径大于 508 mm 的钢管,不圆度应不超过管体外径公差的 80%。

4.5 管端

钢管的两端面应与钢管的轴线垂直切割,且不应有切口毛刺。

外径不小于 114.3 mm 的钢管,管端切口斜度应不大于 3 mm,见图 1 所示。

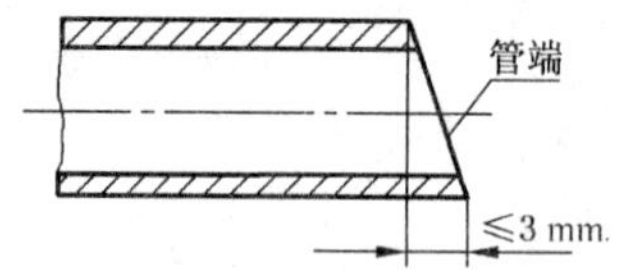

图 1

根据需方要求,经供需双方协商,并在合同中注明,壁厚大于 4 mm 的钢管端面可加工坡口,坡口角度应为 $30^{\circ}{}^{+5^{\circ}}_{0}$,钝边应为 1.6 mm±0.8 mm,见图 2 所示。

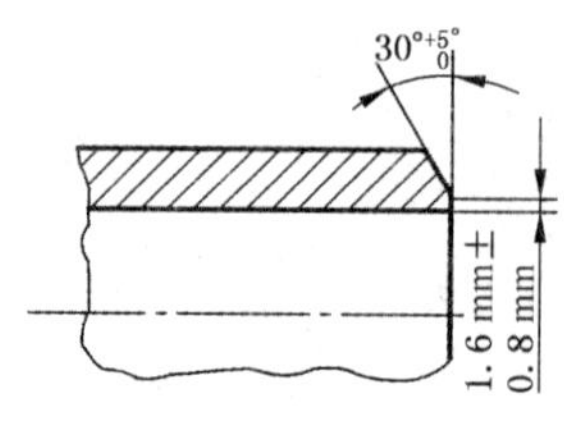

图 2

4.6 重量

4.6.1 钢管按理论重量交货,也可按实际重量交货。

4.6.2 钢管的理论重量按公式(1)计算(钢的密度按 7.85 kg/dm^3)。

$$W = 0.0246615(D-t)t \qquad (1)$$

式中:

W——钢管的单位长度理论重量,单位为千克每米(kg/m);

D——钢管的外径,单位为毫米(mm);

t——钢管的壁厚,单位为毫米(mm)。

4.6.3 钢管镀锌后单位长度理论重量按公式(2)计算。

$$W' = cW \qquad (2)$$

式中:

W'——钢管镀锌后的单位长度理论重量,单位为千克每米(kg/m);

W——钢管镀锌前的单位长度理论重量,单位为千克每米(kg/m);

c——镀锌层的重量系数,见表 2。

表 2 镀锌层的重量系数

壁厚/mm	0.5	0.6	0.8	1.0	1.2	1.4	1.6	1.8	2.0	2.3
系数 c	1.255	1.112	1.159	1.127	1.106	1.091	1.080	1.071	1.064	1.055
壁厚/mm	2.6	2.9	3.2	3.6	4.0	4.5	5.0	5.4	5.6	6.3
系数 c	1.049	1.044	1.040	1.035	1.032	1.028	1.025	0.024	1.023	1.020
壁厚/mm	7.1	8.0	8.8	10	11	12.5	14.2	16	17.5	20
系数 c	1.018	1.016	1.014	1.013	1.012	1.010	1.009	1.008	1.009	1.006

4.6.4 以理论重量交货的钢管,每批或单根钢管的理论重量与实际重量的允许偏差应为±7.5%。

5 技术要求

5.1 钢的牌号和化学成分

5.1.1 钢的牌号和化学成分(熔炼分析)应符合 GB/T 700 中牌号 Q195、Q215A、Q215B、Q235A、Q235B 和 GB/T 1591 中牌号 Q295A、Q295B、Q345A、Q345B 的规定。根据需方要求,经供需双方协商,并在合同中注明,也可采用其他易焊接的钢牌号。

5.1.2 化学成分按熔炼成分验收。当需方要求进行成品分析时，应在合同中注明，成品分析化学成分的允许偏差应符合 GB/T 222 的有关规定。

5.2 制造工艺

钢管采用直缝高频电阻焊、直缝埋弧焊和螺旋缝埋弧焊中的任一种工艺制造。

5.3 交货状态

钢管按焊接状态交货，直缝高频电阻焊钢管可按焊缝热处理状态交货。根据需方要求，经供需双方协商，并在合同中注明，钢管也可按整体热处理状态交货。

根据需方要求，经供需双方协商，并在合同中注明，外径不大于 508 mm 的钢管可镀锌交货，也可按其他保护涂层交货。

5.4 力学性能

5.4.1 力学性能要求

钢管的力学性能要求应符合表 3 的规定，其他钢牌号的力学性能要求由供需双方协商确定。

表 3 力学性能

牌号	下屈服强度 R_{eL}/N/mm² 不小于		抗拉强度 R_m/N/mm² 不小于	断后伸长率 A/% 不小于	
	$t\leqslant16$ mm	$t>16$ mm		$D\leqslant168.3$ mm	$D>168.3$ m
Q195	195	185	315	15	20
Q215A、Q215B	215	205	335		
Q235A、Q235B	235	225	370		
Q295A、Q295B	295	275	390	13	18
Q345A、Q345B	345	325	470		

5.4.2 拉伸试验

外径小于 219.1 mm 的钢管拉伸试验应截取母材纵向试样。直缝钢管拉伸试样应在钢管上平行于轴线方向距焊缝约 90°的位置截取，也可在制管用钢板或钢带上平行于轧制方向约位于钢板或钢带边缘与钢板或钢带中心线之间的中间位置截取；螺旋缝钢管拉伸试样应在钢管上平行于轴线距焊缝约1/4 螺距的位置截取。其中，外径不大于 60.3 mm 的钢管可截取全截面拉伸试样。

外径不小于 219.1 mm 的钢管拉伸试验应截取母材横向试样和焊缝试样。直缝钢管母材拉伸试样应在钢管上垂直于轴线距焊缝约 180°的位置截取，螺旋缝钢管母材拉伸试样应在钢管上垂直于轴线距焊缝约 1/2 螺距的位置截取。焊缝（包括直缝钢管的焊缝、螺旋缝钢管的螺旋焊缝和钢带对接焊缝）拉伸试样应在钢管上垂直于焊缝截取，且焊缝位于试样的中间，焊缝试样只测定抗拉强度。

拉伸试验结果应符合表 3 的规定。但外径不大于 60.3 mm 钢管全截面拉伸时，断后伸长率仅供参考，不做交货条件。

5.5 工艺性能

5.5.1 弯曲试验

外径不大于 60.3 mm 的电阻焊钢管应进行弯曲试验。试验时，试样应不带填充物，弯曲半径为钢管外径的 6 倍，弯曲角度为 90°，焊缝位于弯曲方向的外侧面。试验后，试样上不允许出现裂纹。

5.5.2 压扁试验

外径大于 60.3 mm 的电阻焊钢管应进行压扁试验。压扁试样的长度应不小于 64 mm，两个试样的焊缝应分别位于与施力方向成 90°和 0°位置。试验时，当两平板间距离为钢管外径的 2/3 时，焊缝处不允许出现裂缝或裂口；当两平板间距离为钢管外径的 1/3 时，焊缝以外的其他部位不允许出现裂缝或裂口；继续压扁直至相对管壁贴合为止，在整个压扁过程中，不允许出现分层或金属过烧现象。

5.5.3　导向弯曲试验

埋弧焊钢管应进行正面导向弯曲试验。导向弯曲试样应从钢管上垂直焊缝(包括直缝钢管的焊缝、螺旋缝钢管的螺旋焊缝和钢带对接焊缝)截取,焊缝位于试样的中间,试样上不应有补焊焊缝,焊缝余高应去除。试样在弯模内弯曲约 180°,弯芯直径为钢管壁厚的 8 倍。试验后,应符合如下规定:

a)　试样不允许完全断裂;

b)　试样上焊缝金属中不允许出现长度超过 3.2 mm 的裂纹或破裂,不考虑深度;

c)　母材、热影响区或溶合线上不允许出现长度超过 3.2 mm 的裂纹或深度超过壁厚 10%的裂纹或破裂。

试验过程中,出现在试样边缘且长度小于 6.4 mm 的裂纹,不应作为拒收的依据。

5.6　液压试验

钢管应逐根进行液压试验,试验压力应按公式(3)计算,修约到最邻近的 0.1 MPa,但最大试验压力为 5.0 MPa。试验压力保持时间应不小于 5 s。在试验过程中,钢管不应出现渗漏现象。

$$P=\frac{2St}{D} \quad \cdots\cdots(3)$$

式中:

P——钢管的最低试验压力值,单位为兆帕(MPa);

S——钢管下屈服强度的 60%,单位为牛顿每平方毫米(N/mm²);

D——钢管的外径,单位为毫米(mm);

t——钢管的壁厚,单位为毫米(mm)。

注:1 N/mm^2=1 MPa。

电阻焊钢管可用超声波探伤检验或涡流探伤检验代替液压试验,埋弧焊钢管可用超声波探伤检验或射线探伤检验代替液压试验。电阻焊钢管超声波探伤检验应符合 SY/T 6423.2 中验收等级 L3(C10)的规定;涡流探伤检验应符合 GB/T 7735 中验收等级 A 的规定。埋弧焊钢管超声波探伤检验应符合 SY/T 6423.3 中验收等级 L2(C5)的规定;射线探伤检验应符合 SY/T 6423.1 中图像质量级别为 R1 的规定。

仲裁时以液压试验为准。

5.7　表面质量

5.7.1　焊缝

5.7.1.1　电阻焊钢管的焊缝毛刺高度

钢管焊缝的外毛刺应清除,剩余高度应不大于 0.5 mm。

根据需方要求,经供需双方协商,并在合同中注明,钢管焊缝内毛刺可清除。焊缝的内毛刺清除后,剩余高度应不大于 1.5 mm;当壁厚不大于 4 mm 时,清除内毛刺后刮槽深度应不大于 0.2 mm;当壁厚大于 4 mm 时,刮槽深度应不大于 0.4 mm。

5.7.1.2　埋弧焊钢管的焊缝余高

当壁厚不大于 12.5 mm 时,超过钢管原始表面轮廓的内、外焊缝余高应不大于 3.2 mm;当壁厚大于 12.5 mm 时,超过钢管原始表面轮廓的内、外焊缝余高应不大于 3.5 mm。焊缝余高超高部分允许修磨。

5.7.1.3　错边

对电阻焊钢管,焊缝处钢带边缘的径向错边不允许使两侧的剩余厚度小于钢管壁厚的 90%。

对埋弧焊钢管,当壁厚不大于 12.5 mm 时,焊缝处钢带边缘的径向错边应不大于 1.6 mm;当壁厚大于 12.5 mm 时,焊缝处钢带边缘的径向错边应不大于钢管壁厚的 0.125 倍。

5.7.1.4　钢带对接焊缝

螺旋缝埋弧焊钢管允许有钢带对接焊缝,但钢带对接焊缝与螺旋缝的连接点距管端的距离应大于

150 mm，当钢带对接焊缝位于管端时，与相应管端的螺旋焊缝之间至少应有 150 mm 的环向间隔。

5.7.2 表面缺陷

钢管的内外表面应光滑，不允许有折叠、裂纹、分层、搭焊、断弧、烧穿及其他深度超过壁厚下偏差的缺陷存在。允许有深度不超过壁厚下偏差的其他局部缺欠存在。

5.7.3 缺陷的修补

外径小于 114.3 mm 的钢管不允许补焊修补。

外径不小于 114.3 mm 的钢管，可对母材和焊缝处的缺陷进行修补。补焊前应将补焊处进行处理，使其符合焊接要求。补焊焊缝最短长度应不小于 50 mm，电阻焊钢管补焊焊缝最大长度应不大于 150 mm，每根钢管的修补应不超过 3 处，在距离管端 200 mm 内不允许补焊。补焊焊道应修磨，修磨后应与原始轮廓圆滑过渡并应按 5.6 的规定进行液压试验。

5.8 钢管对接

根据需方要求，经供需双方协商，并在合同中注明，钢管可对接交货。对接所用短管长度不应小于 1.5 m，并只允许两根短管对接。对接前，应对管端进行处理，使其符合焊接要求。对接时，钢管焊缝(包括直缝管的焊缝、螺旋管的螺旋焊缝和钢带对头焊缝)在对接处应相互环向间隔 50 mm～200 mm。对接后，对接焊缝应沿圆周方向均匀、整齐，并符合 5.7.1 的规定，对接后钢管的弯曲度应符合 4.3 的规定，并应按 5.6 的要求进行液压试验。

5.9 镀锌层

5.9.1 镀锌方法

钢管镀锌应采用热浸镀锌法。

5.9.2 镀锌层的重量测定

根据需方要求，经供需双方协商，并在合同中注明，钢管的镀锌层可进行重量测定，钢管内外表面镀锌层总重量应不小于 500 g/m²。测定方法按附录 B 进行，试验时，允许其中一个试样的镀锌层总重量小于 500 g/m²，但应不小于 480 g/m²。

5.9.3 镀锌层的均匀性试验

钢管的镀锌层应进行均匀性试验。试验方法按附录 C 进行，试验时，试样(焊缝处除外)在硫酸铜溶液中连续浸渍 5 次应不变红(镀铜色)。

5.9.4 镀锌层的附着力检验

外径不大于 60.3 mm 的钢管镀锌后应采用弯曲试验进行镀锌层的附着力检验。试验时，弯曲试样应不带填充物，弯曲半径为钢管外径的 8 倍，弯曲角度为 90°，焊缝位于弯曲方向的外侧面。试验后，试样上不允许出现锌层剥落现象。

根据需方要求，经供需双方协商，并在合同中注明，外径大于 60.3 mm 的钢管镀锌后应采用压扁试验进行镀锌层的附着力检验。压扁试样的长度应不小于 64 mm。试验时，两平板间距离为钢管外径的 3/4 时，试样上不允许出现锌层剥落现象。

5.9.5 镀锌层的表面质量

钢管的内外表面镀锌层应完整，不允许有未镀上锌的黑斑和气泡存在，允许有不大的粗糙面和局部的锌瘤存在。

钢管镀锌后表面可进行钝化处理。

5.10 其他要求

根据需方要求，经供需双方协商，并在合同中注明，钢管可增加冲击试验、提高液压试验压力值等要求。

6 试验方法

6.1 钢管的尺寸、外形、电阻焊钢管的毛刺高度及埋弧焊钢管的焊缝余高应采用符合精度要求的量具或仪器测量。

6.2 钢管的表面质量应在充分照明条件下逐根目视检验。

6.3 钢管的其他检验应符合表4的规定。

表4 钢管的检验项目、取样和试验方法及取样数量

<table>
<tr><th>序号</th><th>检验项目</th><th>取样和试验方法</th><th colspan="3">取样数量</th><th>技术要求条款</th></tr>
<tr><td>1</td><td>化学成分</td><td>GB/T 223
GB/T 4336
GB/T 20066
GB/T 20123</td><td colspan="3">每炉1个</td><td>5.1</td></tr>
<tr><td rowspan="3">2</td><td rowspan="3">拉伸试验</td><td rowspan="3">GB/T 228
GB/T 2975</td><td>D<219.1 mm</td><td colspan="2">每批1个</td><td rowspan="3">5.4.1</td></tr>
<tr><td rowspan="2">D≥219.1 mm</td><td>直缝</td><td>母材每批1个
焊缝每批1个</td></tr>
<tr><td>螺旋缝</td><td>母材每批1个
螺旋焊缝每批1个
钢带对头焊缝每批1个</td></tr>
<tr><td>3</td><td>弯曲试验</td><td>GB/T 244</td><td colspan="3">每批1个</td><td>5.5.1</td></tr>
<tr><td>4</td><td>压扁试验</td><td>GB/T 246</td><td colspan="3">每批2个</td><td>5.5.2</td></tr>
<tr><td>5</td><td>导向弯曲试验</td><td>GB/T 232</td><td colspan="3">每批1个</td><td>5.5.3</td></tr>
<tr><td>6</td><td>液压试验</td><td>GB/T 241</td><td colspan="3">逐根</td><td rowspan="5">5.6</td></tr>
<tr><td>7</td><td>电阻焊钢管超声波检验</td><td>SY/T 6423.2</td><td colspan="3">逐根</td></tr>
<tr><td>8</td><td>埋弧焊钢管超声波检验</td><td>SY/T 6423.3</td><td colspan="3">逐根</td></tr>
<tr><td>9</td><td>涡流探伤检验</td><td>GB/T 7735</td><td colspan="3">逐根</td></tr>
<tr><td>10</td><td>射线探伤检验</td><td>SY/T 6423.1</td><td colspan="3">逐根</td></tr>
<tr><td>11</td><td>镀锌层重量测定</td><td>附录B</td><td colspan="3">每批2个</td><td>5.9.2</td></tr>
<tr><td>12</td><td>镀锌层均匀性试验</td><td>附录C</td><td colspan="3">每批2个</td><td>5.9.3</td></tr>
<tr><td>13</td><td>镀锌层的附着力检验</td><td>GB/T 244
GB/T 246</td><td colspan="3">每批1个</td><td>5.9.4</td></tr>
</table>

7 检验规则

7.1 检查和验收

钢管的检查和验收应由供方质量技术监督部门进行。

7.2 组批规则

钢管应按批进行检查和验收，每批应由同一炉号、同一牌号、同一规格、同一焊接工艺、同一热处理制度（如适用）和同一镀锌层（如适用）的钢管组成。每批钢管的数量应不超过如下规定：

a） D≤33.7 mm：1 000根；

b） D>33.7 mm～60.3 mm：750根；

c） D>60.3 mm～168.3 mm：500根；

d） D>168.3 mm～323.9 mm：200根；

e） D>323.9 mm：100根。

7.3 取样数量

钢管检验的取样数量应符合表4的规定。

7.4 复验与判定规则

钢管的复验与判定规则应符合 GB/T 2102 的规定。

8 包装、标志及质量证明书

钢管的包装、标志及质量证明书应符合 GB/T 2102 的规定。

附　录　A
（资料性附录）
钢管的公称口径与钢管的外径、壁厚对照表

A.1　管端用螺纹和沟槽连接的钢管尺寸参见表 A.1。

表 A.1　钢管的公称口径与钢管的外径、壁厚对照表　　单位为毫米

公称口径	外径	壁厚	
		普通钢管	加厚钢管
6	10.2	2.0	2.5
8	13.5	2.5	2.8
10	17.2	2.5	2.8
15	21.3	2.8	3.5
20	26.9	2.8	3.5
25	33.7	3.2	4.0
32	42.4	3.5	4.0
40	48.3	3.5	4.5
50	60.3	3.8	4.5
65	76.1	4.0	4.5
80	88.9	4.0	5.0
100	114.3	4.0	5.0
125	139.7	4.0	5.5
150	168.3	4.5	6.0
注：表中的公称口径系近似内径的名义尺寸，不表示外径减去两个壁厚所得的内径。			

附　录　B
（规范性附录）
镀锌层的重量测定　氯化锑法

B.1　试样的准备

钢管镀锌后应进行镀锌层的重量测定。从每批中任取 2 根钢管，在每根钢管的一端各截取 30 mm～60 mm（视规格大小决定）长的管段作为试样，试样的表面不应有粗糙面和锌瘤存在。试样表面应用纯净的溶剂如苯、石油苯、三氯乙烯或四氯化碳等洗净，再用乙醇淋洗，清水洗净，然后在试样两端的端面上涂上清漆（苯酚），并充分干燥。

B.2　试验溶液的配制

将三氯化锑（$SbCl_3$）32 g 或三氧化二锑（Sb_2O_3）20 g 溶于 1 000 mL 密度为 1.18 kg/dm^3 以上的盐酸中配制成原液。试验前将 5 mL 原液加到 100 mL 密度为 1.18 kg/dm^3 以上的盐酸里，作为试验溶液。

B.3　试验操作方法

B.3.1　用天平称量试样重量，修约到最邻近的 0.01 g。

B.3.2　将试样浸入试验溶液中，每次浸入一个试样，液面应高于试样。在测量过程中溶液温度不得大于 38℃。

B.3.3　当试样在溶液中氢的发生变得很少，且镀锌层已经消失时，取出试样。将试样在清水中冲洗并用棉花或净布擦干，待完全干燥后再在天平上称重，修约到最邻近的 0.01 g。

B.3.4　试样锌层剥离后，应在试样端部两个互相垂直的方向上分别测量外径和内径，分别取其平均值作为实际外径和内径，修约到最邻近的 0.01 mm。

B.3.5　试验溶液在能容易地去除锌层的情况下，可以重复使用。

B.4　试验结果的计算

试样的表面积按公式（B.1）计算：

$$A = \pi(D + d)h \qquad \text{(B.1)}$$

式中：

A——试样剥离锌层后的表面积，单位为平方米（m^2）；

π——圆周率，取 3.141 6；

D——试样剥离锌层后的外径，单位为米（m）；

d——试样剥离锌层后的内径，单位为米（m）；

h——试样的长度，单位为米（m）。

试样二次称重后减少的重量按公式（B.2）计算：

$$\Delta m = m_1 - m_2 \qquad \text{(B.2)}$$

式中：

Δm——二次称重后试样减少的重量，单位为克（g）；

m_1——试样在剥离锌层前的重量，单位为克（g）；

m_2——试样在剥离锌层后的重量，单位为克（g）。

镀锌层重量按公式（B.3）计算：

$$m_A = \Delta m / A \qquad \cdots\cdots\cdots (B.3)$$

式中：

m_A——镀锌层的重量，单位为克每平方米(g/m^2)；

Δm——二次称重后试样减少的重量，单位为克(g)；

A——试样剥离锌层后的表面积，单位为平方米(m^2)。

镀锌钢管镀锌层厚度用式(B.4)计算(近似值)：

$$e = m_A / 7 \qquad \cdots\cdots\cdots (B.4)$$

式中：

e——镀锌层厚度的近似值，单位为微米(μm)；

m_A——镀锌层的重量，单位为克每平方米(g/m^2)。

附 录 C
（规范性附录）
镀锌层的均匀性试验 硫酸铜浸渍法

C.1 试样的准备

钢管镀锌后应进行镀锌层的均匀性试验。从每批中任取 2 根钢管，在每根钢管的一端各截取不小于 150 mm 长的管段作为试样。试样表面的油污等应先去除，再用清洁的软布擦干净。

C.2 试验溶液的配制

将 33 g 结晶硫酸铜（$CuSO_4 \cdot 5H_2O$）或约 36 g 工业硫酸铜溶解于 100 mL 的蒸馏水中，再加入过量的粉状氢氧化铜[$Cu(OH)_2$]或碱性碳酸铜（化学纯）[$CuCO_3$-$Cu(OH)_2$]，以中和游离酸。如加入氢氧化铜，每 10 L 溶液中约为 10 g，如加入碱性碳酸铜，每 10 L 溶液中约为 12 g，根据容器底部的沉淀来判断是否过量。同时充分搅拌，然后静置 24 h，再过滤澄清。如以粉状氧化铜（CuO）代替氢氧化铜时，则每 10 L 溶液约为 8 g，但应静置 48 h 后过滤。

制成的试验溶液密度在 15℃时为 1.170 kg/dm^3。

C.3 试验容器

C.3.1 试验容器应选择相对硫酸铜呈惰性的材料。

C.3.2 容器的内部尺寸必须使试样浸入溶液后与容器的任何一壁至少保持 25 mm 的间隙。

C.4 试验操作方法

C.4.1 试样应以切割端向下，浸渍在溶液中的长度应不小于 100 mm，在硫酸铜溶液中连续浸渍 5 次。试验过程中，试样及溶液温度应保持 15℃～21℃，并不允许搅动。试样每次浸渍时间需持续 1 min，取出后应立即在流动的清水中清洗，并用软刷将黑色沉淀物全部清理干净，再用软布擦干。

C.4.2 除最后一次浸渍外，试样应立即重新浸入溶液。

C.4.3 试验溶液经 20 次浸渍试样后应废弃，不应使用。

C.5 试验结果的判定

试样经过连续 5 次浸渍，并经最后的清洗和擦干，不应呈现红色（镀铜色）。但在距试样末端25 mm 以内及离溶液液面 10 mm 以内部位有红色金属铜沉积除外。

如经上述试验，在试样上呈现红色金属铜沉积，其附着性可用下面方法判定：在 1∶10 盐酸溶液中浸入 15 s 后立即在流动的清水中用力擦洗，如其底面重现锌层，试样判为合格。

对红色金属铜沉积下的底面是否存在锌层有怀疑时，可将红色金属铜沉积刮除，在该处滴一至数滴稀盐酸，若有锌层存在，则有活泼氢气产生。此外，也可用锌的定性试验来判定，即用小片滤纸或吸液管等把滴下来的酸液收集起来，用氢氧化铵中和，使其呈弱酸性。在此溶液中通入硫化氢，看是否生成白色硫化锌沉淀来判定。

ICS 21.060.10
J 13

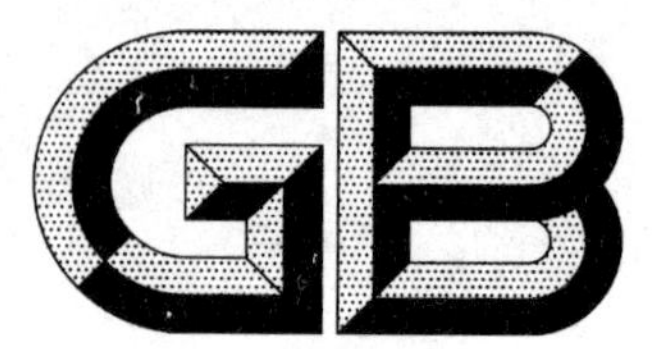

中华人民共和国国家标准

GB/T 3098.1—2010
代替 GB/T 3098.1—2000

紧固件机械性能 螺栓、螺钉和螺柱

Mechanical properties of fasteners—Bolts, screws and studs

(ISO 898-1:2009, Mechanical properties of fasteners made of carbon steel and alloy steel—Part 1: Bolts, screws and studs with specified property classes—Coarse thread and fine pitch thread, MOD)

2011-01-10 发布 2011-10-01 实施

中华人民共和国国家质量监督检验检疫总局
中国国家标准化管理委员会 发布

前　言

GB/T 3098 的本部分(以下简称本部分)是国家标准"紧固件机械性能"系列标准之一。该系列包括:

——GB/T 3098.1—2010　紧固件机械性能　螺栓、螺钉和螺柱;

——GB/T 3098.2—2000　紧固件机械性能　螺母　粗牙螺纹;

——GB/T 3098.3—2000　紧固件机械性能　紧定螺钉;

——GB/T 3098.4—2000　紧固件机械性能　螺母　细牙螺纹;

——GB/T 3098.5—2000　紧固件机械性能　自攻螺钉;

——GB/T 3098.6—2000　紧固件机械性能　不锈钢螺栓、螺钉和螺柱;

——GB/T 3098.7—2000　紧固件机械性能　自挤螺钉;

——GB/T 3098.8—2010　紧固件机械性能　−200 ℃～+700 ℃使用的螺栓连接;

——GB/T 3098.9—2010　紧固件机械性能　有效力矩型钢锁紧螺母;

——GB/T 3098.10—1993　紧固件机械性能　有色金属制造的螺栓、螺钉、螺柱和螺母;

——GB/T 3098.11—2002　紧固件机械性能　自钻自攻螺钉;

——GB/T 3098.12—1996　紧固件机械性能　螺母锥形保证载荷试验;

——GB/T 3098.13—1996　紧固件机械性能　螺栓与螺钉的扭矩试验和破坏扭矩公称直径 1～10 mm;

——GB/T 3098.14—2000　紧固件机械性能　螺母扩孔试验;

——GB/T 3098.15—2000　紧固件机械性能　不锈钢螺母;

——GB/T 3098.16—2000　紧固件机械性能　不锈钢紧定螺钉;

——GB/T 3098.17—1996　紧固件机械性能　检查氢脆用预载荷试验　平行支承面法;

——GB/T 3098.18—2004　紧固件机械性能　盲铆钉试验方法;

——GB/T 3098.19—2004　紧固件机械性能　抽芯铆钉;

——GB/T 3098.20—2004　紧固件机械性能　蝶形螺母　保证扭矩;

——GB/T 3098.21—2008　紧固件机械性能　不锈钢自攻螺钉;

——GB/T 3098.22—2009　紧固件机械性能　细晶非调质钢螺栓、螺钉和螺柱。

本部分是 GB/T 3098 的第 1 部分。

本部分修改采用 ISO 898-1:2009《碳钢和合金钢制造的紧固件机械性能　第 1 部分:规定性能等级的螺栓、螺钉和螺柱　粗牙螺纹和细牙螺纹》(英文版),主要修改如下:

——修改了标准名称;

——在引用文件中,用我国标准代替国际标准(第 2 章);

——ISO 898-1 对"降低承载能力的紧固件"性能等级的标记不符合第 5 章的规定,本部分予以改正(见表 10、表 11 及表 22);

——ISO 898-1 规定 $d_s > d_2$ 的紧固件断裂应发生在未旋合螺纹的长度内,本部分改为:"断裂应发生在未旋合螺纹的长度内或无螺纹杆部"(见 8.2.1、9.1.6.1.2 及 9.2.6.2);

——ISO 898-1 未规定冲击试验时使用的摆锤刀刃半径,本部分规定:"用 2 mm 的摆锤刀刃半径"(见 9.14.5)。

本部分代替 GB/T 3098.1—2000《紧固件机械性能　螺栓、螺钉和螺柱》。

本部分与 GB/T 3098.1—2000 相比主要变化如下:

——新增术语与定义(第 3 章);
——全面更新了机械与物理性能用代号与术语(第 4 章~第 9 章);
——新增降低承载能力的紧固件的性能等级的标记、标志、基本类型及适用的试验方法(第 5 章、10.4、8.2.2、8.6.1 及 8.6.2);
——制造紧固件用材料中:对 4.6 级~6.8 级规定“碳钢或添加元素的碳钢”;对 8.8 级~12.9 级增加“添加元素的碳钢”,并代替旧标准规定的“低碳合金钢”(见表 2);
——第 6 章有关紧固件用材料的注:“某些化学元素受一些国家的法规限制或禁止使用,当涉及有关国家或地区时应当注意。”;
——第 6 章增加:“GB/T 5267.3 对紧固件材料的要求,适用于热浸镀锌紧固件”;
——取消了 3.6 级、10.9 级,新增 12.9 级,修改 12.9 级(第 6 章、第 7 章);
——对 4.6 级~6.8 级未规定硼的最大含量;
——对 8.8 级~12.9 级的磷(P)和硫(S)的最大含量规定为 0.025%;
——新增对使用 12.9/12.9 级时应谨慎从事等要求(表 2 角注 i);
——修改吸收能量指标及冲击试验方法(表 3 及 9.14);
——取消了旧标准的表 4 和表 5,而规定了两个试验系列(组)(第 8 章);
——新增制造者、供方及需方可以选择自己的方法控制产品质量的规定(见 8.3、8.4 及 8.5);
——新增对试验机的要求(见 9.2.3 等);
——新增拉力试验装置示例(见图 2);
——新增楔负载试验及拉力试验用内螺纹夹具的螺纹(见表 14);
——新增用实物拉力试验测定断后伸长率(A_f)及 0.004 8d 非比例延伸应力(R_{pf})等指标及试验方法(见第 9 章、附录 C);
——取消了旧标准的附录 A《高温下的屈服点或规定的非比例伸长应力》;
——新增资料性附录《抗拉强度与断后伸长率的关系》及《高温对紧固件机械性能的影响》(见附录 A、附录 B)。

本部分的附录 A~附录 C 为资料性附录。

本部分由中国机械工业联合会提出。

本部分由全国紧固件标准化技术委员会(SAC/TC 85)归口。

本部分负责起草单位:中机生产力促进中心。

本部分参加起草单位:机械工业通用零部件产品质量监督检测中心、上海申光高强度螺栓有限公司、上海金马高强紧固件有限公司、河北信德电力配件有限公司、宁波九龙紧固件制造有限公司、宁波东港紧固件制造有限公司、晋亿实业股份有限公司、国家标准件产品质量监督检验中心、瑞安市瑞强标准件有限公司、山东高强紧固件有限公司、马鞍山钢铁股份有限公司、东风汽车紧固件有限公司、富奥汽车零部件有限公司标准件分公司、上海标五高强度紧固件有限公司、宁波中机机械零部件检测有限公司。

本部分由全国紧固件标准化技术委员会秘书处负责解释。

本部分所代替标准的历次版本发布情况为:

——GB 3098.1—1982、GB/T 3098.1—2000。

紧固件机械性能 螺栓、螺钉和螺柱

1 范围

GB/T 3098 的本部分规定了由碳钢或合金钢制造的、在环境温度为 10 ℃～35 ℃条件下进行测试时，螺栓、螺钉和螺柱的机械和物理性能。在该环境温度范围内，符合本部分技术要求的紧固件（含螺栓、螺钉和螺柱，下同）在较高（见附录 B）和/或较低温度下，也可能达不到规定的机械和物理性能。

注 1：按本部分生产的紧固件适用的使用温度为－50 ℃～＋150 ℃。当使用温度超过－50 ℃～＋150 ℃，甚至高达＋300 ℃时，使用者应向有关方面咨询。

注 2：对低温和高温用钢的选择与应用，可参考 EN 10269[1]、ASTM F2281[3] 和 ASTM A 320/A 320M[4]。

某些紧固件因头部几何尺寸造成头部剪切面积较小，可能达不到本部分的抗拉或扭矩要求。这些紧固件如，头部高度低的、带或不带外扳拧部分的、带内扳拧部分的扁圆头或低圆柱头或沉头紧固件（见 8.2）。

本部分适用的紧固件：

a) 由碳钢或合金钢制造的；
b) 符合 GB/T 192 规定的普通螺纹；
c) 粗牙螺纹 M1.6～M39；细牙螺纹 M8×1～M39×3；
d) 符合 GB/T 193 规定的直径与螺距组合；
e) 符合 GB/T 197、GB/T 9145 和 GB/T 22029 规定的公差。

本部分不适用于紧定螺钉及类似的不受拉力的螺纹紧固件（见 GB/T 3098.3）。

本部分未规定以下性能要求：

——可焊接性；
——耐腐蚀性；
——耐剪切应力；
——扭矩-夹紧力性能；
——耐疲劳性。

2 规范性引用文件

下列文件对于本文件的应用是必不可少的。凡是注日期的引用文件，仅注日期的版本适用于本文件。凡是不注日期的引用文件，其最新版本（包括所有的修改单）适用于本文件。

GB/T 90.3 紧固件 质量保证体系(GB/T 90.3—2010,ISO 16426:2002,IDT)

GB/T 192 普通螺纹 基本牙型(ISO 68-1:1998,ISO general purpose screw threads—Basic profile—Part 1:Metric screw threads,MOD)

GB/T 193 普通螺纹 直径与螺距系列(ISO 261:1998,ISO general purpose metric screw threads—General plan,MOD)

GB/T 196 普通螺纹 基本尺寸(ISO 724:1993,ISO general purpose metric screw threads—Basic dimensions,MOD)

GB/T 197 普通螺纹 公差(ISO 965-1:1998,ISO general purpose metric screw threads—Tolerances—Part 1:Principles and basic data,MOD)

GB/T 228.1 金属材料 拉伸试验 第1部分:室温试验方法(GB/T 228.1—2010,ISO 6892-1:2009,MOD)

GB/T 229 金属材料 夏比摆锤冲击试验方法(GB/T 229—2007,ISO 148-1:2006,MOD)

GB/T 230.1 金属材料 洛氏硬度试验 第1部分:试验方法(A、B、C、D、E、F、G、H、K、N、T标尺)(GB/T 230.1—2009,ISO 6508-1:2005,MOD)

GB/T 231.1 金属材料 布氏硬度试验 第1部分:试验方法(GB/T 231.1—2009,ISO 6506-1:2005,MOD)

GB/T 3098.2 紧固件机械性能 螺母 粗牙螺纹(GB/T 3098.2—2000,idt ISO 898-2:1992)

GB/T 3098.3 紧固件机械性能 紧定螺钉(GB/T 3098.3—2000,idt ISO 898-5:1998)

GB/T 3098.13 紧固件机械性能 螺栓与螺钉的扭矩试验和破坏扭矩公称直径1~10 mm(GB/T 3098.13—1996,idt ISO 898-7:1992)

GB/T 4340.1 金属材料 维氏硬度试验 第1部分:试验方法(GB/T 4340.1—2009,ISO 6507-1:2005,MOD)

GB/T 5267.1 紧固件 电镀层(GB/T 5267.1—2002,ISO 4042:1999,IDT)

GB/T 5267.2 紧固件 非电解锌片涂层(GB/T 5267.2—2002,ISO 10683:2000,IDT)

GB/T 5267.3 紧固件 热浸镀锌层(GB/T 5267.3—2008,ISO 10684:2004,IDT)

GB/T 5276 紧固件 螺栓、螺钉、螺柱及螺母尺寸代号和标注(GB/T 5276—1985,eqv ISO 225:1983)

GB/T 5277 紧固件 螺栓和螺钉通孔(GB/T 5277—1985,eqv ISO 273:1979)

GB/T 5779.1 紧固件表面缺陷 螺栓、螺钉和螺柱 一般要求(GB/T 5779.1—2000,idt ISO 6157-1:1988)

GB/T 5779.3 紧固件表面缺陷 螺栓、螺钉和螺柱 特殊要求(GB/T 5779.3—2000,idt ISO 6157-3:1988)

GB/T 9144 普通螺纹 优选系列(GB/T 9144—2003,ISO 262:1998,ISO general purpose metric screw threads—Selected sizes for screws,bolts and nuts,MOD)

GB/T 9145 普通螺纹 中等精度、优选系列的极限尺寸(GB/T 9145—2003,ISO 965-2:1998,ISO general purpose metric screw threads—Tolerances—Part 2:Limits of sizes for general purpose external and internal screw threads—Medium quality,MOD)

GB/T 16825.1—2002 静力单轴试验机的检验 第1部分:拉力和(或)压力试验机测力系统的检验与校准(ISO 7500-1:2004,IDT)

GB/T 22029 热浸镀锌螺纹 在外螺纹上容纳镀锌层(GB/T 22029—2008,ISO 965-4:1998,ISO general purpose metric screw threads—Tolerances—Part 4:Limits of sizes for hot-dip galvanized external screw threads to mate with internal screw threads tapped with tolerance position H or G after galvanizing,MOD)

ISO 4885:1996 铁制品 热处理 词汇表(Ferrous products—Hert treatments—Vocabulary)

3 术语与定义

下列术语和定义适用于本部分。

3.1

紧固件成品 finished fastener

已完成所有加工工序的,且未加工成机械加工试件的紧固件,它可以有或无表面处理,也可以具有全承载能力或降低承载能力。

3.2

机械加工试件 machined test piece

为评定材料性能由紧固件成品机械加工的试件。

3.3

紧固件实物 full-size fastener

杆径为 $d_s \approx d$ 或 $d_s > d$，或全螺纹螺钉(螺栓)，或全螺纹螺柱(螺杆)的紧固件成品。

3.4

腰状杆紧固件 fastener with waisted shank

杆径 $d_s < d_2$ 的紧固件成品。

3.5

基体金属硬度 base metal hardness

恰好在显示增碳或脱碳造成的硬度增加或减少之前最接近表面的硬度(测试时，沿芯部向外径横切)。

3.6

脱碳 decarburization

通常指黑色金属材料(钢)表面碳的损耗(见 ISO 4885:1996)。

3.7

不完全脱碳 partial decarburization

由于碳的损耗已使回火后金相组织轻度变色，且硬度明显地比相邻基体硬度低的脱碳。

3.8

全脱碳 complete decarburization

由于碳全部损耗，在金相检查中只能看到铁素体组织的脱碳。

3.9

增碳 carburization

使基体金属表面增加碳含量的结果。

4 代号与术语

GB/T 5276、GB/T 197 和以下给出的代号与术语都适用于本部分。

A 机械加工试件的断后伸长率，%

A_f 紧固件实物的断后伸长率

$A_{s,nom}$ 螺纹公称应力截面积，mm^2

A_{ds} 腰状杆横截面积，mm^2

b 螺纹长度，mm

b_m 螺柱(拧入金属端)螺纹长度，mm

d 螺纹公称直径，mm

d_0 机械加工试件的直径，mm

d_1 外螺纹基本小径，mm

d_2 外螺纹基本中径，mm

d_3 外螺纹小径，mm

d_a 过渡圆直径(支承面的内径)，mm

d_h 楔垫或垫片的孔径，mm

d_s 无螺纹杆径，mm

E 螺纹未脱碳的高度，mm

F_m　极限拉力载荷，N

$F_{m,min}$　最小拉力载荷，N

F_P　保证载荷，N

F_{Pf}　紧固件实物的 0.004 8d 规定非比例伸长载荷，N

G　螺纹全脱碳层的深度，mm

H　螺纹原始三角形高度，mm

H_1　最大实体条件下外螺纹的牙形高度，mm

k　头部高度，mm

K_V　V 型缺口试样的冲击吸收能量，J

l　公称长度，mm

l_0　施加载荷前紧固件的总长度，mm

l_1　卸除第一次载荷后紧固件的总长度，mm

l_2　卸除第二次载荷后紧固件的总长度，mm

l_s　无螺纹杆部长度，mm

l_t　螺柱的总长度，mm

l_{th}　试验夹具中紧固件未旋合螺纹的长度(或未旋合螺纹的长度)，mm

L_c　机械加工试件直线段的长度，mm

L_0　机械加工试件的初始测量长度，mm

L_t　机械加工试件的总长度，mm

L_u　机械加工试件的最终测量长度，mm

ΔL_P　塑性变形量，mm

M_B　破坏扭矩，Nm

P　螺距，mm

r　圆角半径，mm

R_{eL}　机械加工试件的下屈服强度，MPa

R_m　抗拉强度，MPa

$R_{P0.2}$　机械加工试件的规定非比例延伸 0.2%的应力，MPa

R_{Pf}　紧固件实物的规定非比例延伸 0.004 8d 的应力，MPa

s　对边宽度，mm

S_0　拉力试验前机械加工试件的横截面积，mm^2

S_P　保证应力，MPa

S_u　机械加工试件的断后横截面积，mm^2

Z　机械加工试件的断面收缩率，%

α　楔负载拉力试验用楔垫角度，°

β　头部坚固性试验用试验模的角度，°

5　性能等级的标记制度

螺栓、螺钉和螺柱性能等级的代号，由点隔开的两部分数字组成(见表 1～表 3)：

——点左边的一或二位数字表示公称抗拉强度($R_{m,公称}$)的 1/100，以 MPa 计(见表 3，No. 1)；

——点右边的数字表示公称屈服强度(下屈服强度)($R_{eL,公称}$)或规定非比例延伸 0.2%的公称应力($R_{P0.2,公称}$)或规定非比例延伸 0.004 8d 的公称应力($R_{Pf,公称}$)(见表 3，No. 2～No. 4)与公称抗拉强度($R_{m,公称}$)比值的 10 倍(见表 1)。

表 1 屈强比

点右边的数字	.6	.8	.9
$\frac{R_{eL,公称}}{R_{m,公称}}$ 或 $\frac{R_{P0.2,公称}}{R_{m,公称}}$ 或 $\frac{R_{Pf,公称}}{R_{m,公称}}$	0.6	0.8	0.9

示例：紧固件的公称抗拉强度 $R_{m,公称}$=800 MPa 和屈强比为 0.8，其性能等级标记为“8.8”。

若材料性能与 8.8 级相同，但其实际承载能力又低于 8.8 级的紧固件(降低承载能力的)产品，其性能等级应标记为“08.8”(见 10.4)。

公称抗拉强度和屈强比的乘积为公称屈服强度，以 MPa 计。附录 A 给出了表示各性能等级公称抗拉强度与断后伸长率关系的资料。

紧固件性能等级的标志和标签，应按 10.3 的规定，对降低承载能力的则应按 10.4 的规定。

如能符合表 2 及表 3 的规定，则本部分规定的性能等级标记制度也可用于超出标准范围(d>39 mm)的规格。

6 材料

表 2 规定了紧固件各性能等级用钢的化学成分极限和最低回火温度。该化学成分应按相关的国家标准的规定。

注：某些化学元素受一些国家的法规限制或禁止使用，当涉及有关国家或地区时应当注意。

GB/T 5267.3 的第 4 章对紧固件材料的要求，适用于热浸镀锌紧固件。

表 2 材料

性能等级	材料和热处理	化学成分极限(熔炼分析%)[a]					回火温度 ℃
		C		P	S	B[b]	
		min	max	max	max	max	min
4.6[c,d]	碳钢或添加元素的碳钢	—	0.55	0.050	0.060	未规定	—
4.8[d]							
5.6[c]		0.13	0.55	0.050	0.060		
5.8[d]		—	0.55	0.050	0.060		
6.8[d]		0.15	0.55	0.050	0.060		
8.8[f]	添加元素的碳钢(如硼或锰或铬)淬火并回火 或	0.15[e]	0.40	0.025	0.025	0.003	425
	碳钢淬火并回火 或	0.25	0.55	0.025	0.025		
	合金钢淬火并回火[g]	0.20	0.55	0.025	0.025		
9.8[f]	添加元素的碳钢(如硼或锰或铬)淬火并回火 或	0.15[e]	0.40	0.025	0.025	0.003	425
	碳钢淬火并回火 或	0.25	0.55	0.025	0.025		
	合金钢淬火并回火[g]	0.20	0.55	0.025	0.025		
10.9[f]	添加元素的碳钢(如硼或锰或铬)淬火并回火 或	0.20[e]	0.55	0.025	0.025	0.003	425
	碳钢淬火并回火 或	0.25	0.55	0.025	0.025		
	合金钢淬火并回火[g]	0.20	0.55	0.025	0.025		

表 2（续）

性能等级	材料和热处理	化学成分极限（熔炼分析%）[a] C min	C max	P max	S max	B[b] max	回火温度 ℃ min
12.9[f,h,i]	合金钢淬火并回火[g]	0.30	0.50	0.025	0.025	0.003	425
12.9[f,h,i]	添加元素的碳钢（如硼或锰或铬或钼）淬火并回火	0.28	0.50	0.025	0.025	0.003	380

[a] 有争议时，实施成品分析。

[b] 硼的含量可达 0.005%，非有效硼由添加钛和/或铝控制。

[c] 对 4.6 和 5.6 级冷镦紧固件，为保证达到要求的塑性和韧性，可能需要对其冷镦用线材或冷镦紧固件产品进行热处理。

[d] 这些性能等级允许采用易切钢制造，其硫、磷和铅的最大含量为：硫 0.34%；磷 0.11%；铅 0.35%。

[e] 对含碳量低于 0.25%的添加硼的碳钢，其锰的最低含量分别为：8.8 级为 0.6%；9.8 级和 10.9 级为 0.7%。

[f] 对这些性能等级用的材料，应有足够的淬透性，以确保紧固件螺纹截面的芯部在“淬硬”状态、回火前获得约 90%的马氏体组织。

[g] 这些合金钢至少应含有下列的一种元素，其最小含量分别为：铬 0.30%；镍 0.30%；钼 0.20%；钒 0.10%。当含有二、三或四种复合的合金成分时，合金元素的含量不能少于单个合金元素含量总和的 70%。

[h] 对 12.9/12.9 级表面不允许有金相能测出的白色磷化物聚集层。去除磷化物聚集层应在热处理前进行。

[i] 当考虑使用 12.9/12.9 级，应谨慎从事。紧固件制造者的能力、服役条件和扳拧方法都应仔细考虑。除表面处理外，使用环境也可能造成紧固件的应力腐蚀开裂。

7 机械和物理性能

规定性能等级的紧固件，在环境温度[1)]下，应符合表 3～表 7 规定的机械和物理性能。

第 8 章为检验紧固件是否符合表 3～表 7 的规定，提供了可适用的试验方法。

注 1：即使紧固件的材料性能符合表 2 和表 3 的规定，但由于尺寸原因，某些型式的紧固件也会降低承载能力（见 8.2、9.4 和 9.5）。

注 2：虽然，本部分规定了高级别的性能等级，但这并不意味着所有等级均适用于所有紧固件。产品标准中规定的性能等级，可供非标准紧固件参考。

表 3 螺栓、螺钉和螺柱的机械和物理性能

No.	机械或物理性能		性能等级 4.6	4.8	5.6	5.8	6.8	8.8 $d \leqslant$ 16 mm[a]	8.8 $d>$ 16 mm[b]	9.8 $d \leqslant$ 16 mm	10.9	12.9/12.9
1	抗拉强度 R_m/MPa	公称[c]	400		500		600	800		900	1 000	1 200
		min	400	420	500	520	600	800	830	900	1 040	1 220
2	下屈服强度 R_{eL}[d]/MPa	公称[c]	240	—	300	—	—	—	—	—	—	—
		min	240	—	300	—	—	—	—	—	—	—
3	规定非比例延伸 0.2%的应力 $R_{P0.2}$/MPa	公称[c]	—	—	—	—	—	640	640	720	900	1 080
		min	—	—	—	—	—	640	660	720	940	1 100
4	紧固件实物的规定非比例延伸 0.004 8d 的应力 R_{Pf}/MPa	公称[c]	—	320	—	400	480	—	—	—	—	—
		min	—	340[e]	—	420[e]	480[e]	—	—	—	—	—

1） 吸收能量试验应在－20 ℃下进行（见 9.14）。

表 3（续）

No.	机械或物理性能		性能等级									
			4.6	4.8	5.6	5.8	6.8	8.8		9.8	10.9	12.9/12.9
								$d\leqslant$ 16 mm[a]	$d>$ 16 mm[b]	$d\leqslant$ 16 mm		
5	保证应力 S_P[f]/MPa	公称	225	310	280	380	440	580	600	650	830	970
	保证应力比	$S_{P,公称}/R_{eL,min}$ 或 $S_{P,公称}/R_{P0.2,min}$ 或 $S_{P,公称}/R_{Pf,min}$	0.94	0.91	0.93	0.90	0.92	0.91	0.91	0.90	0.88	0.88
6	机械加工试件的断后伸长率 A/%	min	22	—	20	—	—	12	12	10	9	8
7	机械加工试件的断面收缩率 Z/%	min	—					52		48	48	44
8	紧固件实物的断后伸长率 A_f（见附录 C）	min	—	0.24	—	0.22	0.20	—	—	—	—	—
9	头部坚固性		不得断裂或出现裂缝									
10	维氏硬度/HV，$F\geqslant$98 N	min	120	130	155	160	190	250	255	290	320	385
		max	220[g]				250	320	335	360	380	435
11	布氏硬度/HBW，$F=30D^2$	min	114	124	147	152	181	245	250	286	316	380
		max	209[g]				238	316	331	355	375	429
12	洛氏硬度/HRB	min	67	71	79	82	89	—				
		max	95.0[g]				99.5	—				
	洛氏硬度/HRC	min	—					22	23	28	32	39
		max	—					32	34	37	39	44
13	表面硬度/HV0.3	max	—					[h]			[h,i]	[h,j]
14	螺纹未脱碳层的高度 E/mm	min	—					$1/2H_1$			$2/3H_1$	$3/4H_1$
	螺纹全脱碳层的深度 G/mm	max	—					0.015				
15	再回火后硬度的降低值/HV	max	—					20				
16	破坏扭矩 M_B/Nm	min	—					按 GB/T 3098.13 的规定				
17	吸收能量 $K_V^{k,l}$/J	min	—		27	—		27	27	27	27	[m]
18	表面缺陷		GB/T 5779.1[n]									GB/T 5779.3

a 数值不适用于栓接结构。
b 对栓接结构 $d\geqslant$M12。
c 规定公称值，仅为性能等级标记制度的需要，见第 5 章。
d 在不能测定下屈服强度 R_{eL} 的情况下，允许测量规定非比例延伸 0.2% 的应力 $R_{P0.2}$。
e 对性能等级 4.8、5.8 和 6.8 的 $R_{Pf,min}$ 数值尚在调查研究中。表中数值是按保证载荷比计算给出的，而不是实测值。
f 表 5 和表 7 规定了保证载荷值。
g 在紧固件的末端测定硬度时，应分别为：250 HV、238 HB 或 HRB_{max} 99.5。
h 当采用 HV0.3 测定表面硬度及芯部硬度时，紧固件的表面硬度不应比芯部硬度高出 30 HV 单位。
i 表面硬度不应超出 390 HV。
j 表面硬度不应超出 435 HV。
k 试验温度在 −20 ℃ 下测定，见 9.14。
l 适用于 $d\geqslant$16 mm。
m K_v 数值尚在调查研究中。
n 由供需双方协议，可用 GB/T 5779.3 代替 GB/T 5779.1。

表 4 最小拉力载荷(粗牙螺纹)

螺纹规格 (*d*)	螺纹公称应力截面积 $A_{s,公称}$[a]/mm²	性能等级								
		4.6	4.8	5.6	5.8	6.8	8.8	9.8	10.9	12.9/<u>12.9</u>
		最小拉力载荷 $F_{m,min}(A_{s,公称}\times R_{m,min})$/N								
M3	5.03	2 010	2 110	2 510	2 620	3 020	4 020	4 530	5 230	6 140
M3.5	6.78	2 710	2 850	3 390	3 530	4 070	5 420	6 100	7 050	8 270
M4	8.78	3 510	3 690	4 390	4 570	5 270	7 020	7 900	9 130	10 700
M5	14.2	5 680	5 960	7 100	7 380	8 520	11 350	12 800	14 800	17 300
M6	20.1	8 040	8 440	10 000	10 400	12 100	16 100	18 100	20 900	24 500
M7	28.9	11 600	12 100	14 400	15 000	17 300	23 100	26 000	30 100	35 300
M8	36.6	14 600[b]	15 400	18 300[b]	19 000	22 000	29 200[b]	32 900	38 100[b]	44 600
M10	58	23 200[b]	24 400	29 000[b]	30 200	34 800	46 400[b]	52 200	60 300[b]	70 800
M12	84.3	33 700	35 400	42 200	43 800	50 600	67 400[c]	75 900	87 700	103 000
M14	115	46 000	48 300	57 500	59 800	69 000	92 000[c]	104 000	120 000	140 000
M16	157	62 800	65 900	78 500	81 600	94 000	125 000[c]	141 000	163 000	192 000
M18	192	76 800	80 600	96 000	99 800	115 000	159 000	—	200 000	234 000
M20	245	98 000	103 000	122 000	127 000	147 000	203 000	—	255 000	299 000
M22	303	121 000	127 000	152 000	158 000	182 000	252 000	—	315 000	370 000
M24	353	141 000	148 000	176 000	184 000	212 000	293 000	—	367 000	431 000
M27	459	184 000	193 000	230 000	239 000	275 000	381 000	—	477 000	560 000
M30	561	224 000	236 000	280 000	292 000	337 000	466 000	—	583 000	684 000
M33	694	278 000	292 000	347 000	361 000	416 000	576 000	—	722 000	847 000
M36	817	327 000	343 000	408 000	425 000	490 000	678 000	—	850 000	997 000
M39	976	390 000	410 000	488 000	508 000	586 000	810 000	—	1 020 000	1 200 000

[a] $A_{s,公称}$的计算见 9.1.6.1。

[b] 6az 螺纹(GB/T 22029)的热浸镀锌紧固件,应按 GB/T 5267.3 中附录 A 的规定。

[c] 对栓接结构为:70 000 N(M12)、95 500 N(M14)和 130 000 N(M16)。

表 5 保证载荷(粗牙螺纹)

螺纹规格 (*d*)	螺纹公称应力截面积 $A_{s,公称}$[a]/mm²	性能等级								
		4.6	4.8	5.6	5.8	6.8	8.8	9.8	10.9	12.9/<u>12.9</u>
		保证载荷 $F_P(A_{s,公称}\times S_{P,公称})$/N								
M3	5.03	1 130	1 560	1 410	1 910	2 210	2 920	3 270	4 180	4 880
M3.5	6.78	1 530	2 100	1 900	2 580	2 980	3 940	4 410	5 630	6 580
M4	8.78	1 980	2 720	2 460	3 340	3 860	5 100	5 710	7 290	8 520
M5	14.2	3 200	4 400	3 980	5 400	6 250	8 230	9 230	11 800	13 800
M6	20.1	4 520	6 230	5 630	7 640	8 840	11 600	13 100	16 700	19 500
M7	28.9	6 500	8 960	8 090	11 000	12 700	16 800	18 800	24 000	28 000
M8	36.6	8 240[b]	11 400	10 200[b]	13 900	16 100	21 200[b]	23 800	30 400[b]	35 500
M10	58	13 000[b]	18 000	16 200[b]	22 000	25 500	33 700[b]	37 700	48 100[b]	56 300
M12	84.3	19 000	26 100	23 600	32 000	37 100	48 900[c]	54 800	70 000	81 800
M14	115	25 900	35 600	32 200	43 700	50 600	66 700[c]	74 800	95 500	112 000

表 5（续）

螺纹规格 (d)	螺纹公称应力截面积 $A_{s,公称}$[a]/mm²	性能等级								
		4.6	4.8	5.6	5.8	6.8	8.8	9.8	10.9	12.9/<u>12.9</u>
		保证载荷 F_P($A_{s,公称}$ × $S_{P,公称}$)/N								
M16	157	35 300	48 700	44 000	59 700	69 100	91 000[c]	102 000	130 000	152 000
M18	192	43 200	59 500	53 800	73 000	84 500	115 000	—	159 000	186 000
M20	245	55 100	76 000	68 600	93 100	108 000	147 000	—	203 000	238 000
M22	303	68 200	93 900	84 800	115 000	133 000	182 000	—	252 000	294 000
M24	353	79 400	109 000	98 800	134 000	155 000	212 000	—	293 000	342 000
M27	459	103 000	142 000	128 000	174 000	202 000	275 000	—	381 000	445 000
M30	561	126 000	174 000	157 000	213 000	247 000	337 000	—	466 000	544 000
M33	694	156 000	215 000	194 000	264 000	305 000	416 000	—	576 000	673 000
M36	817	184 000	253 000	229 000	310 000	359 000	490 000	—	678 000	792 000
M39	976	220 000	303 000	273 000	371 000	429 000	586 000	—	810 000	947 000

[a] $A_{s,公称}$的计算见 9.1.6.1。

[b] 6az 螺纹（GB/T 22029）的热浸镀锌紧固件，应按 GB/T 5267.3 中附录 A 的规定。

[c] 对栓接结构为：50 700 N(M12)、68 800 N(M14)和 94 500 N(M16)。

表 6　最小拉力载荷（细牙螺纹）

螺纹规格 (d×P)	螺纹公称应力截面积 $A_{s,公称}$[a]/mm²	性能等级								
		4.6	4.8	5.6	5.8	6.8	8.8	9.8	10.9	12.9/<u>12.9</u>
		最小拉力载荷 $F_{m,min}$($A_{s,公称}$ × $R_{m,min}$)/N								
M8×1	39.2	15 700	16 500	19 600	20 400	23 500	31 360	35 300	40 800	47 800
M10×1.25	61.2	24 500	25 700	30 600	31 800	36 700	49 000	55 100	63 600	74 700
M10×1	64.5	25 800	27 100	32 300	33 500	38 700	51 600	58 100	67 100	78 700
M12×1.5	88.1	35 200	37 000	44 100	45 800	52 900	70 500	79 300	91 600	107 000
M12×1.25	92.1	36 800	38 700	46 100	47 900	55 300	73 700	82 900	95 800	112 000
M14×1.5	125	50 000	52 500	62 500	65 000	75 000	100 000	112 000	130 000	152 000
M16×1.5	167	66 800	70 100	83 500	86 800	100 000	134 000	150 000	174 000	204 000
M18×1.5	216	86 400	90 700	108 000	112 000	130 000	179 000	—	225 000	264 000
M20×1.5	272	109 000	114 000	136 000	141 000	163 000	226 000	—	283 000	332 000
M22×1.5	333	133 000	140 000	166 000	173 000	200 000	276 000	—	346 000	406 000
M24×2	384	154 000	161 000	192 000	200 000	230 000	319 000	—	399 000	469 000
M27×2	496	198 000	208 000	248 000	258 000	298 000	412 000	—	516 000	605 000
M30×2	621	248 000	261 000	310 000	323 000	373 000	515 000	—	646 000	758 000
M33×2	761	304 000	320 000	380 000	396 000	457 000	632 000	—	791 000	92 8000
M36×3	865	346 000	363 000	432 000	450 000	519 000	718 000	—	900 000	1 055 000
M39×3	1030	412 000	433 000	515 000	536 000	618 000	855 000	—	1 070 000	1 260 000

[a] $A_{s,公称}$的计算见 9.1.6.1。

表 7 保证载荷(细牙螺纹)

螺纹规格 ($d \times P$)	螺纹公称应力截面积 $A_{s,公称}$[a]/mm²	性能等级								
		4.6	4.8	5.6	5.8	6.8	8.8	9.8	10.9	12.9/<u>12.9</u>
		保证载荷 $F_P(A_{s,公称} \times S_{P,公称})$/N								
M8×1	39.2	8 820	12 200	11 000	14 900	17 200	22 700	25 500	32 500	38 000
M10×1.25	61.2	13 800	19 000	17 100	23 300	26 900	355 000	39 800	50 800	59 400
M10×1	64.5	14 500	20 000	18 100	24 500	28 400	37 400	41 900	53 500	62 700
M12×1.5	88.1	19 800	27 300	24 700	33 500	38 800	51 100	57 300	73 100	85 500
M12×1.25	92.1	20 700	28 600	25 800	35 000	40 500	53 400	59 900	76 400	89 300
M14×1.5	125	28 100	38 800	35 000	47 500	55 000	72 500	81 200	104 000	121 000
M16×1.5	167	37 600	51 800	46 800	63 500	73 500	96 900	109 000	139 000	162 000
M18×1.5	216	48 600	67 000	60 500	82 100	95 000	130 000	—	179 000	210 000
M20×1.5	272	61 200	84 300	76200	103 000	120 000	163 000	—	226 000	264 000
M22×1.5	333	74 900	103 000	93 200	126 000	146 000	200 000	—	276 000	323 000
M24×2	384	86 400	119 000	108 000	146 000	169 000	230 000	—	319 000	372 000
M27×2	496	112 000	154 000	139 000	188 000	218 000	298 000	—	412 000	481 000
M30×2	621	140 000	192 000	174 000	236 000	273 000	373 000	—	515 000	602 000
M33×2	761	171 000	236 000	213 000	289 000	335 000	457 000	—	632 000	738 000
M36×3	865	195 000	268 000	242 000	329 000	381 000	519 000	—	718 000	839 000
M39×3	1 030	232 000	319 000	288 000	391 000	453 000	618 000	—	855 000	999 000

[a] $A_{s,公称}$的计算见 9.1.6.1。

8 试验方法的适用性

8.1 通则

FF 和 MP 两个试验系列(组),可对表 3 规定的紧固件机械和物理性能进行试验。FF 组用于紧固件成品试验,而 MP 组用于紧固件材料性能试验。FF 和 MP 组又分为:FF1、FF2、FF3、FF4,MP1 和 MP2。由于尺寸大小和/或承载能力的原因,有些类型或规格的紧固件,不能按表 3 的所有项目进行试验。

8.2 紧固件的承载能力

8.2.1 全承载能力的紧固件

全承载能力的紧固件(标准化的或非标准化的)应按 FF1、FF2 或 MP2 对紧固件成品进行拉力试验:

a) 断裂应发生在未旋合螺纹的长度内或无螺纹杆部;

b) 其最小拉力载荷($F_{m,min}$)应符合表 4 或表 6 的规定。

8.2.2 降低承载能力的紧固件

降低承载能力的紧固件(标准化的或非标准化的),虽然材料性能符合本部分的规定,但因几何尺寸的原因,如按 FF1、FF2 或 MP2 对其成品进行拉力试验时,则达不到承载能力的要求。

当按 FF3 或 FF4 进行拉力试验时,降低承载能力的紧固件通常不断裂在未旋合螺纹的长度内。

与螺纹的最小拉力载荷相比,因几何尺寸原因降低承载能力的紧固件有两种基本类型:

a) 螺栓或螺钉的头部设计:带或不带外扳拧的降低头部高度的螺栓,或带内扳拧的扁圆头、低圆柱头或某些沉头的螺钉。FF3 适用于此类紧固件(见表 10)。

b) 紧固件特殊的杆部设计:适用于不要求,或不按本部分规定的承载能力,如腰状杆螺钉。FF4适用于此类紧固件(见表11)。

8.3 制造者的控制

按本部分生产的紧固件,当采用表8～表11规定的"可实施的试验"时,应能符合表3～表7的技术要求。

本部分不要求制造者对每一生产批都要实施试验,但制造者的责任是:可以选择自己的方法,如工序控制或检查,以确保每一生产批均符合所有的技术要求。

有争议时,应按第9章规定的试验方法。

8.4 供方的控制

供方可选择自己的方法控制其提供的紧固件符合表3～表7规定的机械和物理性能。

有争议时,应按第9章规定的试验方法。

8.5 需方的控制

需方可按第9章的试验方法,从8.6中选择适当的试验系列控制交付的紧固件质量。

有争议时,应按第9章规定的试验方法。

8.6 对紧固件与机械加工试件可实施的试验

8.6.1 通则

按第9章规定的试验方法,表8～表13规定了FF1～FF4、MP1和MP2的适用性。

表8～表11为紧固件成品试验,提供了FF1～FF4试验系列。

——FF1:用于测定标准头部和标准杆或细杆(全承载能力的)即 $d_s>d_2$ 或 $d_s\approx d_2$ 的螺栓和螺钉成品的性能,见表8。

——FF2:用于测定标准杆或细杆(全承载能力的)即 $d_s>d_2$ 或 $d_s\approx d_2$ 的螺柱成品的性能,见表9。

——FF3:用于测定 $d_s>d_2$ 或 $d_s\approx d_2$ 并且降低承载能力的螺栓和螺钉成品性能,其降低承载能力的原因为:

1) 低的头部高度,带或不带外扳拧结构;
2) 带内扳拧结构的扁圆头或低圆柱头;
3) 带内扳拧结构的某些沉头。

见表10。

——FF4:用于测定特殊设计,即不要求,或不按本部分规定的承载能力的螺栓、螺钉和螺柱成品性能,如 $d_s<d_2$ 腰状杆紧固件(降低承载能力),见表11.

表12～表13为紧固件材料性能试验和/或改进工艺的试验,提供了MP1和MP2试验系列。FF1～FF4也可用于这一目的。

——MP1:用于机械加工试件测定紧固件材料性能和/或改进工艺的试验,见表12。

——MP2:用于紧固件成品测定全承载能力紧固件实物($d_s>d$ 或 $d_s\approx d$)的材料性能和/或改进工艺的试验,见表13。

8.6.2 适用性

各种试验方法对紧固件的适用性按表8～表13的规定。

8.6.3 交付试验结果

当需方要求交付包括试验结果的报告(特殊订单)时,他们应按第9章的规定,并从表8～表13中选取试验方法。由需方规定的特殊试验,应在订货时协议。

表 8　FF1 试验系列　全承载能力的螺栓和螺钉成品

<table>
<tr><th rowspan="3">No.
(见表 3)</th><th rowspan="3">性　　能</th><th rowspan="3" colspan="2">试验方法</th><th rowspan="3">条号</th><th colspan="5">性能等级</th></tr>
<tr><th colspan="3">4.6、4.8、5.6、
5.8、6.8</th><th colspan="2">8.8、9.8、10.9、
12.9/12.9</th></tr>
<tr><th>$d<3$ mm 或
$l<2.5d$ 或
$b<2.0d$</th><th colspan="2">$d\geqslant3$ mm 和
$l\geqslant2.5d$ 和
$b\geqslant2.0d$</th><th>$d<3$ mm 或
$l<2.5d$ 或
$b<2.0d$</th><th>$d\geqslant3$ mm 和
$l\geqslant2.5d$ 和
$b\geqslant2.0d$</th></tr>
<tr><td rowspan="2">1</td><td rowspan="2">最小抗拉强度 $R_{m,min}$</td><td colspan="2">楔负载拉力试验</td><td>9.1</td><td>NF</td><td colspan="2">[a]</td><td>NF</td><td>[a]</td></tr>
<tr><td colspan="2">拉力试验</td><td>9.2</td><td>NF</td><td colspan="2">[a]</td><td>NF</td><td>[a]</td></tr>
<tr><td>5</td><td>公称保证应力 $S_{P,公称}$</td><td colspan="2">保证载荷试验</td><td>9.6</td><td>NF</td><td colspan="2"></td><td>NF</td><td></td></tr>
<tr><td>8</td><td>最小断后伸长率 $A_{f,min}$</td><td colspan="2">紧固件实物拉力试验</td><td>9.3</td><td>NF</td><td>[b,d]</td><td>[c,d]</td><td>NF</td><td>[b,d]</td></tr>
<tr><td rowspan="2">9</td><td rowspan="2">头部坚固性</td><td rowspan="2">头部坚固性试验
$d\leqslant10$mm</td><td>$1.5d\leqslant l<3d$</td><td rowspan="2">9.8</td><td></td><td colspan="2"></td><td></td><td></td></tr>
<tr><td>$l\geqslant3d$</td><td></td><td colspan="2"></td><td></td><td></td></tr>
<tr><td>10 或
11 或
12</td><td>硬度</td><td colspan="2">硬度试验</td><td>9.9</td><td></td><td colspan="2"></td><td></td><td></td></tr>
<tr><td>13</td><td>最高表面硬度</td><td colspan="2">增碳试验</td><td>9.11</td><td>NF</td><td colspan="2">NF</td><td></td><td></td></tr>
<tr><td>14</td><td>最大脱碳层</td><td colspan="2">脱碳试验</td><td>9.10</td><td>NF</td><td colspan="2">NF</td><td></td><td></td></tr>
<tr><td>15</td><td>再回火后硬度降低值</td><td colspan="2">再回火试验</td><td>9.12</td><td>NF</td><td colspan="2">NF</td><td>[e]</td><td>[e]</td></tr>
<tr><td>16</td><td>最小破坏扭矩 $M_{B,min}$</td><td colspan="2">扭矩试验
1.6 mm$\leqslant d\leqslant10$ mm;
$b\geqslant1d+2p$</td><td>9.13</td><td>[f]</td><td colspan="2">[f,g]</td><td></td><td>[g]</td></tr>
<tr><td>18</td><td>表面缺陷</td><td colspan="2">表面缺陷检查</td><td>9.15</td><td></td><td colspan="2"></td><td></td><td></td></tr>
</table>

[a] 对 $d\geqslant3$ mm 和 $l\geqslant2d$ 和 $b<2d$，见 9.1.5 和 9.2.5。

[b] 对 4.6、5.6、8.8 和 10.9 级的数值在附录 C 中给出。

[c] 对 4.8、5.8 和 6.8。

[d] $l\geqslant2.7d$ 和 $b\geqslant2.2d$。

[e] 有争议时，本试验是仲裁试验。

[f] GB/T 3098.13 对 4.6 级～6.8 级未规定数值。

[g] 有争议时，可以用拉力试验替代。

（空白框）**可实施**：能按第 9 章实施试验，但有争议时，应按第 9 章实施。

（灰色框）**仅在有明确规定时方可实施**：能按第 9 章实施试验：
对一个性能作为可替换的试验（如，当拉力试验可以实施时，而又采用了扭矩试验），或在产品标准或需方在订货时，因有要求而作为特殊试验（如冲击试验）。

NF　**不可实施**：该试验不能实施：因紧固件的形状和/或尺寸影响（如，长度太短而不能试验、无头的），或者因该试验仅适用于特殊类型的紧固件（如，高温处理紧固件的试验）。

表 9　FF2 试验系列　全承载能力的螺柱成品

No.（见表 3）	性　能	试验方法	条号	性能等级			
				4.6、4.8、5.6、5.8、6.8		8.8、9.8、10.9、12.9/<u>12.9</u>	
				$d<3$ mm 或 $l_t<3d$ 或 $b<2.0d$	$d\geq3$ mm 和 $l_t\geq3d$ 和 $b\geq2.0d$	$d<3$ mm 或 $l_t<3d$ 或 $b<2.0d$	$d\geq3$ mm 和 $l_t\geq3d$ 和 $b\geq2.0d$
1	最小抗拉强度 $R_{m,min}$	拉力试验	9.2	NF	[a]	NF	[a]
5	公称保证应力 $S_{P,公称}$	保证载荷试验	9.6	NF		NF	
8	断后最小伸长率 $A_{f,min}$	紧固件实物拉力试验	9.3	NF	[b,c]（灰底） [b,d]	NF	[b,c]（灰底）
10 或 11 或 12	硬度	硬度试验	9.9				
13	最高表面硬度	增碳试验	9.11	NF	NF		
14	最大脱碳层	脱碳试验	9.10	NF	NF		
15	再回火后硬度降低值	再回火试验	9.12	NF	NF	[e]（灰底）	[e]（灰底）
18	表面缺陷	表面缺陷检查	9.15				

[a] 如果螺柱断裂在拧入金属端的螺纹长度 b_m 内，可以最小硬度代替 $R_{m,min}$，或者也可以按 9.7 用机械加工试件测定抗拉强度 R_m。

[b] $l_t\geq3.2d$、$b\geq2.2d$。

[c] 对 4.6 级、5.6 级、8.8 级和 10.9 级的数值在附录 C 中给出。

[d] 对 4.8 级、5.8 级和 6.8 级。

[e] 有争议时，本试验是仲裁试验。

（空白框）**可实施**：能按第 9 章实施试验，但有争议时，应按第 9 章实施。

（灰底框）**仅在有明确规定时方可实施**：能按第 9 章实施试验；对一个性能作为可替换的试验（如，当拉力试验可以实施时，而又采用了扭矩试验），或在产品标准或需方在订货时，因有要求而作为特殊试验（如冲击试验）。

NF　**不可实施**：该试验不能实施：因紧固件的形状和/或尺寸影响（如，长度太短而不能试验、无头的），或者因该试验仅适用于特殊类型的紧固件（如，高温处理紧固件的试验）。

表 10　FF3 试验系列　因头部设计降低承载能力的螺钉成品

No.（见表 3）	性　能	试验方法	条号	性能等级			
				04.6、04.8、05.6、05.8、06.8		08.8、09.8、010.9、012.9/<u>012.9</u>	
				$d<3$ mm 或 $l<2.5d$ 或 $b<2.0d$	$d\geq3$ mm 和 $l\geq2.5d$ 和 $b\geq2.0d$	$d<3$ mm 或 $l<2.5d$ 或 $b<2.0d$	$d\geq3$ mm 和 $l\geq2.5d$ 和 $b\geq2.0d$
[a]	最小拉力载荷	因头部设计的原因，拉力试验，不断在未旋合的螺纹长度内	9.4	NF	[a]	NF	[a]
10 或 11 或 12	硬度	硬度试验	9.9				
13	最高表面硬度	增碳试验	9.11	NF	NF		
14	最大脱碳层	脱碳试验	9.10	NF	NF		

表 10（续）

No.（见表 3）	性能	试验方法	条号	性能等级			
				04.6、04.8、05.6、05.8、06.8		08.8、09.8、010.9、012.9/<u>012.9</u>	
				$d<3$ mm 或 $l<2.5d$ 或 $b<2.0d$	$d\geqslant3$ mm 和 $l\geqslant2.5d$ 和 $b\geqslant2.0d$	$d<3$ mm 或 $l<2.5d$ 或 $b<2.0d$	$d\geqslant3$ mm 和 $l\geqslant2.5d$ 和 $b\geqslant2.0d$
15	再回火后硬度降低值	再回火试验	9.12	NF	NF	[b]	[b]
18	表面缺陷[k]	表面缺陷检查	9.15				

[a] 最小拉力载荷，见相关产品标准。

[b] 有争议时，本试验是仲裁试验。

（空白框）**可实施**：能按第 9 章实施试验，但有争议时，应按第 9 章实施。

（灰色框）**仅在有明确规定时方可实施**：能按第 9 章实施试验：对一个性能作为可替换的试验（如，当拉力试验可以实施时，而又采用了扭矩试验），或在产品标准或需方在订货时，因有要求而作为特殊试验（如冲击试验）。

NF **不可实施**：该试验不能实施：因紧固件的形状和/或尺寸影响（如，长度太短而不能试验、无头的），或者因该试验仅适用于特殊类型的紧固件（如，高温处理紧固件的试验）。

表 11 FF4 试验系列 降低承载能力的螺栓、螺钉和螺柱成品（如，腰状杆）

No.（见表 3）	性能	试验方法	条号	性能等级			
				04.6、05.6		08.8、09.8、010.9、012.9/<u>012.9</u>	
				$d<3$ mm 或腰状杆长度 $<3d_s$ 或 $b<d$	$d\geqslant3$ mm 和腰状杆长度 $\geqslant3d_s$ 和 $b\geqslant d$	$d<3$ mm 或腰状杆长度 $<3d_s$ 或 $b<d$	$d\geqslant3$ mm 和腰状杆长度 $\geqslant3d_s$ 和 $b\geqslant d$
1	最小抗拉强度 $R_{m,min}$	对腰状杆螺栓和螺柱的拉力试验	9.5	NF	[a]	NF	[a]
10 或 11 或 12	硬度	硬度试验	9.9				
13	最高表面硬度	增碳试验	9.11	NF	NF		
14	最大脱碳层	脱碳试验	9.10	NF	NF		
15	再回火后硬度降低值	再回火试验	9.12	NF	NF	[b]	[b]
18	表面缺陷	表面缺陷检查	9.15				

[a] R_m 与腰状杆横截面积有关，$A_{ds}=\pi/4d_s^2$。

[b] 有争议时，本试验是仲裁试验。

（空白框）**可实施**：能按第 9 章实施试验，但有争议时，应按第 9 章实施。

（灰色框）**仅在有明确规定时方可实施**：能按第 9 章实施试验：对一个性能作为可替换的试验（如，当拉力试验可以实施时，而又采用了扭矩试验），或在产品标准或需方在订货时，因有要求而作为特殊试验（如冲击试验）。

NF **不可实施**：该试验不能实施：因紧固件的形状和/或尺寸影响（如，长度太短而不能试验、无头的），或者因该试验仅适用于特殊类型的紧固件（如，高温处理紧固件的试验）。

表 12 MP1 试验系列 用机械加工试件测定材料性能

No.（见表 3）	性能	试验方法	条号	性能等级				
				4.6、5.6		8.8、9.8、10.9、12.9/<u>12.9</u>		
				$3 \leqslant d <$ 4.5 mm 和 $d_0 < d_{3,min}$ 和 $b \geqslant d$ 和 $l \geqslant 6.5d$	$d \geqslant 4.5$ mm 和 $d_0 \geqslant$ 3 mm 和 $b \geqslant d$ 和 $l \geqslant d+26$ mm	$3 \leqslant d <$ 4.5 mm 和 $d_0 < d_{3,min}$ 和 $b \geqslant d$ 和 $l \geqslant 6.5d$	$4.5 \leqslant d \leqslant 16$ mm 和 $d_0 \geqslant 3$ mm 和 $b \geqslant d$ 和 $l \geqslant d+26$ mm	$d > 16$ mm 和 $d_0 \geqslant 0.75d_s$ 和 $b \geqslant d$ 和 $l \geqslant 5.5d+$ 8 mm
1	最小抗拉强度 $R_{m,min}$	机械加工试件的拉力试验	9.7	[a]	[a]	[a,b,c]	[a,d,e]	[a,f,g]
2	最小下屈服强度 $R_{eL,min}$			[h]	[h]	NF	NF	NF
3	规定非比例延伸 0.2% 的最小应力 $R_{P0.2,min}$			NF[h]	NF[h]			
6	最小断后伸长率 A_{min}							
7	最小断面收缩率 Z_{min}			NF	NF			
10 或 11 或 12	硬度	硬度试验	9.9					
13	最高表面硬度	增碳试验	9.11	NF	NF			
14	最大脱碳层	脱碳试验	9.10	NF	NF			
17	最小吸收能量 $K_{V,min}$	冲击试验 $d \geqslant 16$ mm 和 l^{i} 或 $l_t \geqslant 55$ mm	9.14	NF	[j]	NF		
18	表面缺陷[k]	表面缺陷检查	9.15					

[a] 如测定螺柱，最小总长度应在长度公式中增加 $1d$。

[b] 对螺栓和螺钉，测定 Z_{min} 则 $l \geqslant 5d$。

[c] 对螺柱，测定 Z_{min} 则 $l_t \geqslant 6d$。

[d] 对螺栓和螺钉，测定 Z_{min} 则 $l \geqslant d+20$ mm。

[e] 对螺柱，测定 Z_{min} 则 $l_t \geqslant 2d+20$ mm。

[f] 对螺栓和螺钉，测定 Z_{min} 则 $l \geqslant 4d+8$ mm。

[g] 对螺柱，测定 Z_{min} 则 $l_t \geqslant 5d+8$ mm。

[h] 在不能测定下屈服强度 R_{eL} 的情况下，允许测量规定非比例延伸 0.2% 的应力 $R_{P0.2}$。

[i] 头部高度可以包括在内。

[j] 仅对 5.6 级。

[k] 在机械加工之前实施检查。

（空白框）**可实施**：能按第 9 章实施试验，但有争议时，应按第 9 章实施。

（灰色框）**仅在有明确规定时方可实施**：能按第 9 章实施试验：对一个性能作为可替换的试验（如，当拉力试验可以实施时，而又采用了扭矩试验），或在产品标准或需方在订货时，因有要求而作为特殊试验（如冲击试验）。

NF **不可实施**：该试验不能实施：因紧固件的形状和/或尺寸影响（如，长度太短而不能试验、无头的），或者因该试验仅适用于特殊类型的紧固件（如，高温处理紧固件的试验）。

表 13 MP2 试验系列 用全承载能力的螺栓、螺钉和螺柱成品测定材料性能

No. (见表 3)	性能	试验方法	条号	性能等级		
				4.6、5.6	4.8、5.8、6.8	8.8、9.8、10.9、12.9/12.9
				$d\geqslant3$ mm 或 $l\geqslant2.7d$[a] 或 $b\geqslant2.2d$		
1	最小抗拉强度 $R_{m,min}$	紧固件成品拉力试验	9.2	d	d	d
4	规定非比例延伸 0.0048d 的最小应力 $R_{Pf,min}$	紧固件实物拉力试验	9.3	b		c
5	公称保证应力 $S_{P,公称}$	紧固件实物保证载荷试验	9.6	d	d	d
8	最小断后伸长率 $A_{f,min}$	紧固件实物拉力试验	9.3	e		e
10 或 11 或 12	硬度	硬度试验	9.9			
13	最高表面硬度	增碳试验	9.11	NF	NF	
14	最大脱碳层	脱碳试验	9.10	NF	NF	
15	再回火后硬度降低值	再回火试验	9.12	NF	NF	f
18	表面缺陷	表面缺陷检查	9.15			

a 螺柱拧入机体端比拧入螺母端或 $l_t\geqslant3.2d$ 的全螺纹螺柱受到更高的拉力载荷。

b 表 3 没有规定 4.6 级和 5.6 级的规定非比例延伸 0.0048d 的最小应力 R_{Pf}。

c 无可使用的数值。

d $l\geqslant2.5d$ 和 $b\geqslant2.0d$。

e 附录 C 中给出 A_f 的参考数值。

f 有争议时，本试验是仲裁试验。

（空白框）**可实施**：能按第 9 章实施试验，但有争议时，应按第 9 章实施。

（灰色框）**仅在有明确规定时方可实施**：能按第 9 章实施试验：对一个性能作为可替换的试验（如，当拉力试验可以实施时，而又采用了扭矩试验），或在产品标准或需方在订货时，因有要求而作为特殊试验（如冲击试验）。

（NF）**不可实施**：该试验不能实施：因紧固件的形状和/或尺寸影响（如，长度太短而不能试验、无头的），或者因该试验仅适用于特殊类型的紧固件（如，高温处理紧固件的试验）。

9 试验方法

9.1 螺栓和螺钉（不含螺柱）成品楔负载试验

9.1.1 通则

本试验可同时测定：

——螺栓和螺钉成品的抗拉强度 R_m；

——头与无螺纹杆部或螺纹部分交接处的牢固性。

9.1.2 适用范围

本试验适用于带或不带法兰面，并符合以下规定的螺栓和螺钉：

——平支承表面或锯齿形表面；

——头部承载能力强于螺纹杆部；
——头部承载能力强于无螺纹杆部；
——无螺纹杆径 $d_s > d_2$ 或 $d_s \approx d_2$；
——公称长度 $l \geqslant 2.5d$；
——螺纹长度 $b \geqslant 2.0d$；
——栓接结构的螺栓 $b < 2d$；
——3 mm$\leqslant d \leqslant$39 mm；
——所有性能等级。

9.1.3 设备

拉力试验机应符合 GB/T 16825.1 的规定。不能使用自动定心装置，因其对图 1 和表 16 所规定的楔垫角度有较大的影响。

9.1.4 试验装置

夹具、楔垫和螺纹夹具应按以下规定：
——硬度：≥45 HRC；
——内螺纹夹具的螺纹：按表 14 的规定；
——通孔直径 d_h：按表 15 的规定；
——楔垫：按图 1、表 15 和表 16 的规定。

表 14 内螺纹夹具的螺纹

紧固件表面处理	螺纹公差	
	表面处理前紧固件的螺纹	内螺纹夹具的螺纹
不经表面处理	6h 或 6g	6H
按 GB/T 5267.1 电镀	6g 或 6e 或 6f	6H
按 GB/T 5267.2 非电解锌片涂层	6g 或 6e 或 6f	6H
按 GB/T 5267.3 热浸镀锌、加大攻丝尺寸的螺母螺纹： ——6H； ——6AZ； ——6AX	 6az 6g 或 6h 6g 或 6h	 6H 6AZ 6AX

该试验装置应有足够的刚性，以确保弯曲发生在头与无螺纹杆部或螺纹部分的交接处。

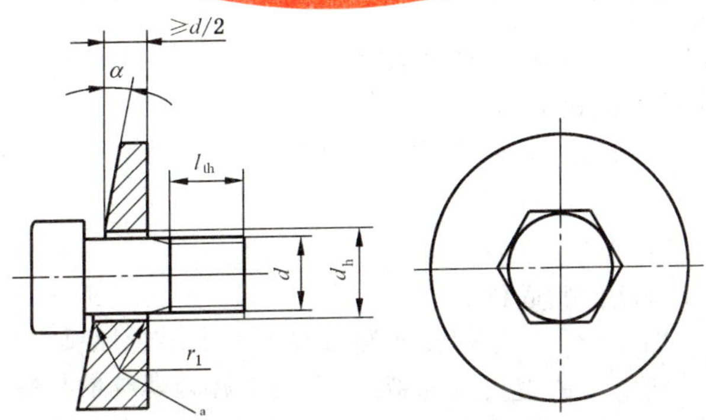

[a] 倒圆或 45°倒角，见表 15。

图 1 螺栓和螺钉成品楔负载试验用楔垫

表 15 楔垫孔径和圆角半径

单位为毫米

螺纹公称直径 d	$d_h^{a,b}$		r_1^c	螺纹公称直径 d	$d_h^{a,b}$		r_1^c
	min	max			min	max	
3	3.4	3.58	0.7	16	17.5	17.77	1.3
3.5	3.9	4.08	0.7	18	20	20.33	1.3
4	4.5	4.68	0.7	20	22	22.33	1.6
5	5.5	5.68	0.7	22	24	24.33	1.6
6	6.6	6.82	0.7	24	26	26.33	1.6
7	7.5	7.82	0.8	27	30	30.33	1.6
8	9	9.22	0.8	30	33	33.39	1.6
10	11	11.27	0.8	33	36	36.39	1.6
12	13.5	13.77	0.8	36	39	39.39	1.6
14	15.5	15.77	1.3	39	42	42.39	1.6

[a] 按 GB/T 5277 中等装配系列。

[b] 对方颈螺栓，该孔应能与方颈相配。

[c] C 级产品，圆角 r_1 按下式计算：

$$r_1 = r_{max} + 0.2$$

式中：

$r_{max} = (d_{a,max} - d_{s,min})/2$。

表 16 楔负载试验用楔垫角度 α

螺纹公称直径 d/mm	性能等级			
	螺栓或螺钉的无螺纹杆部长度 $l_s \geqslant 2$ d		全螺纹螺钉、螺栓或螺钉无螺纹杆部长度 $l_s < 2$ d	
	4.6、4.8、5.6、5.8、6.8、8.8、9.8、10.9	12.9/<u>12.9</u>	4.6、4.8、5.6、5.8、6.8、8.8、9.8、10.9	12.9/<u>12.9</u>
	$\alpha \pm 30'$			
$3 \leqslant d \leqslant 20$	10°	6°	6°	4°
$20 < d \leqslant 39$	6°	4°	4°	4°

头部支承面直径超过 1.7d，而未通过楔负载试验的螺栓和螺钉成品，可将头部加工到 1.7d，并按表 16 规定的楔垫角度再次进行试验。

此外，对头部支承面直径超过 1.9d 的螺栓和螺钉成品，可将楔垫角度 10°减小为 6°。

9.1.5 试验程序

试件应为经尺寸等检验合格的紧固件。

将 9.1.4 规定的楔垫按图 1 所示置于螺栓或螺钉头下。未旋合螺纹的长度 $l_{th} \geqslant 1d$。

对带短螺纹长度栓接结构螺栓的楔负载试验，允许的未旋合螺纹的长度 $l_{th} \leqslant 1d$。

应按 GB/T 228 的规定进行楔负载拉力试验。试验机夹头的分离速率，不应超过 25 mm/min。

拉力试验应持继进行，直至断裂。

测量极限拉力载荷 F_m。

9.1.6 试验结果

9.1.6.1 测定抗拉强度 R_m

9.1.6.1.1 方法

根据公称应力截面积，$A_{s,公称}$和试验过程中测量的极限拉力载荷，F_m 计算抗拉强度 R_m：

$$R_m = F_m / A_{s,公称}$$

式中：

$$A_{s,公称} = (\pi/4) \times [(d_2 + d_3)/2]^2$$

式中：

d_2——外螺纹的基本中径(GB/T 196)；

d_3——外螺纹小径，$d_3 = d_1 - H/6$；

d_1——外螺纹的基本小径(GB/T 196)；

H——原始三角形高度(GB/T 192)。

公称应力截面积 $A_{s,公称}$的数值在表 4 和表 6 中给出。

9.1.6.1.2 技术要求

螺栓和螺钉应断裂在未旋合螺纹的长度内或无螺纹杆部。

抗拉强度 R_m 应符合表 3 的规定。最小拉力载荷 $F_{m,min}$，应符合表 4 或表 6 的规定。

注：随着直径减小，公称应力截面积与有效应力截面积的差异逐渐增加。当硬度用于过程控制时，尤其对较小的直径，需要提高硬度值，并超过表 3 规定的最小硬度，以达到最小拉力载荷。

9.1.6.2 测定头与杆部或螺纹部分交接处的牢固性

不应断裂在头部。

带无螺纹杆部的螺栓和螺钉不应在头与杆部交接处断裂。

全螺纹的螺钉，如断裂始于未旋合螺纹的长度内，允许在拉断前已延伸或扩展到头部与螺纹交接处，或者进入头部。

9.2 为测定抗拉强度对紧固件成品的拉力试验

9.2.1 通则

本试验用于测定紧固件成品的抗拉强度 R_m。

本试验可与 9.3 规定的试验一并进行。

9.2.2 适用范围

本试验适用于符合以下规定的紧固件：

——头部承载能力强于螺纹杆部的螺栓和螺钉；

——头部承载能力强于无螺纹杆部的螺栓和螺钉；

——无螺纹杆径 $d_s > d_2$ 或 $d_s \approx d_2$；

——螺栓和螺钉的公称长度 $l \geqslant 2.5d$；

——螺纹长度 $b \geqslant 2.0d$；

——栓接结构螺栓 $b < 2d$；

——螺柱的总长度 $l_t \geqslant 3.0d$；

——3 mm$\leqslant d \leqslant$39 mm；

——所有性能等级。

9.2.3 设备

拉力试验机应符合 GB/T 16825.1 的规定。装夹紧固件时，应避免斜拉，可使用自动定心装置。

9.2.4 试验装置

夹具和螺纹夹具应符合以下规定：

——硬度：≥45 HRC；

——通孔直径 d_h：按表 15 的规定；

——内螺纹夹具的螺纹：按表 14 的规定。

9.2.5 试验程序

试件应为经尺寸等检验合格的紧固件。

螺栓和螺钉试件应按图 2a）和图 2b）所示拧入内螺纹夹具；对螺柱试件应拧入两个内螺纹夹具，见图 2c）和图 2d）。螺纹有效旋合长度≥1d。

未旋合螺纹的长度 l_{th}≥1d。

然而，当本试验与 9.3 规定的试验一并进行时，未旋合螺纹的长度 l_{th}=1.2d。

对带短螺纹栓接结构用螺栓的拉力试验，未旋合螺纹的长度 l_{th}<1d，并应按 GB/T 228 的规定进行拉力试验。试验机夹头的分离速率，不应超过 25 mm/min。

拉力试验应持续进行，直至断裂。

测量极限拉力载荷 F_m。

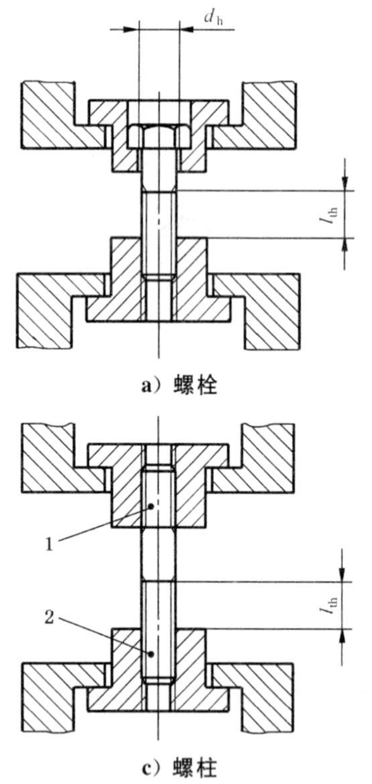

a）螺栓

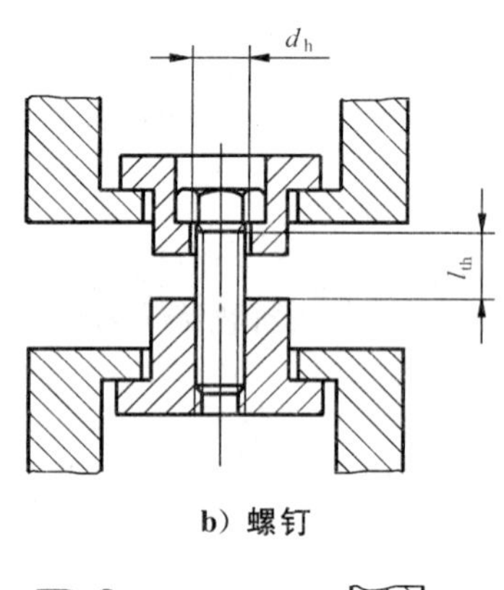

b）螺钉

c）螺柱

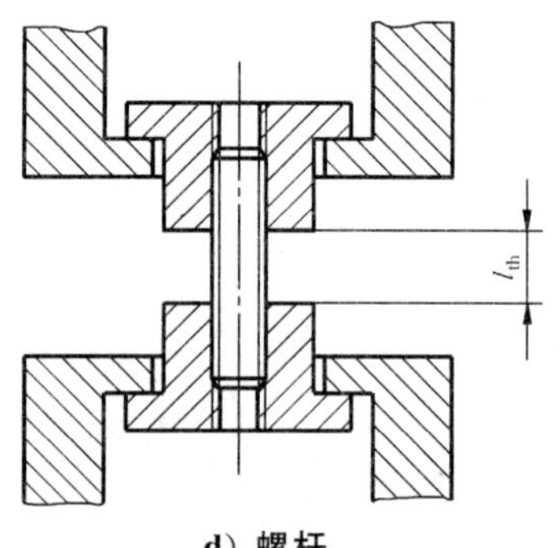

d）螺杆

说明：

1——拧入机体端；

2——拧入螺母端；

d_h——孔径；

l_{th}——试验夹具中紧固件未旋合螺纹的长度。

图 2 试验装置示例

9.2.6 试验结果

9.2.6.1 方法

计算方法见9.1.6.1。

9.2.6.2 技术要求

紧固件应断裂在未旋合螺纹的长度内或无螺纹杆部。

全螺纹的螺钉，如断裂始于未旋合螺纹的长度内，允许在拉断前已延伸或扩展到头部与螺纹交接处，或者进入头部。

抗拉强度 R_m 应符合表3的规定。最小拉力载荷 $F_{m,min}$，应符合表4或表6的规定。

注：随着直径减小，公称应力截面积与有效应力截面积的差异逐渐增加。当硬度用于过程控制时，尤其对较小的直径，需要提高硬度值，并超过表3规定的最小硬度，以达到最小拉力载荷。

9.3 为测定断后伸长率 A_f 和 0.004 8d 非比例延伸应力 R_{Pf} 对紧固件实物的拉力试验

9.3.1 通则

本试验可同时测定：

——紧固件实物的断后伸长率 A_f；

——紧固件实物的0.004 8d 非比例延伸应力 R_{Pf}。

本试验可与9.2规定的试验一并进行。

9.3.2 适用范围

本试验适用于符合以下规定的紧固件：

——头部承载能力强于螺纹杆部的螺栓和螺钉；

——头部承载能力强于无螺纹杆部的螺栓和螺钉；

——无螺纹杆径 $d_s>d$ 或 $d_s\approx d$；

——螺栓和螺钉的公称长度 $l\geqslant 2.7d$；

——螺纹长度 $b\geqslant 2.2d$；

——螺柱的总长度 $l_t\geqslant 3.2d$；

——螺柱拧入基体端应比螺母端承受更高的极限拉力载荷。

——3 mm$\leqslant d\leqslant$39 mm；

——所有性能等级。

9.3.3 设备

拉力试验机应符合GB/T 16825.1的规定。装夹紧固件时，应避免斜拉，可使用自动定心装置。

9.3.4 试验装置

夹具和螺纹夹具应符合以下规定：

——硬度：≥45 HRC；

——通孔直径 d_h：按表15的规定；

——内螺纹夹具的螺纹：按表14的规定。

试验装置应有足够的刚性，以避免变形而产生影响测定0.004 8d 非比例延伸载荷 F_{Pf} 或断后伸长率 A_f。

9.3.5 试验程序

试件应为经尺寸等检验合格的紧固件。

按图 2a)和图 2b)所示将紧固件试件拧入内螺纹夹具。对螺柱试件应使用两个螺纹夹具，见图 2c)和图 2d)。螺纹有效旋合长度，至少应为 1d。对承受载荷的未旋合螺纹的长度，l_{th}应为 1.2d。

注：为达到 $l_{th}=1.2d$ 的要求，建议采用以下实用的方法：首先，把螺纹夹具拧到螺纹收尾；然后，按相当于 1.2d 的扣数拧退夹具。

应按 GB/T 228 的规定进行拉力试验。进行 0.004 8d 非比例延伸载荷，F_{Pf}试验时，试验机夹头的分离速率不应超过 10 mm/min，其他试验不应超过 25 mm/min。

可以直接借助适合的电子装置(如微处理机)，或者依据载荷-位移曲线(见 GB/T 228)持续测量拉力载荷 F，直至断裂。该曲线可以自动绘制，或采用图解法。

为获得较精确的图解测量，曲线的比例尺应使表示弹性变形的直线部分与载荷轴线间的夹角在 30°～45°之间。

9.3.6 试验结果

9.3.6.1 测定断后伸长率 A_f

9.3.6.1.1 方法

塑性伸长 ΔL_P 是在电子装置或者用图解法绘制的载荷-位移曲线上直接进行测量，见图 3。

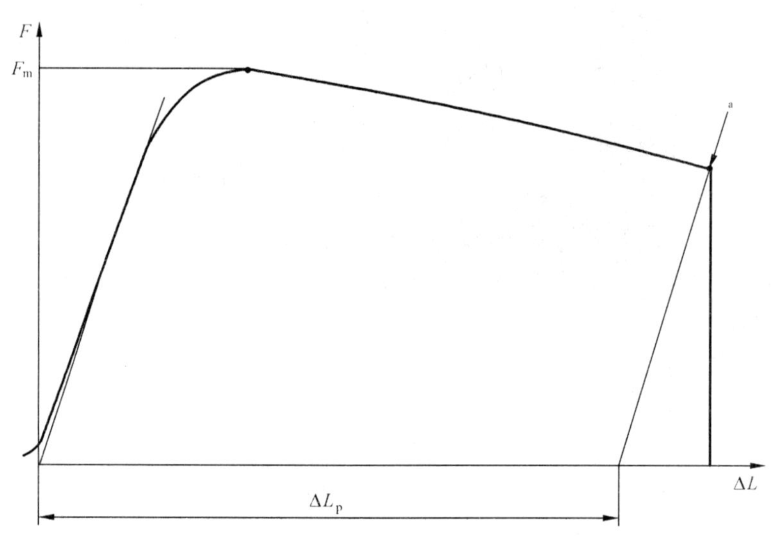

[a] 断裂点。

图 3 测定断后伸长率 A_f 的载荷-位移曲线

应测量弹性范围(曲线的直线部分)的倾斜角(斜率部分)；通过断裂点画一条平行于载荷-伸长曲线中弹性变形阶段直线部分的平行线，见图 3 中 a 线。该断裂点与夹紧位移的轴心线相交的直线 a 应与伸长量坐标(横坐标)ΔL 相交，应测出塑性伸长 ΔL_P，见图 3。

有争议时，例如在测量弹性范围内，直线部分有一定的弧度时，可以通过曲线上相当于 0.4F_P 和 0.7F_P的两个点画一直线(再按这一直线画通过断裂点的平行线)。F_P 是表 5 和表 7 给出的保证载荷。

按下式计算紧固件实物的断后伸长率：

$$A_f = \Delta L_P / 1.2d$$

9.3.6.1.2　**技术要求**

对 4.8 级、5.8 级和 6.8 级 A_f应符合表 3 的规定。

9.3.6.2　**测定 0.004 8*d* 非比例延伸应力 R_{Pf}**

9.3.6.2.1　**方法**

R_{Pf}应在载荷-位移曲线上直接测定，见图 4。

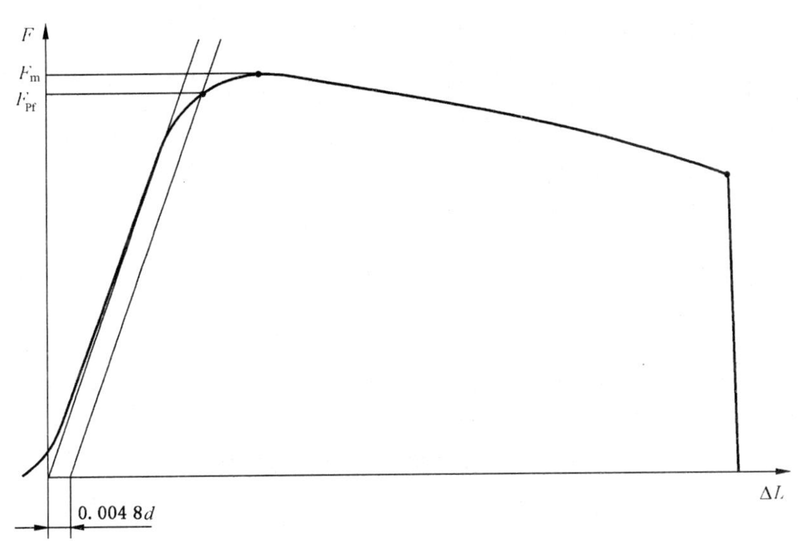

图 4　测定 0.004 8*d* 非比例延伸应力 R_{Pf}的载荷-位移曲线

在夹紧位移的轴心线上，等于 0.004 8d 的距离，画一条平行于弹性范围(曲线的直线部分)倾斜角的直线。该线与曲线相交点即相当于载荷 F_{Pf}。

有争议时，在测量弹性范围内，载荷-位移曲线的倾斜角时，应通过相当于 0.4F_P 和 0.7F_P 与曲线相交的两个点画一直线。F_P 是表 5 和表 7 给出的保证载荷。

按下式计算 0.004 8d 非比例延伸应力 R_{Pf}：

$$R_{Pf}=F_{Pf}/A_{s,公称}$$

式中：$A_{s,公称}$在 9.1.6.1 中规定。

9.3.6.2.2　**技术要求**

尚无规定的技术要求。

注 1：R_{Pf}的数值在调查研究中。作为参考，见表 3(No.4 和脚注 e)。

注 2：由于制造方法与规格的影响，由紧固件实物试验得到的屈服强度值代替机械加工试件得到的数值是有差异的。

9.4　**头部弱的螺栓和螺钉拉力试验**

9.4.1　**通则**

本试验为测定因头部设计，预计不断在未旋合螺纹的长度内的螺栓和螺钉的拉力载荷(见 8.2)。

9.4.2　**适用范围**

本试验适用于符合以下规定的螺栓和螺钉：

——无螺纹杆径 $d_s > d_2$ 或 $d_s \approx d_2$；
——公称长度 $l \geqslant 2.5d$；
——螺纹长度 $b \geqslant 2.0d$；
——3 mm≤d≤39 mm；
——所有性能等级。

9.4.3 设备

拉力试验机应符合 GB/T 16825.1 的规定。装夹紧固件时，应避免斜拉，可使用自动定心装置。

9.4.4 试验装置

夹具和螺纹夹具应符合以下规定：
——硬度：≥45 HRC；
——通孔直径 d_h：按表 15 的规定；
——内螺纹夹具的螺纹：按表 14 的规定。

9.4.5 试验程序

试件应为经尺寸等检验合格的紧固件。
按图 2a）和图 2b）所示将紧固件试件拧入内螺纹夹具。
对未旋合螺纹的长度 $l_{th} \geqslant 1d$。
应按 GB/T 228 的规定进行拉力试验。试验机夹头的分离速率，不应超过 25 mm/min。
拉力试验应持续进行，直至断裂。
测量极限拉力载荷 F_m。

9.4.6 试验结果 技术要求

该极限拉力载荷 F_m 应等于或大于在相应产品标准或其他技术条件中规定的最小拉力载荷。

9.5 腰状杆紧固件拉力试验

9.5.1 通则

本试验适用于测定腰状杆紧固件的抗拉强度 R_m（见 8.2）。

9.5.2 适用范围

本试验适用于符合以下规定的紧固件：
——无螺纹杆径 $d_s < d_2$；
——腰状杆长度≥$3d_s$（见图 6L_c）；
——螺纹长度 $b \geqslant 1d$；
——3 mm≤d≤39 mm；
——4.6、5.6、8.8、9.8、10.9 和 12.9/<u>12.9</u> 级。

9.5.3 设备

拉力试验机应按 GB/T 16825.1 的规定。装夹紧固件时，应避免斜拉，可使用自动定心装置。

9.5.4 试验装置

夹具和螺纹夹具应符合以下规定：

——硬度:≥45 HRC;
——通孔直径 d_h:按表 15 的规定;
——内螺纹夹具的螺纹:按表 14 的规定。

9.5.5 试验程序

试件应为经尺寸等检验合格的紧固件。

按图 2a)所示将紧固件试件拧入内螺纹夹具。对螺柱试件应使用两个螺纹夹具,见图 2c)。螺纹有效旋合长度,至少应为 1d。

应按 GB/T 228 的规定进行拉力试验。试验机夹头的分离速率,不应超过 25 mm/min。

拉力试验应持续进行,直至断裂。

测量极限拉力载荷 F_m。

9.5.6 试验结果

9.5.6.1 方法

根据腰状杆横截面积 A_{ds}和试验中测量的极限拉力载荷 F_m 计算抗拉强度 R_m:

$$R_m = F_m / A_{ds}$$

式中:

$$A_{ds} = (\pi/4) d_s^2$$

9.5.6.2 技术要求

断裂应发生在腰状杆内。

抗拉强度 R_m 应符合表 3 的规定。

9.6 紧固件成品保证载荷试验

9.6.1 通则

保证载荷试验包括两个步骤:
——实施规定的保证载荷(见图 5);
——测量由保证载荷产生的永久伸长。

9.6.2 适用范围

本试验适用于符合以下规定的紧固件:
——头部承载能力强于螺纹杆部的螺栓和螺钉;
——头部承载能力强于无螺纹杆部的螺栓和螺钉;
——无螺纹杆径 $d_s > d_2$ 或 $d_s \approx d_2$;
——螺栓和螺钉的公称长度 $l \geq 2.5d$;
——螺纹长度 $b \geq 2.0d$;
——螺柱的总长度 $l_t \geq 3.0d$;
——3 mm≤d≤39 mm;
——所有性能等级。

9.6.3 设备

拉力试验机应按 GB/T 16825.1 的规定。装夹紧固件时,应避免斜拉,可使用自动定心装置。

9.6.4 试验装置

夹具和螺纹夹具应按以下规定：

——硬度：≥45 HRC；

——通孔直径 d_h：按表 15 的规定；

——内螺纹夹具的螺纹：按表 14 的规定。

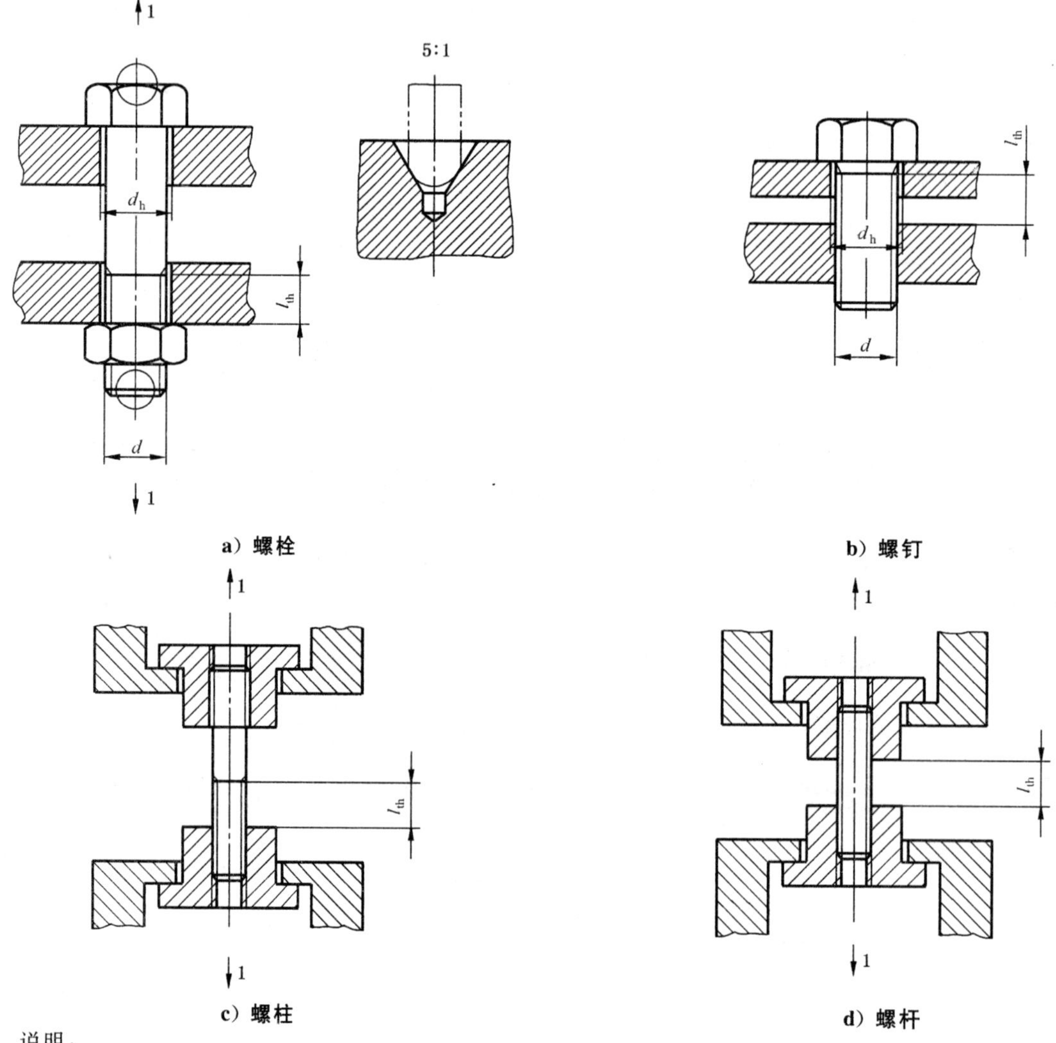

说明：

1——载荷。

注：测头与紧固件末端中心孔间应为"球-锥"接触，其他适当的方法也可使用。

图 5 紧固件成品施加保证载荷安装示例

9.6.5 试验程序

试件应为经尺寸等检验合格的紧固件。

试件每端应进行适当加工，如图 5 所示。为测量长度(施加载荷前、后)应将紧固件置于带球面测头(或其他适当的方法)的台架式测量仪器中。应使用手套或钳子，以使由温度影响的测量误差减少到最小。测量施加载荷前紧固件的总长度 l_0。

按图 5 所示将紧固件试件拧入螺纹夹具。对螺柱应使用两个螺纹夹具。螺纹有效旋合长度，至少应为 1d。对未旋合螺纹的长度 l_{th}应为 1d。

注：为达到 $l_{th}=1d$ 的要求，建议先把螺纹夹具拧到螺纹收尾；然后，按相当于 1d 的扣数拧退夹具。

对紧固件轴向施加表 5 或表 7 规定的保证载荷。

试验机夹头的分离速率,不应超过 3 mm/min。应保持该保证载荷 15 s。

卸载后,测量紧固件总长度 l_1。

9.6.6 试验结果 技术要求

卸载后,紧固件的总长度 l_1 应与加载前的 l_0 相同(其公差±12.5 μm 为允许的测量误差)。某些不确定因素,如直线度、螺纹对中性和测量误差,当初次施加保证载荷时,可能导致紧固件明显的伸长。在这种情况下,可使用比表 5 和表 7 规定值增大 3%的载荷,按 9.6.5 再次进行试验。如果第二次卸载后的长度(l_2)与其加载前的长度(l_1)相同(其公差±12.5 μm 为允许的测量误差),则应认为符合本试验要求。

9.7 机械加工试件拉力试验

9.7.1 通则

本试验可测定:

——抗拉强度 R_m;

——下屈服强度 R_{eL}或 0.2%非比例延伸应力 $R_{P0.2}$;

——机械加工试件的断后伸长率 A;

——机械加工试件的断面收缩率 Z。

9.7.2 适用范围

本试验适用于符合以下规定的紧固件:

a) 由螺栓和螺钉制取的机械加工试件:

——3 mm≤d≤39 mm;

——螺纹长度 b≥1d;

——测定 A:公称长度 $l≥6d_0+2r+d$(见图 6);

——测定 Z:公称长度 $l≥4d_0+2r+d$(见图 6)。

b) 由螺柱制取的机械加工试件:

——3 mm≤d≤39 mm;

——螺纹长度 b≥1d;

——测定 A:总长度 $l_t≥6d_0+2r+2d$(见图 6);

——测定 Z:总长度 $l_t≥4d_0+2r+2d$(见图 6)。

c) 4.6 级、5.6 级、8.8 级、9.8 级、10.9 级和 12.9/<u>12.9</u> 级。

注:机械加工试件可由因几何尺寸降低了承载能力、头部承载能力强于试件横截面面积(S_0)承载能力的螺栓或螺钉上制取,也可以由无螺纹杆径 $d_s<d_2$ 的紧固件上制取。

4.8 级、5.8 级和 6.8 级(冷作硬化的)紧固件应实施实物拉力试验,见 9.3。

9.7.3 设备

拉力试验机应按 GB/T 16825.1 的规定。装夹紧固件时,应避免斜拉,可使用自动定心装置。

9.7.4 试验装置

夹具和螺纹夹具应按以下规定:

——硬度:≥45 HRC;

——通孔直径 d_h:按表 15 的规定;

——内螺纹夹具的螺纹:按表 14 的规定。

9.7.5 机械加工试件

机械加工试件应由经尺寸等检验合格的紧固件制取。图 6 为拉力试验用机械加工试件。

机械加工试件的直径应为：$d_0 < d_{3,\min}$，并且尽可能为：$d_0 \geqslant 3$ mm。

公称直径 $d > 16$ mm，且淬火并回火紧固件的机械加工试件，其直径的减小量不应超过原有直径 d 的 25%（初始横截面积的 44%）。对由螺柱制取的试件，其两端的螺纹长度最小为 $1d$。

9.7.6 试验程序

应按 GB/T 228 的规定进行拉力试验。试验机夹头的分离速率：对下屈服强度 R_{eL} 或 0.2% 非比例延伸应力 $R_{P0.2}$ 不应超过 10 mm/min，而对其他的项目不应超过 25 mm/min。

拉力试验应持续进行，直至断裂。

测量极限拉力载荷 F_m。

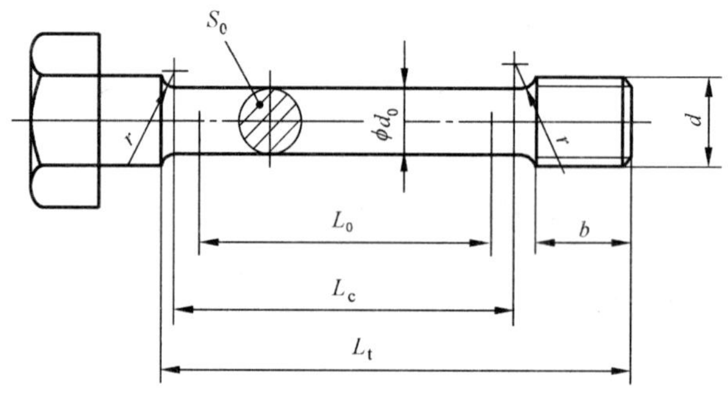

说明：

d——螺纹公称直径。

d_0——机械加工试件的直径（$d_0 < d_{3,\min}$，并尽可能为：$d_0 \geqslant 3$ mm）。

b——螺纹长度（$b \geqslant d$）。

L_0——机械加工试件的初始测量长度：

——用于测定机械加工试件的断后伸长率：$L_0 = 5d_0$ 或（$5.65\sqrt{S_0}$）；

——用于测定机械加工试件的断面收缩率：$L_0 \geqslant 3d_0$。

L_c——机械加工试件直线段的长度（$L_0 + d_0$）。

L_t——机械加工试件的总长度（$L_c + 2r + b$）。

S_0——拉力试验前机械加工试件的横截面积。

r——圆角半径（$r \geqslant 4$ mm）。

图 6 拉力试验用机械加工试件

9.7.7 试验结果

9.7.7.1 方法

按 GB/T 228 的规定测定下列性能：

a) 抗拉强度 R_m，$R_m = F_m / S_0$。

b) 下屈服强度 R_{eL} 或 0.2% 非比例延伸应力 $R_{P0.2}$。

c) 机械加工试件的断后伸长率，其 L_0 至少为 $5d_0$

$$A = (L_u - L_0)/L_0 \times 100$$

式中：L_u 是机械加工试件的最终测量长度（见 GB/T 228）。

d) 机械加工试件的断面收缩率，其 L_0 至少为 $3d_0$

$$Z = (S_0 - S_u)/S_0 \times 100$$

式中：S_u 是机械加工试件的断后横截面积。

9.7.7.2 **技术要求**

下列性能应符合表 3 的规定：

——最小抗拉强度 R_m；

——下屈服强度 R_{eL} 或 0.2%非比例延伸应力 $R_{P0.2}$；

——机械加工试件的断后伸长率 A；

——机械加工试件的断面收缩率 Z。

9.8 头部坚固性试验

9.8.1 通则

本试验用于检查头部与无螺纹杆部或螺纹过渡圆处的牢固性。检查时，锤击置于有规定角度试验模中的紧固件头部。

注：通常，本试验用于因紧固件太短，而不能实施楔负载试验的场合。

9.8.2 适用范围

本试验适用于符合以下规定的螺栓和螺钉：

——头部承载能力强于螺纹杆部；

——公称长度 $l \geqslant 1.5d$；

——$d \leqslant 10$ mm；

——所有性能等级。

9.8.3 试验装置

试验模如图 7 所示，并应符合以下规定：

——硬度：≥45 HRC；

——通孔直径 d_h 和圆角 r_1，按表 15 的规定；

——最小厚度：$\geqslant 2d$；

——β 角：按表 17 的规定。

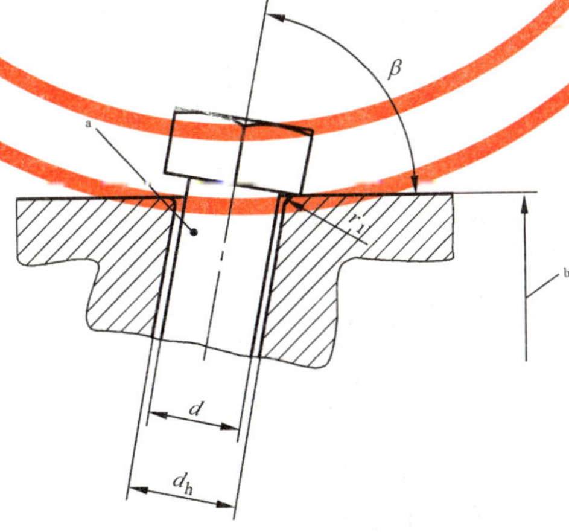

[a] $l \geqslant 1.5d$。

[b] 试验模厚度$\geqslant 2d$。

图 7 头部坚固性试验用试验模

表 17 头部坚固性试验用试验模 β 角

性能等级	4.6	5.6	4.8	5.8	6.8	8.8	9.8	10.9	12.9/<u>12.9</u>
β	60°		80°						

9.8.4 试验程序

试件应为经尺寸等检验合格的紧固件。

头部坚固性试验应使用图 7 所示的试验模。

试验模应固定牢固。用手锤击打螺栓或螺钉头部数次,使头弯曲 90°−β 角。β 角按表 17 的规定。

应放大 8～10 倍进行检查。

9.8.5 试验结果 技术要求

在头部与无螺纹杆部或螺纹过渡圆处,不应发现裂缝。

全螺纹的螺钉,即使在第一扣螺纹上出现裂缝,只要头部未断掉,仍应视为符合本试验要求。

9.9 硬度试验

9.9.1 通则

本试验可测定:

——对不能实施拉力试验的紧固件:测定紧固件的硬度;

——对能实施拉力试验的紧固件(见 9.1、9.2、9.5 和 9.7):测定紧固件的最高硬度。

注:硬度与抗拉强度可能没有直接的换算关系。最大硬度值的规定,除考虑理论的最大抗拉强度外,还有其他因素(如,避免脆断)。

可以在适当表面,或者螺纹横截面上测定硬度。

9.9.2 适用范围

本试验适用于符合以下规定的紧固件:

——所有规格;

——所有性能等级。

9.9.3 试验方法

可以采用维氏、布氏或洛氏硬度试验测定硬度。

a) 维氏硬度试验

维氏硬度试验应按 GB/T 4340.1 的规定。

b) 布氏硬度试验

布氏硬度试验应按 GB/T 231.1 的规定。

c) 洛氏硬度试验

洛氏硬度试验应按 GB/T 230.1 的规定。

9.9.4 试验程序

9.9.4.1 通则

应使用经尺寸等检验合格的紧固件进行硬度试验。

9.9.4.2　在螺纹横截面测定硬度

在距螺纹末端 1d 处取一横截面，并应经适当处理。

在 1/2 半径与轴心线间的区域内测定硬度，见图 8。

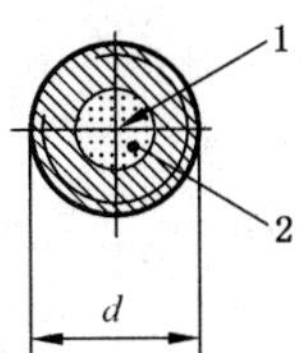

说明：

1——紧固件轴心线；

2——1/2 半径区域。

图 8　1/2 半径区域内测定硬度

9.9.4.3　在表面测定硬度

去除表面镀层或涂层，并对试件适当处理后，在头部平面、末端或无螺纹杆部测定硬度。

常规检查，可使用本方法。

9.9.4.4　测定硬度用试验载荷

维氏硬度试验用最小载荷为 98 N。

布氏硬度的试验载荷等于 $30D^2$，单位为 N。

9.9.5　技术要求

对不能实施拉力试验的紧固件和短螺纹长度的栓接结构用螺栓（对拉力试验其螺纹长度短的、未旋合螺纹的长度 $l_{th}<1d$），其硬度应在表 3 规定的范围内。

对能实施拉力试验的紧固件、未旋合螺纹的长度 $l_{th} \geqslant 1d$、腰状杆紧固件，以及机械加工试件，其硬度均不应超过表 3 规定的最大值。

4.6 级、4.8 级、5.6 级、5.8 级和 6.8 级紧固件，应按 9.9.4.3 的规定在紧固件的末端测定硬度，并且不应超过表 3 规定的最大值。

对热处理紧固件，在 1/2 半径区域内（见图 8）测定的硬度值之差，若不大于 30 HV，则证实材料中马氏体已达到 90％的要求（见表 2）。

4.8 级、5.8 级和 6.8 级冷作硬化紧固件，应按 9.9.4.2 的规定测定硬度，并且应在表 3 规定的硬度范围内。

如有争议，应按 9.9.4.2 的规定，并使用维氏硬度进行仲裁试验。

9.10　脱碳试验

9.10.1　通则

本试验可测定淬火并回火紧固件的表面脱碳和脱碳层深度（见图 9）。

注：由热处理工艺造成的，超过表 3 规定的脱碳层，会降低螺纹强度并可能造成其失效。

表面碳量的状态应用以下两个方法中的一个测定：

——金相法；

——硬度法。

金相法可以测定螺纹全脱碳层的深度 G 和螺纹未脱碳层的高度 E（见图 9）。

硬度法可以测定螺纹未脱碳层的高度 E 和用显微-硬度法测定不完全脱碳（见图 9）。

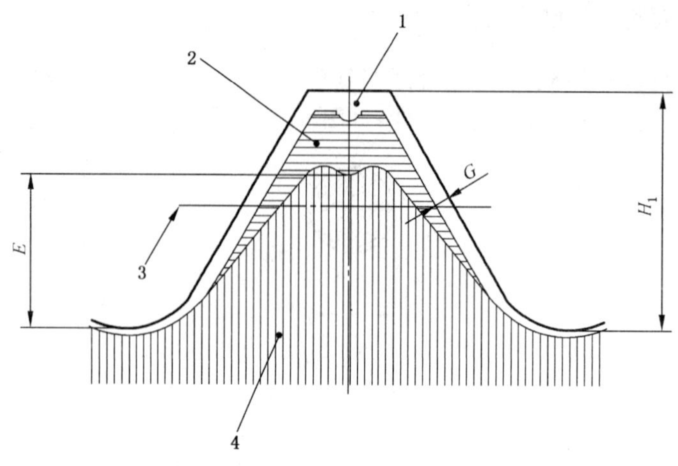

说明：

1——全脱碳；

2——不完全脱碳；

3——中径线；

4——基体金属；

E——螺纹未脱碳层的高度；

G——螺纹全脱碳层的深度；

H_1——最大实体条件下外螺纹的牙型高度。

图 9 脱碳层

9.10.2 金相法

9.10.2.1 适用范围

本方法适用于符合以下规定的紧固件：

——所有规格；

——8.8 级～12.9/12.9 级。

9.10.2.2 试件的制备

应从完成全部热处理工序，并应去除镀层或其他涂层后的紧固件上制取试件。

在距螺纹末端约一个公称直径(1d)、沿螺纹轴心线截取一纵向截面的试件。试件应嵌入塑料中或安装在夹具中。安装后，对表面进行研磨和抛光，直至可进行金相检查。

注：通常，浸入 3%的硝酸乙醇腐蚀液(浓硝酸与乙醇混合液)，能显示由于脱碳而造成的金相结构的变化。

9.10.2.3 试验程序

将试件置于显微镜下，除非另有协议，否则应放大 100 倍进行检查。

如果显微镜带有毛玻璃屏，则可藉助刻度直接测量脱碳程度。如果用目镜测量，则应使用带十字准线或刻度的显微镜。

9.10.2.4 技术要求

全脱碳层的最大深度 G 应符合表 3 规定的技术要求。不完全脱碳层的高度 E 应符合表 18 规定的技术要求。

表 18 最大实体条件下，外螺纹的牙型高度 H_1 和螺纹不完全脱碳层的最小高度值 E_{min}

螺距 P[a]			0.5	0.6	0.7	0.8	1	1.25	1.5	1.75	2	2.5	3	3.5	4
H_1			0.307	0.368	0.429	0.491	0.613	0.767	0.920	1.074	1.227	1.534	1.840	2.147	2.454
性能等级	8.8、9.8	E_{min}[b]	0.154	0.184	0.215	0.245	0.307	0.384	0.460	0.537	0.614	0.767	0.920	1.074	1.227
	10.9		0.205	0.245	0.286	0.327	0.409	0.511	0.613	0.716	0.818	1.023	1.227	1.431	1.636
	12.9/<u>12.9</u>		0.230	0.276	0.322	0.368	0.460	0.575	0.690	0.806	0.920	1.151	1.380	1.610	1.841

[a] $P<1.25$ mm，仅用金相法。

[b] 按表 3 中 No.14 的规定计算。

9.10.3 硬度法

9.10.3.1 适用范围

本方法适用于符合以下规定的紧固件：

——螺距 $P\geqslant1.25$ mm；

——8.8 级～12.9/<u>12.9</u> 级。

9.10.3.2 试件的制备

应按 9.10.2.2 制备试件，但不需要腐蚀和去除表面镀层。

9.10.3.3 试验程序

按图 10 所示测量第 1 点和第 2 点的维氏硬度。试验力为 2.942 N(维氏硬度试验 HV0.3)。

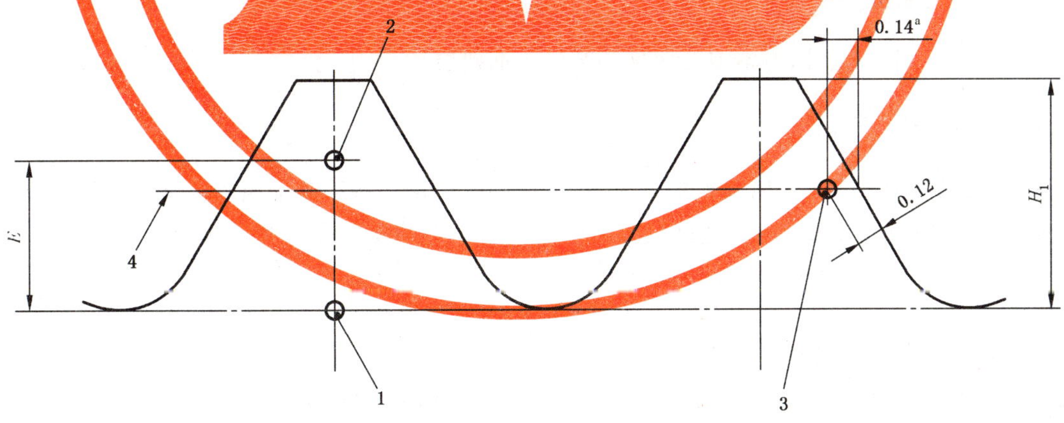

说明：

E——螺纹未脱碳层的高度，mm；

H_1——最大实体条件下外螺纹的牙型高度，mm；

1、2、3——测量点(第 1 点)；

4——螺距线。

[a] 给出 0.14 mm 值仅表明在螺距线上该点的位置。

未脱碳：HV(2)≥HV(1)－30

未增碳：HV(3)≥HV(1)－30

图 10 脱碳试验和增碳试验的硬度测量

9.10.3.4 技术要求

第2点的维氏硬度值,HV(2)应等于或大于第1点维氏硬度,HV(1)减去30个维氏单位。螺纹未脱碳层的高度 E 应符合表18规定的技术要求。

注:全脱碳达到表3规定的最大值时,不能采用硬度测量法。

9.11 增碳试验

9.11.1 通则

本试验适用于测定淬火并回火紧固件的表面在热处理工艺中是否形成增碳。对于表层增碳状态的评定,基体金属硬度和表面硬度的差值是决定性指标。

注:由于增加表面硬度能造成脆断或降低抗疲劳性,所以增碳是有害的。应仔细区分硬度的增加是由于增碳还是热处理或表面冷作硬化而引起的,例如热处理后辗制螺纹。

可采用以下方法之一进行增碳试验:

——在纵向截面上测定硬度;

——在表面测定硬度。

如有争议,以及当 $P \geqslant 1.25$ mm时,按9.11.2规定的硬度试验,是仲裁试验方法。

9.11.2 在纵向截面测定硬度

9.11.2.1 适用范围

本方法适用于符合以下规定的紧固件:

——螺距 $P \geqslant 1.25$ mm;

——8.8级~12.9/<u>12.9</u>级。

9.11.2.2 试件的制备

应按9.10.2.2制备试件,但不需要腐蚀和去除表面镀层。

9.11.2.3 试验程序

按图10所示测量第1点和第3点的维氏硬度。试验力为:2.942 N(维氏硬度试验 HV0.3)。

如果在按9.10.3.3的试验中已使用过的试件,则第3点的硬度应在螺纹螺距线上,并在测定第1点和第2点硬度相邻的牙上进行测定。

9.11.2.4 技术要求

第3点的维氏硬度值,HV(3)应等于或小于第1点维氏硬度,HV(1)加上30个维氏单位。

超过30个维氏单位,表示已增碳,见表3(No.13和脚注h、i和j)对10.9级和12.9/<u>12.9</u>级的硬度规定。

9.11.3 在表面测定硬度

9.11.3.1 适用范围

本方法适用于符合以下规定的紧固件:

——所有规格;

——8.8级~12.9/<u>12.9</u>级。

9.11.3.2 试件的制备

在紧固件的头部或末端用研磨或抛光准备一个适当的平面，以确保材料表面原始特征的复现与保持。

从距螺纹末端 1d 处截取一个横截面，并经适当地制备。

9.11.3.3 试验程序

表面硬度应在制备的表面进行测定。

应在横截面上测定基体金属硬度。

测定以上硬度中使用的试验力为：2.942 N(维氏硬度试验 HV0.3)。

9.11.3.4 技术要求

表面硬度值应等于或小于基体金属硬度值加上 30 个维氏单位。

超过 30 个维氏单位，表示已增碳，见表 3(No.13 和脚注 h)。对 10.9 级或 12.9/$\underline{12.9}$ 级最大表面硬度不应大于 390 HV 或 435 HV。

9.12 再回火试验

9.12.1 通则

本试验适用于检验热处理工艺的最低回火温度。

有争议时，本试验是仲裁试验。

9.12.2 适用范围

本方法适用于符合以下规定的紧固件：

——所有规格；

——8.8 级～12.9/$\underline{12.9}$ 级。

9.12.3 试验程序

按 9.9.4.2 的规定测定维氏硬度，并在一个紧固件上读取三点数值。

再回火本紧固件，零件温度应比表 2 规定的最低回火温度低 10 ℃，并保持 30 min。再回火后，在同一紧固件上并在与第一次测定相同的区域，测定新的三点维氏硬度值。

9.12.4 技术要求

对比再回火前、后三点硬度平均值。再回火后，(如果有时)硬度降低，应小于 20 个维氏单位。

9.13 扭矩试验

9.13.1 通则

本扭矩试验可以测定破坏扭矩 M_B，适用于不能进行拉力试验的螺栓和螺钉。

9.13.2 适用范围

本试验适用于符合以下规定的紧固件：

——头部承载能力强于螺纹杆部的螺栓和螺钉；

——无螺纹杆部直径 $d_s > d_2$ 或 $d_s \approx d_2$；

——螺纹长度 $b \geqslant 1d+2P$；

——1.6 mm$\leqslant d \leqslant$10 mm；

——4.6 级～12.9/12.9 级。

注：GB/T 3098.13 中未对 4.6 级～6.8 级规定数值。

9.13.3 试验仪器与装置

见 GB/T 3098.13。

9.13.4 试验程序

试件应为经尺寸等检验合格的紧固件。

按 GB/T 3098.13 规定将螺栓或螺钉装入试验夹具，应至少有 $1d$ 螺纹长度。从头部到螺纹收尾，或无螺纹杆部到螺纹收尾的未旋合螺纹的长度 l_{th} 至少有 $2P$。应连续施加扭矩。

注：ISO 898-7:1992(GB/T 3098.13—1996,idt)已列入修订计划。有关基本研究的一项调研已表明对未旋合螺纹和螺纹啮合长度的数值可能相互交换。

9.13.5 试验结果

9.13.5.1 方法

见 GB/T 3098.13。

9.13.5.2 技术要求

见 GB/T 3098.13。

有争议时，以下列试验为准：

——对不能进行拉力试验的螺栓和螺钉：按 9.9 规定的硬度试验为仲裁试验；

——对能进行拉力试验的螺栓和螺钉：拉力试验为仲裁试验。

9.14 机械加工试件冲击试验

9.14.1 通则

本试验用于检验在规定的低温条件下，紧固件材料的韧性。如在产品标准或供需双方协议中有要求时，方可实施本试验。

9.14.2 适用范围

本试验适用于符合以下规定的紧固件：

——由螺栓、螺钉和螺柱制取的机械加工试件；

——$d \geqslant 16$ mm；

——螺栓和螺钉的总长(包括头部)≥55 mm；

——螺柱的总长，$l_t \geqslant 55$ mm；

——5.6 级、8.8 级、9.8 级、10.9 级和 12.9/12.9 级。

9.14.3 试验仪器与装置

试验仪器与装置应符合 GB/T 229 的规定。

9.14.4 机械加工试件

应从尺寸等检验合格的紧固件成品上制取试件。

机械加工试件应符合 GB/T 229(夏比 V 型缺口试验)的规定。该试件应沿螺杆纵向,尽量靠近紧固件表面,并尽可能远离螺纹部分。试件无刻槽的一边应靠近紧固件的表面。

9.14.5 试验程序

机械加工试件应置于恒温－20 ℃的条件下,用 2 mm 的摆锤刀刃半径,按 GB/T 229 的规定进行试验。

9.14.6 技术要求

试件在－20 ℃温度下的吸收能量,应符合表 3 的规定。

注:其他试验温度与吸收能量值,可在有关产品标准中或由供需双方协议规定。

9.15 表面缺陷检查

紧固件表面缺陷应控制在能够接收的范围内。对 4.6 级～10.9 级紧固件表面缺陷的检查,应按 GB/T 5779.1 的规定。由供需双方协议也可按 GB/T 5779.3 进行检查。

对 12.9/12.9 级紧固件表面缺陷的检查,应按 GB/T 5779.3 的规定。

在 MP1 系列试验(见第 8 章)的情况下,表面缺陷的检查应在机械加工前实施。

10 标志

10.1 通则

只有全面符合本部分规定的技术要求,才能按第 5 章的标记制度进行标记,以及按 10.2 和 10.3 或 10.4 提供标志。

除非在产品标准中另有规定,否则在头部顶面凸起的标志高度,不应计入头部高度尺寸。

10.2 制造者识别标志

制造者识别标志应在生产过程中,在标志性能等级代号的所有紧固件产品上进行标志。也推荐在不标志性能等级的紧固件上标志制造者识别标志。

紧固件的销售者使用自己的识别标志,也应视为制造者识别标志。

10.3 全承载能力紧固件的标记与标志

10.3.1 通则

按本部分技术要求生产的全承载能力的紧固件,应按 10.3.2～10.3.4 进行标志。

在 10.3.2～10.3.4 中规定允许任意选择的标志,应由制造者确定。

10.3.2 性能等级的标志代号

性能等级的标志代号,应按表 19 的规定。

表 19 全承载能力紧固件的标志代号

性能等级	4.6	4.8	5.6	5.8	6.8	8.8	9.8	10.9	12.9	12.9
标志代号[a]	4.6	4.8	5.6	5.8	6.8	8.8	9.8	10.9	12.9	12.9

[a] 标志代号中的“.”可以省略。

在小螺钉的情况下，或当头部形状不允许按表 19 标志时，可以使用表 20 给出的时钟面标志符号。

表 20　全承载能力螺栓和螺钉的时钟面标志符号

性能等级	4.6	4.8	5.6	5.8	
标志符号					
性能等级	6.8	8.8	9.8	10.9	12.9
标志符号					

[a] 12 点的位置(参照标志)应标志制造者识别标志，或标志一个圆点。

[b] 用一长划或两个长划线标志性能等级，对 12.9 级用一个圆点。

10.3.3　识别标志

10.3.3.1　六角和六角花形头螺栓和螺钉

六角和六角花形头螺栓和螺钉(包括法兰面紧固件)应标志制造者识别标志和表 19 规定的性能等级的标志代号。

对所有性能等级的和公称直径≥5 mm 的紧固件均要求制出标志。

标志最好在头部顶面用凹字或凸字，或在头部侧面用凹字(见图 11)。对法兰面螺栓或螺钉，当制造工艺不允许在头部顶面标志时，可在法兰上标志。

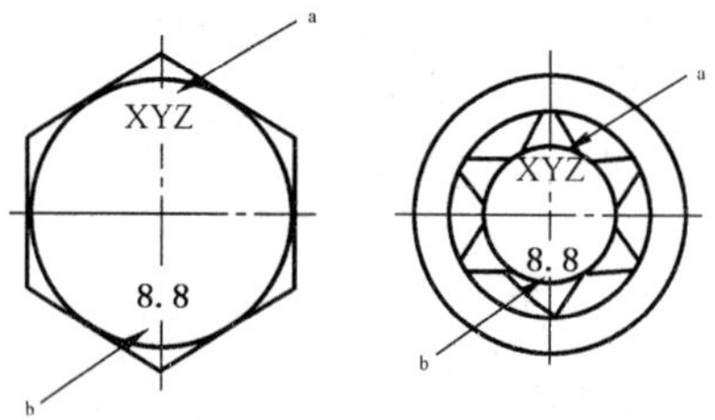

[a] 制造者识别标志。

[b] 性能等级。

图 11　六角和六角花形头螺栓和螺钉标志示例

10.3.3.2　内六角和内六角花形圆柱头螺钉

内六角和内六角花形圆柱头螺钉应标志制造者识别标志和表 19 规定的性能等级的标志代号。

对所有性能等级和公称直径≥5 mm 的紧固件均要求制出标志。

标志最好在头部侧面用凹字或在头部顶面用凹字或凸字(见图 12)。

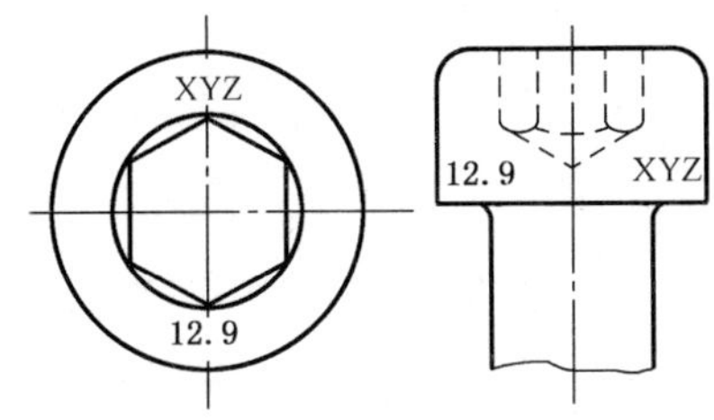

图 12　内六角圆柱头螺钉标志示例

10.3.3.3　圆头方颈螺栓

圆头方颈螺栓应标志制造者识别标志和表 19 中规定的性能等级的标志代号。

对所有性能等级和公称直径≥5 mm 的紧固件均要求制出标志。

在头部用凹字或凸字标志(见图 13)。

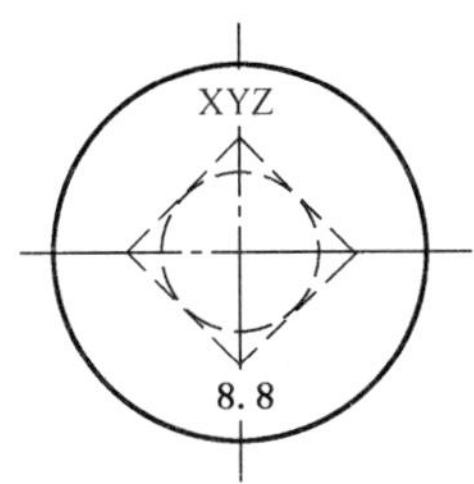

图 13　圆头方颈螺栓标志示例

10.3.3.4　螺柱

螺柱应标志制造者识别标志和表 19 规定的性能等级的标志代号，或表 21 规定的可选用的性能等级标志符号。

对 5.6 级、8.8 级、9.8 级、10.9 级和 12.9/$\underline{12.9}$ 级，及公称直径≥5 mm 的螺柱要求制出标志。

应在螺柱无螺纹杆部进行标志，如不可能时，应在螺柱的拧入螺母端标志性能等级，并可省略标志制造者识别标志(见图 14)。

对过盈配合的螺柱应在拧入螺母端标志性能等级，并可省略标志制造者识别标志。

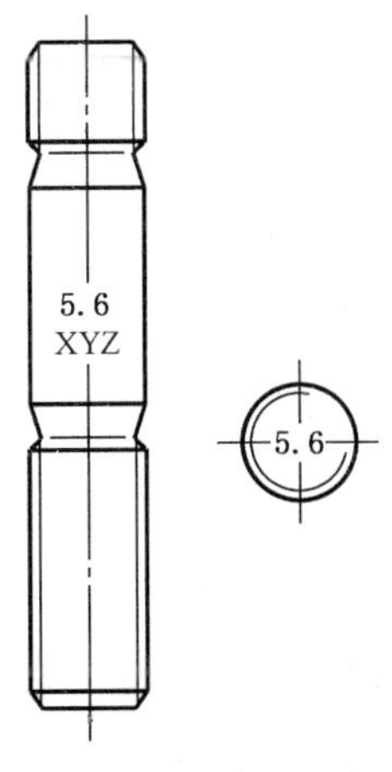

图 14　螺柱标志示例

表 21　可选用的螺柱标志符号

性能等级	5.6	8.8	9.8	10.9	12.9
标志符号	—	○[a]	+	□[a]	△[a]
[a] 允许该符号仅显示个轮廓或整个区域凹陷。					

10.3.3.5　其他类型的螺栓和螺钉

根据用户要求，10.3 规定的标志代号，也可以用于其他类型的螺栓和螺钉，以及专用紧固件。

通常，对沉头、半沉头、圆柱头及盘头螺钉，或类似开槽、十字槽形状的，或有内凹槽，或者其他内扳拧结构的，均不进行标志。

10.3.4　左旋螺纹的螺栓和螺钉的标志

对公称直径≥5 mm 的左旋螺纹的螺栓和螺钉应按图 15 规定的符号，在头部顶面或末端进行标志。

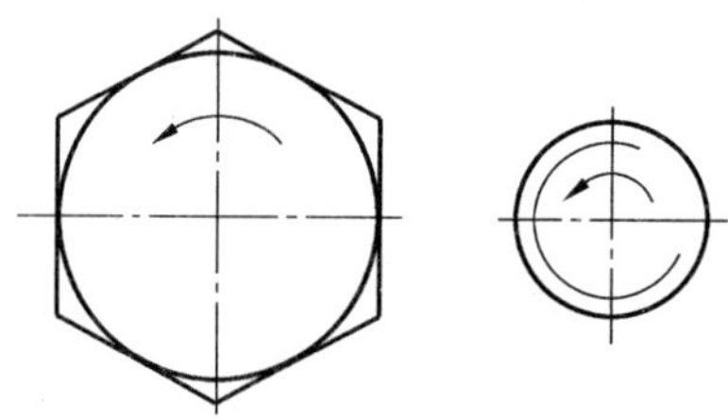

图 15　左旋螺纹的螺栓和螺钉的标志

对六角头螺栓和螺钉亦可选用图 16 规定的左旋螺纹的标志。

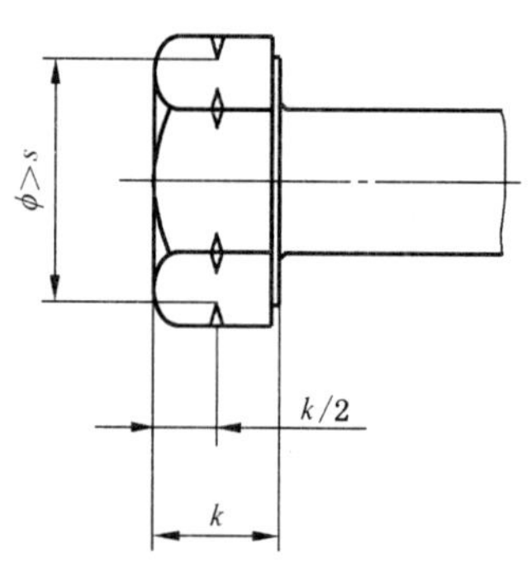

s——对边宽度；

k——头部高度。

图 16　左旋螺纹的螺栓和螺钉可选用的标志

10.4 降低承载能力紧固件的标记与标志

10.4.1 通则

按本部分生产的降低承载能力的紧固件，应按表 22 的规定进行标志，其余则应参照 10.3.3 和 10.3.4 的规定进行标志。

对降低承载能力的紧固件不应使用表 19、表 20 和表 21 规定的标志代号。

产品标准为降低承载能力的紧固件，即使某些规格能够达到全承载能力的技术要求，但对该产品的所有规格还应按表 22 的规定进行标志。

10.4.2 降低承载能力的紧固件的标志代号

降低承载能力的紧固件的标志代号应按表 22 的规定。

表 22 降低承载能力的紧固件的标志代号

性能等级	04.6	04.8	05.6	05.8	06.8	08.8	09.8	010.9	012.9	012.9
标志代号[a]	04.6	04.8	05.6	05.8	06.8	08.8	09.8	010.9	012.9	012.9

[a] 标志代号中的“.”可以省略。

10.5 包装标志

对各类紧固件、所有规格的所有包装上，均应有标志(含贴或拴标签)。标志应包括制造者和/或经销者商标(或识别标志)和性能等级标志代号，以及 GB/T 90.3 规定的生产批号。

附　录　A
（资料性附录）
抗拉强度与断后伸长率的关系

抗拉强度与断后伸长率的关系，见表 A.1。

表 A.1　抗拉强度与断后伸长率的关系

抗拉强度 $R_{m,nom}$/MPa			400	500	600	700	800	900	1 000	1 100	1 200	1 300
断后伸长率[a] $A_{f,min}$ or A_{min}	$A_{f\ min}$	A_{min}										
	0.37	22	4.6									
	0.33	20		5.6								
	0.24		4.8									
	0.22			5.8								
	0.20[b]	12[c]			6.8		8.8					
	—	10						9.8				
	0.13	9							10.9			
	—	8									12.9/ 12.9	

[a] $A_{f,min}$ 和 A_{min} 黑体字的数值是标准值，见表 3。

[b] 仅适用于 6.8 级。

[c] 仅适用于 8.8 级。

附 录 B
（资料性附录）
高温对紧固件机械性能的影响

高温能改变紧固件的机械性能和工作性能。

我们知道，当达到典型的服役温度150 ℃时，对紧固件机械性能尚无有害影响。当温度超过150 ℃并最大达到300 ℃时，则应当仔细检查，以确保紧固件的工作性能。

伴随温度的增加，将逐渐展现：

——对紧固件成品的下屈服强度，或规定非比例延伸0.2%的应力，或规定非比例延伸0.004 8d的应力的降低，和

——抗拉强度的降低。

经验之谈：在高温服役条件下，紧固件持续运行时，随着更高的温度增长，能导致应力松弛。应力松弛将伴随夹紧力的损失。

冷作硬化紧固件(4.8、5.8、6.8)比淬火并回火或消除应力的紧固件对应力松弛更敏感。

对高温紧固件使用含铅-钢时，应当注意。对这种紧固件，当服役温度处于铅的熔点范围时，应当考虑液态金属脆变(LME)风险。

有关“高温紧固件用钢的选择与应用”的参考资料，如EN 10269和ASTM F 2281。

附　录　C
（资料性附录）
紧固件实物断后伸长率 A_f

表 3 仅对 4.8 级、5.8 级和 6.8 级螺栓、螺钉和螺柱实物规定了最小断后伸长率 $A_{f,min}$。作为资料，对其他性能等级的数值在表 C.1 中给出。这些数值仍在调查研究中。

表 C.1　紧固件实物断后伸长率，A_f

性能等级	4.6	5.6	8.8	9.8	10.9	12.9/12.9
$A_{f,min}$	0.37	0.33	0.20	—	0.13	—

参 考 文 献

[1] EN 10269 规定的高温和/或低温紧固件用钢和镍合金.

[2] ISO 1891 紧固件 术语(GB/T 3099.1—2008 与 ISO/FDIS 1981:2008 一致).

[3] ASTM F 2281 耐热与高温用不锈钢和镍合金螺栓、内六角圆柱头螺钉和螺柱标准技术条件.

[4] ASTM A 320/A 320M 低温服役用合金/钢栓接材料标准技术条件.

前　　言

本标准等同采用国际标准 ISO 898-2:1992《紧固件机械性能　第 2 部分:规定保证载荷值的螺母粗牙螺纹》。

GB/T 3098 总的标题为"紧固件机械性能",包括以下部分:

——GB/T 3098.1—2000　紧固件机械性能　螺栓、螺钉和螺柱

——GB/T 3098.2—2000　紧固件机械性能　螺母　粗牙螺纹

——GB/T 3098.3—2000　紧固件机械性能　紧定螺钉

——GB/T 3098.4—2000　紧固件机械性能　螺母　细牙螺纹

——GB/T 3098.5—2000　紧固件机械性能　自攻螺钉

——GB/T 3098.6—2000　紧固件机械性能　不锈钢螺栓、螺钉和螺柱

——GB/T 3098.7—2000　紧固件机械性能　自挤螺钉

——GB/T 3098.8—1992　紧固件机械性能　耐热用螺纹连接副

——GB/T 3098.9—1993　紧固件机械性能　有效力矩型钢六角锁紧螺母

——GB/T 3098.10—1993　紧固件机械性能　有色金属制造的螺栓、螺钉、螺柱和螺母

——GB/T 3098.11—1995　紧固件机械性能　自钻自攻螺钉

——GB/T 3098.12—1996　紧固件机械性能　螺母锥形保证载荷试验

——GB/T 3098.13—1996　紧固件机械性能　螺栓与螺钉的扭矩试验和破坏扭矩　公称直径 1～10 mm

——GB/T 3098.14—2000　紧固件机械性能　螺母扩孔试验

——GB/T 3098.15—2000　紧固件机械性能　不锈钢螺母

——GB/T 3098.16—2000　紧固件机械性能　不锈钢紧定螺钉

——GB/T 3098.17—2000　紧固件机械性能　检查氢脆用预载荷试验　平行支承面法

本标准调整了"范围"的内容(ISO 898-2:1992 与 ISO 898-6:1994 不一致),并与 GB/T 3098.4 一致(第 1 章)。

本标准未采用 ISO 898-2 的附录 B,其内容已列入本标准第 2 章引用标准中。

本标准是 GB/T 3098.2—1982 的修订本,主要修改如下:

a) 标准名称中增加"粗牙螺纹";

b) 仅规定在环境温度为 10～35℃条件下试验的机械性能。在较高或较低温度下,其机械和物理性能可能不同(第 1 章);

c) 适用范围中取消"最小螺纹直径"(第 1 章);

d) 表 2 增加"螺母"栏及表注中的"螺栓-螺母组合件的应力高于螺栓的屈服强度或保证应力是可行的";

e) 表 5 中删去洛氏硬度值,增加螺母"热处理"状态及"型式"栏,并调整表注内容;

f) 调整部分保证载荷值(表 6);

g) 增加引用布、洛、维硬度换算表(8.2 条);

h) 增加表面缺陷的试验(第 5 章、8.3 条);

i) 必须标志性能等级的产品,标志制造者的商标或识别标志是强制性的,只要技术上可行应尽量提供。但在任何情况下,包装上均应标志(9.5 条)。

本标准自实施之日起，代替GB/T 3098.2—1982。

本标准的附录A是提示的附录。

本标准由国家机械工业局提出。

本标准由全国紧固件标准化技术委员会归口。

本标准由机械科学研究院负责，西安标准件总厂、上海高强度螺栓厂、上海市紧固件和焊接材料技术研究所、北京标准件工业集团公司、武汉汽车标准件研究所和上海金马高强紧固件有限公司参加起草。

本标准由全国紧固件标准化技术委员会秘书处负责解释。

ISO 前言

ISO(国际标准化组织)是一个世界性的各国国家标准团体(ISO 成员团体)的联合组织。国际标准的制定工作通常是通过 ISO 各个技术委员会进行的。每个成员团体如对某一技术委员会所进行的项目感兴趣时,也可参加该委员会。与 ISO 有关的政府的和非政府的国际组织也可参加此项工作。ISO 与国际电工委员会(IEC)在电工标准化方面有着密切的联系。

经技术委员会采纳的国际标准草案,分发给所有成员团体进行投票表决。国际标准的正式出版需要至少 75%的成员团体投票赞成。

国际标准 ISO 898-2 由 ISO/TC 2 紧固件技术委员会 SC1 紧固件机械性能分委员会制定。

第二版对第一版(ISO 898-2:1980)进行了删改与补充,是技术性修订。

ISO 898 总名称为"紧固件机械性能",包括以下部分:

——第 1 部分:螺栓、螺钉和螺柱

——第 2 部分:规定保证载荷值的螺母　粗牙螺纹

——第 5 部分:紧定螺钉及类似的不受拉应力的螺纹紧固件

——第 6 部分:规定保证载荷值的螺母　细牙螺纹

——第 7 部分:螺栓与螺钉的扭矩试验和最小扭矩　公称直径 1～10 mm

本标准的附录 A 和附录 B 是提示的附录。

中华人民共和国国家标准

紧固件机械性能 螺母 粗牙螺纹

GB/T 3098.2—2000
idt ISO 898-2:1992
代替 GB/T 3098.2—1982

Mechanical properties of fasteners—
Nuts—Coarse thread

1 范围

本标准规定了在环境温度为10～35℃条件下进行试验时，规定保证载荷值的螺母机械性能。

该环境温度条件下判定为符合本标准的产品，在较高或较低温度下，机械和物理性能可能不同，使用者应予注意。

本标准适用的螺母：

螺纹公称直径 $D \leqslant 39$ mm；

符合 GB/T 192 规定的普通螺纹；

符合 GB/T 193 规定的粗牙螺纹直径与螺距组合；

符合 GB/T 196 规定的基本尺寸；

符合 GB/T 197 规定的公差与配合；

有特定的机械要求；

对边宽度符合 GB/T 3104 或相当的；

公称高度 $\geqslant 0.5D$；

由碳钢或合金钢制造的。

本标准不适用于特殊性能要求的螺母，如：

锁紧性能(GB/T 3098.9)；

可焊接性；

耐腐蚀性(GB/T 3098.15)；

工作温度高于＋300℃或低于－50℃的性能要求。

注

1 用易切钢制造的螺母不能用于＋250℃以上。

2 对特殊产品，如用于栓结构高强度螺栓和热浸镀锌螺栓的螺母，有关数值见产品标准。

3 配合件的螺纹公差大于 6 H/6 g 时，将增加脱扣危险。

4 在其他公差或大于 6 H 的情况下，应考虑降低脱扣强度，见表 1。

国家质量技术监督局 2000-09-26 批准　　　　2001-02-01 实施

表1 螺纹强度的降低

螺纹		试验载荷比率,%		
>	≤	螺纹公差		
		6H	7H	6G
—	M2.5	100	—	95.5
M2.5	M7	100	95.5	97
M7	M16	100	96	97.5
M16	M39	100	98	98.5

2 引用标准

下列标准所包含的条文,通过在本标准中引用而构成为本标准的条文。本标准出版时,所示版本均为有效。所有标准都会被修订,使用本标准的各方应探讨使用下列标准最新版本的可能性。

GB/T 41—2000 六角螺母 C级(eqv ISO 4034:1999)

GB/T 192—1981 普通螺纹 基本牙型

GB/T 193—1981 普通螺纹 直径与螺距系列(直径1~600 mm)

GB/T 196—1981 普通螺纹 基本尺寸(直径1~600 mm)

GB/T 197—1981 普通螺纹 公差与配合(直径1~355 mm)

GB/T 230—1991 金属洛氏硬度试验方法

GB/T 231—1984 金属布氏硬度试验方法

GB/T 1800.2—1998 极限与配合 基础 第2部分:公差、偏差和配合的基本规定(eqv ISO 286-1:1988)

GB/T 3098.9—1993 紧固件机械性能 有效力矩型钢六角锁紧螺母(eqv ISO 2320:1983)

GB/T 3098.15—2000 紧固件机械性能 不锈钢螺母(idt ISO 3506-2:1997)

GB/T 3104—1982 紧固件 六角产品的对边宽度(eqv ISO 272:1982)

GB/T 4340.1—1999 金属维氏硬度试验 第1部分:试验方法(eqv ISO 6507-1:1997)

GB/T 5779.2—2000 紧固件表面缺陷 螺母 (idt ISO 6157-2:1995)

GB/T 5780—2000 六角头螺栓 C级(eqv ISO 4016:1999)

GB/T 5781—2000 六角头螺栓 全螺纹 C级(eqv ISO 4018:1999)

GB/T 5782—2000 六角头螺栓(eqv ISO 4014:1999)

GB/T 5783—2000 六角头螺栓 全螺纹(eqv ISO 4017:1999)

GB/T 5784—1986 六角头螺栓 细杆 B级(eqv 4015:1979)

GB/T 6170—2000 1型六角螺母(eqv ISO 4032:1999)

GB/T 6172.1—2000 六角薄螺母(eqv ISO 4035:1999)

GB/T 6174—2000 六角薄螺母 无倒角(eqv ISO 4036:1999)

GB/T 6175—2000 2型六角螺母(eqv ISO 4033:1999)

ISO 4964:1984 钢 硬度换算

3 标记制度

3.1 公称高度≥0.8D(螺纹有效长度≥0.6D)的螺母

公称高度≥0.8D(螺纹有效长度≥0.6D)的螺母,用螺栓性能等级标记的第一部分数字标记;该螺栓应为可与该螺母相配螺栓中性能等级最高的(表2)。

由于超拧，螺纹组合件可能产生下列失效形式：

a）螺杆断裂；

b）螺杆的螺纹脱扣；

c）螺母的螺纹脱扣；

d）螺母和螺杆的螺纹脱扣。

螺杆的断裂是突然发生的，比较容易发现；而脱扣是逐渐发生的，就很难发现并增加了因紧固件失效而造成事故的危险性。

所以，对螺纹连接的设计，总希望失效形式是螺杆断裂。但由于各种因素（螺母和螺栓的材料强度、螺纹间隙和对边宽度等）影响脱扣强度，故不能在所有的情况下都能保证获得这种失效形式。

M5～M39 的螺栓或螺钉或螺柱，按表 2 规定选配适当性能等级的螺母，当拧紧到螺栓（螺钉或螺柱）保证载荷时，螺纹组合件不会发生螺纹脱扣。

然而，超过螺栓保证载荷的拧紧，时有发生，故对螺母的设计应至少保证在超拧 10%时，螺纹组合件的失效是螺杆断裂，以警告使用者，装配操作不当。

注：有关螺纹组合件强度和螺母型式方面更详细的资料见附录 A（提示的附录）。

表 2　公称高度≥0.8*D* 螺母的标记制度

<table>
<tr><td rowspan="3">螺母性能等级</td><td colspan="2" rowspan="2">相配的螺栓、螺钉和螺柱</td><td colspan="2">螺　　母</td></tr>
<tr><td>1 型</td><td>2 型</td></tr>
<tr><td>性能等级</td><td>螺纹规格范围</td><td colspan="2">螺纹规格范围</td></tr>
<tr><td>4</td><td>3.6、4.6、4.8</td><td>＞M16</td><td>＞M16</td><td>—</td></tr>
<tr><td rowspan="2">5</td><td>3.6、4.6、4.8</td><td>≤M16</td><td rowspan="2">≤M39</td><td rowspan="2">—</td></tr>
<tr><td>5.6、5.8</td><td>≤M39</td></tr>
<tr><td>6</td><td>6.8</td><td>≤M39</td><td>≤M39</td><td>—</td></tr>
<tr><td>8</td><td>8.8</td><td>≤M39</td><td>≤M39</td><td>＞M16
≤M39</td></tr>
<tr><td>9</td><td>9.8</td><td>≤M16</td><td>—</td><td>≤M16</td></tr>
<tr><td>10</td><td>10.9</td><td>≤M39</td><td>≤M39</td><td>—</td></tr>
<tr><td>12</td><td>12.9</td><td>≤M39</td><td>≤M16</td><td>≤M39</td></tr>
<tr><td colspan="5">注：一般来说，性能等级较高的螺母，可以替换性能等级较低的螺母。螺栓-螺母组合件的应力高于螺栓的屈服强度或保证应力是可行的。</td></tr>
</table>

3.2　公称高度≥0.5*D*，而＜0.8*D*（螺纹有效长度≥0.4*D*，而＜0.6*D*）的螺母

公称高度≥0.5*D*，而＜0.8*D*（螺纹有效长度≥0.4*D*，而＜0.6*D*）的螺母，由两位数字标记：第 2 位数字表示用淬硬试验芯棒测出的公称保证应力的 1/100（以 N/mm^2 计）；而第一位数字“0”则表示这种螺栓-螺母组合件的承载能力比淬硬芯棒测出的承载能力要小，同时也比 3.1 条规定的螺栓-螺母组合件的承载能力小。有效承载能力不仅取决于螺母本身的硬度和螺纹有效长度，而且还与相配合的螺栓抗拉强度有关。表 3 给出了螺母的标记制度和保证应力。

表 3　公称高度≥0.5*D*，而＜0.8*D* 螺母的标记制度和保证应力　　N/mm^2

螺母性能等级	公称保证应力	实际保证应力
04	400	380
05	500	500

4　材料

表 4 规定了螺母各性能等级适用的材料。材料的化学成分应符合有关材料标准的规定。

表 4 材料

性能等级		化学成分,% C max	Mn min	P max	S max
4[1)]、5[1)]、6[1)]	—	0.50	—	0.060	0.150
8、9	04[1)]	0.58	0.25	0.060	0.150
10[2)]	05[2)]	0.58	0.30	0.048	0.058
12[2)]	—	0.58	0.45	0.048	0.058

1) 该性能等级可以用易切钢制造(供需双方另有协议除外),其硫、磷及铅的最大含量为:硫 0.34%;磷0.11%;铅 0.34%。

2) 为改善螺母的机械性能,必要时可增添合金元素。

性能等级为 05、8(>M16 的 1 型螺母)、10 和 12 级螺母应进行淬火并回火处理。

5 机械性能

按第 8 章规定的方法进行试验时,螺母的机械性能应符合表 5 规定。

表面缺陷应符合 GB/T 5779.2 的规定。

表 5 机械性能

螺纹规格 >	螺纹规格 ≤	04 保证应力 S_p N/mm²	04 维氏硬度HV min	04 维氏硬度HV max	04 螺母 热处理	04 螺母 型式	05 保证应力 S_p N/mm²	05 维氏硬度HV min	05 维氏硬度HV max	05 螺母 热处理	05 螺母 型式	4 保证应力 S_p N/mm²	4 维氏硬度HV min	4 维氏硬度HV max	4 螺母 热处理	4 螺母 型式
—	M4	380	188	302	不淬火回火	薄型	500	272	353	淬火并回火	薄型	—	—	—	—	—
M4	M7															
M7	M10															
M10	M16															
M16	M39											510	117	302	不淬火回火	1

螺纹规格 >	螺纹规格 ≤	5 保证应力 S_p N/mm²	5 维氏硬度HV min	5 维氏硬度HV max	5 螺母 热处理	5 螺母 型式	6 保证应力 S_p N/mm²	6 维氏硬度HV min	6 维氏硬度HV max	6 螺母 热处理	6 螺母 型式	8 保证应力 S_p N/mm²	8 维氏硬度HV min	8 维氏硬度HV max	8 螺母 热处理	8 螺母 型式
—	M4	520	130	302	不淬火回火	1	600	150	302	不淬火回火	1	800	180	302	不淬火回火	1
M4	M7	580					670					855	200			
M7	M10	590					680					870				
M10	M16	610					700					880				
M16	M39	630	146				720	170				920	233	353	淬火并回火	

表 5(完)

螺纹规格		性能等级														
		8					9					10				
		保证应力 S_p	维氏硬度 HV		螺母		保证应力 S_p	维氏硬度 HV		螺母		保证应力 S_p	维氏硬度 HV		螺母	
>	≤	N/mm²	min	max	热处理	型式	N/mm²	min	max	热处理	型式	N/mm²	min	max	热处理	型式
—	M4	—	—	—	—	—	900	170	302	不淬火回火	2	1 040	272	353	淬火并回火	1
M4	M7						915	188				1 040				
M7	M10						940					1 040				
M10	M16						950					1 050				
M16	M39	890	180	302	不淬火回火	2	920					1 060				

螺纹规格		性能等级									
		12									
		保证应力 S_p	维氏硬度 HV		螺母		保证应力 S_p	维氏硬度 HV		螺母	
>	≤	N/mm²	min	max	热处理	型式	N/mm²	min	max	热处理	型式
—	M4	1 140	295	353	淬火并回火	1	1 150	272	353	淬火并回火	2
M4	M7	1 140					1 150				
M7	M10	1 140					1 160				
M10	M16	1 170					1 190				
M16	M39	—	—	—	—	—	1 200				

注：最低硬度仅对经热处理的螺母或规格太大而不能进行保证载荷试验的螺母，才是强制性的；对其他螺母不是强制性的，是指导性的。对不淬火回火，而又能满足保证载荷试验的螺母，最低硬度应不作为拒收(考核)依据。

6 保证载荷

表 6 规定了粗牙螺母的保证载荷值。其中，螺纹的应力截面积 A_s 按下式计算：

$$A_s = \frac{\pi}{4}\left(\frac{d_2 + d_3}{2}\right)^2$$

式中：d_2——外螺纹中径的基本尺寸，mm；

d_3——外螺纹小径的基本尺寸(d_1)减去螺纹原始三角形高度(H)的 1/6 值，即：

$$d_3 = d_1 - \frac{H}{6} \quad \text{mm}$$

H——螺纹原始三角形高度($H=0.866\ 025\ P$)，mm；

P——螺距，mm；

π——圆周率，$\pi=3.141\ 6$。

表 6　保证载荷

螺纹规格	螺距 mm	螺纹的应力截面积 A_s mm²	性能等级										
			04	05	4	5	6	8		9	10	12	
			保证载荷($A_s \times S_p$),N										
			薄型	薄型	1 型	1 型	1 型	1 型	2 型	2 型	1 型	1 型	2 型
M3	0.5	5.03	1 910	2 500	—	2 600	3 000	4 000	—	4 500	5 200	5 700	5 800
M3.5	0.6	6.78	2 580	3 400	—	3 550	4 050	5 400	—	6 100	7 050	7 700	7 800
M4	0.7	8.78	3 340	4 400	—	4 550	5 250	7 000	—	7 900	9 150	10 000	10 100
M5	0.8	14.2	5 400	7 100	—	8 250	9 500	12 140	—	13 000	14 800	16 200	16 300
M6	1	20.1	7 640	10 000	—	11 700	13 500	17 200	—	18 400	20 900	22 900	23 100
M7	1	28.9	11 000	14 500	—	16 800	19 400	24 700	—	26 400	30 100	32 900	33 200
M8	1.25	36.6	13 900	18 300	—	21 600	24 900	31 800	—	34 400	38 100	41 700	42 500
M10	1.5	58	22 000	29 000	—	34 200	39 400	50 500	—	54 500	60 300	66 100	67 300
M12	1.75	84.3	32 000	42 200	—	51 400	59 000	74 200	—	80 100	88 500	98 600	100 300
M14	2	115	43 700	57 500	—	70 200	80 500	101 200	—	109 300	120 800	134 600	136 900
M16	2	157	59 700	78 500	—	95 800	109 900	138 200	—	149 200	164 900	183 700	186 800
M18	2.5	192	73 000	96 000	97 900	121 000	138 200	176 600	170 900	176 600	203 500	—	230 400
M20	2.5	245	93 100	122 500	125 000	154 400	176 400	225 400	218 100	225 400	259 700	—	294 000
M22	2.5	303	115 100	151 500	154 500	190 900	218 200	278 800	269 700	278 800	321 200	—	363 600
M24	3	353	134 100	176 500	180 000	222 400	254 200	324 800	314 200	324 800	374 200	—	423 600
M27	3	459	174 400	229 500	234 100	289 200	330 500	422 300	408 500	422 300	486 500	—	550 800
M30	3.5	561	213 200	280 500	286 100	353 400	403 900	516 100	499 300	516 100	594 700	—	673 200
M33	3.5	694	263 700	347 000	353 900	437 200	499 700	638 500	617 700	638 500	735 600	—	832 800
M36	4	817	310 500	408 500	416 700	514 700	588 200	751 600	727 100	751 600	866 000	—	980 400
M39	4	976	370 900	488 000	497 800	614 900	702 700	897 900	868 600	897 900	1 035 000	—	1 171 000

7 公称高度≥0.5*D*，而<0.8*D* 螺母的失效载荷

表 7 指导性地给出不同性能等级螺栓的失效载荷值。对性能等级较低的螺栓，预期的失效形式是螺栓螺纹脱扣；而对性能等级较高的螺栓，可预期为螺母螺纹脱扣。

表 7 脱扣时螺栓的最小应力

螺母性能等级	螺母保证载荷 N/mm^2	脱扣时螺栓芯部的最小应力，N/mm^2			
		螺栓性能等级			
		6.8	8.8	10.9	12.9
04	380	260	300	330	350
05	500	290	370	410	480

8 试验方法

8.1 保证载荷试验

对规格≥M5 的螺母，保证载荷是仲裁方法。

将螺母安装在如图 1 和图 2 所示的淬硬螺纹芯棒上。仲裁时，应以拉伸试验为准。

沿螺母轴线方向施加保证载荷，并持续 15 s。螺母应能承受该载荷而不得脱扣或断裂。当卸载后，应能用手将螺母旋出，或借助扳手松开螺母，但不得超过半扣。在试验中，如果螺纹芯棒损坏，则试验作废。

螺纹芯棒的硬度应≥45 HRC。

螺纹芯棒的螺纹公差为 5 h 6 g，但大径应控制在 6 g 公差带靠近下限四分之一的范围内。

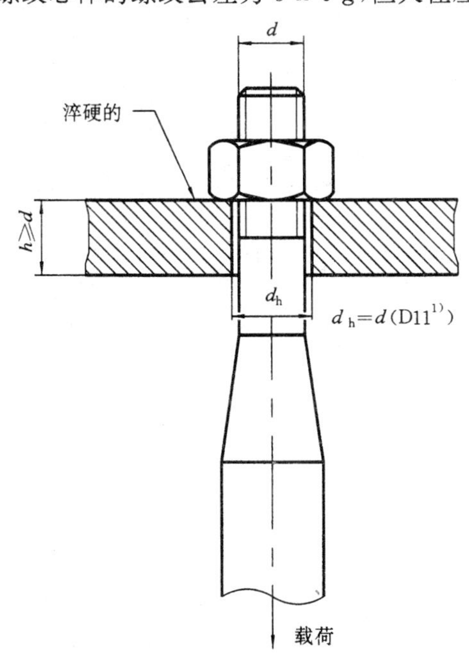

1) D11 按 GB/T 1800.2 规定。

图 1 轴向拉伸试验

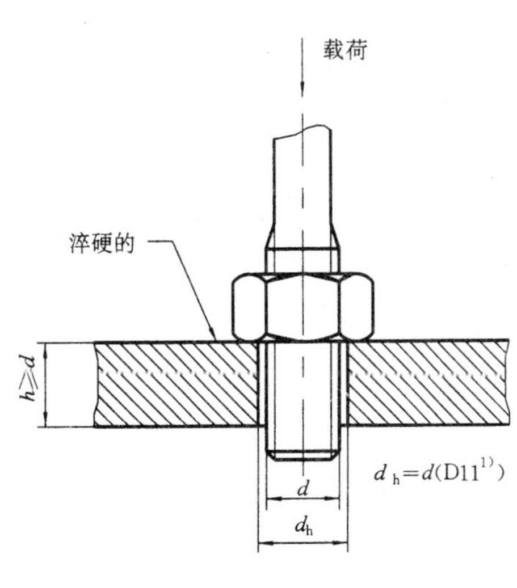

1) D11 按 GB/T 1800.2 规定。

图 2 轴向压缩试验

8.2 硬度试验

常规检查，螺母硬度应在一个支承面上进行，并取间隔为 120°的三点硬度平均值作为该螺母的硬度值。如有争议，应在通过螺母轴心线的纵向截面上，并尽量靠近螺纹大径处进行硬度试验。

维氏硬度试验为仲裁试验，应采用 HV30 的试验力。

如采用布氏和洛氏硬度试验时，应使用 ISO 4964 给出的换算表。

维氏硬度试验按 GB/T 4340.1 规定。

布氏硬度试验按 GB/T 231 规定。

洛氏硬度试验按 GB/T 230 规定。

8.3 表面缺陷检查

表面缺陷检查见 GB/T 5779.2。

9 标志

9.1 代号

标志代号见表 8 和表 9。

表 8 按 3.1 条规定性能等级的螺母标志代号

性能等级		4	5	6
或	标志代号	4	5	6
可选择的标志	标志符号（时钟面法）	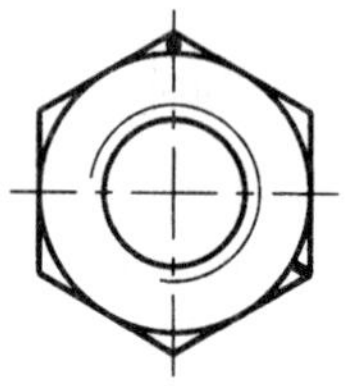		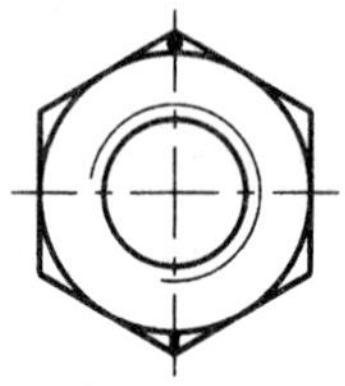

性能等级		8	9	10	12[1)]
或	标志代号	8	9	10	12
可选择的标志	标志符号（时钟面法）	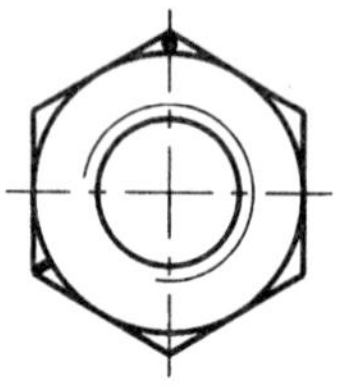		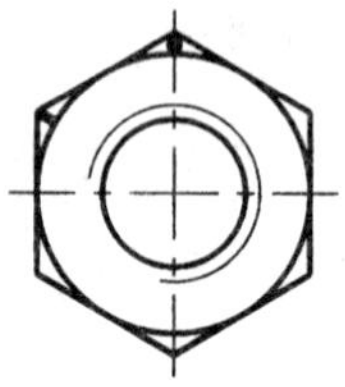	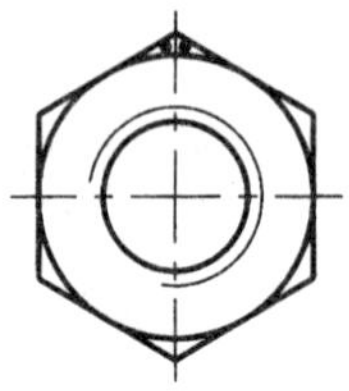

1）不能用制造者的识别标志代替圆点。

表 9 按 3.2 条规定性能等级的螺母标志

性能等级	04	05
标志	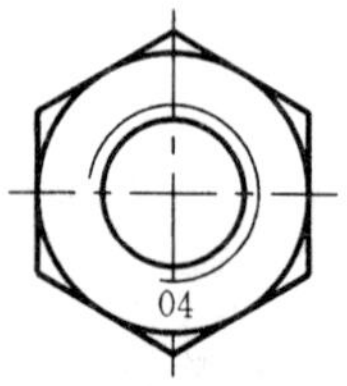 04	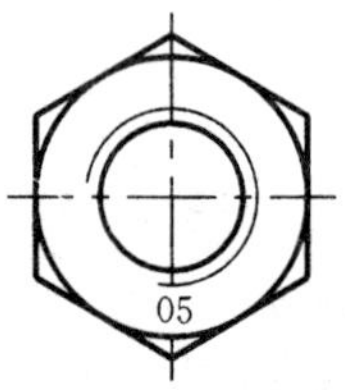 05

9.2 识别

螺纹规格≥M5的、所有性能等级的六角螺母，应按第3章规定的标记制度在螺母支承面或侧面打凹字，或在倒角面打凸字，或在支承面打凹的时钟面法标志，见图3和图4。凸字标志不应超过螺母支承面。

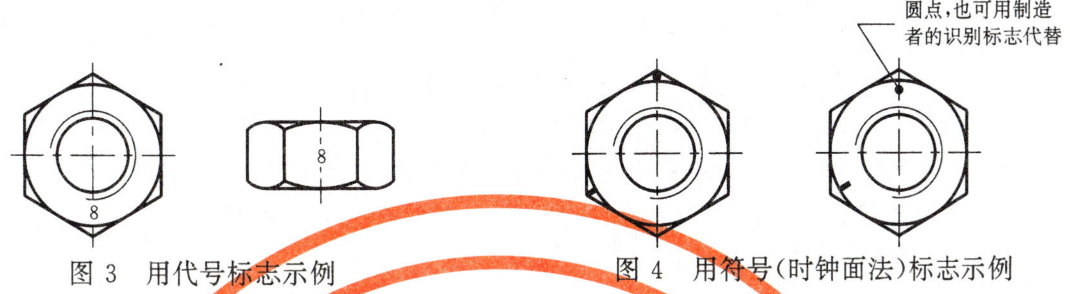

图3 用代号标志示例　　图4 用符号(时钟面法)标志示例

9.3 左旋螺纹的标志

左旋螺纹的螺母应按图5所示，在一个支承面上标志凹箭头。

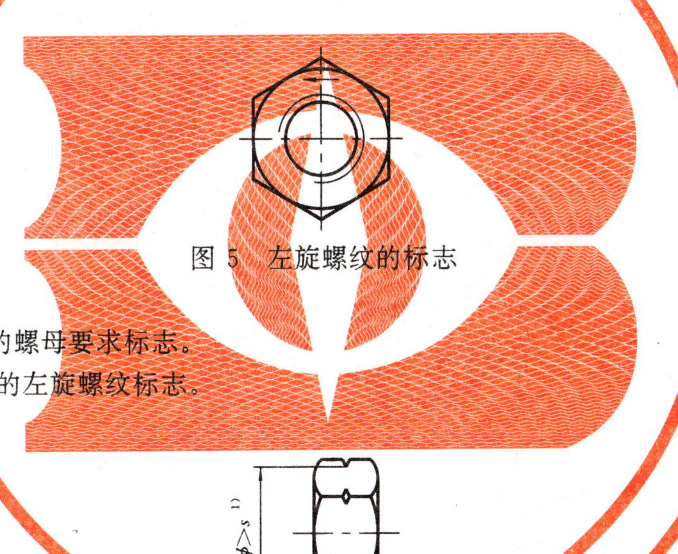

图5 左旋螺纹的标志

螺纹直径≥5 mm的螺母要求标志。

也可选用图6所示的左旋螺纹标志。

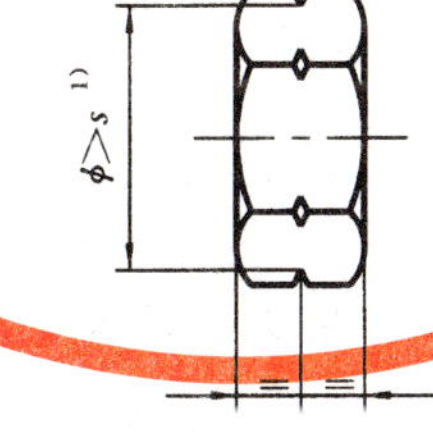

1) s—对边宽度。

图6 可选用的左旋螺纹的标志

9.4 标志的选择

在9.1～9.3条中规定可选择的标志，应由制造者选定。

9.5 商标(识别)标志

必须标志性能等级的产品，标志制造者的商标或识别标志是强制性的，只要技术上可行，应尽量提供。但在任何情况下，包装上均应标志。

附 录 A

（提示的附录）

螺栓连接的承载能力

（ISO/TC 2 技术委员会有关螺母强度和螺母设计的注释）

推广采用螺栓和螺钉性能等级的 ISO 建议(ISO/R 898:1968)之后，关于螺母性能等级的 ISO 建议(ISO/R 898-2)已于 1969 年公布。这些 ISO 建议为螺栓、螺钉和螺母的性能等级提出了一套新的标记制度和标志的技术要求，以及一对螺栓-螺母组合件承载能力的清晰的论点。

a）螺栓和螺钉的标记代号表示：

最小抗拉强度和屈强比。

例如：性能等级 8.8

第 1 部分数字(8.8 中的“8”)＝最小抗拉强度(N/mm^2)的 1/100；

第 2 部分数字(8.8 中的“8”)＝屈强比(0.8)的 10 倍。

这两个数字的乘积(8×8＝64)＝最小屈服应力(N/mm^2)的 1/10。

b）螺母的标记代号表示：

标记的数等于与螺母相配的螺栓或螺钉的最小抗拉强度(N/mm^2)的 1/100。该螺栓或螺钉与螺母相配时，承受的载荷能达到最小屈服应力。

例如：8.8 级螺栓或螺钉与 8 级螺母相配：

其承载能力可达到螺栓或螺钉的最小屈服应力。

随着 ISO 建议的发布，这套性能等级制度已在世界范围内广泛推广，实践证明是成功的。

1973 年 ISO/TC2 的 SC1 分委员会，在搜集实践经验的基础上着手修订 ISO 建议，并计划转为 ISO 标准。1974 年发布了螺栓和螺钉性能等级的草案 ISO/DIS 898-1。其中，有些修改与补充，但性能等级制度的原则未予改变。这一草案又进行了一次修改，第二次修订草案于 1977 年提出并被 ISO 绝大多数成员团体所接受。对螺栓和螺钉性能等级草案全面修订后，在 ISO/TC 2 的 SC1 分委员会内，形成有关国家所满意的最终决议，现在 ISO 也同意这一决议，将来，更大范围涉及到技术要求的实质是修订 ISO 建议 ISO/R898-2，并将其转为螺母性能等级的 ISO 标准。

经验表明，用公称高度为 0.8D 的螺母规定连接件性能等级的概念，简单明了，但在实践中确实产生一些困难。首先，采用最经济的材料和工艺，往往很难或不可能达到规定的螺母性能，例如，细牙螺纹和某些规格的粗牙螺纹。即使符合性能要求，也未必能保证在拧紧过程中组合件不发生螺纹脱扣。以前认为螺母的保证载荷等于螺栓的最小极限强度即可满足设计要求。然而，屈服点拧紧法和螺母与螺栓螺纹相互作用的新观点的出现，都要求重新设计螺母，以保证更好地防止内、外螺纹脱扣。

例如，螺纹规格等于、小于 M16 的 8.8 级螺栓，其抗拉强度为 800～965 N/mm^2(后者由最大硬度确定)，屈强比为 80%，屈服强度则为 640～772 N/mm^2。如采用屈服点拧紧法，显然拧紧应力将接近保证应力。此外，最新研究表明，用淬硬芯棒比用相应性能等级的螺栓测试螺母所得到的脱扣强度要高。例如，用 45 HRC 的芯棒对 8 级螺母进行试验，比用尺寸与芯棒相似的 8.8 级螺栓进行试验的结果约高出 10%。所以，用淬硬芯棒测定的保证载荷恰好为 800 N/mm^2 的螺母，当用实际尺寸处于最小极限的 8.8 级螺栓与其相配时，可以预期该螺母仅能承受应力约为 720 N/mm^2 的载荷。如果拧紧应力超过这个数值，就可能发生螺纹脱扣。特别是有人认为，在施加扭拉载荷的情况下，螺栓的抗拉强度还会降低约 15%，组合件的脱扣强度也将降低几乎相同的数量。所以，从螺栓的机械性能来看，当采用屈服点拧紧法安装时，就可能频繁发生螺纹脱扣。除屈服点拧紧法外，对某些 ISO 标准的修改是考虑减少发生螺纹脱扣的趋势。提高螺栓和螺钉的机械性能，如表 A1(摘自 ISO 898-1)所示，以便充分利用 4.8、5.8、8.8(大于 M16)、10.9 和 12.9 级常用材料的强度。

此外，为了充分利用材料，这次还考虑减小某些规格六角产品的对边宽度。为考虑上述变更和其他因素的影响，ISO/TC2 的 SC1 分委员会的一些成员团体（加拿大、德国、新西兰、瑞典、英国、美国）对螺栓-螺母组合件进行了研究和大量试验。试验包括所有的产品规格、强度水平和材料。一般来说，试验是在典型的紧固件生产工艺、利用标准材料的条件下进行的。试验零件都进行了精确的尺寸测量和材料强度检验，然后对数据进行了适当的统计分析。各研究者的研究结果，由加拿大整理汇总，并发现了很好的内在联系。由此推导出一系列公式，可用于预测符合 ISO 68 螺纹基本牙型的组合件的强度。这些研究结果在 SC1 分委员会内和许多国家委员会进行了充分讨论。

最初，委员会忽视了改变现行技术要求的阻力，但试验结果清楚地表明，单靠改进紧固方法和提高机械性能等级，还不能防止组合件的脱扣。问题是螺栓和螺母两者中的一个螺纹脱扣。正如研究结果所示，可以断定解决这一问题最可行的方法是：增加 0.8*D* 螺母的高度尺寸。本附录的目的不是提供指导试验的详细说明和改进螺母设计的方法。如有必要，读者可查阅 1997 年 SAE 学会报第 770420 号论文，E. M. Alexander，《螺纹组合件的分析与设计》（Analysis and Design of Threaded Assemblies）。

对 4～6 级的螺母，根据 Alexander 的理论，不按 ISO 898-1 给出的螺栓的最大硬度 250 HV（表 A1），因为最大硬度只在螺栓末端或头部出现。所以，应按螺栓螺纹旋合部分实际的最大硬度（表 A2）进行计算。

类似分级给出的硬度值，早在 ISO/R 898-1:1968 中已有规定。

上述著作说明，有很多因素影响螺纹脱扣强度。包括：精度、螺距、螺母小径的喇叭口、螺母内倒角的大小、螺母与螺栓螺纹的强度搭配、旋合长度、螺母及类似的（如六角法兰面）对边宽度、摩擦系数、夹紧中的螺纹扣数等。在此基础上对各种规格的紧固件进行分析表明：以往用一个固定的螺母公称高度（如 0.8*D*）是不适当的，而宁可对每个标准的组合件设计给出一个适当的脱扣强度。按此分析给出的螺母高度，见表 A3。

可以看出，螺母有两种型式，2 型约比 1 型高 10%。1 型高度主要适用于性能等级 4、5、6、8、10 和 12（最大到 M16）级，而 2 型尺寸则主要适用于性能等级 8、9 和 12。2 型螺母主要为 9.8 级螺栓和螺钉提供了一个经济的冷成型螺母，也为 12.9 级螺栓和螺钉提供了具有良好韧性的热处理螺母。两种型式的螺母预期的适用范围见表 5。由表 5 可见，增加螺母型式并不意味着成倍增加螺母品种。

1 型和 2 型螺母的重叠，仅有两种情况。对于 1 型：小于、等于 M16 的 8 级螺母，允许不淬火和回火（冷成型、低碳）；大于 M16 的 8 级螺母必须淬火并回火。此时，就有可能使用不淬火和回火的、较厚的 2 型螺母代替 1 型螺母，这是综合分析的经济问题。对于 12 级：规格大于 M16 的使用 1 型螺母不合适。由于要求保证载荷，而需要提高螺母硬度，结果削弱了韧性。从实用观点出发，是需要韧性的。因此，在这种情况下，需要使用较厚的、淬火并回火的 2 型螺母。如有必要与可能，限制使用规格大于 M16 的螺母，则对 12 级螺母不发生 1 型与 2 型重叠。

螺母的尺寸根据组合件的强度指标确定以后，再用限定螺纹尺寸的淬硬芯棒测定这些螺母的保证载荷。结果，同一性能等级的螺母，其保证应力不是一个常数，随规格而变化。表 5 给出的是修订后的保证应力和硬度值。性能等级为 04 和 05（以前的 06）级降低承载能力的六角薄螺母，也在表 5 中给出。对这些螺母的设计，没有考虑脱扣强度，而是简单地按固定的 0.6*D* 规定高度。

表 5 按机械用紧固件常用的 6H 标准公差给出保证应力。当用于较大公差或间隙时，这些应力应按表 1 给出的系数进行修正。

表 5 及表 1 仅适用于粗牙螺纹，对细牙螺纹的螺母，见 ISO 898-6（GB/T 3098.4）。

表 1 给出的载荷，是按本标准规定的最小硬度为 45 HRC 和螺纹公差 5 h 6 g（大径为 6 g 下限的 1/4 处）的试验芯棒给出的。

ISO 898-1 和 ISO 898-2（GB/T 3098.1 和 GB/T 3098.2）机械性能标准，ISO 4014～4018（GB/T 5780～5784）六角头螺栓标准和 ISO 4032～4036（GB/T 6170、GB/T 6175、GB/T 41、GB/T 6172和 GB/T 6174）六角螺母标准已经发布。这些标准反映了机械性能的修订、螺母高度尺寸以

及对边宽度的修改(M10、M12、M14 和 M22 的对边宽度分别由 17、19、22 和 32 mm，改为 16、18、21 和 34 mm)，这些正是 ISO/TC 2 所建议的。

ISO 898 的本部分对有满负载能力的螺母的性能等级说明如下：

当指定了性能等级的螺栓或螺钉，用符合表 2 规定的相应性能等级的螺母与其配套时，该组合件预期达到的承载能力为：当螺栓或螺钉的预紧力等于螺栓的保证载荷或屈服载荷时，螺纹不会脱扣。此外，考虑到安装时超拧不可避免，因此对规格小于等于 M39 和性能等级小于等于 12 级，以及螺纹公差为 6H 的螺母的几何尺寸和机械性能设计为具有较高的脱扣强度(甚至在最不利的最小实体条件下，也要比螺栓断裂强度至少高出 10%)。这样，当超拧时，可以警告使用者，安装方法不当。

某些使用标准者，当然不能参与详细的研究工作，希望本注释能帮助理解有关难题。

表 A1 螺栓和螺钉的性能等级

性能等级		3.6	4.6	4.8	5.6	5.8	6.8	8.8		9.8	10.9	12.9
								≤M16	>M16			
抗拉强度 σ_b N/mm²	公称	300	400	400	500	500	600	800	800	900	1 000	1 200
	min	330	400	420	500	520	600	800	830	900	1 040	1 220
维氏硬度	max	250 HV	250 HV	250 HV	250 HV	250 HV	250 HV	320 HV	335 HV	360 HV	380 HV	435 HV

表 A2 螺栓螺纹旋合部分实际的最大硬度

性 能 等 级	最 大 硬 度
3.6	158 HV
4.6;4.8	180 HV
5.6;5.8	220 HV
6.8	250 HV

表 A3 六角螺母的高度

螺纹规格 D	对边宽度 s mm	螺母高度 m,mm					
		1 型			2 型		
		min	max	m/D	min	max	m/D
M5	8	4.4	4.7	0.94	4.8	5.1	1.02
M6	10	4.9	5.2	0.87	5.4	5.7	0.95
M7	11	6.14	6.50	0.93	6.84	7.20	1.03
M8	13	6.44	6.80	0.85	7.14	7.50	0.94
M10	16	8.04	8.40	0.84	8.94	9.30	0.93
M12	18	10.37	10.80	0.90	11.57	12.00	1.00
M14	21	12.1	12.8	0.91	13.4	14.1	1.01
M16	24	14.1	14.8	0.92	15.7	16.4	1.02
M18	27	15.1	15.8	0.88	16.9	17.6	0.98
M20	30	16.9	18.0	0.90	19.0	20.3	1.02
M22	34	18.1	19.4	0.88	20.5	21.8	0.93

表 A3(完)

螺纹规格 D	对边宽度 s mm	螺母高度 m,mm					
		1 型			2 型		
		min	max	m/D	min	max	m/D
M24	36	20.2	21.5	0.90	22.6	23.9	1.00
M27	41	22.5	23.8	0.88	25.4	26.7	0.99
M30	46	24.3	25.6	0.85	27.3	28.6	0.95
M33	50	27.4	28.7	0.87	30.9	32.5	0.98
M36	55	29.4	31.0	0.86	33.1	34.7	0.96
M39	60	31.8	33.4	0.86	35.9	37.5	0.96

中华人民共和国国家标准

紧固件机械性能　有色金属制造的螺栓、螺钉、螺柱和螺母

GB/T 3098.10—93

Mechanical properties of fasteners
Bolts, screws, studs and nuts made of non-ferrous metals

本标准等效采用国际标准ISO 8839—1986《紧固件机械性能——有色金属制造的螺栓、螺钉、螺柱和螺母》。

1　主题内容与适用范围

本标准规定了有色金属紧固件的机械性能标记制度、指标、试验项目、试验方法及标志。

本标准适用于由铜及铜合金或铝及铝合金制造的、螺纹直径为1.6～39 mm的粗牙螺纹，其螺纹尺寸及公差按GB 196和GB 197规定的螺栓、螺钉、螺柱和螺母等商品紧固件产品。

本标准不适用于紧定螺钉及类似的未规定抗拉强度或螺母保证载荷的螺纹紧固件。

本标准未规定抗腐蚀性、导电性的性能要求。

2　引用标准

GB 196　普通螺纹　基本尺寸

GB 197　普通螺纹　公差与配合

GB 3098.1　紧固件机械性能　螺栓、螺钉和螺柱

GB 3098.2　紧固件机械性能　螺母

GB 3098.6　紧固件机械性能　不锈钢螺栓、螺钉、螺柱和螺母

GB 3190　铝及铝合金加工产品化学成分

GB 5231　纯铜加工产品化学成分

GB 5232　黄铜加工产品化学成分

GB 5233　青铜加工产品化学成分

3　标记制度

有色金属螺栓、螺钉、螺柱和螺母性能等级的标记代号如表1所示。

表1　性能等级的标记代号

<table>
<tr><td rowspan="2">性能等级</td><td>CU1</td><td>CU2</td><td>CU3</td><td>CU4</td><td>CU5</td><td>CU6</td><td>CU7</td></tr>
<tr><td>AL1</td><td>AL2</td><td>AL3</td><td>AL4</td><td>AL5</td><td colspan="2">AL6</td></tr>
</table>

性能等级的标记代号由字母及数字两部分组成：

字母与有色金属材料化学元素符号的字母相同；数字表示性能等级序号。

国家技术监督局1993-07-28批准　　　　1994-07-01实施

4 材料

表 2 规定了各性能等级适用的有色金属材料牌号。

表 2 材料

性能等级	材料牌号	标准编号	性能等级	材料牌号	标准编号
CU1	T2	GB 5231	AL1	LF2	GB 3190
CU2	H63	GB 5232	AL2	LF11、LF5	GB 3190
CU3	HPb58-2	GB 5232	AL3	LF43	GB 3190
CU4	QSn6.5-0.4	GB 5233	AL4	LY8、LD9	GB 3190
CU5	QSi1-3	GB 5233	AL5	—	—
CU6	—	—	AL6	LC9	GB 3190
CU7	QAl-10-4-4	GB 5233	—		

根据供需双方协议，当供方能够保证机械性能时，可以采用表 2 以外的材料。

为保证紧固件符合有关机械性能的要求，由制造者确定是否进行热处理。

5 机械性能

在常温下按第 7 章规定的方法进行试验时，螺栓、螺钉、螺柱和螺母的机械性能和工作性能应符合表 3～表 5 的规定。

5.1 外螺纹件的机械性能按表 3 规定。

5.2 螺栓、螺柱和螺钉的最小拉力载荷按表 4 规定。

5.3 螺栓、螺钉的最小破坏力矩按表 5 规定。

5.4 螺母的保证载荷按表 4 规定。

表 3 机械性能

性能等级	螺纹直径 d mm	抗拉强度 σ_b(min) N/mm²	屈服强度 $\sigma_{0.2}$(min) N/mm²	伸长率 δ(min) %
CU1	≤39	240	160	14
CU2	≤6	440	340	11
	>6～39	370	250	19
CU3	≤6	440	340	11
	>6～39	370	250	19
CU4	≤12	470	340	22
	>12～39	400	200	33

续表 3

性能等级	螺纹直径 d mm	抗拉强度 σ_b(min) N/mm²	屈服强度 $\sigma_{0.2}$(min) N/mm²	伸长率 δ(min) %
CU5	≤39	590	540	12
CU6	>6～39	440	180	18
CU7	>12～39	640	270	15
AL1	≤10	270	230	3
	>10～20	250	180	4
AL2	≤14	310	205	6
	>14～36	280	200	6
AL3	≤6	320	250	7
	>6～39	310	260	10
AL4	≤10	420	290	6
	>10～39	380	260	10
AL5	≤39	460	380	7
AL6	≤39	510	440	7

表 4　螺栓、螺柱和螺钉的最小拉力载荷或螺母的保证载荷

螺纹直径 d 或 D	螺距 P mm	公称应力截面积 A_s mm²	性能等级						
			CU1	CU2	CU3	CU4	CU5	CU6	CU7
			最小拉力载荷 $A_s\times\sigma_b$ 或 保证载荷 $A_s\times S_p$ N						
3	0.5	5.03	1 210	2 210	2 210	2 360	2 970	—	—
3.5	0.6	6.78	1 630	2 980	2 980	3 190	4 000	—	—
4	0.7	8.78	2 110	3 860	3 860	4 130	5 180	—	—
5	0.8	14.2	3 410	6250	6 250	6 670	8 380	—	—
6	1	20.1	4 820	8 840	8 840	9 450	11 860	—	—
7	1	28.9	6 940	10 690	10 690	13 580	17 050	12 720	—
8	1.25	36.6	8 780	13 540	13 540	17 200	21 590	16 100	—
10	1.5	58.0	13 920	21 460	21 460	27 260	34 220	25 520	—

续表 4

螺纹直径 d 或 D	螺距 P mm	公称应力截面积 A_s mm^2	性能等级						
			CU1	CU2	CU3	CU4	CU5	CU6	CU7
			最小拉力载荷 $A_s \times \sigma_b$ 或 保证载荷 $A_s \times S_p$ N						
12	1.75	84.3	20 230	31 190	31 190	39 620	49 740	37 090	—
14	2	115	27 600	42 550	42 550	46 000	67 850	50 600	73 600
16	2	157	37 680	58 090	58 090	62 800	92 630	69 080	100 500
18	2.5	192	46 080	71 040	71 040	76 800	113 300	84 480	122 900
20	2.5	245	58 800	90 650	90 650	98 000	144 500	107 800	156 800
22	2.5	303	72 720	112 100	112 100	121 200	178 800	133 300	193 900
24	3	353	84 720	130 600	130 600	141 200	208 300	155 300	225 900
27	3	459	110 200	169 800	169 800	183 600	270 800	202 000	293 800
30	3.5	561	134 600	207 600	207 600	224 400	331 000	246 800	359 000
33	3.5	694	166 600	256 800	256 800	277 600	—	305 400	444 200
36	4	817	196 100	302 300	302 300	326 800	—	359 500	522 900
39	4	976	234 200	361 100	361 100	390 400	—	429 400	624 600

螺纹直径 d 或 D	螺距 P mm	公称应力截面积 A_s mm^2	性能等级					
			AL1	AL2	AL3	AL4	AL5	AL6
			最小拉力载荷 $A_s \times \sigma_b$ 或 保证载荷 $A_s \times S_p$ N					
3	0.5	5.03	1 360	1 560	1 610	2 110	2 310	2 570
3.5	0.6	6.78	1 830	2 100	2 170	2 850	3 120	3 460
4	0.7	8.78	2 370	2 720	2 810	3 690	4 040	4 480
5	0.8	14.2	3 830	4 400	4 540	5 960	6 530	7 240
6	1	20.1	5 430	6 230	6 430	8 440	9 250	10 250
7	1	28.9	7 800	8 960	8 960	12 140	13 290	14 740
8	1.25	36.6	9 880	11 350	11 350	15 370	16 840	18 670
10	1.5	58.0	15 660	17 980	17 980	24 360	26 680	29 580
12	1.75	84.3	21 080	26 130	26 130	32 030	38 780	42 990
14	2	115	28 750	35 650	35 650	43 700	52 900	58 650

续表 4

螺纹直径 d 或 D	螺距 P mm	公称应力截面积 A_s mm^2	性能等级					
			AL1	AL2	AL3	AL4	AL5	AL6
			最小拉力载荷 $A_s \times \sigma_b$ 或 保证载荷 $A_s \times S_p$ N					
16	2	157	39 250	43 960	48 670	59 660	72 220	80 070
18	2.5	192	48 000	53 760	59 520	72 960	88 320	97 920
20	2.5	245	61 250	68 600	75 950	93 100	112 700	124 900
22	2.5	303	—	84 840	93 930	115 100	139 400	154 500
24	3	353	—	98 840	109 400	134 100	162 400	180 000
27	3	459	—	128 500	142 300	174 400	211 100	234 100
30	3.5	561	—	157 100	173 900	213 200	258 100	286 100
33	3.5	694	—	194 300	215 100	263 700	319 200	353 900
36	4	817	—	228 800	253 300	310 500	375 800	416 700
39	4	976	—	—	302 600	370 900	449 000	497 800

表 5 最小破坏扭矩

螺纹直径 d mm	性能等级										
	CU1	CU2	CU3	CU4	CU5	AL1	AL2	AL3	AL4	AL5	AL6
	最小破坏扭矩，N·m										
1.6	0.06	0.10	0.10	0.11	0.14	0.06	0.07	0.08	0.1	0.11	0.12
2	0.12	0.21	0.21	0.23	0.28	0.13	0.15	0.16	0.2	0.22	0.25
2.5	0.24	0.45	0.45	0.5	0.6	0.27	0.3	0.3	0.43	0.47	0.5
3	0.4	0.8	0.8	0.9	1.1	0.5	0.6	0.6	0.8	0.8	0.9
3.5	0.7	1.3	1.3	1.4	1.7	0.8	0.9	0.9	1.2	1.3	1.5
4	1	1.9	1.9	2	2.5	1.1	1.3	1.4	1.8	1.9	2.2
5	2.1	3.8	3.8	4.1	5.1	2.4	2.7	2.8	3.7	4	4.5

6 机械性能的试验项目

螺栓、螺钉、螺柱和螺母的试验项目应符合表 6 的规定，否则，应由供需双方协议。

表 6 试验项目

螺纹直径 d 或 D mm	试验项目	
	螺栓、螺钉和螺柱	螺母
3～5 ≤5	拉力试验 扭矩试验（不包括螺柱）	保证载荷试验
＞5	拉力试验； 如果需要，经双方协议，还可进行屈服强度及伸长率试验	

7 试验方法

7.1 拉力试验

拉力试验按 GB 3098.1 第 8.1 和 8.2 条的规定进行。

7.2 扭矩试验

扭矩试验按 GB 3098.6 第 7.2 条的规定方法进行。

7.3 螺母保证载荷试验

螺母的保证载荷试验按 GB 3098.2 第 8 章的有关规定进行。

8 性能等级的标志

8.1 标志代号

在产品上的标志代号应与第 3 章性能等级的标记代号一致。

8.2 标志要求及方法

8.2.1 螺纹直径≥5 mm 的螺栓、螺柱及螺母应制出标志。

8.2.2 在螺栓头部顶面用凸字或凹字标志；或在头部侧面用凹字标志。

8.2.3 在螺柱末端端面用凹字标志。

8.2.4 在螺母支承面或侧面用凹字标志。

8.2.5 左旋螺纹的标志按 GB 3098.1 或 GB 3098.2 第 9.3 条的规定。

8.2.6 螺钉的标志按 GB 3098.1 中第 9.2.1～9.2.2 条的规定。

8.3 商标(鉴别)

对所有标志性能等级的产品，在产品上必须制出商标(鉴别)。

附 录 A
适用的国际标准材料牌号
（参考件）

表 A1

性能等级	材料牌号	标准编号
CU1	Cu-ETP 或 Cu-FRHC	ISO 1337
CU2	CuZn37	ISO 426/1
CU3	CuZn39Pb3	ISO 426/2
CU4	CuSn6	ISO 427
CU5	CuNi1Si	ISO 1187
CU6	CuZn40Mn1Pb	—
CU7	CuAl10Ni5Fe4	ISO 428
AL1	AlMg3	ISO 209
AL2	AlMg5	ISO 209
AL3	AlSi1MgMn	ISO 209
AL4	AlCu4MgSi	ISO 209
AL5	AlZnMgCu0.5	—
AL6	AlZn5.5MgCu	ISO 209

附加说明：

本标准由中华人民共和国机械工业部提出。

本标准由全国紧固件标准化技术委员会归口。

本标准由机械工业部机械标准化研究所负责起草。

ICS 77.150.10
H 60

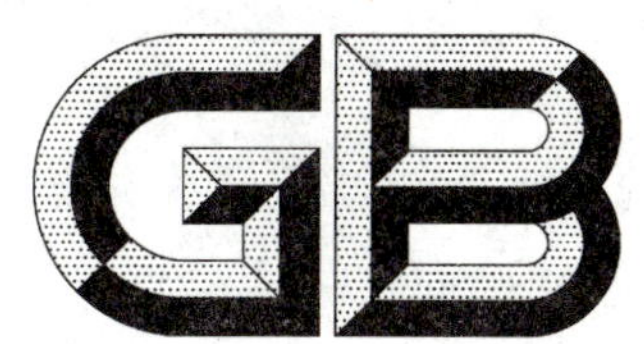

中华人民共和国国家标准

GB/T 3190—2008
代替 GB/T 3190—1996

变形铝及铝合金化学成分

Wrought aluminium and aluminium alloy——Chemical composition

(ISO 209:2007 Aluminium and aluminium alloy——Chemical composition, MOD)

2008-06-17 发布　　　　2008-12-01 实施

中华人民共和国国家质量监督检验检疫总局
中国国家标准化管理委员会　发布

前言

本标准修改采用 ISO 209:2007《铝及铝合金化学成分》(英文版),并根据 ISO 209:2007 重新起草。为了方便比较,在资料性附录 B 中列出了本标准章条和对应的国际标准章条的对照一览表。

本标准在采用国际标准时进行了修改。这些技术差异用垂直单线标识在它们所涉及的条款的页边空白处。这些技术差异如下:

——删除了我国未曾生产过的铝及铝合金牌号与成分;

——删除了 ISO 的新旧牌号对照表;

——增加了我国特有的四位字符牌号与成分;

——增加了对有毒有害元素的特殊控制要求;

——增加了成分分析与取样的要求。

本标准代替 GB/T 3190—1996《变形铝及铝合金化学成分》。

本标准与 GB/T3190—1996 相比,主要变化如下:

——新增加 130 个铝及铝合金牌号与成分,并将化学成分表一分为二:表 1 适用国际牌号,共收录牌号 159 个;表 2 适用为四位字符牌号,共收录牌号 114 个;

——增加了对有毒有害元素的特殊控制要求;

——增加了极限数值的表示方法;

——修改了《新旧牌号对照表》(附录 A)。

本标准的附录 A、附录 B 为资料性附录。

本标准由中国有色金属工业协会提出。

本标准由全国有色金属标准化技术委员会归口。

本标准负责起草单位:东北轻合金有限责任公司、中国有色金属工业标准计量质量研究所。

本标准参加起草单位:广东坚美铝型材厂有限公司、福建省南平铝业有限公司、福建省闽发铝业股份有限公司、西南铝业(集团)有限公司、广东兴发铝业有限公司。

本标准主要起草人:吴欣凤、吕新宇、郭瑞、刘援朝、葛立新、王国军、张万金、王立娟、曹永亮、李成利、朱耀辉。

本标准所代替的历次版本标准发布情况为:

——GB/T 3190—1982、GB/T 3190—1996。

变形铝及铝合金化学成分

1 范围

本标准规定了变形铝及铝合金的化学成分。

本标准适用于以压力加工方法生产的铝及铝合金加工产品(板、带、箔、管、棒、型、线和锻件)及其所用的铸锭和坯料。

2 规范性引用文件

下列文件中的条款通过本标准的引用而成为本标准的条款。凡是注日期的引用文件,其随后所有的修改单(不包括勘误的内容)或修订版均不适用于本标准,然而,鼓励根据本标准达成协议的各方研究是否可使用这些文件的最新版本。凡是不注日期的引用文件,其最新版本适用于本标准。

GB/T 7999 铝及铝合金光电直读发射光谱分析方法

GB/T 8170 数值修约规则

GB/T 16474 变形铝及铝合金牌号表示方法

GB/T 20975(所有部分) 铝及铝合金化学分析方法

3 要求

3.1 化学成分

3.1.1 变形铝及铝合金的化学成分应符合表1、表2的规定。表中"其他"一栏是指表中未列出的金属元素。表中含量为单个数值者,铝为最低限,其他元素为最高限,极限数值表示方法如下:

1XXX 牌号的铁、硅之和的极限值 …… 0.XX 或 1.XX;

其他极限值:

<0.001% …… 0.000X;

0.001%~<0.01% …… 0.00X;

0.01%~<0.10% …… 0.0X;

0.10%~0.55% …… 0.XX;

>0.55% …… 0.X、X.X、XX.X、等。

3.1.2 食品行业用铝及铝合金材料应控制 $w(Cd+Hg+Pb+Cr^{6+})\leqslant 0.01\%$、$w(As)\leqslant 0.01\%$;电器、电子设备行业用铝及铝合金材料应控制 $w(Pb)\leqslant 0.1\%$、$w(Hg)\leqslant 0.1\%$、$w(Cd)\leqslant 0.01\%$、$w(Cr^{6+})\leqslant 0.1\%$。

3.2 取样

3.2.1 生产厂应按熔次在熔体中取化学成分分析试样;对于连续铸造,每班应至少取一次试样。

3.2.2 使用厂在加工产品上取化学成分分析试样。采样时,应尽量使样品具有代表性,采取的样品应清洗干净,去掉氧化皮、包覆层、脏物、油污及润滑油等,并应避免因腐蚀、氧化或污染改变样品的成分。

3.2.3 试样应取双份,一份分析、一份备查。备查试样的保存期限不少于一年[1)]。

3.3 成分分析

3.3.1 仅对表1或表2中"铝"及"其他"之外有数值规定的元素进行常规化学分析。

3.3.2 生产厂应对食品行业用铝及铝合金材料中的(Cd+Hg+Pb)、As 元素及电器、电子设备行业用

1) 一般用途的变形铝及铝合金备查试样保存期可适当缩短,但不少于半年。

铝及铝合金材料中的 Pb、Hg、Cd、Cr^{6+} 元素进行监控分析，确保上述元素符合标准要求。

3.3.3 当怀疑表 1 或表 2 中未列出的某些“其他”元素的质量分数超出了本标准对其“单个”或“合计”的限定值时，生产者可对这些元素进行分析。

3.3.4 铝含量(质量分数)大于或等于 99.00%，但小于 99.90%时，应由计算确定，用 100.00%减去所有含量不小于 0.010%的元素总和的差值而得，求和前各元素数值要表示到 0.0X%。

3.3.5 铝含量(质量分数)大于或等于 99.90%，但小于或等于 99.99%时，应由计算确定，用 100.00%减去所有含量不小于 0.001 0%的元素总和的差值而得，求和前各元素数值要表示到 0.0XX%，求和后将总和修约到 0.0X%。

3.3.6 化学成分按 GB/T 7999 或 GB/T 20975 规定的方法进行分析，也可采用其他准确可靠的方法。有争议时，必须采用 GB/T 20975 或双方另行商定的方法作仲裁分析。

3.3.7 第一次分析结果不合格，允许进行第二次分析，并以第二次分析结果作为生产厂出厂、验收的判定依据。

4 其他

4.1 化学成分分析报告给出的元素含量的位数，应与表 1、表 2 中规定的相应牌号的位数一致。

4.2 数值修约方法按 GB/T 8170 的规定。

4.3 新旧牌号对照关系见附录 A。

表 1

序号	牌号	化学成分(质量分数)/%													
		Si	Fe	Cu	Mn	Mg	Cr	Ni	Zn		Ti	Zr	其他		Al
													单个	合计	
1	1035	0.35	0.6	0.10	0.05	0.05	—	—	0.10	0.05 V	0.03	—	0.03	—	99.35
2	1040	0.30	0.50	0.10	0.05	0.05	—	—	0.10	0.05 V	0.03	—	0.03	—	99.40
3	1045	0.30	0.45	0.10	0.05	0.05	—	—	0.05	0.05 V	0.03	—	0.03	—	99.45
4	1050	0.25	0.40	0.05	0.05	0.05	—	—	0.05	0.05 V	0.03	—	0.03	—	99.50
5	1050A	0.25	0.40	0.05	0.05	0.05	—	—	0.07	—	0.05	—	0.03	—	99.50
6	1060	0.25	0.35	0.05	0.03	0.03	—	—	0.05	0.05 V	0.03	—	0.03	—	99.60
7	1065	0.25	0.30	0.05	0.03	0.03	—	—	0.05	0.05 V	0.03	—	0.03	—	99.65
8	1070	0.20	0.25	0.04	0.03	0.03	—	—	0.04	0.05 V	0.03	—	0.03	—	99.70
9	1070A	0.20	0.25	0.03	0.03	0.03	—	—	0.07	—	0.03	—	0.03	—	99.70
10	1080	0.15	0.15	0.03	0.02	0.02	—	—	0.03	0.03 Ga,0.05 V	0.03	—	0.02	—	99.80
11	1080A	0.15	0.15	0.03	0.02	0.02	—	—	0.06	0.03 Ga[1]	0.02	—	0.02	—	99.80
12	1085	0.10	0.12	0.03	0.02	0.02	—	—	0.03	0.03 Ga,0.05 V	0.02	—	0.01	—	99.85
13	1100	0.95 Si+Fe		0.05~0.20	0.05	—	—	—	0.10	[1]	—	—	0.05	0.15	99.00
14	1200	1.00 Si+Fe		0.05	0.05	—	—	—	0.10	—	0.05	—	0.05	0.15	99.00
15	1200A	1.00 Si+Fe		0.10	0.30	0.30	0.10	—	0.10	—	—	—	0.05	0.15	99.00
16	1120	0.10	0.40	0.05~0.35	0.01	0.20	0.01	—	0.05	0.03 Ga,0.05 B, 0.02 V+Ti	—	—	0.03	0.10	99.20
17	1230[2]	0.70 Si+Fe		0.10	0.05	0.05	—	—	0.10	0.05 V	0.03	—	0.03	—	99.30
18	1235	0.65 Si+Fe		0.05	0.05	0.05	—	—	0.10	0.05 V	0.06	—	0.03	—	99.35
19	1435	0.15	0.30~0.50	0.02	0.05	0.05	—	—	0.10	0.05 V	0.03	—	0.03	—	99.35
20	1145	0.55 Si+Fe		0.05	0.05	0.05	—	—	0.05	0.05 V	0.03	—	0.03	—	99.45
21	1345	0.30	0.40	0.10	0.05	0.05	—	—	0.05	0.05 V	0.03	—	0.03	—	99.45

表 1（续）

序号	牌号	化学成分（质量分数）/%													
		Si	Fe	Cu	Mn	Mg	Cr	Ni	Zn		Ti	Zr	其他		Al
													单个	合计	
22	1350	0.10	0.40	0.05	0.01	—	0.01	—	0.05	0.03 Ga，0.05 B，0.02 V+Ti	—	—	0.03	0.10	99.50
23	1450	0.25	0.40	0.05	0.05	0.05	—	—	0.07	[1]	0.10～0.20	—	0.03	—	99.50
24	1260	0.40 Si+Fe		0.04	0.01	0.03	—	—	0.05	0.05 V[1]	0.03	—	0.03	—	99.60
25	1370	0.10	0.25	0.02	0.01	0.02	0.01	—	0.04	0.03 Ga，0.02 B，0.02 V+Ti	—	—	0.02	0.10	99.70
26	1275	0.08	0.12	0.05～0.10	0.02	0.02	—	—	0.03	0.03 Ga，0.03 V	0.02	—	0.01	—	99.75
27	1185	0.15 Si+Fe		0.01	0.02	0.02	—	—	0.03	0.03 Ga，0.05 V	0.02	—	0.01	—	99.85
28	1285	0.08[3]	0.08[3]	0.02	0.01	0.01	—	—	0.03	0.03 Ga，0.05 V	0.02	—	0.01	—	99.85
29	1385	0.05	0.12	0.02	0.01	0.02	0.01	—	0.03	0.03 Ga，0.03 V+Ti[4]	—	—	0.01	—	99.85
30	2004	0.20	0.20	5.5～6.5	0.10	0.50	—	—	0.10	—	0.05	0.30～0.50	0.05	0.15	余量
31	2011	0.40	0.7	5.0～6.0	—	—	—	—	0.30	[5]	—	—	0.05	0.15	余量
32	2014	0.50～1.2	0.7	3.9～5.0	0.40～1.2	0.20～0.8	0.10	—	0.25	[6]	0.15	—	0.05	0.15	余量
33	2014A	0.50～0.9	0.50	3.9～5.0	0.40～1.2	0.20～0.8	0.10	0.10	0.25	—	0.15	0.20 Zr+Ti	0.05	0.15	余量
34	2214	0.50～1.2	0.30	3.9～5.0	0.40～1.2	0.20～0.8	0.10	—	0.25	[6]	0.15	—	0.05	0.15	余量
35	2017	0.20～0.8	0.7	3.5～4.5	0.40～1.0	0.40～0.8	0.10	—	0.25	[6]	0.15	—	0.05	0.15	余量

表 1（续）

序号	牌号	化学成分(质量分数)/%											其他		Al
		Si	Fe	Cu	Mn	Mg	Cr	Ni	Zn		Ti	Zr	单个	合计	
36	2017A	0.20～0.8	0.7	3.5～4.5	0.40～1.0	0.40～1.0	0.10	—	0.25	—	—	0.25 Zr+Ti	0.05	0.15	余量
37	2117	0.8	0.7	2.2～3.0	0.20	0.20～0.50	0.10	—	0.25	—	—	—	0.05	0.15	余量
38	2218	0.9	1.0	3.5～4.5	0.20	1.2～1.8	0.10	1.7～2.3	0.25	—	—	—	0.05	0.15	余量
39	2618	0.10～0.25	0.9～1.3	1.9～2.7	—	1.3～1.8	—	0.9～1.2	0.10	—	0.04～0.10	—	0.05	0.15	余量
40	2618A	0.15～0.25	0.9～1.4	1.8～2.7	0.25	1.2～1.8	—	0.8～1.4	0.15	—	0.20	0.25 Zr+Ti	0.05	0.15	余量
41	2219	0.20	0.30	5.8～6.8	0.20～0.40	0.02	—	—	0.10	0.05～0.15 V	0.02～0.10	0.10～0.25	0.05	0.15	余量
42	2519	0.25[7]	0.30[7]	5.3～6.4	0.10～0.50	0.05～0.40	—	—	0.10	0.05～0.15 V	0.02～0.10	0.10～0.25	0.05	0.15	余量
43	2024	0.50	0.50	3.8～4.9	0.30～0.9	1.2～1.8	0.10	—	0.25	[6]	0.15	—	0.05	0.15	余量
44	2024A	0.15	0.20	3.7～4.5	0.15～0.8	1.2～1.5	0.10	—	0.25	—	0.15	—	0.05	0.15	余量
45	2124	0.20	0.30	3.8～4.9	0.30～0.9	1.2～1.8	0.10	—	0.25	[6]	0.15	—	0.05	0.15	余量
46	2324	0.10	0.12	3.8～4.4	0.30～0.9	1.2～1.8	0.10	—	0.25	—	0.15	—	0.05	0.15	余量

表 1（续）

序号	牌号	化学成分(质量分数)/%													
		Si	Fe	Cu	Mn	Mg	Cr	Ni	Zn		Ti	Zr	其他		Al
													单个	合计	
47	2524	0.06	0.12	4.0～4.5	0.45～0.7	1.2～1.6	0.05	—	0.15	—	0.10	—	0.05	0.15	余量
48	3002	0.08	0.10	0.15	0.05～0.25	0.05～0.20	—	—	0.05	0.05 V	0.03	—	0.03	0.10	余量
49	3102	0.40	0.7	0.10	0.05～0.40	—	—	—	0.30	—	0.10	—	0.05	0.15	余量
50	3003	0.6	0.7	0.05～0.20	1.0～1.5	—	—	—	0.10	—	—	—	0.05	0.15	余量
51	3103	0.50	0.7	0.10	0.9～1.5	0.30	0.10	—	0.20	[1]	—	0.10 Zr+Ti	0.05	0.15	余量
52	3103A	0.50	0.7	0.10	0.7～1.4	0.30	0.10	—	0.20	—	0.10	0.10 Zr+Ti	0.05	0.15	余量
53	3203	0.6	0.7	0.05	1.0～1.5	—	—	—	0.10	[1]	—	—	0.05	0.15	余量
54	3004	0.30	0.7	0.25	1.0～1.5	0.8～1.3	—	—	0.25	—	—	—	0.05	0.15	余量
55	3004A	0.40	0.7	0.25	0.8～1.5	0.8～1.5	0.10	—	0.25	0.03 Pb	0.05	—	0.05	0.15	余量
56	3104	0.6	0.8	0.05～0.25	0.8～1.4	0.8～1.3	—	—	0.25	0.05 Ga,0.05 V	0.10	—	0.05	0.15	余量
57	3204	0.30	0.7	0.10～0.25	0.8～1.5	0.8～1.5	—	—	0.25	—	—	—	0.05	0.15	余量

表 1（续）

序号	牌号	化学成分（质量分数）/%											其他		Al
		Si	Fe	Cu	Mn	Mg	Cr	Ni	Zn		Ti	Zr	单个	合计	
58	3005	0.6	0.7	0.30	1.0～1.5	0.20～0.6	0.10	—	0.25	—	0.10	—	0.05	0.15	余量
59	3105	0.6	0.7	0.30	0.30～0.8	0.20～0.8	0.20	—	0.40	—	0.10	—	0.05	0.15	余量
60	3105A	0.6	0.7	0.30	0.30～0.8	0.20～0.8	0.20	—	0.25	—	0.10	—	0.05	0.15	余量
61	3006	0.50	0.7	0.10～0.30	0.50～0.8	0.30～0.6	0.20	—	0.15～0.40	—	0.10	—	0.05	0.15	余量
62	3007	0.50	0.7	0.05～0.30	0.30～0.8	0.6	0.20	—	0.40	—	0.10	—	0.05	0.15	余量
63	3107	0.6	0.7	0.05～0.15	0.40～0.9	—	—	—	0.20	—	0.10	—	0.05	0.15	余量
64	3207	0.30	0.45	0.10	0.40～0.8	0.10	—	—	0.10	—	—	—	0.05	0.10	余量
65	3207A	0.35	0.6	0.25	0.30～0.8	0.40	0.20	—	0.25	—	—	—	0.05	0.15	余量
66	3307	0.6	0.8	0.30	0.50～0.9	0.30	0.20	—	0.40	—	0.10	—	0.05	0.15	余量
67	4004[2]	9.0～10.5	0.8	0.25	0.10	1.0～2.0	—	—	0.20	—	—	—	0.05	0.15	余量
68	4032	11.0～13.5	1.0	0.50～1.3	—	0.8～1.3	0.10	0.50～1.3	0.25	—	—	—	0.05	0.15	余量

表 1（续）

序号	牌号	化学成分(质量分数)/%													
		Si	Fe	Cu	Mn	Mg	Cr	Ni	Zn		Ti	Zr	其他		Al
													单个	合计	
69	4043	4.5～6.0	0.8	0.30	0.05	0.05	—	—	0.10	1	0.20	—	0.05	0.15	余量
70	4043A	4.5～6.0	0.6	0.30	0.15	0.20	—	—	0.10	1	0.15	—	0.05	0.15	余量
71	4343	6.8～8.2	0.8	0.25	0.10	—	—	—	0.20	—	—	—	0.05	0.15	余量
72	4045	9.0～11.0	0.8	0.30	0.05	0.05	—	—	0.10	—	0.20	—	0.05	0.15	余量
73	4047	11.0～13.0	0.8	0.30	0.15	0.10	—	—	0.20	1	—	—	0.05	0.15	余量
74	4047A	11.0～13.0	0.6	0.30	0.15	0.10	—	—	0.20	1	0.15	—	0.05	0.15	余量
75	5005	0.30	0.7	0.20	0.20	0.50～1.1	0.10	—	0.25	—	—	—	0.05	0.15	余量
76	5005A	0.30	0.45	0.05	0.15	0.7～1.1	0.10	—	0.20	—	—	—	0.05	0.15	余量
77	5205	0.15	0.7	0.03～0.10	0.10	0.6～1.0	0.10	—	0.05	—	—	—	0.05	0.15	余量
78	5006	0.40	0.8	0.10	0.40～0.8	0.8～1.3	0.10	—	0.25	—	0.10	—	0.05	0.15	余量
79	5010	0.40	0.7	0.25	0.10～0.30	0.20～0.6	0.15	—	0.30	—	0.10	—	0.05	0.15	余量
80	5019	0.40	0.50	0.10	0.10～0.6	4.5～5.6	0.20	—	0.20	0.10～0.6 Mn+Cr	0.20	—	0.05	0.15	余量
81	5049	0.40	0.50	0.10	0.50～1.1	1.6～2.5	0.30	—	0.20	—	0.10	—	0.05	0.15	余量
82	5050	0.40	0.7	0.20	0.10	1.1～1.8	0.10	—	0.25	—	—	—	0.05	0.15	余量

表 1（续）

序号	牌号	化学成分(质量分数)/%													
		Si	Fe	Cu	Mn	Mg	Cr	Ni	Zn		Ti	Zr	其他		Al
													单个	合计	
83	5050A	0.40	0.7	0.20	0.30	1.1～1.8	0.10	—	0.25	—	—	—	0.05	0.15	余量
84	5150	0.08	0.10	0.10	0.03	1.3～1.7	—	—	0.10	—	0.06	—	0.03	0.10	余量
85	5250	0.08	0.10	0.10	0.04～0.15	1.3～1.8	—	—	0.05	0.03 Ga,0.05 V	—	—	0.03	0.10	余量
86	5051	0.40	0.7	0.25	0.20	1.7～2.2	0.10	—	0.25	—	0.10	—	0.05	0.15	余量
87	5251	0.40	0.50	0.15	0.10～0.50	1.7～2.4	0.15	—	0.15	—	0.15	—	0.05	0.15	余量
88	5052	0.25	0.40	0.10	0.10	2.2～2.8	0.15～0.35	—	0.10	—	—	—	0.05	0.15	余量
89	5154	0.25	0.40	0.10	0.10	3.1～3.9	0.15～0.35	—	0.20	[1]	0.20	—	0.05	0.15	余量
90	5154A	0.50	0.50	0.10	0.50	3.1～3.9	0.25	—	0.20	0.10～0.50 Mn+Cr[1]	0.20	—	0.05	0.15	余量
91	5454	0.25	0.40	0.10	0.50～1.0	2.4～3.0	0.05～0.20	—	0.25	—	0.20	—	0.05	0.15	余量
92	5554	0.25	0.40	0.10	0.50～1.0	2.4～3.0	0.05～0.20	—	0.25	[1]	0.05～0.20	—	0.05	0.15	余量
93	5754	0.40	0.40	0.10	0.50	2.6～3.6	0.30	—	0.20	0.10～0.6 Mn+Cr	0.15	—	0.05	0.15	余量

表 1（续）

序号	牌号	化学成分(质量分数)/%													
		Si	Fe	Cu	Mn	Mg	Cr	Ni	Zn		Ti	Zr	其他		Al
													单个	合计	
94	5056	0.30	0.40	0.10	0.05～0.20	4.5～5.6	0.05～0.20	—	0.10	—	—	—	0.05	0.15	余量
95	5356	0.25	0.40	0.10	0.05～0.20	4.5～5.5	0.05～0.20	—	0.10	—	0.06～0.20	—	0.05	0.15	余量
96	5456	0.25	0.40	0.10	0.50～1.0	4.7～5.5	0.05～0.20	—	0.25	—	0.20	—	0.05	0.15	余量
97	5059	0.45	0.50	0.25	0.6～1.2	5.0～6.0	0.25	—	0.40～0.9	—	0.20	0.05～0.25	0.05	0.15	余量
98	5082	0.20	0.35	0.15	0.15	4.0～5.0	0.15	—	0.25	—	0.10	—	0.05	0.15	余量
99	5182	0.20	0.35	0.15	0.20～0.50	4.0～5.0	0.10	—	0.25	—	0.10	—	0.05	0.15	余量
100	5083	0.40	0.40	0.10	0.40～1.0	4.0～4.9	0.05～0.25	—	0.25	—	0.15	—	0.05	0.15	余量
101	5183	0.40	0.40	0.10	0.50～1.0	4.3～5.2	0.05～0.25	—	0.25	—	0.15	—	0.05	0.15	余量
102	5383	0.25	0.25	0.20	0.7～1.0	4.0～5.2	0.25	—	0.40	—	0.15	0.20	0.05	0.15	余量
103	5086	0.40	0.50	0.10	0.20～0.7	3.5～4.5	0.05～0.25	—	0.25	—	0.15	—	0.05	0.15	余量
104	6101	0.30～0.7	0.50	0.10	0.03	0.35～0.8	0.03	—	0.10	0.06 B	—	—	0.03	0.10	余量

表 1（续）

序号	牌号	化学成分(质量分数)/%													
		Si	Fe	Cu	Mn	Mg	Cr	Ni	Zn		Ti	Zr	其他		Al
													单个	合计	
105	6101A	0.30～0.7	0.40	0.05	—	0.40～0.9	—	—	—	—	—	—	0.03	0.10	余量
106	6101B	0.30～0.6	0.10～0.30	0.05	0.05	0.35～0.6	—	—	0.10	—	—	—	0.03	0.10	余量
107	6201	0.50～0.9	0.50	0.10	0.03	0.6～0.9	0.03	—	0.10	0.06 B	—	—	0.03	0.10	余量
108	6005	0.6～0.9	0.35	0.10	0.10	0.40～0.6	0.10	—	0.10	—	0.10	—	0.05	0.15	余量
109	6005A	0.50～0.9	0.35	0.30	0.50	0.40～0.7	0.30	—	0.20	0.12～0.50 Mn+Cr	0.10	—	0.05	0.15	余量
110	6105	0.6～1.0	0.35	0.10	0.15	0.45～0.8	0.10	—	0.10	—	0.10	—	0.05	0.15	余量
111	6106	0.30～0.6	0.35	0.25	0.05～0.20	0.40～0.8	0.20	—	0.10	—	—	—	0.05	0.10	余量
112	6009	0.6～1.0	0.50	0.15～0.6	0.20～0.8	0.40～0.8	0.10	—	0.25	—	0.10	—	0.05	0.15	余量
113	6010	0.8～1.2	0.50	0.15～0.6	0.20～0.8	0.6～1.0	0.10	—	0.25	—	0.10	—	0.05	0.15	余量
114	6111	0.6～1.1	0.40	0.50～0.9	0.10～0.45	0.50～1.0	0.10	—	0.15	—	0.10	—	0.05	0.15	余量
115	6016	1.0～1.5	0.50	0.20	0.20	0.25～0.6	0.10	—	0.20	—	0.15	—	0.05	0.15	余量

表 1（续）

序号	牌号	化学成分(质量分数)/%													
		Si	Fe	Cu	Mn	Mg	Cr	Ni	Zn		Ti	Zr	其他		Al
													单个	合计	
116	6043	0.40～0.9	0.50	0.30～0.9	0.35	0.6～1.2	0.15	—	0.20	0.40～0.7 Bi 0.20～0.40 Sn	0.15	—	0.05	0.15	余量
117	6351	0.7～1.3	0.50	0.10	0.40～0.8	0.40～0.8	—	—	0.20	—	0.20	—	0.05	0.15	余量
118	6060	0.30～0.6	0.10～0.30	0.10	0.10	0.35～0.6	0.05	—	0.15	—	0.10	—	0.05	0.15	余量
119	6061	0.40～0.8	0.7	0.15～0.40	0.15	0.8～1.2	0.04～0.35	—	0.25	—	0.15	—	0.05	0.15	余量
120	6061A	0.40～0.8	0.7	0.15～0.40	0.15	0.8～1.2	0.04～0.35	—	0.25	8	0.15	—	0.05	0.15	余量
121	6262	0.40～0.8	0.7	0.15～0.40	0.15	0.8～1.2	0.04～0.14	—	0.25	9	0.15	—	0.05	0.15	余量
122	6063	0.20～0.6	0.35	0.10	0.10	0.45～0.9	0.10	—	0.10	—	0.10	—	0.05	0.15	余量
123	6063A	0.30～0.6	0.15～0.35	0.10	0.15	0.6～0.9	0.05	—	0.15	—	0.10	—	0.05	0.15	余量
124	6463	0.20～0.6	0.15	0.20	0.05	0.45～0.9	—	—	0.05	—	—	—	0.05	0.15	余量
125	6463A	0.20～0.6	0.15	0.25	0.05	0.30～0.9	—	—	0.05	—	—	—	0.05	0.15	余量

表 1（续）

序号	牌号	化学成分(质量分数)/%											其他		Al
		Si	Fe	Cu	Mn	Mg	Cr	Ni	Zn		Ti	Zr	单个	合计	
126	6070	1.0～1.7	0.50	0.15～0.40	0.40～1.0	0.50～1.2	0.10	—	0.25	—	0.15	—	0.05	0.15	余量
127	6181	0.8～1.2	0.45	0.10	0.15	0.6～1.0	0.10	—	0.20	—	0.10	—	0.05	0.15	余量
128	6181A	0.7～1.1	0.15～0.50	0.25	0.40	0.6～1.0	0.15	—	0.30	0.10 V	0.25	—	0.05	0.15	余量
129	6082	0.7～1.3	0.50	0.10	0.40～1.0	0.6～1.2	0.25	—	0.20	—	0.10	—	0.05	0.15	余量
130	6082A	0.7～1.3	0.50	0.10	0.40～1.0	0.6～1.2	0.25	—	0.20	[8]	0.10	—	0.05	0.15	余量
131	7001	0.35	0.40	1.6～2.6	0.20	2.6～3.4	0.18～0.35	—	6.8～8.0	—	0.20	—	0.05	0.15	余量
132	7003	0.30	0.35	0.20	0.30	0.50～1.0	0.20	—	5.0～6.5	—	0.20	0.05～0.25	0.05	0.15	余量
133	7004	0.25	0.35	0.05	0.20～0.7	1.0～2.0	0.05	—	3.8～4.6	—	0.05	0.10～0.20	0.05	0.15	余量
134	7005	0.35	0.40	0.10	0.20～0.7	1.0～1.8	0.06～0.20	—	4.0～5.0	—	0.01～0.06	0.08～0.20	0.05	0.15	余量
135	7020	0.35	0.40	0.20	0.05～0.50	1.0～1.4	0.10～0.35	—	4.0～5.0	[10]	—	—	0.05	0.15	余量

表 1（续）

序号	牌号	化学成分(质量分数)/%													
		Si	Fe	Cu	Mn	Mg	Cr	Ni	Zn		Ti	Zr	其他		Al
													单个	合计	
136	7021	0.25	0.40	0.25	0.10	1.2～1.8	0.05	—	5.0～6.0	—	0.10	0.08～0.18	0.05	0.15	余量
137	7022	0.50	0.50	0.50～1.0	0.10～0.40	2.6～3.7	0.10～0.30	—	4.3～5.2	—	—	0.20Ti+Zr	0.05	0.15	余量
138	7039	0.30	0.40	0.10	0.10～0.40	2.3～3.3	0.15～0.25	—	3.5～4.5	—	0.10	—	0.05	0.15	余量
139	7049	0.25	0.35	1.2～1.9	0.20	2.0～2.9	0.10～0.22	—	7.2～8.2	—	0.10	—	0.05	0.15	余量
140	7049A	0.40	0.50	1.2～1.9	0.50	2.1～3.1	0.05～0.25	—	7.2～8.4	—	—	0.25 Zr+Ti	0.05	0.15	余量
141	7050	0.12	0.15	2.0～2.6	0.10	1.9～2.6	0.04	—	5.7～6.7	—	0.06	0.08～0.15	0.05	0.15	余量
142	7150	0.12	0.15	1.9～2.5	0.10	2.0～2.7	0.04	—	5.9～6.9	—	0.06	0.08～0.15	0.05	0.15	余量
143	7055	0.10	0.15	2.0～2.6	0.05	1.8～2.3	0.04	—	7.6～8.4	—	0.06	0.08～0.25	0.05	0.15	余量
144	7072[2]	0.7Si+Fe		0.10	0.10	0.10	—	—	0.8～1.3	—	—	—	0.05	0.15	余量
145	7075	0.40	0.50	1.2～2.0	0.30	2.1～2.9	0.18～0.28	—	5.1～6.1	11	0.20	—	0.05	0.15	余量

表 1（续）

序号	牌号	化学成分(质量分数)/%											其他		
		Si	Fe	Cu	Mn	Mg	Cr	Ni	Zn		Ti	Zr	单个	合计	Al
146	7175	0.15	0.20	1.2～2.0	0.10	2.1～2.9	0.18～0.28	—	5.1～6.1	—	0.10	—	0.05	0.15	余量
147	7475	0.10	0.12	1.2～1.9	0.06	1.9～2.6	0.18～0.25	—	5.2～6.2	—	0.06	—	0.05	0.15	余量
148	7085	0.06	0.08	1.3～2.0	0.04	1.2～1.8	0.04	—	7.0～8.0	—	0.06	0.08～0.15	0.05	0.15	余量
149	8001	0.17	0.45～0.7	0.15	—	—	—	0.9～1.3	0.05	12	—	—	0.05	0.15	余量
150	8006	0.40	1.2～2.0	0.30	0.30～1.0	0.10	—	—	0.10	—	—	—	0.05	0.15	余量
151	8011	0.50～0.9	0.6～1.0	0.10	0.20	0.05	0.05	—	0.10	—	0.08	—	0.05	0.15	余量
152	8011A	0.40～0.8	0.50～1.0	0.10	0.10	0.10	0.10	—	0.10	—	0.05	—	0.05	0.15	余量
153	8014	0.30	1.2～1.6	0.20	0.20～0.6	0.10	—	—	0.10	—	0.10	—	0.05	0.15	余量
154	8021	0.15	1.2～1.7	0.05	—	—	—	—	—	—	—	—	0.05	0.15	余量
155	8021B	0.40	1.1～1.7	0.05	0.03	0.01	0.03	—	0.05	—	0.05	—	0.03	0.10	余量

表 1（续）

序号	牌号	化学成分(质量分数)/%													
		Si	Fe	Cu	Mn	Mg	Cr	Ni	Zn		Ti	Zr	其他		Al
													单个	合计	
156	8050	0.15～0.30	1.1～1.2	0.05	0.45～0.55	0.05	0.05	—	0.10	—	—	—	0.05	0.15	余量
157	8150	0.30	0.9～1.3	—	0.20～0.7	—	—	—	—	—	0.05	—	0.05	0.15	余量
158	8079	0.05～0.30	0.7～1.3	0.05	—	—	—	—	0.10	—	—	—	0.05	0.15	余量
159	8090	0.20	0.30	1.0～1.6	0.10	0.6～1.3	0.10	—	0.25	[13]	0.10	0.04～0.16	0.05	0.15	余量

[1] 焊接电极及填料焊丝的 $w(Be) \leqslant 0.0003\%$。

[2] 主要用作包覆材料。

[3] $w(Si+Fe) \leqslant 0.14\%$。

[4] $w(B) \leqslant 0.02\%$。

[5] $w(Bi)$:0.20%～0.6%，$w(Pb)$:0.20%～0.6%。

[6] 经供需双方协商并同意，挤压产品与锻件的 $w(Zr+Ti)$ 最大可达 0.20%。

[7] $w(Si+Fe) \leqslant 0.40\%$。

[8] $w(Pb) \leqslant 0.003\%$。

[9] $w(Bi)$:0.40%～0.7%，$w(Pb)$:0.40%～0.7%。

[10] $w(Zr)$:0.08%～0.20%，$w(Zr+Ti)$:0.08%～0.25%。

[11] 经供需双方协商并同意，挤压产品与锻件的 $w(Zr+Ti)$ 最大可达 0.25%。

[12] $w(B) \leqslant 0.001\%$，$w(Cd) \leqslant 0.003\%$，$w(Co) \leqslant 0.001\%$，$w(Li) \leqslant 0.008\%$。

[13] $w(Li)$:2.2%～2.7%。

表 2

序号	牌号	化学成分(质量分数)/%														备注
		Si	Fe	Cu	Mn	Mg	Cr	Ni	Zn		Ti	Zr	其他		Al	
													单个	合计		
1	1A99	0.003	0.003	0.005	—	—	—	—	0.001	—	0.002	—	0.002	—	99.99	LG5
2	1B99	0.001 3	0.001 5	0.003 0	—	—	—	—	0.001	—	0.001	—	0.001	—	99.993	—
3	1C99	0.001 0	0.001 0	0.001 5	—	—	—	—	0.001	—	0.001	—	0.001	—	99.995	—
4	1A97	0.015	0.015	0.005	—	—	—	—	0.001	—	0.002	—	0.005	—	99.97	LG4
5	1B97	0.015	0.030	0.005	—	—	—	—	0.001	—	0.005	—	0.005	—	99.97	—
6	1A95	0.030	0.030	0.010	—	—	—	—	0.003	—	0.008	—	0.005	—	99.95	—
7	1B95	0.030	0.040	0.010	—	—	—	—	0.003	—	0.008	—	0.005	—	99.95	—
8	1A93	0.040	0.040	0.010	—	—	—	—	0.005	—	0.010	—	0.007	—	99.93	LG3
9	1B93	0.040	0.050	0.010	—	—	—	—	0.005	—	0.010	—	0.007	—	99.93	—
10	1A90	0.060	0.060	0.010	—	—	—	—	0.008	—	0.015	—	0.01	—	99.90	LG2
11	1B90	0.060	0.060	0.010	—	—	—	—	0.008	—	0.010	—	0.01	—	99.90	—
12	1A85	0.08	0.10	0.01	—	—	—	—	0.01	—	0.01	—	0.01	—	99.85	LG1
13	1A80	0.15	0.15	0.03	0.02	0.02	—	—	0.03	0.03 Ga,0.05 V	0.03	—	0.02	—	99.80	—
14	1A80A	0.15	0.15	0.03	0.02	0.02	—	—	0.06	0.03 Ga	0.02	—	0.02	—	99.80	—
15	1A60	0.11	0.25	0.01	—	—	—	—	—	—	0.02 V+Ti +Mn+Cr	—	0.03	—	99.60	—
16	1A50	0.30	0.30	0.01	0.05	0.05	—	—	0.03	0.45 Fe+Si	—	—	0.03	—	99.50	LB2
17	1R50	0.11	0.25	0.01	—	—	—	—	—	0.03~0.30 RE	0.02 V+Ti +Mn+Cr	—	0.03	—	99.50	—
18	1R35	0.25	0.35	0.05	0.03	0.03	—	—	0.05	0.10~0.25 RE,0.05 V	0.03	—	0.03	—	99.35	—

表 2（续）

序号	牌号	化学成分（质量分数）/%														备注
		Si	Fe	Cu	Mn	Mg	Cr	Ni	Zn		Ti	Zr	其他		Al	
													单个	合计		
19	1A30	0.10～0.20	0.15～0.30	0.05	0.01	0.01	—	0.01	0.02	—	0.02	—	0.03	—	99.30	L4-1
20	1B30	0.05～0.15	0.20～0.30	0.03	0.12～0.18	0.03	—	—	0.03	—	0.02～0.05	—	0.03	—	99.30	—
21	2A01	0.50	0.50	2.2～3.0	0.20	0.20～0.50	—	—	0.10	—	0.15	—	0.05	0.10	余量	LY1
22	2A02	0.30	0.30	2.6～3.2	0.45～0.7	2.0～2.4	—	—	0.10	—	0.15	—	0.05	0.10	余量	LY2
23	2A04	0.30	0.30	3.2～3.7	0.50～0.8	2.1～2.6	—	—	0.10	0.001～0.01 Be[1]	0.05～0.40	—	0.05	0.10	余量	LY4
24	2A06	0.50	0.50	3.8～4.3	0.50～1.0	1.7～2.3	—	—	0.10	0.001～0.005 Be[1]	0.03～0.15	—	0.05	0.10	余量	LY6
25	2B06	0.20	0.30	3.8～4.3	0.40～0.9	1.7～2.3	—	—	0.10	0.000 2～0.005 Be	0.10	—	0.05	0.10	余量	—
26	2A10	0.25	0.20	3.9～4.5	0.30～0.50	0.15～0.30	—	—	0.10	—	0.15	—	0.05	0.10	余量	LY10
27	2A11	0.7	0.7	3.8～4.8	0.40～0.8	0.40～0.8	—	0.10	0.30	0.7 Fe+Ni	0.15	—	0.05	0.10	余量	LY11
28	2B11	0.50	0.50	3.8～4.5	0.40～0.8	0.40～0.8	—	—	0.10	—	0.15	—	0.05	0.10	余量	LY8
29	2A12	0.50	0.50	3.8～4.9	0.30～0.9	1.2～1.8	—	0.10	0.30	0.50 Fe+Ni	0.15	—	0.05	0.10	余量	LY12

表 2（续）

序号	牌号	化学成分(质量分数)/%														备注
		Si	Fe	Cu	Mn	Mg	Cr	Ni	Zn		Ti	Zr	其他		Al	
													单个	合计		
30	2B12	0.50	0.50	3.8～4.5	0.30～0.7	1.2～1.6	—	—	0.10	—	0.15	—	0.05	0.10	余量	LY9
31	2D12	0.20	0.30	3.8～4.9	0.30～0.9	1.2～1.8	—	0.05	0.10	—	0.10	—	0.05	0.10	余量	—
32	2E12	0.06	0.12	4.0～4.6	0.40～0.7	1.2～1.8	—	—	0.15	0.000 2～0.005 Be	0.10	—	0.10	0.15	余量	—
33	2A13	0.7	0.6	4.0～5.0	—	0.30～0.50	—	—	0.6	—	0.15	—	0.05	0.10	余量	LY13
34	2A14	0.6～1.2	0.7	3.9～4.8	0.40～1.0	0.40～0.8	—	0.10	0.30	—	0.15	—	0.05	0.10	余量	LD10
35	2A16	0.30	0.30	6.0～7.0	0.40～0.8	0.05	—	—	0.10	—	0.10～0.20	0.20	0.05	0.10	余量	LY16
36	2B16	0.25	0.30	5.8～6.8	0.20～0.40	0.05	—	—	—	0.05～0.15 V	0.08～0.20	0.10～0.25	0.05	0.10	余量	LY16-1
37	2A17	0.30	0.30	6.0～7.0	0.40～0.8	0.25～0.45	—	—	0.10	—	0.10～0.20	—	0.05	0.10	余量	LY17
38	2A20	0.20	0.30	5.8～6.8	—	0.02	—	—	0.10	0.05～0.15 V 0.001～0.01 B	0.07～0.16	0.10～0.25	0.05	0.15	余量	LY20
39	2A21	0.20	0.20～0.6	3.0～4.0	0.05	0.8～1.2	—	1.8～2.3	0.20	—	0.05	—	0.05	0.15	余量	—
40	2A23	0.05	0.06	1.8～2.3	0.20～0.6	0.6～1.2	—	—	0.15	0.30～0.9 Li	0.15	0.06～0.16	0.10	0.15	余量	—

表 2（续）

序号	牌号	化学成分(质量分数)/%														备注
		Si	Fe	Cu	Mn	Mg	Cr	Ni	Zn		Ti	Zr	其他		Al	
													单个	合计		
41	2A24	0.20	0.30	3.8～4.8	0.6～0.9	1.2～1.8	0.10	—	0.25	—	0.20 Ti+Zr	0.08～0.12	0.05	0.15	余量	—
42	2A25	0.06	0.06	3.6～4.2	0.50～0.7	1.0～1.5	—	0.06	—	—	—	—	0.05	0.10	余量	—
43	2B25	0.05	0.15	3.1～4.0	0.20～0.8	1.2～1.8	—	0.15	0.10	0.000 3～0.000 8 Be	0.03～0.07	0.08～0.25	0.05	0.10	余量	—
44	2A39	0.05	0.06	3.4～5.0	0.30～0.8	0.30～0.8	—	—	0.30	0.30～0.6 Ag	0.15	0.10～0.25	0.10	0.15	余量	—
45	2A40	0.25	0.35	4.5～5.2	0.40～0.6	0.50～1.0	0.10～0.20	—	—	—	0.04～0.12	0.10～0.25	0.05	0.15	余量	—
46	2A49	0.25	0.8～1.2	3.2～3.8	0.30～0.6	1.8～2.2	—	0.8～1.2	—	—	0.08～0.12	—	0.05	0.15	余量	—
47	2A50	0.7～1.2	0.7	1.8～2.6	0.40～0.8	0.40～0.8	—	0.10	0.30	0.7 Fe+Ni	0.15	—	0.05	0.10	余量	LD5
48	2B50	0.7～1.2	0.7	1.8～2.6	0.40～0.8	0.40～0.8	0.01～0.20	0.10	0.30	0.7 Fe+Ni	0.02～0.10	—	0.05	0.10	余量	LD6
49	2A70	0.35	0.9～1.5	1.9～2.5	0.20	1.4～1.8	—	0.9～1.5	0.30	—	0.02～0.10	—	0.05	0.10	余量	LD7
50	2B70	0.25	0.9～1.4	1.8～2.7	0.20	1.2～1.8	—	0.8～1.4	0.15	0.05 Pb,0.05 Sn	0.10	0.20 Ti+Zr	0.05	0.15	余量	—
51	2D70	0.10～0.25	0.9～1.4	2.0～2.6	0.10	1.2～1.8	0.10	0.9～1.4	0.10	—	0.05～0.10	—	0.05	0.10	余量	—

表 2（续）

序号	牌号	化学成分（质量分数）/%														备注
		Si	Fe	Cu	Mn	Mg	Cr	Ni	Zn		Ti	Zr	其他		Al	
													单个	合计		
52	2A80	0.50～1.2	1.0～1.6	1.9～2.5	0.20	1.4～1.8	—	0.9～1.5	0.30	—	0.15	—	0.05	0.10	余量	LD8
53	2A90	0.50～1.0	0.50～1.0	3.5～4.5	0.20	0.40～0.8	—	1.8～2.3	0.30	—	0.15	—	0.05	0.10	余量	LD9
54	2A97	0.15	0.15	2.0～3.2	0.20～0.6	0.25～0.50	—	—	0.17～1.0	0.001～0.10 Be 0.8～2.3 Li	0.001～0.10	0.08～0.20	0.05	0.15	余量	—
55	3A21	0.6	0.7	0.20	1.0～1.6	0.05	—	—	0.10[2]	—	0.15	—	0.05	0.10	余量	LF21
56	4A01	4.5～6.0	0.6	0.20	—	—	—	—	0.10 Zn+Sn	—	0.15	—	0.05	0.15	余量	LT1
57	4A11	11.5～13.5	1.0	0.50～1.3	0.20	0.8～1.3	0.10	0.50～1.3	0.25	—	0.15	—	0.05	0.15	余量	LD11
58	4A13	6.8～8.2	0.50	0.15 Cu+Zn	0.50	0.05	—	—	—	0.10 Ca	0.15	—	0.05	0.15	余量	LT13
59	4A17	11.0～12.5	0.50	0.15 Cu+Zn	0.50	0.05	—	—	—	0.10 Ca	0.15	—	0.05	0.15	余量	LT17
60	4A91	1.0～4.0	0.7	0.7	1.2	1.0	0.20	0.20	1.2	—	0.20	—	0.05	0.15	余量	—
61	5A01	0.40 Si+Fe		0.10	0.30～0.7	6.0～7.0	0.10～0.20	—	0.25	—	0.15	0.10～0.20	0.05	0.15	余量	LF15
62	5A02	0.40	0.40	0.10	或 Cr 0.15～0.40	2.0～2.8	—	—	—	0.6 Si+Fe	0.15	—	0.05	0.15	余量	LF2

表 2（续）

序号	牌号	化学成分(质量分数)/%														备注
		Si	Fe	Cu	Mn	Mg	Cr	Ni	Zn		Ti	Zr	其他		Al	
													单个	合计		
63	5B02	0.40	0.40	0.10	0.20～0.6	1.8～2.6	0.05	—	0.20	—	0.10	—	0.05	0.10	余量	—
64	5A03	0.50～0.8	0.50	0.10	0.30～0.6	3.2～3.8	—	—	0.20	—	0.15	—	0.05	0.10	余量	LF3
65	5A05	0.50	0.50	0.10	0.30～0.6	4.8～5.5	—	—	0.20	—	—	—	0.05	0.10	余量	LF5
66	5B05	0.40	0.40	0.20	0.20～0.6	4.7～5.7	—	—	—	0.6 Si+Fe	0.15	—	0.05	0.10	余量	LF10
67	5A06	0.40	0.40	0.10	0.50～0.8	5.8～6.8	—	—	0.20	0.000 1～0.005 Be[1]	0.02～0.10	—	0.05	0.10	余量	LF6
68	5B06	0.40	0.40	0.10	0.50～0.8	5.8～6.8	—	—	0.20	0.000 1～0.005 Be[1]	0.10～0.30	—	0.05	0.10	余量	LF14
69	5A12	0.30	0.30	0.05	0.40～0.8	8.3～9.6	—	0.10	0.20	0.005 Be 0.004～0.05 Sb	0.05～0.15	—	0.05	0.10	余量	LF12
70	5A13	0.30	0.30	0.05	0.40～0.8	9.2～10.5	—	0.10	0.20	0.005 Be 0.004～0.05 Sb	0.05～0.15	—	0.05	0.10	余量	LF13
71	5A25	0.20	0.30	—	0.05～0.50	5.0～6.3	—	—	—	0.000 2～0.002 Be 0.10～0.40 Sc	0.10	0.06～0.20	0.10	0.15	余量	—
72	5A30	0.40 Si+Fe		0.10	0.50～1.0	4.7～5.5	—	—	0.25	0.05～0.20 Cr	0.03～0.15	—	0.05	0.10	余量	LF16
73	5A33	0.35	0.35	0.10	0.10	6.0～7.5	—	—	0.50～1.5	0.000 5～0.005 Be[1]	0.05～0.15	0.10～0.30	0.05	0.10	余量	LF33

表 2（续）

序号	牌号	化学成分（质量分数）/%														备注
		Si	Fe	Cu	Mn	Mg	Cr	Ni	Zn		Ti	Zr	其他		Al	
													单个	合计		
74	5A41	0.40	0.40	0.10	0.30～0.6	6.0～7.0	—	—	0.20	—	0.02～0.10	—	0.05	0.10	余量	LT41
75	5A43	0.40	0.40	0.10	0.15～0.40	0.6～1.4	—	—	—	—	0.15	—	0.05	0.15	余量	LF43
76	5A56	0.15	0.20	0.10	0.30～0.40	5.5～6.5	0.10～0.20	—	0.50～1.0	—	0.10～0.18	—	0.05	0.15	余量	—
77	5A66	0.005	0.01	0.005	—	1.5～2.0	—	—	—	—	—	—	0.005	0.01	余量	LT66
78	5A70	0.15	0.25	0.05	0.30～0.7	5.5～6.3	—	—	0.05	0.15～0.30 Sc 0.000 5～0.005 Be	0.02～0.05	0.05～0.15	0.05	0.15	余量	—
79	5B70	0.10	0.20	0.05	0.15～0.40	5.5～6.5	—	—	0.05	0.20～0.40 Sc 0.000 5～0.005 Be	0.02～0.05	0.10～0.20	0.05	0.15	余量	—
80	5A71	0.20	0.30	0.05	0.30～0.7	5.8～6.8	0.10～0.20	—	0.05	0.20～0.35 Sc 0.000 5～0.005 Be	0.05～0.15	0.05～0.15	0.05	0.15	余量	—
81	5B71	0.20	0.30	0.10	0.30	5.8～6.8	0.30	—	0.30	0.30～0.50 Sc 0.000 5～0.005 Be 0.003 B	0.02～0.05	0.08～0.15	0.05	0.15	余量	—
82	5A90	0.15	0.20	0.05	—	4.5～6.0	—	—	—	0.005 Na 1.9～2.3 Li	0.10	0.08～0.15	0.05	0.15	余量	—
83	6A01	0.40～0.9	0.35	0.35	0.50	0.40～0.8	0.30	—	0.25	0.50 Mn+Cr	—	—	0.05	0.10	余量	6N01

表 2（续）

序号	牌号	化学成分(质量分数)/%														备注
		Si	Fe	Cu	Mn	Mg	Cr	Ni	Zn		Ti	Zr	其他		Al	
													单个	合计		
84	6A02	0.50～1.2	0.50	0.20～0.6	或Cr 0.15～0.35	0.45～0.9	—	—	0.20	—	0.15	—	0.05	0.10	余量	LD2
85	6B02	0.7～1.1	0.40	0.10～0.40	0.10～0.30	0.40～0.8	—	—	0.15	—	0.01～0.04	—	0.05	0.10	余量	LD2-1
86	6R05	0.40～0.9	0.30～0.50	0.15～0.25	0.10	0.20～0.6	0.10	—	—	0.10～0.20 RE	0.10	—	0.05	0.15	余量	—
87	6A10	0.7～1.1	0.50	0.30～0.8	0.30～0.9	0.7～1.1	0.05～0.25	—	0.20	—	0.02～0.10	0.04～0.20	0.05	0.15	余量	—
88	6A51	0.50～0.7	0.50	0.15～0.35	—	0.45～0.6	—	—	0.25	0.15～0.35 Sn	0.01～0.04	—	0.05	0.15	余量	—
89	6A60	0.7～1.1	0.30	0.6～0.8	0.50～0.7	0.7～1.0	—	—	0.20～0.40	0.30～0.50 Ag	0.04～0.12	0.10～0.20	0.05	0.15	余量	—
90	7A01	0.30	0.30	0.01	—	—	—	—	0.9～1.3	0.45 Si+Fe	—	—	0.03	—	余量	LB1
91	7A03	0.20	0.20	1.8～2.4	0.10	1.2～1.6	0.05	—	6.0～6.7	—	0.02～0.08	—	0.05	0.10	余量	LC3
92	7A04	0.50	0.50	1.4～2.0	0.20～0.6	1.8～2.8	0.10～0.25	—	5.0～7.0	—	0.10	—	0.05	0.10	余量	LC4
93	7B04	0.10	0.05～0.25	1.4～2.0	0.20～0.6	1.8～2.8	0.10～0.25	0.10	5.0～6.5	—	0.05	—	0.05	0.10	余量	—
94	7C04	0.30	0.30	1.4～2.0	0.30～0.50	2.0～2.6	0.10～0.25	—	5.5～6.5	—	—	—	0.05	0.10	余量	—

表 2（续）

序号	牌号	化学成分（质量分数）/%														备注
		Si	Fe	Cu	Mn	Mg	Cr	Ni	Zn		Ti	Zr	其他		Al	
													单个	合计		
95	7D04	0.10	0.15	1.4～2.2	0.10	2.0～2.6	0.05	—	5.5～6.7	0.02～0.07 Be	0.10	0.08～0.16	0.05	0.10	余量	—
96	7A05	0.25	0.25	0.20	0.15～0.40	1.1～1.7	0.05～0.15	—	4.4～5.0	—	0.02～0.06	0.10～0.25	0.05	0.15	余量	—
97	7B05	0.30	0.35	0.20	0.20～0.7	1.0～2.0	0.30	—	4.0～5.0	0.10 V	0.20	0.25	0.05	0.10	余量	7N01
98	7A09	0.50	0.50	1.2～2.0	0.15	2.0～3.0	0.16～0.30	—	5.1～6.1	—	0.10	—	0.05	0.10	余量	LC9
99	7A10	0.30	0.30	0.50～1.0	0.20～0.35	3.0～4.0	0.10～0.20	—	3.2～4.2	—	0.10	—	0.05	0.10	余量	LC10
100	7A12	0.10	0.06～0.15	0.8～1.2	0.10	1.6～2.2	0.05	—	6.3～7.2	0.000 1～0.02 Be	0.03～0.06	0.10～0.18	0.05	0.10	余量	—
101	7A15	0.50	0.50	0.50～1.0	0.10～0.40	2.4～3.0	0.10～0.30	—	4.4～5.4	0.005～0.01 Be	0.05～0.15	—	0.05	0.15	余量	LC15
102	7A19	0.30	0.40	0.08～0.30	0.30～0.50	1.3～1.9	0.10～0.20	—	4.5～5.3	0.000 1～0.004 Be[1]	—	0.08～0.20	0.05	0.15	余量	LC19
103	7A31	0.30	0.6	0.10～0.40	0.20～0.40	2.5～3.3	0.10～0.20	—	3.6～4.5	0.000 1～0.001 Be[1]	0.02～0.10	0.08～0.25	0.05	0.15	余量	—
104	7A33	0.25	0.30	0.25～0.55	0.05	2.2～2.7	0.10～0.20	—	4.6～5.4	—	0.05	—	0.05	0.10	余量	—
105	7B50	0.12	0.15	1.8～2.5	0.10	2.0～2.8	0.04	—	6.0～7.0	0.000 2～0.002 Be	0.10	0.08～0.16	0.10	0.15	余量	—

表 2（续）

序号	牌号	化学成分（质量分数）/%														备注
		Si	Fe	Cu	Mn	Mg	Cr	Ni	Zn		Ti	Zr	其他		Al	
													单个	合计		
106	7A52	0.25	0.30	0.05～0.20	0.20～0.50	2.0～2.8	0.15～0.25	—	4.0～4.8	—	0.05～0.18	0.05～0.15	0.05	0.15	余量	LC52
107	7A55	0.10	0.10	1.8～2.5	0.05	1.8～2.8	0.04	—	7.5～8.5	—	0.01～0.05	0.08～0.20	0.10	0.15	余量	—
108	7A68	0.15	0.35	2.0～2.6	0.15～0.40	1.6～2.5	0.10～0.20	—	6.5～7.2	0.005 Be	0.05～0.20	0.05～0.20	0.05	0.15	余量	—
109	7B68	0.05	0.05	2.0～2.6	0.05	1.8～2.8	0.04	—	7.8～9.0	—	0.01～0.05	0.08～0.25	0.10	0.15	余量	—
110	7D68	0.12	0.25	2.0～2.6	0.10	2.3～3.0	0.05	—	8.0～9.0	0.000 2～0.002 Be	0.03	0.10～0.20	0.05	0.10	余量	7A60
111	7A85	0.05	0.08	1.2～2.0	0.10	1.2～2.0	0.05	—	7.0～8.2	—	0.05	0.08～0.16	0.05	0.15	余量	—
112	7A88	0.50	0.75	1.0～2.0	0.20～0.6	1.5～2.8	0.05～0.20	0.20	4.5～6.0	—	0.10	—	0.10	0.20	余量	—
113	8A01	0.05～0.30	0.18～0.40	0.15～0.35	0.08～0.35	—	—	—	—	—	0.01～0.03	—	0.05	0.15	余量	—
114	8A06	0.55	0.50	0.10	0.10	0.10	—	—	0.10	1.0 Si+Fe	—	—	0.05	0.15	余量	L6

[1] 铍含量均按规定加入，可不作分析。

[2] 做铆钉线材的 3A21 合金，锌含量不大于 0.03%。

附 录 A
（资料性附录）
表2所涉字符牌号与其曾用牌号对照表

表2所涉字符牌号与其曾用牌号对照见表A.1。

表A.1 表2所涉字符牌号与其曾用牌号对照表

表2所涉字符牌号	曾用牌号	表2所涉字符牌号	曾用牌号	表2所涉字符牌号	曾用牌号
1A99	LG5	2A21	214	5A66	LT66
1B99	—	2A23	—	5A70	—
1C99	—	2A24	—	5B70	—
1A97	LG4	2A25	225	5A71	—
1B97	—	2B25	—	5B71	—
1A95	—	2A39	—	5A90	—
1B95	—	2A40	—	6A01	6N01
1A93	LG3	2A49	149	6A02	LD2
1B93	—	2A50	LD5	6B02	LD2-1
1A90	LG2	2B50	LD6	6R05	—
1B90	—	2A70	LD7	6A10	—
1A85	LG1	2B70	LD7-1	6A51	651
1A80	—	2D70	—	6A60	—
1A80A	—	2A80	LD8	7A01	LB1
1A60	—	2A90	LD9	7A03	LC3
1A50	LB2	2A97	—	7A04	LC4
1R50	—	3A21	LF21	7B04	—
1R35	—	4A01	LT1	7C04	—
1A30	L4-1	4A11	LD11	7D04	—
1B30	—	4A13	LT13	7A05	705
2A01	LY1	4A17	LT17	7B05	7N01
2A02	LY2	4A91	491	7A09	LC9
2A04	LY4	5A01	2102、LF15	7A10	LC10
2A06	LY6	5A02	LF2	7A12	—
2B06	—	5B02	—	7A15	LC15、157
2A10	LY10	5A03	LF3	7A19	919、LC19
2A11	LY11	5A05	LF5	7A31	183-1
2B11	LY8	5B05	LF10	7A33	LB733
2A12	LY12	5A06	LF6	7B50	—
2B12	LY9	5B06	LF14	7A52	LC52、5210

表 A.1（续）

表 2 所涉字符牌号	曾用牌号	表 2 所涉字符牌号	曾用牌号	表 2 所涉字符牌号	曾用牌号
2D12	—	5A12	LF12	7A55	—
2E12	—	5A13	LF13	7A68	—
2A13	LY13	5A25	—	7B68	—
2A14	LD10	5A30	2103、LF16	7D68	7A60
2A16	LY16	5A33	LF33	7A85	—
2B16	LY16-1	5A41	LT41	7A88	—
2A17	LY17	5A43	LF43	8A01	—
2A20	LY20	5A56	—	8A06	L6

附　录　B
（资料性附录）
本标准章条编号与ISO 209:2007章条编号对照

本标准章条编号与ISO 209:2007章条编号对照见表B.1。

表B.1　本标准章条编号与ISO 209:2007章条编号对照

本标准章条编号	对应的国际标准章条编号
1	1
—	2
表1、3.1.1、3.3.1、3.3.3～3.3.5、4.1、4.2	3
—	附录A

ICS 77.150.10
H 61

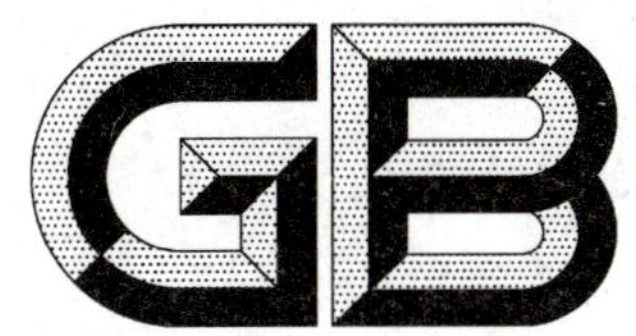

中华人民共和国国家标准

GB/T 3191—2010
代替 GB/T 3191—1998

铝及铝合金挤压棒材

Aluminium and aluminium alloys extruded bars, rods

2011-01-14 发布　　2011-11-01 实施

中华人民共和国国家质量监督检验检疫总局
中国国家标准化管理委员会　发布

前　言

本标准代替GB/T 3191—1998《铝及铝合金挤压棒材》。

本标准与GB/T 3191—1998相比，在下列内容上有较大改变。

——修改了尺寸偏差体系。

——对力学性能指标进行了修改或补充。

本标准使用重新起草法参考ASTM B221M-08《铝及铝合金挤压棒材、管材和型材》编制，与ASTM B221M-08的一致性程度为非等效。

本标准由中国有色金属工业协会提出。

本标准由全国有色金属标准化技术委员会(SAC/TC 243)归口。

本标准主要起草单位：中国铝业股份有限公司西北铝加工分公司。

本标准参加起草单位：东北轻合金有限责任公司、西南铝业(集团)责任有限公司、龙口市丛林铝材有限公司、山东南山铝业股份有限公司、福建省南平铝业有限公司、山东兖矿轻合金有限责任公司、辽宁忠旺集团有限公司、福建省闽发铝业股份有限公司。

本标准主要起草人：赵海滨、章伟、谢辉、王国军、李瑞山、苏振佳、王兆彬、英卫东。

本标准所代替标准的历次版本发布情况为：

——GB/T 3191—1982、GB/T 3192—1982、GB/T 10572—1989；

——GB/T 3191—1998。

铝及铝合金挤压棒材

1 范围

本标准规定了一般工业用的铝及铝合金挤压棒材(以下简称棒材)的要求、试验方法、检验规则和标志、包装、运输、贮存及质量证明书与合同(或订货单)内容。

本标准适用于截面为圆形的棒材(以下简称圆棒)、截面为正方形的棒材(以下简称方棒)和截面为正六边形的棒材(以下简称六角棒)。

2 规范性引用文件

下列文件对于本文件的应用是必不可少的。凡是注日期的引用文件,仅注日期的版本适用于本文件。凡是不注日期的引用文件,其最新版本(包括所有的修改单)适用于本文件。

GB/T 228　金属材料　室温拉伸试验方法

GB/T 3190　变形铝及铝合金化学成分

GB/T 3199　铝及铝合金加工产品包装、标志、运输、贮存

GB/T 3246.1　变形铝及铝合金加工制品显微组织检验方法

GB/T 3246.2　变形铝及铝合金加工制品低倍组织检验方法

GB/T 6519　变形铝合金产品超声波检验方法

GB/T 2039　金属拉伸蠕变及持久试验方法

GB/T 7999　铝及铝合金光电直读发射光谱分析方法

GB/T 16865　变形铝、镁及其合金加工制品拉伸试验用试样

GB/T 17432　变形铝及铝合金化学成分分析取样方法

GB/T 20975　铝及铝合金化学分析方法

3 要求

3.1 产品分类

3.1.1 牌号、类别、状态和规格

棒材的牌号、类别、状态和规格应符合表 1 的规定。需方需要其他牌号、状态、规格时,由供需双方协商决定,并在合同(或订货单)中注明。

表 1

牌号		供货状态	试样状态	规格
Ⅱ类 (2×××系、7×××系合金及含镁量平均值大于或等于3%的5×××系合金的棒材)	Ⅰ类 (除Ⅱ类外的其他棒材)			
—	1070A	H112	H112	圆棒直径：5 mm～600 mm；方棒、六角棒对边距离：5 mm～200 mm。长度：1 m～6 m
—	1060	O	O	
		H112	H112	
—	1050A	H112	H112	
—	1350	H112	H112	
—	1035	O	O	
		H112	H112	
—	1200	H112	H112	
2A02	—	T1、T6	T62、T6	
2A06	—	T1、T6	T62、T6	
2A11	—	T1、T4	T42、T4	
2A12	—	T1、T4	T42、T4	
2A13	—	T1、T4	T42、T4	
2A14	—	T1、T6、T6511	T62、T6、T6511	
2A16	—	T1、T6、T6511	T62、T6、T6511	
2A50	—	T1、T6	T62、T6	
2A70	—	T1、T6	T62、T6	
2A80	—	T1、T6	T62、T6	
2A90	—	T1、T6	T62、T6	
2014、2014A	—	T4、T4510、T4511	T4、T4510、T4511	
		T6、T6510、T6511	T6、T6510、T6511	
2017	—	T4	T42、T4	
2017A	—	T4、T4510、T4511	T4、T4510、T4511	
2024	—	O	O	
		T3、T3510、T3511	T3、T3510、T3511	
—	3A21	O	O	
		H112	H112	
—	3102	H112	H112	
—	3003、3103	O	O	
		H112	H112	
—	4A11	T1	T62	
—	4032	T1	T62	

表 1（续）

牌号		供货状态	试样状态	规格
Ⅱ类 （2×××系、7×××系合金及含镁量平均值大于或等于 3%的 5×××系合金的棒材）	Ⅰ类 （除Ⅱ类外的其他棒材）			
—	5A02	O	O	圆棒直径： 5 mm～600 mm； 方棒、六角棒对边距离： 5 mm～200 mm。 长度： 1 m～6 m
		H112	H112	
5A03	—	H112	H112	
5A05	—	H112	H112	
5A06	—	H112	H112	
5A12	—	H112	H112	
—	5005、5005A	H112	H112	
		O	O	
5019	—	H112	H112	
		O	O	
5049	—	H112	H112	
—	5251	H112	H112	
		O	O	
—	5052	H112	H112	
		O	O	
5154A	—	H112	H112	
		O	O	
—	5454	H112	H112	
		O	O	
5754	—	H112	H112	
		O	O	
5083	—	H112	H112	
		O	O	
5086	—	H112	H112	
		O	O	
—	6A02	T1、T6	T62、T6	
—	6101A	T6	T6	
—	6005、6005A	T5	T5	
		T6	T6	
7A04	—	T1、T6	T62、T6	
7A09	—	T1、T6	T62、T6	
7A15	—	T1、T6	T62、T6	
7003	—	T5	T5	
		T6	T6	

表 1（续）

牌号		供货状态	试样状态	规格
Ⅱ类（2×××系、7×××系合金及含镁量平均值大于或等于3%的5×××系合金的棒材）	Ⅰ类（除Ⅱ类外的其他棒材）			
7005	—	T6	T6	圆棒直径：5 mm～600 mm；方棒、六角棒对边距离：5 mm～200 mm。长度：1 m～6 m
7020	—	T6	T6	
7021	—	T6	T6	
7022	—	T6	T6	
7049A	—	T6、T6510、T6511	T6、T6510、T6511	
7075	—	O	O	
		T6、T6510、T6511	T6、T6510、T6511	
—	8A06	O	O	
		H112	H112	

3.1.2 标记示例

棒材标记按产品名称、牌号、供货状态、规格及标准编号的顺序表示。标记示例如下：

示例 1：用 2024 合金制造的、供货状态为 T3511、直径为 30.00 mm，定尺长度为 3 000 mm 的圆棒，标记为：

棒 2024-T3511 ϕ30×3000 GB/T 3191—2010

示例 2：用 2A11 合金制造的、供货状态为 T4、内切圆直径为 40.00 mm 的高强度方棒，标记为：

高强方棒 2A11-T4 40 GB/T 3191—2010

3.2 化学成分

棒材的化学成分应符合 GB/T 3190 的规定。

3.3 尺寸偏差

3.3.1 截面尺寸

直径（方棒、六角棒指内切圆直径）偏差分为五个等级，如表 2 所示。偏差等级应在合同（或订货单）中注明，未注明时按 A 级供货。

表 2

单位为毫米

直径	允许偏差（－）				允许偏差（±）	
					E	
	A	B	C	D	Ⅰ类	Ⅱ类
5.00～6.00	0.30	0.48	—	—	—	—
>6.00～10.00	0.36	0.58	—	—	0.20	0.25
>10.00～18.00	0.43	0.70	1.10	1.30	0.22	0.30

表 2（续）

单位为毫米

直径	允许偏差(－)				允许偏差(±)	
	A	B	C	D	E	
					Ⅰ类	Ⅱ类
＞18.00～25.00	0.50	0.80	1.20	1.45	0.25	0.35
＞25.00～28.00	0.52	0.84	1.30	1.50	0.28	0.38
＞28.00～40.00	0.60	0.95	1.50	1.80	0.30	0.40
＞40.00～50.00	0.62	1.00	1.60	2.00	0.35	0.45
＞50.00～65.00	0.70	1.15	1.80	2.40	0.40	0.50
＞65.00～80.00	0.74	1.20	1.90	2.50	0.45	0.70
＞80.00～100.00	0.95	1.35	2.10	3.10	0.55	0.90
＞100.00～120.00	1.00	1.40	2.20	3.20	0.65	1.00
＞120.00～150.00	1.25	1.55	2.40	3.70	0.80	1.20
＞150.00～180.00	1.30	1.60	2.50	3.80	1.00	1.40
＞180.00～220.00	—	1.85	2.80	4.40	1.15	1.70
＞220.00～250.00	—	1.90	2.90	4.50	1.25	1.95
＞250.00～270.00	—	2.15	3.20	5.40	1.3	2.0
＞270.00～300.00	—	2.20	3.30	5.50	1.5	2.4
＞300.00～320.00	—	—	4.00	7.00	1.6	2.5
＞300.00～400.00	—	—	4.20	7.20	—	—
＞400.00～500.00	—	—	—	8.00	—	—
＞500.00～600.00	—	—	—	9.00	—	—

3.3.2 圆角半径

方棒或六角棒的圆角半径应符合表 3 的规定。需要高精级时，应在合同(或订货单)中注明，未注明时按普通级供货。

表 3

单位为毫米

边长或宽度	圆角半径，不大于	
	普　通　级	高　精　级
＜25.00	2	1.0
≥25.00～50.00	3	1.5
＞50.00	5	2.0

3.3.3 弯曲度

除 O 状态以外，直径不大于 10 mm 的棒材，允许有用手轻压即可消除的弯曲；其他规格的棒材弯曲度应符合表 4 的规定，需要采用高精级或超高精级时，应在合同(或订货单)中注明，未注明时按普通级供货。

表 4

单位为毫米

直径(方棒、六角棒指内切圆直径)	弯曲度，不大于					
	普通级		高精级		超高精级	
	任意 300 mm 长度上	每米长度上	任意 300 mm 长度上	每米长度上	任意 300 mm 长度上	每米长度上
>10.00～80.00	1.5	3.0	1.2	2.5	0.8	2.0
>80.00～120.00	3.0	6.0	1.5	3.0	1.0	2.0
>120.00～150.00	5.0	10.0	1.7	3.5	1.5	3.0
>150.00～200.00	7.0	14.0	2.0	4.0	1.5	3.0

3.3.4 切斜度

棒材端面应切平整。直径或对边距离小于 50.00 mm 的棒材，切斜度不大于 5°；直径或对边距离不小于 50.00 mm 的棒材，切斜度不大于 3°。

3.3.5 扭拧度

方棒的任何部分绕纵轴的扭拧度，应符合表 5 的规定。六角棒的任何部分绕纵轴的扭拧度，应符合表 6 的规定。需要采用高精级或超高精级时，应在合同(或订货单)中注明，未注明时按普通级供货。

表 5

单位为毫米

方棒内切圆直径	扭拧度，不大于					
	普 通 级		高 精 级		超 高 精 级	
	每米长度上	全长 L/米	每米长度上	全长 L/米	每米长度上	全长 L/米
≤30.00	4	$4\times L$	2	6	1	3
>30.00～50.00	6	$6\times L$	3	8	1.5	4
>50.00～120.00	10	$10\times L$	4	10	2	5
>120.00～150.00	13	$13\times L$	6	12	3	6
>150.00～200.00	15	$15\times L$	7	14	3	6

表 6

单位为毫米

六角棒内切圆直径	扭拧度，不大于					
	普 通 级		高 精 级		超 高 精 级	
	每米长度上	全长 L/米	每米长度上	全长 L/米	每米长度上	全长 L/米
≤14.00	4	$4\times L$	3	$3\times L$	2	$2\times L$
>14.00～38.00	11	$11\times L$	8	$8\times L$	5	$5\times L$
>38.00～100.00	18	$18\times L$	12	$12\times L$	9	$9\times L$
>100.00～150.00	25	$25\times L$	—	—	—	—

3.3.6 长度

定尺供货的棒材长度允许偏差为：+15 mm。倍尺供应的棒材应加入锯切余量，每个锯口按 5 mm 计算。

3.4 力学性能

3.4.1 棒材的室温纵向拉伸力学性能应符合表 7 的规定。H112 状态的非热处理强化铝合金棒材，性能达到 O 状态规定时，可按 O 状态供货。超出表 7 规定范围的棒材性能由供需双方商定，并在合同(或订货单)中注明。

表 7

牌号	供货状态	试样状态	直径(方棒、六角棒指内切圆直径)/mm	抗拉强度 R_m/MPa	规定非比例延伸强度 $R_{P0.2}$/MPa	断后伸长率/%	
						A	$A_{50\,mm}$
				不小于			
1070A	H112	H112	≤150.00	55	15	—	—
1060	O	O	≤150.00	60～95	15	22	—
	H112	H112		60	15	22	—
1050A	H112	H112	≤150.00	65	20	—	—
1350	H112	H112	≤150.00	60	—	25	—
1200	H112	H112	≤150.00	75	20	—	—
1035、8A06	O	O	≤150.00	60～120	—	25	—
	H112	H112		60	—	25	—
2A02	T1、T6	T62、T6	≤150.00	430	275	10	—
2A06	T1、T6	T62、T6	≤22.00	430	285	10	—
			>22.00～100.00	440	295	9	—
			>100.00～150.00	430	285	10	—
2A11	T1、T4	T42、T4	≤150.00	370	215	12	—
2A12	T1、T4	T42、T4	≤22.00	390	255	12	—
			>22.00～150.00	420	255	12	—
2A13	T1、T4	T42、T4	≤22.00	315	—	4	—
			>22.00～150.00	345	—	4	—
2A14	T1、T6、T6511	T62、T6、T6511	≤22.00	440	—	10	
			>22.00～150.00	450	—	10	—
2014、2014A	T4、T4510、T4511	T4、T4510、T4511	≤25.00	370	230	13	11
			>25.00～75.00	410	270	12	—
			>75.00～150.00	390	250	10	—
			>150.00～200.00	350	230	8	—

表 7（续）

牌号	供货状态	试样状态	直径(方棒、六角棒指内切圆直径)/mm	抗拉强度 R_m/MPa	规定非比例延伸强度 $R_{P0.2}$/MPa	断后伸长率/%	
						A	$A_{50\ mm}$
				不小于			
2014、2014A	T6、T6510、T6511	T6、T6510、T6511	≤25.00	415	370	6	5
			>25.00～75.00	460	415	7	—
			>75.00～150.00	465	420	7	—
			>150.00～200.00	430	350	6	—
			>200.00～250.00	420	320	5	—
2A16	T1、T6、T6511	T62、T6、T6511	≤150.00	355	235	8	—
2017	T4	T42、T4	≤120.00	345	215	12	—
2017A	T4、T4510、T4511	T4、T4510、T4511	≤25.00	380	260	12	10
			>25.00～75.00	400	270	10	—
			>75.00～150.00	390	260	9	—
			>150.00～200.00	370	240	8	—
			>200.00～250.00	360	220	7	—
2024	O	O	≤150.00	≤250	≤150	12	10
	T3、T3510、T3511	T3、T3510、T3511	≤50.00	450	310	8	6
			>50.00～100.00	440	300	8	—
			>100.00～200.00	420	280	8	—
			>200.00～250.00	400	270	8	—
2A50	T1、T6	T62、T6	≤150.00	355	—	12	—
2A70、2A80、2A90	T1、T6	T62、T6	≤150.00	355	—	8	—
3102	H112	H112	≤250.00	80	30	25	23
3003	O	O	≤250.00	95～130	35	25	20
	H112	H112		90	30	25	20
3103	O	O	≤250.00	95	35	25	20
	H112	H112		95～135	35	25	20
3A21	O	O	≤150.00	≤165	—	20	20
	H112	H112		90	—	20	—
4A11、4032	T1	T62	100.00～200.00	360	290	2.5	2.5
5A02	O	O	≤150.00	≤225	—	10	—
	H112	H112		170	70	—	—
5A03	H112	H112	≤150.00	175	80	13	13

表 7（续）

牌号	供货状态	试样状态	直径(方棒、六角棒指内切圆直径)/mm	抗拉强度 R_m/MPa	规定非比例延伸强度 $R_{P0.2}$/MPa	断后伸长率/%	
						A	$A_{50\ mm}$
				不小于			
5A05	H112	H112	≤150.00	265	120	15	15
5A06	H112	H112	≤150.00	315	155	15	15
5A12	H112	H112	≤150.00	370	185	15	15
5052	H112	H112	≤250.00	170	70	—	—
	O	O		170～230	70	17	15
5005、5005A	H112	H112	≤200.00	100	40	18	16
	O	O	≤60.00	100～150	40	18	16
5019	H112	H112	≤200.00	250	110	14	12
	O	O	≤200.00	250～320	110	15	13
5049	H112	H112	≤250.00	180	80	15	15
5251	H112	H112	≤250.00	160	60	16	14
	O	O		160～220	60	17	15
5154A、5454	H112	H112	≤250.00	200	85	16	16
	O	O		200～275	85	18	18
5754	H112	H112	≤150.00	180	80	14	12
			>150.00～250.00	180	70	13	—
	O	O	≤150.00	180～250	80	17	15
5083	O	O	≤200.00	270～350	110	12	10
	H112	H112		270	125	12	10
5086	O	O	≤250.00	240～320	95	18	15
	H112	H112	≤200.00	240	95	12	10
6101A	T6	T6	≤150.00	200	170	10	10
6A02	T1、T6	T62、T6	≤150.00	295	—	12	12
6005、6005A	T5	T5	≤25.00	260	215	8	—
	T6	T6	≤25.00	270	225	10	8
			>25.00～50.00	270	225	8	—
			>50.00～100.00	260	215	8	—
6110A	T5	T5	≤120.00	380	360	10	8
	T6	T6	≤120.00	410	380	10	8

表 7（续）

牌号	供货状态	试样状态	直径（方棒、六角棒指内切圆直径）/mm	抗拉强度 R_m/MPa	规定非比例延伸强度 $R_{P0.2}$/MPa	断后伸长率/%	
						A	$A_{50\ mm}$
				不小于			
6351	T4	T4	≤150.00	205	110	14	12
	T6	T6	≤20.00	295	250	8	6
			>20.00～75.00	300	255	8	—
			>75.00～150.00	310	260	8	—
			>150.00～200.00	280	240	6	—
			>200.00～250.00	270	200	6	—
6060	T4	T4	≤150.00	120	60	16	14
	T5	T5		160	120	8	6
	T6	T6		190	150	8	6
6061	T6	T6	≤150.00	260	240	9	—
	T4	T4		180	110	14	—
6063	T4	T4	≤150.00	130	65	14	12
			>150.00～200.00	120	65	12	—
	T5	T5	≤200.00	175	130	8	6
	T6	T6	≤150.00	215	170	10	8
			>150.00～200.00	195	160	10	—
6063A	T4	T4	≤150.00	150	90	12	10
			>150.00～200.00	140	90	10	—
	T5	T5	≤200.00	200	160	7	5
	T6	T6	≤150.00	230	190	7	5
			>150.00～200.00	220	160	7	—
6463	T4	T4	≤150.00	125	75	14	12
	T5	T5		150	110	8	6
	T6	T6		195	160	10	8
6082	T6	T6	≤20.00	295	250	8	6
			>20.00～150.00	310	260	8	—
			>150.00～200.00	280	240	6	—
			>200.00～250.00	270	200	6	—
7003	T5	T5	≤250.00	310	260	10	8
	T6	T6	≤50.00	350	290	10	8
			>50.00～150.00	340	280	10	8

表 7（续）

牌号	供货状态	试样状态	直径(方棒、六角棒指内切圆直径)/mm	抗拉强度 R_m/MPa	规定非比例延伸强度 $R_{P0.2}$/MPa	断后伸长率/% A	$A_{50\ mm}$
				不小于			
7A04、7A09	T1,T6	T62,T6	≤22.00	490	370	7	—
			>22.00～150.00	530	400	6	—
7A15	T1,T6	T62,T6	≤150.00	490	420	6	—
7005	T6	T6	≤50.00	350	290	10	8
			>50.00～150.00	340	270	10	—
7020	T6	T6	≤50.00	350	290	10	8
			>50.00～150.00	340	275	10	—
7021	T6	T6	≤40.00	410	350	10	8
7022	T6	T6	≤80.00	490	420	7	5
			>80.00～200.00	470	400	7	—
7049A	T6、T6510、T6511	T6、T6510、T6511	≤100.00	610	530	5	4
			>100.00～125.00	560	500	5	—
			>125.00～150.00	520	430	5	—
			>150.00～180.00	450	400	3	—
7075	O	O	≤200.00	≤275	≤165	10	8
	T6、T6510、T6511	T6、T6510、T6511	≤25.00	540	480	7	5
			>25.00～100.00	560	500	7	—
			>100.00～150.00	530	470	6	—
			>150.00～250.00	470	400	5	—

3.4.2　当需方对 2A11、2A12、2A14、2A50、6A02、7A04、7A09 铝合金挤压棒材抗拉强度有更高要求时，应在合同(或订货单)中加注“高强”字样，其室温纵向拉伸力学性能应符合表 8 的规定。

表 8

牌号	供货状态	试样状态	棒材直径(方棒、六角棒内切圆直径)/mm	抗拉强度 R_m/MPa	规定非比例延伸强度 $R_{P0.2}$/MPa	断后伸长率 A/%
				不小于		
2A11	T1、T4	T42、T4	20.00～120.00	390	245	8
2A12	T1、T4	T42、T4	20.00～120.00	440	305	8
6A02	T1、T6	T62、T6	20.00～120.00	305	—	8
2A50	T1、T6	T62、T6	20.00～120.00	380	—	10
2A14	T1、T6	T62、T6	20.00～120.00	460	—	8
7A04,7A09	T1,T6	T62,T6	≤20.00～100.00	550	450	6
			>100.00～120.00	530	430	6

3.4.3 2A02、2A16 合金棒材，当在合同(或订货单)中注明做高温持久试验时，其高温持久纵向拉伸力学性能应符合表 9 的规定。

表 9

牌　号	温　度/℃	应力/MPa	保温时间/h
2A02	270±3	64	100
		78[a]	50[a]
2A16	300±3	69	100

[a] 2A02 合金棒材，78 MPa 应力，保温 50 h 的试验结果不合格时，以 64 MPa 应力，保温 100 h 的试验结果作为高温持久纵向拉伸力学性能是否合格的最终判定依据。

3.5 低倍组织

3.5.1 棒材的低倍试片上不应有裂纹或缩尾，除 5A05、5A06 合金外的其他合金不应有化合物偏析聚集和非金属夹杂物存在。

3.5.2 5A05 合金棒材，允许有 0.4 mm～0.5 mm 的化合物偏析聚集和点状非金属夹杂物，但不应超过 5 点，大于 0.5 mm 的这类物质不允许存在，允许有少量长度小于 0.4 mm 的、分散点状非金属夹杂物或化合物。

3.5.3 5A06 合金棒材，允许有少量小于 0.1 mm 的、分散点状非金属夹杂物或化合物偏析聚集。

3.5.4 成层深度不应超过棒材允许负偏差值之半。需要无成层的棒材时，应供需双方商定，并在合同(或订货单)中注明。

3.5.5 合同(或订货单)中注明对粗晶环有要求时，其低倍试片上的粗晶环深度应符合表 10 的规定。

表 10

单位为毫米

牌　号	粗晶环深度，不大于	
	普　通　级	高　精　级[a]
2A02	5	—
2A11,2A12,2024,7A04,7A09,7A15,7075	8	3
6A02,6061,6082,2A50,2A14	8	5

[a] 高精级只限于直径为 20.00 mm～120.00 mm 的圆棒，及内切圆直径为 20.00 mm～100.00 mm 的方棒和六角棒。

3.6 显微组织

3.6.1 淬火后的棒材显微组织不允许有过烧。

3.6.2 4A11、4032 合金棒材的显微组织允许有少量初晶硅的存在，但分布应均匀，不得成簇分布，初晶硅最大线尺寸不超过 0.08 mm。

3.7 超声波探伤

需要进行超声波检验的棒材，可由供需双方商定检验部位和检验级别，并在合同(或订货单)中注明。

3.8 表面质量

3.8.1 棒材表面不应有腐蚀斑点、裂纹、气泡。

3.8.2 棒材表面允许有深度不超过直径允许负偏差值的压坑，擦伤，氧化色，不粗糙的黑、白斑及矫直痕等缺陷。

3.8.3 棒材表面缺陷允许进行打磨，但应保证棒材最小直径或厚度。

4 试验方法

4.1 化学成分

化学成分分析方法可采用 GB/T 7999 或 GB/T 20975，仲裁分析按 GB/T 20975 进行。

4.2 尺寸偏差

4.2.1 方棒或六角棒的扭拧度是将棒材置于平台上，并使其一端紧贴平台。棒材借自重达到稳定时，测量棒材翘起端的两侧端点与平台间的间隙值 T_1 和 T_2，如图 1 所示，T_2 与 T_1 的差值即为型材的扭拧度。可用卡尺、塞尺或专用工具进行检测。

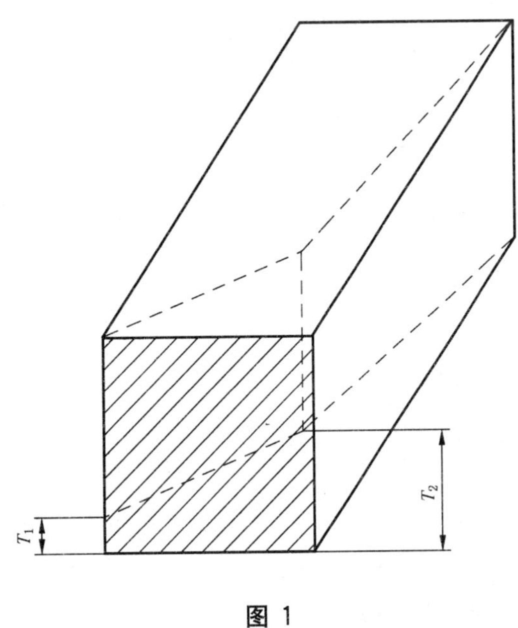

图 1

4.2.2 棒材的弯曲度是将棒材放在平台上，借自重达到稳定时，沿棒材长度方向测量棒材与平台间的最大间隙值(h_t)，如图 2 所示，该值(h_t)即为棒材的纵向弯曲度。可用塞尺或专用工具进行检测。

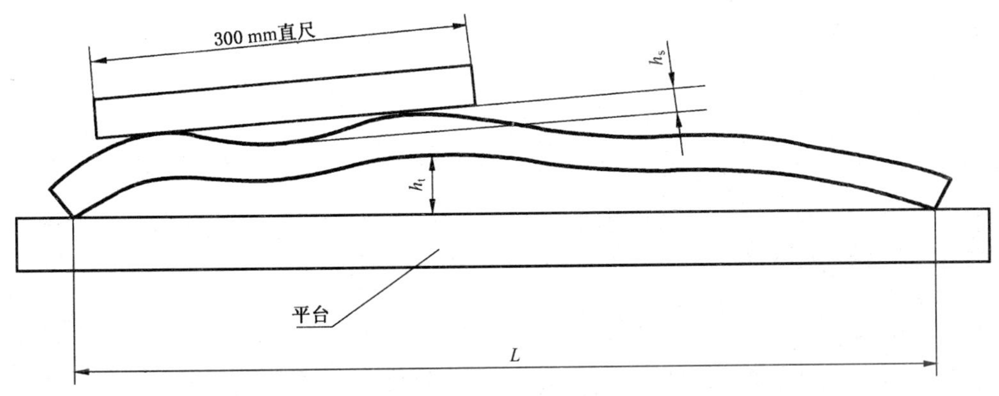

图 2

4.2.3 棒材直径或宽度、厚度用精度不低于 0.02 mm 的量具测量，其他尺寸用相应精度的量具测量。

4.3 力学性能

棒材的室温纵向拉伸力学性能按 GB/T 228 规定的方法进行检验。棒材的高温持久纵向拉伸力学性能按 GB/T 2039 规定的方法进行检验。

4.4 低倍组织

棒材的低倍组织按 GB/T 3246.2 规定的方法进行检验。

4.5 显微组织

棒材的显微组织按 GB/T 3246.1 规定的方法进行检验。

4.6 超声波探伤

产品按 GB/T 6519 规定的方法进行超声波检验。

4.7 表面质量

在自然散射光下，目视检查外观质量。必要时，可借用尺寸测量工具界定缺陷大小，通过修磨测定缺陷深度。

5 检验规则

5.1 检查和验收

5.1.1 棒材应由供方技术监督部门进行检验，保证棒材质量符合符合本标准及合同(或订货单)的规定，并填写质量证明书。

5.1.2 需方应对收到的棒材按本标准的规定进行复验。复验结果与本标准及合同(或订货单)的规定不符时，应以书面形式向供方提出，由供需双方协商解决。属于表面质量及尺寸偏差的异议，应在收到棒材之日起一个月内提出，属于其他性能的异议，应在收到棒材之日起三个月内提出。如需仲裁，供需双方应在需方共同进行仲裁取样。

5.2 组批

棒材应成批提交验收，每批应由同一牌号、状态和规格组成。

5.3 检验项目

每批棒材出厂前应进行化学成分、尺寸偏差、力学性能和表面质量的检验。直径大于或等于 20.00 mm 的棒材应进行低倍组织检验，4A11、4032 合金和淬火后的棒材应进行显微组织检验。合同(或订货单)中注明超声波检验的棒材应进行超声波检验。

5.4 取样

棒材取样应符合表 11 的规定。

表 11

检验项目		取 样 规 定	要求的章条号	试验方法的章条号
化学成分		按 GB/T 17432 的规定	3.2	4.1
尺寸偏差		逐根检验	3.3	4.2
力学性能	室温纵向拉伸力学性能[a]	取样数量按表 12(至少取每批根数的 2%(最少 2 根)检测规定非比例伸长应力),在每个样件的挤压前端切取 1 个试样。其他要求应符合 GB/T 16865 规定	3.4	4.3
	高温持久纵向拉伸力学性能[b]	每批(熔次)取 2 根棒材。在每个样件的挤压前端切取 1 个试样		
低倍组织		5A02、5A03、5A05、5A06、5052、5A12 取每批根数的 5%,最少取 2 根;其余棒材取每批根数的 2%,最少取 2 根。在每个样件的挤压尾端切取 1 个试样	3.5	4.4
显微组织[a]		每批(炉)取 2 根棒材,在每个样件的挤压前端切取 1 个试样	3.6	4.5
超声波探伤		逐件检验	3.7	4.6
表面质量		逐根检验	3.8	4.7

[a] 生产厂可按热处理炉次取样,仲裁时按批取样。

[b] 生产厂可按熔次取样,仲裁时按批取样。

表 12

牌 号	直径(或内切圆直径)/mm	取样数量	
		取样根数占每批(或每炉)根数的百分比	每批(或每炉)最少取样根数
7A04、7A09、2A02、2A06、2A11、2A12、2A13、2A16、2017、2024、2014、2014A、2017A、5A12、5005、5005A、5019、5049、5251、5154A、5454、5754、5083、5086、6101A、6005、6005A、6110A、6351、6060、7A15、7075	≤50.00	≥5%	2
	>50.00	≥2%	2
6A02、2A50、2A70、2A80、2A90、2A14、6063、6061、6082、6063A、6463、7003、7005、7020、7021、7022、7049A	所有	—	2
1070A、1060、1050A、1035、1200、8A06、5A02、5A03、5A05、5A06、3A21、5052、3003、3102、4A11、4032	所有	≥2%	2

5.5 检验结果的判定

5.5.1 化学成分不合格时,能区分熔次的判该熔次不合格,其他熔次依次检验,合格者交货。不能区分熔次的判该批棒材不合格。

5.5.2 尺寸偏差或表面质量不合格时,判该根棒材不合格。

5.5.3 室温纵向拉伸力学性能不合格时,从该批(炉)中(含原检验不合格者)另取双倍数量的试样进行重复试验,重复试验合格时判该批(炉)棒材合格。若重复试验结果仍有不合格者,判该批(炉)棒材不合格。但允许供方逐根检验,或进行重新热处理后再重新检验一次,合格者交货。

5.5.4 高温持久纵向拉伸力学性能不合格时,该根棒材判废,从该批(熔次)的其余棒材中另取双倍数量的试样进行重复试验,重复试验结果合格时判该批(熔次)棒材合格。若重复试验结果仍不合格,判该批(熔次)棒材不合格。但允许供方逐根检验,或进行重新热处理后再重新检验一次,合格者交货。

5.5.5 显微组织不合格时,能区分热处理炉次的判该炉次不合格,其他炉次依次检验,合格者交货。不能区分炉次的判该批棒材不合格。

5.5.6 低倍组织不合格时,按如下判定:

5.5.6.1 低倍组织中因裂纹、非金属夹杂物等冶金缺陷不合格时,判该批棒材不合格。但允许逐根进行B级超声波检验,合格者交货。也可由供需双方协商处理。

5.5.6.2 低倍组织因成层、缩尾或粗晶环不合格时,允许切去一段后重新检验直至合格时止。该批中的其他棒材均应按上述缺陷分布的最大长度切尾或逐件检验,合格者交货。

5.5.6.3 当粗晶环深度不合格时,允许供方在粗晶区取样(若粗晶环深度小于标准试样的直径或厚度时,该试样应包含粗晶环的全部深度)检测室温纵向拉伸力学性能,若力学性能达到本标准规定,则判该批棒材合格,否则判该批棒材不合格。

5.5.7 超声波检验不合格时,判该根棒材不合格。

6 标志、包装、运输、贮存及质量证明书

6.1 标志

6.1.1 在检验合格的棒材挤压前端应打上如下标记(或挂有如下内容的标签或标牌):

a) 供方技术监督部门的检印;

b) 牌号;

c) 状态;

d) 棒材批号。

6.1.2 直径大于20.00 mm的棒材在挤压尾端打上“W”字样。

6.1.3 棒材的包装箱标志应符合GB/T 3199的规定。

6.2 包装、运输、贮存

棒材不涂油,不垫纸包装。需方要求涂油或垫纸时,应在合同中注明。其他包装、运输、贮存的要求按GB/T 3199规定。

6.3 质量证明书

每批棒材应附有产品质量证明书,其上注明:

a) 供方名称;

b) 产品名称;

c) 牌号、供货状态及规格;

d) 批号;

e) 净重和件数;

f) 各项分析项目的检验结果和技术监督部门的印记;

g) 本标准编号;

h) 包装日期(或出厂日期)。

7 合同(或订货单)内容

订购本标准所列产品的合同(或订货单)内应包括下列内容:

a) 产品名称;

b) 牌号;

c) 供货状态;

d) 规格及精度等级;

e) 净重(或件数);

f) 本标准编号;

g) 粗晶环的要求;

h) 成层的要求;

i) 高强棒材的要求;

j) 超声波检验要求;

k) 其他特殊要求。

CS 77.140.50
I 46

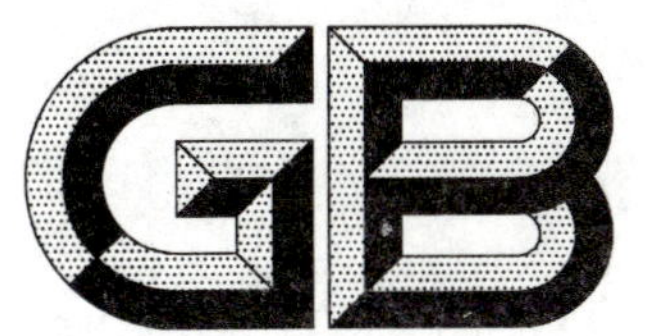

中华人民共和国国家标准

GB/T 3274—2007
代替 GB/T 3274—1988

碳素结构钢和低合金结构钢热轧厚钢板和钢带

Hot-rolled plates and strips of carbon structural steels and high strength low alloy structural steels

2007-08-14 发布　　2008-03-01 实施

中华人民共和国国家质量监督检验检疫总局
中国国家标准化管理委员会　发布

前　言

本标准与 ISO 630:1995《结构钢》、ISO 13976:2005《结构级热轧厚钢板卷》的一致性程度为非等效。

本标准代替 GB/T 3274—1988《碳素结构钢和低合金结构钢热轧厚钢板和钢带》。与原标准对比，主要变化如下：

——引用标准增加了 GB/T 14977、GB/T 18253；

——增加了订货内容；

——修改了表面质量的规定；

——增加了焊接修补的规定；

——修改了组批的规定。

本标准由中国钢铁工业协会提出。

本标准由全国钢标准化技术委员会归口。

本标准主要起草单位：鞍钢股份有限公司、天津钢铁有限公司、冶金工业信息标准研究院、济南钢铁股份有限公司。

本标准主要起草人：刘徐源、王晓虎、许克亮、朴志民、吴波、孙根领、唐一凡。

本标准 1988 年首次发布。

碳素结构钢和低合金结构钢
热轧厚钢板和钢带

1 范围

本标准规定了碳素结构钢和低合金结构钢热轧厚钢板和钢带的订货内容、尺寸、外形、重量及允许偏差、技术要求、试验方法、检验规则、包装、标志和质量证明书等。

本标准适用于厚度为 3 mm～400 mm 碳素结构钢和低合金结构钢热轧厚钢板和厚度为 3 mm～25.4 mm 热轧钢带。

2 规范性引用文件

下列文件中的条款通过本标准的引用而成为本标准的条款。凡是注日期的引用文件，其随后所有的修改单(不包括勘误的内容)或修订版均不适用于本标准，然而，鼓励根据本标准达成协议的各方研究是否可使用这些文件的最新版本。凡是不注日期的引用文件，其最新版本适用于本标准。

GB/T 222　钢的成品化学成分允许偏差

GB/T 223.3　钢铁及合金化学分析方法　二安替吡啉甲烷磷钼酸重量测定磷量

GB/T 223.5　钢铁及合金化学分析方法　还原型硅钼酸盐光度法测定酸溶硅含量

GB/T 223.10　钢铁及合金化学分析方法　钢铁试剂分离-铬天青 S 光度法测定铝量

GB/T 223.11　钢铁及合金化学分析方法　过硫酸铵氧化容量法测定铬量

GB/T 223.14　钢铁及合金化学分析方法　钽试剂萃取光度法测定钒量

GB/T 223.17　钢铁及合金化学分析方法　二安替吡啉甲烷光度法测定钛量

GB/T 223.18　钢铁及合金化学分析方法　硫代硫酸钠分离-碘量法测定铜量

GB/T 223.19　钢铁及合金化学分析方法　新亚铜灵-三氯甲烷萃取光度法测定铜量

GB/T 223.23　钢铁及合金化学分析方法　丁二酮肟分光光度法测定镍量

GB/T 223.24　钢铁及合金化学分析方法　萃取分离-丁二酮肟分光光度法测定镍量

GB/T 223.32　钢铁及合金化学分析方法　次磷酸钠还原-碘量法测定砷含量

GB/T 223.37　钢铁及合金化学分析方法　蒸馏分离-靛酚蓝光度法测定氮量

GB/T 223.40　钢铁及合金　铌含量的测定　氯磺酚 S 分光光度法

GB/T 223.58　钢铁及合金化学分析方法　亚砷酸钠-亚硝酸钠滴定法测定锰量

GB/T 223.59　钢铁及合金化学分析方法　锑磷钼蓝光法测定磷量

GB/T 223.60　钢铁及合金化学分析方法　高氯酸脱水重量法测定硅含量

GB/T 223.63　钢铁及合金化学分析方法　高碘酸钠(钾)光度法测定锰量

GB/T 223.64　钢铁及合金化学分析方法　火焰原子吸收光谱法测定锰量

GB/T 223.68　钢铁及合金化学分析方法　管式炉内燃烧后碘酸钾滴定法测定硫含量

GB/T 223.71　钢铁及合金化学分析方法　管式炉内燃烧后重量法测定碳含量

GB/T 223.72　钢铁及合金化学分析方法　氧化铝色层分离-硫酸钡重量法测定硫量

GB/T 228　金属材料　室温拉伸试验方法　(GB/T 228—2002,eqv ISO 6892:1998)

GB/T 229　金属夏比缺口冲击试验方法(GB/T 229—1994,eqv ISO 83:1976,eqv ISO 148:1983)

GB/T 232　金属材料　弯曲试验方法(GB/T 232—1999,eqv ISO 7438:1985)

GB/T 247　钢板和钢带检验、包装、标志及质量证明书的一般规定

GB/T 700　碳素结构钢

GB/T 709　热轧钢板和钢带的尺寸、外形、重量及允许偏差

GB/T 1591　高强度低合金结构钢

GB/T 2975　钢及钢产品力学性能试验取样位置及试样制备(GB/T 2975—1998,eqv ISO 377:1997)

GB/T 4336　碳素钢和中低合金钢火花源原子发射光谱分析方法(常规法)

GB/T 14977　热轧钢板表面质量的一般要求

GB/T 17505　钢及钢产品一般交货技术要求(GB/T 17505—1998,eqv ISO 404:1992)

GB/T 18253　钢及钢产品检验文件的类型(GB/T 18253—2000,eqv ISO 10474:1991)

GB/T 20066　钢和铁　化学成分测定用试样的取样和制样方法(GB/T 20066—2006,ISO 14284:1996,IDT)

YB/T 081　冶金技术标准的数值修约与检测数值的判定原则

3　订货内容

3.1　按本标准订货的合同或订单应包括下列内容:

a)　标准编号;

b)　产品名称(单轧钢板、连轧钢板、钢带);

c)　牌号;

d)　尺寸;

e)　边缘状态(切边 EC、不切边 EM);

f)　单轧钢板厚度偏差种类(N、A、B、C);

g)　钢带和连轧钢板厚度精度(PT. A、PT. B);

h)　重量;

i)　交货状态;

j)　用途;

k)　特殊要求。

3.2　订货合同对 e)～g)项内容未明确时,按如下规定:

a)　单轧钢板通常切四边交货;钢带通常不切边交货,由钢带剪切的钢板通常切边交货;

b)　单轧钢板厚度偏差种类按对称偏差(N 类);

c)　钢带和连轧钢板厚度精度按普通精度(PT. A 类)。

4　尺寸、外形、重量及允许偏差

钢板和钢带的尺寸、外形、重量及允许偏差应符合 GB/T 709 的规定。

5　技术要求

5.1　牌号和化学成分

钢的牌号和化学成分应符合 GB/T 700、GB/T 1591 的规定。成品钢板和钢带的化学成分允许偏差应符合 GB/T 222 的规定。

5.2　冶炼方法

钢由转炉或电炉冶炼。

5.3　交货状态

钢板和钢带以热轧、控轧或热处理状态交货。

5.4　**力学性能和工艺性能**

钢板和钢带的力学和工艺性能应符合 GB/T 700、GB/T 1591 的规定。

5.5　**表面质量**

5.5.1　钢板和钢带表面不应有结疤、裂纹、折叠、夹杂、气泡和氧化铁皮压入等对使用有害的缺陷。钢板和钢带不得有分层。

5.5.2　钢板和钢带表面允许有不影响使用的薄层氧化铁皮、铁锈和轻微的麻点、划痕等局部缺陷，其凹凸度不得超过钢板和钢带厚度公差之半，并应保证钢板和钢带的允许最小厚度。

5.5.3　钢板表面缺陷允许清理。清理处应平缓无棱角，并应保证钢板的允许最小厚度。

5.5.4　对于钢带，由于没有机会切除有缺陷部分，允许带缺陷交货，但带缺陷部分不应超过每卷钢带总长度的 8%。

5.5.5　供需双方协商，表面质量可执行 GB/T 14977 的规定。

5.6　**焊接修补**

钢板表面存在不能按 5.5.3 规定清理的缺陷，经供需双方协商，可进行焊接修补，并应满足以下要求：

a)　采用适当的焊接方法；

b)　在焊补前采用铲平或磨平等适当的方法完全除去钢板上的有害缺陷，除去部分的深度在钢板公称厚度的 20%以内，单面的修磨面积合计应在钢板面积的 2%以内；

c)　钢板焊接部位的边缘上不得有咬边或重叠。堆高应高出轧制面 1.5 mm 以上，然后用铲平或磨平等方法除去堆高；

d)　热处理钢板焊接修补后应再次进行热处理。

6　试验方法

6.1　每批钢板和钢带的检验项目、取样数量、取样方法及试验方法应符合表 1 的规定。

表 1　检验项目、取样数量及试验方法

序号	检验项目	取样数量(个)	取样方法	试验方法
1	化学成分	1/每炉	GB/T 20066	GB/T 223、GB/T 4336
2	拉伸试验	1	GB/T 2975	GB/T 228
3	弯曲试验	1	GB/T 2975	GB/T 232
4	冲击试验	3	GB/T 2975	GB/T 229

6.2　钢板和钢带的表面质量用肉眼检查。

7　检验规则

7.1　钢板和钢带的检查和验收由供方技术质量监督部门负责，需方有权按本标准或合同所规定的任一检验项目进行检查和验收。

7.2　钢板和钢带应成批验收，每批由同一牌号、同一炉号、同一质量等级、同一交货状态的钢板和钢带组成，每批重量应不大于 60 t。轧制卷重大于 30 t 的钢带和连轧板可按两个轧制卷组批。

7.3　同一批最小钢板厚度大于 10 mm 时，厚度差应不大于 5 mm；同一批最小钢板厚度不大于 10 mm 时，厚度差应不大于 2 mm。应在同一批中最厚钢板上取样。

7.4　公称容量比较小的炼钢炉冶炼的钢轧成的钢板和钢带组成的混合批，应符合 GB/T 700 和 GB/T 1591的有关规定。

7.5　钢板和钢带的复验和判定按 GB/T 17505 的规定。

8 包装、标志和质量证明书

钢板和钢带的包装、标志及质量证明书应符合 GB/T 247 的规定。钢板和钢带的质量证明书类型可按 GB/T 18253 的规定。

9 数值修约

数值修约应符合 YB/T 081 的规定。

ICS 77.140.50
H 46

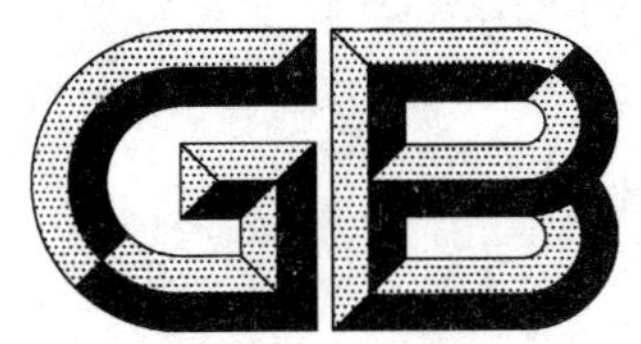

中华人民共和国国家标准

GB/T 3280—2007
代替 GB/T 3280—1992，部分代替 GB/T 4239—1991

不锈钢冷轧钢板和钢带

Cold rolled stainless steel plate, sheet and strip

2007-03-09 发布 2007-10-01 实施

中华人民共和国国家质量监督检验检疫总局
中国国家标准化管理委员会 发布

前　言

本标准参照国际标准 ISO 9445:2002《连续冷轧不锈钢窄带、宽带、定尺钢板及定尺薄钢板——尺寸和形状公差》和 ASTM A240/A240M-05a《压力容器用铬、铬镍不锈钢厚板、薄板及钢带》等国外先进标准，对 GB/T 3280—1992《不锈钢冷轧钢板》和 GB/T 4239—1991《不锈钢和耐热钢冷轧钢带》两个标准合并修订而成。

本标准代替 GB/T 3280—1992《不锈钢冷轧钢板》，部分代替 GB/T 4239—1991《不锈钢和耐热钢冷轧钢带》。

本标准与原标准对比，主要修订内容如下：

——增加宽钢带卷切定尺钢板和纵剪宽钢带及其卷切定尺钢带Ⅰ的相关内容。

——调整规范性引用文件。

——增加“术语符号”和“订货内容”2 章。

——调整钢板和钢带的尺寸精度、外形以及测量方法；增加对钢带边浪的具体规定。

——修改牌号的命名方法和序号；增加新旧牌号对比。

——增加 29 个牌号，对引进牌号采用相应标准中牌号的化学成分、力学性能及热处理制度。

——对 19 牌号的化学成分进行调整。

——取消 14 个牌号。

——取消厚度大于 4 mm 钢板（或钢坯）的横向酸浸低倍检验要求。

——对表面加工类型做重新规定。

——取消原标准中表面质量特征的组别之分。

——增加附录 A《不锈钢的热处理制度》。

——增加附录 B《不锈钢的特性及用途》。

本标准的附录 A、附录 B 均为资料性附录。

本标准由中国钢铁工业协会提出。

本标准由全国钢标准化技术委员会归口。

本标准主要起草单位：太原钢铁（集团）有限公司、冶金工业信息标准研究院。

本标准主要起草人：牛晓玲、董莉、李学锋、任建新、刘洪涛、弓建忠。

本标准所代替标准的历次版本发布情况为：

——GB 3280—84，GB/T 3280—1992；

——GB 4239—84，GB/T 4239—1991。

不锈钢冷轧钢板和钢带

1 范围

本标准规定了不锈钢冷轧钢板和钢带的牌号、尺寸、允许偏差及外形、技术要求、试验方法、检验规则、包装、标志及产品质量证明书。

本标准适用于耐腐蚀不锈钢冷轧宽钢带(以下称宽钢带)及其卷切定尺钢板(以下称卷切钢板)、纵剪冷轧宽钢带(以下称纵剪宽钢带)及其卷切定尺钢带(以下称卷切钢带Ⅰ)、冷轧窄钢带(以下称窄钢带)及其卷切定尺钢带(以下称卷切钢带Ⅱ),也适用于单张轧制的钢板。

2 规范性引用文件

下列文件中的条款通过本标准的引用而成为本标准的条款。凡是注日期的引用文件,其随后所有的修改单(不包括勘误的内容)或修订版均不适用于本标准,然而,鼓励根据本标准达成协议的各方研究是否可使用这些文件的最新版本。凡是不注日期的引用文件,其最新版本适用于本标准。

GB/T 222 钢的成品化学成分允许偏差

GB/T 223.3 钢铁及合金化学分析方法 二安替吡啉甲烷磷钼酸重量法测定磷量

GB/T 223.4 钢铁及合金化学分析方法 硝酸铵氧化容量法测定锰量

GB/T 223.5 钢铁及合金化学分析方法 还原型硅钼酸盐光度法测定酸溶硅含量

GB/T 223.8 钢铁及合金化学分析方法 氟化钠分离-EDTA 滴定法测定铝含量

GB/T 223.9 钢铁及合金化学分析方法 铬天青 S 光度法测定铝量

GB/T 223.10 钢铁及合金化学分析方法 铜铁试剂分离-铬天青 S 光度法测定铝量

GB/T 223.11 钢铁及合金化学分析方法 过硫酸铵氧化容量法测定铬量

GB/T 223.16 钢铁及合金化学分析方法 变色酸光度法测定钛量

GB/T 223.18 钢铁及合金化学分析方法 硫代硫酸钠分离-碘量法测定铜量

GB/T 223.19 钢铁及合金化学分析方法 新亚铜灵-三氯甲烷萃取光度法测定铜量

GB/T 223.23 钢铁及合金化学分析方法 丁二酮肟分光光度法测定镍量

GB/T 223.24 钢铁及合金化学分析方法 萃取分离-丁二酮肟分光光度法测定镍量

GB/T 223.25 钢铁及合金化学分析方法 丁二酮肟重量法测定镍量

GB/T 223.26 钢铁及合金化学分析方法 硫氰酸盐直接光度法测定钼量

GB/T 223.27 钢铁及合金化学分析方法 硫氰酸盐-乙酸丁酯萃取分光光度法测定钼量

GB/T 223.28 钢铁及合金化学分析方法 α-安息香肟重量法测定钼量

GB/T 223.36 钢铁及合金化学分析方法 蒸馏分离-中和滴定法测定氮量

GB/T 223.40 钢铁及合金化学分析方法 离子交换分离-氯磺酚 S 光度法测定铌量

GB/T 223.53 钢铁及合金化学分析方法 火焰原子吸收分光光度法测定铜量

GB/T 223.58 钢铁及合金化学分析方法 亚砷酸钠-亚硝酸钠滴定法测定锰量

GB/T 223.60 钢铁及合金化学分析方法 高氯酸脱水重量法测定硅含量

GB/T 223.61 钢铁及合金化学分析方法 磷钼酸铵容量法测定磷量

GB/T 223.68 钢铁及合金化学分析方法 管式炉内燃烧后碘酸钾滴定法测定硫含量

GB/T 223.69 钢铁及合金化学分析方法 管式炉内燃烧后气体容量法测定碳含量

GB/T 228 金属材料 室温拉伸试验方法(GB/T 228—2002,eqv ISO 6892:1998)

GB/T 230.1 金属洛氏硬度试验 第1部分:试验方法(A、B、C、D、E、F、G、H、K、N、T 标尺)

(GB/T 230.1—2004,ISO 6508-1:1999,MOD)

GB/T 231.1 金属布氏硬度试验 第1部分:试验方法(GB/T 231.1—2002,eqv ISO 6506-1:1999)

GB/T 232 金属材料 弯曲试验方法[GB/T 232—1999,eqv ISO 7438:1985(E)]

GB/T 247 钢板和钢带验收、包装、标志及质量证明书的一般规定

GB/T 708 冷轧钢板和钢带的尺寸、外形、重量及允许偏差

GB/T 1172 黑色金属硬度及强度换算值

GB/T 2975 钢及钢产品力学性能试验取样位置及试样制备(GB/T 2975—1998,eqv ISO 377:1997)

GB/T 4334.1 不锈钢 10%草酸浸蚀试验方法

GB/T 4334.2 不锈钢 硫酸-硫酸铁腐蚀试验方法

GB/T 4334.3 不锈钢 65%硝酸腐蚀试验方法

GB/T 4334.5 不锈钢 硫酸-硫酸铜腐蚀试验方法

GB/T 4340.1 金属维氏硬度试验 第1部分:试验方法(GB/T 4340.1—1999,eqv ISO 6507-1:1987)

GB/T 9971—2004 原料纯铁

GB/T 10125 人造气氛中的腐蚀试验 盐雾试验(SS试验)

GB/T 11170 不锈钢的光电发射光谱分析方法

GB/T 20066 钢和铁 化学成分测定用试样的取样和制样方法(GB/T 20066—2006,ISO 14284:1996,IDT)

GB/T 20878 不锈钢和耐热钢 牌号及化学成分

3 术语符号

下列术语符号适用于本标准:

低冷作硬化状态 H 1/4

半冷作硬化状态 H 1/2

冷作硬化状态 H

特别冷作硬化状态 H2

切边钢带 EC

不切边钢带 EM

宽度较高精度 PW

厚度较高精度 PT

长度较高精度 PL

不平度较高级 PF

4 订货内容

根据本标准订货,在合同中应注明下列技术内容:

a) 产品名称(或品名);

b) 牌号;

c) 标准编号;

d) 尺寸及精度;

e) 重量或数量;

f) 表面加工类型;

g) 交货状态；

h) 标准中应由供需双方协商并在合同中注明的项目或指标，如未注明，则由供方选择；

i) 需方提出的其他特殊要求，经供需双方协商确定，并在合同中注明。

5 尺寸、外形、重量及允许偏差

5.1 尺寸及允许偏差

5.1.1 宽钢带及卷切钢板、纵剪宽钢带及卷切钢带Ⅰ、窄钢带及卷切钢带Ⅱ的公称尺寸范围见表1，其具体规定应执行GB/T 708。如需方要求并经双方协商可供应其他尺寸的产品。

表1 公称尺寸范围

单位为毫米

形　态	公称厚度	公称宽度
宽钢带、卷切钢板	≥0.10～≤8.00	≥600～<2 100
纵剪宽钢带、卷切钢带Ⅰ	≥0.10～≤8.00	<600
窄钢带、卷切钢带Ⅱ	≥0.01～≤3.00	<600

5.1.2 厚度允许偏差

5.1.2.1 宽钢带及卷切钢板、纵剪宽钢带及卷切钢带Ⅰ的厚度允许偏差应符合表2普通精度的规定，如需方要求并在合同中注明时，可执行表2中较高精度(PT)的规定。

表2 宽钢带及卷切钢板、纵剪宽钢带及卷切钢带Ⅰ的厚度允许偏差

单位为毫米

公称厚度	厚度允许偏差					
	宽度≤1 000		1 000<宽度≤1 300		1 300<宽度≤2 100	
	普通精度	较高精度	普通精度	较高精度	普通精度	较高精度
≥0.10～<0.20	±0.025	±0.015	—	—	—	—
≥0.20～<0.30	±0.030	±0.020	—	—	—	—
≥0.30～<0.50	±0.04	±0.025	±0.045	±0.030	—	—
≥0.50～<0.60	±0.045	±0.030	±0.05	±0.035	—	—
≥0.60～<0.80	±0.05	±0.035	±0.055	±0.040	—	—
≥0.80～<1.00	±0.055	±0.040	±0.06	±0.045	±0.065	±0.050
≥1.00～<1.20	±0.06	±0.045	±0.07	±0.050	±0.075	±0.055
≥1.20～<1.50	±0.07	±0.050	±0.08	±0.055	±0.09	±0.060
≥1.50～<2.00	±0.08	±0.055	±0.09	±0.060	±0.10	±0.070
≥2.00～<2.50	±0.09	—	±0.10	—	±0.11	—
≥2.50～<3.00	±0.11	—	±0.12	—	±0.12	—
≥3.00～<4.00	±0.13	—	±0.14	—	±0.14	—
≥4.00～<5.00	±0.14	—	±0.15	—	±0.15	—
≥5.00～<6.50	±0.15	—	±0.16	—	±0.16	—
≥6.50～≤8.00	±0.16	—	±0.17	—	±0.17	—

5.1.2.2 宽钢带头尾不正常部分(总长度不大于25 000 mm)的厚度偏差值允许比正常部分增加50%。

5.1.2.3 窄钢带及卷切钢带Ⅱ的厚度允许偏差应符合表3中普通精度的规定，如需方要求并在合同中注明时，可执行表3中较高精度(PT)的规定。

表 3 窄钢带及卷切钢带Ⅱ的厚度允许偏差

单位为毫米

公称厚度	厚度允许偏差					
	宽度＜125		125≤宽度＜250		250≤宽度＜600	
	普通精度	较高精度	普通精度	较高精度	普通精度	较高精度
≥0.05～＜0.10	±0.10*t*	±0.06*t*	±0.12*t*	±0.10*t*	±0.15*t*	±0.10*t*
≥0.10～＜0.20	±0.010	±0.008	±0.015	±0.012	±0.020	±0.015
≥0.20～＜0.30	±0.015	±0.012	±0.020	±0.015	±0.025	±0.020
≥0.30～＜0.40	±0.020	±0.015	±0.025	±0.020	±0.030	±0.025
≥0.40～＜0.60	±0.025	±0.020	±0.030	±0.025	±0.035	±0.030
≥0.60～＜1.00	±0.030	±0.025	±0.035	±0.030	±0.040	±0.035
≥1.00～＜1.50	±0.035	±0.030	±0.040	±0.035	±0.045	±0.040
≥1.50～＜2.00	±0.040	±0.035	±0.050	±0.040	±0.060	±0.050
≥2.00～＜2.50	±0.050	±0.040	±0.060	±0.050	±0.070	±0.060
≥2.50～≤3.00	±0.060	±0.050	±0.070	±0.060	±0.080	±0.070
供需双方协商，偏差值可全为正偏差、负偏差或正负偏差不对称分布，但公差值应在表列范围之内。 厚度小于0.05时，由供需双方协定。 如需方要求较高精度时，应保证钢带任意一点的厚度偏差。 钢带边部毛刺高度应小于或等于产品公称厚度×10%。						
注：*t* 为公称厚度。						

5.1.3 宽度允许偏差

5.1.3.1 切边(EC)宽钢带及卷切钢板、纵剪宽钢带及卷切钢带Ⅰ的宽度允许偏差应符合表4普通精度的规定，如需方要求并在合同中注明时，可执行表4中的较高精度(PW)的规定。

表 4 切边宽钢带及卷切钢板、纵剪宽钢带及卷切钢带Ⅰ宽度允许偏差

单位为毫米

公称厚度	宽度允许偏差							
	宽度≤125		125＜宽度≤250		250＜宽度≤600		600＜宽度≤1 000	宽度＞1 000
	普通精度	较高精度	普通精度	较高精度	普通精度	较高精度	普通精度	普通精度
＜1.00	+0.5 0	+0.3 0	+0.5 0	+0.3 0	+0.7 0	+0.6 0	+1.5 0	+2.0 0
≥1.00～＜1.50	+0.7 0	+0.4 0	+0.7 0	+0.5 0	+1.0 0	+0.7 0	+1.5 0	+2.0 0
≥1.50～＜2.50	+1.0 0	+0.6 0	+1.0 0	+0.7 0	+1.2 0	+0.9 0	+2.0 0	+2.5 0
≥2.50～＜3.50	+1.2 0	+0.8 0	+1.2 0	+0.9 0	+1.5 0	+1.0 0	+3.0 0	+3.0 0
≥3.50～≤8.00	+2.0 0	—	+2.0 0	—	+2.0 0	—	+4.0 0	+4.0 0
经需方同意，产品可小于公称宽度交货，但不应超出表列公差范围。 经需方同意，对于需二次修边的纵剪产品其宽度偏差可增加到5。								

5.1.3.2 不切边(EM)宽钢带及卷切钢板的宽度允许偏差应符合表 5 的规定。

表 5 不切边宽钢带及卷切钢板宽度允许偏差 单位为毫米

边缘状态	宽度允许偏差		
	600≤宽度<1 000	1 000≤宽度<1 500	宽度≥1 500
轧制边缘	+25 0	+30 0	+30 0

5.1.3.3 切边(EC)窄钢带及卷切钢带Ⅱ的宽度允许偏差应符合表 6 普通精度的规定,如需方要求并在合同中注明时,可执行表 6 中较高精度(PW)的规定。

表 6 切边窄钢带及卷切钢带Ⅱ宽度允许偏差 单位为毫米

公称厚度	宽度允许偏差							
	宽度≤40		40<宽度≤125		125<宽度≤250		250<宽度≤600	
	普通精度	较高精度	普通精度	较高精度	普通精度	较高精度	普通精度	较高精度
≥0.05~<0.25	+0.17 0	+0.13 0	+0.20 0	+0.15 0	+0.25 0	+0.20 0	+0.50 0	+0.50 0
≥0.25~<0.50	+0.20 0	+0.15 0	+0.25 0	+0.20 0	+0.30 0	+0.22 0	+0.60 0	+0.50 0
≥0.50~<1.00	+0.25 0	+0.20 0	+0.30 0	+0.22 0	+0.40 0	+0.25 0	+0.70 0	+0.60 0
≥1.00~<1.50	+0.30 0	+0.22 0	+0.35 0	+0.25 0	+0.50 0	+0.30 0	+0.90 0	+0.70 0
≥1.50~<2.50	+0.35 0	+0.25 0	+0.40 0	+0.30 0	+0.60 0	+0.40 0	+1.0 0	+0.80 0
≥2.50~<3.00	+0.40 0	+0.30 0	+0.50 0	+0.40 0	+0.65 0	+0.50 0	+1.2 0	+1.0 0
注:经供需双方协商,宽度偏差可全为正偏差或负偏差,但公差值应不超出表列范围。								

5.1.3.4 不切边(EM)窄钢带及卷切钢带Ⅱ的宽度允许偏差由供需双方协商确定。

5.1.4 长度允许偏差

5.1.4.1 卷切钢板及卷切钢带Ⅰ的长度允许偏差应符合表 7 普通精度的规定,如需方要求并在合同中注明时,可执行表 7 较高精度(PL)的规定。

表 7 卷切钢板及卷切钢带Ⅰ的长度允许偏差 单位为毫米

公称长度	长度允许偏差	
	普通精度	较高精度
≤2 000	+5 0	+3 0
>2 000	+0.002 5×公称长度 0	+0.001 5×公称长度 0

5.1.4.2 卷切钢带Ⅱ的长度允许偏差应符合表 8 普通精度的规定,如需方要求并在合同中注明时,可执行表 8 较高精度(PL)的规定。

表 8 卷切钢带Ⅱ的长度允许偏差

单位为毫米

公称长度	长度允许偏差	
	普通精度	较高精度
≤2 000	+3 0	+1.5 0
>2 000～≤4 000	+5 0	+2 0
公称长度大于 4 000 的卷切钢带Ⅱ的长度允许偏差由供需双方协商确定。		

5.2 外形

5.2.1 不平度

5.2.1.1 卷切钢板及卷切钢带Ⅰ的不平度应符合表 9 普通级的规定，如需方要求并在合同中注明时，可执行表 9 中较高级(PF)的规定。

表 9 卷切钢板及卷切钢带Ⅰ的不平度

单位为毫米

公称长度	不平度	
	普通级	较高级
≤3 000	≤10	≤7
>3 000	≤12	≤8
表 9 不适用于冷作硬化钢板及 2D 产品。		

5.2.1.2 卷切钢带Ⅱ的不平度应符合表 10 普通级的规定，如需方要求并在合同中注明时，可执行表 10 中较高级(PF)的规定。

表 10 卷切钢带Ⅱ的不平度

单位为毫米

公称长度	不平度	
	普通级	较高级
任意长度	≤10	≤7
表 10 不适用于冷作硬化钢板及 2D 产品。		

5.2.1.3 对冷作硬化处理后的卷切钢板不平度应符合表 11 规定。

表 11 不同冷作硬化状态下卷切钢板的不平度

单位为毫米

公称宽度	厚　　度	不平度		
		H1/4	H1/2	H、H2
≥600～<900	≥0.10～<0.40	≤19	≤23	按供需双方协议规定
	≥0.40～<0.80	≤16	≤23	
	≥0.80	≤13	≤19	
≥900～<1 219	≥0.10～<0.40	≤26	≤29	按供需双方协议规定
	≥0.40～<0.80	≤19	≤29	
	≥0.80	≤16	≤26	
表 11 仅适用于奥氏体型和奥氏体・铁素体型除软板及深冲板之外的钢种。				

5.2.2 镰刀弯

5.2.2.1 宽钢带及卷切钢板、纵剪宽钢带及卷切钢带Ⅰ的镰刀弯应符合表 12 的规定。冷作硬化卷切钢板的镰刀弯由供需双方协商确定。

表 12　宽钢带及卷切钢板、纵剪宽钢带及卷切钢带Ⅰ的镰刀弯　　单位为毫米

公称宽度	任意 1 000 长度上的镰刀弯
≥10～＜40	≤2.5
≥40～＜125	≤2.0
≥128～＜600	≤1.5
≥600～＜2 100	≤1.0

5.2.2.2　窄钢带及卷切钢带Ⅱ的镰刀弯应符合表 13 普通精度的规定，如需方要求并在合同中注明时，可执行表 13 中较高精度的规定。冷作硬化卷切钢板的镰刀弯由供需双方协商确定。

表 13　窄钢带及卷切钢带Ⅱ的镰刀弯　　单位为毫米

公称宽度	任意 1 000 长度上的镰刀弯	
	普通精度	较高精度
≥10～＜25	≤4.0	≤1.5
≥25～＜40	≤3.0	≤1.25
≥40～＜125	≤2.0	≤1.0
≥125～＜600	≤1.5	≤0.75

5.2.3　切斜度

5.2.3.1　卷切钢板及卷切钢带Ⅰ的切斜度应不大于产品公称宽度×0.5%或符合表 14 的规定。

表 14　卷切钢板及卷切钢带Ⅰ的切斜度　　单位为毫米

卷切钢板长度	对角线最大差值
≤3 000	≤6
＞3 000～≤6 000	≤10
＞6 000	≤15

5.2.3.2　卷切钢带Ⅱ的切斜度应符合表 15 的规定。

表 15　卷切钢带Ⅱ的切斜度　　单位为毫米

公称宽度	切斜度
≥250	≤公称宽度×0.5%
＜250	供需双方协商

5.2.4　宽钢带、纵剪宽钢带、窄钢带的边浪应符合如下规定：边浪＝浪高 h/浪形长度 L

经平整或矫直后的窄钢带：厚度≤1.0 mm，边浪≤0.03；厚度＞1.0 mm，边浪≤0.02；

宽钢带或纵剪宽钢带：边浪≤0.03；

冷作硬化钢带及 2D 产品的边浪由供需双方协商确定。

5.2.5　钢卷外形

钢卷应牢固成卷并尽量保持圆柱形和不卷边。钢卷内径应在合同中注明。

钢卷塔形应符合：切边钢卷及纵剪宽钢带不大于 35 mm；不切边钢卷不大于 70 mm。

5.3　单张轧制钢板的尺寸、外形及允许偏差由供需双方协商确定。

5.4　测量方法

5.4.1　尺寸的测量

5.4.1.1　厚度测量

5.4.1.1.1　宽钢带及卷切钢板、纵剪宽钢带及卷切钢带Ⅰ：

a) 不切边状态距钢带边部不小于 30 mm 的任意点测量;切边状态距钢带边部不小于 20 mm 的任意点测量。

b) 纵剪宽钢带及卷切钢带Ⅰ,宽度不大于 30 mm 时,沿钢带宽度方向的中心部位测量。

5.4.1.1.2 窄钢带及卷切钢带Ⅱ:宽度大于 20 mm 时,距边部不小于 10 mm 任意点测量;宽度不大于 20 mm 时,沿钢带宽度方向的中心部位测量。

5.4.1.2 外形的测量

5.4.1.2.1 不平度:钢板在自重状态下平放于平台上,测量钢板任意方向的下表面与平台间的最大距离。

5.4.1.2.2 镰刀弯:测量方法见图 1,可用 1 m 直尺测量。窄钢带的测量位置在钢卷头尾 3 圈之外。

5.4.1.2.3 切斜度:测量方法见图 2。

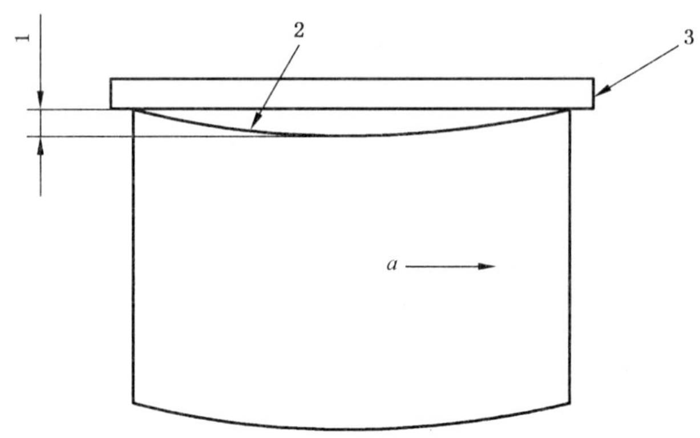

1——镰刀弯;

2——钢带边沿;

3——平直基准;

a——轧制方向。

图 1 镰刀弯测量方法

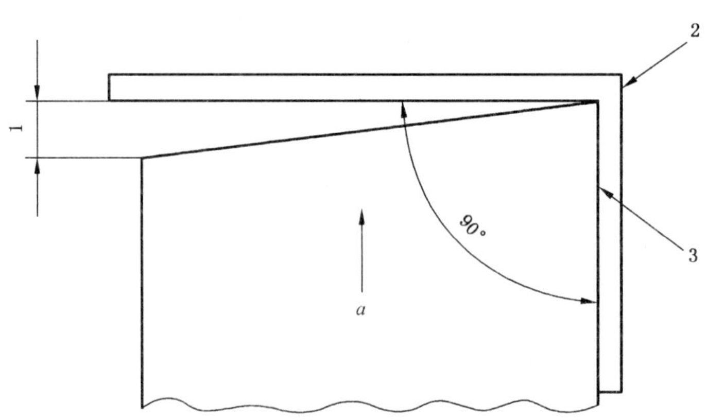

1——切斜度;

2——直角尺;

3——侧边;

a——轧制方向。

图 2 切斜度测量方法

5.4.1.2.4 边浪:测量方法见图 3。

钢带的边浪测量仅适用于产品边部。

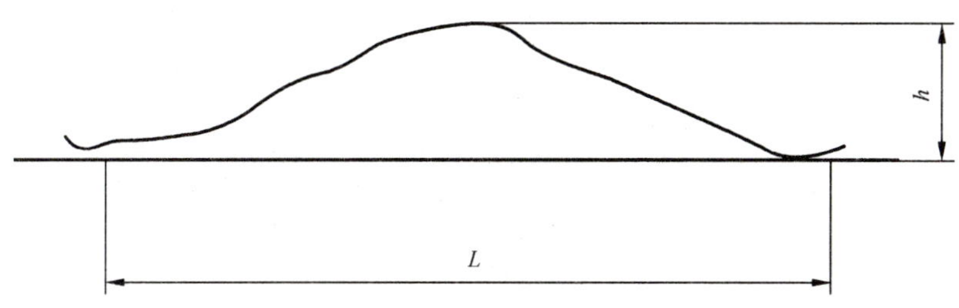

h——边浪高度;

L——边浪波长。

图 3 边浪测量方法

5.5 重量

钢板和钢带按实际重量或理论重量交货。按理论重量交货时,钢的密度按 GB/T 20878—2007 附录 A 计算,未规定者,由供需双方协商。

6 技术要求

6.1 牌号、分类及化学成分

6.1.1 钢的牌号、分类及化学成分(熔炼分析)应符合表 16～表 20 的规定。

6.1.2 成品化学成分允许偏差应符合 GB/T 222 的规定。

6.2 冶炼方法:优先采用粗炼钢水加炉外精炼。

6.3 交货状态

6.3.1 钢板和钢带经冷轧后,可经热处理及酸洗或类似处理后交货。当进行光亮热处理时,可省去酸洗等处理。热处理制度参见附录 A。

6.3.2 根据需方要求,钢板和钢带可按不同冷作硬化状态交货。

6.3.3 对于沉淀硬化型钢的热处理,需方应在合同中注明热处理的种类,并应说明是对钢带、钢板本身还是对试样进行热处理。

6.3.4 必要时可进行矫直、平整或研磨。

表 16 奥氏体型钢的化学成分

GB/T 20878 中序号	新牌号	旧牌号	化学成分(质量分数)/%									
			C	Si	Mn	P	S	Ni	Cr	Mo	Cu	N	其他元素
9	12Cr17Ni7	1Cr17Ni7	0.15	1.00	2.00	0.045	0.030	6.00～8.00	16.00～18.00	—	—	0.10	—
10	022Cr17Ni7[a]		0.030	1.00	2.00	0.045	0.030	6.00～8.00	16.00～18.00	—	—	0.20	—
11	022Cr17Ni7N[a]		0.030	1.00	2.00	0.045	0.030	6.00～8.00	16.00～18.00	—	—	0.07～0.20	—
13	12Cr18Ni9	1Cr18Ni9	0.15	0.75	2.00	0.045	0.030	8.00～10.00	17.00～19.00	—	—	0.10	—
14	12Cr18Ni9Si3	1Cr18Ni9Si3	0.15	2.00～3.00	2.00	0.045	0.030	8.00～10.00	17.00～19.00	—	—	0.10	—
17	06Cr19Ni10[a]	0Cr18Ni9	0.08	0.75	2.00	0.045	0.030	8.00～10.50	18.00～20.00	—	—	0.10	—
18	022Cr19Ni10[a]	00Cr19Ni10	0.030	0.75	2.00	0.045	0.030	8.00～12.00	18.00～20.00	—	—	0.10	—
19	07Cr19Ni10[a]		0.04～0.10	0.75	2.00	0.045	0.030	8.00～10.50	18.00～20.00	—	—	—	—
20	05Cr19Ni10Si2N		0.04～0.06	1.00～2.00	0.80	0.045	0.030	9.00～10.00	18.00～19.00	—	—	0.12～0.18	Ce:0.03～0.08
23	06Cr19Ni10N[a]	0Cr19Ni9N	0.08	0.75	2.00	0.045	0.030	8.00～10.50	18.00～20.00	—	—	0.10～0.16	—
24	06Cr19Ni9NbN[a]	0Cr19Ni10NbN	0.08	1.00	2.50	0.045	0.030	7.50～10.50	18.00～20.00	—	—	0.15～0.30	Nb:0.15
25	022Cr19Ni10N[a]	00Cr18Ni10N	0.030	0.75	2.00	0.045	0.030	8.00～12.00	18.00～20.00	—	—	0.10～0.16	—
26	10Cr18Ni12	1Cr18Ni12	0.12	0.75	2.00	0.045	0.030	10.50～13.00	17.00～19.00	—	—	—	—
32	06Cr23Ni13	0Cr23Ni13	0.08	0.75	2.00	0.045	0.030	12.00～15.00	22.00～24.00	—	—	—	—
35	06Cr25Ni20	0Cr25Ni20	0.08	1.50	2.00	0.045	0.030	19.00～22.00	24.00～26.00	—	—	—	—
36	022Cr25Ni22Mo2N[a]		0.020	0.50	2.00	0.030	0.010	20.50～23.50	24.00～26.00	1.60～2.60	—	0.09～0.15	—
38	06Cr17Ni12Mo2[a]	0Cr17Ni12Mo2	0.08	0.75	2.00	0.045	0.030	10.00～14.00	16.00～18.00	2.00～3.00	—	0.10	—

表 16(续)

GB/T 20878 中序号	新牌号	旧牌号	化学成分(质量分数)/%										
			C	Si	Mn	P	S	Ni	Cr	Mo	Cu	N	其他元素
39	022Cr17Ni12Mo2[a]	00Cr17Ni14Mo2	0.030	0.75	2.00	0.045	0.030	10.00～14.00	16.00～18.00	2.00～3.00	—	0.10	—
41	06Cr17Ni12Mo2Ti[a]	0Cr18Ni12Mo3Ti	0.08	0.75	2.00	0.045	0.030	10.00～14.00	16.00～18.00	2.00～3.00	—	—	Ti≥5C
42	06Cr17Ni12Mo2Nb		0.08	0.75	2.00	0.045	0.030	10.00～14.00	16.00～18.00	2.00～3.00	—	0.10	Nb:10C～1.10
43	06Cr17Ni12Mo2N[a]	0Cr17Ni12Mo2N	0.08	0.75	2.00	0.045	0.030	10.00～14.00	16.00～18.00	2.00～3.00	—	0.10～0.16	—
44	022Cr17Ni12Mo2N[a]	00Cr17Ni13Mo2N	0.030	0.75	2.00	0.045	0.030	10.00～14.00	16.00～18.00	2.00～3.00	—	0.10～0.16	—
45	06Cr18Ni12Mo2Cu2	0Cr18Ni12Mo2Cu2	0.08	1.00	2.00	0.045	0.030	10.00～14.00	17.00～19.00	1.20～2.75	1.00～2.50	—	—
48	015Cr21Ni26Mo5Cu2		0.020	1.00	2.00	0.045	0.035	23.00～28.00	19.00～23.00	4.00～5.00	1.00～2.00	0.10	—
49	06Cr19Ni13Mo3[a]	0Cr19Ni13Mo3	0.08	0.75	2.00	0.045	0.030	11.00～15.00	18.00～20.00	3.00～4.00	—	0.10	—
50	022Cr19Ni13Mo3	00Cr19Ni13Mo3	0.030	0.75	2.00	0.045	0.030	11.00～15.00	18.00～20.00	3.00～4.00	—	0.10	—
53	022Cr19Ni16Mo5N		0.030	0.75	2.00	0.045	0.030	13.50～17.50	17.00～20.00	4.00～5.00	—	0.10～0.20	—
54	022Cr19Ni13Mo4N		0.030	0.75	2.00	0.045	0.030	11.00～15.00	18.00～20.00	3.00～4.00	—	0.10～0.22	—
55	06Cr18Ni11Ti[a]	0Cr18Ni10Ti	0.08	0.75	2.00	0.045	0.030	9.00～12.00	17.00～19.00	—	—	0.10	Ti≥5C
58	015Cr24Ni22Mo8Mn3CuN		0.020	0.50	2.00～4.00	0.030	0.005	21.00～23.00	24.00～25.00	7.00～8.00	0.30～0.60	0.45～0.55	—
61	022Cr24Ni17Mo5Mn6NbN		0.030	1.00	5.00～7.00	0.030	0.010	16.00～18.00	23.00～25.00	4.00～5.00	—	0.40～0.60	Nb:0.10
62	06Cr18Ni11Nb[a]	0Cr18Ni11Nb	0.08	0.75	2.00	0.045	0.030	9.00～13.00	17.00～19.00	—	—	—	Nb:10C～1.00

注：表中所列成分除标明范围或最小值，其余均为最大值。

a 为相对于 GB/T 20878 调整化学成分的牌号。

表 17 奥氏体·铁素体型钢的化学成分

GB/T 20878 中序号	新牌号	旧牌号	化学成分(质量分数)/%										
			C	Si	Mn	P	S	Ni	Cr	Mo	Cu	N	其他元素
67	14Cr18Ni11Si4AlTi	1Cr18Ni11Si4AlTi	0.10～0.18	3.40～4.00	0.80	0.035	0.030	10.00～12.00	17.50～19.50	—	—	—	Ti:0.40～0.70 Al:0.10～0.30
68	022Cr19Ni5Mo3Si2N	00Cr18Ni5Mo3Si2	0.030	1.30～2.00	1.00～2.00	0.030	0.030	4.50～5.50	18.00～19.50	2.50～3.00	—	0.05～0.10	—
69	12Cr21Ni5Ti	1Cr21Ni5Ti	0.09～0.14	0.80	0.80	0.035	0.030	4.80～5.80	20.00～22.00	—	—	—	Ti:5(C－0.02)～0.80
70	022Cr22Ni5Mo3N		0.030	1.00	2.00	0.030	0.020	4.50～6.50	21.00～23.00	2.50～3.50	—	0.08～0.20	—
71	022Cr23Ni5Mo3N		0.030	1.00	2.00	0.030	0.020	4.50～6.50	22.00～23.00	3.00～3.50	—	0.14～0.20	—
72	022Cr23Ni4MoCuN		0.030	1.00	2.50	0.040	0.030	3.00～5.50	21.50～24.50	0.05～0.60	0.05～0.60	0.05～0.20	—
73	022Cr25Ni6Mo2N		0.030	1.00	2.00	0.030	0.030	5.50～6.50	24.00～26.00	1.50～2.50	—	0.10～0.20	—
74	022Cr25Ni7Mo4W-CuN		0.030	1.00	1.00	0.030	0.010	6.00～8.00	24.00～26.00	3.00～4.00	0.50～1.00	0.20～0.30	W:0.50～1.00
75	03Cr25Ni6Mo3Cu2N		0.04	1.00	1.50	0.040	0.030	4.50～6.50	24.00～27.00	2.90～3.90	1.50～2.50	0.10～0.25	—
76	022Cr25Ni7Mo4N		0.030	0.80	1.20	0.035	0.020	6.00～8.00	24.00～26.00	3.00～5.00	0.50	0.24～0.32	—

注：表中所列成分除标明范围或最小值，其余均为最大值。

表 18 铁素体型钢的化学成分

GB/T 20878 中序号	新牌号	旧牌号	化学成分(质量分数)/%										
			C	Si	Mn	P	S	Ni	Cr	Mo	Cu	N	其他元素
78	06Cr13Al	0Cr13Al	0.08	1.00	1.00	0.040	0.030	(0.60)	11.50～14.50	—	—	—	Al:0.10～0.30
80	022Cr11Ti		0.030	1.00	1.00	0.040	0.020	(0.60)	10.50～11.70	—	—	0.030	Ti≥8(C+N), Ti:0.15～0.50; Cb:0.10

表 18(续)

GB/T 20878 中序号	新牌号	旧牌号	化学成分(质量分数)/%										
			C	Si	Mn	P	S	Ni	Cr	Mo	Cu	N	其他元素
81	022Cr11NbTi		0.030	1.00	1.00	0.040	0.020	(0.60)	10.50～11.70	—	—	0.030	Ti+Nb:8(C+N)+0.08～0.75
82	022Cr12Ni		0.030	1.00	1.50	0.040	0.015	0.30～1.00	10.50～12.50	—	—	0.030	—
83	022Cr12	00Cr12	0.030	1.00	1.00	0.040	0.030	(0.60)	11.00～13.50	—	—	—	—
84	10Cr15	1Cr15	0.12	1.00	1.00	0.040	0.030	(0.60)	14.00～16.00	—	—	—	—
85	10Cr17	1Cr17	0.12	1.00	1.00	0.040	0.030	0.75	16.00～18.00	—	—	—	—
87	022Cr17Ti[a]	00Cr17	0.030	0.75	1.00	0.035	0.030	—	16.00～19.00	—	—	—	Ti 或 Nb:0.10～1.00
88	10Cr17Mo	1Cr17Mo	0.12	1.00	1.00	0.040	0.030	—	16.00～18.00	0.75～1.25	—	—	—
90	019Cr18MoTi		0.025	1.00	1.00	0.040	0.030	—	16.00～19.00	0.75～1.50	—	0.025	Ti,Nb,Zr 或其组合：8×(C+N)～0.80
91	022Cr18NbTi		0.030	1.00	1.00	0.040	0.015	—	17.50～18.50	—	—	—	Ti:0.10～0.60 Nb:≥0.30+3C
92	019Cr19Mo2NbTi	00Cr18Mo2	0.025	1.00	1.00	0.040	0.030	1.00	17.50～19.50	1.75～2.50	—	0.035	(Ti+Nb):[0.20+4(C+N)]～0.80
94	008Cr27Mo	00Cr27Mo	0.010	0.40	0.40	0.030	0.020	—	25.00～27.50	0.75～1.50	—	0.015	(Ni+Cu)≤0.50
95	008Cr30Mo2	00Cr30Mo2	0.010	0.40	0.40	0.030	0.020	—	28.50～32.00	1.50～2.50	—	0.015	(Ni+Cu)≤0.50

注：表中所列成分除标明范围或最小值，其余均为最大值。括号内值为允许含有的最大值。

[a] 为相对于 GB/T 20878 调整化学成分的牌号。

表 19　马氏体型钢的化学成分

GB/T 20878 中序号	新牌号	旧牌号	化学成分(质量分数)/%										
			C	Si	Mn	P	S	Ni	Cr	Mo	Cu	N	其他元素
96	12Cr12	1Cr12	0.15	0.50	1.00	0.040	0.030	(0.60)	11.50～13.00	—	—	—	—
97	06Cr13	0Cr13	0.08	1.00	1.00	0.040	0.030	(0.60)	11.50～13.50	—	—	—	—
98	12Cr13[a]	1Cr13	0.15	1.00	1.00	0.040	0.030	(0.60)	11.50～13.50	—	—	—	—
99	04Cr13Ni5Mo		0.05	0.60	0.50～1.00	0.030	0.030	3.50～5.50	11.50～14.00	0.50～1.00	—	—	—

表 19(续)

GB/T 20878 中序号	新牌号	旧牌号	化学成分(质量分数)/%										
			C	Si	Mn	P	S	Ni	Cr	Mo	Cu	N	其他元素
101	20Cr13	2Cr13	0.16～0.25	1.00	1.00	0.040	0.030	(0.60)	12.00～14.00	—	—	—	—
102	30Cr13	3Cr13	0.26～0.35	1.00	1.00	0.040	0.030	(0.60)	12.00～14.00	—	—	—	—
104	40Cr13	4Cr13	0.36～0.45	0.80	0.80	0.040	0.030	(0.60)	12.00～14.00	—	—	—	—
107	17Cr16Ni2[a]		0.12～0.20	1.00	1.00	0.025	0.015	2.00～3.00	15.00～18.00	—	—	—	—
108	68Cr17	7Cr17	0.60～0.75	1.00	1.00	0.040	0.030	(0.60)	16.00～18.00	(0.75)	—	—	—

注：表中所列成分除标明范围或最小值，其余均为最大值。括号内值为允许含有的最大值。

a 为相对于 GB/T 20878 调整化学成分的牌号。

表 20 沉淀硬化型钢的化学成分

GB/T 20878 中序号	新牌号	旧牌号	化学成分(质量分数)/%										
			C	Si	Mn	P	S	Ni	Cr	Mo	Cu	N	其他元素
134	04Cr13Ni8Mo2Al[a]		0.05	0.10	0.20	0.010	0.008	7.50～8.50	12.30～13.25	2.00～2.50	—	0.01	Al:0.90～1.35
135	022Cr12Ni9Cu2NbTi[a]		0.05	0.50	0.50	0.040	0.030	7.50～9.50	11.00～12.50	0.50	1.50～2.50	—	Ti:0.80～1.40 (Nb+Ta):0.10～0.50
138	07Cr17Ni7Al	0Cr17Ni7Al	0.09	1.00	1.00	0.040	0.030	6.50～7.75	16.00～18.00	—	—	—	Al:0.75～1.50
139	07Cr15Ni7Mo2Al	0Cr15Ni7Mo2Al	0.090	1.00	1.00	0.040	0.030	6.50～7.75	14.00～16.00	2.00～3.00	—	—	Al:0.75～1.50
141	09Cr17Ni5Mo3N[a]		0.07～0.11	0.50	0.50～1.25	0.040	0.030	4.00～5.00	16.00～17.00	2.50～3.20	—	0.07～0.13	—
142	06Cr17Ni7AlTi		0.08	1.00	1.00	0.040	0.030	6.00～7.50	16.00～17.50	—	—	—	Al:0.40 Ti:0.40～1.20

注：表中所列成分除标明范围或最小值，其余均为最大值。

a 为相对于 GB/T 20878 调整化学成分的牌号。

6.4 力学性能

经热处理的各类型钢板和钢带的力学性能应符合 6.4.1～6.4.5 的规定。各类钢板和钢带的规定非比例延伸强度及硬度试验、退火状态的铁素体型和马氏体型钢的弯曲试验，仅当需方要求并在合同中注明时才进行检验。对于几种硬度试验，可根据钢板和钢带的不同尺寸和状态选择其中一种方法试验。

6.4.1 经固溶处理的奥氏体型钢板和钢带的力学性能应符合表 21 的规定。

表 21 经固溶处理的奥氏体型钢的力学性能

GB/T 20878 中序号	新牌号	旧牌号	规定非比例延伸强度 $R_{P0.2}$/MPa	抗拉强度 R_m/MPa	断后伸长率 A/%	硬度值[a] HBW	HRB	HV
			不小于			不大于		
9	12Cr17Ni7	1Cr17Ni7	205	515	40	217	95	218
10	022Cr17Ni7		220	550	45	241	100	—
11	022Cr17Ni7N		240	550	45	241	100	—
13	12Cr18Ni9	1Cr18Ni9	205	515	40	201	92	210
14	12Cr18Ni9Si3	1Cr18Ni9Si3	205	515	40	217	95	220
17	06Cr19Ni10	0Cr18Ni9	205	515	40	201	92	210
18	022Cr19Ni10	00Cr19Ni10	170	485	40	201	92	210
19	07Cr19Ni10		205	515	40	201	92	210
20	05Cr19Ni10Si2NbN		290	600	40	217	95	—
23	06Cr19Ni10N	0Cr19Ni9N	240	550	30	201	92	220
24	06Cr19Ni9NbN	0Cr19Ni10NbN	345	685	35	250	100	260
25	022Cr19Ni10N	00Cr18Ni10N	205	515	40	201	92	220
26	10Cr18Ni12	1Cr18Ni12	170	485	40	183	88	200
32	06Cr23Ni13	0Cr23Ni13	205	515	40	217	95	220
35	06Cr25Ni20	0Cr25Ni20	205	515	40	217	95	220
36	022Cr25Ni22Mo2N		270	580	25	217	95	—
38	06Cr17Ni12Mo2	0Cr17Ni12Mo2	205	515	40	217	95	220
39	022Cr17Ni12Mo2	00Cr17Ni14Mo2	170	485	40	217	95	220
41	06Cr17Ni12Mo2Ti	0Cr18Ni12Mo3Ti	205	515	40	217	95	220
42	06Cr17Ni12Mo2Nb		205	515	30	217	95	—
43	06Cr17Ni12Mo2N	0Cr17Ni12Mo2N	240	550	35	217	95	220
44	022Cr17Ni12Mo2N	00Cr17Ni13Mo2N	205	515	40	217	95	220
45	06Cr18Ni12Mo2Cu2	0Cr18Ni12Mo2Cu2	205	520	40	187	90	200
48	015Cr21Ni26Mo5Cu2		220	490	35	—	90	—
49	06Cr19Ni13Mo3	0Cr19Ni13Mo3	205	515	35	217	95	220
50	022Cr19Ni13Mo3	00Cr19Ni13Mo3	205	515	40	217	95	220
53	022Cr19Ni16Mo5N		240	550	40	223	96	—

表 21(续)

GB/T 20878 中序号	新牌号	旧牌号	规定非比例延伸强度 $R_{P0.2}$/MPa	抗拉强度 R_m/MPa	断后伸长率 A/%	硬度值[a]		
						HBW	HRB	HV
			不小于			不大于		
54	022Cr19Ni13Mo4N		240	550	40	217	95	—
55	06Cr18Ni11Ti	0Cr18Ni10Ti	205	515	40	217	95	220
58	015Cr24Ni22Mo8Mn3CuN		430	750	40	250	—	—
61	022Cr24Ni17Mo5Mn6NbN		415	795	35	241	100	—
62	06Cr18Ni11Nb	0Cr18Ni11Nb	205	515	40	201	92	210

a 未给出 HV 值的牌号，请各单位在生产中注意积累数据，以利于在适当的时候再对本标准进行修订、补充。此前，建议参照 GB/T 1172 进行换算。下同。

6.4.2 不同冷作硬化状态钢板和钢带的力学性能应符合表 22～表 25 的规定。表中未列的牌号以冷作硬化状态交货时的力学性能及硬度由供需双方协商确定并在合同中注明。

表 22 H1/4 状态的钢材力学性能

GB/T 20878 中序号	新牌号	旧牌号	规定非比例延伸强度 $R_{P0.2}$/MPa	抗拉强度 R_m/MPa	断后伸长率 A/%		
					厚度 <0.4 mm	厚度 ≥0.4 mm～<0.8 mm	厚度 ≥0.8 mm
			不小于				
9	12Cr17Ni7	1Cr17Ni7	515	860	25	25	25
10	022Cr17Ni7		515	825	25	25	25
11	022Cr17Ni7N		515	825	25	25	25
13	12Cr18Ni9	1Cr18Ni9	515	860	10	10	12
17	06Cr19Ni10	0Cr18Ni9	515	860	10	10	12
18	022Cr19Ni10	00Cr19Ni10	515	860	8	8	10
23	06Cr19Ni10N	0Cr19Ni9N	515	860	12	12	12
25	022Cr19Ni10N	00Cr18Ni10N	515	860	10	10	12
38	06Cr17Ni12Mo2	0Cr17Ni12Mo2	515	860	10	10	10
39	022Cr17Ni12Mo2	00Cr17Ni14Mo2	515	860	8	8	8
41	06Cr17Ni12Mo2Ti	0Cr18Ni12Mo3Ti	515	860	12	12	12

表 23 H1/2 状态的钢材力学性能

GB/T 20878 中序号	新牌号	旧牌号	规定非比例延伸强度 $R_{P0.2}$/MPa	抗拉强度 R_m/MPa	断后伸长率 A/%		
					厚度 <0.4 mm	厚度 ≥0.4 mm～<0.8 mm	厚度 ≥0.8 mm
			不小于		不小于		
9	12Cr17Ni7	1Cr17Ni7	760	1 035	15	18	18
10	022Cr17Ni7		690	930	20	20	20
11	022Cr17Ni7N		690	930	20	20	20

表 23(续)

GB/T 20878 中序号	新牌号	旧牌号	规定非比例延伸强度 $R_{P0.2}$/MPa	抗拉强度 R_m/MPa	断后伸长率 A/%		
					厚度 <0.4 mm	厚度 ≥0.4 mm～<0.8 mm	厚度 ≥0.8 mm
			不小于		不小于		
13	12Cr18Ni9	1Cr18Ni9	760	1 035	9	10	10
17	06Cr19Ni10	0Cr18Ni9	760	1 035	6	7	7
18	022Cr19Ni10	00Cr19Ni10	760	1 035	5	6	6
23	06Cr19Ni10N	0Cr19Ni9N	760	1 035	6	8	8
25	022Cr19Ni10N	00Cr18Ni10N	760	1 035	6	7	7
38	06Cr17Ni12Mo2	0Cr17Ni12Mo2	760	1 035	6	7	7
39	022Cr17Ni12Mo2	00Cr17Ni14Mo2	760	1 035	5	6	6
43	06Cr17Ni12Mo2N	0Cr17Ni12Mo2N	760	1 035	6	8	8

表 24 H 状态的钢材力学性能

GB/T 20878 中序号	新牌号	旧牌号	规定非比例延伸强度 $R_{P0.2}$/MPa	抗拉强度 R_m/MPa	断后伸长率 A/%		
					厚度 <0.4 mm	厚度 ≥0.4 mm～<0.8 mm	厚度 ≥0.8 mm
			不小于		不小于		
9	12Cr17Ni7	1Cr17Ni7	930	1 205	10	12	12
13	12Cr18Ni9	1Cr18Ni9	930	1 205	5	6	6

表 25 H2 状态的钢材力学性能

GB/T 20878 中序号	新牌号	旧牌号	规定非比例延伸强度 $R_{P0.2}$/MPa	抗拉强度 R_m/MPa	断后伸长率 A/%		
					厚度 <0.4 mm	厚度 ≥0.4 mm～<0.8 mm	厚度 ≥0.8 mm
			不小于		不小于		
9	12Cr17Ni7	1Cr17Ni7	965	1 275	8	9	9
13	12Cr18Ni9	1Cr18Ni9	965	1 275	3	4	4

6.4.3 经固溶处理的奥氏体·铁素体型钢板和钢带的力学性能应符合表 26 的规定。

表 26 经固溶处理的奥氏体·铁素体型钢力学性能

GB/T 20878 中序号	新牌号	旧牌号	规定非比例延伸强度 $R_{P0.2}$/MPa	抗拉强度 R_m/MPa	断后伸长率 A/%	硬度值	
						HBW	HRC
			不小于			不大于	
67	14Cr18Ni11Si4AlTi	1Cr18Ni11Si4AlTi	—	715	25	—	—
68	022Cr19Ni5Mo3Si2N	00Cr18Ni5Mo3Si2	440	630	25	290	31

表 26(续)

GB/T 20878 中序号	新牌号	旧牌号	规定非比例延伸强度 $R_{P0.2}$/MPa	抗拉强度 R_m/MPa	断后伸长率 A/%	硬度值 HBW	硬度值 HRC
			不小于			不大于	
69	12Cr21Ni5Ti	1Cr21Ni5Ti	—	635	20	—	—
70	022Cr22Ni5Mo3N		450	620	25	293	31
71	022Cr23Ni5Mo3N		450	620	25	293	31
72	022Cr23Ni4MoCuN		400	600	25	290	31
73	022Cr25Ni6Mo2N		450	640	25	295	31
74	022Cr25Ni7Mo4WCuN		550	750	25	270	—
75	03Cr25Ni6Mo3Cu2N		550	760	15	302	32
76	022Cr25Ni7Mo4N		550	795	15	310	32
奥氏体·铁素体双相不锈钢不需要做冷弯试验。							

6.4.4 经退火处理的铁素体型、马氏体型钢板和钢带的力学性能应符合表 27 和表 28 的规定。

表 27 经退火处理的铁素体型钢的力学性能

GB/T 20878 中序号	新牌号	旧牌号	规定非比例延伸强度 $R_{P0.2}$/MPa	抗拉强度 R_m/MPa	断后伸长率 A/%	冷弯 180°	硬度值 HBW	硬度值 HRB	硬度值 HV
			不小于				不大于		
78	06Cr13Al	0Cr13Al	170	415	20	$d=2a$	179	88	200
80	022Cr11Ti		275	415	20	$d=2a$	197	92	200
81	022Cr11NbTi		275	415	20	$d=2a$	197	92	200
82	022Cr12Ni		280	450	18	—	180	88	—
83	022Cr12	00Cr12	195	360	22	$d=2a$	183	88	200
84	10Cr15	1Cr15	205	450	22	$d=2a$	183	89	200
85	10Cr17	1Cr17	205	450	22	$d=2a$	183	89	200
87	022Cr18Ti	00Cr17	175	360	22	$d=2a$	183	88	200
88	10Cr17Mo	1Cr17Mo	240	450	22	$d=2a$	183	89	200
90	019Cr18MoTi		245	410	20	$d=2a$	217	96	230
91	022Cr18NbTi		250	430	18	—	180	88	—
92	019Cr19Mo2NbTi	00Cr18Mo2	275	415	20	$d=2a$	217	96	230
94	008Cr27Mo	00Cr27Mo	245	410	22	$d=2a$	190	90	200
95	008Cr30Mo2	00Cr30Mo2	295	450	22	$d=2a$	209	95	220
注:"—"表示目前尚无数据提供,需在生产使用过程中积累数据。d:弯芯直径 a:钢板厚度。									

表 28 经退火处理的马氏体型钢的力学性能

GB/T 20878 中序号	新牌号	旧牌号	规定非比例延伸强度 $R_{P0.2}$/MPa	抗拉强度 R_m/MPa	断后伸长率 A/%	冷弯 180°	硬度值 HBW	硬度值 HRB	硬度值 HV
			不小于				不大于		
96	12Cr12	1Cr12	205	485	20	$d=2a$	217	96	210
97	06Cr13	0Cr13	205	415	20	$d=2a$	183	89	200
98	12Cr13	1Cr13	205	450	20	$d=2a$	217	96	210
99	04Cr13Ni5Mo		620	795	15	—	302	32[a]	—
101	20Cr13	2Cr13	225	520	18	—	223	97	234
102	30Cr13	3Cr13	225	540	18	—	235	99	247
104	40Cr13	4Cr13	225	590	15	—	—	—	—
107	17Cr16Ni2[b]		690	880～1 080	12	—	262～326	—	—
			1 050	1 350	10	—	388	—	—
108	68Cr17	1Cr12	245	590	15	—	255	25[a]	269

a 为 HRC 硬度值。

b 表列为淬火、回火后的力学性能。d:弯芯直径 a:钢板厚度。

6.4.5 经固溶处理的沉淀硬化型钢板和钢带的试样的力学性能应符合表 29 的规定，根据需方指定并经时效处理的试样的力学性能应符合表 30 的规定。

表 29 经固溶处理的沉淀硬化型钢试样的力学性能

GB/T 20878 中序号	新牌号	旧牌号	钢材厚度/mm	规定非比例延伸强度 $R_{P0.2}$/MPa	抗拉强度 R_m/MPa	断后伸长率 A/%	硬度值 HRC	硬度值 HBW
				不大于		不小于	不大于	
134	04Cr13Ni8Mo2Al		≥0.10～<8.0	—	—	—	38	363
135	022Cr12Ni9Cu2NbTi		≥0.30～≤8.0	1 105	1 205	3	36	331
138	07Cr17Ni7Al	0Cr17Ni7Al	≥0.10～<0.30	450	1 035	—	—	—
			≥0.30～≤8.0	380	1 035	20	92[a]	—
139	07Cr15Ni7Mo2Al	0Cr15Ni7Mo2Al	≥0.10～<8.0	450	1 035	25	100[a]	—
141	09Cr17Ni5Mo3N		≥0.10～<0.30	585	1 380	8	30	—
			≥0.30～≤8.0	585	1 380	12	30	—
142	06Cr17Ni7AlTi		≥0.10～<1.50	515	825	4	32	—
			≥1.50～≤8.0	515	825	5	32	—

a 为 HRB 硬度值。

表 30 沉淀硬化处理后的沉淀硬化型钢试样的力学性能

GB/T 20878中序号	新牌号	旧牌号	钢材厚度/mm	处理[a]温度/℃	非比例延伸强度 $R_{P0.2}$/MPa	抗拉强度 R_m/MPa	断后[b]伸长率 A/%	硬度值 HRC	硬度值 HB
					不小于			不小于	
134	04Cr13Ni8Mo2Al		≥0.10～＜0.50	510±6	1 410	1 515	6	45	—
			≥0.50～＜5.0		1 410	1 515	8	45	—
			≥5.0～≤8.0		1 410	1 515	10	45	—
			≥0.10～＜0.50	538±6	1 310	1 380	6	43	—
			≥0.50～＜5.0		1 310	1 380	8	43	—
			≥5.0～≤8.0		1 310	1 380	10	43	—
135	022Cr12Ni9Cu-2NbTi		≥0.10～＜0.50	510±6或482±6	1 410	1 525	—	44	—
			≥0.50～＜1.50		1 410	1 525	3	44	—
			≥1.50～≤8.0		1 410	1 525	4	44	—
138	07Cr17Ni7Al	0Cr17Ni7Al	≥0.10～＜0.30	760±15	1 035	1 240	3	38	—
			≥0.30～＜5.0	15±3	1 035	1 240	5	38	—
			≥5.0～≤8.0	566±6	965	1 170	7	43	352
			≥0.10～＜0.30	954±8	1 310	1 450	1	44	—
			≥0.30～＜5.0	−73±6	1 310	1 450	3	44	—
			≥5.0～≤8.0	510±6	1 240	1 380	6	43	401
139	07Cr15Ni7Mo2Al	0Cr15Ni7Mo-2Al	≥0.10～＜0.30	760±15	1 170	1 310	3	40	—
			≥0.30～＜5.0	15±3	1 170	1 310	5	40	—
			≥5.0～≤8.0	566±6	1 170	1 310	4	40	375
			≥0.10～＜0.30	954±8	1 380	1 550	2	46	—
			≥0.30～＜5.0	−73±6	1 380	1 550	4	46	—
			≥5.0～≤8.0	510±6	1 380	1 550	4	45	429
			≥0.10～≤1.2	冷轧	1 205	1 380	1	41	—
			≥0.10～≤1.2	冷轧+482	1 580	1 655	1	46	—
141	09Cr17Ni5Mo3N		≥0.10～＜0.30	455±8	1 035	1 275	6	42	—
			≥0.30～≤5.0		1 035	1 275	8	42	—
			≥0.10～＜0.30	540±8	1 000	1 140	6	36	—
			≥0.30～≤5.0		1 000	1 140	8	36	—
142	06Cr17Ni7AlTi		≥0.10～＜0.80	510±8	1 170	1 310	3	39	—
			≥0.80～＜1.50		1 170	1 310	4	39	—
			≥1.50～≤8.0		1 170	1 310	5	39	—
			≥0.10～＜0.80	538±8	1 105	1 240	3	37	—
			≥0.80～＜1.50		1 105	1 240	4	37	—
			≥1.50～≤8.0		1 105	1 240	5	37	—
			≥0.10～＜0.80	566±8	1 035	1 170	3	35	—
			≥0.80～＜1.50		1 035	1 170	4	35	—
			≥1.50～≤8.0		1 035	1 170	5	35	—

a 为推荐性热处理温度，供方应向需方提供推荐性热处理制度。

b 适用于沿宽度方向的试验，垂直于轧制方向且平行于钢板表面。

6.4.6 沉淀硬化型钢固溶处理状态的弯曲试验应符合表 31 的规定。

表 31 沉淀硬化型钢固溶处理状态的弯曲试验

GB/T 20878 中序号	新牌号	旧牌号	厚度/mm	冷弯角度/(°)	弯芯直径
135	022Cr12Ni9Cu2NbTi		≥0.10 ≤5.0	180	$d=6a$
138	07Cr17Ni7Al	0Cr17Ni7Al	≥0.10 <5.0 ≥5.0 ≤7.0	180 180	$d=a$ $d=3a$
139	07Cr15Ni7Mo2Al	0Cr15Ni7Mo2Al	≥0.10 <5.0 ≥5.0 ≤7.0	180 180	$d=a$ $d=3a$
141	09Cr17Ni5Mo3N		≥0.10 ≤5.0	180	$d=2a$
注：d 弯芯直径，a 试验钢板厚度。					

6.5 耐腐蚀性能

6.5.1 钢板和钢带按表 32～表 35 进行耐晶间腐蚀试验，试验方法由供需双方协商确定并在合同中注明，未注明时，可不作试验。对于 Mo≥3%的低碳不锈钢，试验前的敏化处理应由供需双方协商。

6.5.2 如需方要求其他耐腐蚀试验，或对表 32～表 35 未列入的牌号需进行耐腐蚀试验时，其试验方法和要求，由供需双方协商确定并在合同中注明。

表 32 10%草酸浸蚀试验的判别

GB/T 20878 中序号	新牌号	旧牌号	试验状态	硫酸-硫酸铁腐蚀试验	65%硝酸腐蚀试验	硫酸-硫酸铜腐蚀试验
17 19	06Cr19Ni10 07Cr19Ni10	0Cr18Ni9	固溶处理（交货状态）	沟状组织	沟状组织 凹状组织Ⅱ	沟状组织
38 45 49	06Cr17Ni12Mo2 06Cr18Ni12Mo2Cu2 06Cr19Ni13Mo3	0Cr17Ni12Mo2 0Cr18Ni12Mo2Cu2 0Cr19Ni13Mo3			—	
18	022Cr19Ni10	00Cr19Ni10	敏化组织	沟状组织	沟状组织 凹状组织Ⅱ	沟状组织
39 50	022Cr17Ni12Mo2 022Cr19Ni13Mo3	00Cr17Ni14Mo2 00Cr19Ni13Mo3			—	
41 55 62	06Cr17Ni12Mo2Ti 06Cr18Ni11Ti 06Cr18Ni11Nb	0Cr18Ni12Mo3Ti 0Cr18Ni10Ti 0Cr18Ni11Nb		—		

表 33 硫酸-硫酸铁腐蚀试验的腐蚀减量

GB/T 20878 中序号	新牌号	旧牌号	试验状态	腐蚀减量/[g/(m² · h)]
17 19 38 45 49	06Cr19Ni10 07Cr19Ni10 06Cr17Ni12Mo2 06Cr18Ni12Mo2Cu2 06Cr19Ni13Mo3	0Cr18Ni9 0Cr17Ni12Mo2 0Cr18Ni12Mo2Cu2 0Cr19Ni13Mo3	固溶处理（交货状态）	按供需双方协议
18 39 50	022Cr19Ni10 022Cr17Ni12Mo2 022Cr19Ni13Mo3	00Cr19Ni10 00Cr17Ni14Mo2 00Cr19Ni13Mo3	敏化处理	按供需双方协议

表 34　65%硝酸腐蚀试验的腐蚀减量

GB/T 20878 中序号	新牌号	旧牌号	试验状态	腐蚀减量/[g/(m²·h)]
17 19	06Cr19Ni10 07Cr19Ni10	0Cr18Ni9	固溶处理 (交货状态)	按供需双方协议
18	022Cr19Ni10	00Cr19Ni10	敏化处理	按供需双方协议

表 35　硫酸-硫酸铜腐蚀试验后弯曲面状态

GB/T 20878 中序号	新牌号	旧牌号	试验状态	试验后弯曲面状态
17 19 38 45 49	06Cr19Ni10 07Cr19Ni10 06Cr17Ni12Mo2 06Cr18Ni12Mo2Cu2 06Cr19Ni13Mo3	0Cr18Ni9 0Cr17Ni12Mo2 0Cr18Ni12Mo2Cu2 0Cr19Ni13Mo3	固溶处理 (交货状态)	不得有晶间腐蚀裂纹
18 39 41 50 55 62	022Cr19Ni10 022Cr17Ni12Mo2 06Cr17Ni12Mo2Ti 022Cr19Ni13Mo3 06Cr18Ni11Ti 06Cr18Ni11Nb	00Cr19Ni10 00Cr17Ni14Mo2 0Cr18Ni12Mo3Ti 00Cr19Ni13Mo3 0Cr18Ni10Ti 0Cr18Ni11Nb	敏化处理	不得有晶间腐蚀裂纹

6.5.3　如需方要求并在合同中注明可对钢板和钢带进行盐雾腐蚀试验,试验方法执行 GB/T 10125 的规定。

6.6　表面加工及质量要求

6.6.1　表面加工类型见表 36,需方应根据使用需求指定钢板表面加工类型,并在合同中注明。

表 36　表面加工类型

简称	加工类型	表面状态	备　注
2D 表面	冷轧、热处理、酸洗或除鳞	表面均匀、呈亚光状	冷轧后热处理、酸洗。亚光表面经酸洗或除鳞产生。可用毛面辊进行平整。毛面加工便于在深冲时将润滑剂保留在钢板表面。这种表面适用于加工深冲部件,但这些部件成型后还需进行抛光处理
2B 表面	冷轧、热处理、酸洗或除鳞、光亮加工	较 2D 表面光滑平直	在 2D 表面的基础上,对经热处理、除鳞后的钢板用抛光辊进行小压下量的平整。属最常用的表面加工。除极为复杂的深冲外,可用于任何用途
BA 表面	冷轧、光亮退火	平滑、光亮、反光	冷轧后在可控气氛炉内进行光亮退火。通常采用干氢或干氢与干氮混合气氛,以防止退火过程中的氧化现象。也是后工序再加工常用的表面加工
3# 表面	对单面或双面进行刷磨或亚光抛光	无方向纹理、不反光	需方可指定抛光带的等级或表面粗糙度。由于抛光带的等级或表面粗糙度的不同,表面所呈现的状态不同。这种表面适用于延伸产品还需进一步加工的场合。若钢板或钢带做成的产品不进行另外的加工或抛光处理时,建议用 4# 表面

表 36(续)

简称	加工类型	表面状态	备　注
4# 表面	对单面或双面进行通用抛光	无方向纹理、反光	经粗磨料粗磨后，再用粒度为 120# ～150# 或更细的研磨料进行精磨。这种材料被广泛用于餐馆设备、厨房设备、店铺门面、乳制品设备等
6# 表面	单面或双面亚光缎面抛光，坦皮科研磨	呈亚光状、无方向纹理	表面反光率较 4# 表面差。是用 4# 表面加工的钢板在中粒度研磨料和油的介质中经坦皮科刷磨而成。适用于不要求光泽度的建筑物和装饰。研磨粒度可由需方指定
7# 表面	高光泽度表面加工	光滑、高反光度	是由优良的基础表面进行擦磨而成。但表面磨痕无法消除。该表面主要适用于要求高光泽度的建筑物外墙装饰
8# 表面	镜面加工	无方向纹理、高反光度、影像清晰	该表面是用逐步细化的磨料抛光和用极细的铁丹大量擦磨而成。表面不留任何擦磨痕迹。该表面被广泛用于模压板、镜面
TR 表面	冷作硬化处理	应材质及冷作量的大小而变化	对退火除鳞或光亮退火的钢板进行足够的冷作硬化处理。大大提高强度水平
HL 表面	冷轧、酸洗、平整、研磨	呈连续性磨纹状	用适当粒度的研磨材料进行抛光，使表面呈连续性磨纹
单面抛光的钢板，另一面需进行粗磨，以保证必要的平直度。 标准的抛光工艺在不同的钢种上所产生的效果不同。对于一些关键性的应用，订单中需要附“典型标样”做参照，以便于取得一致的看法。			

6.6.2　钢板及钢带表面质量

6.6.2.1　钢板不得有影响使用的缺陷。允许有个别深度小于厚度公差之半的轻微麻点、擦划伤、压痕、凹坑、辊印和色差等不影响使用的缺陷。允许局部修磨，但应保证钢板最小厚度。

6.6.2.2　钢带不得有影响使用的缺陷。但成卷交货的钢带由于一般没有除去缺陷的机会，允许有少量不正常的部分。对不经抛光的钢带，表面允许有个别深度小于厚度公差之半的轻微麻点、擦划伤、压痕、凹坑、辊印和色差。

6.6.2.3　钢带边缘应平整。切边钢带边缘不允许有深度大于宽度公差之半的切割不齐和大于钢带厚度公差的毛刺；不切边钢带不允许有大于宽度公差的裂边。

6.7　特殊要求

根据需方要求，可对钢的化学成分、力学性能作特殊要求，或补充规定非金属夹杂物、无损检验等项目，具体内容由供需双方协商确定。

7　试验方法

每批钢板或钢带的检验项目及试验方法应符合表 37 的规定。

表 37　取样方法、数量及试验方法

序号	检验项目	取样方法及部位	取样数量	试验方法
1	化学成分	GB/T 20066	1	GB/T 223、GB/11170 及 GB/T 9971—2004 中的附录 A
2	拉伸试验	GB/T 2975 取横向试样	1	GB/T 228

表 37(续)

序号	检验项目	取样方法及部位	取样数量	试验方法
3	弯曲试验	GB/T 232	1	GB/T 232
4	硬度	任一张或任一卷	1	GB/T 230.1,GB/T 231.1,GB/T 4340
5	耐腐蚀性	GB/T 4334	2	GB/T 4334
6	尺寸外形	逐张或逐卷	—	本标准第5章
7	表面质量	逐张或逐卷	—	目视

8 检验规则

8.1 检查和验收

钢板和钢带的质量由供方质量监督部门负责检查和验收。供方必须保证交货的钢材符合有关标准的规定,需方有权按相应标准的规定进行检查和验收。

8.2 组批规则

钢板或钢带应成批提交验收,每批由同一牌号、同一炉号、同一厚度和同一热处理制度的钢板或钢带组成。

8.3 取样部位及取样数量

钢板或钢带的取样部位及取样数量应符合表37的规定。

8.4 复验和判定规则

若某项试验结果不符合本标准要求,允许按GB/T 247进行复验。

9 包装、标志及质量证明书

钢板和钢带的包装、标志及质量证明书应符合GB/T 247的规定。

附　录　A
（资料性附录）
不锈钢的热处理制度

表 A.1　奥氏体型钢的热处理制度　　　单位为摄氏度

GB/T 20878 中序号	新牌号	旧牌号	热处理温度及冷却方式
9	12Cr17Ni7	1Cr17Ni7	≥1 040 水冷或其他方式快冷
10	022Cr17Ni7		≥1 040 水冷或其他方式快冷
11	022Cr17Ni7N		≥1 040 水冷或其他方式快冷
13	12Cr18Ni9	1Cr18Ni9	≥1 040 水冷或其他方式快冷
14	12Cr18Ni9Si3	1Cr18Ni9Si3	≥1 040 水冷或其他方式快冷
17	06Cr19Ni10	0Cr18Ni9	≥1 040 水冷或其他方式快冷
18	022Cr19Ni10	00Cr19Ni10	≥1 040 水冷或其他方式快冷
19	07Cr19Ni10		≥1 095 水冷或其他方式快冷
20	05Cr19Ni10Si2N		≥1 040 水冷或其他方式快冷
23	06Cr19Ni10N	0Cr19Ni9N	≥1 040 水冷或其他方式快冷
24	06Cr19Ni9NbN	0Cr19Ni10NbN	≥1 040 水冷或其他方式快冷
25	022Cr19Ni10N	00Cr18Ni10N	≥1 040 水冷或其他方式快冷
26	10Cr18Ni12	1Cr18Ni12	≥1 040 水冷或其他方式快冷
32	06Cr23Ni13	0Cr23Ni13	≥1 040 水冷或其他方式快冷
35	06Cr25Ni20	0Cr25Ni20	≥1 040 水冷或其他方式快冷
36	022Cr25Ni22Mo2N		≥1 040 水冷或其他方式快冷
38	06Cr17Ni12Mo2	0Cr17Ni12Mo2	≥1 040 水冷或其他方式快冷
39	022Cr17Ni12Mo2	00Cr17Ni14Mo2	≥1 040 水冷或其他方式快冷
41	06Cr17Ni12Mo2Ti	0Cr18Ni12Mo3Ti	≥1 040 水冷或其他方式快冷
42	06Cr17Ni12Mo2Nb		≥1 040 水冷或其他方式快冷
43	06Cr17Ni12Mo2N	0Cr17Ni12Mo2N	≥1 040 水冷或其他方式快冷
44	022Cr17Ni12Mo2N	00Cr17Ni13Mo2N	≥1 040 水冷或其他方式快冷
45	06Cr18Ni12Mo2Cu2	0Cr18Ni12Mo2Cu2	1 010～1 150 水冷或其他方式快冷
48	015Cr21Ni26Mo5Cu2		
49	06Cr19Ni13Mo3	0Cr19Ni13Mo3	≥1 040 水冷或其他方式快冷
50	022Cr19Ni13Mo3	00Cr19Ni13Mo3	≥1 040 水冷或其他方式快冷
53	022Cr19Ni16Mo5N		≥1 040 水冷或其他方式快冷
54	022Cr19Ni13Mo4N		≥1 040 水冷或其他方式快冷
55	06Cr18Ni11Ti	0Cr18Ni10Ti	≥1 040 水冷或其他方式快冷
58	015Cr24Ni22Mo8Mn3CuN		≥1 150 水冷或其他方式快冷

表 A.1(续)　　单位为摄氏度

GB/T 20878 中序号	新牌号	旧牌号	热处理温度及冷却方式
61	022Cr24Ni17Mo5Mn6NbN		1 120～1 170 水冷或其他方式快冷
62	06Cr18Ni11Nb	0Cr18Ni11Nb	≥1 040 水冷或其他方式快冷

表 A.2　奥氏体·铁素体型钢的热处理制度　　单位为摄氏度

GB/T 20878 中序号	新牌号	旧牌号	热处理温度及冷却方式
67	14Cr18Ni11Si4AlTi	1Cr18Ni11Si4AlTi	1 000～1 050,水冷或其他方式快冷
68	022Cr19Ni5Mo3Si2N	00Cr18Ni5Mo3Si2	950～1 050 水冷
69	12Cr21Ni5Ti	1Cr21Ni5Ti	950～1 050,水冷或其他方式快冷
70	022Cr22Ni5Mo3N		1 040～1 100,水冷或其他方式快冷
71	022Cr23Ni5Mo3N		1 040～1 100,水冷,除钢卷在连续退火线水冷或类似方式快冷
72	022Cr23Ni4MoCuN		950～1 050,水冷或其他方式快冷
73	022Cr25Ni6Mo2N		1 025～1 125,水冷或其他方式快冷
74	022Cr25Ni7Mo4WCuN		1 050～1 125,水冷或其他方式快冷
75	03Cr25Ni6Mo3Cu2N		1 050～1 100,水冷或其他方式快冷
76	022Cr25Ni7Mo4N		1 050～1 100 水冷

表 A.3　铁素体型钢的热处理制度　　单位为摄氏度

GB/T 20878 中序号	新牌号	旧牌号	退火处理温度及冷却方式
78	06Cr13Al	0Cr13Al	780～830,快冷或缓冷
80	022Cr11Ti		800～900,快冷或缓冷
81	022Cr11NbTi		800～900,快冷或缓冷
82	022Cr12Ni		700～820,快冷或缓冷
83	022Cr12	00Cr12	700～820,快冷或缓冷
84	10Cr15	1Cr15	780～850,快冷或缓冷
85	10Cr17	1Cr17	780～800,空冷
87	022Cr18Ti	00Cr17	780～950,快冷或缓冷
88	10Cr17Mo	1Cr17Mo	780～850,快冷或缓冷
90	019Cr18MoTi		
91	022Cr18NbTi		
92	019Cr19Mo2NbTi	00Cr18Mo2	800～1 050,快冷
94	008Cr27Mo	00Cr27Mo	900～1 050,快冷
95	008Cr30Mo2	00Cr30Mo2	800～1 050,快冷

表 A.4　马氏体型钢的热处理制度

单位为摄氏度

GB/T 20878 中序号	新牌号	旧牌号	退火处理	淬火	回火
96	12Cr12	1Cr12	约 750 快冷，或 800～900 缓冷		
97	06Cr13	0Cr13	约 750 快冷，或 800～900 缓冷		
98	12Cr13	1Cr13	约 750 快冷，或 800～900 缓冷		
99	04Cr13Ni5Mo				
101	20Cr13	2Cr13	约 750 快冷，或 800～900 缓冷		
102	30Cr13	3Cr13	约 750 快冷，或 800～900 缓冷	980～1 040 快冷	150～400 空冷
104	40Cr13	4Cr13	约 750 快冷，或 800～900 缓冷	1 050～1 100 油冷	200～300 空冷
107	17Cr16Ni2			1 010±10 油冷	605±5 空冷
				1 000～1 030 油冷	300～380 空冷
108	68Cr17	1Cr12	约 750 快冷，或 800～900 缓冷	1 010～1 070 快冷	150～400 空冷

表 A.5　沉淀硬化型钢的热处理制度

GB/T 20878 中序号	新牌号	旧牌号	固溶处理	沉淀硬化处理
134	04Cr13Ni8Mo2Al		927℃±15℃，按要求冷却至 60℃以下	510℃±6℃，保温 4 h，空冷
				538℃±6℃，保温 4 h，空冷
135	022Cr12Ni9Cu2NbTi		829℃±15℃，水冷	480℃±6℃，保温 4 h，空冷
				510℃±6℃，保温 4 h，空冷
138	07Cr17Ni7Al	0Cr17Ni7Al	1 065℃±15℃水冷	954℃±8℃保温 10 min，快冷至室温，24 h内冷至−73℃±6℃，保温 8 h，在空气中升至室温，再加热到 510℃±6℃，保温 1 h 后空冷
				760℃±15℃保温 90 min，1 h 内冷却至 15℃±3℃，保温 30 min，再加热至 566℃±6℃，保温 90 min 后空冷
139	07Cr15Ni7Mo3Al	0Cr17Ni7Al	1 040℃±15℃水冷	954℃±8℃保温 10 min，快冷至室温，24 h内冷至 73℃±6℃，保温 8 h，在空气中升至室温。再加热到 510℃±6℃，保温 1 h 后空冷
				760℃±15℃保温 90 min，1 h 内冷却至 15℃±3℃，保温 30 min，再加热至 566℃±6℃，保温 90 min 后空冷
141	09Cr17Ni5Mo3N		930℃±15℃水冷，在−75℃以下保持 3 h	455℃±8℃，保温 3 h，空冷
				540℃±8℃，保温 3 h，空冷
142	06Cr17Ni7AlTi		1 038℃±15℃，空冷	510℃±8℃，保温 30 min，空冷
				538℃±8℃，保温 30 min，空冷
				566℃±8℃，保温 30 min，空冷

附　录　B
（资料性附录）
不锈钢的特性和用途

表 B.1　不锈钢的特性和用途表

类型	GB/T 20878 中序号	新牌号	旧牌号	特性和用途
奥氏体型	9	12Cr17Ni7	1Cr17Ni7	经冷加工有高的强度。用于铁道车辆，传送带螺栓螺母等
	10	022Cr17Ni7		
	11	022Cr17Ni7N		
	13	12Cr18Ni9	1Cr18Ni9	经冷加工有高的强度，但伸长率比 12Cr17Ni7 稍差。用于建筑装饰部件
	14	12Cr18Ni9Si3	1Cr18Ni9Si3	耐氧化性比 12Cr18Ni9 好，900℃ 以下与 06Cr25Ni20 具有相同的耐氧化性和强度。用于汽车排气净化装置、工业炉等高温装置部件
	17	06Cr19Ni10	0Cr18Ni9	在固溶态钢的塑性、韧性、冷加工性良好，在氧化性酸和大气、水等介质中耐蚀性好，但在敏态或焊接后有晶腐倾向。耐蚀性优于 12Cr18Ni9。适于制造深冲成型部件和输酸管道、容器等
	18	022Cr19Ni10	00Cr19Ni10	比 06Cr19Ni10 碳含量更低的钢，耐晶间腐蚀性优越，焊接后不进行热处理
	19	07Cr19Ni10		具有耐晶间腐蚀性
	20	05Cr19Ni10Si2N		填加 N，提高钢的强度和加工硬化倾向，塑性不降低。改善钢的耐点蚀、晶腐性，可承受更重的负荷，使材料的厚度减少。用于结构用强度部件
	23	06Cr19Ni10N	0Cr19Ni9N	在牌号 06Cr19Ni10 上加 N，提高钢的强度和加工硬化倾向，塑性不降低。改善钢的耐点蚀、晶腐性，使材料的厚度减少。用于有一定耐腐要求，并要求较高强度和减速轻重量的设备、结构部件
	24	06Cr19Ni9NbN	0Cr19Ni10NbN	在牌号 06Cr19Ni10 上加 N 和 Nb，提高钢的耐点蚀、晶腐性能，具有与 06Cr19Ni10N 相同的特性和用途
	25	022Cr19Ni10N	00Cr18Ni10N	06Cr19Ni10N 的超低碳钢，因 06Cr19Ni10N 在 450～900℃加热后耐晶腐性将明显下降。因此对于焊接设备构件，推荐 022Cr19Ni10N
	26	10Cr18Ni12	1Cr18Ni12	与 06Cr19Ni10 相比，加工硬化性低。用于施压加工，特殊拉拔，冷墩等
	32	06Cr23Ni13	0Cr23Ni13	耐腐蚀性比 06Cr19Ni10 好，但实际上多作为耐热钢使用

表 B.1(续)

类型	GB/T 20878 中序号	新牌号	旧牌号	特性和用途
奥氏体型	35	06Cr25Ni20	0Cr25Ni20	抗氧化性比 06Cr23Ni13 好,但实际上多作为耐热钢使用
	36	022Cr25Ni22Mo2N		钢中加 N 提高钢的耐孔蚀性,且使钢具有更高的强度和稳定的奥氏体组织。适用于尿素生产中汽提塔的结构材料,性能远优于 022Cr17Ni12Mo2
	38	06Cr17Ni12Mo2	0Cr17Ni12Mo2	在海水和其他各种介质中,耐腐蚀性比 06Cr19Ni10 好。主要用于耐点蚀材料
	39	022Cr17Ni12Mo2	00Cr17Ni14Mo2	为 06Cr17Ni12Mo2 的超低碳钢,节 Ni 钢种
	41	06Cr17Ni12Mo2Ti	0Cr18Ni12Mo3Ti	有良好的耐晶间腐蚀性,用于抵抗硫酸、磷酸、甲酸、乙酸的设备
	42	06Cr17Ni12Mo2Nb		比 06Cr17Ni12Mo2 具有更好的耐晶间腐蚀性
	43	06Cr17Ni12Mo2N	0Cr17Ni12Mo2N	在牌号 06Cr17Ni12Mo2 中加入 N,提高强度,不降低塑性,使材料的使用厚度减薄。用于耐腐蚀性较好的强度较高的部件
	44	022Cr17Ni12Mo2N	00Cr17Ni13Mo2N	用途与 06Cr17Ni12Mo2N 相同但耐晶间腐蚀性更好
	45	06Cr18Ni12Mo2Cu2	0Cr18Ni12Mo2Cu2	耐腐蚀性、耐点蚀性比 06Cr17Ni12Mo2 好。用于耐硫酸材料
	48	015Cr21Ni26Mo5Cu2		高 Mo 不锈钢,全面耐硫酸、磷酸、醋酸等腐蚀,又可解决氯化物孔蚀、缝隙腐蚀和应力腐蚀问题。主要用于石化、化工、化肥、海洋开发等的塔、槽、管、换热器等
	49	06Cr19Ni13Mo3	0Cr19Ni13Mo3	耐点蚀性比 06Cr17Ni12Mo2 好,用于染色设备材料等
	50	022Cr19Ni13Mo3	00Cr19Ni13Mo3	为 06Cr19Ni13Mo3 的超低碳钢,比 06Cr19Ni13Mo3 耐晶间腐蚀性
	53	022Cr19Ni16Mo5N		高 Mo 不锈钢,钢中含 0.10%~0.20%,使其耐孔蚀性能进一步提高,此钢种在硫酸、甲酸、醋酸等介质中的耐蚀性要比一般含 2%~4%Mo 的常用 Cr—Ni 钢更好
	54	022Cr19Ni13Mo4N		
	55	06Cr18Ni11Ti	0Cr18Ni10Ti	添加 Ti 提高耐晶间腐蚀性,不推荐作装饰部件
	58	015Cr24Ni22Mo8Mn3CuN		
	61	022Cr24Ni17Mo5Mn6NbN		
	62	06Cr18Ni11Nb	0Cr18Ni11Nb	含 Nb 提高耐晶间腐蚀性

表 B.1(续)

类型	GB/T 20878 中序号	新牌号	旧牌号	特性和用途
奥氏体·铁素体型	67	14Cr18Ni11Si4AlTi	1Cr18Ni11Si4AlTi	用于制作抗高温浓硝酸介质的零件和设备
	68	022Cr19Ni5Mo3Si2N	00Cr18Ni5Mo3Si2	耐应力腐蚀破裂性能良好，耐点蚀性能与022Cr17Ni14Mo2相当，具有较高强度，适用于含氯离子的环境，用于炼油、化肥、造纸、石油、化工等工业制造热交换器、冷凝器等
	69	12Cr21Ni5Ti	1Cr21Ni5Ti	用于化学工业、食品工业耐酸腐蚀的容器及设备
	70	022Cr22Ni5Mo3N		对含硫化氢、二氧化碳、氯化物的环境具有阻抗性，用于油井管，化工储罐用材，各种化学装置等
	71	022Cr23Ni5Mo3N		
	72	022Cr23Ni4MoCuN		具有双相组织，优异的耐应力腐蚀断裂和其他形式耐蚀的性能以及良好的焊接性。储罐和容器用材
	73	022Cr25Ni6Mo2N		用于耐海水腐蚀部件等
	74	022Cr25Ni7Mo4WCuN		在022Cr25Ni7Mo3N钢中加入W、Cu提高Cr25型双相钢的性能。特别是耐氯化物点蚀和缝隙腐蚀性能更佳，主要用于以水(含海水、卤水)为介质的热交换设备
	75	03Cr25Ni6Mo3Cu2N		该钢具有良好的力学性能和耐局部腐蚀性能，尤其是耐磨损腐蚀性能优于一般的不锈钢。海水环境中的理想材料，适用作舰船用的螺旋推进器、轴、潜艇密封件等，而且在化工、石油化工、天然气、纸浆、造纸等应用
	76	022Cr25Ni7Mo4N		是双相不锈钢中耐局部腐蚀最好的钢，特别是耐点蚀最好，并具有高强度、耐氯化物应力腐蚀、可焊接的特点。非常适用于化工、石油、石化和动力工业中以河水、地下水和海水等为冷却介质的换热设备
铁素体型	78	06Cr13Al	0Cr13Al	从高温下冷却不产生显著硬化，用于气轮机材料，淬火用部件，复合钢材等
	80	022Cr11Ti		超低碳钢，焊接性能好，用于汽车排气处理装置
	81	022Cr11NbTi		在钢中加入Nb+Ti细化晶粒，提高铁素体钢的耐晶间腐蚀性、改善焊后塑性，性能比022Cr11Ti更好，用于汽车排气处理装置
	82	022Cr12Ni		用于压力容器装置
	83	022Cr12	00Cr12	焊接部位弯曲性能、加工性能、耐高温氧化性能好。用于汽车排气处理装置、锅炉燃烧室、喷嘴
	84	10Cr15	1Cr15	为10Cr17改善焊接性的钢种

表 B.1(续)

类型	GB/T 20878 中序号	新牌号	旧牌号	特性和用途
铁素体型	85	10Cr17	1Cr17	耐蚀性良好的通用钢种,用于建筑内装饰、重油燃烧器部件、家庭用具、家用电器部件。脆性转变温度均在室温以上,而且对缺口敏感,不适于制作室温以下的承载备件
	87	022Cr18Ti	00Cr17	降低10Cr17Mo中的C和N,单独或复合加入Ti、Nb或Zr,使加工性和焊接性改善,用于建筑内外装饰、车辆部件、厨房用具、餐具
	88	10Cr17Mo	1Cr17Mo	在钢中加入Mo,提高钢的耐点蚀、耐缝隙腐蚀性及强度等
	90	019Cr18MoTi		在钢中加入Mo,提高钢的耐点蚀、耐缝隙腐蚀性及强度等
	91	022Cr18NbTi		在牌号10Cr17中加入Ti或Nb,降低碳含量,改善加工性、焊接性能。用于温水槽、热水供应器、卫生器具、家庭耐用机器、自行车轮缘
	92	019Cr19Mo2NbTi	00Cr18Mo2	含Mo比022Cr18MoTi多,耐腐蚀性提高,耐应力腐蚀破裂性好,用于贮水槽太阳能温水器、热交换器、食品机器、染色机械等
	94	008Cr27Mo	00Cr27Mo	用于性能、用途、耐蚀性和软磁性与008Cr30Mo2类似的用途
	95	008Cr30Mo2	00Cr30Mo2	高Cr—Mo系,C、N降至极低。耐蚀性很好,耐卤离子应力腐蚀破裂、耐点蚀性好。用于制作与醋酸、乳酸等有机酸有关的设备、制造苛性碱设备
马氏体型	96	12Cr12	1Cr12	用于汽轮机叶片及高应力部件的不锈耐热钢
	97	06Cr13	0Cr13	比12Cr13的耐蚀性、加工成形性更优良的钢种
	98	12Cr13	1Cr13	具有良好的耐蚀性,机械加工性,一般用途,刃具类
	99	04Cr13Ni5Mo		适用于厚截面尺寸的要求焊接性能良好的使用条件,如大型的水电站转轮和转轮下环等
	101	20Cr13	2Cr13	淬火状态下硬度高,耐蚀性良好。用于汽轮机叶片
	102	30Cr13	3Cr13	比20Cr13淬火后的硬度高,作刃具、喷嘴、阀座、阀门等
	104	40Cr13	4Cr13	比30Cr13淬火后的硬度高,作刃具、餐具、喷嘴、阀座、阀门等
	107	17Cr16Ni2		用于具有较高程度的耐硝酸、有机酸腐蚀性的零件、容器和设备
	108	68Cr17	7Cr17	硬化状态下,坚硬,韧性高,用于刃具、量具、轴承

表 B.1(续)

类型	GB/T 20878 中序号	新牌号	旧牌号	特性和用途
沉淀硬化型	134	04Cr13Ni8Mo2Al		
	135	022Cr12Ni9Cu2NbTi		
	138	07Cr17Ni7Al	0Cr17Ni7Al	添加 Al 的沉淀硬化钢种。用于弹簧、垫圈、计器部件
	139	07Cr15Ni7Mo2Al	0Cr15Ni7Mo2Al	用于有一定耐蚀要求的高强度容器、零件及结构件
	141	09Cr17Ni5Mo3N		
	142	06Cr17Ni7AlTi		

CS 77.040.99
I 26

中华人民共和国国家标准

GB/T 3310—2010
代替 GB/T 3310—1999

铜及铜合金棒材超声波探伤方法

Ultrasonic testing method of copper and copper alloy bars

2011-01-10 发布　　2011-10-01 实施

中华人民共和国国家质量监督检验检疫总局
中国国家标准化管理委员会　发布

前　言

本标准代替 GB/T 3310—1999《铜合金棒材超声波探伤方法》。

本标准与 GB/T 3310—1999 相比，主要有以下变动：

——增加了矩形、方形和正六边形铜及铜合金棒材的探伤。

——扩大了铜合金棒材的探伤范围，由原标准的“棒材直径为 15 mm～220 mm”扩大为“棒材直径为 10 mm～280 mm”，增加了紫铜棒材的探伤范围为 10 mm～80 mm。

——删除“接触法探伤采用的骑马探头”和“液浸法探伤采用的平直液浸探头”等条款。

——删除表 1 和图 4 中“埋藏深度为 1/4D 的短横孔”，对液浸法探伤用的平底孔试块长度做了明确的规定。

——对液浸法探伤和接触法探伤用对比试块及探伤灵敏度的调整进行了适当的修改。

——增加了“当缺陷反射波高度小于等于满幅的 50%时，用 6 dB 法测定缺陷的指示长度，若缺陷的指示长度小于探头晶片尺寸时，则该缺陷不计；若缺陷的指示长度大于探头晶片尺寸，则该部位为超声波探伤不合格。”一节。

——对原标准中的个别条款进行了适当的补充和完善。

本标准由全国有色金属标准化技术委员会(SAC/TC 243)归口。

本标准负责起草单位：中铝洛阳铜业有限公司负责起草。

本标准参加起草单位：中国有色金属工业无损检测中心。

本标准主要起草人：李湘海、娄东阁、张光济、王联军、王楠、张文光、韦绍林。

本标准所代替标准的历次版本发布情况为：

——GB/T 3310—1999、GB/T 3310—1981。

铜及铜合金棒材超声波探伤方法

1 范围

本标准规定了铜及铜合金棒材的超声波探伤方法。

本标准适用于A型脉冲纵波反射法对直径或对边距为10 mm～280 mm圆形、矩形、方形和正六边形铜合金棒材以及直径或对边距为10 mm～80 mm圆形、矩形、方形和正六边形紫铜棒材的超声波探伤。

2 规范性引用文件

下列文件对于本文件的应用是必不可少的。凡是注日期的引用文件，仅注日期的版本适用于本文件。凡是不注日期的引用文件，其最新版本(包括所有的修改单)适用于本文件。

GB/T 9445 无损检测 人员资格鉴定与认证

JB/T 10061 A型脉冲反射式超声波探伤仪通用技术条件

JB/T 10062 超声探伤用探头性能测试方法

3 方法原理

A型脉冲反射法超声波探伤的基本原理是超声波探伤仪产生的高频电脉冲加到探头晶片上，使晶片产生高频振动，发生电声转换，通过耦合介质将探头晶片所产生的超声波传入到被检工件，超声波在工件内传播时遇到不同声阻抗介质的界面(如缺陷或底面)时产生反射并返回探头晶片，经过晶片再一次电声转换，将声能转换成电能，由仪器接受并进行信号处理，在探伤仪显示器上显示缺陷的深度和大小。

A型脉冲纵波反射法包括液浸法探伤(采用纵波线聚焦或点聚焦探头)、接触法探伤(采用双晶直探头或单晶直探头)探伤两种类型。

4 要求

4.1 超声波探伤人员必须按GB/T 9445要求经过培训，应取得国家相关授权部门颁发的超声波探伤技术等级资格证书。取得探伤Ⅱ级以上(含Ⅱ级)技术等级资格证书者方可有资格签发探伤报告。

4.2 被探棒材的表面粗糙度 Ra 应不大于6.3 μm，且不得有影响探伤的氧化皮、锈蚀、油污等。

4.3 在规定的探伤灵敏度条件下，被探棒材的信噪比大于6 dB。

4.4 探伤场地不能设在有强磁、震动、高频、电火花、高温、潮湿、机械噪声大的环境中，以免影响探伤的准确性和探伤的稳定性。

4.5 耦合剂的选用，不应使人体、铜棒表面质量受到损害，接触法探伤一般采用机油作耦合剂，液浸法探伤一般采用清洁的自来水作耦合剂。

5 探伤装置

5.1 探伤仪

A型脉冲反射式超声波探伤仪应符合JB/T 10061的要求。

5.2 探头

5.2.1 超声波探伤用探头的性能测试按 JB/T 10062 的规定进行。

5.2.2 接触法探伤的探头采用单晶直探头或双晶直探头。

5.2.3 液浸法探伤的探头采用纵波线聚焦探头或点聚焦探头。

5.2.4 单晶直探头和双晶直探头的频率为 1 MHz～5 MHz，聚焦探头的频率为 5 MHz～10 MHz。探头晶片直径(或对角线)为 8 mm～20 mm。

5.3 传动设备

5.3.1 液浸探头的机座和探头架应能方便、可靠地调节水层距离和超声波的入射角，以及探头与传动设备之间的同心度。必要时，可以采用浮动跟踪装置。

5.3.2 传动设备可以是探头旋转，棒材直线前进；也可以是探头不动，棒材旋转前进。

5.3.3 传动设备应使探伤速度均匀，在探伤过程中，探头和棒材之间的相对位移不得影响探伤结果的准确性。

6 对比试块

6.1 试块材料的要求

对比试块应与被检棒材具有相同材质(牌号)、规格、加工工艺，其内部不得有影响探伤结果的自然缺陷。

6.2 对比试块的选用

6.2.1 液浸法探伤和双晶直探头接触法探伤采用平底孔对比试块。试块的加工应符合图 1 的规定。平底孔应沿试块的径向钻孔，其孔径和埋藏深度应符合表 1 的规定。平底孔的孔径偏差不大于 0.05 mm，孔的深度偏差不大于 0.10 mm。

单位为毫米

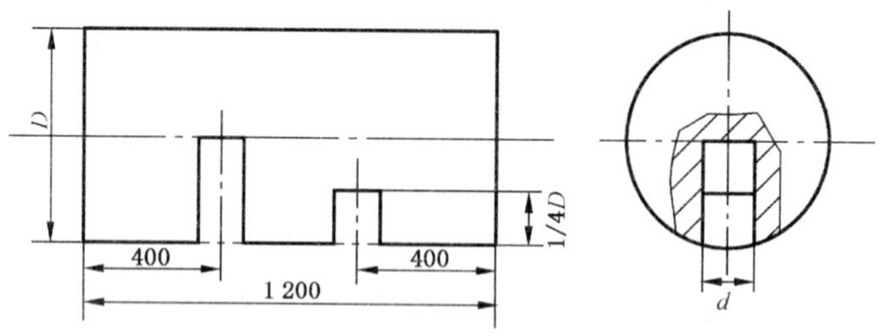

图 1 平底孔对比试块示意图

表 1 平底孔直径及埋藏深度

单位为毫米

对比试块直径 D	平底孔直径 d	平底孔埋藏深度 H
>10～15	1.2	$1/2D$;$1/4D$
>15～25	1.4	$1/2D$;$1/4D$
>25～50	1.6	$1/2D$;$1/4D$

6.2.2　单晶直探头接触法探伤采用短横孔对比试块。试块的加工应符合图 2 的规定。短横孔应沿平行于试块中心轴的方向钻孔，其孔径和长度应符合表 2 的规定。短横孔的孔径偏差不大于 0.05 mm，孔的深度偏差不大于 0.05 mm。

单位为毫米

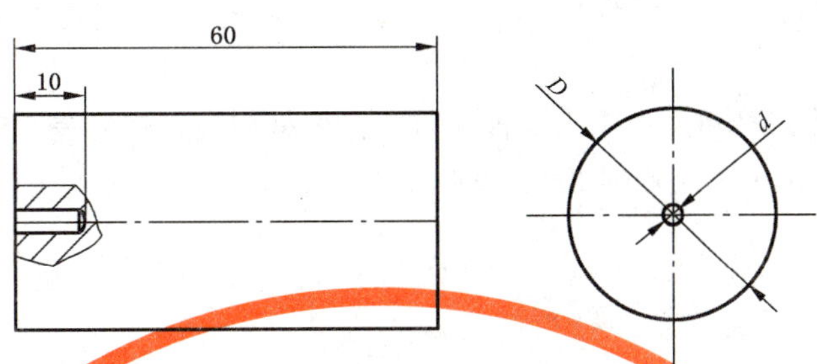

图 2　短横孔对比试块示意图

表 2　短横孔直径及长度

单位为毫米

对比试块块直径 D	短横孔直径 d	短横孔长度 L
>25～50	0.5	10
>50～100	0.6	
>100～160	0.8	
>160～220	1.0	
>220～250	1.2	
>250～280	1.4	

7　探伤类型

7.1　直径为 10 mm～25 mm 的圆形铜及铜合金棒材应采用液浸法探伤。

7.2　直径为 25 mm～50 mm 的圆形铜及铜合金棒材应采用双晶直探头接触法或液浸法探伤。

7.3　对边距为 10 mm～30 mm 的矩形、方形和正六边形铜及铜合金棒材应采用双晶直探头接触法探伤。

7.4　对边距大于 30 mm 的矩形、方形和正六边形以及直径大于 50 mm 的圆形铜及铜合金棒材应采用单晶直探头接触法探伤。

7.5　双晶直探头接触法和单晶直探头接触法一般采用手工扫查方式进行探伤，液浸法探伤应在传动设备上进行自动探伤。

8　探伤步骤

8.1　探伤灵敏度的调整

8.1.1　液浸法探伤时，正确调节水层距离和超声波声束与棒材轴向之间的垂直度，使得超声波声束能垂直入射棒材。首先将探头放置在与被检棒材相同直径的表 1 和图 1 所示的对比试块中埋藏深度为

$1/2D$ 的平底孔人工缺陷的上方，移动探头，使其反射波为最高，同时调整仪器增益旋钮，使反射波高为满幅的 80%，然后移动探头到埋藏深度为 $1/4D$ 的平底孔人工缺陷的上方，同样使反射波高为满幅的80%，两次调整衰减器读数相差小于 2 dB，此时已调整好探伤灵敏度。

8.1.2 双晶直探头接触法探伤时，将探头放置在与被检棒材相同直径的表 1 和图 1 所示的对比试块中埋藏深度为 $1/2D$ 的平底孔人工缺陷的上方，调整仪器增益旋钮，使平底孔人工缺陷的反射波高为满幅的 80%，作为探伤灵敏度。

8.1.3 单晶直探头接触法探伤时，将探头放置在与被检棒材相同直径的表 2 和图 2 所示的对比试块中埋藏深度为 $1/2D$ 的短横孔人工缺陷的上方，调整仪器增益旋钮，使短横孔人工缺陷的反射波高为满幅的 80%，作为探伤灵敏度。

8.2 扫查灵敏度

实际探伤，在上述探伤灵敏度的基础上再提高 2 dB，作为扫查灵敏度，当发现缺陷时，再将灵敏度降低 2 dB，并以此进行缺陷的判定。

8.3 扫查速度

接触法探伤时扫查速度应不大于 150 mm/s。

8.4 扫查范围

探头沿铜棒轴向和周向进行 100%的扫查，扫查声束有效截面应有 15%的覆盖面。

8.5 缺陷的确定

8.5.1 在探伤过程中如发现缺陷，应沿铜棒材轴向和周向确定该缺陷的最大反射波高和指示长度。

8.5.2 在所发现的缺陷部位做上标记。

9 探伤结果的判定

9.1 当缺陷反射波高度超过满幅的 50%时，则判定为超声波探伤不合格。

9.2 液浸法探伤时，当缺陷反射波高度小于等于满幅的 50%时，则该缺陷不计。

9.3 接触法探伤时，当缺陷反射波高度小于等于满幅的 50%时，用 6 dB 法测定缺陷的指示长度，若缺陷的指示长度小于探头晶片尺寸时，则该缺陷不计；若缺陷指示长度大于探头晶片尺寸，则该部位为超声波探伤不合格。

9.4 接触法探伤时，当发现底波消失或底波前移，探伤确认为棒材的内部缺陷所致，用 6 dB 法测定缺陷的指示长度，若缺陷的指示长度小于探头晶片尺寸时，则该缺陷不计；若缺陷的的指示长度大于探头晶片尺寸，则该部位为超声波探伤不合格。

9.5 产品标准对于超声波探伤的结果评定另有规定，应按照产品标准执行，如果用户有特殊要求，按供需双方协商的结果判定。

10 探伤报告

探伤报告应包括以下内容：

a) 材料名称、合金牌号、材料规格、状态、批号；

b) 探伤仪型号、探伤类型、探头频率、晶片尺寸、对比试块、耦合剂；

c) 缺陷的位置、缺陷的分布示意图及缺陷的级别；

d) 检测人员、签发报告人员的姓名及资格级别、检测日期；

e) 本标准编号；

f) 其他。

ICS 25.160.40
J 33

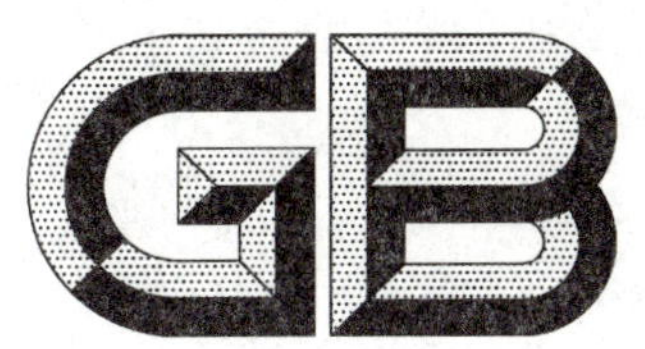

中华人民共和国国家标准

GB/T 3323—2005
代替 GB/T 3323—1987

金属熔化焊焊接接头射线照相

Radiographic examination of fusion welded joints in metallic materials

2005-07-21 发布　　2006-01-01 实施

中华人民共和国国家质量监督检验检疫总局
中国国家标准化管理委员会　发布

前　　言

本标准是对 GB/T 3323—1987《钢熔化焊对接接头射线照相和质量分级》进行的修订。本标准在修订时修改采用了欧洲标准 EN 1435《焊缝的无损检测　熔化焊缝射线照相》。为了保证标准的适用性及协调性，本标准在修改采用过程中，对引用标准做了必要的处理。

本标准与 EN 1435《焊缝的无损检测　熔化焊缝射线照相》标准的主要差异有：

——本标准以资料性附录的形式规定了焊接接头质量分级，而 EN 1435 标准无质量分级的规定。

——本标准在修订时，为保证底片影像质量，删除了 EN 1435 标准中规定的，在能保证同样的照相技术条件且像质计数值无变化时，不需在每张底片都放置像质计。

——本标准对有延迟裂纹倾向的材料，规定至少应在焊后 24 h 以后进行射线照相检测。

与原标准相比，本标准在技术内容方面主要有如下变化：

——更侧重射线照相的透照技术，而将焊接接头质量分级的有关规定放在了附录 C 中。

——透照技术更注重其合理性和可操作性。

——在保证缺陷检出率的同时，更注重其经济性。

本标准制定于 1982 年，本次修订系第二次修订。

本标准自实施之日起，代替 GB/T 3323—1987《钢熔化焊对接接头射线照相和质量分级》。

本标准由全国焊接标准化技术委员会提出并归口。

本标准负责起草单位：机械工业哈尔滨焊接技术培训中心、全国锅炉压力容器无损检测人员资格鉴定考核委员会、江苏省锅炉压力容器安全检测中心所。

本标准主要起草人：解应龙、强天鹏、陈宇、李衍、郑世才、邓义刚。

金属熔化焊焊接接头射线照相

1 范围

本标准规定了X射线和γ射线照相的基本方法。本标准适用于金属材料板和管的熔化焊焊接接头。

2 规范性引用文件

下列文件中的条款通过本标准的引用而成为本标准的条款。凡是注日期的引用文件,其随后所有的修改单(不包括勘误的内容)或修订版均不适用于本标准,然而,鼓励根据本标准达成协议的各方研究是否可使用这些文件的最新版本。凡是不注日期的引用文件,其最新版本适用于本标准。

GB 18871—2002 电离辐射防护与辐射源安全基本标准

GB/T 9445 无损检测人员资格鉴定与认证

GB 16357 工业X射线探伤放射卫生防护标准

GB 18465 工业γ射线探伤放射卫生防护要求

JB/T 7902 线型像质计

JB/T 7903 工业射线照相底片观片灯

ISO 11699-1 无损检测 工业射线照相胶片 第1部分:工业射线照相胶片系统分类

ISO 11699-2 无损检测 工业射线照相胶片 第2部分:借助参考值控制胶片处理

EN 462-1 无损检测 射线照相的影像质量 第1部分:线型像质计及像质计数值的确定

EN 462-2 无损检测 射线照相的影像质量 第2部分:阶梯孔型像质计及像质计数值的确定

EN 584-1 无损检测 工业射线照相胶片 第1部分:工业射线照相胶片系统分类

3 术语、定义和符号

3.1 公称厚度 nominal thickness, t

指母材的公称壁厚。不考虑制造偏差。

3.2 穿透厚度 penetrated thickness, w

射线透照方向上的母材公称厚度。多壁透照时,穿透厚度为各层材料公称厚度之和。

3.3 工件—胶片距离 object-to-film distance, b

沿射线束中心线测出的射线源侧被捡工件表面至胶片间的距离。

3.4 射线源尺寸 source size, d

放射性同位素源的尺寸或X射线管的有效焦点尺寸。

3.5 射线源—胶片距离 source-to-film distance (SFD)

沿射线束中心线测出的射线源至胶片间的距离。

3.6 射线源—工件距离 source-to-object distance, f

沿射线束中心线测出的射线源至射线源侧被检工件表面间的距离。

3.7 直径 diameter, D_e

管或圆筒的公称外径。

4 射线透照技术分级

射线透照技术分为两个等级:

——A 级:普通级;

——B 级:优化级。

当 A 级灵敏度不能满足检测要求时,应采用 B 级透照技术。

注:当需要采用优于 B 级的透照技术时,相应的检测参数可由合同各方商定。

射线透照技术等级的选择,应按相关规程及设计要求由合同各方商定。

当 B 级规定的透照条件(如射线源种类或射线源—工件距离 f)无法实现时,经合同各方商定,也可选用 A 级规定的透照条件。此时灵敏度的损失可通过将底片黑度增高至 3.0 或选用较高对比度的胶片系统来补偿。因所得灵敏度优于 A 级,工件可认为是按 B 级技术透照的。但对 6.1.4 和 6.1.5 所规定的透照布置,要按 6.6 所述需缩短射线源—胶片距离(SFD)时,上述灵敏度补偿方法不适用。

5 通则

5.1 射线防护

X 射线和 γ 射线对人体健康会造成极大危害。无论使用何种射线装置,应具备必要的防护设施,尽量避免射线的直接或间接照射。

射线照相的辐射防护应遵循 GB 4792、GB 16357、GB 18465 及相关各级安全防护法规的规定。

5.2 工件表面处理和检测时机

当工件表面不规则状态或履层可能给辨认缺陷造成困难时,应对工件表面进行适当处理。

除非另有规定,射线照相应在制造完工后进行。对有延迟裂纹倾向的材料,通常至少应在焊后24 h以后进行射线照相检测。

5.3 射线底片上焊缝定位

当射线底片上无法清晰地显示焊缝边界时,应在焊缝两侧放置高密度材料的识别标记。

5.4 射线底片标识

被检工件的每一透照区段,均须放置高密度材料的识别标记,如:产品编号、焊缝编号、部位编号、返修标记、透照日期等。底片上所显示的标记应尽可能位于有效评定区之外,并确保每一区段标记明确无误。

5.5 工件标记

工件表面应作出永久性标记,以确保每张射线底片可准确定位。

若材料性质或使用条件不允许在工件表面作永久性标记时,应采用准确的底片分布图来记录。

5.6 胶片搭接

当透照区域要采用两张以上胶片照相时,相邻胶片应有一定的搭接区域,以确保整个受检区域均被透照。应将高密度搭接标记置于搭接区的工件表面,并使之能显示在每张射线底片上。

5.7 像质计(IQI)

影像质量应使用 JB/T 7902 或 EN 462-1 及 EN 462-2 所规定的像质计来验证和评定。

所用像质计的材质应与被检工件相同或相似,或其射线吸收小于被检材料。像质计应优先放置在射线源侧,并紧贴工件表面放置,且位于厚度均匀的区域。

按所选用的像质计型式,应注意以下两种情况:

a) 使用线型像质计时,细丝应垂直于焊缝,其位置应确保至少有 10 mm 丝长显示在黑度均匀的区段。按第 6.1.6 和第 6.1.7 的透照布置曝光时,细丝应平行于管子环缝,并不得投影在焊缝影像上。

b) 使用阶梯孔型像质计时,像质计的放置应使所要求的孔号紧靠焊缝。

采用 6.1.6 和 6.1.7 透照布置时,像质计可放在射线源侧也可放在胶片侧。只有当射线源侧无法放置像质计时,才可放置在胶片侧。但至少应作一次对比试验,方法是在射线源侧和胶片侧各放一个像质计,采用与工件相同的透照条件,观察所得底片以确定像质计数值。但采用双壁单影法且像质计放在胶片一侧时，毋需作对比试验。此时像质计数值按附录B给出的表格来确定。

像质计放在胶片侧时，应紧贴像质计放置高密度材料识别标记“F”，并在检测报告中注明。

外径 D_e 大于等于 200 mm 的管子或容器环缝，采用射线源中心法作周向曝光时，整圈环焊缝应等间隔放置至少三个像质计。

5.8 像质评定

底片的观察条件应满足 JB/T 7903 的规定要求。

通过观察底片上的像质计影象，确定可识别的最细丝径编号或最小孔径编号，以此作为像质计数值。对线型像质计，若在黑度均匀的区域内有至少 10 mm 丝长连续清晰可见，该丝就视为可识别。对阶梯孔型像质计，若阶梯上有两个同径孔，则两孔应均可识别，该阶梯孔才视为可识别。

在射线照相检测报告中，应注明所使用的像质计型式、型号及所达到的像质计数值。

5.9 像质计数值

附录B中给出了钢类材料射线照相时应达到的像质计数值。对其他金属材料要求的最低像质计数值，可由合同各方商定采用此表或有关标准的规定值。

5.10 检测人员

按本标准进行射线照相检测的人员，应按 GB/T 9445 或其他相关标准进行相应工业门类及级别的培训、考核，并持有相应考核机构颁发的资格证书。

6 射线透照技术

6.1 透照方式

6.1.1 一般规定

6.1.1.1 射线透照布置应采用 6.1.2～6.1.9 的规定。

6.1.1.2 外径 D_e 大于 100 mm，公称厚度 t 大于 8 mm 和焊缝宽度大于 $D_e/4$ 的管对接焊缝，不适用于图 11 椭圆透照法（双壁双影）。外径 D_e 小于等于 100 mm，公称厚度 t 小于等于 8 mm 的管对接焊缝，若 t/D_e 小于 0.12，可采用椭圆透照，相隔 90°透照二次，其椭圆影象最大间距处约为一个焊缝宽度；若 t/D_e 大于等于 0.12 或需要检测根部平面型缺陷及采用椭圆法有困难时，可按 6.1.7 图 12 作垂直透照，相隔 120°或 60°透照三次。

6.1.1.3 采用图 11、图 13、图 14 透照布置时，射线入射角度应尽可能的小一些，但要防止两侧焊缝影像重叠。在满足 6.6 的前提下，当采用双壁单影法时，射线源—工件距离 f 应尽可能小一些。

6.1.1.4 由于工件几何形状或材料厚度差等原因，经合同各方商定，也可采用其他透照技术。对截面厚度均匀的工件，不得用多胶片法来减少曝光时间。

6.1.1.5 对接环焊缝作 100% 透照时，所需的最少曝光次数应符合附录 A 的规定。

6.1.2 纵缝单壁透照法

射线源位于工件前侧，胶片位于另一侧（见图 1）。

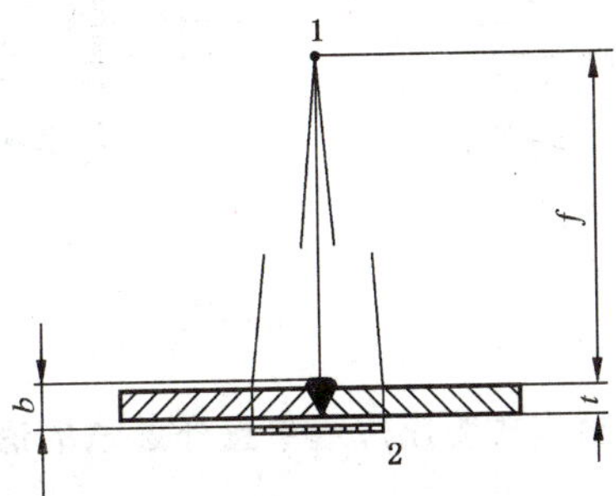

1——射线源；

2——胶片。

图 1 纵缝单壁透照布置

6.1.3 **单壁外透法**

射线源位于被检工件外侧，胶片位于内侧(见图 2～图 4)。

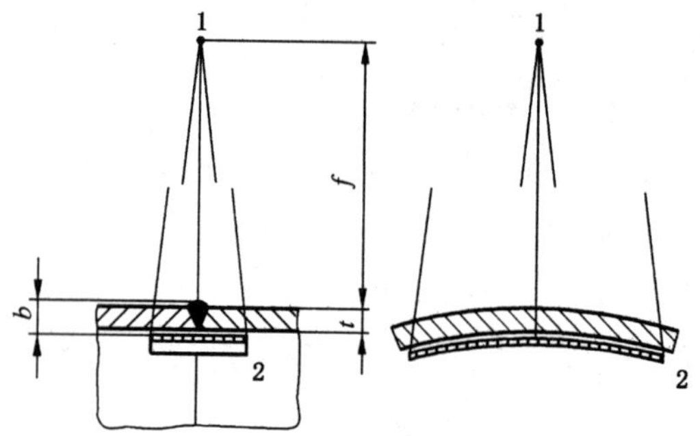

1——射线源；
2——胶片。

图 2 对接环焊缝单壁外透法的透照布置

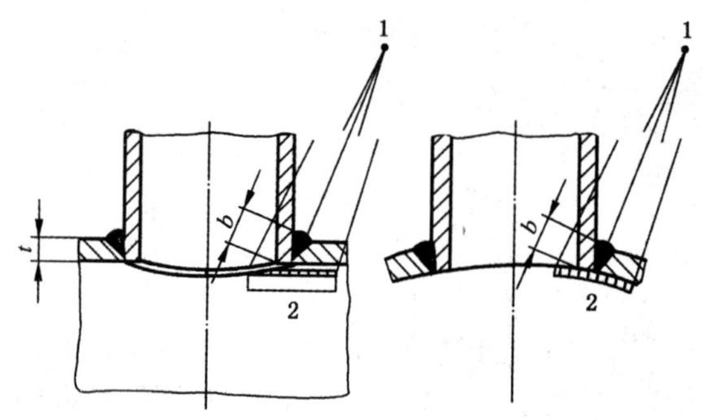

1——射线源；
2——胶片。

图 3 插入式管座焊缝单壁外透法的透照布置

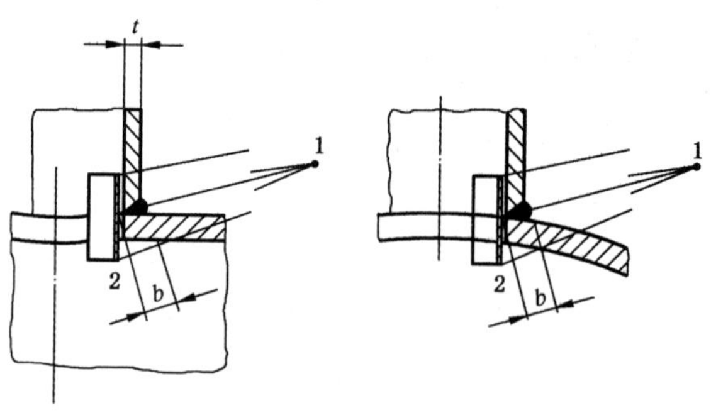

1——射线源；
2——胶片。

图 4 骑座式管座焊缝单壁外透法的透照布置

6.1.4 射线源中心法

射线源位于工件内侧中心处，胶片位于外侧(见图 5～图 7)。

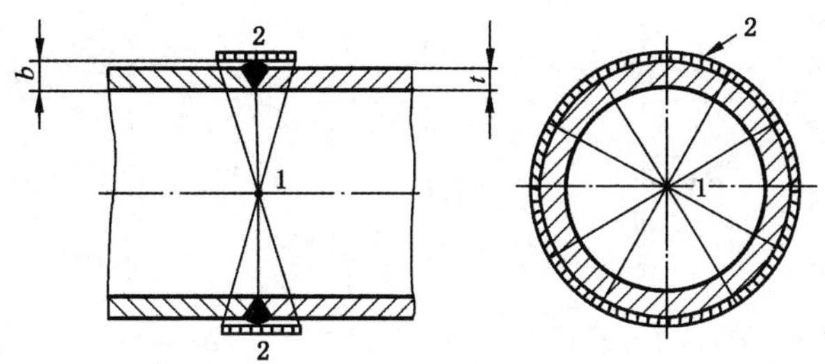

1——射线源；

2——胶片。

图 5 对接环焊缝周向曝光的透照布置

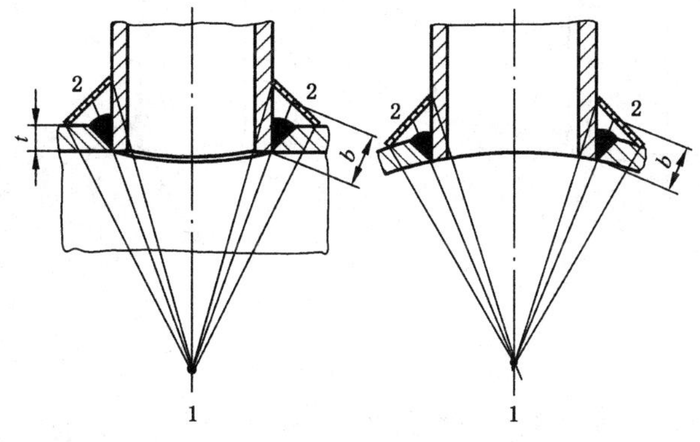

1——射线源；

2——胶片。

图 6 插入式管座焊缝单壁中心内透法的透照布置

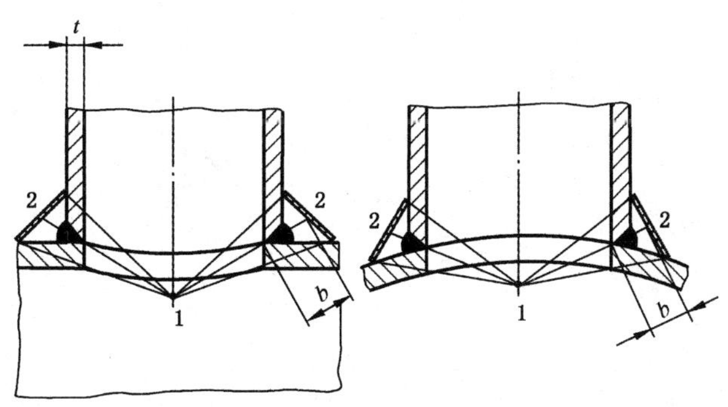

1——射线源；

2——胶片。

图 7 骑座式管座焊缝单壁中心内透法的透照布置

6.1.5 射线源偏心法

射线源位于被检工件内侧偏心处，胶片位于外侧(见图 8～图 10)。

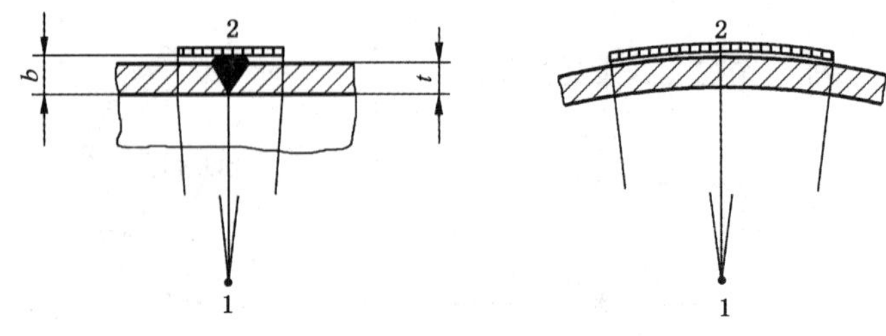

1——射线源；
2——胶片。

图 8　对接环焊缝单壁偏心内透法的透照布置

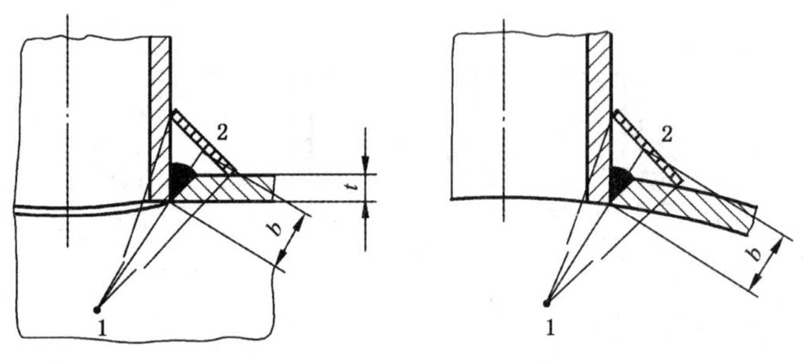

1——射线源；
2——胶片。

图 9　插入式管座焊缝单壁偏心内透法的透照布置

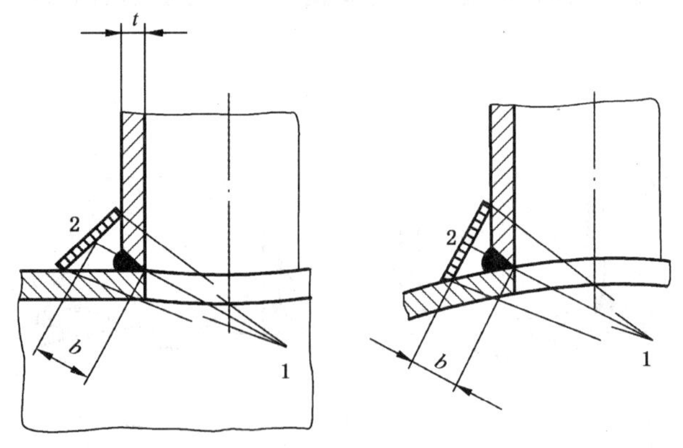

1——射线源；
2——胶片。

图 10　骑座式管座焊缝单壁偏心内透法的透照布置

6.1.6 **椭圆透照法**

射线源和胶片位于被检工件外侧，焊缝投影呈椭圆显示(见图 11)。

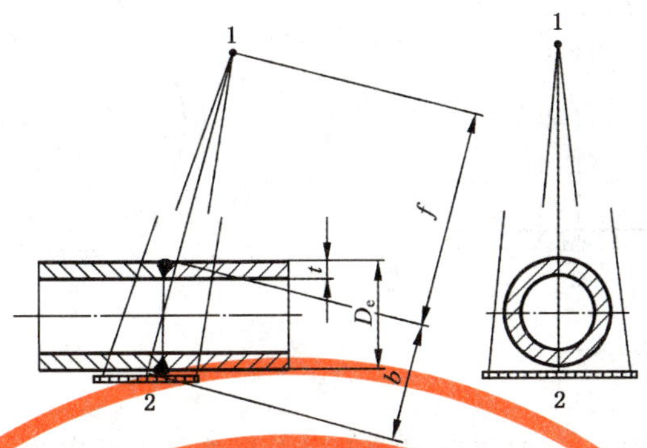

1——射线源；

2——胶片。

图 11 管对接环缝双壁双影椭圆透照布置

6.1.7 **垂直透照法**

射线源和胶片位于被检工件外侧，射线垂直入射(见图 12)。

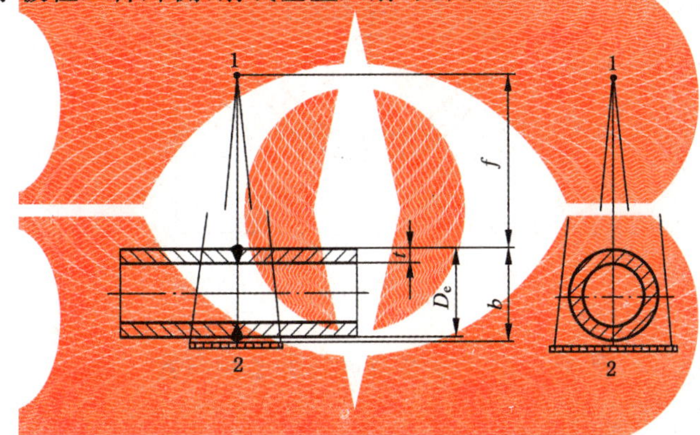

1——射线源；

2——胶片。

图 12 管对接环缝双壁双影垂直透照布置

6.1.8 **双壁单影法**

射线源位于被检工件外侧，胶片位于另一侧(见图 13～图 18)。

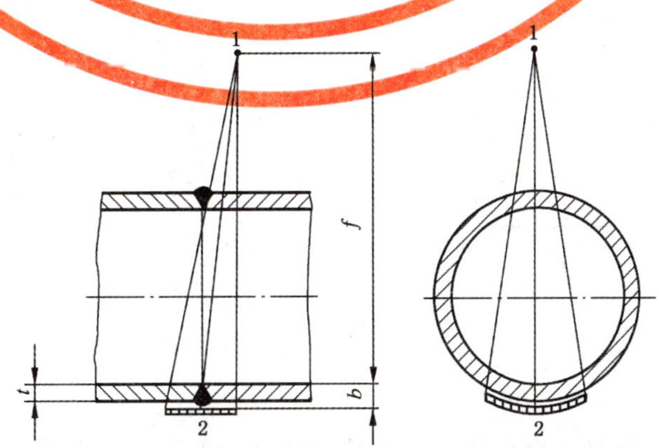

1——射线源；

2——胶片。

图 13 对接环焊缝双壁单影法的透照布置(像质计位于胶片侧)

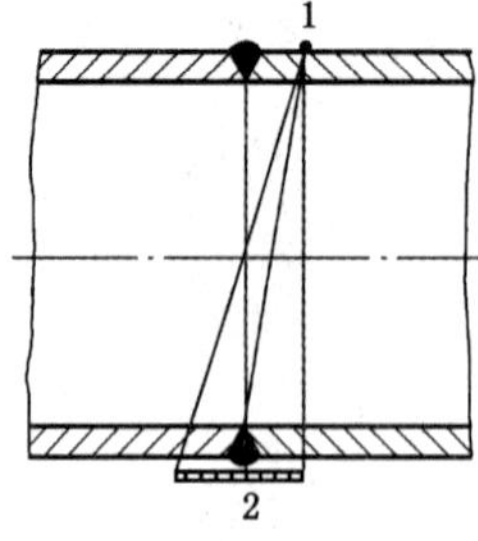

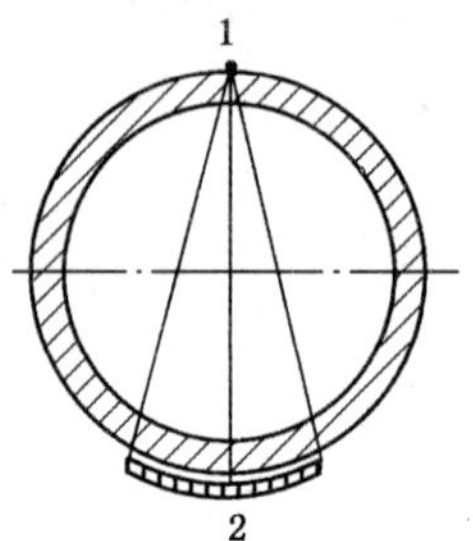

1——射线源；
2——胶片。

图 14 对接环焊缝双壁单影法的透照布置

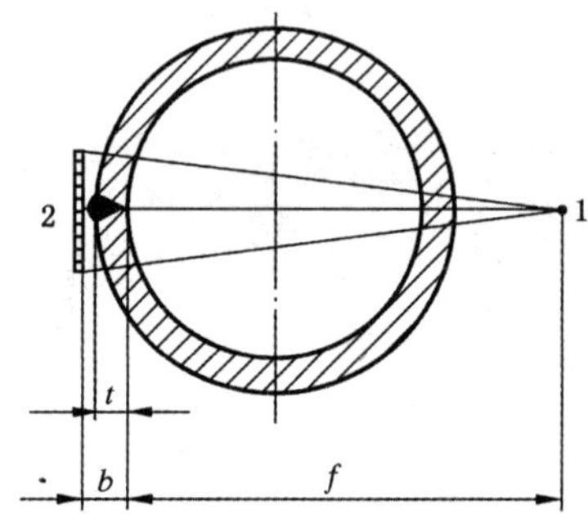

1——射线源；
2——胶片。

图 15 纵缝双壁单影法的透照布置

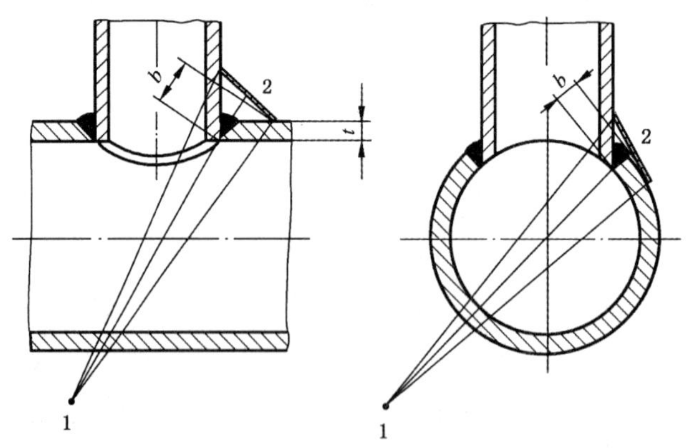

1——射线源；
2——胶片。

图 16 插入式支管连接焊缝双壁单影法的透照布置

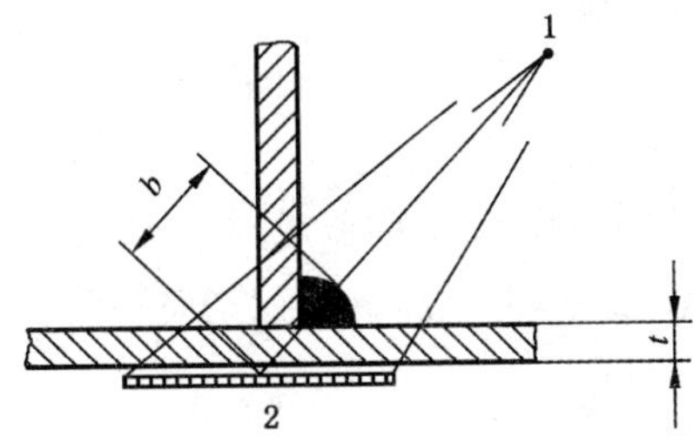

1——射线源；

2——胶片。

图 17 角焊缝透照布置

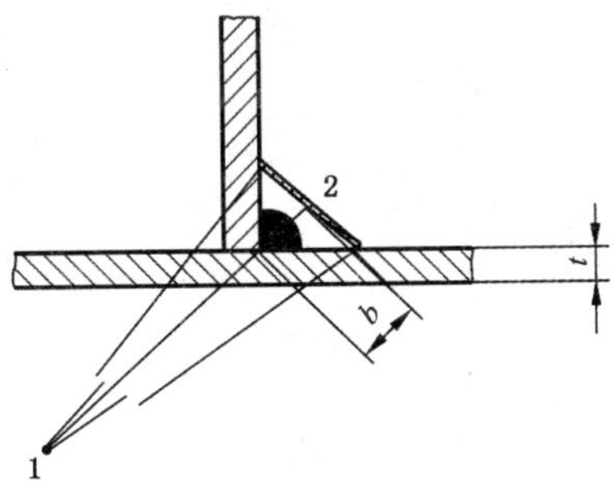

1——射线源；

2——胶片。

图 18 角焊缝透照布置

6.1.9 不等厚透照法

材料厚度差异较大，采用多张胶片透照(见图 19)。

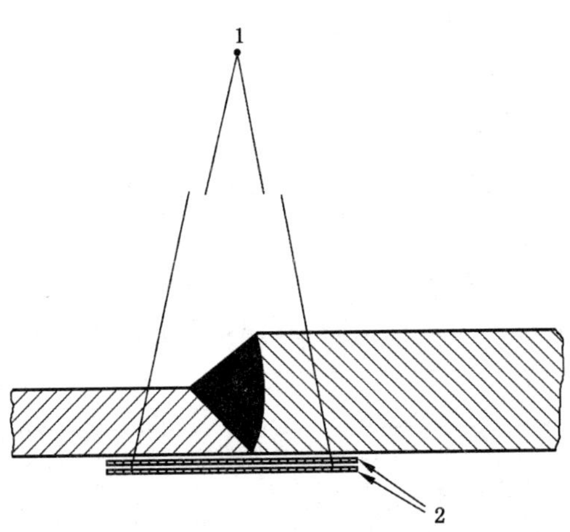

1——射线源；

2——胶片。

图 19 不等厚对接焊缝的多胶片透照布置

6.2 管电压和射线源的选择

6.2.1 管电压500 kV以下的X射线机

6.2.1.1 为获得良好的照相灵敏度,应选用尽可能低的管电压。X射线穿透不同材料和不同厚度时,所允许使用的最高管电压应符合图20的规定。

6.2.1.2 对某些被检区内厚度变化较大的工件透照时,可使用稍高于图20所示的管电压。但要注意,管电压过高会导致照相灵敏度降低。最高管电压的许用增量:钢最大允许提高50 kV;钛最大允许提高40 kV;铝最大允许提高30 kV。

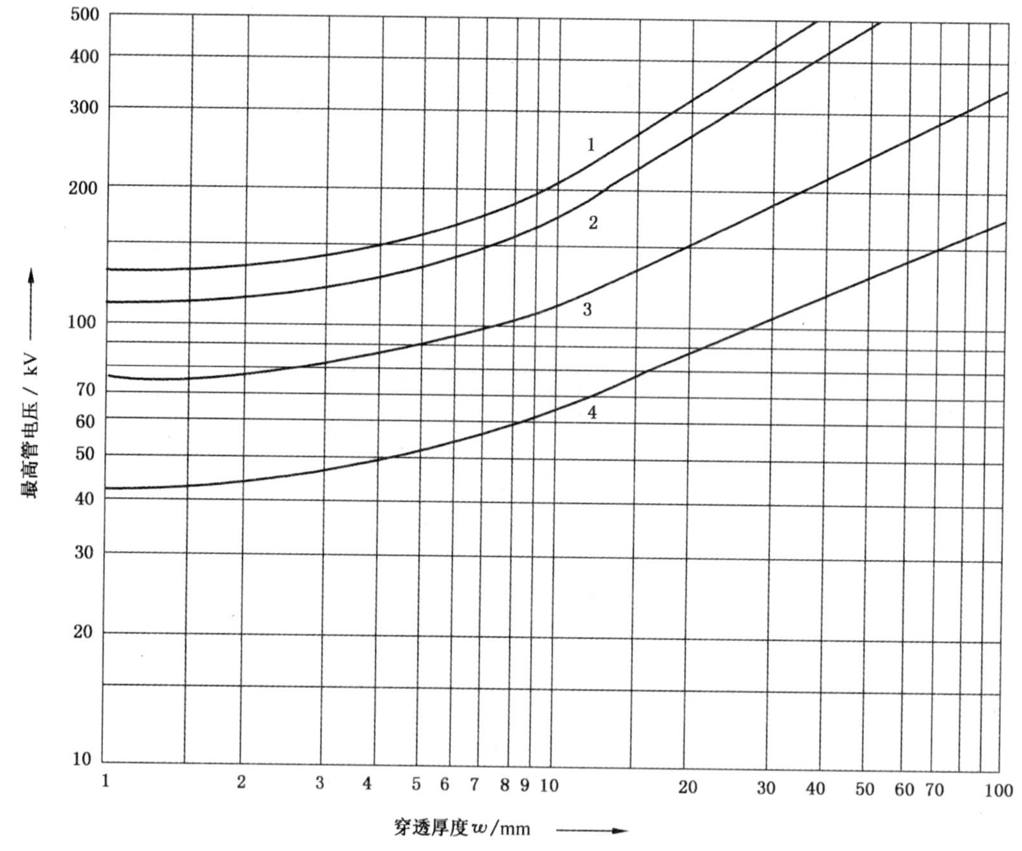

1——铜、镍及其合金;

2——钢;

3——钛及其合金;

4——铝及其合金。

图20 500 kV以下X射线机穿透不同材料和不同厚度所允许使用的最高管电压

6.2.2 γ射线和高能X射线装置

6.2.2.1 γ射线和1 MeV以上的X射线所允许的穿透厚度范围见表1。

表1 γ射线和1 MeV以上X射线对钢、铜和镍基合金材料所适用的穿透厚度范围

射线种类	穿透厚度 w/mm	
	A级	B级
Tm 170	$w \leqslant 5$	$w \leqslant 5$
Yb 169[a]	$1 \leqslant w \leqslant 15$	$2 \leqslant w \leqslant 12$
Se 75[b]	$10 \leqslant w \leqslant 40$	$14 \leqslant w \leqslant 40$
Ir 192	$20 \leqslant w \leqslant 100$	$20 \leqslant w \leqslant 90$

表 1(续)

射线种类	穿透厚度 w/mm	
	A 级	B 级
Co 60	40≤w≤200	60≤w≤150
X 射线 1 MeV~4 MeV	30≤w≤200	50≤w≤180
X 射线>4 MeV~12 MeV	w≥50	w≥80
X 射线>12 MeV	w≥80	w≥100

[a] 对铝和钛的穿透厚度为:A 级时,10<w<70;B 级时,25<w<55

[b] 对铝和钛的穿透厚度为:A 级时,35≤w≤120

6.2.2.2 对较薄的工件,Se 75、Ir 192、Co 60 等 γ 射线照相的缺陷检测灵敏度不如 X 射线,但由于 γ 射线源有操作方便、易于接近被检部位等优点,当使用 X 射线机有困难时,可在表 1 给出的穿透厚度范围内使用 γ 射源。

6.2.2.3 经合同各方同意,采用 Ir 192 时,最小穿透厚度可降至 10 mm;采用 Se 75 时,最小穿透厚度可降至 5 mm。

6.2.2.4 在某些特定的应用场合,只要能获得足够高的影像质量,也允许将穿透厚度范围放宽。

6.2.2.5 用 γ 射线照相时,射线源到位的往返传送时间应不超过总曝光时间的 10%。

6.3 射线胶片系统和增感屏

射线照相检测所使用的胶片系统类别应按 ISO 11699-1 和 EN 584-1 选定。

对不同的射线源,可选用的最低胶片系统类别见表 2 和表 3。

使用增感屏时,胶片和增感屏之间应接触良好。

采用不同射线源透照时,所推荐选用的增感屏材质和厚度见表 2 和表 3。

只要能达到所要求的影像质量,经合同各方商定,也可选用其他材质和厚度的增感屏。

6.4 射线方向

射线束应对准被检区中心,并在该点与被检工件表面相垂直。但若采用其他透照角度有利于检出某些缺陷时,也可另择方向进行透照。

6.5 散射线的控制

6.5.1 滤光板和铅光阑

6.5.1.1 为减少散射线的影响,应利用铅光阑等将一次射线尽量限制在被检区段内。

6.5.1.2 采用 Ir 192 和 Co 60 射线源或产生边缘散射时,可将铅箔或薄铅板插在工件与暗袋之间,作为低能散射线的滤光板。按透照厚度的不同,滤光板的厚度应选择在 0.5 mm~2 mm 之间。

6.5.2 背散射的屏蔽

6.5.2.1 为防止散射线对胶片的影响,应在胶片暗袋后贴附适当厚度的铅板(至少 1 mm)或锡板(至少 1.5 mm)。

表 2 钢、铜和镍基合金射线照相所适用的胶片系统类别和金属增感屏

射线种类	穿透厚度 w/mm	胶片系统类别[a]		金属增感屏类型和厚度/mm	
		A 级	B 级	A 级	B 级
X 射线≤100 kV	—	C5	C3	不用屏或用铅屏(前后)≤0.03	
X 射线>100 kV~150 kV				铅屏(前后)≤0.15	
X 射线>150 kV~250 kV			C4	铅屏(前后)0.02~0.15	
Yb 169	w<5	C5	C3	铅屏(前后)≤0.03,或不用屏	
Tm 170	w≥5		C4	铅屏(前后)0.02~0.15	

表 2(续)

射线种类	穿透厚度 w/mm	胶片系统类别[a]		金属增感屏类型和厚度/mm	
		A 级	B 级	A 级	B 级
X 射线>250 kV~500 kV	w≤50	C5	C4	铅屏(前后)0.02~0.2	
	w>50		C5	前铅屏 0.1~0.2[b];后铅屏 0.02~0.2	
Se 75		C5	C4	铅屏(前后)0.1~0.2	
Ir 192		C5	C4	前铅屏 0.02~0.2	前铅屏 0.1~0.2[b]
				后铅屏 0.02~0.2	
Co 60	w≤100	C5	C4	钢或铜屏(前后)0.25~0.7[c]	
	w>100		C5		
X 射线 1 MeV~4 MeV	w≤100	C5	C3	钢或铜屏(前后)0.25~0.7[c]	
	w>100		C5		
X 射线>4 MeV~12 MeV	w≤100	C4	C4	铜、钢或钽前屏≤1[d]	
	100<w≤300	C5	C4		
	w>300		C5	铜或钢后屏≤1,钽后屏≤0.5[d]	
X 射线>12 MeV	w≤100	C4	—	钽前屏≤1[e]	
	100<w≤300	C5	C4	钽后屏不用	
	w>300		C5	钽前屏≤1[e];钽后屏≤0.5	

a 也可使用更好的胶片系统类别。

b 只要在工件与胶片之间加 0.1 mm 附加铅屏,就可使用前屏≤0.03 mm 的真空包装胶片。

c A 级,也可使用 0.5~2 mm 铅屏。

d 经合同各方商定,A 级可用 0.5~1 mm 铅屏。

e 经合同各方商定可使用钨屏。

表 3 铝和钛射线照相所适用的胶片系统类别和金属增感屏

射线种类	胶片系统类别[a]		金属增感屏类型和厚度/mm
	A 级	B 级	
X 射线≤150 kV	C5	C3	不用屏或铅前屏≤0.03;后屏≤0.15
X 射线>150 kV~250 kV			铅屏(前后)0.02~0.15
X 射线>250 kV~500 kV			铅屏(前后)0.1~0.2
Yb 169			铅屏(前后)0.02~0.15
Se 75			铅前屏 0.2[b];后屏 0.1~0.2

a 也可使用更好的胶片系统类别。

b 可用 0.1 mm 铅屏附加 0.1 mm 滤光板取代 0.2 mm 铅屏。

6.5.2.2 当采用新的透照布置时，应在每个暗袋后背贴上高密度材料标记“B”(高度大于等于 10 mm，厚度大于等于 1.5 mm)，以此验证背散射的存在与否。若底片上出现该标记的较亮影像，此底片应作废；若此标记影像较暗或不可见，表明散射线屏蔽良好，则此底片合格。

6.6 射线源—工件距离

射线源—工件最小距离 f_{min} 与射线源的尺寸 d 和工件—胶片距离 b 有关。

射线源—工件距离 f 的选择，应使 f/d 符合下列要求：

A 级： $$f/d \geqslant 7.5 \cdot (b)^{2/3} \quad \cdots\cdots(1)$$

B 级： $$f/d \geqslant 15 \cdot (b)^{2/3} \quad \cdots\cdots(2)$$

式中：

b——单位为毫米(mm)。

当 $b<1.2t$ 时，(1)和(2)式及图 21 中的 b 可用公称厚度 t 取代。

射线源—工件最小距离 f_{min} 可按图 21 的诺模图确定。

图 21 是根据(1)和(2)式作出的。若须在 A 级时检出平面型缺陷，则射线源—工件最小距离 f_{min} 的选择应与 B 级相同。

对裂纹敏感性大的材料有更为严格的技术要求时，应选用灵敏度比 B 级更优的技术进行透照。

采用双壁双影椭圆透照技术(6.1.6)或垂直透照技术(6.1.7)时，(1)和(2)式及图 21 中 b 值取管子外径 D_e。

采用双壁单影法透照(6.1.8)，在确定射线源—被检工件距离时，b 值取一个公称壁厚 t。

射线源置于被检工件内部透照(6.1.4 和 6.1.5)，射线源—工件的最小距离 f_{min} 允许减小，但减小值不应超过 20%。

射线源置于被检工件内部中心透照(6.1.4)时，在满足像质计要求的前提下，射线源—工件的最小距离 f_{min} 允许减小，但减小值不应超过 50%。

6.7 一次透照长度

平板纵缝透照(图 1 和图 15)和射线源位于偏心位置透照曲面焊缝(图 2～图 4，图 8～图 16)时，为保证 100%透照，其曝光次数应按技术要求来确定。

射线经过均匀厚度被检区外端的斜向穿透厚度与中心束的穿透厚度之比，A 级不大于 1.2，B 级不大于 1.1。

只要观片时有适当的遮光设施，底片上由于射线穿透厚度变化所引起的黑度值变化的范围，其下限不应低于 6.8 规定的数值，上限不得高于观片灯可以观察的最高值。

工件被检区域应包括焊缝和热影响区，通常焊缝两侧应评定至少约 10 mm 的母材区域。

对接环焊缝 100%透照时，其曝光次数的最小值应满足附录 A。

6.8 射线底片黑度

选择的曝光条件应使底片的黑度满足表 4 中的规定。

表 4 底片黑度

等　级	黑　度[a]
A	≥2.0[b]
B	≥2.3[c]

[a] 测量允许误差为±0.1。

[b] 经合同各方商定，可降为 1.5。

[c] 经合同各方商定，可降为 2.0。

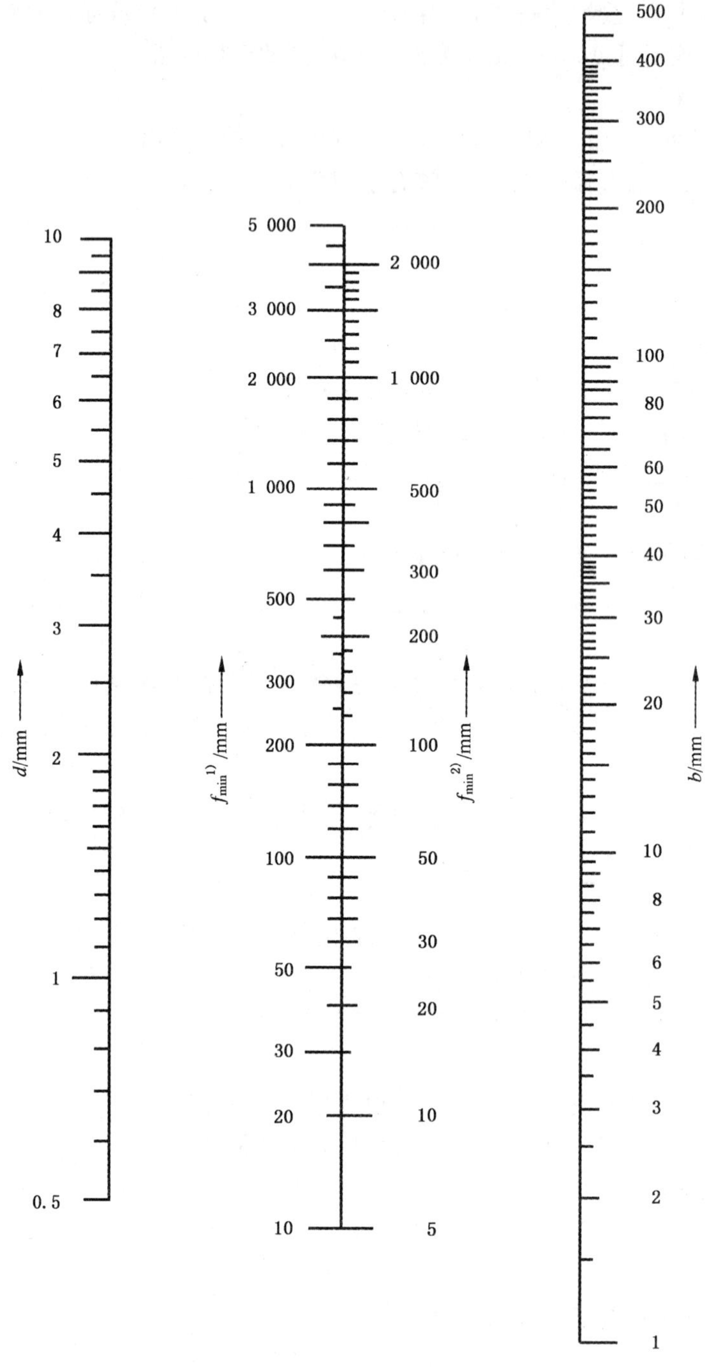

1) B级;

2) A级。

图 21 确定射线源—工件最小距离 f_{min} 的诺模图

当观片灯亮度按 6.10 中所规定的足够大时，可采用较高的黑度。

为避免胶片老化、显影或温度等因素所引起的灰雾度过大，应从所使用的未曝光胶片中取样验证灰雾度，用与实际透照相同的暗室条件进行处理，所得灰雾度值不允许大于 0.3。这里的灰雾度是指未经曝光即进行暗室处理的胶片的总黑度(片基＋乳剂)。

采用多胶片透照，而用单张底片观察评定时，每张底片的黑度应满足表 4 规定。

采用多胶片透照，且用两张底片重迭观察评定时，单张底片的黑度应不小于 1.3。

6.9 胶片处理

胶片的暗室处理应按胶片及化学药剂制造者推荐的条件进行，以获得选定的胶片系统性能。特别要注意温度、显影及冲洗时间。胶片处理应按 ISO 11699-2 的规定进行定期检查。

6.10 评片条件

底片的评定应在光线暗淡的室内进行，观片灯的亮度应可调，灯屏应有遮光板遮挡非评定区。观片灯应满足 JB/T 7903 的规定。观片灯的亮度应能保证底片透过光的亮度不低于 30 cd/m^2，尽量达到 100 cd/m^2。

7 射线照相检测报告

射线照相后，应对检测结果及有关事项进行详细记录，并填写检测报告。检测报告的主要内容包括：

a) 检测单位；
b) 产品名称；
c) 材质；
d) 热处理状况；
e) 焊接接头的坡口形式；
f) 公称厚度；
g) 焊接方法；
h) 检测标准：包括验收要求；
i) 透照技术及等级：包括像质计和要求达到的像质计数值；
j) 透照布置；
k) 标记；
l) 布片图；
m) 射线源种类和焦点尺寸及所选用的设备；
n) 胶片、增感屏和滤光板；
o) 管电压和管电流或 γ 源的活度；
p) 曝光时间及射线源—胶片距离；
q) 胶片处理：手工/自动；
r) 像质计的型号和位置；
s) 检测结果：包括底片黑度、像质计数值；
t) 由合同各方之间商定的与本标准规定的差异说明；
u) 有关人员的签字及资格；
v) 透照及检测报告日期。

附　录　A
（规范性附录）
对接环焊缝100%射线照相的最少曝光次数

外径大于100 mm的对接环焊缝100%透照的最少曝光次数可参阅图A.1～图A.4。

当壁厚增加量与公称厚度之比$\Delta t/t$小于等于20%（等级A）时，最少曝光次数可参阅图A.3和图A.4。只有当焊缝中出现横向裂纹的可能性很小或此类缺陷还采用其他无损检测方法来检测时，才使用此种技术。

当壁厚增加量与公称厚度之比$\Delta t/t$小于等于10%（B级）时，最少曝光次数可参阅图A.1和图A.2。此种技术有利于发现横向裂纹。

但要检出工件中个别横向裂纹，还应在图A.1～图A.4查出值的基础上扩大曝光次数。

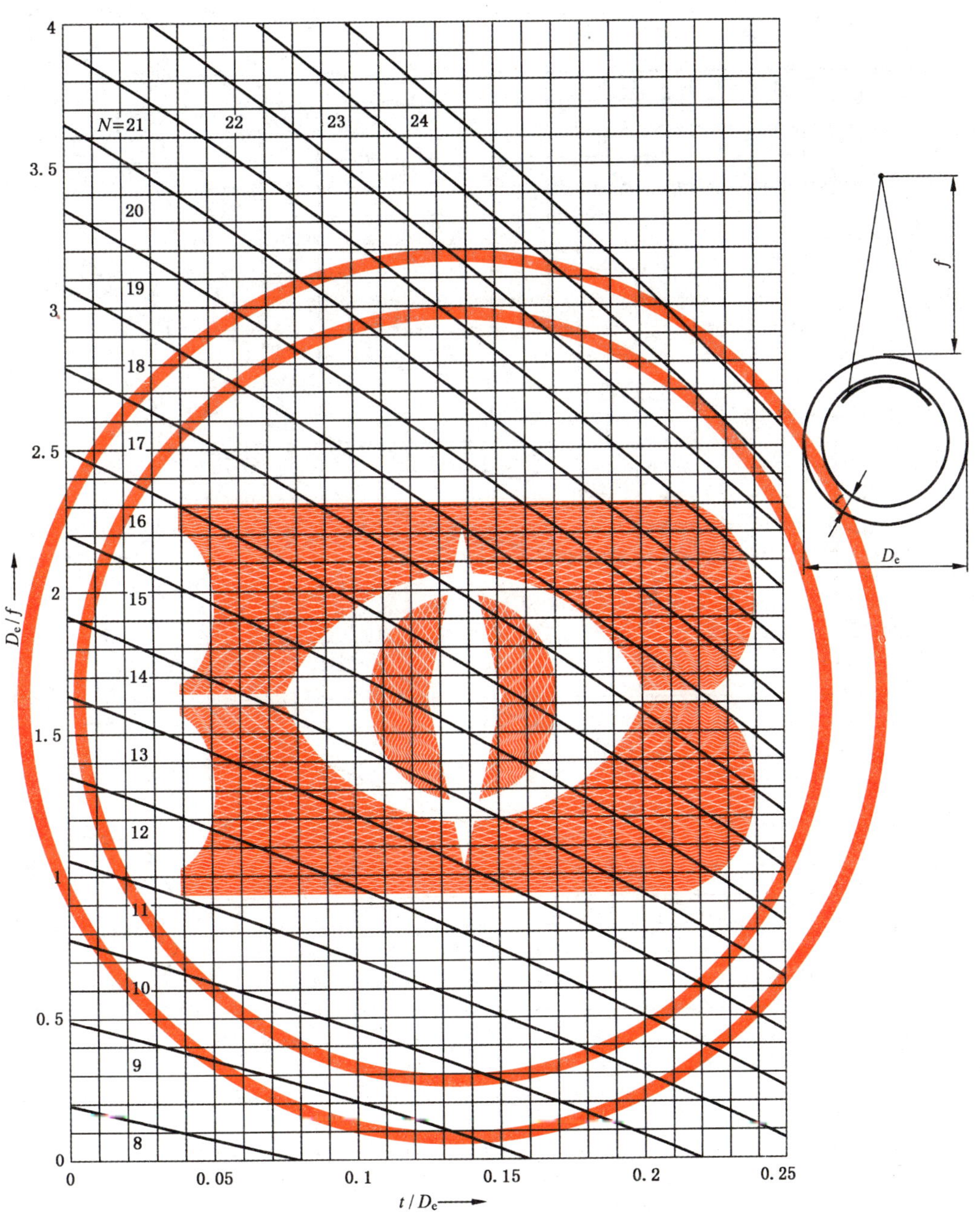

图 A.1 当 $\Delta t/t=10\%$（B 级）时，单壁外透法透照环缝的最少曝光次数 N 与 t/D_e 和 D_e/f 的关系

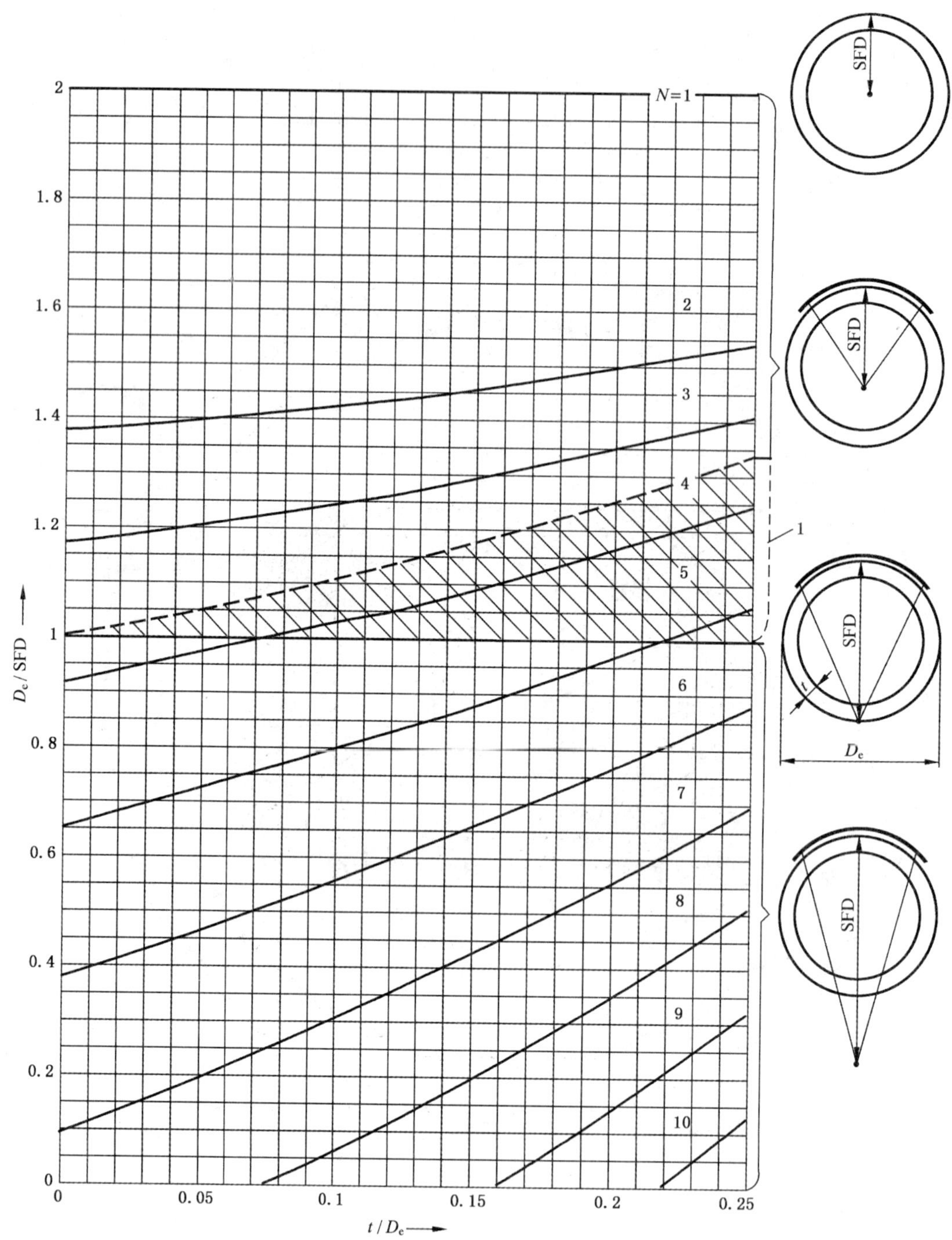

1——管壁。

图 A.2 当 $\Delta t/t=10\%$(B 级)时，偏心内透法和双壁单影法透照环缝的最少曝光次数 N 与 t/D_e 和 D_e/SFD 的关系

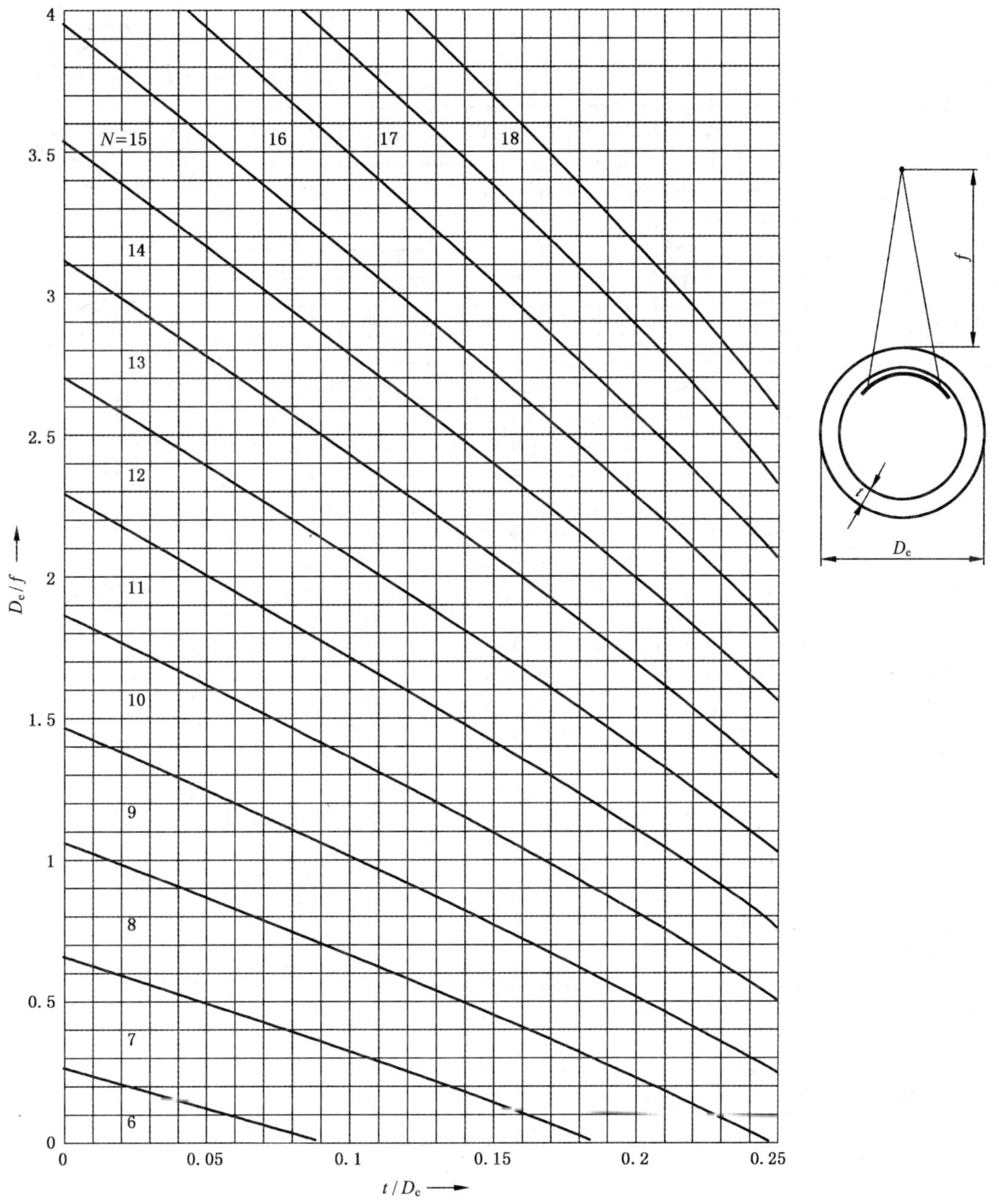

图 A.3 当 $\Delta t/t$=20%（A 级）时，单壁外透法透照环缝的最少曝光次数 N 与 t/D_e 和 D_e/f 的关系

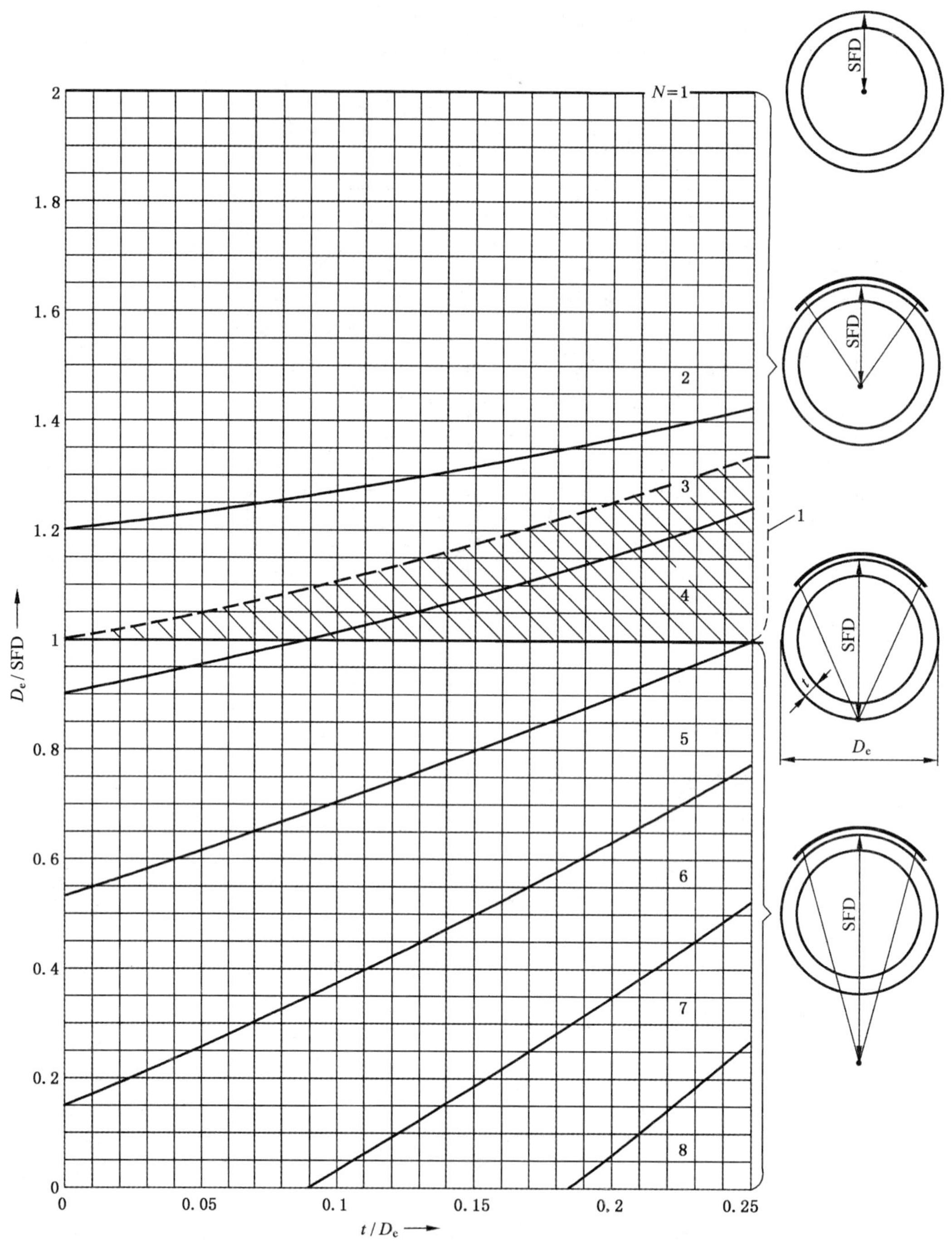

1——管壁。

图 A.4 当 $\Delta t/t=20\%$(A 级)时，偏心内透法和双壁单影法透照环缝的最少曝光次数 N 与 t/D_e 和 D_e/SFD 的关系

附 录 B
（规范性附录）
最低像质计数值

B.1 单壁透照（A级）

像质计（IQI）置于射线源侧（表B.1～表B.2）。

表 B.1 线型像质计（IQI）

A级		
公称厚度 t/mm	像质计数值	
	应识别的丝径/mm	应识别的丝号
$t \leqslant 1.2$	0.063	W18
$1.2 < t \leqslant 2.0$	0.080	W17
$2.0 < t \leqslant 3.5$	0.100	W16
$3.5 < t \leqslant 5.0$	0.125	W15
$5.0 < t \leqslant 7.0$	0.16	W14
$7.0 < t \leqslant 10$	0.20	W13
$10 < t \leqslant 15$	0.25	W12
$15 < t \leqslant 25$	0.32	W11
$25 < t \leqslant 32$	0.40	W10
$32 < t \leqslant 40$	0.50	W9
$40 < t \leqslant 55$	0.63	W8
$55 < t \leqslant 85$	0.80	W7
$85 < t \leqslant 150$	1.00	W6
$150 < t \leqslant 250$	1.25	W5
$t > 250$	1.60	W4

表 B.2 阶梯孔型像质计（IQI）

A级		
公称厚度 t/mm	像质计数值	
	应识别的孔径/mm	应识别的孔号
$t \leqslant 2.0$	0.200	H3
$2.0 < t \leqslant 3.5$	0.250	H4
$3.5 < t \leqslant 6.0$	0.320	H5
$6.0 < t \leqslant 10$	0.400	H6
$10 < t \leqslant 15$	0.500	H7
$15 < t \leqslant 24$	0.630	H8
$24 < t \leqslant 30$	0.800	H9

表 B.2(续)

A级		
公称厚度 t/mm	像质计数值	
	应识别的孔径/mm	应识别的孔号
30<t≤40	1.000	H10
40<t≤60	1.250	H11
60<t≤100	1.600	H12
100<t≤150	2.000	H13
150<t≤200	2.500	H14
200<t≤250	3.200	H15
250<t≤320	4.000	H16
320<t≤400	5.000	H17
t>400	6.300	H18

B.2 单壁透照(B级)

像质计(IQI)置于射线源侧(表B.3～表B.4)。

表 B.3 线型像质计(IQI)

B级		
公称厚度 t/mm	像质计数值	
	应识别的丝径/mm	应识别的丝号
t≤1.5	0.050	W19
1.5<t≤2.5	0.063	W18
2.5<t≤4.0	0.080	W17
4.0<t≤6.0	0.100	W16
6.0<t≤8.0	0.125	W15
8.0<t≤12	0.16	W14
12<t≤20	0.20	W13
20<t≤30	0.25	W12
30<t≤35	0.32	W11
35<t≤45	0.40	W10
45<t≤65	0.50	W9
65<t≤120	0.63	W8
120<t≤200	0.80	W7
200<t≤350	1.00	W6
t>350	1.25	W5

表 B.4 阶梯孔型像质计(IQI)

B 级		
公称厚度 t/mm	像质计数值	
	应识别的孔径/mm	应识别的孔号
t≤2.5	0.160	H2
2.5<t≤4.0	0.200	H3
4.0<t≤8.0	0.250	H4
8.0<t≤12	0.320	H5
12<t≤20	0.400	H6
20<t≤30	0.500	H7
30<t≤40	0.630	H8
40<t≤60	0.800	H9
60<t≤80	1.000	H10
80<t≤100	1.250	H11
100<t≤150	1.600	H12
150<t≤200	2.000	H13
200<t≤250	2.500	H14

B.3 双壁双影透照(A 级)

像质计(IQI)置于射线源侧(表 B.5～表 B.6)。

表 B.5 线型像质计(IQI)

A 级		
穿透厚度 w/mm	像质计数值	
	应识别的丝径/mm	应识别的丝号
w≤1.2	0.063	W18
1.2<w≤2.0	0.080	W17
2.0<w≤3.5	0.100	W16
3.5<w≤5.0	0.125	W15
5.0<w≤7.0	0.16	W14
7.0<w≤12	0.20	W13
12<w≤18	0.25	W12
18<w≤30	0.32	W11
30<w≤40	0.40	W10
40<w≤50	0.50	W9
50<w≤60	0.63	W8
60<w≤85	0.80	W7
85<w≤120	1.00	W6
120<w≤220	1.25	W5
220<w≤380	1.60	W4
w>380	2.00	W3

表 B.6 阶梯孔型像质计(IQI)

A级		
穿透厚度 w/mm	像质计数值	
	应识别的孔径/mm	应识别的孔号
w≤1.0	0.200	H3
1.0<w≤2.0	0.250	H4
2.0<w≤3.5	0.320	H5
3.5<w≤5.5	0.400	H6
5.5<w≤10	0.500	H7
10<w≤19	0.630	H8
19<w≤35	0.800	H9

B.4 双壁双影透照(B级)

像质计(IQI)置于射线源侧(表B.7～表B.8)。

表 B.7 线型像质计(IQI)

B级		
穿透厚度 w/mm	像质计数值	
	应识别的丝径/mm	应识别的丝号
w≤1.5	0.050	W19
1.5<w≤2.5	0.063	W18
2.5<w≤4.0	0.080	W17
4.0<w≤6.0	0.100	W16
6.0<w≤8.0	0.125	W15
8.0<w≤15	0.16	W14
15<w≤25	0.20	W13
25<w≤38	0.25	W12
38<w≤45	0.32	W11
45<w≤55	0.40	W10
55<w≤70	0.50	W9
70<w≤100	0.63	W8
100<w≤170	0.80	W7
170<w≤250	1.00	W6
w>250	1.25	W5

表 B.8 阶梯孔型像质计(IQI)

B 级		
穿透厚度 w/mm	像质计数值	
	应识别的孔径/mm	应识别的孔号
$w \leqslant 1.0$	0.160	H2
$1.0 < w \leqslant 2.5$	0.200	H3
$2.5 < w \leqslant 4.0$	0.250	H4
$4.0 < w \leqslant 6.0$	0.320	H5
$6.0 < w \leqslant 11$	0.400	H6
$11 < w \leqslant 20$	0.500	H7
$20 < w \leqslant 35$	0.630	H8

B.5 双壁单影或双影透照(A 级)

像质计(IQI)置于胶片侧(表 B.9～表 B.10)。

表 B.9 线型像质计(IQI)

A 级		
穿透厚度 w/mm	像质计数值	
	应识别的丝径/mm	应识别的丝号
$w \leqslant 1.2$	0.063	W18
$1.2 < w \leqslant 2.0$	0.080	W17
$2.0 < w \leqslant 3.5$	0.100	W16
$3.5 < w \leqslant 5.0$	0.125	W15
$5.0 < w \leqslant 10$	0.16	W14
$10 < w \leqslant 15$	0.20	W13
$15 < w \leqslant 22$	0.25	W12
$22 < w \leqslant 38$	0.32	W11
$38 < w \leqslant 48$	0.40	W10
$48 < w \leqslant 60$	0.50	W9
$60 < w \leqslant 85$	0.63	W8
$85 < w \leqslant 125$	0.80	W7
$125 < w \leqslant 225$	1.00	W6
$225 < w \leqslant 375$	1.25	W5
$w > 375$	1.60	W4

表 B.10 阶梯孔型像质计(IQI)

A级		
穿透厚度 w/mm	像质计数值	
	应识别的孔径/mm	应识别的孔号
$w \leqslant 2.0$	0.200	H3
$2.0 < w \leqslant 5.0$	0.250	H4
$5.0 < w \leqslant 9.0$	0.320	H5
$9.0 < w \leqslant 14$	0.400	H6
$14 < w \leqslant 22$	0.500	H7
$22 < w \leqslant 36$	0.630	H8
$36 < w \leqslant 50$	0.800	H9
$50 < w \leqslant 80$	1.000	H10

B.6 双壁单影或双影透照(B级)

像质计(IQI)置于胶片侧(表 B.11～表 B.12)。

表 B.11 线型像质计(IQI)

B级		
穿透厚度 w/mm	像质计数值	
	应识别的丝径/mm	应识别的丝号
$w \leqslant 1.5$	0.050	W19
$1.5 < w \leqslant 2.5$	0.0630	W18
$2.5 < w \leqslant 4.0$	0.080	W17
$4.0 < w \leqslant 6.0$	0.100	W16
$6.0 < w \leqslant 12$	0.125	W15
$12 < w \leqslant 18$	0.16	W14
$18 < w \leqslant 30$	0.20	W13
$30 < w \leqslant 45$	0.25	W12
$45 < w \leqslant 55$	0.32	W11
$55 < w \leqslant 70$	0.40	W10
$70 < w \leqslant 100$	0.50	W9
$100 < w \leqslant 180$	0.63	W8
$180 < w \leqslant 300$	0.80	W7
$w > 300$	1.00	W6

表 B.12 阶梯孔型像质计(IQI)

B级		
穿透厚度 w/mm	像质计数值	
	应识别的孔径/mm	应识别的孔号
$w \leqslant 2.5$	0.160	H2
$2.5 < w \leqslant 5.5$	0.200	H3
$5.5 < w \leqslant 9.5$	0.250	H4
$9.5 < w \leqslant 15$	0.320	H5
$15 < w \leqslant 24$	0.400	H6
$24 < w \leqslant 40$	0.500	H7
$40 < w \leqslant 60$	0.630	H8
$60 < w \leqslant 80$	0.800	H9

附 录 C
(资料性附录)
焊接接头射线照相缺陷评定

C.1 焊接接头质量分级

根据缺陷的性质和数量,焊接接头质量分为四个等级。

Ⅰ级焊接接头:应无裂纹、未熔合、未焊透和条形缺陷。

Ⅱ级焊接接头:应无裂纹、未熔合和未焊透。

Ⅲ级焊接接头:应无裂纹、未熔合以及双面焊和加垫板的单面焊中的未焊透。

Ⅳ级焊接接头:焊接接头中缺陷超过Ⅲ级者。

C.2 评定厚度的确定

评定厚度 T 是指用于缺陷评定的母材厚度或角焊缝厚度。

对接焊缝的评定厚度是指母材的公称厚度。不等厚材料对接时,取其中较薄的母材公称厚度;T 型接头时,取制备坡口的母材公称厚度。

角焊缝的评定厚度是指角焊缝的理论厚度。

C.3 焊接缺陷的评级

C.3.1 圆形缺陷评级

C.3.1.1 长宽比小于等于 3 的缺陷定义为圆形缺陷。它们可以是圆形、椭圆形、锥形或带有尾巴(在测定尺寸时应包括尾部)等不规则的形状。包括气孔、夹渣和夹钨。

C.3.1.2 圆形缺陷用评定区进行评定,评定区域的大小见表 C.1。评定区应选在缺陷最严重的部位。

表 C.1 缺陷评定区

单位为毫米

评定厚度 T	≤25	>25~100	>100
评定区尺寸	10×10	10×20	10×30

C.3.1.3 评定圆形缺陷时,应将缺陷尺寸按表 C.2 换算成缺陷点数,见表 C.2。

表 C.2 缺陷点数换算表

缺陷长径/mm	≤1	>1~2	>2~3	>3~4	>4~6	>6~8	>8
点数	1	2	3	6	10	15	25

C.3.1.4 不计点数的缺陷尺寸见表 C.3。

表 C.3 不计点数的缺陷尺寸

单位为毫米

评定厚度 T	缺陷长径
≤25	≤0.5
>25~50	≤0.7
>50	≤1.4%T

C.3.1.5 当缺陷与评定区边界线相接时，应把它划入该评定区内计算点数。

C.3.1.6 对由于材质或结构等原因进行返修可能会产生不利后果的焊接接头，经合同各方商定，各级别的圆形缺陷可放宽 1～2 点。

C.3.1.7 对致密性要求高的焊接接头，经合同各方商定，可将圆形缺陷的黑度作为评级依据，对黑度大的圆形缺陷定义为深孔缺陷，按 C.3.1.10 定级。

C.3.1.8 圆形缺陷的分级见表 C.4。

表 C.4 圆形缺陷的分级

评定区/mm		10×10			10×20		10×30
评定厚度 T/mm		≤10	>10～15	>15～25	>25～50	>50～100	>100
质量等级	Ⅰ	1	2	3	4	5	6
	Ⅱ	3	6	9	12	15	18
	Ⅲ	6	12	18	24	30	36
	Ⅳ	缺陷点数大于Ⅲ级者					
注：表中的数字是允许缺陷点数的上限。							

C.3.1.9 圆形缺陷长径大于 $1/2T$ 时，评为Ⅳ级。

C.3.1.10 要求按 C.3.1.7 评定的焊接接头，有深孔缺陷时评为Ⅳ级。

C.3.1.11 Ⅰ级焊接接头和评定厚度小于等于 5 mm 的Ⅱ级焊接接头内不计点数的圆形缺陷，在评定区内不得多于 10 个。

C.3.2 **条形缺陷评级**

C.3.2.1 长宽比大于 3 的气孔、夹渣和夹钨定义为条形缺陷。

C.3.2.2 条形缺陷的分级见表 C.5。

表 C.5 条形缺陷的分级

单位为毫米

质量等级	评定厚度 T	单个条形缺陷长度	条形缺陷总长
Ⅱ	$T\leqslant 12$ $12<T<60$ $T\geqslant 60$	4 $\frac{1}{3}T$ 20	在平行于焊缝轴线的任意直线上，相邻两缺陷间距均不超过 $6L$ 的任何一组缺陷，其累计长度在 $12T$ 焊缝长度内不超过 T
Ⅲ	$T\leqslant 9$ $9<T<45$ $T\geqslant 45$	6 $\frac{2}{3}T$ 30	在平行于焊缝轴线的任意直线上，相邻两缺陷间距均不超过 $3L$ 的任何一组缺陷，其累计长度在 $6T$ 焊缝长度内不超过 T
Ⅳ	大于Ⅲ级者		
注：表中 L 为该组缺陷中最长者的长度。			

C.3.3 **未焊透评级**

C.3.3.1 不加垫板的单面焊中未焊透的允许长度，应按表 C.5 条形缺陷的Ⅲ级评定。

C.3.3.2 角焊缝的未焊透是指角焊缝的实际熔深未达到理论熔深值，应按表 C.5 条形缺陷的Ⅲ级评定。

C.3.3.3 设计焊缝系数小于等于 0.75 的钢管根部未焊透的分级见表 C.6。

表 C.6 未焊透的分级

质量等级	未焊透的深度		长度/mm
	占壁厚的百分数/%	深度/mm	
Ⅱ	≤15	≤1.5	≤10%周长
Ⅲ	≤20	≤2.0	≤15%周长
Ⅳ	大于Ⅲ级者		

C.3.4 根部内凹和根部咬边评级

钢管根部内凹缺陷和根部咬边的分级见表 C.7。

表 C.7 根部内凹和根部咬边缺陷的分级

质量等级	根部内凹的深度		长度/mm
	占壁厚的百分数/%	深度/mm	
Ⅰ	≤10	≤1	不限
Ⅱ	≤20	≤2	
Ⅲ	≤25	≤3	
Ⅳ	大于Ⅲ级者		

C.3.5 综合评级

在圆形缺陷评定区内,同时存在圆形缺陷和条形缺陷(或未焊透、根部内凹和根部咬边)时,应各自评级,将两种缺陷所评级别之和减 1(或三种缺陷所评级别之和减 2)作为最终级别。

附 录 D
（资料性附录）
像质计型式及规格

D.1 线型像质计

线型像质计的规格和技术要求应满足 JB/T 7902 和 EN 462-1 标准，其型式见图 C.1。

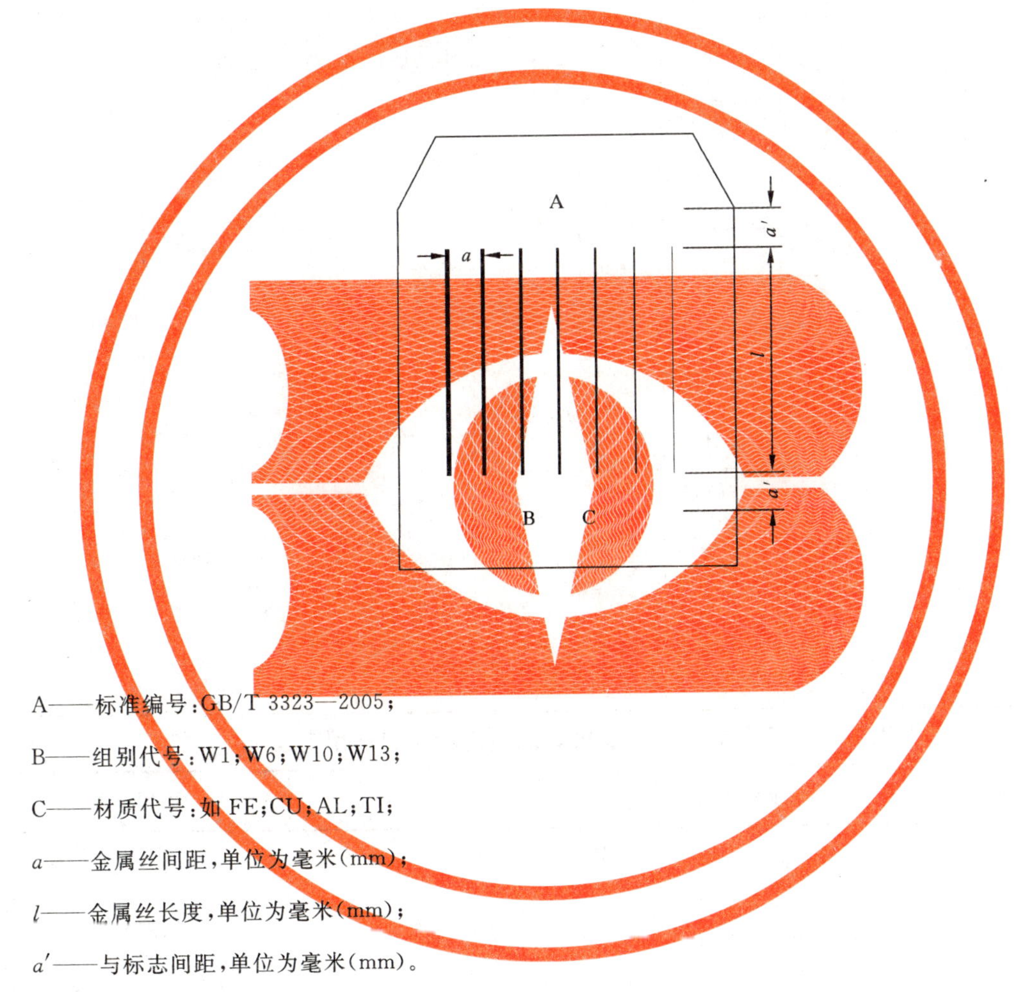

A——标准编号：GB/T 3323—2005；

B——组别代号：W1；W6；W10；W13；

C——材质代号：如 FE；CU；AL；TI；

a——金属丝间距，单位为毫米(mm)；

l——金属丝长度，单位为毫米(mm)；

a′——与标志间距，单位为毫米(mm)。

图 D.1 线型像质计

线型像质计由相同材质和长度的不同直径金属丝组成，以七根编号相连续的金属丝为一组，共分 W1～W7；W6～W12；W10～W16；W13～W19 四组。其组别和规格见表 D.1。

线型像质计的表述方式中应包括：像质计缩写 IQI，标准编号 GB/T 3323，该组像质计最粗和最细丝的编号与材质代号及丝长。

示例：IQI GB/T 3323-W10/W16 FE-25

不同材质线型像质计的标志和适用范围见表 D.2。

表 D.1 线型像质计的组别和规格

像质计组别				像质计数值			金属丝间距 a/mm	金属丝长度 l/mm	与标志间距 a'/mm
W1	W6	W10	W13	丝号	丝径/mm	允许偏差/mm			
×				W1	3.20	±0.03	9.6^{+1}_{0}	25 或 50	5.0^{+1}_{0}
×				W2	2.50		7.5^{+1}_{0}		
×				W3	2.00		6.0^{+1}_{0}		
×				W4	1.60	±0.02	5.0^{+1}_{0}		
×				W5	1.25				
×	×			W6	1.00				
×	×			W7	0.80				
	×			W8	0.63				
	×			W9	0.50	±0.01			
	×	×		W10	0.40				
	×	×		W11	0.32				
	×	×		W12	0.25				
		×	×	W13	0.20				
		×	×	W14	0.16				
		×	×	W15	0.125	±0.005			
		×	×	W16	0.100				
			×	W17	0.080				
			×	W18	0.063				
			×	W19	0.050				

表 D.2 不同材质线型像质计的组别标志和适用范围

像质计组别标志	像质计丝号	金属丝材质	适用范围
W1 FE W6 FE W10 FE W13 FE	W1～W7 W6～W12 W10～W16 W13～W19	碳素钢	铁类材料
W1 CU W6 CU W10 CU W13 CU	W1～W7 W6～W12 W10～W16 W13～W19	铜	铜、锌、锡及锡合金
W1 AL W6 AL W10 AL W13 AL	W1～W7 W6～W12 W10～W16 W13～W19	铝	铝及铝合金

表 D.2(续)

像质计组别标志	像质计丝号	金属丝材质	适用范围
W1 TI W6 TI W10 TI W13 TI	W1～W7 W6～W12 W10～W16 W13～W19	钛	钛及钛合金

D.2 阶梯孔型像质计

阶梯孔型像质计的规格和技术要求应满足 EN 462-2 标准，其型式见图 D.2。

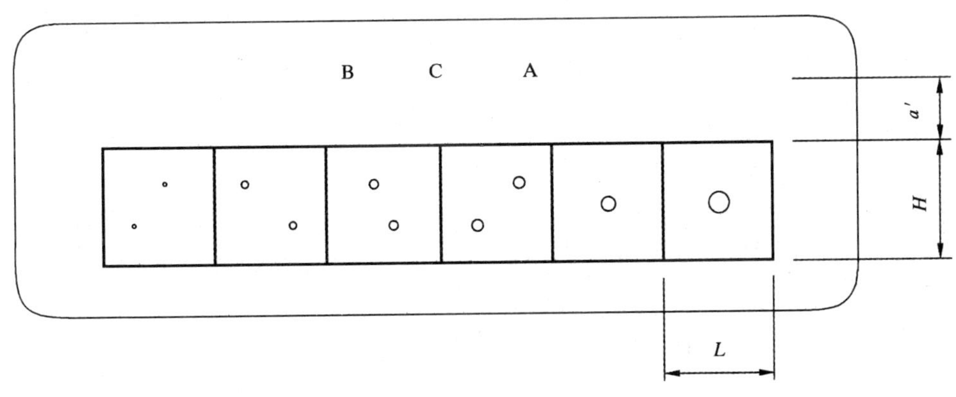

A——标准编号：GB/T 3323—2005；

B——组别代号：H1；H5；H9；H13；

C——材质代号：如 FE；CU；AL；TI；

H——阶梯宽度，单位为毫米(mm)；

L——阶梯长度，单位为毫米(mm)；

a′——与标志间距，单位为毫米(mm)。

图 D.2 阶梯孔型像质计

阶梯孔型像质计由不同厚度的阶梯孔组成，以六个编号相连阶梯孔为一组，共分 H1～H6；H5～H10；H9～H14；H13～H18 四组。其组别和规格见表 D.3。

厚度小于 0.8 mm 的阶梯上应有两个相同直径的孔；厚度大于等于 0.8 mm 的阶梯上应有一个孔。孔的中心到阶梯边缘及两孔边缘间的距离，大于孔的直径之和且不小于 1.0 mm。孔应与阶梯表面相垂直。

阶梯孔型像质计的表述方式中应包括：像质计缩写 IQI，标准编号 GB/T 3323，该组像质计最小和最大阶梯孔的编号和材质代号。

示例：IQI GB/T 3323—H5/H10 FE

不同材质阶梯孔型像质计的标志和适用范围见表 D.4。

表 D.3 阶梯孔型像质计的组别和规格

<table>
<tr><th colspan="4">像质计组别</th><th colspan="3">像质计数值</th><th rowspan="2">阶梯宽度[b] H/mm</th><th rowspan="2">阶梯长度[c] L/mm</th><th rowspan="2">与标志间距 a'/mm</th></tr>
<tr><th>H1</th><th>H5</th><th>H9</th><th>H13[a]</th><th>孔号</th><th>孔径和阶梯厚度/mm</th><th>允许偏差/mm</th></tr>
<tr><td>×</td><td></td><td></td><td></td><td>H1</td><td>0.125</td><td rowspan="7">$^{+0.015}_{0}$</td><td rowspan="18">10、15</td><td rowspan="18">5、7、15</td><td rowspan="18">5.0^{+1}_{0}</td></tr>
<tr><td>×</td><td></td><td></td><td></td><td>H2</td><td>0.160</td></tr>
<tr><td>×</td><td></td><td></td><td></td><td>H3</td><td>0.200</td></tr>
<tr><td>×</td><td></td><td></td><td></td><td>H4</td><td>0.250</td></tr>
<tr><td>×</td><td>×</td><td></td><td></td><td>H5</td><td>0.320</td></tr>
<tr><td>×</td><td>×</td><td></td><td></td><td>H6</td><td>0.400</td></tr>
<tr><td></td><td>×</td><td></td><td></td><td>H7</td><td>0.500</td></tr>
<tr><td></td><td>×</td><td></td><td></td><td>H8</td><td>0.630</td><td rowspan="3">$^{+0.020}_{0}$</td></tr>
<tr><td></td><td>×</td><td>×</td><td></td><td>H9</td><td>0.800</td></tr>
<tr><td></td><td>×</td><td>×</td><td></td><td>H10</td><td>1.000</td></tr>
<tr><td></td><td></td><td>×</td><td></td><td>H11</td><td>1.250</td><td rowspan="4">$^{+0.025}_{0}$</td></tr>
<tr><td></td><td></td><td>×</td><td></td><td>H12</td><td>1.600</td></tr>
<tr><td></td><td></td><td>×</td><td>×</td><td>H13</td><td>2.000</td></tr>
<tr><td></td><td></td><td>×</td><td>×</td><td>H14</td><td>2.500</td></tr>
<tr><td></td><td></td><td></td><td>×</td><td>H15</td><td>3.200</td><td rowspan="3">$^{+0.030}_{0}$</td></tr>
<tr><td></td><td></td><td></td><td>×</td><td>H16</td><td>4.000</td></tr>
<tr><td></td><td></td><td></td><td>×</td><td>H17</td><td>5.000</td></tr>
<tr><td></td><td></td><td></td><td>×</td><td>H18</td><td>6.300</td><td>$^{+0.036}_{0}$</td></tr>
</table>

[a] 经合同各方商定，该组像质计数值允许作特别使用。

[b] 像质计组别 1、5、9 的阶梯宽度 H 为 10 mm；像质计组别 13 的阶梯宽度 H 为 15 mm。

[c] 像质计组别 1 的阶梯长度 L 为 5 mm；像质计组别 5、9 的阶梯长度 L 为 7 mm；像质计组别 13 的阶梯长度 L 为 15 mm。

表 D.4 不同材质阶梯孔型像质计的组别标志和适用范围

像质计组别标志	像质计孔号	像质计材质	适用范围
H1 FE H5 FE H9 FE H13 FE	H1～H6 H5～H10 H9～H14 H13～H18	碳素钢	铁类材料
H1 CU H5 CU H9 CU H13 CU	H1～H6 H5～H10 H9～H14 H13～H18	铜	铜、锌、锡及锡合金
H1 AL H5 AL H9 AL H13 AL	H1～H6 H5～H10 H9～H14 H13～H18	铝	铝及铝合金
H1 TI H5 TI H9 TI H13 TI	H1～H6 H5～H10 H9～H14 H13～H18	钛	钛及钛合金

附　录　E
（资料性附录）
胶片系统分类

工业射线照相胶片的系统分类应满足 ISO 11699-1 和 EN 584-1 标准，其胶片系统类别见表 E.1。

表 E.1　胶片系统类别

<table>
<tr><th colspan="2">胶片系统类别</th><th>粒度</th><th>感光度</th><th>对比度</th></tr>
<tr><td>C1</td><td rowspan="2">T1</td><td rowspan="2">很细</td><td rowspan="2">很慢</td><td rowspan="2">很高</td></tr>
<tr><td>C2</td></tr>
<tr><td>C3</td><td rowspan="2">T2</td><td rowspan="2">细</td><td rowspan="2">慢</td><td rowspan="2">高</td></tr>
<tr><td>C4</td></tr>
<tr><td>C5</td><td>T3</td><td>中</td><td>中</td><td>中</td></tr>
<tr><td>C6</td><td>T4</td><td>粗</td><td>快</td><td>低</td></tr>
</table>

附录

全三卷收入标准明细

上　　卷

GB/T 196—2003　普通螺纹　基本尺寸
GB/T 197—2003　普通螺纹　公差
GB/T 222—2006　钢的成品化学成分允许偏差
GB/T 228—2002　金属材料　室温拉伸试验方法
GB/T 229—2007　金属材料　夏比摆锤冲击试验方法
GB/T 231.1—2002　金属材料　布氏硬度试验　第1部分:试验方法
GB/T 231.2—2002　金属布氏硬度试验　第2部分:硬度计的检验与校准
GB/T 231.3—2002　金属布氏硬度试验　第3部分:标准硬度块的标定
GB/T 232—2010　金属材料　弯曲试验方法
GB/T 324—2008　焊缝符号表示法
GB 567—1999　爆破片与爆破片装置
GB/T 699—1999　优质碳素结构钢
GB/T 700—2006　碳素结构钢
GB/T 710—2008　优质碳素结构钢热轧薄钢板和钢带
GB/T 711—2008　优质碳素结构钢热轧厚钢板和钢带
GB 712—2011　船舶及海洋工程用结构钢
GB 713—2008　锅炉和压力容器用钢板
GB/T 716—1991　碳素结构钢冷轧钢带
GB/T 912—2008　碳素结构钢和低合金结构钢热轧薄钢板和钢带
GB/T 983—1995　不锈钢焊条
GB/T 984—2001　堆焊焊条
GB/T 985.1—2008　气焊、焊条电弧焊、气体保护焊和高能束焊的推荐坡口
GB/T 985.2—2008　埋弧焊的推荐坡口
GB/T 985.3—2008　铝及铝合金气体保护焊的推荐坡口
GB/T 985.4—2008　复合钢的推荐坡口
GB/T 1220—2007　不锈钢棒
GB/T 1221—2007　耐热钢棒
GB/T 1591—2008　低合金高强度结构钢
GB/T 1804—2000　一般公差　未注公差的线性和角度尺寸的公差
GB/T 2054—2005　镍及镍合金板
GB/T 2101—2008　型钢验收、包装、标志及质量证明书的一般规定
GB/T 2103—2008　钢丝验收、包装、标志及质量证明书的一般规定
GB/T 2965—2007　钛及钛合金棒材
GB/T 3077—1999　合金结构钢
GB 3087—2008　低中压锅炉用无缝钢管
GB/T 3091—2008　低压流体输送用焊接钢管
GB/T 3098.1—2010　紧固件机械性能　螺栓、螺钉和螺柱
GB/T 3098.2—2000　紧固件机械性能　螺母　粗牙螺纹

GB/T 3098.10—1993　紧固件机械性能　有色金属制造的螺栓、螺钉、螺柱和螺母
GB/T 3190—2008　变形铝及铝合金化学成分
GB/T 3191—2010　铝及铝合金挤压棒材
GB/T 3274—2007　碳素结构钢和低合金结构钢热轧厚钢板和钢带
GB/T 3280—2007　不锈钢冷轧钢板和钢带
GB/T 3310—2010　铜及铜合金棒材超声波探伤方法
GB/T 3323—2005　金属熔化焊焊接接头射线照相

中　　卷

GB/T 3522—1983　优质碳素结构钢冷轧钢带
GB/T 3524—2005　碳素结构钢和低合金结构钢热轧钢带
GB 3531—2008　低温压力容器用低合金钢钢板
GB/T 3620.1—2007　钛及钛合金牌号和化学成分
GB/T 3620.2—2007　钛及钛合金加工产品化学成分允许偏差
GB/T 3621—2007　钛及钛合金板材
GB/T 3622—1999　钛及钛合金带、箔材
GB/T 3623—2007　钛及钛合金丝
GB/T 3624—2010　钛及钛合金无缝管
GB/T 3625—2007　换热器及冷凝器用钛及钛合金管
GB/T 3876—2007　钼及钼合金板
GB/T 3880.1—2006　一般工业用铝及铝合金板、带材　第1部分:一般要求
GB/T 3880.2—2006　一般工业用铝及铝合金板、带材　第2部分:力学性能
GB/T 3880.3—2006　一般工业用铝及铝合金板、带材　第3部分:尺寸偏差
GB/T 3965—1995　熔敷金属中扩散氢测定方法
GB/T 4226—2009　不锈钢冷加工钢棒
GB/T 4237—2007　不锈钢热轧钢板和钢带
GB/T 4238—2007　耐热钢钢板和钢带
GB/T 4334—2008　金属和合金的腐蚀　不锈钢晶间腐蚀试验方法
GB/T 4334.6—2000　不锈钢5%硫酸腐蚀试验方法
GB/T 4338—2006　金属材料　高温拉伸试验方法
GB/T 4437.1—2000　铝及铝合金热挤压管　第1部分:无缝圆管
GB/T 5117—1995　碳钢焊条
GB/T 5118—1995　低合金钢焊条
GB/T 5126—2001　铝及铝合金冷拉薄壁管材涡流探伤方法
GB/T 5293—1999　埋弧焊用碳钢焊丝和焊剂
GB 5310—2008　高压锅炉用无缝钢管
GB/T 5616—2006　无损检测　应用导则
GB/T 5779.1—2000　紧固件表面缺陷　螺栓、螺钉和螺柱　一般要求
GB/T 5779.2—2000　紧固件表面缺陷　螺母
GB/T 6394—2002　金属平均晶粒度测定法
GB/T 6479—2000　高压化肥设备用无缝钢管
GB/T 6611—2008　钛及钛合金术语和金相图谱
GB 6653—2008　焊接气瓶用钢板和钢带
GB/T 6803—2008　铁素体钢的无塑性转变温度落锤试验方法

GB/T 6892—2006　一般工业用铝及铝合金挤压型材(有修改单)
GB/T 6893—2010　铝及铝合金拉(轧)制无缝管
GB/T 7314—2005　金属材料　室温压缩试验方法
GB/T 7735—2004　钢管涡流探伤检验方法
GB/T 7998—2005　铝合金晶间腐蚀测定方法
GB/T 8005.1—2008　铝及铝合金术语　第1部分:产品及加工处理工艺
GB/T 8005.3—2008　铝及铝合金术语　第3部分:表面处理
GB/T 8162—2008　结构用无缝钢管
GB/T 8163—2008　输送流体用无缝钢管
GB/T 8165—2008　不锈钢复合钢板和钢带
GB/T 8546—2007　钛-不锈钢复合板
GB/T 8547—2006　钛-钢复合板
GB/T 8890—2007　热交换器用铜合金无缝管
GB/T 9019—2001　压力容器公称直径
GB/T 9445—2008　无损检测　人员资格鉴定与认证
GB 9948—2006　石油裂化用无缝钢管

下　卷

GB/T 11086—1989　铜及铜合金术语
GB/T 11251—2009　合金结构钢热轧厚钢板
GB/T 11253—2007　碳素结构钢冷轧薄钢板及钢带
GB/T 12470—2003　埋弧焊用低合金钢焊丝和焊剂
GB/T 12604.1—2005　无损检测　术语　超声检测
GB/T 12604.2—2005　无损检测　术语　射线照相检测
GB/T 12604.3—2005　无损检测　术语　渗透检测
GB/T 12604.4—2005　无损检测　术语　声发射检测
GB/T 12604.5—2008　无损检测　术语　磁粉检测
GB/T 12604.6—2008　无损检测　术语　涡流检测
GB/T 12770—2002　机械结构用不锈钢焊接钢管
GB/T 12771—2008　流体输送用不锈钢焊接钢管
GB/T 13147—2009　铜及铜合金复合钢板焊接技术要求
GB/T 13148—2008　不锈钢复合钢板焊接技术要求
GB/T 13149—2009　钛及钛合金复合钢板焊接技术要求
GB/T 13237—1991　优质碳素结构钢冷轧薄钢板和钢带
GB/T 13239—2006　金属材料　低温拉伸试验方法
GB 13296—2007　锅炉、热交换器用不锈钢无缝钢管
GB/T 13306—2011　标牌
GB/T 14292—1993　碳素结构钢和低合金结构钢热轧条钢技术条件
GB/T 14957—1994　熔化焊用钢丝
GB/T 14976—2002　流体输送用不锈钢无缝钢管
GB/T 15822.1—2005　无损检测　磁粉检测　第1部分:总则
GB/T 15822.2—2005　无损检测　磁粉检测　第2部分:检测介质
GB/T 15822.3—2005　无损检测　磁粉检测　第3部分:设备
GB/T 17897—1999　不锈钢三氯化铁点腐蚀试验方法

GB/T 17899—1999　不锈钢点蚀电位测量方法
GB 19189—2011　压力容器用调质高强度钢板
GB/T 19866—2005　焊接工艺规程及评定的一般原则
GB/T 19867.1—2005　电弧焊焊接工艺规程
GB/T 19867.2—2008　气焊焊接工艺规程
GB/T 19867.3—2008　电子束焊接工艺规程
GB/T 19867.4—2008　激光焊接工艺规程
GB/T 19867.5—2008　电阻焊焊接工艺规程
GB/T 19868.1—2005　基于试验焊接材料的工艺评定
GB/T 19868.2—2005　基于焊接经验的工艺评定
GB/T 19868.3—2005　基于标准焊接规程的工艺评定
GB/T 19868.4—2005　基于预生产焊接试验的工艺评定
GB/T 19937—2005　无损检测　渗透探伤装置　通用技术要求
GB/T 19938—2005　无损检测　焊缝射线照相和底片观察条件　像质计推荐型式的使用
GB/T 19943—2005　无损检测　金属材料 X 和伽玛射线照相检测　基本规则
GB/T 20737—2006　无损检测　通用术语和定义
GB/T 20878—2007　不锈钢和耐热钢　牌号及化学成分
GB/T 21433—2008　不锈钢压力容器晶间腐蚀敏感性检验
GB/T 21832—2008　奥氏体-铁素体型双相不锈钢焊接钢管
GB/T 21833—2008　奥氏体-铁素体型双相不锈钢无缝钢管
GB 24511—2009　承压设备用不锈钢钢板及钢带
GB/T 24593—2009　锅炉和热交换器用奥氏体不锈钢焊接钢管
JB/T 84—1994　凹凸面对焊环板式松套钢制管法兰
JB/T 85—1994　翻边板式松套钢制管法兰
JB/T 86.1—1994　凸面钢制管法兰盖
JB/T 86.2—1994　凹凸面钢制管法兰盖
YB/T 5059—2005　低碳钢冷轧钢带